定 量 形 態 学

定量形態学

―― 生物学者のための stereology ――

諏訪紀夫著

岩波書店

序

Stereology という言葉は1961年のInternational Society for Stereologyで提唱されたもので(Bach 1963), 3次元の空間中に存在する対象の形態についての諸量をそれより次元の低い面や線より得られる情報から推定する理論と方法を意味する. そして広い意味では全体の次元をもう1段下げて, 平面図形の性質を線や点から得られる情報に基づいて推定する場合も含めてよい. この際用いられる基礎理論は実際問題としてはもっぱら幾何学的確率論であり, 単に射影幾何学的な手法だけですむような問題は一応は考慮の外におかれることになる.

このような意味でのstereologyは形態を定量的に扱う手段の一つであることはいうまでもない. 元来形態を定量的に処理するにあたって用いられる数学的理論は, その時時の問題の設定の仕方によってその都度考える必要があるので, もちろん一定の型はあるわけがない. したがって一般的にいえば体系的な解説は考えにくいことである. しかしその中で幾何学的確率論が有効に利用されるような局面は生物学的な形態学の領域でも非常に多いばかりでなく, これまで集積された理論と方法は現段階でもある程度体系的な処理を許すまでになっていると思うのである.

歴史的に見るとstereologyを形態学に導入する試みは岩石鉱物学や金属学の領域に目立っている. そして今日すでに古典的になったDelesse(1847)やRosiwal(1898)の研究をはじめ, 重要な理論と方法の開発はほとんどこれらの分野で推進されてきた感がある. それに比較すれば生物学の領域ではstereologyの応用は全体としてはるかにおくれていた. しかしその間にあってHennig(1956)やWeibel(1963, 1967)の業績は注目すべきものであろう. さらに1960年代になってstereologyは各専門分野にわたって共通の関心をひくようになり, 最近ではこの問題について生物学の領域でも綜説的な解説(Elias *et al*. 1973)も見られるようになった. それにしても私共生物学に関係しているものにとっては日常接する生物学系や医学系の研究の範囲からは今日の stereology の全貌をうかがい知ることは容易なことではない．このような状況のなかで DeHoff and Rhines の編集した *Quantitative Microscopy* (1968) は stereology の現状をよく紹介している点で私には非常に参考になった．またこれに続く Underwood の *Quantitative Stereology* (1970) も優れた解説書ということができよう．私自身もかなり以前からこの問題に手をつけており，自分でもいくつかの方法を考えたりしたつもりであったが，これらの本を見てそれらの方法が大部分すでに鉱物学関係の研究者によって発表されていることを知って驚きもした．ただ彼らの用いている理論や方法はどちらかといえば鉱物学や金属学向きのものであり，扱っている素材ももっぱらそれらの分野のものであるので，私共生物学に関係しているものにとっては多少の取捨選択が望ましいところでもある．そして私がこの本を書く目的もそこにあるわけである．

3次元の立体を見てその形を認識するということは2次元の像を見るのとはずいぶん異なった心的過程と関連しているように思われる．元来人間の視覚は2次元の像を対象とする時に最もよくその力を発揮するのである．空間中の対象を見る時にも視覚だけではこれを面に投影していわば絵を見るように見ていることになるので，対象の認識は多くの場合多分に主観的な表象に助けられなければ成立しない．これは厳密には2次元の像についてもいえることであるが，3次元の立体については特に顕著である．そしてこの表象は過去において行動の上でその対象と何らかの交渉をもった経験に基づいてつくられるものである．対象とかかわりをもつ行動にももちろんいろいろある．簡単な形としては手でさわってもよいであろうし，また異なった方向から観察するということもあるであろう．もう少し複雑な例としては，道具の形をそれを使ってみた経験に助けられて認識するという場合もある．そしてこれらは一般に立体の表面を見てその形を知るという時に起る現象である．

ところで大部分の生体ではその内部の形は外からは見えないから，生体の内部の形態を知ろうという時にはまずその断面についての平面像が利用される．そして次にこれを立体に還元するためには，充分狭い間隔でとった断面の像を重ね合わせて再構築を行うというのが伝統的な方法である．これは理論的に紛れがほとんどなく，またそこにあるものを何物も落さずに積み上げるので，生物学の領域で生体の立体的構造を知るための基本的方法としての意味は将来といえども失われることはないであろう．しかし再構築を採用する時には次のことに注意をしておく必要がある．それは断面の像は2次元のものであるから，これに対しては視覚による認識がきわめて有効であり，したがってそこにあるものがそのままずいぶん細かくわかる．それゆえこれを重ね合わせて立体の形を再現した時には，勢いそのままの形で立体の形態が視覚的に表象されうるような錯覚をもつということである．しかし実際にはそうはならない．2次元の像の上で弁別できるものをすべて残して，これを重ね合わせて3次元の像を構成しようとすれば，それは多くの場合複雑すぎて立体の形態として視覚的な表象にまとまるようなものにはならない．これは実際に研究の上でも起ることで，たとえば肝硬変症の構造を立体的に知りたいという程度の漠然とした問題設定で再構築を行ってみると，でき上った結果からはほとんど何も新しいことはわからない．そしてこれでは仕方がないからあらためて断面を作ってみようということになり，問題が振出しにもどってしまうことを経験した研究者も少なくないであろう．

再構築がその効果を発揮するのは単に立体の形態を知りたいというのではなく，ある構造的な問題設定が当初からはっきりしている時に限られるのである．たとえばある構造物が他の構造物と連結しているかどうかを知りたいというような時が，再構築が最も有効に利用できる局面である．つまり立体的形態を表象する時にはその断面として出現する像のうち大部分のものを捨てて，ある構造的な原則に関係したものだけを残していることになるのである．これは立体の形態を幾何学的に把握しているといってもよいであろう．そして形態を幾何学的に扱うということは，形態を単に視覚によって見るというのではなく，像を思考によって抽象していることになる．またこの思考の過程には人間の行動による対象との交渉の仕方が関係することは立体の表面を見てその形を認識する場合と同じことであり，幾何学(geometry)という言葉が元来測地を意味するものであることは誠に象徴的なことであると思うのである．

以上のような次第で同じ形態を認識するといっても2次元の形態と3次元の形態とでは認識過程にかなりの差があり，3次元の形態では直接視覚に訴える認識が2次元の像を見る時のような全面的な重みを持たなくなる．そして3次元の形態の認識には多かれ少なかれ構造的な観点からの抽象化を避けることができない．そしてこの構造的な形態認識の体系が幾何学であることはいうまでもないであろう．立体の形態の把握には必ずしも2次元の像を重ね合わせるという再構築を必要としない部分がずいぶん多いことが了解できるのである．このような局面で幾何学的確率論が有効に用いられるので，これによって平面像から立体の構造に関係したparameterを直接推定できるのである．従来は立体の構造を知るためには理想的な方法としては再構築を採用すべきものであるが，ただこの方法は非常に手間がかかるので，省力化の意味で幾何学的確率論を利用する，というのがむしろ一般的な理解であるように思う．このような面も確かに否定はできないであろう．しかしすでに説明したように，立体の形態の把握には2次元の像の認識に比較して構造的な観点からの抽象化がはるかに重要な役割を果すのであるから，原理的に見ても再構築が常に必ずしも最適な方法であるとはいえないこともあり，この点は充分考えておく必要はあるであろう．

ところで生物学の領域では古典的な形態学の行方はまずそこにあるものを忠実に観察し，落ちがないように記載することである．この際形態の抽象化は少なくとも意識的にはきびしく排除される．したがって形態を構造的な観点から抽象して扱うという頭の使い方とは根本的に相容れない面があり，この二つの方向が同一の研究者の中で両立することは実際問題として甚しく困難なものであるらしい．勢い大部分の形態学者にとっては，一般に生物の形態を幾何学的に処理することには生理的な嫌悪感を伴うように見受けられる．これもstereologyを生物学に導入することを妨げる大きな原因の一つであろう．しかし生物学的な形態学でもそれが3次元の形態を問題にする限り，stereologyは非常に有効な方法にもなりうるので，この本がその意味でいささかでも役に立てば幸いと考えている．

なお最近のMatheron (1967, 1972)やSerra (1969, 1972, 1974)らの研究によりstereologyに新しい傾向が導入されてきた．彼らの研究は基本的には目の細かい正三角形格子の交点を重ね，平面を等しい大きさの多数の正六角形の構成要素に分割し，この構成要素と平面図形のかかわり方から平面図形の種々のparameterを解析するものである．そしてこれらのparameterの中には従来扱われてきた図形面積や周の長さ等の簡単なもの以外に，図形の性格を分析する上で有効な新しい観念に基づくものも考慮されている．彼らの方法は原理的にはこの本でも述べる点解析の拡張展開である．これは彼らの手法が図形の認識そのものも含めて計測の電子工学的自動化を志向するものであるため，これに最も利用しやすい点解析にもっぱら依存することにもなるのであろう．しかしこの本では図形を直接目で識別し，目で見ながら計測するのに都合のよい計測法を採用するという，いわば古典的な方法の説明を主眼としたため，Matheron や Serra の理論や方法の紹介は今回は割愛することにした．また彼らの研究は stereology といってもむしろ平面図形そのものの数理的処理による判別に重点がおかれ，立体の幾何学との関係の中で平面図形を見ようという意図はあまりない．この意味でも従来の stereology とは考え方がかなり異なるので，これらの問題はまた別の枠組みで考えてみたいと思っている．

最後にこの本の構成について簡単な説明を加えておきたい．幾何学的確率論を用いて諸量を推定する時には，何らかの試行によって得られる計測値の期待値と求める諸量との間に成立する理論的関係が利用される．したがって従来幾何学的確率論の解説もっぱら期待値についての理論に限られる傾向がいちじるしかった．この本でも第2章と第3章は期待値を用いての諸量の推定を扱っている．計測の基本的なことは一応はこれですむといっても差しつかえないであろう．しかし確率論的方法には常に確率論的誤差が付帯するものであるから，この誤差の構造をはっきりさせておかないと得られた推定値の信頼性がわからないばかりでなく，根拠ある計測計画がたてられない．それにもかかわらず従来この面での系統的研究は必ずしも充分でなかったように思う．それゆえこの本では第4章で幾何学的確率論の誤差の構造をできるだけ体系的に説明してみた．その結果は期待値だけを扱う場合に比較すればかなり複雑なものになり，実用を主眼としたこの本としては多少比重が重すぎる感がある．したがって幾何学的確率論を利用する計測にはじめて手をつけられる方はむしろこの章は無視して第2章や第3章の方法を実地に応用することから始める方が得策であろうかと思っている．それは第4章がわからなければ計測が実施できないというような性質のものではないからで，誤差論を理解したからといって計測の上では別に奇蹟が起るわけのものではなく，できるだけ広い領域についてできるだけ多数の計測を行った方が信頼のおける結果が得られるということを一般的に了解しておけばよいのである．そしてある程度の実地の経験を積んだ上でこの章を読んでいただいた方がよいと思っている．期待値を用いる理論が幾何学的確率論のいわば骨格を与えるものとすれば，この章はこれに対する肉付けのような関係にもなるので，私自身としてはこの章を書いている間に幾何学的確率論に対する理解が深まるように感じられ，その点で興味はあった．

なお幾何学的確率論の論文では各研究者が同じ内容を表わすのに思い思いの異なった記号を用いているので照合に不便を覚えることもある．この記号を統一しようという試みが Underwood (1963) によって提案され，これに従う著書も多くなっている．たとえばすでに紹介した *Quantitative Microscopy* などもそうである．またその他にも Weibel *et al.* (1966) がこれとは多少異なった記号の体系を紹介している．しかし実際にあたってみるとこれだけでは表現したい内容を区別して表わすには足りない点もあるので，この本では必ずしも Underwood や Weibel らの方式には従わなかった．記号の理解の便宜のために巻末に一覧表をつけてあるので参考にしていただきたいと思っている．

この本に手をつけた当初は私は stereology の理論の解説ばかりでなく，むしろこれを利用しうる病理形態学的な事項を扱ってみるつもりであった．事実この本に載せた理論の相当な部分は私共の研究室で日常用いているものでもある．しかし書いているうちに理論の説明そのものに予想外の紙数を費すことになり，重点がその方に移行した感もあり，また本そのものがあまりに大部のものになるのを恐れて結局ごくわずかの実例を入れるに止めざるをえなかった．そのため結果においては‘素人の書いた数学書’のような体裁になってしまったことを残念に思っている．それゆえ stereology を用いて解明される形態学的事象についてはいずれ機会を見てあらためて触れてみたいと考えている．なお深沢仁君，佐々木康彦君，特に斎藤謙君が原稿を校閲して下さったことに心から謝意を表したい．それにしてもなお不用意な誤りも残っているであろうし，各方面からの御教示をいただければ幸いである．

文　献

1) Bach, G. (1963): Gründung einer internationalen Gesellschaft für Stereologie. *Z. wiss. Mikroskop.*, **65**, 190–195.

2) DeHoff, R. T. and Rhines, F. N. (1968): *Quantitative Microscopy*. McGraw-Hill Book Company, New York-St. Louis-San Francisco-Toronto-London-Sydney, 1968.

3) Delesse, M. A. (1847): Procédé mécanique pour determiner la composition des roches. *C. R. Acad. Sci.* (Paris), **25**, 544–545.

4) Elias, H., Hennig, A. and Schwartz, D. E. (1971): Stereology : applications to biomedical research. *Physiol. Rev.*, **51**, 158–200.

5) Hennig, A. (1956): Bestimmung der Oberfläche beliebig geformter Körper mit besonderer Anwendung auf Körperhaufen im mikroskopischen Bereich. *Mikroskopie*, **11**, 1–20.

6) Matheron, G. (1967): *Eléments pour une Théorie des Milieux Poreux*. Masson, Paris. Cited in 7).

7) Matheron, G. (1972) : Random sets theory and its application to stereology. *J. Microscopy*, **95**, 15–23.

8) Rosiwal, A. (1898): Über geometrische Gesteinanalysen. Ein einfacher Weg zur ziffermäßigen Feststellung des Quantitätsverhältnisses der Mineralbestandteile gemengter Gesteine. *Verh. k. k. Geol. Reichsamt* (Wien) 1898, p. 143.

9) Serra, J. (1969) : *Introduction à la Morphologie Mathématique*. Cahiers du Centre de Morphologie Mathématique. Fasc. 3. Ecole des Mines de Paris. Cited in 10).

10) Serra, J. (1972) : Stereology and structuring elements. *J. Microscopy*, **95**, 93–103.

11) Serra, J. (1974) : Theoretical bases of the Leitz-Texture-Analysing-System. *Scientific and Technical Information*, Suppl. **1**, **4**, 125–136, Leitz-Wetzler.

12) Underwood, E. E. (1964): A standardized system of notation for stereologists. *Stereologia*, **3**, 5–7.

13) Underwood, E. E. (1970): *Quantitative Stereology*. Addison-Wesley Publishing Company, Reading-Menlo Park-London-Don Mills, 1970.

14) Weibel, E. R. (1963): Principles and methods for the morphometric study

of the lung and other organs. *Lab. Invest.*, **12**, 131–155.

15) Weibel, E. R. (1963): *Morphometry of the Human Lung*. Springer-Verlag, Berlin-Göttingen-Heidelberg, 1963.

16) Weibel, E. R. and Elias, H. (1967): *Quantitative Methods in Morphology*. Springer-Verlag, Berlin-Heidelberg-New York, 1967.

17) Weibel, E. R., Kistler, G. S. and Scherle, W. F. (1966): Practical stereologic methods for morphometric cytology. *J. Cell Biol.*, **30**, 23–39.

目　次

第1章　確率論的方法の基本的性格

確率論的方法によって幾何学的諸量を推定するためには，何らかの試験系を対象に適用するという試行から得られる量をある幾何学的確率と関係づけるという方法が採用される．この確率と関係づけられた量のうち，諸量の推定にはもっぱら期待値が利用される．しかし有限回の試行によっては正しい期待値を求めることはできないから，確率論的方法による幾何学的諸量の推定結果は必ずある誤差を伴う．この期待値と誤差は非連続的な性格をもつ計測結果を用いる時には確率二項分布により規定される．そしてある事象が起る確率が p，起らない確率が q である時，n 回の試行でこの事象が起る回数を x とすると，x の算術平均または期待値 $\bar{x}$ と x の分散 σ_x^2 は

$$\bar{x} = np$$
$$\sigma_x^2 = npq$$

である．この関係は幾何学的確率論の最も基本的なものであり，多くの重要な結論がこれから誘導される．また確率二項分布の特殊な場合としての Poisson 分布では，この関係は

$$\bar{x} = \sigma_x^2 = np$$

という簡単な形になる．

まず確率論的方法を利用して幾何学的諸量を推定する場合の一般的性格を，具体的な例から出発して説明してみよう．例としては図1.1のように1辺が l の長さの正方形中に閉曲線で囲まれた面積 A の図形がある時，この図形の面積を測定する問題を考えよう．図形は何個あってもかまわないので，その面積の和が A であればよい．さてこの図形の面積 A，または面積分率 A/l^2 を推定するための確率論的方法もいろいろありうるので，これは次章でくわしく述べることとし，ここではこの正方形の領域の上に無作為に落した点を数える方法を

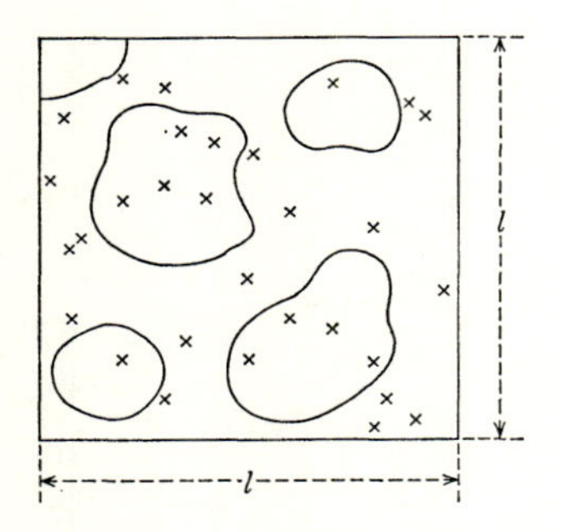

図1.1　1辺が l の正方形の領域中にある図形の面積を30個の点を無作為に落して推定する実例を示す．閉曲線で囲まれた図形の面積分率を planimetry によって求めると，この図の場合は約 0.35 である．一方 30 個の点のうち，図形の上に重なるものの数 n_A は 11 であるから，n_A を用いて推定した面積分率は

$$A_O = n_A/n = 11/30 = 0.3666\cdots\cdots$$

となる．そして充分多数回の試行を行えば，その推定値の平均は次第に planimetry で求めた値に近づくはずである．なお $A=A_O l^2$ となることはいうまでもない．

考えよう．このように対象と交渉をもたせる幾何学的構造物を総称して試験系ということができる．そしてこの場合は試験系として無作為な点を採用しているわけである．いま1個の点を無作為にこの正方形の上に落してみると，この点は図形の中に落ちることもあるし，また図形の外に落ちることもあるであろう．しかし図形の中に落ちる可能性は，図形の面積分率 A/l^2 が大きいほど大きくなるであろうことは直観的にも理解できる．そしてこの可能性を確率 p という形で表現すれば

$$p = A/l^2 \tag{1.1}$$

と書くことができるであろう．この式から見て p が求められれば A が推定されることがただちに結論できる．つまりある事象の起る確率が何らかの幾何学的量と関係する時，その確率を利用して目的とする幾何学的量を推定しようというのが，幾何学的確率論による方法全般に通ずる原則なのである．そこで次に p をどのようにして求めたらよいかを考えることになる．

このためには次のような操作を行えばよいであろう．いま n 個の点を無作為に正方形の領域上に落してみた時，そのうち図形の上に落ちた点の数を n_A とする．そうすると，n_A/n という比は p に関係するであろうことは容易に想像できる．しかし n_A の値，したがってまた n_A/n という比の値は，同じ n 個の点を用いても，試行ごとに異なるはずである．それでも n を充分大きくしてゆけば n_A/n の比は次第にある値に向って収束することになるので，この値が p を与えるものであることはいうまでもない．すなわち $n\to\infty$ の極限において

$$n_A/n = p,\quad n_A = np \tag{1.2}$$

が成立する．この形式を n が有限の値の時にまで拡張して，$n_A=np$ により定

義される n_A を n_A の期待値といい，$\bar{n}_A$ で表わすことにしよう．そうすれば任意の n に対して

$$\bar{n}_A = np \tag{1.3}$$

と書くことができるであろう．なお $n\to\infty$ という条件は，n を有限の値とし，n 個の点を用いる試行を m 回くりかえしてその算術平均をとる操作で置き換え，$m\to\infty$ としても同じことである．したがって n_A の期待値 $\bar{n}_A$ は，n_A の算術平均であると定義しても差しつかえない．

この $\bar{n}_A$ という観念はいずれにせよ理論的な要請であり，ただ任意の n 個の点を無作為に正方形の領域に落した時，図形の上に落ちる点の数は原理的には np に等しくなるであろうという期待を表現しているにすぎない．したがって有限の n 個の点によっては $\bar{n}_A$ の値を実測から正確に定めることはできない性質のものであり，実際には n_A を $\bar{n}_A$ の代用として用いることになるのである．それゆえここに必ずある確率論的な誤差が入ってくる．そして確率論的方法を用いてある幾何学的量を推定する理論には常に期待値が利用されるのであるから，その推定の結果は必ずある確率論的な誤差を伴うことになる．この誤差が具体的にはどのような形のものになるか，また幾何学的諸量の推定値がどの程度に信頼がおけるかという問題は第4章でくわしく説明するつもりであるから，ここでは期待値とその誤差についての一般的な事項を述べるに止める．そしてこれは最も一般的な形としては確率二項分布の理論に帰着する．

二項分布(binomial distribution)はある事象が起る確率が p，起らない確率が q，したがって $p+q=1$ である時，n 回の互いに独立な試行でこの事象が x 回起る確率の分布を与えるものである．そしてこの分布は $(p+q)^n$ を展開した時の p^x の項で規定される．この p^x の項の値を $B(x)$ で表わすと

$$B(x) = {}_nC_x\, p^x q^{n-x} = \frac{n!}{x!(n-x)!} p^x q^{n-x} \tag{1.4}$$

となる．そして $p+q=1$ であるから

$$\sum_{x=0}^{n} B(x) = (p+q)^n = 1 \tag{1.5}$$

である．この分布は $p=q$ の時は対称的な形になるが，$p\neq q$ であれば一般に非対称的な分布になる．しかし $p\neq q$ でも n が充分大きい場合には二項分布は正

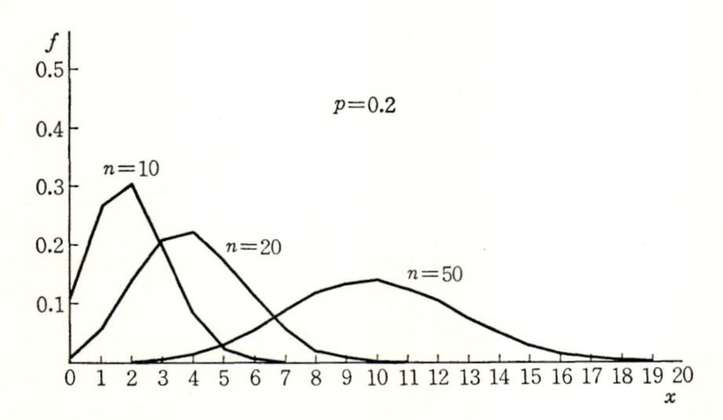

図 1.2 確率二項分布の実例を示す．この図は $p=0.2$ として，$n=10$, $n=20$, $n=50$ の三つの場合について，この事象が起る回数 x の確率分布を表わしている．f はある x の起る確率である．当然のことながらこの分布の peak は $\bar{x}=np$ のところにできる．そして n が小さい時は分布は明らかに非対称であるが，n が大きくなればたとえ $p\neq 0.5$ であっても分布は次第に対称的になり，また分布の幅も広くなる．しかしこの分布のバラツキを変異係数の形で表わせば，バラツキは $\sqrt{n}$ に逆比例するから，n が大きい程相対的にはバラツキが小さくなるといえる．実際の計測では1回の試行で得られた x を $\bar{x}$ にあてることになるので，そのために推定結果にある誤差が付帯するのであるが，その誤差がどの程度になるかが直観的にはこの分布の形から想像できるであろう．

規分布で近似できるほぼ対称的な形になることが知られている．これは図 1.2 の実例を参考にしていただきたい．

さて次に二項分布の算術平均と分散を求めてみよう．これは x の算術平均を求めることになるから，これを $\bar{x}$ と書くと，算術平均の定義により

$$\begin{aligned}\bar{x} &= \sum_{x=0}^{n} x\,{}_nC_x\, p^x q^{n-x} = \sum_{x=0}^{n} \frac{x\cdot n!}{x!(n-x)!} p^x q^{n-x} \\ &= np\sum_{x=0}^{n-1} \frac{(n-1)!}{(x-1)!(n-x)!} p^{x-1} q^{(n-1)-(x-1)} \\ &= np(p+q)^{n-1} \\ &= np \qquad (1.6)\end{aligned}$$

を得る．この形からも x の期待値は x の算術平均であることがわかる．

次に x の分散を σ_x^2 とすると，分散を求める公式から

$$\sigma_x^2 = \sum_{x=0}^{n} x^2 B(x) - \bar{x}^2 \tag{1.7}$$

が成立する．この公式はしばしば用いられるもので，第4章の注1)413頁にその誘導を説明してあるので参照していただきたい．さてこの式を計算すると

$$\begin{aligned}\sigma_x^2 &= \sum_{x=0}^{n} x^2 {}_nC_x\, p^x q^{n-x} - \bar{x}^2 \\ &= np \sum_{x=0}^{n-1} x\, {}_{n-1}C_{x-1}\, p^{x-1} q^{(n-1)-(x-1)} - \bar{x}^2 \\ &= np\left[\sum_{x=1}^{n} (x-1)\, {}_{n-1}C_{x-1}\, p^{x-1} q^{(n-1)-(x-1)} + \sum_{x=0}^{n-1} {}_{n-1}C_{x-1}\, p^{x-1} q^{(n-1)-(x-1)}\right] \\ &\quad -\bar{x}^2 \end{aligned} \tag{1.8}$$

となる．ところで右辺の大括弧中の第1項は $x-1=y$ とおけば

$$\sum_{y=0}^{n-1} y\, {}_{n-1}C_y\, p^y q^{(n-1)-y} \tag{1.9}$$

となる．これは確率 p で起る事象が，$n-1$ 回の試行で何回起るかという回数の算術平均であるから，(1.6)により $(n-1)p$ に等しい．一方大括弧中の第2項は $(p+q)^{n-1}$ を展開したものであるから1に等しい．したがって上の式は

$$\begin{aligned}\sigma_x^2 &= np[(n-1)p+1] - \bar{x}^2 \\ &= np(np+q) - (np)^2 \\ &= npq \end{aligned} \tag{1.10}$$

となる．

以上の結果

$$\bar{x} = np \tag{1.11}$$

$$\sigma_x^2 = npq,\quad \sigma_x = \sqrt{npq} \tag{1.12}$$

はきわめて重要なものであり，第4章ではこれが頻繁に用いられるから，ここでも多少の説明を加えておく．まず $\bar{x}$ は n 回の試行を1度行って得られる x を，このような試行を何回かくりかえして平均したものを意味する．しかし $\bar{x}$ の正しい値はこの試行を無限回くりかえさなければ原理的には求められないものであるから，実際にはある有限の n についての1回の試行から得られた x が，そのまま $\bar{x}$ のかわりに用いられることになる．この場合 x の値は試行ごとに異なるはずで，この x の値のバラツキの程度を示す指標としては x の標準偏差

σ_x が一般に利用される．

しかし σ_x はそのままでは使いにくい面をもっている．それは σ_x によって x の誤差を判定するにあたっては同時に $\bar{x}$ の値を考慮に入れないと妥当な判断ができないことである．つまり σ_x の値は同じでも $\bar{x}$ の値が小さい程 x のバラツキによる誤差は相対的には大きいものと考えた方が合理的である．この関係は図1.3について了解していただきたい．なお $\bar{x}$ も σ_x もスケールのとり方で値の変わる量であるから，できればスケールの取り方に無関係な量で誤差を表現する方が望ましい．これは誤差を $\bar{x}$ を規準として，いわば幾何学的に表示する方法を採用することを意味する．これらの目的に沿うのは σ_x を $\bar{x}$ で除した

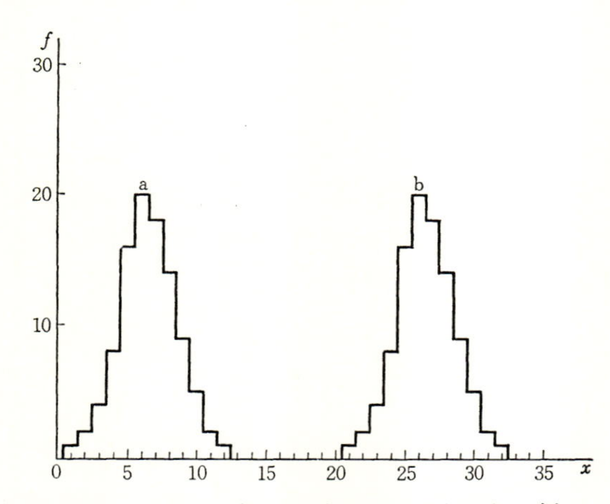

図1.3　この図には f を x の度数として，全く同一の標準偏差 $\sigma_x=1.31$ をもった二つの分布を示してある．しかし(a)の算術平均は6.72，(b)の算術平均は26.72である．元来標準偏差は算術平均のまわりの個個の値のバラツキを意味するものであるから，同じ標準偏差でも算術平均が小さい時の方が相対的には個個の値のバラツキが大きいものと考えなければならない．この意味では標準偏差を算術平均で除した比，変異係数，またはその平方を用いて値のバラツキの程度を表示する方が便利なことが多い．この図の例については N を標本数として

	N	$\bar{x}$	σ_x	$\sigma_x/\bar{x}$	$(\sigma_x/\bar{x})^2$
(a)	100	6.72	1.31	0.1949	0.0380
(b)	100	26.72	1.31	0.0490	0.0024

であり，σ_x は同一であっても値のバラツキは相対的には(a)の方がはるかに大きいことがわかる．

比，変異係数，またはその平方の形を用いることである．いま(1.11)と(1.12)から変異係数の平方をつくってみると

$$(\sigma_x/\bar{x})^2 = q/np = (1-p)/np \tag{1.13}$$

となる．この結果は元来一義的に決まる $\bar{x}$ を x で置き換えたために発生する誤差を変異係数の平方という形で表わせば，これは n に逆比例する，したがって変異係数そのものは n の平方根に逆比例することを示すものである．つまり観測数を増加させれば誤差が小さくなるということで，これは常識的にも了解できることである．変異係数またはその平方の形を用いての誤差の理論は第4章で説明するが，ここでは第2章，第3章の期待値を利用して諸量を推定する理論を実際に適用するにあたって，観測数が不充分ならばそれだけ誤差が大きくなるという一般的原則だけを述べておきたい．そしてどの程度の観測数に対してどの程度の誤差を覚悟しなければならないかは，第4章で扱うことになる．

次に確率二項分布は $p\to 0$，$n\to\infty$ の時，np がある有限の値をとれば Poisson 分布で近似できる．これは次のようにして証明することができるであろう．まず $B(x+1)/B(x)$ という比をつくってみると

$$\frac{B(x+1)}{B(x)} = \frac{n-x}{x+1}\cdot\frac{p}{1-p} \tag{1.14}$$

となる．そして $p\to 0$，$n\to\infty$ であれば有限の x に対しては

$$\frac{B(x+1)}{B(x)} \fallingdotseq \frac{np}{x+1} \tag{1.15}$$

が成立する．一方

$$\begin{aligned} B(0) &= q^n = (1-p)^n \\ &= \left(1-\frac{np}{n}\right)^n \end{aligned} \tag{1.16}$$

であるから

$$\begin{aligned} \log B(0) &= n\log\left(1-\frac{np}{n}\right) \\ &= -np-\frac{(np)^2}{2n}-\frac{(np)^3}{3n^2}-\cdots\cdots \end{aligned} \tag{1.17}$$

となる．ゆえに $n\to\infty$ で，かつ np が有限の値をとる時には

$$\log B(0) \fallingdotseq -np \tag{1.18}$$

したがって

$$B(0) \fallingdotseq e^{-np} \tag{1.19}$$

を得る．この結果と(1.15)を組み合わせれば

$$B(1) = npB(0) = np e^{-np}$$

$$B(2) = \frac{(np)^2}{2!}e^{-np}$$

$$B(3) = \frac{(np)^3}{3!}e^{-np}$$

$$\cdots\cdots$$

$$B(x) = \frac{(np)^x}{x!}e^{-np} \tag{1.20}$$

となる．これは Poisson 分布を示す式にほかならない．そして Poisson 分布の算術平均 $\bar{x}$ と分散 σ_x^2 は(1.6)と(1.10)から

$$\bar{x} = np \tag{1.21}$$

$$\sigma_x^2 = np \tag{1.22}$$

であることがわかる．つまり算術平均と分散が等しくなるのである．したがって変異係数の平方は

$$(\sigma_x/\bar{x})^2 = 1/np = 1/\bar{x} \tag{1.23}$$

というきわめて簡潔な形となる．

なお Poisson 分布も確率分布であることは次の関係からも了解できるであろう．

$$\begin{aligned}\sum_{x=0}^{\infty}\frac{(np)^x}{x!}e^{-np} &= e^{-np}\left[1+np+\frac{(np)^2}{2!}+\frac{(np)^3}{3!}+\cdots\cdots+\frac{(np)^x}{x!}+\cdots\cdots\right]\\ &= e^{-np}\cdot e^{np}\\ &= 1\end{aligned} \tag{1.24}$$

Poisson 分布は二項分布にくらべていろいろな点で扱いが楽であるから，できるだけ Poisson 分布を利用することを考える方が得策である．そして $p\to 0$, $n\to\infty$ という条件は実際問題としては $p<0.05$, $n>30$ 程度で充分満足されるものと見てよい．なお Poisson 分布は稀に起る事象に適用されるため，一般に np の値が5以下の非対称性のいちじるしい分布がすぐ連想されるが，もちろん np がもっと大きい領域にまで利用しても差しつかえない．そして np が大

きくなれば分布の形は次第に対称的な形になり，正規分布に近づく．

文　献

この章の事項はいずれの推計学の著書でも扱っていることであるから，特に事項ごとの引用はしないが，私は主として次の著書を参考にしたことを付記しておく．

1) Cramér, H. (1946) : *Mathematical Methods of Statistics.* Princeton University Press, Princeton.
2) 石川栄助(1964)：実務家のための新統計学，槇書店．
3) 河田龍夫，国沢清典(1968)：現代統計学，上巻，広川書店，第8版．

第2章　期待値による幾何学的諸量の推定

この章では，与えられた構造物に何らかの試験的操作を加えて得る計測量の期待値から，構造物の幾何学的諸量を推定する理論と実際を説明する．推定の対象となる諸量は立体の体積，平面図形の面積，曲面の面積，平面曲線の長さ，および空間曲線の長さ等である．いずれの量の推定にあたっても計測量としてはそれより次元の低いものが利用される．これが幾何学的確率論を用いる推定法全般に通ずる特色である．たとえば平面図形の面積はある操作を加えて得た線分の長さ，または点の数から推定できる．

対象を試験平面で切った時にできる面積からそれより次元の高い量，体積を求める操作を面解析ということにする．同様に対象と試験直線が交わってつくる線分の長さから，面積や体積を推定する操作を線解析といい，また平面図形の上に落した点の数から面積を推定する操作を点解析という．そして対象と交渉をもたせる平面，直線，点等を総称して試験系ということにする．

幾何学的確率論を利用する場合にはすべて対象と試験系の関係が確率化されていることが前提になる．具体的に図1.1の例についていうと，計測すべき図形の配置と点の配置の相互関係が無作為なものである必要がある．そしてそのためには図形の配置と点の配置の両者，またはそのいずれか一方が無作為なものであればよい．このいずれの場合も(1.2)の n_A を用いて A の推定ができる．このような関係は対象が何であっても，また試験系が何であっても一般に成立することである．つまり試験系が無作為な性格をもつ場合には対象の配置は必ずしも無作為であることを要しない．しかし実際には無作為な試験系を用いることはむしろ少なく，何らかの規則性をもった試験系が利用されることが多い．これは計測操作上の便宜のためもあるが，一方では計測結果の誤差を小さくする上で有効であるからである．したがってこれからの説明は一応対象の配置の方を無作為なものとして，試験系の性格は制約しない方針をとることにする．

§1　立体の体積と平面図形の面積

立体の体積と平面図形の面積を推定するための理論式は同一の形式で表現できる．空間中に偏りのない体積密度で配置されている立体の体積分率 V_O は，この空間を試験平面で切った時にできる立体の切口の面積分率の期待値 $\bar{A}_O$ に，またこの空間に引いた試験直線が立体と交わってつくる弦の長さの和の試験直線全長に対する分率の期待値 $\bar{X}_O$ に等しい．すなわち

$$V_O = \bar{A}_O = \bar{X}_O$$

である．したがって $\bar{A}_O$ または $\bar{X}_O$ から V_O を推定することができる．

また平面上に偏りのない面積密度で配置されている平面図形の面積分率 A_O は，この平面上に引いた試験直線と図形とが交わってつくる弦の長さの和の試験直線全長に対する分率の期待値 $\bar{X}_O$ に，またこの平面上に落した n 個の点のうち，図形の中に落ちるものの数の期待値を $\bar{n}_A$ とすれば $\bar{n}_A/n$ に等しい．すなわち

$$A_O = \bar{X}_O = \bar{n}_A/n$$

である．したがって $\bar{X}_O$ または $\bar{n}_A/n$ から A_O を推定することができる．そして A_O が特に試験平面上の立体の切口の面積の期待値 $\bar{A}_O$ を表わす時には，$V_O=\bar{A}_O$ より

$$V_O = \bar{A}_O = \bar{X}_O = \bar{n}_A/n$$

という関係が成立する．すなわち平面図形の線解析や点解析より立体の体積が推定できる．

a）立体の体積の推定

空間中にある立体が存在する時，またある体積中に立体的な構造物が含まれている時，その立体や立体的構造物の体積を知りたい，または全体の体積の中でのその体積分率を求めたいということはしばしば経験する課題である．たとえば肝硬変症の肝の実質と間質の体積比がどうであるかとか，細胞内で核がど

れだけの体積を占めるかというようなことはいろいろな局面で問題となるであろう．体積は元来3次元の量であるから，ごく常識的に考えれば目的とする構造物を分離して体積を直接測定するか，または比重がわかっていれば重量を計って体積を求めるという操作が用いられるであろう．しかしある条件が満足される場合には目的とする立体を含む体積を試験平面で切って，その割面上に出現する立体の切口の面積から立体の体積が推定できる．いいかえれば面解析が利用できる．このように割面の図形面積から立体の体積を推定する考え方は，Delesse (1848) に始まるもので，これがその後の確率論的方法の途を開いたものとされている．そこでまず面解析から説明をしよう．

i) 体積の面解析　いま図2.1.1のようにある立体——これは形は任意であるし，数にも制約は必要としない——の存在する空間に直交座標系 O-xyz をとってみる．そして yz 面に平行な試験平面 $x=x$ でこの空間を切って，一つの割面上に出現する立体の切口の面積の和を x の関数として $A(x)$ と表わすことにする．そうすると $x=0$ から $x=l$ の間にある立体の体積 V は

$$V=\int_0^l A(x)\mathrm{d}x \tag{2.1.1}$$

で与えられることになる．そしてこの区間についての $A(x)$ の算術平均を $\bar{A}$ とすれば

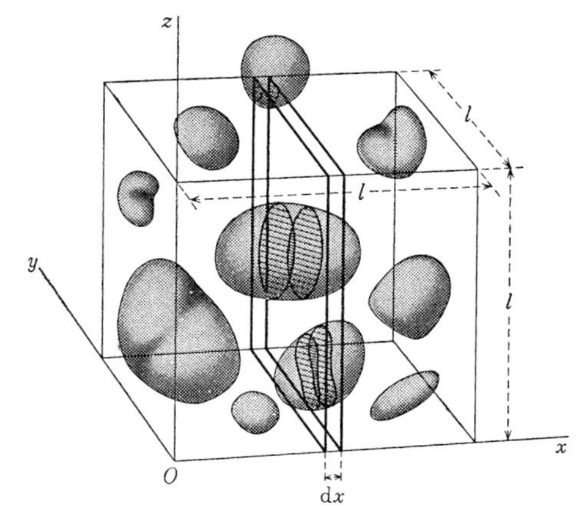

図2.1.1. 空間中の立体の体積を，これを切る試験平面上にできる図形の面積から推定する操作を示す．説明は本文参照のこと．

$$\bar{A} = \frac{1}{l}\int_0^l A(x)\mathrm{d}x \qquad (2.1.2)$$

であるから

$$V = \bar{A}l \qquad (2.1.3)$$

を得る．そしてこれにより面積 $\bar{A}$ より体積 V を求めることができるのである．これは実際にあててみると，いくつかの等間隔の割面上にできる立体の切口の面積を平均することを意味するであろう．そしてこの場合 $\bar{A}$ は同時に $A(x)$ の期待値であるということができる．

さて以上の方法はいくつかの割面の $A(x)$ から $\bar{A}$ を求めることを前提としているが，ある条件が満足されればただ一つの割面上の図形面積から立体の体積を推定することが可能である．そしてこのような場合だけが実際問題として実用になるのである．その一つの場合は x の関数としての $A(x)$ がただ一つの parameter をもつ，解析的に処理できるような形式で前もってわかっている時で，この時にはある x に対する $A(x)$ がわかれば $\bar{A}$ が計算できる．またこの場合の特殊な形としては $A(x)$ が x に無関係な定数 A である時で，この場合は任意の割面上の A をそのまま A の期待値 $\bar{A}$ と読みかえてよいことは明らかである．この際一つ一つの割面についての図形の形や数は異なっても差しつかえなく，また割面上の図形の分布が不平等であってもかまわないので，ただ図形の面積が一定でありさえすればよい．

もう一つの場合は一つの割面の図形面積から確率論的に $\bar{A}$ が求められる場合で，実際問題としてはもっぱらこの形が対象となるといってよい．この際の条件は立体が一様な体積密度で空間中に分布しているということである．この‘一様な’という条件はある x と $x+\mathrm{d}x$ の間の立体の体積が常に同一であることを意味するものではない．ただいずれの x についても $A(x)$ に定まった偏りが予想されないというまでのことである．つまりある x についてとった割面上の図形面積が，すべての x についての割面上の図形面積がつくる正規分布をなす母集団からの無作為抽出標本であればよいのである．この場合にもある無作為にとった割面上の $A(x)$ をもって $A(x)$ の期待値 $\bar{A}$ とすることになるが，これには必ずある確率論的な誤差がつきまとうことは覚悟しなければならない．この誤差がどのようなものであるかは第4章で説明するが，ここではこの誤差を小さくするためにはできるだけ大きな割面を用いる方がよいという一般的な方針だけを述べておく．そして立体の体積 V は一つの割面から得られた A を $\bar{A}$ として

$$V = \bar{A}l \tag{2.1.4}$$

から推定できる．この式で l はもちろん割面に直交する方向での対象の存在する空間の深さである．

これで V と $\bar{A}$ の関係がついたわけであるが，理論的な立場からいえば，単位体積中の立体の体積 V_O，単位面積の試験平面上の図形面積の期待値 $\bar{A}_O$ を用いた方が便利なことが多いので，以下 V_O と $\bar{A}_O$ の関係を調べてみよう．この場合 V_O は立体の体積分率を，$\bar{A}_O$ は平面図形の面積分率の期待値を表わすことになる．いま空間中に稜の長さが l の立方体の領域をとり，その中の立体の体積を V とすれば

$$V_O = V/l^3 \tag{2.1.5}$$

である．またこの立方体の領域を立方体の一つの面に平行な試験平面で切れば，試験平面の面積は l^2 になる．もっと一般的な形式を採用すれば，空間中にとる領域の形は必ずしも立方体でなくてもよいので，体積が l^3 であり，かつこれと交わる一定方向の試験平面の面積が常に l^2 になるようなものであればよい．これは具体的には高さが l，横断面の面積が l^2 であるような筒状の領域をとることを意味するであろう．さてこの試験平面上の立体の切口の面積の和の期待値を $\bar{A}$ とし，単位面積あたりの試験平面上の $\bar{A}$ の値を $\bar{A}_O$ とすれば

$$\bar{A}_O = \bar{A}/l^2 \tag{2.1.6}$$

である．ところで $V=\bar{A}l$ であるから

$$\boldsymbol{V_O = V/l^3 = \bar{A}/l^2 = \bar{A}_O} \tag{2.1.7}$$

というきわめて簡潔な関係が成立するのである．

なお単位体積の領域や単位面積の試験平面をとるということは実測にあたってとるべき空間の体積や試験平面の面積を制約する性質のものではない．任意の大きさの体積 l^3 の空間や，面積 l^2 の試験平面をとり，l を単位として V や $\bar{A}$ を表現すれば，それがそのまま $V_O, \bar{A}_O$ となるからである．

ii）体積の線解析　次に立体の体積は線解析によっても求めることができる．この方法は歴史的には Rosiwal (1898) により開発されたものとされている．

いま立体の存在する空間中に図2.1.2のように直交座標系 O-xyz をとり，yz 面上に1辺 l の正方形，もっと一般的には形は自由であるが l^2 の面積を有するような領域をとり，この領域を通って yz 面に直交する試験直線を引いてみる．

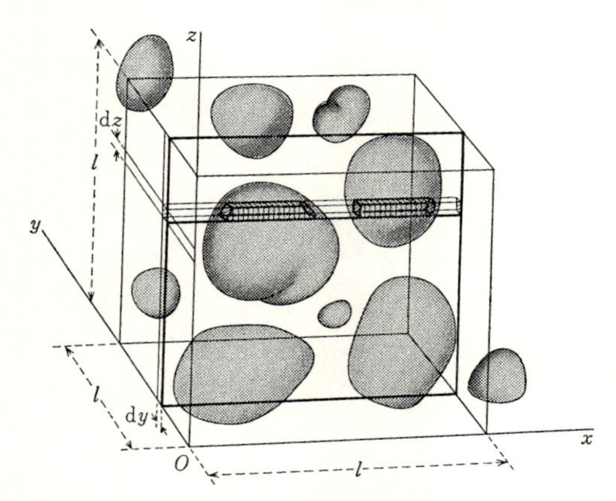

図2.1.2 空間中の立体の体積を空間を貫く試験直線が立体と交わってつくる弦の長さより推定する操作を示す．なおこの操作はまず空間を試験平面で切って，試験平面上に試験直線を引いても同じことである．説明は本文参照のこと．

そして1本の試験直線が立体と交わってつくる弦の長さの和は y, z の関数となるから，これを $X(y, z)$ と書くことにする．そうすると立体の体積は微小な正方形 $\mathrm{d}y\mathrm{d}z$ を底とし，高さが $X(y, z)$ の柱状構造物の体積を yz 面に平行にとった l^2 の面積の領域全体について加算したものであるから

$$V = \iint_{l^2} X(y, z)\mathrm{d}y\mathrm{d}z \tag{2.1.8}$$

である．そして1本の試験直線についての $X(y, z)$ の期待値を $\bar{X}$ とすれば，$\bar{X}$ は $X(y, z)$ をこの領域全体について平均したものであるから

$$\bar{X} = \frac{1}{l^2}\iint_{l^2} X(y, z)\mathrm{d}y\mathrm{d}z \tag{2.1.9}$$

となる．したがって

$$V = \bar{X}l^2 \tag{2.1.10}$$

を得る．これにより $\bar{X}$ から V が推定できる．

この空間中に試験直線を引く操作は $X(y, z)$ が l^2 の領域全体にわたり一様であると考えられる時は，次のような手順で実施することができる．まず xz 面に平行に無作為にとった面積 l^2 の領域を通る試験平面で空間を切り，立体の割面をつくる．そしてその試験平面上に l の長さの試験直線を無作為に引いて立体の切口の図形と交わらせて弦をつくる．そして1本の l の長さの試験直線についての弦の長さの和を X とし，この X を $\bar{X}$ のかわりに用いればよい．つまり簡単にいえばまずある割面をつくり，その割面上の図形の面積について線解析を行うのである．立体体積の線解析が実用になるのはこの操作が適用できる場合，つまり $X(y, z)$ が y, z にかかわらず一様と考えられる時だけである．この'一様'という意味は面解析の時と同じく y, z の値によって $X(y, z)$ にある決った偏りが期待されない，つまり $X(y, z)$ が正規分布をなす母集団からの無作為抽出標本であるという性格をもつということで，すべての y, z に対して $X(y, z)$ が同一の値をとるということではない．したがってこの場合もやはり確率論的誤差が付帯する．そしてこの誤差を小さくするためにはできるだけ長い試験直線を用いるのが一般的原則である．なお以上の操作によって立体体積の線解析を行う場合は理論的には一つの試験平面について1本の試験直線しか引けないわけであるが，実際には一つの試験平面上に数本の試験直線を引いても差しつかえはないので，これによって試験直線の総長を増すことができるのである．

なお l の長さの試験直線が立体と交わってつくる弦の長さの和の期待値が $\bar{X}$ であれば，$\bar{X}/l=\bar{X}_0$ は単位長の試験直線がつくる弦の長さの和，または試験直線の長さに対する弦の長さの和の分率を示すことになる．したがって

$$V_0 = V/l^3 = \bar{X}l^2/l^3 = \bar{X}/l = \bar{X}_0 \qquad (2.1.11)$$

という簡単な関係が成立する．

以上述べたように立体の体積の推定には面解析と線解析の二つの方法が利用できる．このうち面解析はさらに平面図形の面積を推定する問題を含んでいる．そして平面図形の面積推定はそれ自身として独立した主題ともなるものであるから，次にこの問題を取り上げてみよう．そしてその結果をあらためて立体体積の面解析との関係で考えることにする．

b) 平面図形の面積の推定

平面上の図形の面積を推定する方法を考えてみよう．図形の形はどのようなものでもよく，また数もいくつあってもかまわない．さてこのような図形の面積を測定する方法はいろいろある．たとえば一様な厚さの紙に図形をうつし，これを切り抜いて重量をはかる方法もあるし，planimeter を用いてもよい．また目の細かい方眼紙を重ねて図形の中に入る目の数を数える方法もあるであろう．しかしここで問題にするのは確率論的方法で，これには線解析と点解析の二つが考えられる．まず線解析から説明しよう．

i) 面積の線解析　図形のある平面上に図 2.1.3 のように直交座標系 O-xy をとり，y 軸に平行な1本の試験直線 $x=x$ を引いて，図形と交わらせて弦をつくらせてみる．そしてその弦の長さの和を X とすると，X は x の関数になるから $X(x)$ と書くことができる．そうすると $x=0$ から $x=l$ の間の領域に存在する図形の面積 A は

$$A=\int_0^l X(x)\mathrm{d}x \tag{2.1.12}$$

で与えられることになる．そしてこの x の区間の $X(x)$ の平均値を $\bar{X}$ とすれば

$$\bar{X}=\frac{1}{l}\int_0^l X(x)\mathrm{d}x \tag{2.1.13}$$

となる．したがって

$$A=\bar{X}l \tag{2.1.14}$$

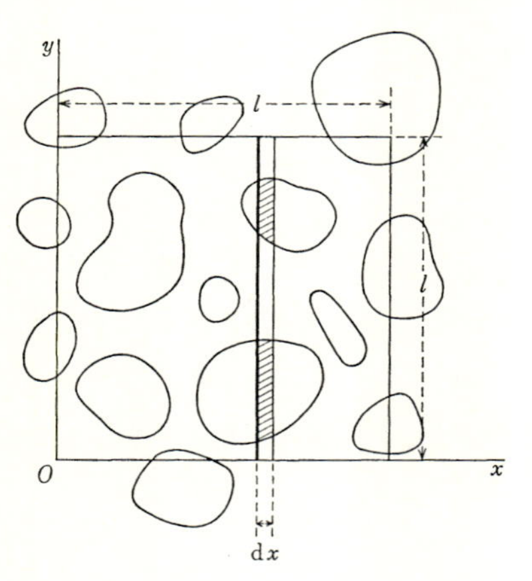

図 2.1.3　平面図形の面積の線解析の操作を示す．説明は本文参照のこと．

を得るのである．この $\bar{X}$ は同時に $X(x)$ の期待値でもある．一般的にいえば $\bar{X}$ は l の区間を充分多数の区間に区分して $X(x)$ を求め，これを平均するという操作を用いて推定しなければならない．しかし $X(x)$ が x にかかわらず一様である時，つまり $X(x)$ が x の変動によってある定まった偏りを示さない時には，1本の無作為に引いた試験直線から得られた X をもって $\bar{X}$ の代用とすることができる．この場合には $\bar{X}$ の推定値にはある確率論的な誤差を伴うことは，立体体積の面解析や線解析の場合と同じことである．そしてこの誤差を小さくするためにはできるだけ長い試験直線を用いなければならない．

そのためには対象とする領域上に何本かの試験直線を引くことが有効な方法で，立体体積の線解析とは異なり，この場合は理論的には何本の試験直線を引いてもかまわない．ただ試験直線を領域全体にわたり，偏りのないように配置すればよい．またこの際無作為な試験直線を用いるよりは，同数の等間隔平行線を用いた方がはるかに誤差が小さくなる．この問題の理論的説明は第4章で扱うことになるが，ここでは結論だけを述べて，計測を実施する上での注意としておく．

平面図形の面積の線解析にあたっても図形の面積分率を用いた方が理論が簡潔になる．このためには平面上に1辺 l の正方形の領域をとり，この正方形の1辺に平行にこの領域上に l の長さの試験直線を引いてみよう．そしてこの領域中の図形面積を A，試験直線が図形と交わってつくる弦の長さの和の期待値を $\bar{X}$ とすれば，単位面積の領域あたりの図形面積 A_0 と，単位長の試験直線あたりの弦の長さの和の期待値 $\bar{X}_0$ の間には次の関係が成立する．

$$\boldsymbol{A_0 = A/l^2 = \bar{X}l/l^2 = \bar{X}/l = \bar{X}_0} \qquad (2.1.15)$$

なお $A_0, \bar{X}_0$ はそれぞれ図形の面積分率，試験直線の長さに対する弦の長さの和の分率の期待値という意味をもつことはあらためて説明を要しないであろう．また単位長の試験直線といっても実際には任意の長さでよいので，ただ A や $\bar{X}$ をその試験直線の長さを単位として表現すれば，それがそのまま A_0 や $\bar{X}_0$ となる．

ii) 面積の点解析　平面図形の面積を推定するもう一つの方法は点解析である．いま図形の存在する平面上に1辺 l の正方形の領域，もっと一般的にはどのような形でも l^2 の面積の領域をとり，その中にある図形の面積を A とする．さてこの領域上に n 個の点を無作為に落した時，図形の中に落ちるものの数を n_A とする．1個の点が図形の中に落ちる幾何学的確率 p は

$$p = A/l^2 = A_O \tag{2.1.16}$$

であるから，n_A の期待値を $\bar{n}_A$ とすれば

$$\bar{n}_A = np = nA_O \tag{2.1.17}$$

したがって

$$\boldsymbol{A_O = \bar{n}_A/n} \tag{2.1.18}$$

である．それゆえ $\bar{n}_A$ がわかれば A_O が推定できる．しかし $\bar{n}_A$ の正しい値は n 個の点を用いる試行を無限に多数回くりかえさなければ，いいかえれば $n\to\infty$ でなければ得られない．これは実施不可能であるから，実際にはある有限の n を用いて1回の試行で得た n_A が $\bar{n}_A$ のかわりに用いられることになる．これには例によって確率論的な誤差を伴う．そしてこの誤差を小さくするためには n を大きくする必要がある．

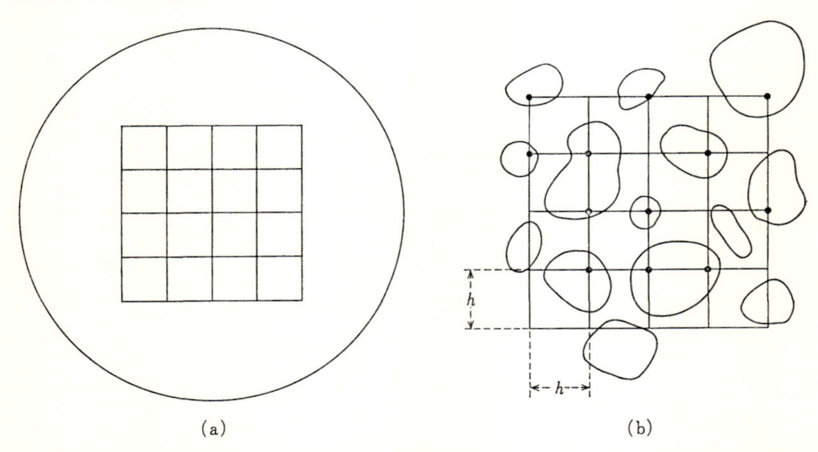

図 2.1.4　(a) 25 個の交点をもつ正方形の格子を刻んだ eye-piece を示す．(b) (a)の格子を平面図形に重ねた場合を示す．この図では 25 個の格子交点のうち 12 個が図形の中に落ちているから，図形の面積分率の推定値は $A_O=n_A/n=12/25=0.48$ となる．

しかし計測の実施にあたっては無作為な点を用いることはまずないので，実際には規則的な配置をもった点，たとえば図 2.1.4 のような正方形の格子の交点が用いられるのである．その理由は規則的な配置の点を利用する方が誤差が小さくなるからで，この理論については第4章で説明する．この場合も無作為

な点を用いる場合と同じく

$$A_O = \bar{n}_A/n \qquad (2.1.19)$$

が成立することは明らかであろう．実際の計測にあたっては格子を領域に重ねる重ね方によって領域全体に入る点の数 n にはある変動があるが，これはその度ごとに n と n_A を考えればよいので上の式を誘導する上には影響はない．そして格子の間隔を h とすれば，一つの格子交点はそれぞれ h^2 の面積を代表することになるから，l がわかっていれば

$$n = l^2/h^2 \qquad (2.1.20)$$

とすれば，n を必ずしも実測しないでもすむであろう．

なお歴史的には点解析によって立体の切口の面積を推定し，これによってさらに立体の体積を求める方法は，地質学の領域で Glagoleff (1933) が最初に開発したものとされている．しかしこれを顕微鏡を用いる生物学的研究に導入したのは Chalkley (1943) である．そしてこの方法はその後 Haug (1955) や Hennig (1958) によって改良されて今日に至っている．このうち Haug は 121 個の交点をもつ正方形の格子を用いているが，Hennig は図 2.1.5 に示すような 25 個の点を正三角形の頂点に配置した形の格子を提案し，これが現在 Zeiss の Integrationsokular の第1型として市販されている．この正三角形の頂点を用いる点の配置では，ある点からその近傍の点に至る距離がいずれの方向についても一定であり，その意味では最も規則性の高い点の配置ということができる．正方形の格子と正三角形の格子の誤差論からの優劣は Hennig (1967) が扱ってい

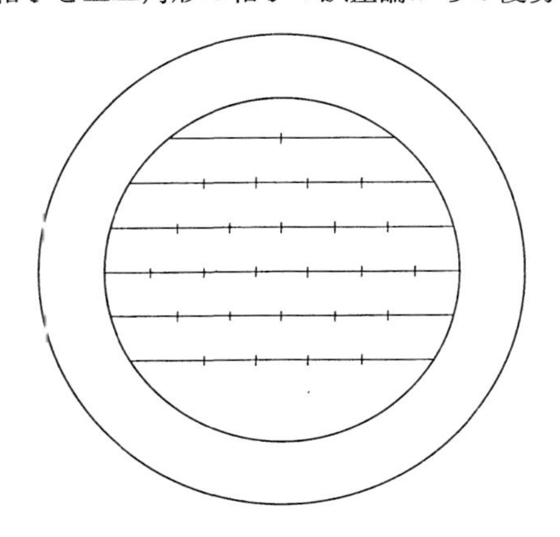

図 2.1.5　Hennig の提案による点解析用の eye-piece. 25 個の点を正三角形の頂点に位置するように配置したものである．

るが，この本でも第4章§5でこの問題を説明してある．しかし実際にはどちらの形の格子を用いても結果に大差はない．私共はほとんどの場合正方形の格子を用いて実測を行い，ただ対象の性質に応じて格子の目の間隔 h を変える，したがって一視野に用いる格子交点の数を変えるようにしている．しかしあまり目の細かい，したがって交点の数の多い格子を用いると，実測にあたって目がつかれるので得策ではない．むしろ目の粗い格子を用いる方が実際上は有効である．この意味では Haug の用いた格子は明らかに目が細かすぎるので，私共は大部分の場合図 2.1.4 のような 25 個の交点をもつ正方形の格子一つで用がすむように考えている．もちろんこれより目の粗い，たとえば 16 個の交点をもつ正方形の格子を用いても差しつかえはない．そして一般的な注意としては，一つの視野について点の密度をやたらに高くすることは意味が少ないので，むしろ格子の目は粗くしてもできるだけ多くの視野を選んで計測を行う方が，対象について信頼度の高い情報が得られるということである．

c) 方法の選択

以上説明したように立体の体積の推定には面解析と線解析，平面図形の面積の推定には線解析と点解析の二つの方法がある．このうち立体体積の面解析は，実際問題としてはさらに平面図形の面積の線解析か点解析の問題に還元されてしまう．また立体体積の線解析も平面図形の面積の線解析も操作としては同じことであり，ただ平面図形が立体の無作為な切口を表わすか，またはそれ自身として独立した対象であるかの差だけのことである．したがっていずれにせよ立体体積の推定は結局は平面図形の面積推定と実質的には同じことになる．そして平面図形が立体の無作為な切口を表わす時には，その面積分率の期待値を $\bar{A}_O$ とすれば

$$V_O = \bar{A}_O = \bar{X}_O = \bar{n}_A/n \qquad (2.1.21)$$

が成立するのである．つまり立体の体積も，その切口の図形の面積の点解析から求めることができる．

そこで問題は結局平面図形の面積推定にあたって，線解析と点解析のいずれを用いるべきかという形に集約することができる．この選択にあたってはいずれの方法が誤差が少ないか，また実施の上で測定が正確にできるか，また手間

と労力が少なくてすむかというような多角的な考慮が必要であろう．誤差論の立場からの検討は第4章にくわしく説明してあるからここでは結論だけをいうと，平行線の間隔 h と正方格子の間隔 h を等しくとる限り，‘目の粗い’等間隔平行線を用いる線解析の方が，‘目の粗い’格子の交点を用いる点解析よりは誤差が小さい．この‘目の粗い’という条件は，試験直線または格子交点が図形に重なる場合にも，同一の図形に1本の試験直線，1個の格子交点しか重なりえないという意味で，つまり h が図形の最大径よりも大きいということである．

ところで図形の大小不同がいちじるしい時には，この条件下には h が最大の図形の径に制約されるから，eye-piece が固定されていれば勢い顕微鏡の拡大を下げなければならない．そのために大部分の図形からできる弦の長さが小さくなり，正確な測定が困難になる．したがってこのような場合には大部分の図形の上に何本かの試験直線，何個かの格子交点が重なるような，‘目の細かい’等間隔平行線や格子を用いた方が便利になる．そしてこの場合には h が充分小さければ，理論的にはある所からは逆に点解析の方が誤差が小さくなる．そして線解析にしろ点解析にしろ平行線や格子の目を細かくすれば，その領域についての面積推定の誤差はいくらでも小さくなる．しかし目を細かくすれば計測にそれだけ手間と労力がかかるから，問題はそれだけの手間をかける意味があるかどうかということである．それは領域が小さければ一つの領域についての面積をいかに正確に測定しても，全領域の対象についての正しい情報は得られないからである．したがって実際にはそれぞれの領域の測定の精度は程程にして，むしろできるだけ広い領域をとることに主眼をおくべきであろう．また点の数を数える操作の方が弦の長さを計測するよりは楽であり，また正確な測定ができる．

このようないろいろな条件を考慮すれば，図形の大小不同がいちじるしい時には大きな図形にせいぜい10個くらいまでの点が重なるように格子の間隔をとって点解析を行うのが，最も一般性のある方法ということができる．また図形の大きさが比較的そろっている場合には‘目の粗い’等間隔平行線を用いる線解析も利用価値が大きく，特に誤差を小さくする上で効果的である．

§2　曲面の面積と平面曲線の長さ

空間中でその方向が等方性であるような曲面の面積または平面上でその方向が等方性であるような平面曲線の長さは，これらの曲面や曲線と試験直線とを交わらせた時にできる交点の数の期待値から推定される．単位体積中の曲面の面積を S_O，単位面積上の平面曲線の長さを L_{AO} とし，また単位長の試験直線と曲面または曲線のつくる交点の数の期待値をそれぞれ $\bar{C}_{VO}, \bar{C}_{AO}$ とすれば

$$S_O = 2\bar{C}_{VO}$$

$$L_{AO} = \frac{\pi}{2}\bar{C}_{AO}$$

という関係が成立する．これにより $\bar{C}_{VO}, \bar{C}_{AO}$ からそれぞれ S_O, L_{AO} を推定することができる．

この節では空間中の曲面の面積と平面上の曲線の長さを確率論的立場から推定する理論と方法を説明する．しかし理論の誘導に先立って二三注意を要することがあるので，その問題から始めよう．まず空間中の曲面には‘表面’と‘界面’とを区別する必要がある．同様に平面曲線にも‘周’と‘境界’の区別をしなければならない．これは図について説明した方がわかりやすい．表面または周というのは図2.2.1のように離散的に配置された構造物とまわりの相との境を

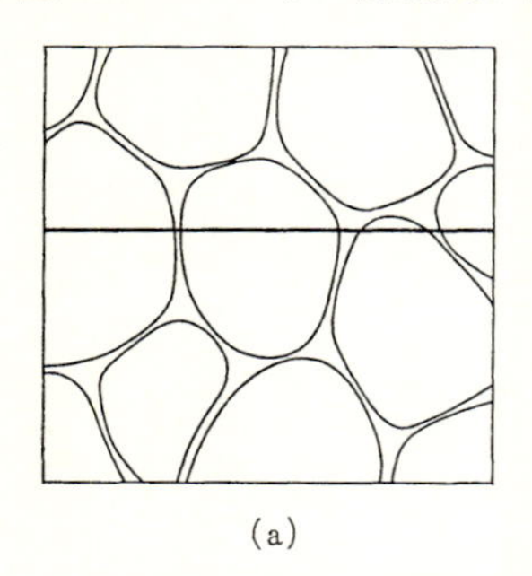

(a)

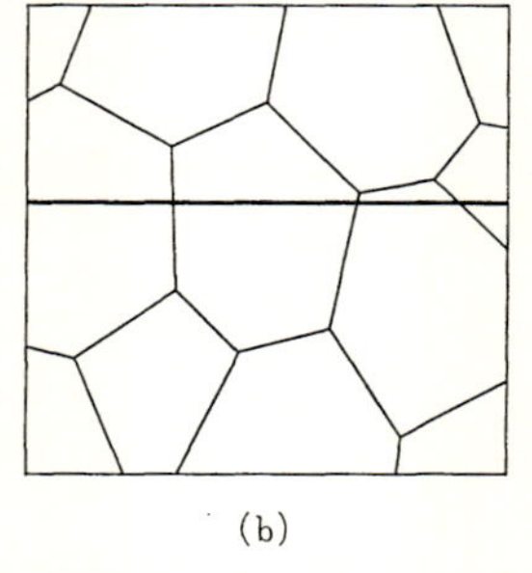

(b)

図 2.2.1　‘表面’と‘界面’，‘周’と‘境界’の観念を説明するための図．説明は本文参照のこと．

意味する．これに対して界面または境界という言葉は相接する構造物の境の意味で用いることにしよう．この二つの観念の差は次のように考えてみると明らかになる．平面図形を例にとると，図2.2.1(a)のような図形の面積分率を極限まで大きくし，図形のまわりの相の面積分率を極限まで小さくすれば，この図形は形の上では図2.2.1(b)と同一の型になるであろう．しかしこの図形の境が元来図形の‘周’に由来するものである以上，見かけ上1本の境界線は実は2本の曲線の癒合したものと見なければならないので，その長さを問題とする時にはこの見かけの長さを2倍しなければならない．これはまた境に両側を区別する必要があるといってもよいであろう．つまり図2.2.1(b)のような図形ではその境を図形の周と見るか境界と見るかによって，その長さの推定値には2:1の差ができるのである．これは曲面の場合でも同じことで，たとえば石鹼の泡で空間を満した時，石鹼膜に表裏を区別すれば，それは泡の表面を，表裏を区別しなければ泡の界面を表わすことになる．そして同じ対象でも前者の立場をとれば面の面積は後者の立場をとる場合の2倍になるわけである．面や線についてのこの二つの観念の区別はまた次のような操作を加えてみても明らかになる．平面図形を例にとり，平面図形と1本の試験直線を交わらせて図形をつくる曲線との交点の数をとってみると，曲線に囲まれた図形一つあたりの交点の数は，曲線が図形の周である場合は，曲線が境界である場合の2倍になる．この関係は立体の表面と界面についても同様に成立する．

次に注意を要するのは曲面の面積とか曲線の長さとかいう量は，対象にある幾何学的な仮定をおいてはじめて定義できるということである．たとえば机の表面積を求めるという時は，通常その表面が平面であるという仮定をおいてのことである．しかしくわしく見れば机の表面にはいろいろな程度の凹凸はある．したがって‘正確に’表面積を求めようとすれば，その結果はどこまで細かく凹凸についてゆくかによって異なってくる．それゆえどこかで多かれ少なかれ巨視的な立場をとって，それ以下の凹凸は不問に付し，その範囲で‘滑らかな’面であるという仮定をおかなければ表面積という量は定まらない．どこでその線を引くかということは計測を行う目的によって決まることである．実際に起りうる例をあげてみると，たとえば肺胞壁の表面積を求める時，光学顕微鏡的レベルと電子顕微鏡的レベルとでは肺胞壁表面の凹凸の程度が異なってくるから，表面積をどのレベルで定義するかで結果が違うことになる．また曲線の長さについても同じことである．たとえば骨の縫合線の長さを測定するという場合，拡大を上げて見るほど細かい境界の屈曲が明らかになるので，ある所から先は‘滑らかな’曲線として扱わなければ長さは定義できないのである．このような不確定性は生物学的対象では表面や界面と関係した量の場合に起りやすい．体積測定の時にも原理的には対象物の存否の認識が拡大によって変わるような場合には，このような不確定性が起りうるが，生物学的対象ではこれが問題になることはあまりない．

さて次に曲面の面積や平面曲線の長さを確率論的方法を用いて推定するためには，立体体積や平面図形面積の推定の時とは違って，曲面や曲線の形に何らかの幾何学的制約が必要である．そしてその最も基本的でもあり，また実用性の高い形は曲面や平面曲線が等方性である場合である．それゆえこの項ではもっぱらこの条件下で理論を誘導しておく．なお曲面や平面曲線に対する幾何学的制約は必ずしも等方性という形に限ったことではないので，ある方向性をもつような規定でも差しつかえないが，これについては項をあらためて説明する．

曲面の等方性とは早くいえば面の各部分について方向を調べた時，全体としてはその方向に偏りがないということである．たとえば球面がその代表的な例である．しかし面の形そのものは自由であって，個々の限られた部分についていえばどのような形でもよい．また曲面が多数ある時はその一つについては等方性の条件が満足されなくても，全体としては等方性になる場合もある．たとえば1個の回転楕円体の表面は等方性ではないが，多数の回転楕円体がその長軸の方向が空間中で偏りのないように配置されていれば，それらの回転楕円体全体でつくられる曲面は等方性になる．

等方性の定義はしかし理論的処理のためにはもう少し解析的に規定しておく必要がある．曲面の場合は曲面を充分多数の等しい面積の微小な要素，すなわち面素に分割することにすると，面素を微小な正方形でおきかえることができる．したがってそれぞれの面素について法線を一義的に定めることができる．いま曲面全体を正方形の面素に分割し，それぞれの面素の空間中の方向を変えることなく移動し，すべての面素の法線が空間中の1点を通るような位置に集めた時，それらの法線が空間中のすべての方向について一様な密度で配置されれば，もとの曲面は等方性であるということになる．またこれは面素の方を方向を変えずに適当な位置に集めれば，一つまたは任意の個数の球面が形成されるということと内容的には同じことである．

平面曲線の等方性も同様な方式で定義することができる．曲線を充分に多数の等しい長さの微小部分——線素——に分割すれば，これらの線素は微小な線分でおきかえることができるから，これらの線素のそれぞれに法線を一義的に決めることができる．いま平面曲線全体を線素に分割し，それらを平面上の方向を変えることなく移動し，すべての線素の法線が平面上の1点を通るような位置に集めた時，法線が平面上のすべての方向にわたって一様な密度で配置される形になれば，もとの曲線は平面上で等方性であるということになる．そしてこれは一方では線素そのものについてはこれらの方向を変えることなく平面上を移動させれば一つまたは任意の個数の円周をつくることができるということと同じ意味である．

等方性の定義は以上のようなことであるが，計測する対象がこの条件を満たしているかどうかをどうして判定するかということに触れておこう．一般には解剖学的な知識から，曲面や平面曲線の方向に特定な偏りが予想されないということで等方性を仮定して計測を行うことが多いが，厳密には等方性の検定をしておいた方がよいのはいうまでもない．この検定法の理論的根拠は曲面の面積や平面由線の長さを推定するための理論から得られるもので，後に明らかになることであるが，ここではその方法を簡単に説明するに止める．まず曲面が等方性であれば，この曲面をある試験平面で切った時，切口としてできる平面曲線もやはり平面上で等方性になる．したがって問題は結局平面曲線の等方性をどうして検定するかということに帰着する．この目的のためには59頁の図2.4.7のような，等角度に放射状の直線を刻んだ eye-piece を用いて，各方向について同じ長さの試験直線と平面曲線が交わってつくる交点の数を調べ，その数に方向による偏りがなければもとの曲面や平面曲線の等方性が証明されることになる．

a) 曲 面 の 面 積

次に空間中にある等方性の曲面の面積を推定する方法を考えよう．これは

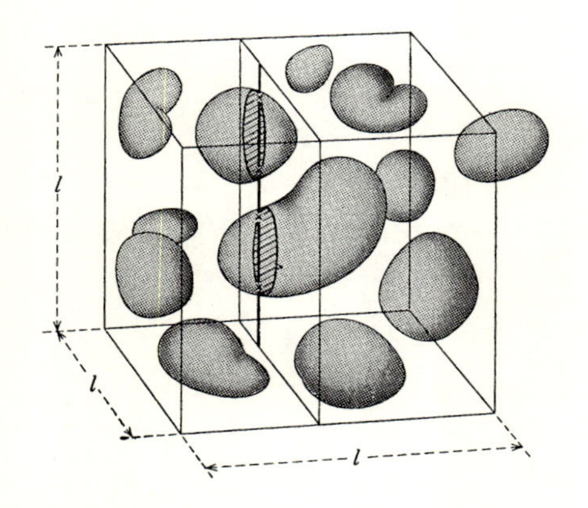

図 2.2.2 空間中の曲面の面積を推定する基本的操作を示す．空間中に試験直線を引く操作は，空間をまず試験平面で切り，その上に試験直線を引いて，曲面の切口の曲線と交わらせることと同じである．

Tomkeieff (1945)，そしてさらに Hennig (1956) により開発されたものである．そして鉱物学の領域では Saltykov (1945) によって見出されたものとされている．曲面は閉曲面で囲まれた立体の表面であっても膜状の界面であってもよい．またその形も等方性であるという以外は全く自由であるし，また数も任意である．いまこの空間中に稜の長さ l の立方体の領域をとり，これを貫いて立方体の一つの面に直交するような試験直線を無作為に引いてこの領域中の曲面と交わらせてみる．これは実際の操作の上では図 2.2.2 のように，1 辺 l の正方形の試験平面でこの空間を切り，その上に正方形の 1 辺に平行に l の長さの試験直線を引くという方法で再現される．そうするとこの試験直線と曲面が交わってつくる交点の数は，立方体中の曲面の総面積が大きい程多くなるであろうことは直観的にも想像できる．そしてこの交点の数の期待値はそれぞれの面素がこの試験直線と交わる確率の総和であるから，この筋途に沿って考えてみよう．まず一つの面素が試験直線と交わる確率にはその面素の試験直線に対する有効面積が関係してくる．この有効面積は面素の面積と，この面素の試験直線に対する傾きの角によって決まる．この関係を明らかにするには座標系を定めた方が便利であるから，以後この立方体の中に原点をおく直交座標系 O-xyz をとり，z 軸を試験直線の方向に一致させるようにする．そうすると x 軸，y 軸はそれぞれこの立方体の隣り合った面と直交することになる．

さてこの立方体中の曲面の総面積を S とし，これを充分多数の N 個の微小面積 $\mathrm{d}S$ の面素に分割すれば

$$S = N\mathrm{d}S \tag{2.2.1}$$

である．次に一つの面素の試験直線に対する有効面積を考えてみると，これは面素の法線が z 軸となす角 φ によって左右される．いま図2.2.3(a)のようにそ

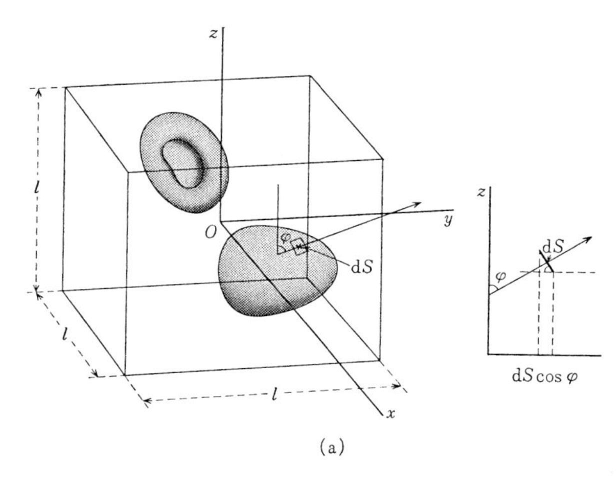

(a)

図2.2.3　(a)　曲面を充分小さい等しい面積 $\mathrm{d}S$ の面素に分割すると，面素はこれに接する微小な平面でおきかえることができる．そして面素の空間中の方向はその接平面に立てた法線の方向で定義できる．また法線が z 軸となす角を φ とすれば，z 軸方向の試験直線が面素と交わる幾何学的確率は $\cos\varphi$ に比例する．

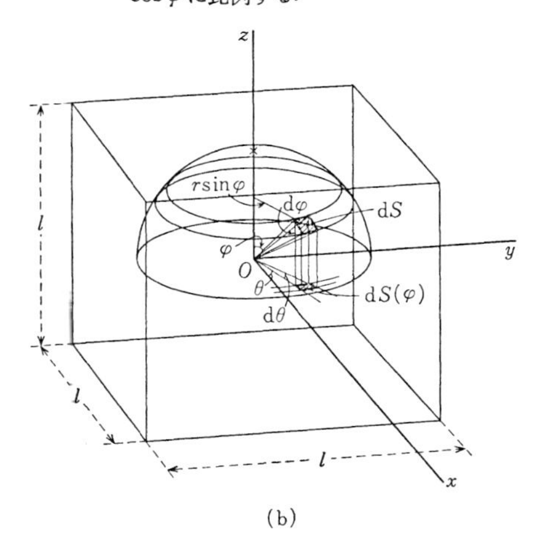

(b)

(b)　面素をその空間中の方向を変えずに移動させることにすれば，等方性の曲面を分割して得たすべての面素を集めて球面をつくることができる．図には便宜上半球面を示してある．そしてその法線が z 軸方向の試験直線に対して φ から $\varphi+\mathrm{d}\varphi$ の間の角をなすような面素の数 $\mathrm{d}N(\varphi)$ は図の半球面上での帯状の部分の面積に比例する．

の法線が z 軸と φ の角をなすような面素の試験直線に対する有効面積を $\mathrm{d}S(\varphi)$ とすれば

$$\mathrm{d}S(\varphi)=\mathrm{d}S|\cos\varphi| \tag{2.2.2}$$

となる．ところで以下の理論に必要なのはこの $\mathrm{d}S(\varphi)$ をすべての面素について平均した値 $\overline{\mathrm{d}S}(\varphi)$ である．それゆえ次に $\overline{\mathrm{d}S}(\varphi)$ を求めることを考えよう．

このためには一方で z 軸となす角が $\mathrm{d}\varphi$ を微小な角として φ と $\varphi+\mathrm{d}\varphi$ の間にあるような法線をもつ面素の数，つまり z 軸に対してある傾き φ の角をもつ面素の数を知っておく必要がある．いますべての面素の空間中の方向を変えることなく，これらの法線が座標系の原点 O を通るように移動させてみよう．このように集められた面素は曲面の等方性の定義から，O を中心とする任意の半径 r の球の表面に一様な密度で配置されることになる．これは一方では O を中心とする球面上の等しい面積を貫く法線の数はすべて等しいということと同じ内容である．つまり球面のある部分を貫く法線の数はその部の球表面の面積に比例するということになる．いま法線のうち φ が φ と $\varphi+\mathrm{d}\varphi$ の間にあるものだけを考えると，それらが球面を貫く部分は図 2.2.3(b) に示すような狭い帯状の面積をつくることになる．この際帯状面積は xy 面に関して互いに対称な位置に二つできることになるが，図 2.2.3(b) には z 軸の正の方向に位置する半球のみを示してある．そしてこれら二つの帯状面積をつくる面素の数を $\mathrm{d}N(\varphi)$ とする．一方球の表面積は $4\pi r^2$ であり，球表面全体に配置される面素の数は N であるから

$$\begin{aligned}\mathrm{d}N(\varphi)&=N(4\pi r^2\sin\varphi)\mathrm{d}\varphi/4\pi r^2\\&=N\sin\varphi\,\mathrm{d}\varphi\end{aligned} \tag{2.2.3}$$

を得る．

次に以上の結果(2.2.2)と(2.2.3)を利用して，すべての方向についての $\mathrm{d}S(\varphi)$ の平均 $\overline{\mathrm{d}S}(\varphi)$ を求めることができる．これは $\mathrm{d}S(\varphi)$ と $\mathrm{d}N(\varphi)$ の積を φ について 0 から $\pi/2$ まで積分した結果を面素の総数 N で除せばよい．したがって

$$\overline{\mathrm{d}S}(\varphi)=\frac{1}{N}\int_0^{\pi/2}(N\mathrm{d}S)\sin\varphi\cos\varphi\,\mathrm{d}\varphi$$

$$=\frac{\mathrm{d}S}{2}\left[\sin^2\varphi\right]_0^{\pi/2}$$

$$= \mathrm{d}S/2 \tag{2.2.4}$$

を得る．

一方1本の試験直線が，これに対してφの角をなす一つの面素と交わる確率$p(\varphi)$は，$\mathrm{d}S(\varphi)$を試験直線のとりうる位置の範囲，つまり1稜lの立方体の一つの面の面積で除したものに等しい．すなわち

$$p(\varphi) = \mathrm{d}S(\varphi)/l^2 \tag{2.2.5}$$

である．そしてすべての面素についての$p(\varphi)$の平均を$\bar{p}$とすれば

$$\bar{p} = \overline{\mathrm{d}S}(\varphi)/l^2 = \mathrm{d}S/2l^2 \tag{2.2.6}$$

という関係が成立することになる．

さて曲面全体と1本の試験直線が交わってつくる交点の数C_Vの期待値を$\bar{C}_V$とすれば，$\bar{C}_V$は$\bar{p}$に面素の総数を乗ずれば求められるから

$$\begin{aligned}\bar{C}_V &= N\bar{p} \\ &= N\mathrm{d}S/2l^2 \\ &= S/2l^2\end{aligned}$$

したがって

$$S = 2\bar{C}_V l^2 \tag{2.2.7}$$

となる．そして単位体積中のSの値をS_Oとし，単位の長さの試験直線あたりの$\bar{C}_V$の値を$\bar{C}_{VO}$とすれば

$$\boldsymbol{S_O = S/l^3 = 2\bar{C}_V/l = 2\bar{C}_{VO}} \tag{2.2.8}$$

という結果を得る．

以上の証明は解析的な手法を用いたいわば標準的な方法によるものであるが，この理論の誘導には基本的には同じでも形式的にはいろいろ異なった手法を用いることができる．そのうちで直観的に最もわかりやすく，またその考え方の筋途が他の場合にも応用のきく証明法を追加しておこう．稜の長さがlの立方体中に等方性の曲面がある時，この曲面を上に述べたような面素に分割し，すべての面素を空間中の方向を変えることなくこの立方体中で移動させると，等方性の定義によりこれらの面素により図2.2.4のような適当な半径rをもったm個の球面をつくることができる．次に立方体の一つの面を通りこれに直交する試験直線でこの立方体を貫いてみると，面素はその空間中の方向を変えていないから，試験直線がこれらの球面と交わる期待値は，もとの曲面が試験直

線と交わる期待値に等しい．一方試験直線がこれらの球そのものを貫く回数 E ——これは球面のつくる交点の数ではない——の期待値を $\bar{E}$ とすると，$\bar{E}$ は球の赤道面の面積の和を試験直線の存在しうる範囲の面積で除したものに等しい．したがって

$$\bar{E} = m\pi r^2/l^2 \tag{2.2.9}$$

である．一方球面の面積の和は $4m\pi r^2$ であり，これは同時にもとの曲面の面積 S に等しいから

$$S = 4\pi m r^2 \tag{2.2.10}$$

であり，したがって

$$S/\bar{E} = 4l^2 \tag{2.2.11}$$

となる．ところで一つの球面は試験直線と交わる時2個の交点をつくるから

$$2\bar{E} = \bar{C}_V \tag{2.2.12}$$

である．これよりただちに

$$S = 2\bar{C}_V l^2,\ \ S_O = 2\bar{C}_{VO} \tag{2.2.13}$$

を得る．

この理論を実際に応用するにあたっては，曲面を切る無作為な標本面上に無作為な試験直線を引いて，曲面の切口である平面曲線と交わらせてその交点の数を求めればよいわけである．しかし $\bar{C}_V$ という観念は以上のような操作を無限に多くくりかえして得られる C_V の平均であり，これは実測により求めることは不可能であるから，実際にはある1回の試行によって得た C_V の値そのもので代用されることになる．したがってある推定の誤差を伴うことは避けられ

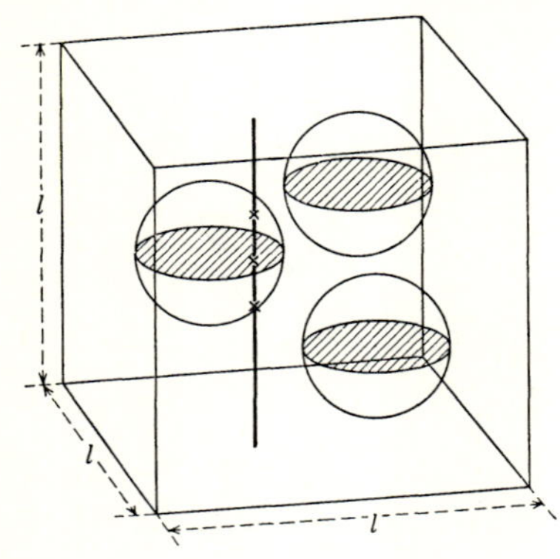

図 2.2.4　面素を集めてつくった球を試験直線が貫く期待値は，これらの球の赤道面と試験直線とが交わる期待値と同じ意味をもつことを示す．

ない．この誤差の性格は第4章で説明するが，誤差を小さくするためにはできるだけ長い試験直線を用いる必要がある．またこれまでの理論は厳密にいえば元来標本面に1本の無作為な試験直線を引く時にだけ成立するものではあるが，実際問題としては試験直線の総長を大きくするために，何本かの試験直線を同一標本面に引いても差しつかえはないであろう．

以上の操作は無作為な試験直線を用いる理論を実地に応用するものであるが，同数同長の試験直線を用いる限り等間隔平行線を使用する方が $\bar{C}_V$ の推定誤差ははるかに小さくなる．これについては第4章の377頁以下で説明する．したがって計測実施にあたっては図2.2.5のようなeye-pieceを用いるのが便利である．Hϵnnig(1956)は図2.2.6のようなeye-pieceを提案しているが，誤差を計算する場合には等長の平行線の方が楽である．なお実際にはもっと別な

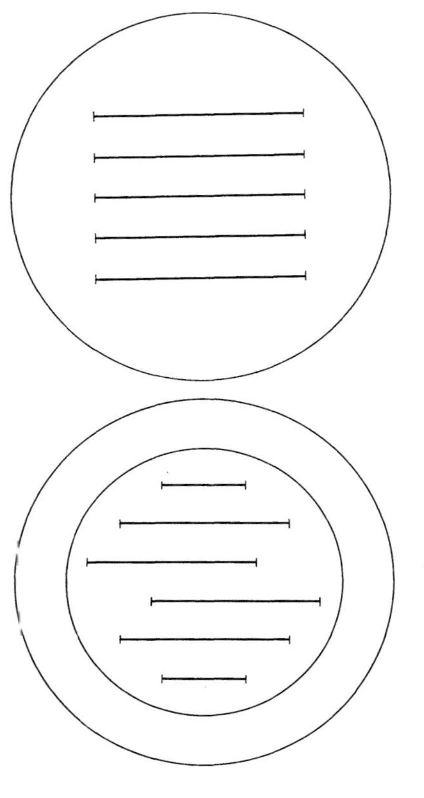

図2.2.5　5本の等長の直線を等間隔，また平行に配置したeye-pieceである．説明は本文参照のこと．

図2.2.6 Hennigの提案したeye-piece. 等間隔平行線を用いているが，直線の長さは同じではなく，また直線の端もそろえていない．これは対象の配置にeye-pieceの横線方向にあるリズムが存在する時，これを補正して誤差がとびぬけて大きくなることを防止する効果をもつ．

eye-piece でも用はすむので，私共はしばしば図2.2.7のようなeye-pieceを使っている．これは直交する2本の直線に等間隔の目盛りを入れたものである．そして $\bar{C}_V$ の計測にはこの横線だけが必要なのであるが，等間隔の目盛りがあればこのeye-piece一つで平面図形と試験直線が交わってつくる弦の長さの計測もできるので，多目的な使用が可能である．このeye-pieceの使用上の具体的なことは図2.2.7の説明を参照していただきたい．

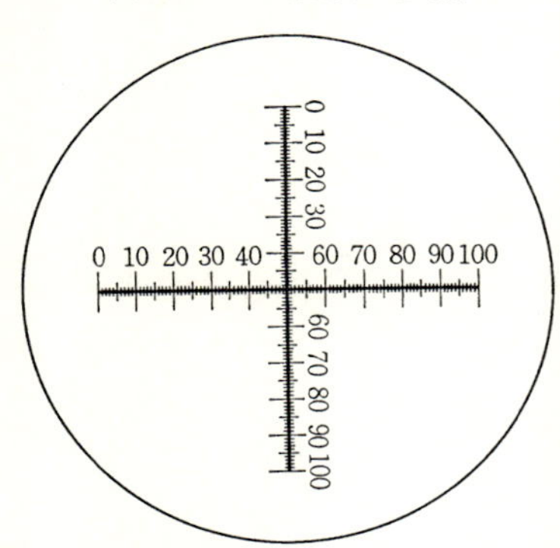

図2.2.7　直交する十字線に等間隔の目盛りをつけたeye-pieceである．計測の対象として充分大きな領域をとりうるようなものであれば，顕微鏡の視野を横に動かして，eye-pieceの横線を次次と接続させて任意の長さの試験直線をつくることができる．なお比較的限られた領域について，その領域での計測誤差を小さくするためには，顕微鏡の視野を縦に等しい間隔で動かして上記の計測を行えば，等間隔平行線を用いたのと同じ効果がでることは明らかであろう．この際eye-pieceの縦線と目盛りが役に立つ．

次に試験直線と曲線の交点を数えるにあたっては，曲面を表面と考えるか界面と考えるかによって交点のとり方が異なるから，どちらの立場をとるかは前もってはっきりさせておく必要がある．たとえば肺胞壁を対象とする場合，肺胞壁の表面積を求める目的なら肺胞壁に表裏を区別しなければならないから，試験直線が1回肺胞壁と交わるごとに2個の交点ができることになる．一方肺胞壁を単に肺胞の界面と見るならば1個の交点をとるだけでよい．

なおこの方法を用いる時，試験直線が曲線と接する個所ができることがある．理論的には試験直線も曲線も太さのない線であるから，両者の接する機会は確率論的にいえば0になるはずであり，試験直線はこの曲線の接点付近の部分と交われば2個の交点を与え，交わらなければ交点の数が0となるので，そのいずれかでなければならないが，実際には接しているとしかいいようのない場合もでてくる．このような時には通常1個の交点をとるという処置がとられる．これは接点が1個の点であるというよりは，むしろ交点が0である可能性も2である可能性も同様に確からしいから，確率論的に交点を1として扱うといった方が正しいであろう．

b）平面曲線の長さ

平面曲線の長さの推定の理論も曲面の面積を求める場合と全く同一の形式で誘導できる．いま図 2.2.8 のように平面上に 1 辺の長さが l の正方形の領域をとり，この正方形の中に原点 O をおく直交座標系 O-xy を考える．そして x 軸，y 軸はそれぞれ正方形の隣合った辺に平行になるようにとることにする．この正方形中の平面曲線の総長を L_A とし，L_A を充分多数の N 個の $\mathrm{d}L_A$ の長さの線素に分割するものとすれば

$$L_A = N\mathrm{d}L_A \qquad (2.2.14)$$

である．いまこの正方形上に x 軸に平行に l の長さの試験直線を引いてみると，ある一つの線素のこの試験直線に対する有効長は，この線素の y 軸上の正射影で与えられる．つまりこの線素の試験直線に対する傾きが問題になる．この傾きは線素の場合は線素そのものについて考えてもよいが，ここでは曲面の場合と形式を合わせるため，線素の法線と試験直線のなす角をもって定義することにする．この角が θ であるような 1 個の線素の有効長を $\mathrm{d}L_A(\theta)$ とすれば

$$\mathrm{d}L_A(\theta) = \mathrm{d}L_A|\cos\theta| \qquad (2.2.15)$$

となる．

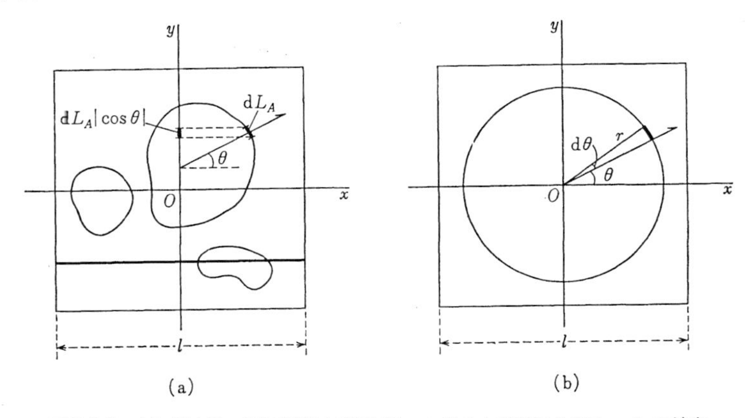

図 2.2.8　(a) 等方性の平面曲線を等長 $\mathrm{d}L_A$ の微小な線素に分割し，その線素の方向を線素に立てた法線と試験直線――図では x 軸方向――となす角 θ により定義すると，この線素が試験直線と交わる確率は $\mathrm{d}L_A|\cos\theta|$ に比例する．(b) すべての線素をその方向を変えることなく移動すれば，これらの線素を任意の半径 r の円周上に一様な密度で配置することができる．そして θ が θ と $\theta+\mathrm{d}\theta$ の間にあるような線素の数 $\mathrm{d}N(\theta)$ は $\mathrm{d}\theta/2\pi$ に比例する．

次に $\mathrm{d}L_A(\theta)$ をすべての線素について平均した量 $\overline{\mathrm{d}L_A}(\theta)$ を求めることを考えよう.

まずすべての線素をその方向を変えることなく平面上で移動し，それらの法線がすべて座標系の原点 O を通るようにする．そうすると O を中心として描いた任意の半径 r の円の周の上にすべての線素を一様な密度で配置することが可能である．またその場合線素の法線は O を中心としてすべての方向に一様な密度で放射状に配列されることになるであろう．円周の長さは $2\pi r$ であり，この上にある線素の数は N であるから，$\mathrm{d}\theta$ を微小な角として θ が θ と $\theta+\mathrm{d}\theta$ の間にあるような線素の数を $\mathrm{d}N(\theta)$ とすれば

$$\mathrm{d}N(\theta) = Nr\mathrm{d}\theta/2\pi r = N(\mathrm{d}\theta/2\pi) \tag{2.2.16}$$

となる．そして $\overline{\mathrm{d}L_A}(\theta)$ は $\mathrm{d}N(\theta)$ と $\mathrm{d}L(\theta)$ の積を θ について 0 から 2π まで積分し，これを線素の総数 N で除せば得られるから

$$\begin{aligned}\overline{\mathrm{d}L_A}(\theta) &= \frac{1}{N}\int_0^{2\pi}(N\mathrm{d}L_A/2\pi)|\cos\theta|\mathrm{d}\theta \\ &= (2\mathrm{d}L_A/\pi)\int_0^{\pi/2}\cos\theta\,\mathrm{d}\theta \\ &= 2\mathrm{d}L_A/\pi \end{aligned} \tag{2.2.17}$$

となる.

さてその法線が試験直線と θ の角をなす一つの線素が試験直線と交わる確率を $p(\theta)$ とすれば，$p(\theta)$ はこの線素の試験直線に対する有効長 $\mathrm{d}L_A(\theta)$ を試験直線がとりうる位置の範囲の長さ，つまり正方形の1辺の長さ l で除したものである．すなわち

$$p(\theta) = \mathrm{d}L_A(\theta)/l \tag{2.2.18}$$

である．そしてすべての線素についてのこの確率の平均を $\bar{p}$ とすれば

$$\bar{p} = \overline{\mathrm{d}L_A}(\theta)/l = 2\mathrm{d}L_A/\pi l \tag{2.2.19}$$

となる．また試験直線が正方形中の曲線全体と交わってつくる交点の数 C_A の期待値を $\bar{C}_A$ とすれば，$\bar{C}_A$ は $\bar{p}$ に線素の総数 N を乗じたものに等しいから，

$$\begin{aligned}\bar{C}_A &= \bar{p}N = 2N\mathrm{d}L_A/\pi l \\ &= 2L_A/\pi l \end{aligned} \tag{2.2.20}$$

したがって

$$L_A = \frac{\pi}{2}\bar{C}_A l \qquad (2.2.21)$$

を得る．そして単位面積の領域についての L_A の値を L_{AO}，単位長の試験直線あたりの $\bar{C}_A$ の値を $\bar{C}_{AO}$ とすれば

$$\boldsymbol{L_{AO} = \frac{L_A}{l^2} = \frac{\pi}{2}\cdot\frac{\bar{C}_A}{l} = \frac{\pi}{2}\bar{C}_{AO}} \qquad (2.2.22)$$

という関係が成立する．

次に曲面の場合と同じような直観的な証明を追加しておこう．1辺 l の正方形の領域に総長 L_A の等方性の平面曲線がある時，この曲線を充分多数の等長の線素に分割し，それらの線素をその方向を変えることなく正方形中で移動させれば，適当な半径 r をもつある個数 m の円周をつくることができる．この状態を図 2.2.9 に示してある．これは曲線の等方性の定義の表現であることはいうまでもない．さてこの正方形の1辺に平行な試験直線を引いて円周と交わらせてみると，線素の方向は移動によって変っていないから，試験直線が円周と交わってつくる交点の数の期待値は，もとの曲線と試験直線が交わってつくる交点の数の期待値と等しくなるはずである．一方試験直線が円周ではなく円そのものと交わる回数を E とし，E の期待値を $\bar{E}$ とすれば，$\bar{E}$ は円の直径の和を試験直線がとりうる位置の範囲の長さ，つまり正方形の1辺の長さ l で除したものになる．したがって

$$\bar{E} = 2mr/l \qquad (2.2.23)$$

である．一方曲線の総長 L_A は m 個の円周の和に等しいから

$$L_A = 2\pi mr \qquad (2.2.24)$$

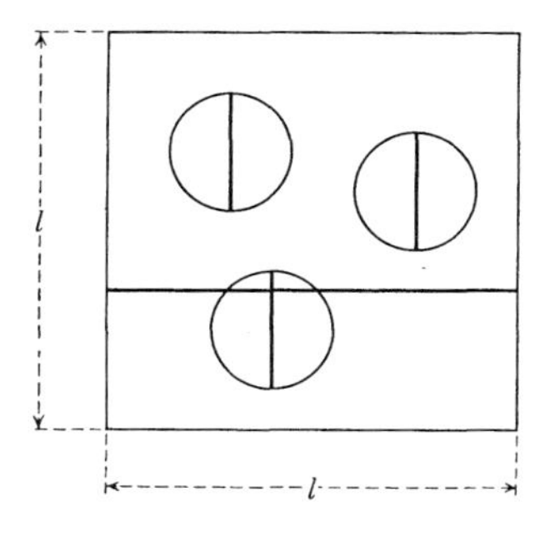

図 2.2.9 等方性の平面曲線とある方向の試験直線が交わる期待値は，この平面曲線と等長の周をもつ任意の数の円が試験直線と交わる期待値に等しい．そしてこの期待値は円の直径の和に比例することがわかる．

となる．ゆえに

$$L_A/\bar{E} = \pi l \tag{2.2.25}$$

である．そして一つの円周は試験直線と交わる時2個の交点をつくるから

$$2\bar{E} = \bar{C}_A \tag{2.2.26}$$

であり，ゆえに

$$L_A = \frac{\pi}{2}\bar{C}_A l \tag{2.2.27}$$

$$L_{AO} = \frac{\pi}{2}\bar{C}_{AO} \tag{2.2.28}$$

を得る．

この理論を応用するにあたって $\bar{C}_A$ や $\bar{C}_{AO}$ はある1回の試行による C_A や C_{AO} で代用されることになるので，そのためにある誤差を伴うこと，そしてこの誤差を小さくするためには試験直線をできるだけ長くとる必要があること，などは曲面の面積推定の時の $\bar{C}_V$ や $\bar{C}_{VO}$ と同じことである．その他の実施上の注意も a) 曲面の面積で述べたことと本質的に同じであるから参考にしていただきたい．ただ平面曲線が曲面の切口ではなく，それ自身が推定の対象になる時は，平面上に何本の試験直線を引いても理論上差しつかえはない．そしてこの際等間隔平行線を用いる方が同数の無作為な試験直線を用いるよりは誤差を小さくする上で効果的である．なおこれらの問題は第4章であらためて説明する．

c) 曲面の面積と曲面の切口の長さ

これまでは曲面の面積と平面曲線の長さの推定を別個の問題として扱ってきた．しかしこの項では平面曲線が曲面の切口を表わす場合，その長さと曲面の面積の関係がどうなるかを調べてみよう．この二つの量の推定の操作は平面上に試験直線を引いて曲線との交点の数を求めるという点では全く共通なものであるが，それにもかかわらず理論式が異なってくる．もう1度式を併記してみると

$$S_O = 2\bar{C}_{VO} \tag{2.2.29}$$

$$L_{AO} = \frac{\pi}{2}\bar{C}_{AO} \tag{2.2.30}$$

であり，この $\bar{C}_{VO}, \bar{C}_{AO}$ は同じ内容のものになる．その差は単に平面曲線が曲面の切口を意味するかしないかだけのことである．それゆえ $\bar{C}_{VO} \equiv \bar{C}_{AO}$ として上の式からこれらを消去してみると

$$S_O = \frac{4}{\pi}L_{AO} \tag{2.2.31}$$

を得る．ただし曲面の切口の長さは試行ごとに異なりうるので，この L_{AO} は内容的には無限回の試行によって得られる L_{AO} の平均値，または L_{AO} の期待値であるから，これを $\bar{L}_{AO}$ と書けば

$$S_O = \frac{4}{\pi}\bar{L}_{AO} \tag{2.2.32}$$

となる．これが曲面の面積とその切口の長さを結びつける関係式である．

一応の話としてはこれだけのことであるが，この $4/\pi$ という係数は曲面の等方性という幾何学的規定に基づくもので，この意味でこの関係式は曲面の形を反映する項を含むものである．このようなことは立体の体積と割面上の図形面積の間には起らない．この場合の関係式

$$V_O = \bar{A}_O \tag{2.2.33}$$

は立体の形いかんにかかわらず成立するのである．それゆえ以下曲面の面積の場合にはどうしてこのような簡単な関係が成立しないのか，その理由を検討しておこう．

いま閉曲面で囲まれた立体をある座標軸 x に直交する狭い間隔 $\varDelta x$ をもった2枚の平行な平面 π_0, π_1 で切り，この平面に挟まれた部分の立体の体積を $\varDelta V$，表面積を $\varDelta S$，π_0 面上の立体の切口の面積を A，切口の周の長さを L_A とすると，π_1 面上のそれらの量はそれぞれ $A+(\mathrm{d}A/\mathrm{d}x)\varDelta x$，$L_A+(\mathrm{d}L_A/\mathrm{d}x)\varDelta x$ となる．なお $\varDelta x$ を充分小さくとれば，π_0 または π_1 に直交する平面で立体を切った時，立体表面の切口としてできる曲線は π_0 と π_1 の間では直線で近似させて差しつかえないから，以下これを前提として話を進めよう．

まず $\varDelta V$ を求めてみると，この体積は π_0 と π_1 のちょうど中間に位する平面上の立体の切口の面積に $\varDelta x$ を乗じたものに等しい．よって

$$
\begin{aligned}
\Delta V &= \frac{1}{2}[A+A+\Delta A]\Delta x \\
&= \frac{1}{2}\left[2A+\frac{\mathrm{d}A}{\mathrm{d}x}\Delta x\right]\Delta x \\
&= A\Delta x+\frac{1}{2}\cdot\frac{\mathrm{d}A}{\mathrm{d}x}(\Delta x)^2 \qquad (2.2.34)
\end{aligned}
$$

を得る．この右辺の第2項は Δx を無限に小さくとれば高次の無限小となるから無視してよい．したがって

$$\Delta V = A\Delta x \qquad (2.2.35)$$

として差しつかえない．つまり π_0, π_1 の二つの面上での立体の切口の面積の差 ΔA は無視できる．この ΔA は立体の形に関係する量であるから，結局は ΔV の推定に立体の形はまったく影響を及ぼさないことになるのである．そして立体全体の体積は ΔV を次々と加えて得られるものであるから，この推定にあたっても立体の形は考慮する必要がないことがわかる．

ところでこれに対して ΔS の形は異なったものになる．まず π_0 上で L_A を充分に小さい ΔL_A の長さの弧に分割し，その弧の両端 P_a, P_b に法線を引くと，この法線は小さな角 $\Delta\theta$ を挟むことになる．そしてこの弧の曲率半径を r とすれば

$$\Delta L_A = r\Delta\theta \qquad (2.2.36)$$

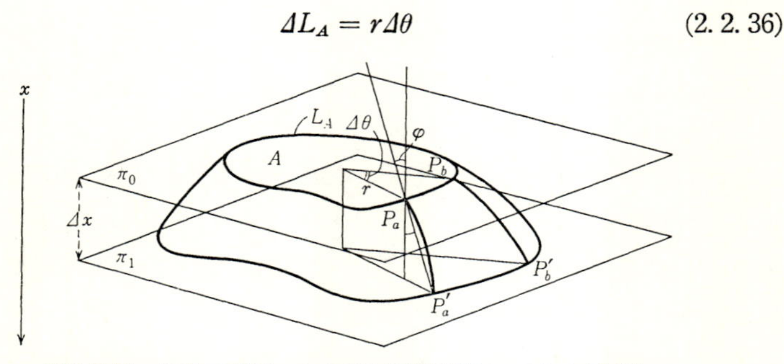

図 2.2.10　曲面の面積とこれを切る試験平面上にできる平面曲線の長さとの関係を説明するための図．π_0 と π_1 は Δx の距離をへだてた2枚の平行な試験平面であり，この間に挟まれた立体の体積，表面積をそれぞれ $\Delta V, \Delta S$ とする．また A, L_A はそれぞれ π_0 面上における立体の切口の面積およびその周の長さであり，これらの量は π_1 面上では $A+(\mathrm{d}A/\mathrm{d}x)\Delta x$，$L_A+(\mathrm{d}L_A/\mathrm{d}x)\Delta x$ となるものとする．説明は本文参照のこと．

である．一方これらの法線を含みπ_0に直交する二つの平面はπ_1上でもやはり小さな弧を切りとることになるが，この弧の長さを$\Delta L_A'$，その両端のP_aに対応する点をP_a'，P_bに対応する点をP_b'としよう．そして直線P_aP_a'と，P_aを通りπ_0に直交する直線とのなす角をφとすれば，図2.2.10からわかるように

$$\Delta L_A' = (r+\Delta x\cdot\tan\varphi)\Delta\theta \tag{2.2.37}$$

である．この際$\varphi \neq \pi/2$としておく．ところでP_a, P_a', P_b, P_b'の4個の点で限られた立体表面は台形様の小さな曲面をつくるが，この曲面の面積Δsは台形の面積を求める式を利用して

$$\begin{aligned}\Delta s &= \frac{1}{2}(\Delta L_A+\Delta L_A')(\Delta x/\cos\varphi)\\ &= \frac{1}{2}(r\Delta\theta+r\Delta\theta+\Delta\theta\cdot\Delta x\cdot\tan\varphi)(\Delta x/\cos\varphi)\\ &= \Delta L_A\Delta x/\cos\varphi+(\Delta\theta)(\Delta x)^2\cdot\sin\varphi/2\cos^2\varphi \end{aligned}\tag{2.2.38}$$

となる．そして右辺第2項は$\Delta x\to 0$の時高次の無限小となる．したがってこれは無視できるから

$$\Delta s = \Delta L_A\Delta x/\cos\varphi \tag{2.2.39}$$

を得るのである．そしてΔSはΔsをL_Aの長さの曲線を1周して積分すれば求められるから，ΔL_Aを$\mathrm{d}L_A$と書いて

$$\Delta S = \int_{L_A}\frac{\Delta x}{\cos\varphi}\mathrm{d}L_A \tag{2.2.40}$$

となる．この式を変形すれば

$$\frac{\Delta S}{\Delta x} = \int_{L_A}\frac{\mathrm{d}L_A}{\cos\varphi} \tag{2.2.41}$$

であり，$\Delta x\to 0$の時は$\Delta S/\Delta x=\mathrm{d}S/\mathrm{d}x$であるから，これは内容から見て一般に有限確定であると考えてよい．また$\mathrm{d}S/\mathrm{d}x$は幾何学的に相似の立体の間ではL_Aに比例するから

$$\frac{\mathrm{d}S}{\mathrm{d}x} = qL_A \tag{2.2.42}$$

と書くと，qは立体の幾何学的形態のみによって定まる係数となる．これを用いれば

$$\Delta S = qL_A\Delta x \tag{2.2.43}$$

という形の式を得るのである．つまり$\varDelta S$は$\varDelta x$をいかに小さくとっても立体の形に関係する係数がそのまま残るということである．このqの値は(2.2.41)の式の中の$\cos\varphi$により定まることはいうまでもない．そして$\cos\varphi$の値は曲線上の位置によって変わることはもちろんであるが，qの算術平均を$\bar{q}$とすれば，$\cos\varphi\leqq 1$であるから

$$\bar{q}L_A = \int_{L_A}\frac{\mathrm{d}L_A}{\cos\varphi} \geqq \int_{L_A}\mathrm{d}L_A \geqq L_A \qquad (2.2.44)$$

したがって$\bar{q}\geqq 1$である．この等号の成立するのはいずれの位置についても$\cos\varphi=1$である時で，これは常に$\varphi=0$でなければならない．いいかえれば立体表面がπ_0面と常に直交するような筒状の形であることを意味する．そしてこの時は

$$\varDelta S = L_A\varDelta x \qquad (2.2.45)$$

となる．そしてその筒状構造物の高さをhとすれば

$$S = L_A h \qquad (2.2.46)$$

によりその表面積を推定できる．

これ以外の場合は常に$\bar{q}>1$であり，かつ$\bar{q}$の値は立体の形によって左右される．そして立体表面が等方性であるという規定がある時には$\bar{q}=4/\pi$となり，これがすでに(2.2.31)として誘導した式にあたるわけである．等方性以外の規定がつけられる場合は一般的にいえば立体表面に配向があることを意味する．この時は$\bar{q}$の値をそれぞれのモデルについて計算しなければならない．立体表面に配向のある場合は一括して後にあらためて説明するつもりである．

なおSとL_Aの間の関係はもう一段次元を下げればL_AとC_Aの関係になり，L_AとC_Aは平面曲線の幾何学的形態によって定まる係数を用いてはじめて結びつけられることになる．これは本質的にはSとL_Aの扱い方と同じことであるから，ここでは簡単に説明しておく．いま図2.2.11のように1辺lの正方形の領域をとり，その1辺をx軸にとり，その上に充分に小さい$\varDelta x$をとり，領域上に$\varDelta x\times l$の長方形の区域を限ってみる．そしてこの区域にx軸に直交する試験直線を引き，曲線と交わらせてできる交点の数をC_Aとし，またこの区域中の曲線の長さを$\varDelta L_A$とする．この際$\varDelta x$を充分小さくとれば，曲線が

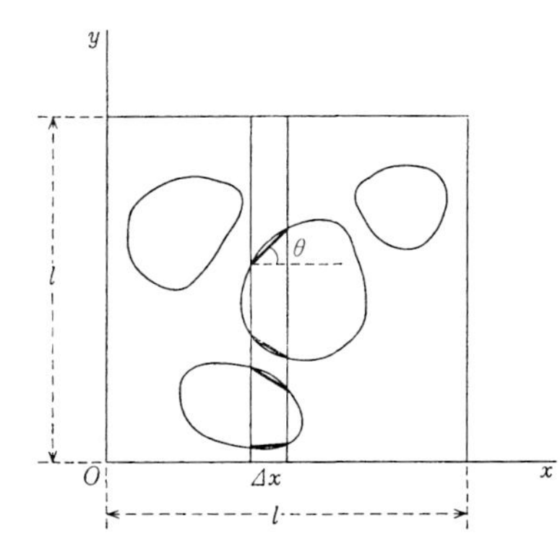

図 **2.2.11** 充分狭い間隔 Δx をもった2本の平行な試験直線の間に挟まれた平面曲線の長さ ΔL_A と Δx の関係を示す図．図で太い線で示した線分の長さの和が ΔL_A となる．説明は本文参照のこと．

この区域によって切りとられてできる弧の長さは，それぞれの弧が区域の両側と交わる点を結ぶ線分の長さでおきかえることができる．両者の長さの差は $\Delta x \to 0$ の時高次の無限小となるからである．これらの線分が x 軸となす角を一般に θ で表わせば，ある一つの弧の長さは $\Delta x/\cos\theta$ で与えられる．ところで θ の値はそれぞれの弧について異なるから，この区域中のすべての弧，すなわち C_A 個の弧について $\cos\theta$ の調和平均をとり，これを q とすれば

$$q = \frac{1}{C_A}\sum\frac{1}{\cos\theta} \tag{2.2.47}$$

である．これを用いて

$$\Delta L_A = qC_A\Delta x \tag{2.2.48}$$

を得る．この q が曲線の形によって左右されることは明らかである．そして l^2 の正方形の領域中の曲線の長さを L_A とすれば，L_A は ΔL_A を $\sum\Delta x = l$ になるまで加え合わせればよいから

$$L_A = \sum\Delta L_A = \sum qC_A\Delta x \tag{2.2.49}$$

である．この右辺を試験直線が x 軸と交わる範囲を l にとった時の C_A の期待値を $\bar{C}_A$，曲線上のすべての点についての $1/\cos\theta$ の平均を $\bar{q}$ として変形すれば

$$L_A = \bar{q}\bar{C}_A\sum\Delta x = \bar{q}\bar{C}_A l \tag{2.2.50}$$

を得る．そして $1/\cos\theta \geqq 1$ であるから

$$\bar{q} \geqq 1 \tag{2.2.51}$$

であり，等号の成立するのは曲線上のいかなる点についても $\cos\theta = 1$ である場合だけ，いいかえれば曲線が実は x 軸に平行な，または試験直線に直交する

線分群である場合だけである．それ以外の場合には常に $\bar{q}>1$ であり，また $\bar{q}$ の値は曲線の形によって決まる．その特別な場合として曲線が等方性であれば $\bar{q}=\pi/2$ となることはすでに説明した通りである．そして曲線が等方性でない時，つまり配向のある時は，それぞれの場合に応じて適当な幾何学的モデルを用いて $\bar{q}$ を計算する必要がある．

§3　空間曲線の長さ

空間中にその方向が等方性であるような曲線が存在する時，単位体積中の曲線の長さを L_{VO}，この曲線が単位面積の試験平面と交わってつくる交点の数 P_O の期待値を $\bar{P}_O$ とすれば

$$L_{VO}=2\bar{P}_O$$

という関係が成立する．この関係から $\bar{P}_O$ を求めれば L_{VO} を推定することができる．

この節では空間中に存在する曲線，または線状構造物の長さを推定する方法を説明する．これまでの考え方を推してゆけば，1次元の量である曲線の長さはもう一つ次元を下げた量である点の数から求められることは容易に想像がつく．そして計測すべき対象が空間曲線であるから，この場合は空間を試験平面で切って，試験平面上にできる曲線の切口の点の数を利用すればよいわけである．

まず最も基本的な形として空間曲線が等方性である場合を考えよう．その一つの例が図2.3.1に示してある．この際等方性という条件以外には曲線の形や数には何の制約もない．遊離した形でも，互いに連結した形でも，loop をつくるものでも，分枝を有するものでも同じことである．また空間中で三つの面が合して1本の稜線をつくる場合にこの稜線の長さを問題とする時には，試験平面上で3本の曲線が合するような点の数を数えればよいであろう．さらに実際問題としてはある太さをもった柱状，または管状の構造物の長さを求める時にも同じ方法が適用されるが，この太さの影響は後に問題にすることにして，さしあたっては太さのない曲線についての理論を誘導してみよう．

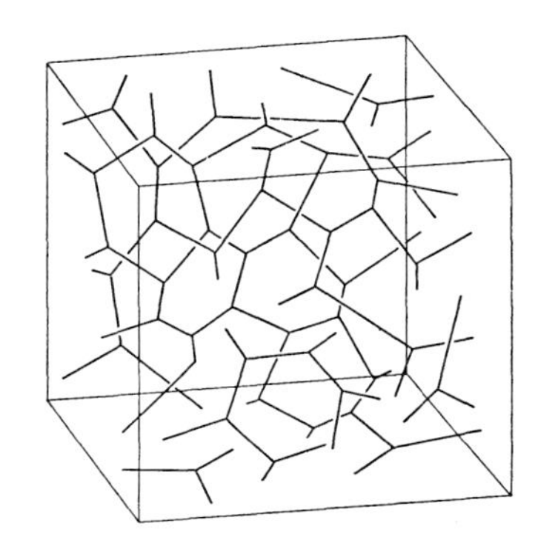

図 2.3.1　等方性の空間曲線の 1 例を示す．この図では連結した線分を示してあるが，個個の線分はもちろん曲線であってもよく，また互いに連結していなくてもかまわない．

理論の形式は曲面の面積推定の場合と同一の形になる．まず空間中に 1 稜 l の立方体をとり，この立方体中に原点 O をおく直交座標系 $O\text{-}xyz$ を考える．そして立方体の三つの隣合った面を三つの座標軸にそれぞれ直交するようにおくものとする．いまこの立方体中の曲線の長さを L_V とし，L_V を充分多数の N 個の等長 $\mathrm{d}L_V$ の線素に分割するものとすれば

$$L_V = N\mathrm{d}L_V \tag{2.3.1}$$

である．次にこれらの線素の空間中の方向を変えることなく立方体中で移動させれば，これらの線素の一端を原点 O 上におき，かつ線素そのものはすべて z 軸の正の方向にだけ位置するように集めることができる．このようにして集めた線素は元来の曲線の等方性という制約のゆえに，原点 O を中心とし，z 軸の

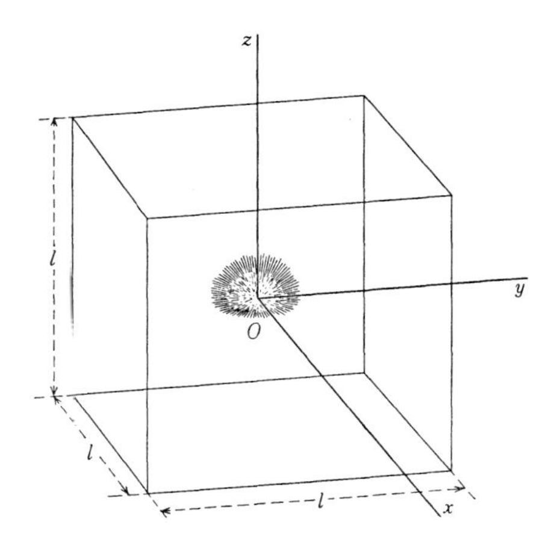

図 2.3.2　等方性の空間曲線はこれを充分に短い等長の線素に分割して，すべての線素をその方向を変えることなく移動すればこの図のような形につくりなおすことができる．この図では半球をつくる形にしてあるが，線素の中心を 1 点に集めれば球をつくることができる．いずれを用いても差しつかえない．

正の方向にとった半径 dL_V の半球をすべての方向について一様な密度で満たすことになる(図 2.3.2).

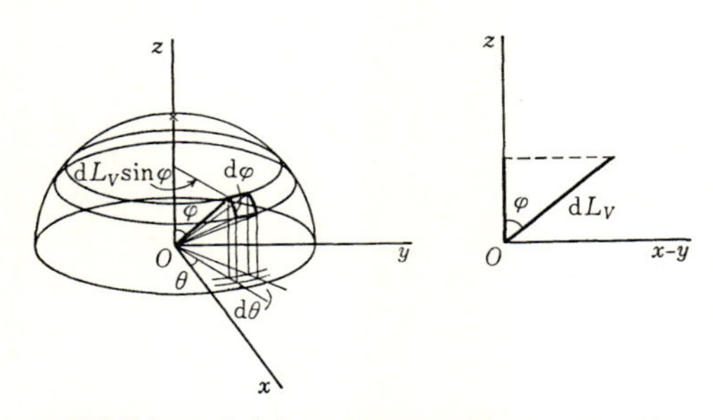

図 2.3.3　図 2.3.2 の形に集めた線素のうち，z 軸となす角が φ と $\varphi+d\varphi$ の間にあるようなものの数 $dN(\varphi)$ は図の半球面上の帯状の面積に，したがって $\sin\varphi$ に比例する．また z 軸と φ の角をなす 1 個の線素が x-y 面に平行な試験平面と交わる確率は $\cos\varphi$ に比例する．

さてある線素が z 軸に対して φ の角をなす時，この線素の z 軸方向の有効長，または x-y 面に平行な試験平面に対する有効長を $dL_V(\varphi)$ とすれば

$$dL_V(\varphi) = dL_V|\cos\varphi| \tag{2.3.2}$$

である．一方 $d\varphi$ を微小な角として φ が φ と $\varphi+d\varphi$ の間にあるような線素の数を $dN(\varphi)$ とすれば，$dN(\varphi)$ と N の比はこの範囲の線素によって半球表面につくられる帯状の微小面積を半球の全表面積で除したものに等しいから(図 2.3.3)

$$\begin{aligned} dN(\varphi) &= N\cdot 2\pi(dL_V)^2\cdot\sin\varphi d\varphi/2\pi(dL_V)^2 \\ &= N\sin\varphi d\varphi \end{aligned} \tag{2.3.3}$$

となる．したがって $dL_V(\varphi)$ をすべての方向について平均した値を $\overline{dL_V}(\varphi)$ とすれば，$\overline{dL_V}(\varphi)$ は $dN(\varphi)dL_V(\varphi)$ という積を，φ について 0 から $\pi/2$ まで積分し，これを線素の総数 N で除せば得られるから

$$\begin{aligned} \overline{dL_V}(\varphi) &= \frac{1}{N}\int_0^{\pi/2}(NdL_V)\sin\varphi\cos\varphi\, d\varphi \\ &= \frac{dL_V}{2}[\sin^2\varphi]_0^{\pi/2} \\ &= dL_V/2 \end{aligned} \tag{2.3.4}$$

となる.

一方有効長が $\mathrm{d}L_V(\varphi)$ の1個の線素が試験平面と交わる確率を $p(\varphi)$ とすれば, $p(\varphi)$ は $\mathrm{d}L_V(\varphi)$ を試験平面のとりうる範囲の長さ l で除したものであるから

$$p(\varphi)=\mathrm{d}L_V(\varphi)/l \tag{2.3.5}$$

である. またすべての線素についての $p(\varphi)$ の算術平均を $\bar{p}$ とすれば

$$\bar{p}=\overline{\mathrm{d}L_V}(\varphi)/l=\mathrm{d}L_V/2l \tag{2.3.6}$$

となることはただちに了解できる. そして試験平面上にできる曲線の交点の数 P の期待値を $\bar{P}$ とすれば

$$\begin{aligned}\bar{P}&=N\bar{p}\\&=N\mathrm{d}L_V/2l\\&=L_V/2l\end{aligned} \tag{2.3.7}$$

となり, したがって

$$L_V=2\bar{P}l \tag{2.3.8}$$

という関係が導かれるのである. さらに単位体積あたりの L_V の値を L_{VO}, 単位面積あたりの $\bar{P}$ の値を $\bar{P}_O$ とすれば

$$\boldsymbol{L_{VO}=L_V/l^3=2\bar{P}/l^2=2\bar{P}_O} \tag{2.3.9}$$

という簡潔な式が成立することになる.

以上の結果は曲面の面積をこれと試験直線が交わってつくる交点の数から推定する式

$$S_O=2\bar{C}_{VO} \tag{2.3.10}$$

と全く同一の形式のものであることがわかる. これは当然のことであって, 面と線とが交渉をもつとき, 少なくともどちらか一方が等方性という条件をそなえていれば同一の関係が成立するであろうことは直観的にも了解できることで, したがって(2.3.10)の結果は別に計算してみなくても予想できることである.

空間曲線の長さの推定の理論は Underwood (1968) によれば Saltykov (1945) によって開発されたものであるが, 私共 (Suwa *et al.* 1966) もこれとは独立に肺気腫の研究にあたってこの式を誘導して用いたことがある.

これまで述べた理論は元来太さのない曲線についてのものであるけれども, 実際にはこの理論をある太さのある管状や柱状の構造物, たとえば血管とか腎の細尿管の長さの推定に利用することができる. その際理論的には管状や柱状

の構造物の横断面のたとえば重心を連ねた仮想軸を考えればよいであろう．しかしこの仮想軸が直接見えるわけではないから，対象となる構造物に太さがあるためにどのような誤差が起りうるかを検討しておく必要があるであろう．

まず分岐のない柱状または管状構造物が試験平面を一側から他側に貫通する場合には太さの有無は交点の数に影響を及ぼさないことは明らかである．ただこの場合は構造物の切口がある面積をもつため，この切口が計測の対象となる領域の境界にかかることがありうるので，この処理だけは考えておく必要がある．たとえばこの領域が正方形であれば，上と右の2辺にかかった切口は数え，左と下の2辺にかかった切口は捨てるというような操作をすればよい．このような時の処理は簡単なことであるが，問題となるのは柱状または管状の構造物が試験平面の一側からこれに接するような形で部分的な切口をつくり，再び同じ側にもどる場合である．しかし結論からいうとこの場合も構造物の太さは計測結果に影響を及ぼさない．この関係は図2.3.4についてみると明らかになる．いま柱状または管状の構造物についてはたとえばその横断面の重心を連ねてつくった仮想軸を考え，この仮想軸によってこれらの構造物の長さを定義することにしよう．そして試験平面の位置を連続的に移動させてみると，試験平面が図2.3.4の d_1 の範囲で構造物を切る時には仮想軸はまだ試験平面にかかって

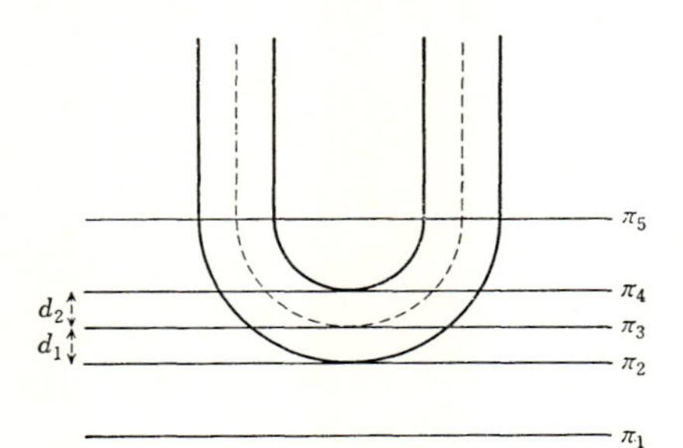

図2.3.4　ある太さをもった柱状または管状の構造物と試験平面の間に成立する可能な位置関係を示す．点線はこの構造物を太さのない線でおきかえるためにとった仮想軸である．元来の構造物と仮想軸が試験平面と交わってつくる交点の数に差ができるのは，試験平面が π_2 と π_3 の間，および π_3 と π_4 の間にある時である．説明は本文参照のこと．

いないのに，すでに1個の切口が試験平面上にできることになる．したがって交点の計測結果はこの範囲では1だけ過剰になる．ところで試験平面をさらに移動させd_2の範囲で構造物を切るようにすれば，仮想軸は2個の交点をつくるはずのところが構造物そのものは1個の切口しか与えないから，交点の数の計測結果はこの範囲では1だけ不足になる．それゆえこの部分だけについていえば構造物の太さによる誤差は結局d_1とd_2の長さの差によることになる．ところで構造物の断面の形に特定の偏りがなければ，いいかえれば充分多数の断面の形を平均すれば円と見てよい時には，d_1とd_2の平均$\bar{d}_1$と$\bar{d}_2$は等しくなるから，結局構造物が試験平面と接するような形をとる場合でも太さの影響は考える必要がなくなる．

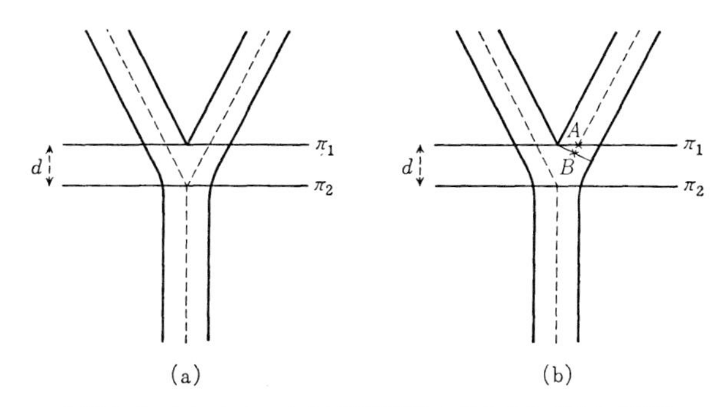

図2.3.5　(a) 太さのある柱状構造物の長さをこの図の点線のような仮想軸の長さで定義することにすれば，その分岐部が試験平面と交わる時，π_1とπ_2の間，dの距離の範囲で交点の数に差ができる．(b) しかし分岐部における柱状構造物の長さの定義の仕方はいろいろありうるから，たとえば一方の枝の長さを仮想軸におきかえる時AまたはBの位置までをとれば誤差は(a)の場合よりは小さくなることがわかる．

構造物の太さが実際に誤差を生じうるのは構造物に分岐がある時である．この場合は図2.3.5からわかるように試験平面がdの範囲にある時には仮想軸についての交点よりは1だけ少ない結果が得られることになる．しかしこれも構造物の長さを分岐部でどう定義するかによって結果が異なるので，分岐部の処理を図2.3.5(b)のように考えれば誤差は大半消失することがわかるであろう．結局この節での理論はそのままの形で太さのある構造物に適用しても実際問題としては差しつかえないことが理解できるが，ただ分岐が非常に多い構造物を対象とする時は結果の判定に注意を要するであろう．この問題を厳密に処理しようと思えばそれぞれの場合に応じて分岐部にある幾何学的モデルをあてて計算してみる以外はないようである．

§4　配向のある面と線

この節ではその方向に偏りがあるため等方性の条件が満足されない，いいかえれば配向(orientation)のある曲面の面積や，平面曲線，空間曲線の長さを推定する方法を説明する．

このうち平面曲線についてはその配向の形いかんにかかわらず，その影響は円周をなす試験曲線を用いれば除去される．そして単位長の円周と平面曲線がつくる交点の数を求めれば，等方性の曲線についての式(2.2.22)をそのまま利用して単位面積上の平面曲線の長さ L_{AO} を推定できる．

また一般には配向にある幾何学的モデルをあてれば，互いに直交する2個ないし3個の試験直線や試験平面を用いて配向の程度を解析し，また曲面の面積や曲線の長さを求めることができるので，いくつかの型の配向について，それぞれの理論式を誘導してある．

曲面の面積，平面曲線や空間曲線の長さの推定についてこれまで説明してきた理論はすべてこれらの対象の等方性という前提をおいたものであった．しかし実際の計測にあたってはこの条件が必ずしも満足されるとは限らないので，このような場合の処理も考えておかなければならない．この等方性が満足されないような何らかの方向の偏りを以下配向(orientation)という言葉で表現しておく．配向の処理にあたっては二つの異なった立場が考えられる．その一つは等方性を前提とした理論を適用するにあたって配向による誤差を除去するだけの目的からの扱い方で，この場合には配向そのものがどのような形のものかは不問に付される．もう一つの立場は配向そのものの形を定めた上で，目的とする諸量を推定するという処理の仕方である．以下まず曲面と平面曲線の配向について検討し，後に空間曲線の配向の問題を考えてみるつもりである．

a）曲面と平面曲線の配向

i）配向の影響の除去　まず配向のある平面曲線の長さを求めることから始めよう．平面上に配向のある曲線があるものとし，これに1辺 l の正方形を重ねた時，この正方形中にある曲線の総長を L_A とする．この場合 L_A は正方形のとり方で毎回ある程度は異なった値をとるわけであるが，充分大きな正方形をとれば L_A は実際問題としては一定の値をとるものと見てよいであろう．さてそれぞれの正方形上にその1辺に平行な l の長さの試験直線を無作為に引き，曲線との交点の数 C_A を求めてみると，曲線に配向のある場合にはその期待値 $\bar{C}_A$ は一般に試験直線の方向，つまり正方形をどの方向におくかによって異なってくるはずである．そして $\bar{C}_A$ はこの曲線を充分多数の N 個の等長 $\mathrm{d}L_A$ の線素に分割した時，その一つ一つの線素が試験直線と交わる幾何学的確率の総和であるから，まず1個の線素が試験直線と交わる確率を考えてみよう(図2.4.1)．ある一つの線素が試験直線に対して θ の傾きをなす時，その線素が試験直線と交わる確率 $p(\theta)$ は，線素の有効長 $\mathrm{d}L_A(\theta)=\mathrm{d}L_A|\sin\theta|$ を試験直線のとりうる位置の範囲 l で除したものであるから

$$p(\theta) = \mathrm{d}L_A|\sin\theta|/l \tag{2.4.1}$$

である．

次にこの線素に対して試験直線をすべての可能な方向に引いてみる．これは領域として限った正方形を π の範囲で回転しながら固定された図形の上に重ね

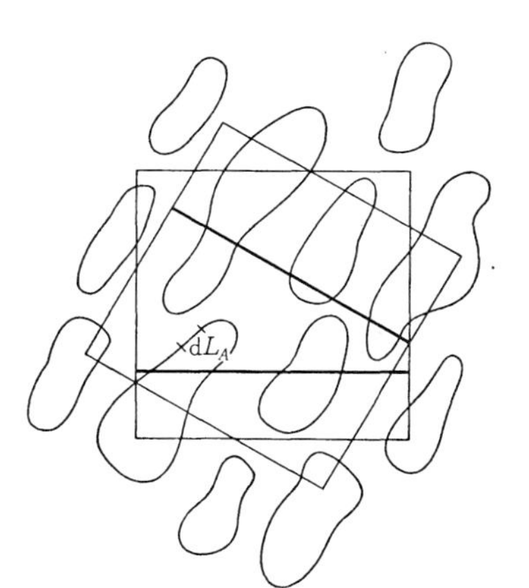

図2.4.1　配向のある平面曲線では同じ長さの試験直線を用いても，その方向によって曲線とつくる交点の数の期待値は異なることを示す．$\mathrm{d}L_A$ は微小な線素である．

ることと同じになる．そしてこれらの試験直線に対するある1個の線素の有効長の平均を $\overline{\mathrm{d}L_A}(\theta)$ とすれば(図2.4.2)

$$\overline{\mathrm{d}L_A}(\theta)=\frac{1}{\pi}\int_0^\pi \mathrm{d}L_A \sin\theta\,\mathrm{d}\theta$$

$$=2\mathrm{d}L_A/\pi \tag{2.4.2}$$

を得る．したがって l の長さの試験直線をあらゆる方向に引いた時，これがある1個の線素と交わる幾何学的確率の平均値 $\bar{p}$ は

$$\bar{p}=2\mathrm{d}L_A/\pi l \tag{2.4.3}$$

で与えられる．そしてこのように試験直線をあらゆる方向に引いてみた時，l の長さの試験直線と曲線との交点の数 C_A の期待値 $\bar{C}_A$ は

$$\bar{C}_A=N\bar{p}=2N\mathrm{d}L_A/\pi l=2L_A/\pi l \tag{2.4.4}$$

となり，したがって

$$L_A=\frac{\pi}{2}\bar{C}_A l \tag{2.4.5}$$

を得る．

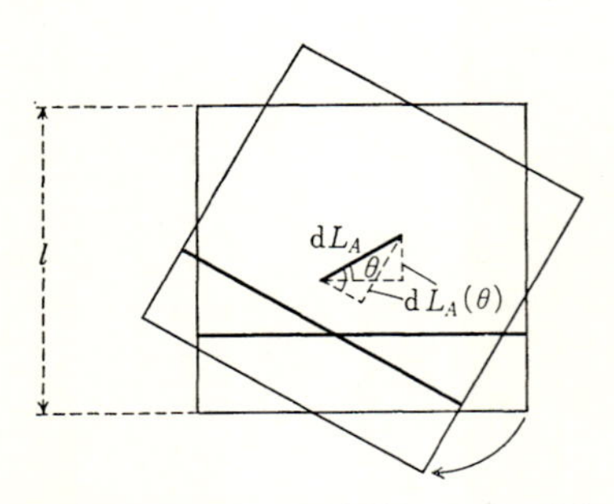

図2.4.2　図2.4.1の一つの線素について考えると，配向の影響は試験直線の方向をランダム化すれば除去できる．そのためには試験直線を π の範囲に回転させ，線素と試験直線が交わる確率の平均をとればよい．

これはすでに(2.2.21)として誘導した式と同じである．つまり配向のある平面曲線に対してあらゆる方向に試験直線を引いて曲線と交わらせてみると，その交点の期待値は，等方性の平面曲線に1方向に固定した試験直線を引いた時の交点の期待値と等しくなる．これは直観的にも了解できることで，試験直線の方を等方性にすることにより，曲線の配向の影響を除去できることを示すものである．もちろん等方性の曲線の場合にもいろいろな方向の試験直線を用いて平均をとっても差しつかえはないが，ただその必要がないだけのことである．

以上の理論的考察の結果からみて実際の計測にあたって効果的な方法を考え

ることができる．それは適当な円周を試験曲線として計測の対象となる平面曲線の上に重ねて交点を求めることである．これは円周はすべての方向に配置された微小な試験直線から合成されたものと見られるから当然のことでもある．そして実際にはたとえば図 2.4.3 に示すような eye-piece を利用すればよいであろう．

なおこのような円周を試験曲線として用いる場合には直観的に理解しやすい証明が可能なので追加しておく．平面上に配向のある曲線があり，これに半径 r の円周を試験曲線として重ねるものとする．円周が曲線と交わることのできるのは，円の中心が対象とする曲線の両側に r の幅でとった帯状の面積中に落ちる場合だけである．そして L_A の長さの曲線についてはこの面積は $2rL_A$ となる．曲線の形によってはこの帯状の面積は互いに重なり合う部分もできるが，このような部分の中に円の中心がある場合には，円周は曲線と二つ以上の部位

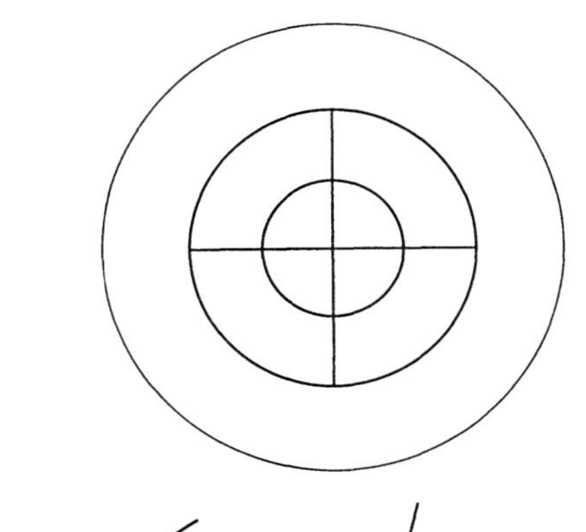

図 2.4.3　平面曲線の配向の影響を除くための eye-piece を示す．これは単に円周を刻んだだけのものであるが，試験曲線としての円周の長さを適当に選択する上での便宜のため，二つの同心円を入れてある．なお十字の線は計測の起点と終点をわかりやすくするために加えたものである．

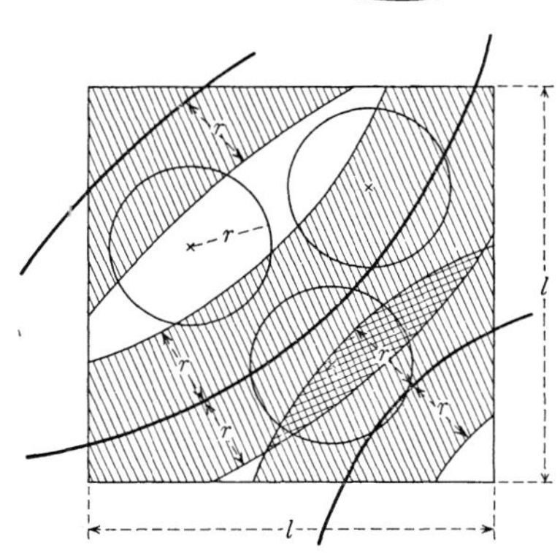

図 2.4.4　図 2.4.3 の eye-piece を用いる時の理論の説明．半径 r の円の周を試験曲線として用いる時，円周が対象とする曲線と交わるためには円の中心が曲線の両側にとった幅 r の帯状の面積中に落ちなければならないことを示す．なお一つの円周が 2 本の曲線と交わる時には，円の中心は 2 本の曲線の両側にとった帯状面積の重なる部分に位置することになる．

で交わることになるので，交点の数を問題とする時にはこの重なりは無視して曲線の総長 L_A に対して $2rL_A$ の面積を考えておけばよい．これらの関係は図2.4.4を参考にして了解していただきたい．そして L_A の長さの曲線の存在する領域の面積が l^2 であれば，試験円周が曲線と交わる個所の数 E の期待値 $\bar{E}$ は

$$\bar{E}=2rL_A/l^2 \tag{2.4.6}$$

である．そして円周は曲線と1回交わるごとに2個の交点をつくるから，試験円周と平面曲線との交点の数 C_A の期待値を $\bar{C}_A$ とすれば

$$\bar{C}_A=2\bar{E} \tag{2.4.7}$$

である．ゆえに

$$\bar{C}_A=4rL_A/l^2 \tag{2.4.8}$$

または

$$L_A=\bar{C}_A l^2/4r \tag{2.4.9}$$

を得る．また単位面積の領域上の平面曲線の長さを L_{AO} とすれば

$$L_{AO}=L_A/l^2=\bar{C}_A/4r \tag{2.4.10}$$

となる．この式はこのままの形で計測に用いることができるが，円周の長さが単位長になるように，すなわち $2\pi r=1$ になるように r をとり，またこの円周が曲線と交わってつくる交点の数の期待値を $\bar{C}_{AO}$ とすれば上の(2.4.10)の式は

$$L_{AO}=\frac{\pi}{2}\bar{C}_{AO} \tag{2.4.11}$$

となり，等方性の曲線に対する式(2.2.22)と同じになる．つまり試験線は同じ長さならば，それが直線であろうと曲線であろうと，試験線と計測の対象となる曲線の方向との間に等方的関係が成立するという条件下には同数の交点の期待値を与えるものである．

さて平面曲線の配向の処理はこれで一応はすむわけであるが，この方法を曲面の配向の処理にまで拡張適用することは一般に容易ではない．空間にあらゆる方向の試験直線を引く操作を標本作製の上で実現させることはほとんど不可能である．また平面曲線と試験円周を交わらせる操作はこれを3次元空間にあてはめれば，曲面と試験球面を交わらせて，球面上にできる曲面の切口のつくる曲線の長さを測るということに相当するであろう．これは理論的には興味あ

る問題であってもとても実用にはならない．曲面で実際上処理可能なのは配向が試験平面の上でだけおこっている時である．具体的な例をあげてみると，肺胞壁の方向は空間中では等方性と考えられるものであるが，組織標本から肺胞壁の面積を推定する場合，標本上の肺胞壁の切口は標本作製上の歪みが入るため，もはや等方性という条件が満足されないことがある．このような時には配向は試験平面上でだけ起っていると考えられるので，試験円周を用いて曲面の面積推定を行うことができる．

ii) 配向の解析　まず平面曲線について，その配向を解析し，同時にその長さを求めることを考えてみよう．このように単に配向の影響を除去するというのではなく，配向そのものを何らかの形で明らかにしたいという時には平面曲線にある幾何学的モデルをあてて理論的処理をしなければならない．解析可能な一つの場合は等方性の曲線と一定方向に配列された直線とが複合された形のもので，この形を以下分離型の配向ということにする．しかし一般的にいえば曲線は必ずしも等方性部分と配向部分とには分離できず，しかも全体としてはある方向の偏りがあるという形をとることがあるから，このような配向を非分離型の配向ということにしておく．この場合はもちろんただ非分離型の配向というだけでは解析的処理を行うには条件がたりないので，対象となる曲線を線素に分割してその方向を変えることなく平面上を移動させて何らかの解析的に処理できるような配向をもった曲線につくりかえることができる必要がある．その比較的一般性をもったものは楕円であるから，楕円をモデルとしての理論を後に述べることにしたい．

平面曲線の分離型配向　まず分離型の配向の処理を考えることにするが，この問題は Saltykov (1958) が扱い，Underwood (1968) が *Quantitative Microscopy* の中で引用しているので，ここでもそれに従って説明をしておく．分離型の曲線の具体的な例としては図 2. 4. 5 (a) のように薬のカプセルを縦切りにして切口の長軸を一定方向に配列したような曲線を考えればよいであろう．もちろん実際の曲線がいつもこのような形をしていなければならないというのではなく，もっと一般的にいえば曲線を線素に分割してその方向を変えずに平面上を移動させ，図 2. 4. 5 (b) のように円と 1 方向の直線につくりかえられるようなものなら何でもよいのである．さて図 2. 4. 5 (a) のような曲線図形の長軸方

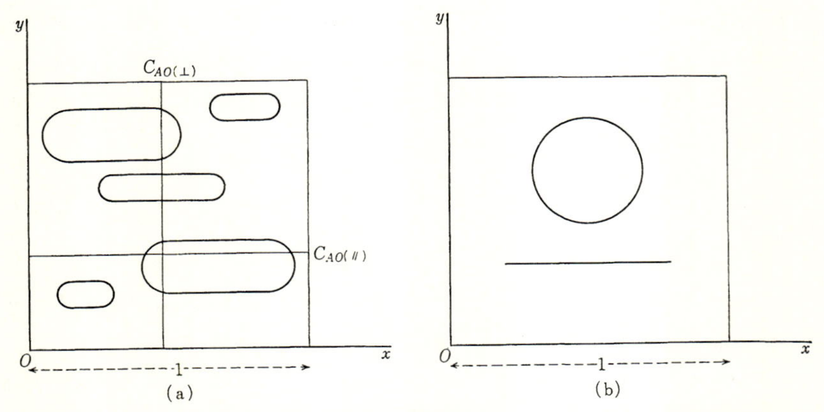

図 2.4.5 (a) 分離型配向をもった平面曲線の具体例を示す．この図では x 軸方向が配向軸となる．そしてこの方向の試験直線のつくる交点の数を $C_{AO(//)}$，これと直交する試験直線のつくる交点の数を $C_{AO(\perp)}$ で表わす．(b) 分離型配向を抽象化すれば円と 1 方向の直線で表現することができる．

向を以下配向軸ということにする．そうするとこの曲線に対していろいろな方向から等長の試験直線を引いてみると，曲線との交点の数の期待値が最小になるのは配向軸方向の試験直線であり，これが最大となるのは配向軸に直交する試験直線である．それゆえこの互いに直交する 2 方向の試験直線を用いて配向の解析を行うことを考えよう．以下便宜のため直交座標系 O-xy をとり，x 軸を配向軸方向に一致させ，隣合った単位長の 2 辺を x, y 軸にのせて，第 1 象限に正方形の領域をとり，この中の曲線の総長 L_{AO} を求めてみよう．まず配向軸，つまり x 軸に平行な単位長の試験直線が曲線と交わってつくる交点の数の期待値を $\bar{C}_{AO(//)}$ とし，y 軸方向のそれを $\bar{C}_{AO(\perp)}$ とする．この記号 //, ⊥ はそれぞれ配向軸に平行および直交する方向を意味するものである．また L_{AO} の長さの中で等方性の部分を $L_{AO(\mathrm{is})}$，配向の要因となる直線部分を $L_{AO(\mathrm{or})}$ と書くと，定義により

$$L_{AO} = L_{AO(\mathrm{is})} + L_{AO(\mathrm{or})} \qquad (2.4.12)$$

である．

さて図 2.4.5 から明らかなように $\bar{C}_{AO(//)}$ には図形の直線部分は全く関係をもたない．この方向の試験直線は直線部分とは交わらないからである．そして交点はすべて曲線の等方性の部分のみからつくられる．それゆえ (2.2.22) より

ただちに

$$L_{AO\,(\mathrm{is})}=\frac{\pi}{2}\bar{C}_{AO\,(//)} \qquad (2.4.13)$$

を得る．一方 $\bar{C}_{AO\,(\perp)}$ の方には曲線の等方性部分との交点以外に曲線の配向直線部分に由来する交点も含まれる．そしてこのうち前者は試験直線の方向に無関係であるから当然 $\bar{C}_{AO\,(//)}$ に等しい．したがって配向直線部分でできる交点の期待値 $\bar{C}_{AO\,(\mathrm{or})}$ は

$$\bar{C}_{AO\,(\mathrm{or})}=\bar{C}_{AO\,(\perp)}-\bar{C}_{AO\,(//)} \qquad (2.4.14)$$

で与えられる．そして $\bar{C}_{AO\,(\mathrm{or})}$ は配向直線部分の x 軸への正射影の総和，この場合には配向直線部分の長さそのものを，試験直線のとりうる位置の長さ，この場合は単位長 1 で除したものに等しい．すなわち

$$L_{AO\,(\mathrm{or})}=\bar{C}_{AO\,(\mathrm{or})}=\bar{C}_{AO\,(\perp)}-\bar{C}_{AO\,(//)} \qquad (2.4.15)$$

を得る．これと(2.4.12)および(2.4.13)から

$$\begin{aligned}L_{AO}&=L_{AO\,(\mathrm{is})}+L_{AO\,(\mathrm{or})}\\&=\frac{\pi}{2}\bar{C}_{AO\,(//)}+\bar{C}_{AO\,(\perp)}-\bar{C}_{AO\,(//)}\\&=\left(\frac{\pi}{2}-1\right)\bar{C}_{AO\,(//)}+\bar{C}_{AO\,(\perp)}\end{aligned} \qquad (2.4.16)$$

を得る．なお $L_{AO\,(\mathrm{or})}$ と L_{AO} の比をとれば，これは曲線全体の中でどれだけの部分が配向しているかを示すことになる．これを百分率で表わしたものを配向率ということにし，Ω を用いて表わせば

$$\Omega=\frac{L_{AO\,(\mathrm{or})}}{L_{AO}}\times 100=\frac{\bar{C}_{AO\,(\perp)}-\bar{C}_{AO\,(//)}}{[(\pi/2)-1]\bar{C}_{AO\,(//)}+\bar{C}_{AO\,(\perp)}}\times 100 \qquad (2.4.17)$$

となる．

平面曲線の非分離型配向　非分離型のモデルとしては離心率の等しい楕円がその長軸を 1 方向にそろえて配列された形を扱うことにする．もっと一般的にいえば平面上にある曲線があった時，これを線素に分割して平面上をその方向を変えることなく移動させて楕円をつくることができるような曲線を考えるということになる．このような曲線の長さを互いに直交する 2 本の試験直線から得られる情報に基づいて推定することが当面の課題である．なお理論的には 1 個の楕円を用いても同じことであるから，図 2.4.6 のように長軸を x 軸にとっ

た楕円

$$\frac{x^2}{a^2}+\frac{y^2}{b^2}=1 \qquad \left(\frac{1}{2}>a>b>0\right) \tag{2.4.18}$$

を1辺が単位長の正方形で囲み，正方形の隣合う2辺の方向を x, y 軸に平行にしておく．そして x 軸方向の単位長の試験直線が楕円と交わってつくる交点の数の期待値を $\bar{C}_{AO(/\!/)}$，これと直交する単位長の試験直線のそれを $\bar{C}_{AO(\perp)}$ とする．またこの正方形の領域中の曲線の長さ，すなわち楕円の周の長さを L_{AO} とすれば

$$L_{AO}=4a\int_0^{\pi/2}\sqrt{1-e^2\sin^2\theta}\ \mathrm{d}\theta \qquad \left(e^2=1-\frac{b^2}{a^2}\right) \tag{2.4.19}$$

である．この積分値は完全楕円積分の表から求めることができる．そこで次に L_{AO} を $\bar{C}_{AO(/\!/)}$ と $\bar{C}_{AO(\perp)}$ を用いて表示することを考えればよいわけである．まず x 軸に平行な試験直線が楕円と交わる確率 $p_{(/\!/)}$ は楕円の短軸の長さを試験直線のとりうる位置の範囲の長さ，この場合は単位長で除したものであるから

$$p_{(/\!/)}=2b \tag{2.4.20}$$

である．ところで試験直線は1回楕円と交わるごとに2個の交点をつくるから

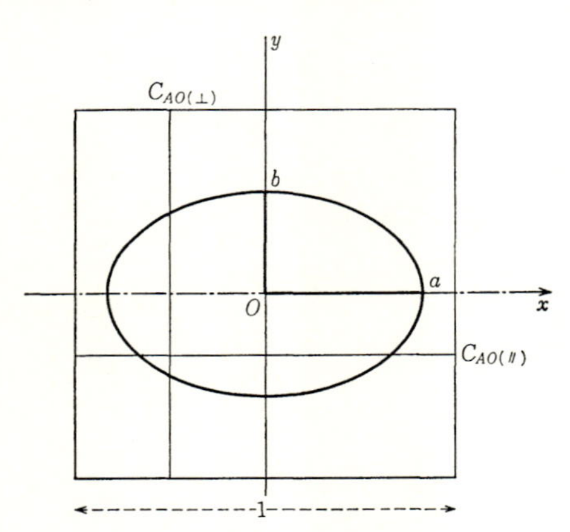

図 2.4.6　非分離型の平面曲線の一例として楕円を示す．楕円の長軸方向を配向軸とし，鎖線で示してある．そしてこれと平行な試験直線のつくる交点の数を $C_{AO(/\!/)}$，またこれと直交する試験直線のつくる交点の数を $C_{AO(\perp)}$ として区別する．

$$\bar{C}_{AO(//)} = 2p_{(//)} \tag{2.4.21}$$

である．したがって

$$\bar{C}_{AO(//)} = 4b \tag{2.4.22}$$

となる．そして同様にして

$$\bar{C}_{AO(\perp)} = 4a \tag{2.4.23}$$

を得る．これを用いて(2.4.19)を書きなおせば

$$L_{AO} = \bar{C}_{AO(\perp)} \int^{\pi/2} \sqrt{1-\left(\frac{\bar{C}_{AO}{}^2{}_{(\perp)} - \bar{C}_{AO}{}^2{}_{(//)}}{\bar{C}_{AO}{}^2{}_{(\perp)}}\right)\sin^2\theta}\ \mathrm{d}\theta \tag{2.4.24}$$

となる．

なお非分離型の配向の場合には分離型の配向の時のような配向率は定義できない．しかし配向の程度を知るためには $\bar{C}_{AO(//)}/\bar{C}_{AO(\perp)}$ という比を用いればよいであろう．もちろんこれから離心率を計算してもよい．

またこれまでの説明はすべて曲線の配向軸が一見してわかることを前提としている．実際視察によって配向軸がはっきりわからないような場合に配向の理論を適用してもあまり意味はないので，多くは誤差の範囲に入ってしまう．しかし配向軸を解析的に求める必要があれば，図2.4.7のような eye-piece を用いて各方向の試験直線について得られる交点の数から配向軸を求める方法が有効である．

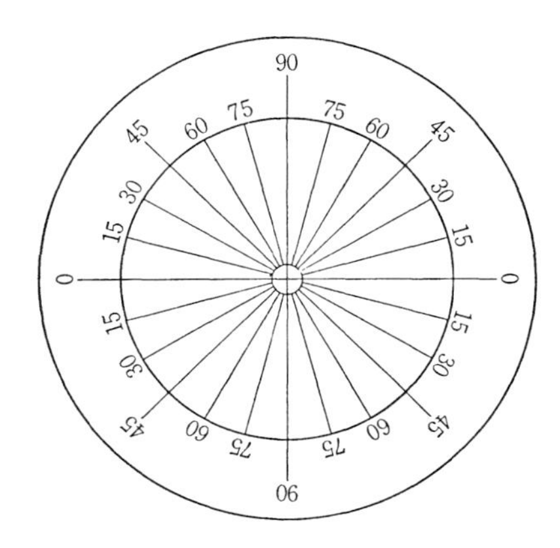

図 2.4.7　配向軸を定めるために用いられる eye-piece を示す．等角度の開きをもった放射状の直線を刻んだものである．各方向の直線のうち曲線と交わってつくる交点の数が最小になるものをとれば，その方向が配向軸を与える．なおこの形の eye-piece は配向の分析以外にもいろいろな目的に用いることができるので便利である．

さて次にこれまでの考え方を空間中の曲面に適用することを考えよう．この場合には互いに直交する2方向，または3方向の試験直線から得られる情報に

基づいて，配向のある曲面の面積を推定する理論を扱うことになる．そしてこの場合も配向軸に一致した方向の試験直線と，これと直交する試験直線を利用することになるが，一般論としては曲面の配向軸は空間をいろいろな方向で切った標本面で比較して見ないと決まらないから，これでは非常に手間がかかる．それゆえ実用になるのは解剖学的知識から配向軸が前もって予想できる場合である．筋組織などがその適例であろうし，また腎の髄質なども ある範囲での配向軸は解剖学的に想定できる．

例によって直交座標系 $O\text{-}xyz$ を考え，3軸の正の方向に1点に会する三つの稜がのるような，そして稜の長さが単位長であるような立方体をとり，その中の曲面の面積を考慮の対象とする．そして配向軸が一つの時はこれを x 軸方向に，二つの時は x, y 軸方向にこれを一致させることにする．

さて曲面の配向にも分離型と非分離型を区別しなければならないから，まず分離型の説明から始めよう．

曲面の分離型配向　曲面の配向にはいくつかの基本型が考えられるが，これを Saltykov (1958) に従って線配向，面配向，面線配向と分類しておく．

線配向というのはある特定の方向に配列された直線の集合のつくる面，またはこのような面が等方的な面の間に介在するために発生する配向である．完全な配向面の一例は円筒表面である．部分的な配向の具体的な例としては，たとえば薬のカプセルのように両端が半球で閉じられた円筒表面を考えればよいであろう．そしてこの長軸方向が配向軸となる．もっと一般的にいえば，ある曲面を面素に分割して，その方向を変えずに空間中を移動させて，いくつかの球面と円筒面ができるようなものであれば，見かけ上の形はどのようなものでもかまわない．

面配向というのは互いに平行な平面によって，またはこのような平面が等方的な面の間に介在することによってつくられる配向である．この場合は曲面を面素に分割してその方向を変えずに空間中を移動させれば，これを球面と1方向の平面につくりかえることができるような形を意味する．そして配向軸はこの平面に直交する方向になる．

面線配向は以上の二つの様式の配向が組み合わせられたものである．これには面配向と線配向の配向軸のなす角度によっていろいろな形ができるが，解析

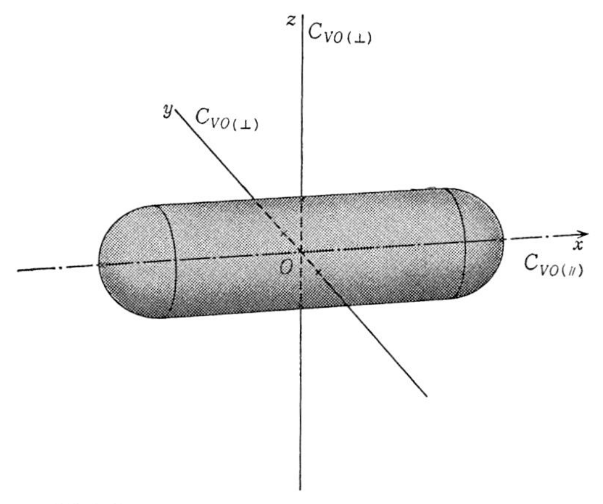

図 2.4.8 線配向をもつ曲面の定型的な例として，円筒面と二つの半球面よりつくられる曲面を示す．配向軸は円筒面の軸に一致する．そして配向軸方向の試験直線がつくる交点の数を $C_{VO(/\!/)}$，これと直交する方向の試験直線がつくる交点の数を $C_{VO(\perp)}$ とする．

が比較的容易にできるのはこの二つの配向軸が直交する場合であるので，ここではその形に限って説明することにする．なおそれぞれの配向の様式の特色は直観的には図 2.4.8 から図 2.4.10 について了解していただきたい．

次にどの方向の試験直線を用いたらよいかということである．配向軸方向のものはいずれの場合にも必要である．そして線配向と面配向の場合には配向軸

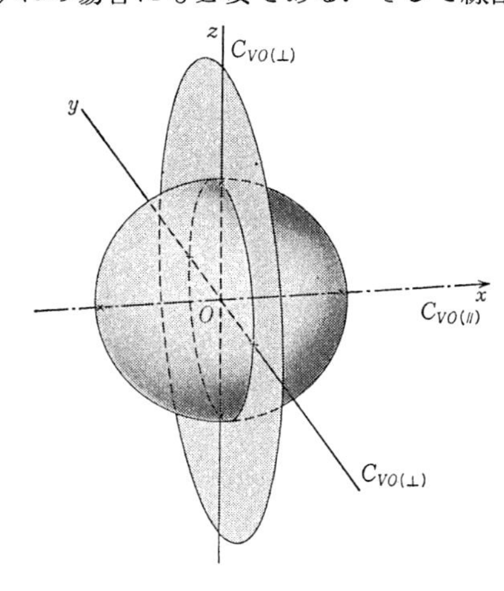

図 2.4.9 面配向をもつ曲面の具体例を示す．これは球面と土星の環のような平面を組み合わせたものである．ただし平面の形は任意であり，必ずしも円環である必要はない．現実の面配向はいつもこのような形の曲面とは限らないが，面素の方向を変えずに空間中を適当に移動すれば，図のような曲面に変形できるはずである．この場合の配向軸は円環に直交する方向をとる．そして配向軸方向の試験直線のつくる交点の数を $C_{VO(/\!/)}$，これと直交する方向の試験直線のつくる交点の数を $C_{VO(\perp)}$ とする．

に直交するもう1本の試験直線があればよい．そして直交する2本の試験直線は同一平面上におくことができるから，配向軸を含むような標本が1枚あれば足りる．そしてこの標本面上で配向軸の方向を求め，その方向の試験直線と，これに直交するもう1本の試験直線を用いればよいのである．この関係は図2.4.8と図2.4.9からも了解できるであろう．

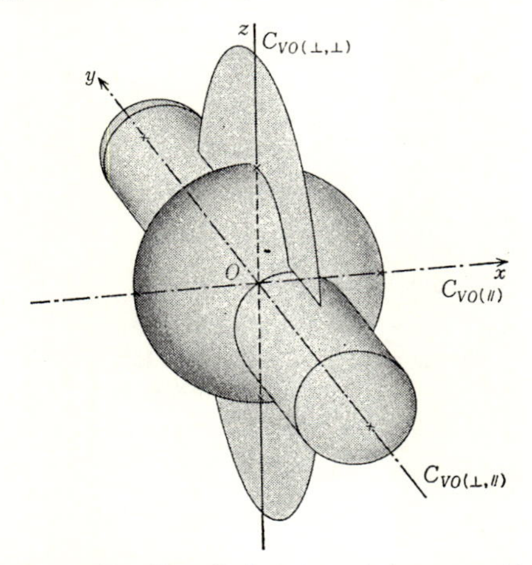

図2.4.10　面線配向をもつ曲面の具体例を示す．これは図2.4.8と図2.4.9の曲面をそのまま組み合わせたものであるが，面配向と線配向の配向軸が直交するように配置してある．面配向の配向軸に平行な試験直線のつくる交点の数を $C_{VO(/\!/)}$，面配向の配向軸に直交し線配向の配向軸に平行な試験直線のつくる交点の数を $C_{VO(\perp,/\!/)}$，いずれの配向軸にも直交する試験直線のつくる交点の数を $C_{VO(\perp,\perp)}$ とする．

面線配向では配向軸が2本あり，またここではその配向軸が互いに直交する場合だけを考えているから，この2本の配向軸方向の試験直線のほかにこのいずれにも直交するもう1本の試験直線がいる．つまり合計3本の試験直線を用いなければならない．そして3本の試験直線を用いるためには互いに直交する2枚の標本面が必要である．その一つは2本の配向軸を含むもの，他の一つは面配向の配向軸といずれの配向軸にも直交する第3の試験直線を含むものである．面線配向の場合にはこのように2枚の標本面を必要とするから実用上の利用価値はあまり大きなものではない．

さてこれらの試験直線が曲面と交わってつくる交点の数の期待値を，単位長の試験直線を用いるものとして一般に $\bar{C}_{VO}$ と書くことにするが，その値は当然試験直線の方向によって異なるから，これを記号によって区別しておく．配向軸が1本の場合，つまり線配向か面配向の場合には配向軸方向の試験直線についての $\bar{C}_{VO}$ を $\bar{C}_{VO(/\!/)}$，配向軸と直交する試験直線については $\bar{C}_{VO(\perp)}$ とする．面線配向の場合には面配向の配向軸方向についての $\bar{C}_{VO}$ を $\bar{C}_{VO(/\!/)}$ と書くことにする．その他の2本の試験直線はいずれも面配向の配向軸には直交するが，そのうち1本は線配向の配向軸に平行にとるから，この方向についての交点の期待値を $\bar{C}_{VO(\perp,//)}$ とする．もう1本の試験直線はいずれの配向軸とも直交するから，これによる $\bar{C}_{VO}$ を $\bar{C}_{VO(\perp,\perp)}$ と書くことにしよう．そして次にそれぞれの配向の形に応じて曲面の面積をこれらの交点の数の期待値を用いて表わすことを考えよう．

線配向　この場合は $\bar{C}_{VO(//)}$ は等方性部分にのみ関係するから，単位体積中の曲面の等方性部分の面積を $S_{O(\mathrm{is})}$ とすれば，(2.2.8)により

$$S_{O(\mathrm{is})}=2\bar{C}_{VO(//)} \tag{2.4.25}$$

である．これに対し $\bar{C}_{VO(\perp)}$ は曲面の等方性部分と配向部分の両者によってつくられる交点の数の期待値である．したがって配向部分のみによってつくられる交点の期待値を $\bar{C}_{VO(\mathrm{lin})}$ とすれば

$$\bar{C}_{VO(\mathrm{lin})}=\bar{C}_{VO(\perp)}-\bar{C}_{VO(//)} \tag{2.4.26}$$

である．この方向の試験直線は配向部分の配向軸に対して常に直角の方向をとる．また配向部分は円筒面に変形できる．それゆえ配向部分の面積 $S_{O(\mathrm{lin})}$ は円筒面の面積として，配向部分の試験直線方向の正射影の面積に π を乗ずれば得られる．ところで，この正射影の面積を試験直線のとりうる位置の範囲の面積——この場合は単位面積——で除したものが試験直線と円筒そのものが交わる期待値である．そして円筒面は円筒が1回試験直線と交わるごとに2個の交点をつくるから，結局正射影の面積は $\bar{C}_{VO(\mathrm{lin})}/2$ で表わされる．したがって

$$\begin{aligned}S_{O(\mathrm{lin})}&=\frac{\pi}{2}\bar{C}_{VO(\mathrm{lin})}\\&=\frac{\pi}{2}(\bar{C}_{VO(\perp)}-\bar{C}_{VO(//)})\end{aligned} \tag{2.4.27}$$

を得る．ゆえに単位体積中の曲面の総面積 S_O は

$$\begin{aligned}S_O&=S_{O(\mathrm{is})}+S_{O(\mathrm{lin})}\\&=2\bar{C}_{VO(//)}+\frac{\pi}{2}(\bar{C}_{VO(\perp)}-\bar{C}_{VO(//)})\\&=\left(2-\frac{\pi}{2}\right)\bar{C}_{VO(//)}+\frac{\pi}{2}\bar{C}_{VO(\perp)}\end{aligned} \tag{2.4.28}$$

となる．そして配向率は

$$\Omega=\frac{S_{O(\mathrm{lin})}}{S_O}\times 100=\frac{\pi(\bar{C}_{VO(\perp)}-\bar{C}_{VO(/\!/)})}{(4-\pi)\bar{C}_{VO(/\!/)}+\pi\bar{C}_{VO(\perp)}}\times 100 \qquad (2.4.29)$$

で与えられることになる．

面配向　この場合は等方性部分とのみ関係する交点の期待値は $\bar{C}_{VO(\perp)}$ で与えられる．そして $\bar{C}_{VO(/\!/)}$ は等方性部分と配向部分の両者によりつくられる交点の期待値の和である．それゆえ配向部分のみに由来する交点の期待値を $\bar{C}_{VO(\mathrm{pl})}$ とすれば

$$\bar{C}_{VO(\mathrm{pl})}=\bar{C}_{VO(/\!/)}-\bar{C}_{VO(\perp)} \qquad (2.4.30)$$

である．そしてこの場合配向部分は平面であるから，その面積は配向部分の正射影そのものの面積に等しい．そして平面は試験直線と交わる時1個の交点をつくるのみであるから，配向部分の表面積 $S_{O(\mathrm{pl})}$ は

$$\begin{aligned}S_{O(\mathrm{pl})}&=\bar{C}_{VO(\mathrm{pl})}\\&=\bar{C}_{VO(/\!/)}-\bar{C}_{VO(\perp)}\end{aligned} \qquad (2.4.31)$$

である．そして等方性部分の表面積 $S_{O(\mathrm{is})}$ は(2.2.8)により $2\bar{C}_{VO(\perp)}$ に等しい．したがって単位体積中の曲面の総面積は

$$\begin{aligned}S_O&=S_{O(\mathrm{is})}+S_{O(\mathrm{pl})}\\&=2\bar{C}_{VO(\perp)}+\bar{C}_{VO(/\!/)}-\bar{C}_{VO(\perp)}\\&=\bar{C}_{VO(/\!/)}+\bar{C}_{VO(\perp)}\end{aligned} \qquad (2.4.32)$$

となる．そして配向率は

$$\Omega=\frac{S_{O(\mathrm{pl})}}{S_O}\times 100=\frac{\bar{C}_{VO(/\!/)}-\bar{C}_{VO(\perp)}}{\bar{C}_{VO(/\!/)}+\bar{C}_{VO(\perp)}}\times 100 \qquad (2.4.33)$$

で与えられる．

面線配向　最後に面線配向については $\bar{C}_{VO(\perp,/\!/)}$ は等方性部分のみに由来する交点の期待値を，$\bar{C}_{VO(\perp,\perp)}$ は等方性部分と線配向部分に由来する交点の期待値を，そして $\bar{C}_{VO(/\!/)}$ は等方性部分と線配向部分と面配向部分のすべてに由来する交点の期待値を与えることになる．それゆえ線配向部分だけについての交点の期待値を $\bar{C}_{VO(\mathrm{lin})}$，面配向部分だけの交点の期待値を $\bar{C}_{VO(\mathrm{pl})}$ とすれば

$$\bar{C}_{VO(\mathrm{lin})}=\bar{C}_{VO(\perp,\perp)}-\bar{C}_{VO(\perp,/\!/)} \qquad (2.4.34)$$

$$\bar{C}_{VO(\mathrm{pl})}=\bar{C}_{VO(/\!/)}-\bar{C}_{VO(\perp,\perp)} \qquad (2.4.35)$$

となる．したがって単位体積中の線配向部分の面積を $S_{O(\mathrm{lin})}$，面配向部分の面

積を $S_{O(\mathrm{pl})}$ とすれば(2.4.34)(2.4.35)により

$$S_{O(\mathrm{lin})}=\frac{\pi}{2}\bar{C}_{VO(\mathrm{lin})}$$

$$=\frac{\pi}{2}(\bar{C}_{VO(\perp,\perp)}-\bar{C}_{VO(\perp,//)}) \tag{2.4.36}$$

$$S_{O(\mathrm{pl})}=\bar{C}_{VO(\mathrm{pl})}=\bar{C}_{VO(//)}-\bar{C}_{VO(\perp,\perp)} \tag{2.4.37}$$

である．したがって単位体積中の曲面の総面積 S_O は

$$S_O=S_{O(\mathrm{is})}+S_{O(\mathrm{lin})}+S_{O(\mathrm{pl})}$$

$$=2\bar{C}_{VO(\perp,//)}+\frac{\pi}{2}(\bar{C}_{VO(\perp,\perp)}-\bar{C}_{VO(\perp,//)})+\bar{C}_{VO(//)}-\bar{C}_{VO(\perp,\perp)}$$

$$=\bar{C}_{VO(//)}+\left(2-\frac{\pi}{2}\right)\bar{C}_{VO(\perp,//)}+\left(\frac{\pi}{2}-1\right)\bar{C}_{VO(\perp,\perp)} \tag{2.4.38}$$

となる．

配向率は面線配向の場合は線配向に関するもの

$$\Omega_{(\mathrm{lin})}=\frac{S_{O(\mathrm{lin})}}{S_O}\times 100 \tag{2.4.39}$$

面配向に関するもの

$$\Omega_{(\mathrm{pl})}=\frac{S_{O(\mathrm{pl})}}{S_O}\times 100 \tag{2.4.40}$$

配向全体に関するもの

$$\Omega_{(\mathrm{pl+lin})}=\frac{S_{O(\mathrm{pl})}+S_{O(\mathrm{lin})}}{S_O}\times 100 \tag{2.4.41}$$

等が定義できる．これらはいずれもこれまでの例にならって交点の期待値を用いて表示できるが，一つ一つの式はここにあらためて書くまでもないであろう．

曲面の非分離型配向　次に曲面について非分離型の配向の処理を考えよう．生物学的対象ではむしろ非分離型配向の方が適用しうる局面が多いといえる．この際曲面に何らかの幾何学的制約をつけないと理論が誘導できないが，どのような制約をつけるかはそれぞれの対象の形態に応じてその都度考えるべき問題である．しかしここでは比較的一般性のある場合として回転楕円体面を仮定した理論を説明してみよう．もっと一般的にいえば曲面を面素に分割して，これを空間中の方向を変えずに移動して回転楕円体面がつくられるような曲面に

応用できる理論を述べることになる．これは観点を変えれば元来等方的な曲面をある1方向に伸張または圧縮した場合に起る配向に相当する．その際曲面を含む空間全体が1方向に伸張または圧縮されるものとし，曲面上の各点の空間に対する相対的な位置関係は不変に保たれるものと考えるのである．もちろん曲面の面積は等方的な状態から引き伸ばされ，または縮められてその値が変わることにはなる．このような形の配向を伸張配向(図2.4.11)および圧縮配向(図2.4.12)ということにしよう．そして配向軸はいずれも変形を起す力の加わる方向に一致する．なお圧縮配向の場合は圧縮のかわりに配向軸に直交するすべての方向に一様な力を加えて伸張を起せば，その結果は圧縮を加えた場合と幾何学的に相似形になるはずであるから，そのように考えた方が理論的扱いの上で便利なこともある．そして以下用いる楕円の方程式はそのような前提でつくってある．またこれまで述べた分離型配向と対比すると，伸張配向は線配向に，圧縮配向は面配向に相当することになる．なお伸張配向と圧縮配向を組み合わせることも理論的には可能であり，その結果は非分離型配向の面線配向に相当するものになるが，これは実用上の価値が少ないからここでは省略しておく．

さて伸張配向は離心率の等しい任意の個数の楕円の周をその長軸のまわりに

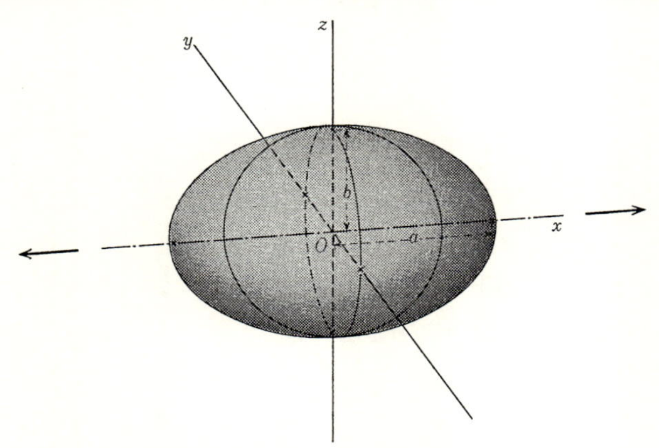

図2.4.11　伸張配向をもつ曲面の具体例として回転楕円体面を示す．これは半径bの球面をx軸方向に伸張してつくったもので，配向軸はもちろんx軸方向である．

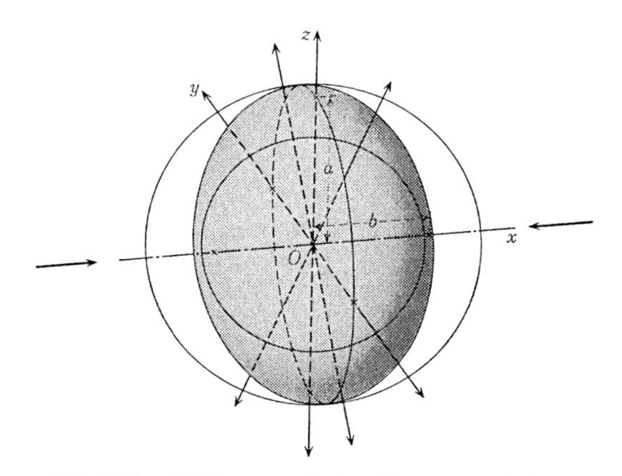

図 2.4.12 圧縮配向をもつ曲面の具体例として扁平な回転楕円体面を示す．この形は元来半径 a の球面を x 軸方向に圧縮してつくられるものであるが，その操作は半径 b の球面を x 軸に直交する面上で各方向に一様の力を加えて伸張しても同じことである．配向軸はいずれにしても x 軸方向である．

回転して得る回転楕円体面を，その長軸を 1 方向にそろえて配置すればつくることができる．逆に圧縮配向は短軸のまわりにつくられた，つまり扁平な回転楕円体面の短軸方向をそろえた形を考えればよいであろう．そして理論的には単位体積中に 1 個の回転楕円体がある場合を扱えばよいから，以下その方針で説明をしてみよう．

配向軸を x 軸に一致させると回転楕円体面の方程式は次のようになる．

$$\text{伸張配向}\quad \frac{x^2}{a^2}+\frac{y^2}{b^2}+\frac{z^2}{b^2}=1 \qquad \left(\frac{1}{2}>a>b>0\right) \tag{2.4.42}$$

$$\text{圧縮配向}\quad \frac{x^2}{b^2}+\frac{y^2}{a^2}+\frac{z^2}{a^2}=1 \qquad \left(\frac{1}{2}>a>b>0\right) \tag{2.4.43}$$

なお楕円の離心率を e とすれば

$$e=\sqrt{1-\frac{b^2}{a^2}} \tag{2.4.44}$$

である．さて回転楕円体面の面積を S_O とすれば S_O は次の式で与えられる．この式の誘導についてはこの節の終りの注 1) (89 頁) に説明してある．

$$\text{伸張配向}\quad S_O=2\pi b^2\left(1+\frac{1}{e\sqrt{1-e^2}}\sin^{-1}e\right) \tag{2.4.45}$$

$$\text{圧縮配向}\quad S_O = 2\pi a^2\left(1+\frac{1-e^2}{2e}\log\frac{1+e}{1-e}\right) \tag{2.4.46}$$

次にこの式を $\bar{C}_{VO(/\!/)}$ と $\bar{C}_{VO(\perp)}$ を用いて書きなおすことを考えよう．いうまでもなく $\bar{C}_{VO(/\!/)}$ および $\bar{C}_{VO(\perp)}$ はそれぞれ配向軸方向および配向軸と直交する方向の単位長の試験直線が回転楕円体面，もっと一般的には単位体積中の曲面と交わってつくる交点の数の期待値である．試験直線が回転楕円体面と交わる確率は回転楕円体面のそれぞれの試験直線方向の正射影の面積を，試験直線のとりうる位置の範囲，立方体の一つの面の面積で除したものになる．そしてこの場合立方体の一つの面の面積は単位面積であるから，結局この確率は正射影の面積そのもので表わされることになる．そして試験直線は1回回転楕円体面と交わるごとに2個の交点をつくるから，次の関係が成立する．

$$\text{伸張配向}\quad \begin{cases}\bar{C}_{VO(/\!/)} = 2\pi b^2 \\ \bar{C}_{VO(\perp)} = 2\pi ab\end{cases} \tag{2.4.47}$$

$$\text{圧縮配向}\quad \begin{cases}\bar{C}_{VO(/\!/)} = 2\pi a^2 \\ \bar{C}_{VO(\perp)} = 2\pi ab\end{cases} \tag{2.4.48}$$

これを a, b について解けば

$$\text{伸張配向}\quad \begin{cases}a = \bar{C}_{VO(\perp)}/\sqrt{2\pi\bar{C}_{VO(/\!/)}} \\ b = \sqrt{\bar{C}_{VO(/\!/)}/2\pi}\end{cases} \qquad e^2 = 1-(\bar{C}_{VO(/\!/)}/\bar{C}_{VO(\perp)})^2 \tag{2.4.49}$$

$$\text{圧縮配向}\quad \begin{cases}a = \sqrt{\bar{C}_{VO(/\!/)}/2\pi} \\ b = \bar{C}_{VO(\perp)}/\sqrt{2\pi\bar{C}_{VO(/\!/)}}\end{cases} \qquad e^2 = 1-(\bar{C}_{VO(\perp)}/\bar{C}_{VO(/\!/)})^2 \tag{2.4.50}$$

を得る．そこでこの結果を用いて(2.4.45)(2.4.46)を書きなおせば

伸張配向

$$S_O = \bar{C}_{VO(/\!/)}\left[1+\frac{\bar{C}_{VO}{}^2{}_{(\perp)}}{\bar{C}_{VO(/\!/)}\sqrt{\bar{C}_{VO}{}^2{}_{(\perp)}-\bar{C}_{VO}{}^2{}_{(/\!/)}}}\cdot\sin^{-1}\frac{\sqrt{\bar{C}_{VO}{}^2{}_{(\perp)}-\bar{C}_{VO}{}^2{}_{(/\!/)}}}{\bar{C}_{VO(\perp)}}\right] \tag{2.4.51}$$

圧縮配向

$$S_O=\bar{C}_{VO(//)}\left[1+\frac{\bar{C}_{VO}{}^2{}_{(\perp)}}{2\bar{C}_{VO(//)}\sqrt{\bar{C}_{VO}{}^2{}_{(//)}-\bar{C}_{VO}{}^2{}_{(\perp)}}}\cdot\log\frac{\bar{C}_{VO(//)}+\sqrt{\bar{C}_{VO}{}^2{}_{(//)}-\bar{C}_{VO}{}^2{}_{(\perp)}}}{\bar{C}_{VO(//)}-\sqrt{\bar{C}_{VO}{}^2{}_{(//)}-\bar{C}_{VO}{}^2{}_{(\perp)}}}\right]$$

(2. 4. 52)

となる．したがって $\bar{C}_{VO(//)}$ と $\bar{C}_{VO(\perp)}$ が実測によって求められれば曲面の面積が推定できることになる．なおこれらの式の大括弧の中は結局は $\bar{C}_{VO(//)}$ と $\bar{C}_{VO(\perp)}$ の比によってのみ定まる形になるから，前もって数表をつくっておけばこれらの式を実際に応用する時に便利である．

分離型と非分離型のモデルの比較　これまで平面曲線および空間の曲面の配向を分離型と非分離型の2種類のモデルについて処理することを考えてきた．いずれのモデルについての理論にも配向軸に平行な試験直線と直交する試験直線について得られる交点の数の期待値が利用されることは共通である．しかし2種類のモデルの間で理論式の形が違うため，同じ交点の期待値の組み合わせを用いても曲線の長さや曲面の面積の推定値は異なったものになるのは当然である．この差は直観的には図 2. 4. 13 から了解できる．そして同じ交点の期待値については分離型のモデルの方が曲線の長さや曲面面積の推定値が大きくなる．しかし実際問題として重要なのはその差がどの程度かということで，その差が無視できるような場合にはたとえ理論的には非分離型のモデルを適用する

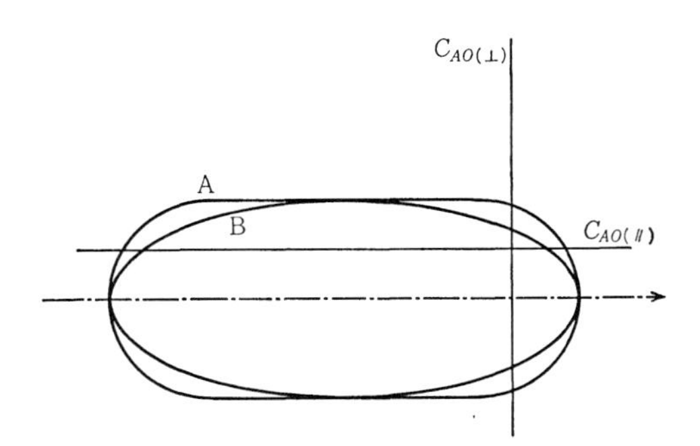

図 2. 4. 13　配向軸に平行および直交する試験直線のつくる交点の数の期待値がそれぞれ等しくなるような分離型と非分離型の平面曲線を重ねて示してある．A: 分離型配向をもつ曲線．B: 非分離型配向をもつ曲線．一見して分離型の曲線の方が長いことがわかる．鎖線は配向軸を示す．

のが正しい場合でも，計算操作がはるかに簡単な分離型モデルを用いた結果で代用することができる．

以下 C_{AO} と C_{VO} を共通の記号 C_O で表わすことにしよう．そうすると単位面積上の平面曲線の長さと，単位体積中の曲面の面積を与える式(2.4.16)(2.4.24)(2.4.28)(2.4.32)(2.4.51)(2.4.52)は，すべて $\bar{C}_{O(//)}$ または $\bar{C}_{O(\perp)}$ と，$\bar{C}_{O(//)}/\bar{C}_{O(\perp)}$ という比だけを変数とするある関数の積として表現できる形になっている．それゆえこの観点からこれらの式を変形し，対になるものを組み合わせて列記してみると，次のようになる．

平面曲線の長さ

分離型
$$L_{AO}=\bar{C}_{O(\perp)}\left[1+\left(\frac{\pi}{2}-1\right)\cdot\frac{\bar{C}_{O(//)}}{\bar{C}_{O(\perp)}}\right] \tag{2.4.53}$$

非分離型
$$L_{AO}=\bar{C}_{O(\perp)}\int_0^{\pi/2}\sqrt{1-[1-(\bar{C}_{O(//)}/\bar{C}_{O(\perp)})^2]\sin^2\theta}\,d\theta \tag{2.4.54}$$

曲面の面積

分離型(線配向)
$$S_O=\bar{C}_{O(\perp)}\left[\frac{\pi}{2}+\left(2-\frac{\pi}{2}\right)\cdot\frac{\bar{C}_{O(//)}}{\bar{C}_{O(\perp)}}\right] \tag{2.4.55}$$

非分離型(伸張配向)
$$S_O=\bar{C}_{O(\perp)}\left[\frac{\bar{C}_{O(//)}}{\bar{C}_{O(\perp)}}+\frac{1}{\sqrt{1-(\bar{C}_{O(//)}/\bar{C}_{O(\perp)})^2}}\cdot\sin^{-1}\sqrt{1-(\bar{C}_{O(//)}/\bar{C}_{O(\perp)})^2}\right] \tag{2.4.56}$$

分離型(面配向)
$$S_O=\bar{C}_{O(//)}[1+(\bar{C}_{O(\perp)}/\bar{C}_{O(//)})] \tag{2.4.57}$$

非分離型(圧縮配向)
$$S_O=\bar{C}_{O(//)}\left[1+\frac{1}{2}\left(\frac{\bar{C}_{O(\perp)}}{\bar{C}_{O(//)}}\right)^2\frac{1}{\sqrt{1-(\bar{C}_{O(\perp)}/\bar{C}_{O(//)})^2}}\cdot\log\frac{1+\sqrt{1-(\bar{C}_{O(\perp)}/\bar{C}_{O(//)})^2}}{1-\sqrt{1-(\bar{C}_{O(\perp)}/\bar{C}_{O(//)})^2}}\right] \tag{2.4.58}$$

ここで

$$\zeta=\bar{C}_{O(//)}/\bar{C}_{O(\perp)} \tag{2.4.59}$$

とおくと，これらの式は次のような形式で表現できる．

平面曲線の長さ

$$\begin{cases} \text{分 離 型} & L_{AO} = \bar{C}_{O(\perp)} \cdot F_{\mathrm{s}}(\zeta) & (2.4.60) \\ \text{非分離型} & L_{AO} = \bar{C}_{O(\perp)} \cdot F_{\mathrm{n}}(\zeta) & (2.4.61) \end{cases}$$

曲面の面積

$$\begin{cases} \text{線 配 向} & S_O = \bar{C}_{O(\perp)} \cdot F_{\mathrm{lin}}(\zeta) & (2.4.62) \\ \text{伸張配向} & S_O = \bar{C}_{O(\perp)} \cdot F_{\mathrm{elong}}(\zeta) & (2.4.63) \end{cases}$$

$$\begin{cases} \text{面 配 向} & S_O = \bar{C}_{O(/\!/)} \cdot F_{\mathrm{pl}}(\zeta) & (2.4.64) \\ \text{圧縮配向} & S_O = \bar{C}_{O(/\!/)} \cdot F_{\mathrm{comp}}(\zeta) & (2.4.65) \end{cases}$$

ただし

$$\begin{cases} F_{\mathrm{s}}(\zeta) = 1 + \left(\dfrac{\pi}{2} - 1\right) \cdot \zeta & (2.4.66) \\ F_{\mathrm{n}}(\zeta) = \displaystyle\int_0^{\pi/2} \sqrt{1-(1-\zeta^2)\sin^2\theta}\, \mathrm{d}\theta & (2.4.67) \end{cases}$$

$$\begin{cases} F_{\mathrm{lin}}(\zeta) = \dfrac{\pi}{2} + \left(2 - \dfrac{\pi}{2}\right) \cdot \zeta & (2.4.68) \\ F_{\mathrm{elong}}(\zeta) = \zeta + \dfrac{1}{\sqrt{1-\zeta^2}} \sin^{-1}\sqrt{1-\zeta^2} & (2.4.69) \end{cases}$$

$$\begin{cases} F_{\mathrm{pl}}(\zeta) = 1 + (1/\zeta) & (2.4.70) \\ F_{\mathrm{comp}}(\zeta) = 1 + \dfrac{(1/\zeta)^2}{2\sqrt{1-(1/\zeta)^2}} \cdot \log \dfrac{1+\sqrt{1-(1/\zeta)^2}}{1-\sqrt{1-(1/\zeta)^2}} & (2.4.71) \end{cases}$$

である．

以上の結果からみて相応する分離型と非分離型のモデルの差はそれぞれ $F_{\mathrm{s}}(\zeta)/F_{\mathrm{n}}(\zeta)$，$F_{\mathrm{lin}}(\zeta)/F_{\mathrm{elong}}(\zeta)$，$F_{\mathrm{pl}}(\zeta)/F_{\mathrm{comp}}(\zeta)$ という比によって表わすことができることがわかる．そして図 2.4.14 から図 2.4.16 にその計算結果を示してある．これを見ると $\zeta=1$，すなわち配向が存在せず曲線や曲面が等方性である時は，分離型モデルと非分離型モデルの差がなくなることは明らかである．また平面曲線の長さと曲面の線配向と伸張配向で $\zeta=0$，曲面の面配向と圧縮配向で $1/\zeta=0$ の時，つまり等方性の部分が全く存在しない完全な配向である場合にも分離型モデルと非分離型モデルの間に差はない．しかし ζ がその中間の値をとる時には同じ $\bar{C}_{O(/\!/)}$ と $\bar{C}_{O(\perp)}$ の組み合わせについては常に分離型のモデルの方が L_{AO} や S_O の推定値が大きくなる．しかしその差は最も大きい場合でも平面曲線の場合は6.8%，曲面の場合は線配向で4.7%，面配向で10.5%程度のものであるから，この程度の差を無視できる時には対象がたとえ非分離型の配向をもつ場合でも分離型の式を用いて計算した結果をそのまま用いてもよいであろう．またこの差が問題になる時には図2.4.14から図2.4.16の結果を用いて補正を行えばよいし，さらに$F_{\mathrm{elong}}(\zeta)$，$F_{\mathrm{comp}}(\zeta)$について数表を作製しておけば$L_{AO}$や$S_O$の計算はいずれのモデルを用いても容易に実施できることになる．

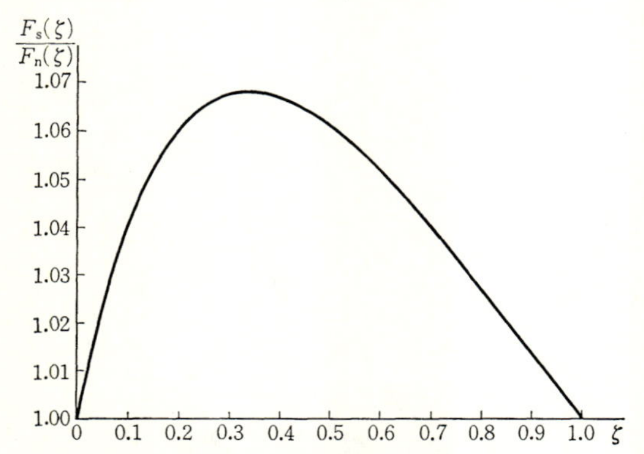

図2.4.14　平面曲線の分離型モデルと非分離型モデルの比較．二つのモデルについて同じ$\bar{C}_{O(//)}$と$\bar{C}_{O(\perp)}$の組み合わせによる曲線の長さの推定値を求めてその比をとったものである．

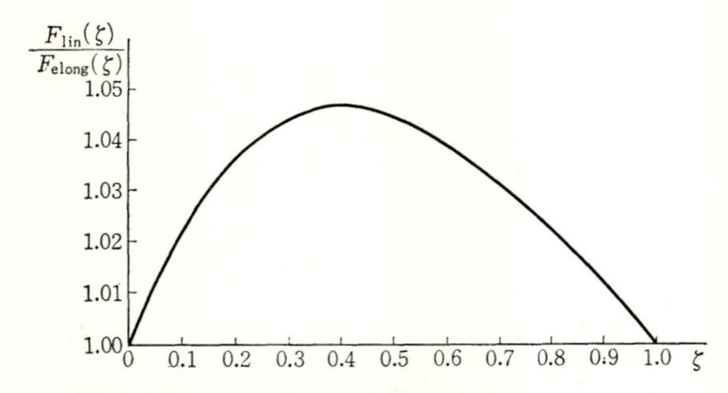

図2.4.15　曲面の線配向と伸張配向の比較．二つのモデルについて同一の$\bar{C}_{O(//)}$と$\bar{C}_{O(\perp)}$の組み合わせによる曲面の面積の推定値を求め，その比を示したものである．なおこの図はそのまま空間曲線の面配向と圧縮配向の比較に用いることができる．

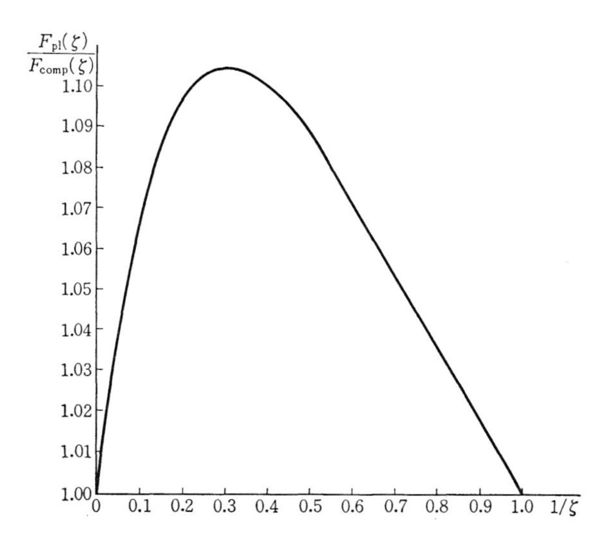

図 2.4.16 曲面の面配向と圧縮配向の比較．二つのモデルについて同一の $\bar{C}_{O(//)}$ と $\bar{C}_{O(\perp)}$ の組み合わせによる曲面面積の推定値の比を示したものである．なおこの図はそのまま空間曲線の線配向と伸張配向の比較に用いることができる．

以上のような次第で実際問題としては配向のある曲面の面積計算にあたっては常に分離型のモデルを用いることにしても大して差しつかえのないことが多いと思われるが，分離型と非分離型のいずれのモデルを用いるのが妥当かを判定するには次の方法が利用できるであろう．分離型の配向をもった曲面を配向軸に平行な試験平面で切ればその上に描かれる平面曲線はやはり分離型の配向をもち，また非分離型の配向をもった曲面を切って得られる平面曲線はやはり非分離型の配向をもつはずである．したがって一方で試験平面上の平面曲線に試験円周を重ね，配向の影響を除いて曲線の長さ L_{AO} を求め，他方では $C_{O(//)}$, $C_{O(\perp)}$ を用いて二つのモデルについて L_{AO} を計算し，その比較を行えば，いずれのモデルを用いるのが適当かを判断することができるであろう．なおこの操作の実際については第5章の432頁に説明してある．

iii) 配向のグラフによる解析　この項では平面曲線の配向をグラフによって解析する方法と，その応用を説明しよう．また曲面をその配向軸を含む試験平面で切り，その試験平面上の曲線にこの方法を適用すれば曲面の配向の解析が可能であることはいうまでもない．平面曲線の配向をグラフに示すには図2.4.7のような eye-piece を用いて直接顕微鏡下に標本の曲線図形と重ね，各方向について同じ長さの試験直線が曲線と交わってつくる交点の数を求め，これをそれぞれの方向にプロットして図2.4.17のようなグラフをつくればよい．また場合によっては顕微鏡写真の上に等しい角度の間隔で放射状に等長の試験直線を引いて曲線との交点を求める方法も有効であろう．このようにしてつくったグラフの形を検討してみよう．

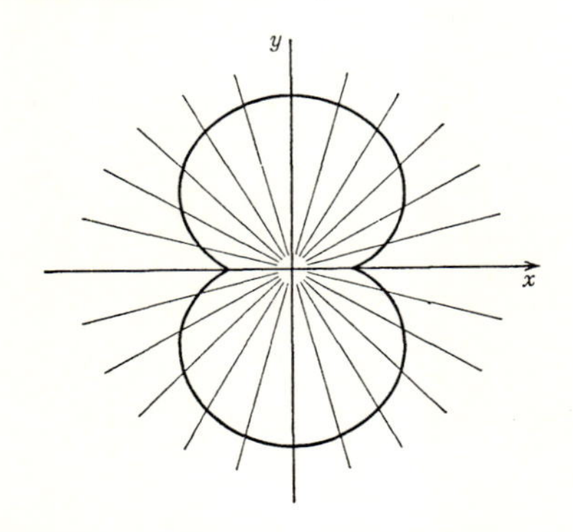

図2.4.17　たとえば図2.4.5(a)のような配向をもった平面曲線に図2.4.7の eye-piece を重ねて得た交点の数をプロットした時に期待される図形を示す．配向軸は x 軸方向である．なおこのような図形ができる理由は図2.4.19，図2.4.20に説明してある．

まず交点の数が配向軸方向で最大または最小になるであろうことは直観的にも理解できる．そして平面曲線の配向と曲面の線配向または伸張配向の時には配向軸方向で交点の数は最小になるが，面配向または圧縮配向の時は逆に配向軸方向で交点の数が最大になる．したがってグラフによる解析を利用すれば配向軸の方向を正確に定めることができるのである．なお平面曲線についても配向軸は必ずしも1本だけとは限らないので2本またはそれ以上の配向軸をもつような複合的な配向も存在しうる．この場合にはそれぞれの配向軸方向で交点の数が極値をとることになる．しかし生物学的対象では仮に何本かの配向軸が存在するにしてもこれを実測の上で区別できることはまずないので，大部分の場合には最も配向のいちじるしい方向について1本の配向軸だけを考えておく方が実際的である．それゆえ以下配向軸1本の場合に限って考察をすることにしたい．

次にこのような図形の形を定める要因を考えてみよう．まず分離型の配向をもった平面曲線をとり，配向軸が x 軸に一致するように直交座標系 O-xy を重ねるものとする．そして x 軸と θ の角をなす単位長の試験直線が曲線の配向部分の線分と交わってつくる交点の数の期待値を $\bar{C}_{AO(\theta/\mathrm{or})}$ とする．一方この試験直線が曲線の等方性部分と交わってつくる交点の数の期待値は θ に無関係な値になるから，これを $\bar{C}_{AO(\mathrm{is})}$ と書くことができる．そうするとこの試験直線が曲線と交わってつくる交点の数の期待値を $\bar{C}_{AO(\theta)}$ とすれば

$$\bar{C}_{AO(\theta)}=\bar{C}_{AO(\theta/\mathrm{or})}+\bar{C}_{AO(\mathrm{is})} \qquad (2.4.72)$$

である．ここでまず $\bar{C}_{AO(\theta/\mathrm{or})}$ だけを考えてみよう．この値は $\theta=\pi/2$ の時最大となるからこの時の $\bar{C}_{AO(\theta/\mathrm{or})}$ を $\bar{C}_{AO(\mathrm{or})}$ と書くことにすれば，一般に

$$\bar{C}_{AO(\theta/\mathrm{or})}=\bar{C}_{AO(\mathrm{or})}\sin\theta \qquad (2.4.73)$$

が成立する．それは x 軸と θ の角をなす単位長の試験直線の y 軸方向の有効長は $\sin\theta$ であり，交点の数の期待値はこの有効長に比例するからである．この関係は図 2.4.18 に説明してある．ところで $\bar{C}_{AO(\theta/\mathrm{or})}$ をすべての方向についてグラフの上にプロットしてみると，図 2.4.19 のような曲線が得られる．これは y 軸上に中心をおき，原点で x 軸に接する直径 $\bar{C}_{AO(\mathrm{or})}/2$ の二つの円であ

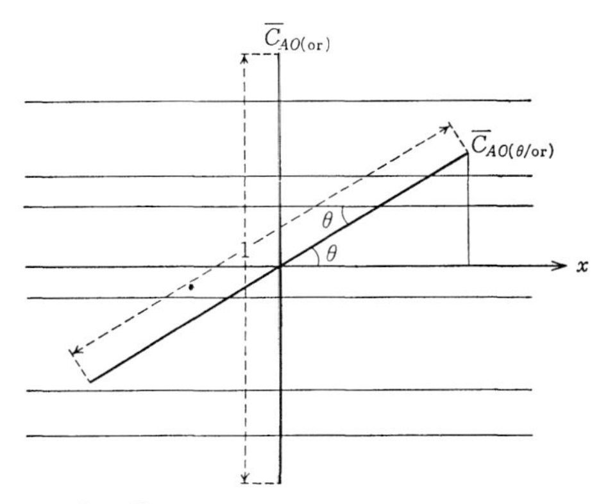

図 2.4.18　配向軸が一つの分離型配向をもった平面曲線の配向部分だけを模型的に描けば，それは 1 方向に配列された平行線になる．これに配向軸と θ の角をなす単位長の試験直線を重ねれば交点の数の期待値は試験直線の配向軸に直交する方向の有効長，すなわち $\sin\theta$ に比例することを示す．この図では配向軸は x 軸方向である．

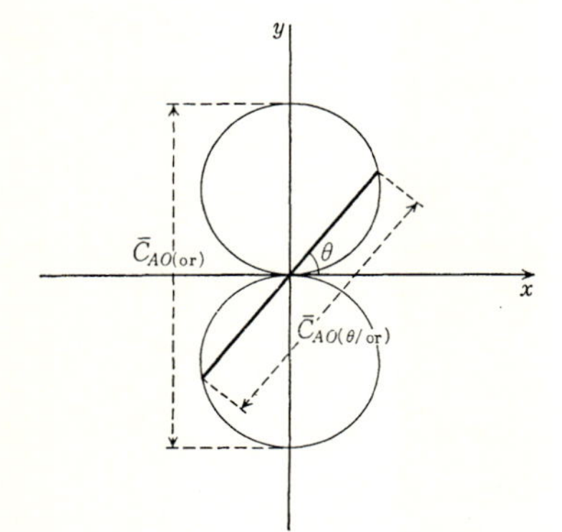

図 **2.4.19** 配向軸と θ の角をなす単位長の試験直線が配向部分のみと交わってつくる交点の数の期待値

$$\bar{C}_{AO(\theta/\mathrm{or})}=\bar{C}_{AO(\mathrm{or})}\sin\theta$$

を図示したものである．図形は二つの円から構成され，円の直径の2倍が $\bar{C}_{AO(\mathrm{or})}$ になる．

る．そして配向軸方向，つまり $\theta=0$ の方向では交点の数の期待値は当然0となる．さらにこれに等方性部分より与えられる交点の期待値 $\bar{C}_{AO(\mathrm{is})}$ を加えると，$\bar{C}_{AO(\mathrm{is})}$ は各方向につき同一の値をとるから，その結果は図 2.4.17 または図 2.4.20 に示すような形になる．なお面配向をもった曲面の切口の図形では，図 2.4.17 の図形を $\pi/2$ だけ回転させた形になり，円の中心が x 軸上にのるだ

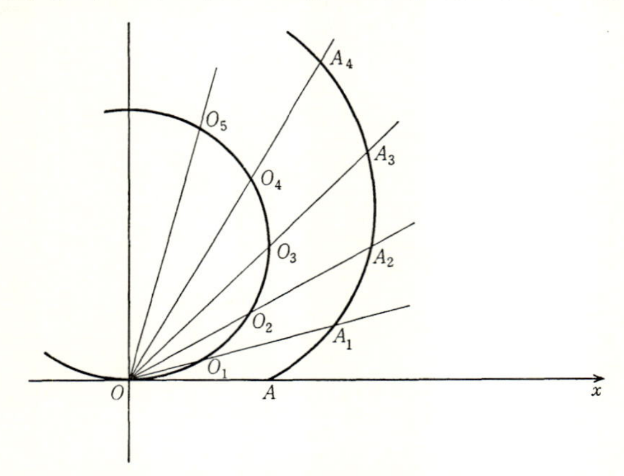

図 **2.4.20** 図 2.4.17 の曲線の構造の説明である．内側は配向部分からつくられる図 2.4.19 の図形の一部を示す．そしてこれに各方向について等方性部分から与えられる等しい値，または等長の線分を加えたものが外側の曲線，すなわち図 2.4.17 になる．そして OA が等方性部分に由来する交点の期待値を与えるものであり，また

$$OA=O_1A_1=O_2A_2=O_3A_3=O_4A_4=\cdots\cdots$$

である．

けで，図形そのものの形には全く変わりがない．そしていずれの場合も配向軸方向かまたはこれに直交する方向で，図形に‘くびれ’が認められる．

次に非分離型の配向を楕円のモデルについて考えてみよう．楕円の方程式を

$$\frac{x^2}{a^2}+\frac{y^2}{b^2}=1 \tag{2.4.74}$$

とし，x 軸と θ の角をなす単位長の試験直線が楕円と交わってつくる交点の期待値を $\bar{C}_{AO(\theta)}$ とすれば，$\bar{C}_{AO(\theta)}$ はこの試験直線と直交する直線上への楕円の正射影の長さ $\mathrm{Proj}(\theta)$ に比例する．それゆえ次に一般に $\mathrm{Proj}(\theta)$ を求めることを考えよう．これは楕円の位置を固定し，座標軸の方を $-\theta$ だけ回転してつくった新しい座標系の x 軸方向の試験直線を用い，この方向に直交する y 軸上への楕円の正射影を求めることと同じ内容になる．この方針で計算してみると

$$\mathrm{Proj}(\theta)=2a\sqrt{1-e^2\cos^2\theta} \tag{2.4.75}$$

を得る．ただし e は離心率であり

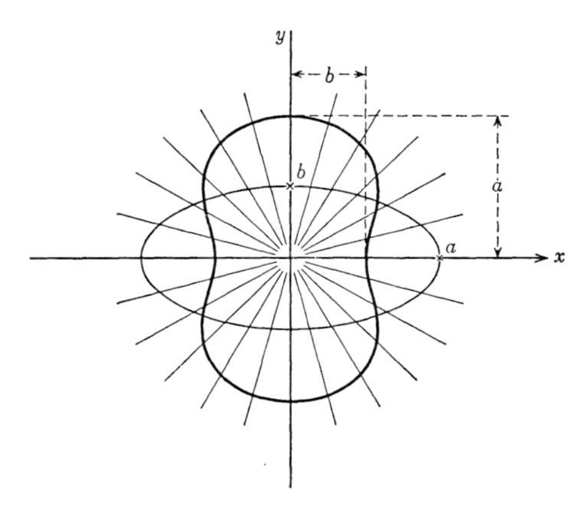

図 2.4.21　非分離型の配向のある平面曲線の一例として，長軸が $2a$，短軸が $2b\,(a>b)$ の楕円についてグラフによる解析を示す．なお配向軸は x 軸方向とし，楕円そのものは細い線で描き入れてある．そして太い線の曲線は(2.4.77)を極座標を用いて

$$r=\bar{C}_{AO(\theta)}/4=a\sqrt{1-e^2\cos^2\theta}$$

の形になおして描いたものである．曲線の形は分離型の配向の場合と同様，配向軸方向で最小値をとり，また‘くびれ’をもった繭形のものになる．そして r の値は $\theta=0$ の時 b に，$\theta=\pi/2$ の時 a になる．

$$e^2 = 1-(b^2/a^2) \tag{2.4.76}$$

で与えられる．この式の誘導はこの節の終りの注2) (92頁) に説明してある．

さて試験直線に許容される位置の範囲を単位長にとり，また楕円は1回試験直線と交わるごとに2個の交点をつくることを考慮すれば

$$\bar{C}_{AO(\theta)} = 2\mathrm{Proj}(\theta) = 4a\sqrt{1-e^2\cos^2\theta} \tag{2.4.77}$$

を得る．この曲線は図2.4.21のようになる．そして$\theta=0$の時にその値は最小になり，やはり分離型配向の時のような‘くびれ’ができる．

b) 空間曲線の配向

最後に空間中に配向をもった曲線または線状構造物がある時，その長さを推定する理論を説明しておく．この問題の処理は基本的には配向のある曲面の場合と同じであるが，ただ試験直線のかわりに試験平面が用いられる点が違う．また曲面の時と同じく空間曲線の配向にも分離型と非分離型を区別しなければならないからまず分離型の配向を考えよう．

i) 空間曲線の分離型配向　この場合も配向の形式は曲面の時と同様に線配向，面配向，面線配向に分類することができる．線配向は空間中に等方性部分以外に1方向にそろえられた直線部分が含まれることによって発生する配向である．そして配向軸は当然その直線部分の方向に一致する．なおこの配向の完全な形は空間曲線が実は1方向にそろえられた直線のみからなる場合であることはいうまでもないであろう．面配向はある一定方向の平面上に等方的に配置された平面曲線が存在するために起る配向で，配向軸はこの平面の法線方向になる．そしてこの配向が完全な形をとればそれはいくつかの平行な平面上に配置された等方的な平面曲線となるであろう．しかし一般にはこのような平面曲線と等方的な空間曲線がいろいろの割合で組み合わせられた形が面配向をもつ空間曲線として扱われることになる．面線配向は線配向と面配向の組み合わせであるが，実際問題としては面配向の配向軸と線配向の配向軸が直交する場合が対象となる．この形はまた面配向の時の平面曲線が等方的でなく，ある配向をもつ場合である．これらの関係は図2.4.22に示してある．もちろん実際の構造物がこの図そのままの形である必要はなく，曲線を線素に分割してその方向を変えることなく空間中を移動すれば図2.4.22のような形がつくられうる

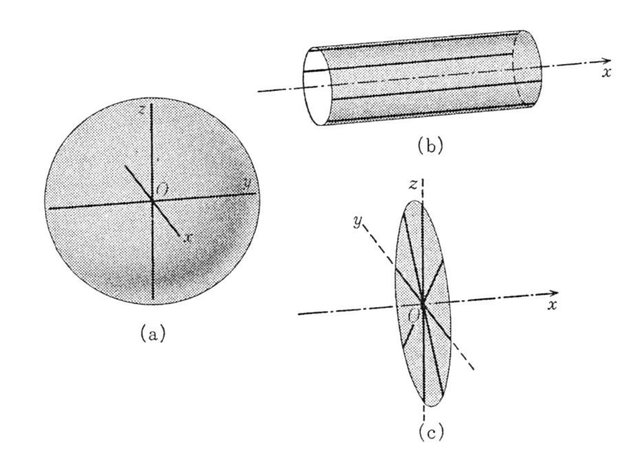

図 2.4.22 (a) 等方性の空間曲線を線素に分割し，方向を変えずに1点に集めれば，これらの線素は線素の長さを直径とする球をすべての方向に一様な密度で満たすことになる．具体的には図 2.3.2 のような形になるが，ここでは簡単にするため，3本の互いに直交する線素で代表させてある．

(b) 完全な線配向の例を示す．具体的には針を1方向にそろえて束ねたような形を考えればよいが，ここでは円筒面上の4本の線素で代表させてある．配向軸はもちろん円筒軸方向である．一般に線配向をもつ空間曲線は(a)と(b)を組み合わせた形になる．

(c) 完全な面配向はある平面上に等方性に配置された線素をもって表わすことができる．配向軸はこの平面の法線方向である．一般に面配向をもつ空間曲線は(a)と(c)の組み合わせとして処理できる．

なお面線配向は(a)と(c)の組み合わせにさらに(b)を組み合わせたものであるが，実際に処理が可能なのは(b)と(c)の配向軸が直交するような形で組み合わせた場合である．これについては図 2.4.10 を参照のこと．

ようなものであればよい．

さて空間曲線の場合も配向軸が一つの場合にはこれを x 軸に一致させ，配向軸が二つの場合は面配向の配向軸を x 軸に，線配向の配向軸を y 軸に一致させるように直交座標系 O-xyz を考える．そして隣合った3稜がそれぞれ x, y, z 軸の正の方向に重なり，稜の長さが単位長であるような立方体をとり，その中にある空間曲線を計測の対象とする．試験平面は配向軸に直交するものと，これに平行なものとが必要である．それゆえ線配向，面配向の場合には試験平面は2枚でよいが，面線配向の場合には3枚の互いに直交する試験平面が必要である．そして配向軸と直交する単位面積の試験平面が曲線と交わってつくる交点の期待値を $\bar{P}_{O(\perp)}$，配向軸と平行な単位面積の試験平面についての交点の期待値を $\bar{P}_{O(//)}$ と書くことにする．面線配向の場合は面配向の配向軸を基準にとり，これと直交する単位面積の試験平面上の交点の期待値を $\bar{P}_{O(\perp)}$ とする．また配向軸に平行な試験平面を更に線配向の配向軸と直交するものと平行なものとに区別し，前者の上の交点の期待値を $\bar{P}_{O(//,\perp)}$，後者のそれを $\bar{P}_{O(//,//)}$ とする．このような表現法を用いてそれぞれの型の配向を考えてみよう．

線配向　この場合 $\bar{P}_{O(//)}$ は等方性部分のみに由来する交点の期待値であるからこれを $\bar{P}_{O(\mathrm{is})}$ と書いてもよい．一方 $\bar{P}_{O(\perp)}$ は等方性部分と配向部分の両者からできる交点の期待値である．それゆえ配向部分だけに由来する交点の期待値を $\bar{P}_{O(\mathrm{lin})}$ とすれば

$$\bar{P}_{O(\mathrm{lin})}=\bar{P}_{O(\perp)}-\bar{P}_{O(//)} \tag{2.4.78}$$

である．ところで $\bar{P}_{O(\mathrm{lin})}$ は試験平面と直交する線分の長さの総和を試験平面のとりうる位置の長さ，この場合は単位長である立方体の1稜の長さで除したものである．したがって $\bar{P}_{O(\mathrm{lin})}$ はそのままこの立方体中にある配向部分の曲線の長さ $L_{VO(\mathrm{lin})}$ を表わすことになる．つまり

$$L_{VO(\mathrm{lin})}=\bar{P}_{O(\mathrm{lin})} \tag{2.4.79}$$

である．そして曲線の等方性部分の長さ $L_{VO(\mathrm{is})}$ は(2.3.9)により

$$L_{VO(\mathrm{is})}=2\bar{P}_{O(//)} \tag{2.4.80}$$

である．よって単位体積の立方体中の曲線の総長 L_{VO} は

$$\begin{aligned}L_{VO}&=L_{VO(\mathrm{is})}+L_{VO(\mathrm{lin})}\\&=2\bar{P}_{O(//)}+\bar{P}_{O(\perp)}-\bar{P}_{O(//)}\\&=\bar{P}_{O(\perp)}+\bar{P}_{O(//)}\end{aligned} \tag{2.4.81}$$

で与えられる．そして配向率は

$$\Omega=\frac{L_{VO(\mathrm{lin})}}{L_{VO}}\times 100=\frac{\bar{P}_{O(\perp)}-\bar{P}_{O(//)}}{\bar{P}_{O(\perp)}+\bar{P}_{O(//)}}\times 100 \tag{2.4.82}$$

という形になる．

面配向　この場合は曲線の等方性部分とのみ関係する交点の期待値は $\bar{P}_{O(\perp)}$ である．そして $\bar{P}_{O(//)}$ は等方性部分と配向部分の両者に由来する交点の期待値の和を示すことになる．ところで曲線の配向部分は配向軸と直交する平面上に

等方的に配置された曲線によってつくられている．それゆえまずこの条件下に配向部分が配向軸に平行な試験平面と交わってつくる交点の期待値 $\bar{P}_{O(\mathrm{pl})}$ と曲線の配向部分の長さ $L_{VO(\mathrm{pl})}$ との関係を求めてみよう．いま $L_{VO(\mathrm{pl})}$ を充分多数の N 個の等長 $\mathrm{d}L_{VO(\mathrm{pl})}$ の線素に分割し，この線素をその方向を変えることなく移動すれば，これらの線素は面配向の定義により1点を中心として半径が $\mathrm{d}L_{VO(\mathrm{pl})}/2$ であるような円をすべての方向について一様な密度で満たすことになる．さて1個の線素が試験平面と交わる確率は線素の試験平面の法線方向の有効長によって決まる．この有効長は線素が試験平面となす角を φ とすれば $\mathrm{d}L_{VO(\mathrm{pl})}\sin\varphi$ で与えられる．そしてこの線素が試験平面と交わる確率は $\mathrm{d}L_{VO(\mathrm{pl})}\sin\varphi$ を試験平面のとりうる位置の範囲の長さ，この場合は単位長である立方体の1稜の長さで除したものであるから，結局 $\mathrm{d}L_{VO(\mathrm{pl})}\sin\varphi$ そのものに等しい．そして試験平面が配向部分に由来するすべての線素，したがって曲線の配向部分と交わる期待値 $\bar{P}_{O(\mathrm{pl})}$ は $\mathrm{d}L_{VO(\mathrm{pl})}\sin\varphi$ をすべての φ について平均した値 $\overline{\mathrm{d}L}_{VO(\mathrm{pl},\varphi)}$ に N を乗ずれば求められる．そしてこの平均は

$$\overline{\mathrm{d}L}_{VO(\mathrm{pl},\varphi)}=\frac{\mathrm{d}L_{VO(\mathrm{pl})}}{2\pi}\int_0^{2\pi}|\sin\varphi|\mathrm{d}\varphi$$

$$=\frac{2}{\pi}\mathrm{d}L_{VO(\mathrm{pl})} \qquad (2.4.83)$$

となる．したがって

$$\bar{P}_{O(\mathrm{pl})}=N\overline{\mathrm{d}L}_{VO(\mathrm{pl},\varphi)}$$

$$=\frac{2N}{\pi}\mathrm{d}L_{VO(\mathrm{pl})}$$

$$=\frac{2}{\pi}L_{VO(\mathrm{pl})} \qquad (2.4.84)$$

ゆえに

$$L_{VO(\mathrm{pl})}=\frac{\pi}{2}\bar{P}_{O(\mathrm{pl})} \qquad (2.4.85)$$

を得る．そして

$$\bar{P}_{O(\mathrm{pl})}=\bar{P}_{O(/\!/)}-\bar{P}_{O(\perp)} \qquad (2.4.86)$$

であるから

$$L_{VO(\mathrm{pl})}=\frac{\pi}{2}(\bar{P}_{O(//)}-\bar{P}_{O(\perp)}) \tag{2.4.87}$$

となる．これが面配向の配向部分の曲線の長さを与えるわけである．そして曲線の等方性部分の長さを $L_{VO(\mathrm{is})}$ とすれば(2.3.9)により

$$L_{VO(\mathrm{is})}=2\bar{P}_{O(\perp)} \tag{2.4.88}$$

であり，したがって

$$\begin{aligned}L_{VO}&=L_{VO(\mathrm{is})}+L_{VO(\mathrm{pl})}\\&=2\bar{P}_{O(\perp)}+\frac{\pi}{2}(\bar{P}_{O(//)}-\bar{P}_{O(\perp)})\\&=\frac{\pi}{2}\bar{P}_{O(//)}+\left(2-\frac{\pi}{2}\right)\bar{P}_{O(\perp)}\end{aligned} \tag{2.4.89}$$

を得る．そして配向率は

$$\Omega=\frac{L_{VO(\mathrm{pl})}}{L_{VO}}\times 100=\left[\frac{\pi}{2}(\bar{P}_{O(//)}-\bar{P}_{O(\perp)})\Big/\left\{\frac{\pi}{2}\bar{P}_{O(//)}+\left(2-\frac{\pi}{2}\right)\bar{P}_{O(\perp)}\right\}\right]\times 100 \tag{2.4.90}$$

となる．

面線配向 この場合は次の式が成立する．

$$\bar{P}_{O(\perp)}=\bar{P}_{O(\mathrm{is})} \tag{2.4.91}$$

$$\bar{P}_{O(//,//)}=\bar{P}_{O(\mathrm{is})}+\bar{P}_{O(\mathrm{pl})} \tag{2.4.92}$$

$$\bar{P}_{O(//,\perp)}=\bar{P}_{O(\mathrm{is})}+\bar{P}_{O(\mathrm{pl})}+\bar{P}_{O(\mathrm{lin})} \tag{2.4.93}$$

したがって

$$\bar{P}_{O(\mathrm{pl})}=\bar{P}_{O(//,//)}-\bar{P}_{O(\perp)} \tag{2.4.94}$$

$$\bar{P}_{O(\mathrm{lin})}=\bar{P}_{O(//,\perp)}-\bar{P}_{O(//,//)} \tag{2.4.95}$$

そして

$$L_{VO(\mathrm{is})}=2\bar{P}_{O(\perp)} \tag{2.4.96}$$

$$L_{VO(\mathrm{pl})}=\frac{\pi}{2}\bar{P}_{O(\mathrm{pl})}=\frac{\pi}{2}(\bar{P}_{O(//,//)}-\bar{P}_{O(\perp)}) \tag{2.4.97}$$

$$L_{VO(\mathrm{lin})}=\bar{P}_{O(\mathrm{lin})}=\bar{P}_{O(//,\perp)}-\bar{P}_{O(//,//)} \tag{2.4.98}$$

であるから，曲線全体の長さは

$$L_{VO}=L_{VO(\mathrm{is})}+L_{VO(\mathrm{pl})}+L_{VO(\mathrm{lin})}$$

$$= 2\bar{P}_{O(\perp)} + \frac{\pi}{2}(\bar{P}_{O(/\!/,/\!/)} - \bar{P}_{O(\perp)}) + (\bar{P}_{O(/\!/,\perp)} - \bar{P}_{O(/\!/,/\!/)})$$

$$= \left(2 - \frac{\pi}{2}\right)\bar{P}_{O(\perp)} + \left(\frac{\pi}{2} - 1\right)\bar{P}_{O(/\!/,/\!/)} + \bar{P}_{O(/\!/,\perp)} \qquad (2.4.99)$$

となる．なおこの場合も曲面の時と同じくいろいろな形の配向率を定義できるが，煩を避けるため式は省略しておく．

ii）空間曲線の非分離型配向　次に非分離型配向をあるモデルについて検討しておく．これは曲面の配向の時と考え方は同じことで，曲線の場合も線配向に相当するものとして伸張配向，面配向に相当するものとして圧縮配向の観念を導入することにする．いま空間中に等方性の曲線がある時，この空間全体をある1方向に伸張または圧縮し，その際曲線上の各点の空間に対する相対的位置関係を変えないように曲線自身も伸ばし，また縮めれば，ある1方向への配向をもった空間曲線が得られることになる．この変形が伸張による場合が伸張配向，圧縮による場合が圧縮配向である．なお圧縮配向の場合は圧縮のかわりに配向軸に直交するすべての方向に一様に力を加えて伸張させてもその結果は圧縮によるものと幾何学的相似形になるから，以下便宜のため圧縮配向の場合はこの形を用いて理論の説明を行うことにする．

いま等方的状態にある空間曲線を充分多数の N 個の等長 $\mathrm{d}L_V$ の線素に分割し，線素の方向を変えることなく空間中を移動させれば，これらの線素を直径 $\mathrm{d}L_V$ の球をすべての方向について一様な密度で満たすように配置しなおすことができる．そしてこの状態に上に述べたような伸張を加えてこの球を回転楕円体に変形してみよう．その際それぞれの線素の元来の球に対する位置関係は不変であるから，球面のある位置にその端をおいた線素は回転楕円体のそれに相当する位置に端を移すことになる．そしてそのためには線素は伸ばされ，また空間中の方向が変わる．これが配向の発生する機構になるわけである．

さて配向軸の方向を x 軸にとると，伸張配向，圧縮配向の時の回転楕円体は，それぞれ次の方程式で表わされる楕円を x 軸のまわりに回転させればよい．

伸張配向　$$\frac{x^2}{a^2} + \frac{y^2}{b^2} = 1 \qquad (a > b > 0,\ 2b = \mathrm{d}L_V) \qquad (2.4.100)$$

圧縮配向　$$\frac{x^2}{b^2} + \frac{y^2}{a^2} = 1 \qquad (a > b > 0,\ 2b = \mathrm{d}L_V) \qquad (2.4.101)$$

つまり伸張配向の時は楕円を長軸のまわりに，圧縮配向の場合は楕円を短軸のまわりに回転させてできる回転楕円体を考えればよいわけで，これは曲面の配向の場合と同じことである．

さて次にこのように元来等方性であった曲線に変形を加えて配向をつくった後に，空間中に1稜の長さが単位長の立方体をとり，その中にある曲線の長さ L_{VO} を求めてみよう．この際立方体の1稜は x 軸に，他の2稜のうちの一つは y 軸に平行になるようにする．また線素を集めてこれを変形させてつくった回転楕円体はこの立方体の中におさまらなければならないから，$2a<1$ という条件が必要になるが，これは等方的な状態でとる線素の長さ $\mathrm{d}L_V$ を充分小さくすれば満足されることである．

次に座標系の原点を通り x 軸と θ の角をなす直線を考えると，楕円の方程式は θ を媒介変数として次のように表示することができる．これは図2.4.23に説明してある．

$$\text{伸張配向}\qquad x=a\cos\theta,\ \ y=b\sin\theta \tag{2.4.102}$$

$$\text{圧縮配向}\qquad x=b\cos\theta,\ \ y=a\sin\theta \tag{2.4.103}$$

そして等方的状態で x 軸と θ の角をなしていた線素は元来 $\mathrm{d}L_V$ の長さであったものが，配向後は長さが $\mathrm{d}L_V(\theta)$ に伸ばされたものとすれば

$$\text{伸張配向}\qquad \mathrm{d}L_V(\theta)=2\sqrt{a^2\cos^2\theta+b^2\sin^2\theta} \tag{2.4.104}$$

$$\text{圧縮配向}\qquad \mathrm{d}L_V(\theta)=2\sqrt{b^2\cos^2\theta+a^2\sin^2\theta} \tag{2.4.105}$$

である．そこで配向をつくった後の単位体積中の曲線の全長 L_{VO} を求めるた

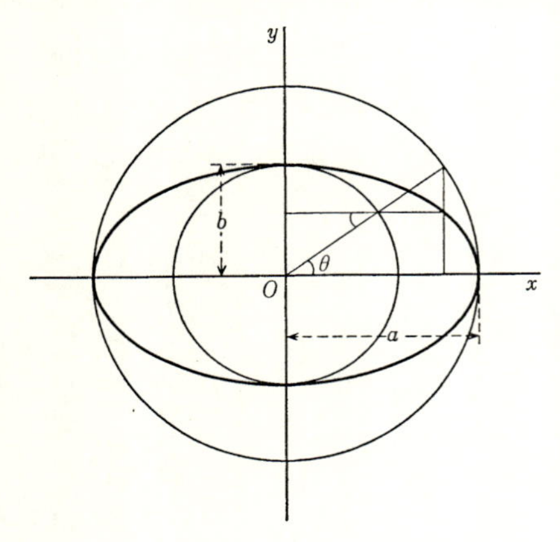

図2.4.23　長軸 $2a$，短軸 $2b$ の楕円は θ を媒介変数として

$$x=a\cos\theta$$
$$y=b\sin\theta$$

で与えられることを示す．

めには次のようにすればよい．まず L_{VO} は配向を起して長さを変えた線素の長さ $\mathrm{d}L_V(\theta)$ の総和である．したがってこれはある θ に対する $\mathrm{d}L_V(\theta)$ に配向を起す以前の球面上で x 軸と θ と $\theta+\mathrm{d}\theta$ の間の角をなすような線素の数 $\mathrm{d}N(\theta)$ を乗じて，θ について 0 から $\pi/2$ まで積分すれば求められるであろう．ところで $\mathrm{d}L_V=2b$ であるから(2.3.3)により

$$\mathrm{d}N(\theta) = \frac{N}{2\pi b^2}(2\pi b\sin\theta)b\,\mathrm{d}\theta = N\sin\theta\,\mathrm{d}\theta \qquad (2.4.106)$$

である．したがって

$$L_{VO} = \int_0^{\pi/2}(\mathrm{d}N(\theta)\,\mathrm{d}L_V(\theta))\mathrm{d}\theta \qquad (2.4.107)$$

を(2.4.104)(2.4.105)(2.4.106)を用いて書きなおせば

伸張配向 $$L_{VO} = 2N\int_0^{\pi/2}\sin\theta\cdot\sqrt{a^2\cos^2\theta+b^2\sin^2\theta}\,\mathrm{d}\theta \qquad (2.4.108)$$

圧縮配向 $$L_{VO} = 2N\int_0^{\pi/2}\sin\theta\cdot\sqrt{b^2\cos^2\theta+a^2\sin^2\theta}\,\mathrm{d}\theta \qquad (2.4.109)$$

となる．この積分の結果は次の通りである．

伸張配向 $$L_{VO} = aN\left[1+\frac{1-e^2}{2e}\log\frac{1+e}{1-e}\right] \qquad \left(e^2=1-\frac{b^2}{a^2}\right)$$

(2.4.110)

圧縮配向 $$L_{VO} = bN\left[1+\frac{1}{e\sqrt{1-e^2}}\sin^{-1}e\right] \qquad \left(e^2=1-\frac{b^2}{a^2}\right)$$

(2.4.111)

なおこの積分の計算は89頁の‘回転楕円体の表面積を求める積分’の中に出てくるから，これを参考にしていただきたい．以上の結果は曲面の配向の式(2.4.45)(2.4.46)と形式的には類似のものである点は注意を要することで，ここにも曲面と直線を交わらせることと，曲線と平面を交わらせることの共役的な関係が示されている．

さて次にこのようにして配向をもたせた曲線の単位体積中の長さ L_{VO} を，2枚の互いに直交する試験平面と曲線がつくる交点の期待値から推定する方法を考えてみよう．この場合試験平面の一つは配向軸に直交するもの，他の一つは

配向軸に平行なものを用いることはもちろんである．そして前者についての交点の期待値を $\bar{P}_{O(\perp)}$，後者のそれを $\bar{P}_{O(/\!/)}$ とする．ところで $\bar{P}_{O(\perp)}$ は配向が発生した後に線素が x 軸方向に対してもつ有効長の総和を，試験平面のとりうる位置の範囲の長さ，この場合は立方体の1稜の長さ，すなわち単位長で除したものであるから，結局は線素の x 軸方向の有効長の総和そのもので表わされることになる．そして等方的状態で x 軸と θ の角をなしていた線素の配向後の x 軸方向の有効長は図 2.4.24 から明らかなように，伸張配向の時は $2a\cos\theta$，圧縮配向の時は $2b\cos\theta$ である．したがって伸張配向の場合は

$$\begin{aligned}\bar{P}_{O(\perp)} &= \int_{\theta=0}^{\theta=\pi/2} 2a\cos\theta\cdot\mathrm{d}N(\theta)\\ &= \int_0^{\pi/2} 2a\cos\theta\cdot N\sin\theta\cdot\mathrm{d}\theta\\ &= aN\int_0^{\pi/2}|\sin 2\theta|\mathrm{d}\theta\end{aligned}$$

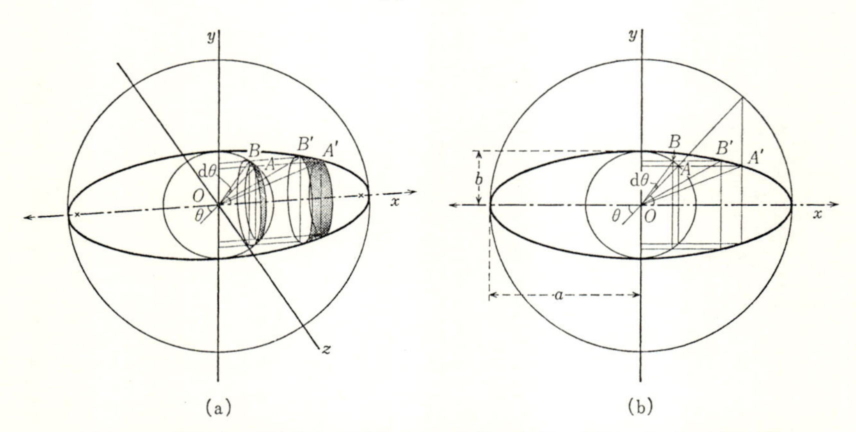

図 2.4.24　空間曲線の伸張配向の説明である．(a)は立体図，(b)はこれを x-y 面で切った平面図である．(a)の球，(b)の円は配向を起す前の等方的な状態で $\mathrm{d}L_V$ の長さの線素を集めたもので $\mathrm{d}L_V=2b$ である．次に x 軸方向に伸張を起させて配向をつくると，等方的な状態で x 軸と θ の角をなしていた一つの線素の長さは $2OA=2b$ から $2OA'=\mathrm{d}L_V(\theta)$ になる．そして図から

$$OA' = \sqrt{a^2\cos^2\theta+b^2\sin^2\theta}$$

であることはただちに了解できるであろう．また θ が θ と $\theta+\mathrm{d}\theta$ の間にある線素の数 $\mathrm{d}N(\theta)$ は等方的な状態の球面上で AB の幅の帯状面積に比例する．この帯状面積の幅は $A'B'$ に変わるが，この面積の上に端をもつ線素の数は不変であることは明らかである．

$$= 2aN\int_0^{\pi/4} \sin 2\theta \, \mathrm{d}\theta$$

$$= aN[-\cos 2\theta]_0^{\pi/4}$$

$$= aN \tag{2.4.112}$$

が成立する．同様にして圧縮配向の場合は

$$\bar{P}_{O(\perp)} = bN \tag{2.4.113}$$

を得る．

次に $\bar{P}_{O(/\!/)}$ がどのような量を表わすかを考えてみよう．この期待値は x 軸と直交するある一定方向についての線素の有効長に関係する．しかしある θ が与えられてもこの方向の線素の有効長は一義的には決まらない．それはこの有効長は伸張配向では $2b\sin\theta$，圧縮配向では $2a\sin\theta$ の x 軸と直交する線分が x 軸のまわりを回転する時の位置によって変わるからである．それゆえこの方向の有効長は $2b\sin\theta$ または $2a\sin\theta$ の長さの線分が試験平面に平行な軸のまわりを回転する時の試験平面の法線方向の平均有効長をもって代表させる必要がある．この平均値はすでに(2.2.17)の証明過程から明らかなように，伸張配向および圧縮配向についてそれぞれ $(4/\pi)b\sin\theta$ および $(4/\pi)a\sin\theta$ となる．そしてこの平均有効長に $\mathrm{d}N(\theta)$ を乗じて θ について 0 から $\pi/2$ まで積分した結果が $\bar{P}_{O(/\!/)}$ を与えることになる．伸張配向については

$$\bar{P}_{O(/\!/)} = \int_{\theta=0}^{\theta=\pi/2} \frac{4b}{\pi} \sin\theta \cdot \mathrm{d}N(\theta)$$

$$= \int_0^{\pi/2} \frac{4b}{\pi} \sin\theta \cdot N\sin\theta \cdot \mathrm{d}\theta$$

$$= \frac{4bN}{\pi}\int_0^{\pi/2} \sin^2\theta \, \mathrm{d}\theta$$

$$= \frac{2bN}{\pi}\int_0^{\pi/2} \mathrm{d}\theta$$

$$= bN \tag{2.4.114}$$

となる．圧縮配向についても同様にして

$$\bar{P}_{O(/\!/)} = aN \tag{2.4.115}$$

を得るのである．以上の結果をまとめてみると

伸張配向　$\bar{P}_{O(\perp)} = aN$，$\bar{P}_{O(/\!/)} = bN$　(2.4.116)

$$\text{圧縮配向}\qquad \bar{P}_{O(\perp)}=bN,\ \ \bar{P}_{O(//)}=aN \tag{2.4.117}$$

となる．そしてこの結果を利用して(2.4.110)と(2.4.111)を書きなおせば

$$\text{伸張配向}\qquad L_{VO}=\bar{P}_{O(\perp)}\left[1+\frac{\bar{P}^2_{O(//)}}{2\bar{P}_{O(\perp)}\sqrt{\bar{P}^2_{O(\perp)}-\bar{P}^2_{O(//)}}}\log\frac{\bar{P}_{O(\perp)}+\sqrt{\bar{P}^2_{O(\perp)}-\bar{P}^2_{O(//)}}}{\bar{P}_{O(\perp)}-\sqrt{\bar{P}^2_{O(\perp)}-\bar{P}^2_{O(//)}}}\right] \tag{2.4.118}$$

$$\text{圧縮配向}\qquad L_{VO}=\bar{P}_{O(\perp)}\left[1+\frac{\bar{P}^2_{O(//)}}{\bar{P}_{O(\perp)}\sqrt{\bar{P}^2_{O(//)}-\bar{P}^2_{O(\perp)}}}\sin^{-1}\frac{\sqrt{\bar{P}^2_{O(//)}-\bar{P}^2_{O(\perp)}}}{\bar{P}_{O(//)}}\right] \tag{2.4.119}$$

となる．したがって実測によって $\bar{P}_{O(\perp)}$ と $\bar{P}_{O(//)}$ が求められれば L_{VO} が計算できる．なおこれらの式は曲面の配向の式と類似の形式であり，大括弧の中は $\bar{P}_{O(\perp)}$ と $\bar{P}_{O(//)}$ の比だけで決まるから，前もって数表をつくっておけば計算は簡単になる．

iii）分離型と非分離型のモデルの比較　最後に同じ値の $\bar{P}_{O(\perp)}$ と $\bar{P}_{O(//)}$ の組み合わせを用いた場合，分離型のモデルと非分離型のモデルとでどれだけの差ができるかを検討しておこう．これは曲面について69頁以下に述べたことと同一の形式になるから説明は省略して結果の式だけを書いておく．この場合は

$$\eta=\bar{P}_{O(\perp)}/\bar{P}_{O(//)} \tag{2.4.120}$$

とおき，(2.4.81)(2.4.118)(2.4.89)(2.4.119)の式を変形して曲面の場合と同じ形式で整理してみると

$$\left\{\begin{array}{ll}\text{線 配 向} & L_{VO}=\bar{P}_{O(\perp)}F_{\text{lin}}(\eta) \qquad (2.4.121)\\ \text{伸張配向} & L_{VO}=\bar{P}_{O(\perp)}F_{\text{elong}}(\eta) \qquad (2.4.122)\end{array}\right.$$

$$\left\{\begin{array}{ll}\text{面 配 向} & L_{VO}=\bar{P}_{O(//)}F_{\text{pl}}(\eta) \qquad (2.4.123)\\ \text{圧縮配向} & L_{VO}=\bar{P}_{O(//)}F_{\text{comp}}(\eta) \qquad (2.4.124)\end{array}\right.$$

と書くことができる．そして

$$\left\{\begin{array}{l}F_{\text{lin}}(\eta)=1+(1/\eta) \qquad (2.4.125)\\ F_{\text{elong}}(\eta)=1+\dfrac{(1/\eta)^2}{2\sqrt{1-(1/\eta)^2}}\log\dfrac{1+\sqrt{1-(1/\eta)^2}}{1-\sqrt{1-(1/\eta)^2}} \qquad (2.4.126)\end{array}\right.$$

$$\left\{\ F_{\text{pl}}(\eta)=\frac{\pi}{2}+\left(2-\frac{\pi}{2}\right)\eta\right. \tag{2.4.127}$$

$$F_{\mathrm{comp}}(\eta)=\eta+\frac{1}{\sqrt{1-\eta^2}}\sin^{-1}\sqrt{1-\eta^2} \tag{2.4.128}$$

となる．

この式を見ると $F_{\mathrm{lin}}(\eta)$，$F_{\mathrm{elong}}(\eta)$，$F_{\mathrm{pl}}(\eta)$，$F_{\mathrm{comp}}(\eta)$ はそれぞれ曲面の場合の式(2.4.70)(2.4.71)(2.4.68)(2.4.69)の $F_{\mathrm{pl}}(\zeta)$，$F_{\mathrm{comp}}(\zeta)$，$F_{\mathrm{lin}}(\zeta)$，$F_{\mathrm{elong}}(\zeta)$ の ζ を η でおきかえたものにすぎない．したがって分離型と非分離型のモデルの差を問題にする時には図2.4.15および図2.4.16がそのまま利用できる．

注1)　回転楕円体の表面積を求める積分

この問題は次の方程式によって与えられる楕円の周を x 軸のまわりに回転する時にできる曲面の面積を求めることに帰着する．

伸張配向　$$\frac{x^2}{a^2}+\frac{y^2}{b^2}=1\qquad\left(\frac{1}{2}>a>b>0\right) \tag{2.4.129}$$

圧縮配向　$$\frac{x^2}{b^2}+\frac{y^2}{a^2}=1\qquad\left(\frac{1}{2}>a>b>0\right) \tag{2.4.130}$$

したがって

伸張配向　$$S_O=2\pi\int_{-a}^{a}y\sqrt{1+\left(\frac{\mathrm{d}y}{\mathrm{d}x}\right)^2}\mathrm{d}x \tag{2.4.131}$$

圧縮配向　$$S_O=2\pi\int_{-b}^{b}y\sqrt{1+\left(\frac{\mathrm{d}y}{\mathrm{d}x}\right)^2}\mathrm{d}x \tag{2.4.132}$$

を計算すればよい．ここで θ を媒介変数とすれば

伸張配向　$$x=a\cos\theta,\ \ y=b\sin\theta \tag{2.4.133}$$

圧縮配向　$$x=b\cos\theta,\ \ y=a\sin\theta \tag{2.4.134}$$

となる．図2.4.23参照のこと．これを利用して(2.4.131)と(2.4.132)の式を変形してみよう．

伸張配向

$$\frac{\mathrm{d}y}{\mathrm{d}x}=\frac{\mathrm{d}y/\mathrm{d}\theta}{\mathrm{d}x/\mathrm{d}\theta}=-\frac{b\cos\theta}{a\sin\theta} \tag{2.4.135}$$

$$\mathrm{d}x=-a\sin\theta\,\mathrm{d}\theta \tag{2.4.136}$$

であるから

$$\begin{aligned}S_O&=2\pi\int_{\pi}^{0}b\sin\theta\cdot\sqrt{1+\frac{b^2\cos^2\theta}{a^2\sin^2\theta}}\cdot(-a\sin\theta)\cdot\mathrm{d}\theta\\&=2\pi b\int_0^{\pi}\sin\theta\cdot\sqrt{b^2\cos^2\theta+a^2\sin^2\theta}\cdot\mathrm{d}\theta\end{aligned} \tag{2.4.137}$$

ここで

$$I_b = \int_0^{\pi} \sin\theta \cdot \sqrt{b^2\cos^2\theta + a^2\sin^2\theta} \cdot d\theta \tag{2.4.138}$$

とおき，また

$$\cos\theta = t \tag{2.4.139}$$

とすれば

$$-\sin\theta\, d\theta = dt \tag{2.4.140}$$

である．これを用いて I_b を書きなおせば

$$\begin{aligned} I_b &= \int_{-1}^{1} \sqrt{b^2t^2 + a^2(1-t^2)}\, dt \\ &= \sqrt{a^2-b^2} \int_{-1}^{1} \sqrt{\frac{a^2}{a^2-b^2} - t^2}\, dt \\ &= \frac{1}{2}\sqrt{a^2-b^2} \cdot \left[t\sqrt{\frac{a^2}{a^2-b^2} - t^2} + \frac{a^2}{a^2-b^2} \sin^{-1}\frac{\sqrt{a^2-b^2}}{a} t \right]_{-1}^{1} \\ &= \sqrt{a^2-b^2} \cdot \left[\sqrt{\frac{a^2}{a^2-b^2} - 1} + \frac{a^2}{a^2-b^2} \sin^{-1}\sqrt{1-\frac{b^2}{a^2}} \right] \\ &= b\left[1 + \frac{a^2}{b\sqrt{a^2-b^2}} \sin^{-1}\sqrt{1-\frac{b^2}{a^2}} \right] \end{aligned} \tag{2.4.141}$$

となる．そして

$$e = \sqrt{1-\frac{b^2}{a^2}} \tag{2.4.142}$$

とすれば

$$I_b = b\left[1 + \frac{1}{e\sqrt{1-e^2}} \sin^{-1} e \right] \tag{2.4.143}$$

となり，したがって(2.4.137)により

$$S_O = 2\pi b^2 \left[1 + \frac{1}{e\sqrt{1-e^2}} \sin^{-1} e \right] \tag{2.4.144}$$

を得る．

圧縮配向

$$\frac{dy}{dx} = \frac{dy/d\theta}{dx/d\theta} = -\frac{a\cos\theta}{b\sin\theta} \tag{2.4.145}$$

$$dx = -b\sin\theta\, d\theta \tag{2.4.146}$$

であるから

$$S_O = 2\pi \int_{\pi}^{0} a\sin\theta \cdot \sqrt{1 + \frac{a^2\cos^2\theta}{b^2\sin^2\theta}} \cdot (-b\sin\theta) \cdot d\theta$$

$$= 2\pi a\int_0^{\pi}\sin\theta\cdot\sqrt{a^2\cos^2\theta+b^2\sin^2\theta}\cdot\mathrm{d}\theta \tag{2.4.147}$$

となる．ここで

$$I_a = \int_0^{\pi}\sin\theta\cdot\sqrt{a^2\cos^2\theta+b^2\sin^2\theta}\cdot\mathrm{d}\theta \tag{2.4.148}$$

とおき，また

$$\cos\theta = t \tag{2.4.149}$$

とすれば

$$-\sin\theta\,\mathrm{d}\theta = \mathrm{d}t \tag{2.4.150}$$

となる．これを利用して I_a を書きなおせば

$$\begin{aligned}
I_a &= \int_{-1}^{1}\sqrt{a^2t^2+b^2(1-t^2)}\,\mathrm{d}t\\
&= \sqrt{a^2-b^2}\int_{-1}^{1}\sqrt{\frac{b^2}{a^2-b^2}+t^2}\,\mathrm{d}t\\
&= \frac{1}{2}\sqrt{a^2-b^2}\left[t\sqrt{\frac{b^2}{a^2-b^2}+t^2}+\frac{b^2}{a^2-b^2}\log\left(t+\sqrt{\{b^2/(a^2-b^2)\}+t^2}\right)\right]_{-1}^{1}\\
&= \sqrt{a^2-b^2}\left[\frac{a}{\sqrt{a^2-b^2}}+\frac{b^2}{2(a^2-b^2)}\log\frac{1+\sqrt{1-(b/a)^2}}{1-\sqrt{1-(b/a)^2}}\right]\\
&= a\left[1+\frac{ab^2}{2a^2\sqrt{a^2-b^2}}\log\frac{1+\sqrt{1-(b/a)^2}}{1-\sqrt{1-(b/a)^2}}\right]
\end{aligned} \tag{2.4.151}$$

となる．そして

$$e = \sqrt{1-\frac{b^2}{a^2}} \tag{2.4.152}$$

とすれば

$$I_a = a\left[1+\frac{1-e^2}{2e}\log\frac{1+e}{1-e}\right] \tag{2.4.153}$$

を得る．したがって

$$S_O = 2\pi a^2\left[1+\frac{1-e^2}{2e}\log\frac{1+e}{1-e}\right] \tag{2.4.154}$$

となる．

なお I_a, I_b の積分は回転楕円体のモデルを用いて非分離型の配向をもつ空間曲線の長さを求める際にも出現することは (2.4.108) (2.4.109) の式に見る通りであり，ただこの場合は積分の範囲が 0 から $\pi/2$ までである．したがって I_a, I_b の値の 1/2 になるから

伸張配向　$L_{VO} = NI_a$　(2.4.155)

圧縮配向　$L_{VO} = NI_b$　(2.4.156)

という形になる．

注 2）楕円の正射影

楕円の方程式が

$$\frac{x^2}{a^2}+\frac{y^2}{b^2}=1 \qquad (a>b>0) \tag{2.4.157}$$

で与えられる時，x 軸と θ の角をなす方向の楕円の正射影の長さ $\mathrm{Proj}(\theta)$ を求める式を誘導してみよう．これは内容の上では楕円を固定して，座標軸の方を $-\theta$ だけ回転させて，この新しい座標系の x 軸方向の楕円の正射影を y 軸上に投影してその長さを求めることと同じである．ゆえに座標変換の公式により

$$\begin{cases} x \to x\cos\theta - y\sin\theta \\ y \to x\sin\theta + y\cos\theta \end{cases} \tag{2.4.158}$$

の変換を行い，式を整理すれば

$$x^2(a^2\sin^2\theta+b^2\cos^2\theta)+2xy(a^2-b^2)\sin\theta\cos\theta+y^2(a^2\cos^2\theta+b^2\sin^2\theta)-a^2b^2=0 \tag{2.4.159}$$

となる．ところでこの楕円の x 軸方向の正射影，すなわち y 軸上への正射影の長さは，x 軸に平行な2本の楕円の接線間の距離に等しい．したがって上の式を x について解き，$\mathrm{d}y/\mathrm{d}x=0$ になるような y の二つの値を求め，その差の絶対値をとれば $\mathrm{Proj}(\theta)$ が得られる(図 2.4.25)．まず

$$A = a^2\sin^2\theta+b^2\cos^2\theta \tag{2.4.160}$$

$$B = (a^2-b^2)\sin\theta\cos\theta \tag{2.4.161}$$

$$C = a^2\cos^2\theta+b^2\sin^2\theta \tag{2.4.162}$$

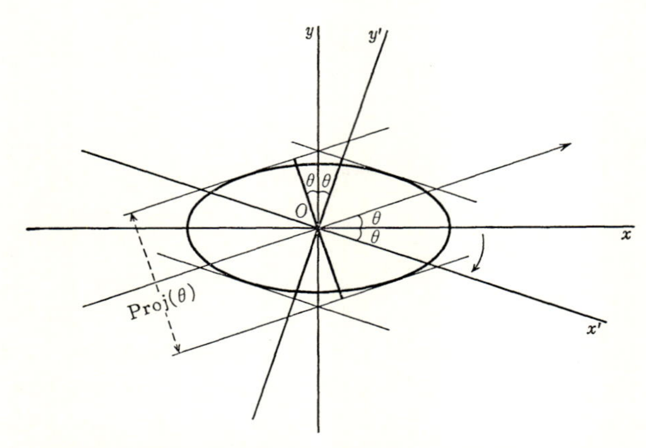

図 2.4.25　楕円の正射影の求め方．x 軸と θ の角をなす方向の正射影 $\mathrm{Proj}(\theta)$ は座標系を $-\theta$ だけ回転させて新しい座標系 O-$x'y'$ をつくり，x' 軸方向の楕円の射影の y' 軸上の長さに等しいことを示す．

$$D = -a^2b^2 \tag{2.4.163}$$

とおけば(2.4.159)の式は

$$Ax^2+2Bxy+Cy^2+D = 0 \tag{2.4.164}$$

となる．これを解けば

$$x = \frac{-By \pm \sqrt{B^2y^2-A(Cy^2+D)}}{A}$$

$$= \frac{-By \pm \sqrt{(B^2-AC)y^2-AD}}{A} \tag{2.4.165}$$

を得る．そして

$$\frac{\mathrm{d}x}{\mathrm{d}y} = \frac{1}{A}\left[-B \pm \frac{(B^2-AC)y}{\sqrt{(B^2-AC)y^2-AD}}\right] \tag{2.4.166}$$

であるから $\mathrm{d}y/\mathrm{d}x=0$ になるためには

$$\begin{cases} B^2-AC \neq 0 & (2.4.167) \\ (B^2-AC)y^2-AD = 0 & (2.4.168) \end{cases}$$

でなければならない．ところで(2.4.160)～(2.4.163)から

$$B^2-AC = -a^2b^2 \tag{2.4.169}$$

$$AD = -a^2b^2(a^2\sin^2\theta+b^2\cos^2\theta) \tag{2.4.170}$$

となるから

$$B^2-AC \neq 0 \tag{2.4.171}$$

は満足されている．そして

$$(B^2-AC)y^2-AD = 0 \tag{2.4.172}$$

から

$$y^2 = a^2\sin^2\theta+b^2\cos^2\theta = a^2\left(1-\frac{a^2-b^2}{a^2}\cos^2\theta\right) \tag{2.4.173}$$

を得る．そして離心率を e とすれば

$$y^2 = a^2(1-e^2\cos^2\theta) \tag{2.4.174}$$

したがって

$$y = \pm a\sqrt{1-e^2\cos^2\theta} \tag{2.4.175}$$

であるから

$$\mathrm{Proj}(\theta) = 2a\sqrt{1-e^2\cos^2\theta} \tag{2.4.176}$$

を得る．

§5　立体の体積と表面積の比，および平面図形の面積と周の比

長さ L_A の閉曲線で囲まれた面積 A の任意の形の平面図形がある時，この図形に h の長さの線分を無作為に落す試行を充分多数回くりかえし，図形の中に落ちる線分の端点の数 n_A と，線分と図形の周との交点の数 C_A の比の期待値 $\bar{n}_A/\bar{C}_A$ を求めると

$$\frac{A}{L_A}=\frac{h\bar{n}_A}{\pi\bar{C}_A}$$

という関係が成立する．また平面図形がその表面が等方性の立体の切口を表わす時には立体の体積 V と表面積 S の比は

$$\frac{V}{S}=\frac{h\bar{n}_A}{4\bar{C}_A}$$

で与えられる．

この方法は対象の形によってはその形態的parameterを推定する上で有効に利用できる．たとえば膜状または板状の構造物の平均の厚さ $\bar{T}$ は

$$\bar{T}=\frac{2V}{S}=\frac{h\bar{n}_A}{2\bar{C}_A}$$

で求められる．

また分離した平面図形の平均直径 $\bar{\delta}$ や分離した立体の平均直径 $\bar{D}$ を，それぞれこれらと A/L_A や V/S が等しい円や球におきかえて定義することができる．この場合の式は

$$\bar{\delta}=\frac{4A}{L_A}=\frac{4h\bar{n}_A}{\pi\bar{C}_A}$$

$$\bar{D}=\frac{6V}{S}=\frac{3h\bar{n}_A}{2\bar{C}_A}$$

で与えられる．

a）基 礎 理 論

これまでに述べた方法で立体の体積，表面積，また平面図形の面積，周の長さ等が推定できるから，その結果から表題に掲げたような比を計算することはもちろん可能である．しかしこの比を簡単に求める方法が Chalkley *et al.* (1949)によって発表されているので，その方法を紹介しておこうと思う．この比が役に立つような局面については後に説明する．

いま平面上に閉曲線で囲まれた図形があるものとする．図形の形についてはこれ以外には何らの幾何学的制約も必要ではなく，また数もいくつあってもよい．この図形の上に h の長さの線分を無作為に落して，図形と線分とが何らかのかかわりをもつ場合だけを考えてみると，これは図 2.5.1 に示すようないろいろな形になるであろう．しかしここで問題になるのはこの際図形の中に落ちる線分の端点の数 n_A と，線分が図形の周と交わってつくる交点の数 C_A である．そして図形の面積を A, 図形の周の長さを L_A とし，充分多数の試行によって n_A と C_A の期待値 $\bar{n}_A$ と $\bar{C}_A$ から $\bar{n}_A/\bar{C}_A$ という比をつくれば

$$\frac{A}{L_A}=\frac{h\bar{n}_A}{\pi\bar{C}_A} \tag{2.5.1}$$

という関係が成立する．また平面図形が空間中で等方性の表面をもつ立体の切口を表わす時には，立体の体積を V, 表面積を S とすれば

$$\frac{V}{S}=\frac{h\bar{n}_A}{4\bar{C}_A} \tag{2.5.2}$$

という関係がある．

この証明にはいくつかの方法が可能であろうが，ここでは次のようにしてみ

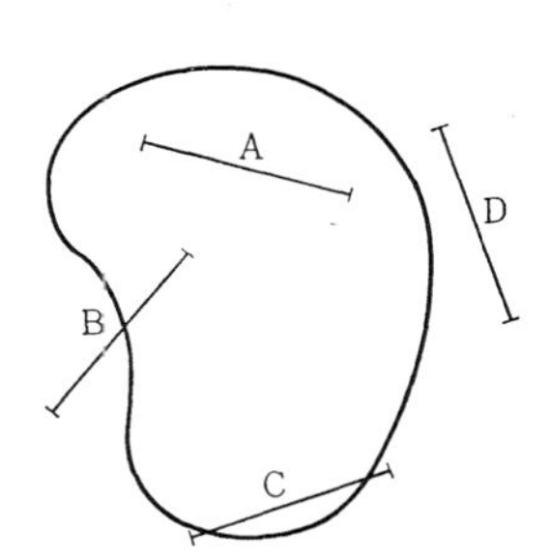

図 2.5.1　任意の形の閉曲線と無作為に落した長さ h の線分との間に成立しうる関係を類型化して示してある．A：線分の端点が二つとも閉曲線の内部に落ち，線分が閉曲線と交わらない場合．B：線分の端点の一つが閉曲線の内部に，他の一つが外部に落ちる場合．線分は必ず閉曲線と交わり，交点の数は常に奇数になる．C：線分の端点が二つとも閉曲線の外にありながら線分が閉曲線と交わる場合．交点の数は偶数になる．D：線分が閉曲線と全く交渉をもたない場合．この時は n_A も C_A もともに 0 であるからこのような形は考慮に入れなくてよい．なお図では 1 個の閉曲線を示してあるが，実際にはいくつ閉曲線があってももちろん差しつかえない．

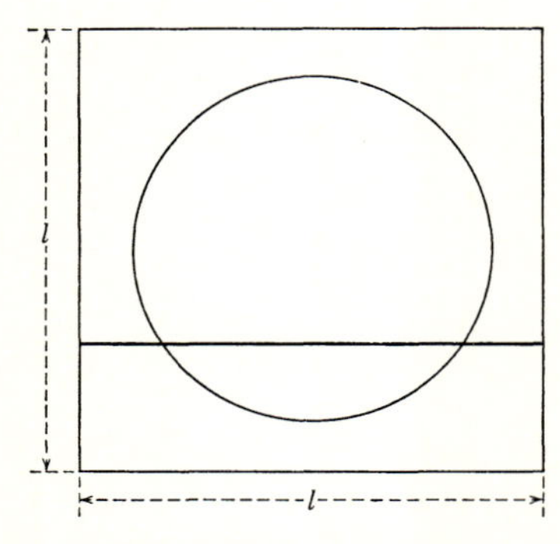

図 2.5.2 Chalkley らの方法は本質的には等方性の平面曲線と方向を固定した試験直線を交わらせることと同じであり，また等方性の平面曲線はこれと等長の円周でおきかえることができる．なお図では1個の円周を示してあるが，何個の円周を用いても差しつかえない．

よう．まず h の長さの線分を無作為に図形の上に落して周との交点を求める操作は線分の方向と閉曲線との関係をランダム化することを意味するから，この関係はこの図形の周と同じ長さの周をもつ円と，ある一定方向の直線を交わらせるのと同じことになる．そこでこの図形を図 2.5.2 のように同じ長さの周をもつ円でおきかえ，これを適当な長さ l を1辺とする正方形中に入れ，この円周と正方形の1辺に平行に引いた l の長さの試験直線とを交わらせてみる．するとこの直線が円周と交わってつくる交点の数の期待値 $\bar{C}_A$ は(2.2.21)により

$$L_A = \frac{\pi}{2}\bar{C}_A l \tag{2.5.3}$$

であるから

$$\frac{\bar{C}_A}{2} = \frac{L_A}{\pi l} \tag{2.5.4}$$

という形で表現できる．次に l の長さの試験直線のかわりに h の長さの線分を用いたとすれば，交点の期待値は h/l 倍になるから

$$\frac{\bar{C}_A}{2} = \frac{L_A}{\pi l}\cdot\frac{h}{l} \tag{2.5.5}$$

となり，したがって

$$L_A = \frac{\pi}{2}\bar{C}_A\frac{l^2}{h} \tag{2.5.6}$$

を得る．

次にもとの図形にもどって，この図形を入れた1辺 l の正方形上に充分多数の点を無作為に落した時，その点がこの図形の上に落ちる確率は A/l^2 に等しい．

ところでこの点が h の長さの線分の両端の端点である場合には，1回の試行で2個の点を用いることになるから，点が図形の上に落ちる数 n_A の期待値 $\bar{n}_A$ は

$$\frac{\bar{n}_A}{2}=\frac{A}{l^2} \tag{2.5.7}$$

で与えられる．それゆえ(2.5.6)と(2.5.7)から

$$\frac{\boldsymbol{A}}{\boldsymbol{L_A}}=\frac{\boldsymbol{h\bar{n}_A}}{\boldsymbol{\pi\bar{C}_A}} \tag{2.5.8}$$

を得る．

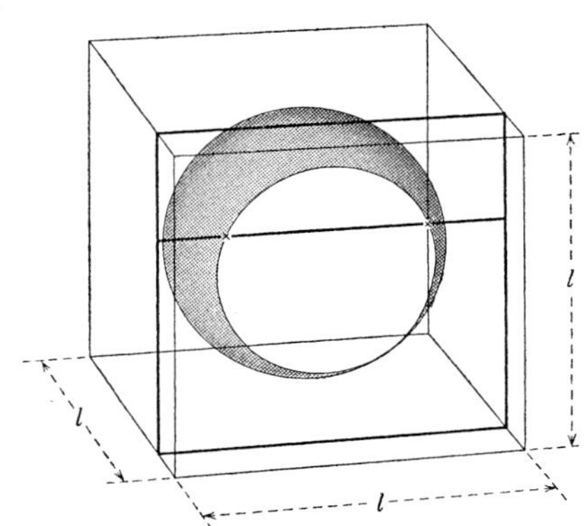

図 2.5.3　平面曲線が等方性の曲面の切口を表わす時は，曲面をこれと等しい面積の球面でおきかえることができる．そして Chalkley らの方法は本質的にはこの曲面と試験直線を交わらせてできる交点の数から元の曲面の面積を求めることと同じである．なお図では1個の球面を示してあるが，いくつの球面を用いても差しつかえない．

また平面図形が表面が等方性の立体の切口である場合には，この図形は図2.5.3のように立体を適当な長さ l を1稜とする立方体中に入れ，立方体の一つの面に平行な試験平面でこの立体を切った時に出現する図形とみることができる．したがって，この試験平面上に l の長さの試験直線を引き，この図形の周と交わってつくる交点の数の期待値を $\bar{C}_A$ とすれば，(2.2.7)により

$$\bar{C}_A=S/2l^2 \tag{2.5.9}$$

である．なおこの場合は理論的には交点の期待値は $\bar{C}_V$ と書くべきであるが，便宜上 $\bar{C}_A$ を用いておく．そして l のかわりに h の長さの線分を用いれば，この $\bar{C}_A$ の値は h/l になるから

$$\bar{C}_A=Sh/2l^3 \tag{2.5.10}$$

を得る．また $V=Al$ であるから(2.5.7)により

$$\frac{\bar{n}_A}{2}=\frac{A}{l^2}=\frac{V}{l^3} \tag{2.5.11}$$

である．そして(2.5.10)と(2.5.11)から

$$\frac{V}{S}=\frac{h\bar{n}_A}{4\bar{C}_A} \tag{2.5.12}$$

が誘導される．

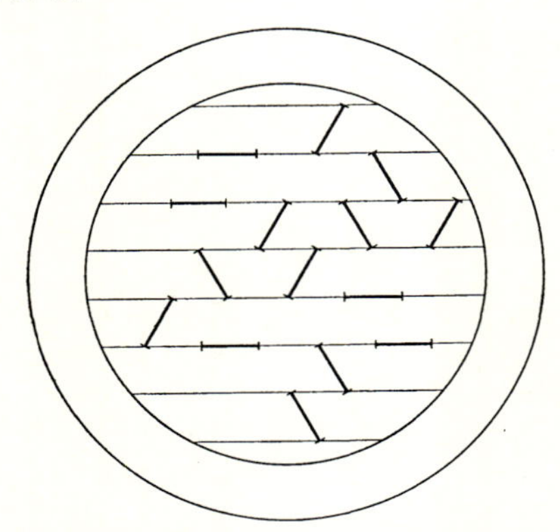

図 2.5.4　Weibel の提案した eye-piece．これは 15 個の等長の線分を 5 個ずつ互いに 60° の角をなすように，したがって全体としては等方的に配置したものである．

さて Chalkley らの理論を実際に応用するにあたっては目的にかなった eye-piece を作製しなければならない．そのためにはたとえば図 2.5.4 に示すような eye-piece がまず考えられるであろう．これは Weibel(1963)が開発したもので，一定の長さの線分が互いに 60° の角をなすような形で刻み込まれている．この形の eye-piece はいわば Chalkley らの理論をそのまま具体化したようなものであるから，対象の配置に配向のある場合も含めて最も一般的に利用可能な形のものである．しかし計測すべき対象の曲線が等方性であればもっと簡単な eye-piece を用いてもよい．図 2.5.5 に私共(諏訪 1968)がしばしば用いている eye-piece を示してあるが，これは 1 本の直線に等間隔の目盛りをつけただ

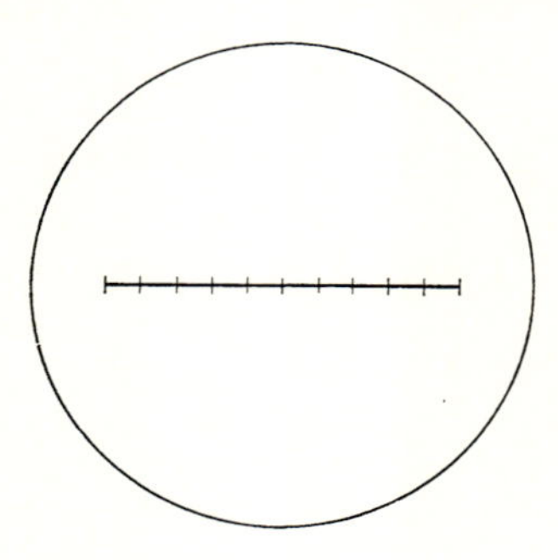

図 2.5.5　私共の用いている eye-piece を示す．これは線分に等間隔の目盛りをつけただけのものである．もちろん図 2.2.7 の eye-piece を用いてもよい．なおこの形の eye-piece を使用するためには対象となる平面曲線が等方性であることが必要条件になる．

けのものである．そしてこの目盛りが h の長さの線分の端点を表わすことになる．ただしこの形の eye-piece を用いる時には図形の中に落ちた目盛りの数を2倍したものが n_A となる．これは一つの目盛りはその両側の線分の端点が重なり合ったものと見なければならないからで，1個の目盛りが2個の端点に相当するからである．したがってこの eye-piece を用いるにあたってはむしろ図形の中に落ちた目盛りの数を直接 n_A として，(2.5.1)と(2.5.2)の式を以下のように変形して利用する方が便利であろう．

$$\frac{A}{L_A}=\frac{2h\bar{n}_A}{\pi\bar{C}_A} \tag{2.5.13}$$

$$\frac{V}{S}=\frac{h\bar{n}_A}{2\bar{C}_A} \tag{2.5.14}$$

また h は目盛りの間隔によって定まるものであるが，その値は顕微鏡の拡大によって変ってくることはもちろんである．

なお第4章の386頁以下で説明する誤差論の立場からいえば，図2.5.5の h の間隔で目盛りをつけた直線をさらに図2.5.6のように h の間隔で等間隔に配置すると有利である．この場合 h の長さの線分の端点は正方格子の交点となる．そしてこの形の線分と点の配置では1個の線分に1個の端点が対応するから，用いる式は(2.5.13)(2.5.14)そのままでよい．なお状況によっては正方格子の

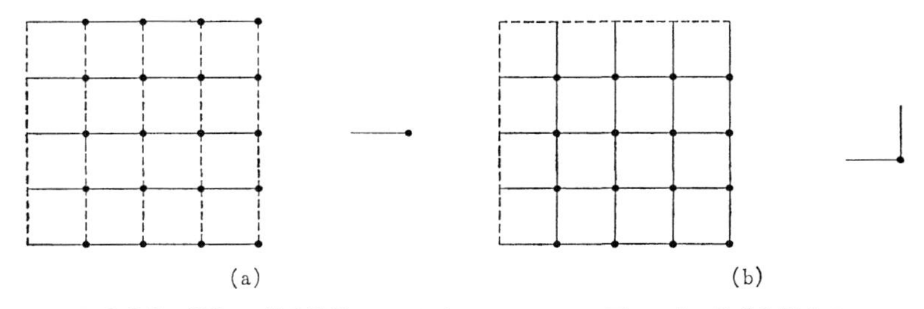

図2.5.6　A/L_A の推定誤差を小さくするためにはこの図のように線分と端点を規則的に配置した eye-piece を用いるのが有利である．これは実際問題としては通常の正方格子を利用すればよいが，その使い方には2通りの方法が考えられる．(a)正方格子の1方向の格子線のみを用いる場合．この際・をつけた格子交点のみを線分の端点として用いれば1本の線分に1個の端点が対応することになる．(b)正方格子の2方向の格子線を用いる場合．この際・をつけた格子交点のみを線分の端点として用いれば2本の線分に1個の端点が対応することになる．これらの関係は格子をその構成要素に分解してみると明らかになるので，(a)(b)とも右方にそれぞれの構成要素を示してある．

横線と縦線の両方を線分として利用しても差しつかえないが，この場合は2個の線分に対して1個の端点しか対応しないから(2.5.13)(2.5.14)の式の2, 1/2という係数をそれぞれ4, 1に修正して計算を行う必要がある．

またいずれの型のeye-pieceを用いるにしても計測の実施にあたっては顕微鏡の拡大を適当に調節してn_AとC_Aの比が$C_A/n_A=2$，またはそれよりいくらか大きくなるようにしておくとよい．この理由は後に誤差を問題とする際に説明する．

Chalkleyらの方法が有効に用いられるような局面はいろいろ考えられるであろうが，ここでは比較的一般性をもった二三の実例について検討しておこう．

b）膜状構造物の厚さ

空間中に図2.5.7のようなその表面の方向が等方性の膜状または板状の構造物がある時，その平均の厚さ$\bar{T}$を求める上でChalkleyらの方法は便利なものである．たとえば肺胞壁の平均の厚さ，肝細胞板の平均の厚さ，肝硬変症の間質の隔壁の平均の厚さ等を求めたいというようなことはしばしば起るが，このような時に利用すればよいのである．この場合$\bar{T}$は図2.5.7(b)のようにこれらの膜状構造物の表面積の1/2の表面積をもつような2枚の平面の間に，その

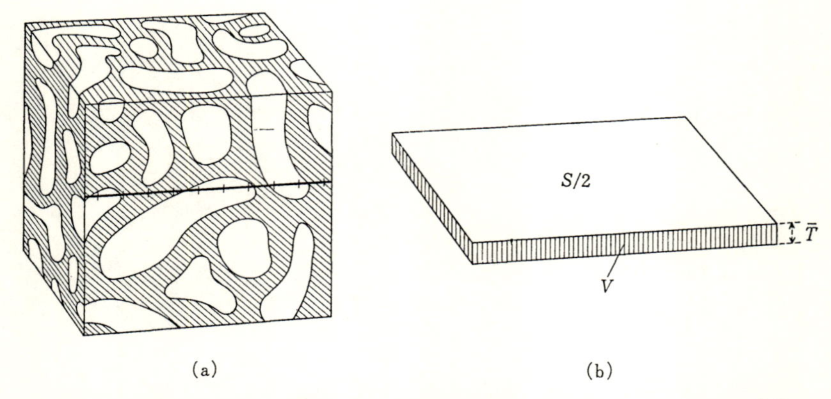

図2.5.7　(a)空間中にその表面が等方性の膜状または板状の構造物がある時，ある試験平面上にできる図形に図2.5.5の形のeye-pieceを重ねた状態を示す．(b)板状構造物の平均の厚さ$\bar{T}$は，板状構造物の体積Vをこの構造物の表面積Sの1/2の面積をもつ2枚の平面の間に一様な厚さで広げた時の厚さをもって定義することができる．

構造物の体積を一様な厚さに伸ばして挾んでみた時の厚さをもって定義するのが適当であろう．そうすると(2.5.2)から

$$\bar{T}=\frac{2V}{S}=\frac{h\bar{n}_A}{2\bar{C}_A} \tag{2.5.15}$$

により $\bar{T}$ を推定することができるわけである．なお図2.5.5の eye-piece を用いる場合には

$$\bar{T}=\frac{h\bar{n}_A}{\bar{C}_A} \tag{2.5.16}$$

という式を用いればよいであろう．

c) 平面図形の平均直径

いくつかの閉曲線で囲まれた平面図形がある時，その平均の大きさを量的に表示する方法はいろいろある．たとえばその図形の面積の平均をもって示すこともできるし，また図形の最大径と最小径を適当に組み合わせて，たとえば幾何学的平均をとって表現することもできるであろう．しかしここでは図形の面

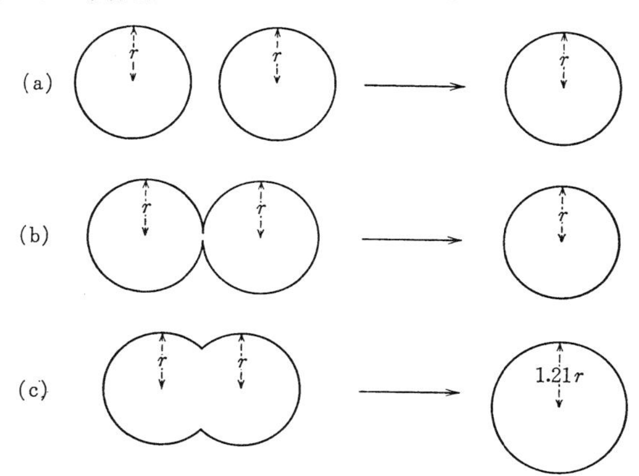

図 2.5.8　A/L_A の比を利用して平面図形の平均直径 $\bar{\delta}$ を定義する場合の具体例を示す．(a)半径 r の円が2個ある場合．この時は $\bar{\delta}$ は $2r$ であることは明らかである．(b)半径 r の2個の円が接して1個の図形をつくる場合．この時は L_A も A も(a)と変わらないから $\bar{\delta}$ はやはり $2r$ となる．(c)半径 r の2個の円が一部重なって1個の図形をつくる場合．この図では A/L_A は半径約 $1.21r$ の円のそれに等しくなる．したがって $\bar{\delta}$ は $2.42r$ となる．

積とその周の長さの比 A/L_A を不変量としてこれと等しい比をもつ円を考え，その円の直径をもって図形の平均直径を定義する方法を検討してみよう．このように定義された平均直径の観念の内容は図2.5.8から了解できる．この図のようにほぼ円に近い形のものが2個接合してできたような形は，生物学的対象についてみるとある構造物が2個に分裂する過程を示すものと考えてよい場合がしばしばある．たとえば心筋線維でこのような断面像が見られれば，それは2本の線維の吻合部の近傍か，または1本の心筋線維が2本に分裂しかけている像と了解されるのが通例である．このような図形の大きさを直径という次元で表現するためにはむしろ2個の円と考えて，その円の直径の平均を用いる方が妥当であろう．また分裂しかけの形がこれ程明らかでなくても，図形の形の円からの遠ざかり方を，元来円であった図形の分割過程におけるある段階と了解すれば，このような直径の定義の仕方は分割の程度を考慮に入れて図形の直径を考えることを意味することになる．

そこでこの方針に従って平面図形の平均直径 $\bar{\delta}$ を求めてみよう．直径 δ の円については

$$\frac{A}{L_A}=\frac{\pi(\delta^2/4)}{\pi\delta}=\frac{\delta}{4} \qquad (2.5.17)$$

が成立する．したがって

$$\frac{\bar{\delta}}{4}=\frac{h\bar{n}_A}{\pi\bar{C}_A} \qquad (2.5.18)$$

$$\bar{\delta}=\frac{4h\bar{n}_A}{\pi\bar{C}_A} \qquad (2.5.19)$$

で $\bar{\delta}$ を計算できる．そして図2.5.5のような形の eye-piece を用いる時の式は

$$\bar{\delta}=\frac{8h\bar{n}_A}{\pi\bar{C}_A} \qquad (2.5.20)$$

となる．

なおこれと同様な考え方で立体の平均直径を定義できることはあらためて説明を要しないであろう．直径 D の球については

$$\frac{V}{S}=\frac{(4/3)\pi(D^3/8)}{\pi D^2}=\frac{D}{6} \qquad (2.5.21)$$

が成立するから

$$\frac{\bar{D}}{6}=\frac{h\bar{n}_A}{4\bar{C}_A} \tag{2.5.22}$$

$$\bar{D}=\frac{3h\bar{n}_A}{2\bar{C}_A} \tag{2.5.23}$$

により立体の平均直径を求めることができる．なお図2.5.5のような eye-piece を用いれば式の形は

$$\bar{D}=\frac{3h\bar{n}_A}{\bar{C}_A} \tag{2.5.24}$$

となることはいうまでもない．

d) 柱状構造物の平均直径

私共が Chalkley らの方法が特に有効に用いられると考えているのはたとえば次のような局面である．それは心筋線維のように，基本的には柱状の構造物がある束としては明らかな方向性をもちながら，その束の中では個個の柱状構造物の方向がかなりまちまちである時に，この柱状構造物の太さを求めるというような場合である．このような時には柱状構造物の束の軸に直交する断面をとってみても，その断面に出現する個個の柱状構造物の切口は多かれ少なかれ斜めに切れている．このような状況でこの構造物の太さをたとえば個個の構造物の切口の面積や，またはこれと同じ断面積をもつ円柱の直径をもって定義すれば，斜めに切れた構造物では断面積がその正確な横断面積よりは大きくなるから，この意味で誤差が発生する．ところが(2.5.17)で説明したような方法で平均直径を定義し，柱状構造物の太さを $4A/L_A$ という比から求めると，構造物が斜めに切れた場合にも A も L_A も共に大きくなるため，斜めに切れたために発生する誤差はある程度相殺されて小さくなる．もちろん A と L_A の大きくなる割合は違うから，A/L_A という比をもってしても誤差は完全にはなくならない．ただ A や L_A を単独で利用して柱状構造物の太さを定義する場合よりは誤差が小さくなることは容易に想像できる．つまり柱状構造物の正確な横断面をとることにあまり気を使わないですむという大きな利点がある．

そこで次にこの方法を用いた時，柱状構造物が斜めに切られたことによって生ずる誤差がどの程度になるかをモデルについて検討してみよう．モデルとしては空間中に等しい直径の円柱がある軸のまわりの制約された角の範囲内で，

角については一様の密度で配置されている形を採用しよう．そしてこの円柱の束をその軸に直交する試験平面で切って，試験平面上の図形から円柱の平均直径を推定する場合の誤差がどのようになるかを計算すればよい．

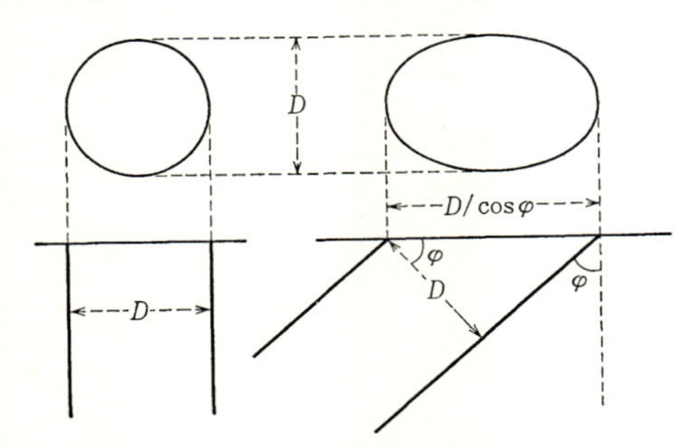

図 2.5.9　円柱をある平面で切れば，その切口の図形は一般に楕円になる．そして円柱の直径を D，平面の法線と円柱の軸のなす角を φ とすれば，楕円の長軸は $D/\cos\varphi$，短軸は D で与えられる．

まず無限の長さの円柱の直径を D とすると，円柱の束の軸と φ の角をなす1本の円柱の試験平面上の切口は，長軸を $D/\cos\varphi$，短軸を D とする楕円となる(図 2.5.9)．そしてその離心率を e とすれば

$$e^2 = 1-\cos^2\varphi = \sin^2\varphi \tag{2.5.25}$$

である．またこの楕円の面積を $A(\varphi)$ とすれば

$$A(\varphi) = \pi D^2/4\cos\varphi \tag{2.5.26}$$

となる．一方この楕円の周を $L_A(\varphi)$ とすれば

$$\begin{aligned} L_A(\varphi) &= \frac{2D}{\cos\varphi}\int_0^{\pi/2}\sqrt{1-e^2\sin^2\theta}\,\mathrm{d}\theta \\ &= \frac{2D}{\cos\varphi}\cdot\frac{\pi}{2}\left(1-\frac{e^2}{4}-\cdots\cdots\right) \\ &= \frac{\pi D}{\cos\varphi}\left(1-\frac{1}{4}\sin^2\varphi-\cdots\cdots\right) \end{aligned} \tag{2.5.27}$$

である．そして φ がこの級数の最初の2項で上の式を充分近似できる範囲のものとすれば

$$L_A(\varphi) = \frac{\pi D}{\cos\varphi}\left(1-\frac{1}{4}\sin^2\varphi\right) \tag{2.5.28}$$

を得る．したがって(2.5.26)と(2.5.28)から

$$\frac{A(\varphi)}{L_A(\varphi)} = D\Big/4\left(1-\frac{1}{4}\sin^2\varphi\right) \tag{2.5.29}$$

という結果になる．一方円柱が試験平面と直交する時の切口の円の面積を A, 周の長さを L_A とすれば

$$A/L_A = D/4 \tag{2.5.30}$$

であるから

$$Z(\varphi) = \frac{(A/L_A)}{[A(\varphi)/L_A(\varphi)]} = 1-\frac{1}{4}\sin^2\varphi \tag{2.5.31}$$

という係数を定義すれば，$Z(\varphi)$ は束の軸に対して φ の角度で斜めに切れた切口から推定した円柱の直径を修正して正しい値に還元するための係数とみることができる．そして $1/Z(\varphi)$ が斜めに切れたための誤差を表わすことになる．しかし計算の便宜からいえば $Z(\varphi)$ の形で処理した方が楽であるから，以下その方針で式を誘導してみよう．

まず(2.5.31)の式を $\varphi=30°$ として計算してみると，

$$Z(\varphi) = 0.9375 \tag{2.5.32}$$

となる．したがって

$$1/Z(\varphi) \fallingdotseq 1.066 \tag{2.5.33}$$

となるから，誤差は約6.6％ということになる．一方

$$A(\varphi)/A = 1.155 \tag{2.5.34}$$

$$L_A(\varphi)/L_A = 1.083 \tag{2.5.35}$$

となるから，切口の面積の誤差が最も大きく15％をこす．周の長さの誤差はこれより小さく約8.3％である．しかし図形の周が不規則な時には単に周の長さを変えずに円に還元しても，その円の直径をもってただちに柱状構造物の太さとみるわけにもゆかないであろう．それらに比較してみると $1/Z(\varphi)$ で与えられる誤差の値は最も小さく，また $4A(\varphi)/L_A(\varphi)$ を用いて柱状構造物の太さを定義する方が観念上も合理的であろう．

次に柱状構造物を等しい直径の円柱群としよう．そして α をあまり大きくない，というのは30°をこえない程度の一定の角とし，円柱群が空間中のある直線のまわりに $0\leqq\varphi\leqq\alpha$ の範囲の φ をもち，角に関しては一様な密度で配置さ

れているものとする．この円柱群を個個の円柱の方向を変えずにすべての円柱の中心が上記の直線上の1点を通るように集めてみる．そうするとこの円柱群をこの1点から単位の距離で直線と直交する試験平面で切ると，円柱の切口の中心はすべてこの試験平面上の半径 $\tan\alpha$ の円の中に入ることになる．いまこの円柱群のうち φ が φ と $\varphi+\mathrm{d}\varphi$ の間にあるものだけを考えると，これらの円柱の軸は試験平面上で二つの同心円に限られた帯状の微小面積を貫くことになる．この面積を $\mathrm{d}a(\varphi)$ とすると

$$\mathrm{d}a(\varphi) = 2\pi\tan\varphi\cdot\frac{\mathrm{d}\varphi}{\cos^2\varphi} = 2\pi\frac{\sin\varphi}{\cos^3\varphi}\mathrm{d}\varphi \qquad (2.5.36)$$

である．この式の誘導については図2.5.10を参照していただきたい．

さて $\varphi=0$ から $\varphi=\alpha$ に至るまでのすべての円柱について $Z(\varphi)$ を平均したも

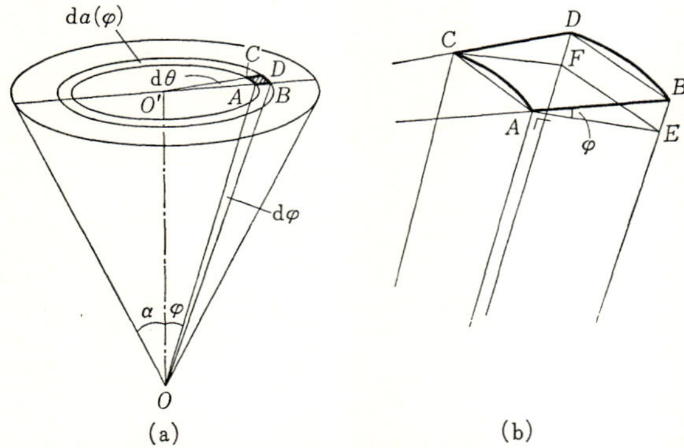

図2.5.10　帯状の微小面積 $\mathrm{d}a(\varphi)$ の求め方の説明．まず(a)の斜線を入れた部分の面積は

$$AC\times AB$$

である．そして OO' は単位長であるから

$$AC = \tan\varphi\cdot\mathrm{d}\theta$$

である．一方(b)において A を通り AO に直交する平面が BO と交わる点を E とすれば $AE=\mathrm{d}\varphi/\cos\varphi$ であるから

$$AB = AE/\cos\varphi = \mathrm{d}\varphi/\cos^2\varphi$$

となる．したがって

$$AC\times AB = \frac{\tan\varphi}{\cos^2\varphi}\cdot\mathrm{d}\theta\cdot\mathrm{d}\varphi$$

である．そして

$$\mathrm{d}a(\varphi) = \frac{2\pi}{\mathrm{d}\theta}\cdot AC\cdot AB = 2\pi\cdot\frac{\tan\varphi}{\cos^2\varphi}\cdot\mathrm{d}\varphi$$

を得る．

のを $\bar{Z}(\alpha)$ とすれば(2.5.31)と(2.5.36)を用いて

$$\begin{aligned}\bar{Z}(\alpha) &= \frac{1}{\pi \tan^2\alpha}\int_{\varphi=0}^{\varphi=\alpha} Z(\varphi)\,\mathrm{d}a(\varphi) \\ &= \frac{1}{\pi\tan^2\alpha}\int_0^\alpha 2\pi\cdot\frac{\sin\varphi}{\cos^3\varphi}\left(1-\frac{1}{4}\sin^2\varphi\right)\mathrm{d}\varphi \\ &= \frac{2}{\tan^2\alpha}\int_0^\alpha \frac{\sin\varphi}{\cos^3\varphi}\left[1-\frac{1}{4}(1-\cos^2\varphi)\right]\mathrm{d}\varphi \\ &= \frac{2}{\tan^2\alpha}\int_0^\alpha\left(\frac{3}{4}\cdot\frac{\sin\varphi}{\cos^3\varphi}+\frac{1}{4}\cdot\frac{\sin\varphi}{\cos\varphi}\right)\mathrm{d}\varphi \\ &= \frac{1}{\tan^2\alpha}\left[\frac{3}{4}\cdot\frac{1}{\cos^2\varphi}-\frac{1}{2}\log(\cos\varphi)\right]_0^\alpha \qquad (\cos\varphi\geqq 0) \\ &= \frac{3}{4}-\frac{1}{2}\cdot\frac{\log(\cos\alpha)}{\tan^2\alpha} \qquad (2.5.37)\end{aligned}$$

を得る．そして $\alpha=30°$ として $\bar{Z}(\alpha)$ を計算してみると

$$\bar{Z}(\alpha) \fallingdotseq 0.966 \qquad (2.5.38)$$

となる．つまり円柱が $60°$ の開きの角の範囲に分布している場合でも，この円柱の束の軸に直交する試験平面上で推定した $4A/L_A$ の値から，円柱の平均直径を求めた場合は，その誤差は3%程度であろうということである．この程度の誤差は無視して差しつかえない場合が多いであろう．以上の結果は，円柱群について円柱の平均直径を，円柱の束の軸に直交する試験平面上の切口の $4A/L_A$ の比から求めれば，個個の円柱の中にはかなり斜めに切られたものが混在していても平均直径の推定誤差は案外小さいことを示すものである．これは実測にあたってすべての円柱について正確な横断面をとるという困難な操作を回避できることを意味するものであり，この点がChalkleyらの方法のいちじるしい実用上の利点の一つである．

なお(2.5.37)からわかるように $\bar{Z}(\alpha)$ は D に無関係であるから，直径を異にした円柱の束についてもこれまでの結果がそのまま適用されることは明らかである．ただこの場合直径の分布が φ については一様であることが必要であろう．また円柱のかわりに切口が任意の形をした柱状構造物に対しても，その直径を $D=4A/L_A$ で定義する限り，以上の結果を太さを異にした，また切口の形がいろいろな柱状構造物の束にまで拡張適用して差しつかえないわけである．ただ

この場合それらの柱状構造物の太さや形の分布が φ に無関係であること，およびそれらの個個の構造物にある直線で代表される軸が想定できるということが必要である．この後者の条件は柱状構造物を空間中の1点を通るように集めるという思考実験を可能にするために要求されるものである．

§6　空間中の立体の数

空間中に大きさを異にする，互いに幾何学的相似形であるような凸面体が無作為に配置されている時，単位体積中の立体の数 N_{vO} を推定するには二つの方法がある．その一つはこの空間を切る単位面積の試験平面上にできる立体の切口の数の期待値を $\bar{N}_{aO}$ とし

$$N_{vO}=\sqrt{\frac{\varepsilon Q_3}{V_O}}(\bar{N}_{aO})^{\frac{3}{2}}$$

により N_{vO} を求めるものである．この式で V_O は単位体積中の立体の体積，ε は立体の形によって定まる係数，Q_3 は立体の大きさの分布関数の形によって定まる係数である．立体の大きさのバラツキが比較的小さい場合には $Q_3\fallingdotseq 1$ とみて

$$N_{vO}=\sqrt{\frac{\varepsilon}{V_O}}(\bar{N}_{aO})^{\frac{3}{2}}$$

という式を用いることができる．なお一般に $\varepsilon\leqq\pi/6$ であり，等号の成立するのは立体が球の場合である．球以外の立体では ε の値はそれぞれの立体の形に応じて計算しなければならない．

第二の方法は単位体積中の滑らかな表面をもった凸面体が一定方向の単位面積の試験平面とつくりうる接点の数の期待値 $\bar{\tau}_{VO}$ を利用するもので

$$N_{vO}=\bar{\tau}_{VO}/2$$

という関係から N_{vO} を推定できる．この方法では立体の形による係数 ε を考慮する必要がない．

空間中の凸面体の個数を試験平面上にできるその切口の数から推定する方法は，本質的には空間曲線の長さを曲線と試験平面とが交わってつくる交点の数から推定する理論の応用である．この問題については Weibel and Gomez (1962) および Weibel (1963) の研究がある．ここではこれと基本的には同じことであるが，多少異なった説明をしてみるつもりである．まず空間中に大きさを異にした，互いに幾何学的相似形であるような立体が充分多数，その orientation や分布に関しては無作為に配置されているものとしよう．そして立体はその表面がいずれの部分でも凸面で構成されている凸面体であるものとする．それ以外に立体の形に対する制約は差しあたって必要としない．さてこの空間中に1稜の長さが単位長の立方体をとり，この中に存在する立体の個数 N_{VO} を求めることを考えよう．最初にある1個の立体をとり，これを立方体の一つの面に平行な2枚の接平面で挟んだ時，この接平面間の距離を D とする．この D は一般に立体の径とは異なる観念であるから，その点は注意を要する．ところで D の値は立体の接平面に対する orientation によって異なってくる．そこで D をこの立体のとりうるすべての orientation について平均したものを $\bar{D}$ とすれば，$\bar{D}$ はこの大きさの立体がある一定方向の試験平面の直交方向の平均有効長を意味する．一方立体の大きさはいろいろであるから，$\bar{D}$ をさらにすべての大きさの立体について平均した値を $\mathrm{E}(\bar{D})$ とすれば，$\mathrm{E}(\bar{D})$ はこの立方体中のすべての立体について1個あたりの平均有効長を与えることになる．以下この $\mathrm{E}(\bar{D})$ と N_{vO} の関係を調べてみよう．

さて1稜が単位長の立方体中にその一つの面に垂直な何本かの直線がある時，つまり完全な線配向をもった空間曲線がある時，これらの直線に直交する試験平面上にできる直線の交点の数の期待値を $\bar{P}_{O(\perp)}$，立方体中の直線の総長を L_{VO} とすれば，

$$\bar{P}_{O(\perp)} = L_{VO} \qquad (2.6.1)$$

である．これは直観的にも明らかなことであろう．ところでこの式の L_{VO} は，空間中に直線ではなくて上にのべたような条件を満たす立体が存在する時は $N_{vO}\mathrm{E}(\bar{D})$ でおきかえることができる．一方 $\bar{P}_{O(\perp)}$ は試験平面上にできる立体の切口の数の期待値と同じ意味になるからこれを $\bar{N}_{aO}$ と書けば，(2.6.1)により

$$\bar{N}_{aO} = N_{vO}\mathrm{E}(\bar{D}) \qquad (2.6.2)$$

したがって

$$N_{vO} = \bar{N}_{aO}/\mathrm{E}(\bar{D}) \tag{2.6.3}$$

という関係を得る．これが空間中の立体の個数を試験平面上にできるその切口の数から求める場合の最も基本的な式を与えるものである．そして $\bar{N}_{aO}$ は実際には実測により得た単位面積の試験平面上の図形の数 N_{aO} で代用されることになる(図 2.6.1)．

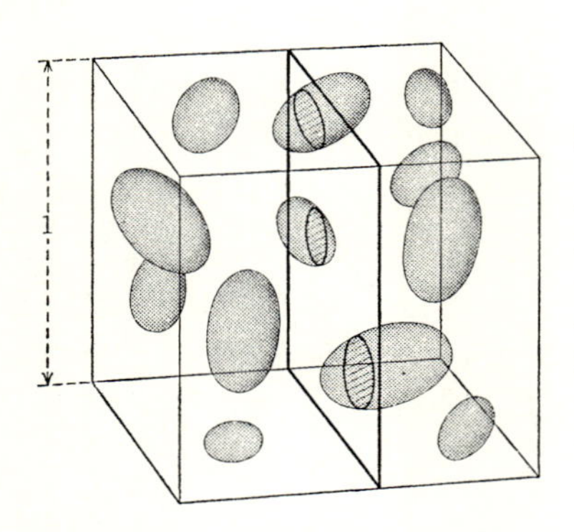

図 2.6.1 単位体積の立方体の空間中に互いに幾何学的相似形をなす凸面体が存する時，これを試験平面で切れば試験平面上にはいくつかの立体の切口ができる．この切口の数が N_{aO} である．そして立方体中の立体の数 N_{vO} を N_{aO} から推定するのがこの節の主題である．

ところでこの式の $\mathrm{E}(\bar{D})$ の値は前もって知られていないのが一般であるから，次に $\mathrm{E}(\bar{D})$ を上の式から消去することを考える必要がある．このためには立体の形が幾何学的に規定できるようなものであれば，単位体積中の立体の占める体積 V_O を利用すればよい．いま平均有効長が $\bar{D}$ であるような1個の立体の体積を v とすれば，v は ε をこの立体の形によって定まる係数として

$$v = \varepsilon\bar{D}^3 \tag{2.6.4}$$

という形式で表わすことができる．そして $\bar{D}$ の確率分布を $p(\bar{D})$ とすれば

$$\begin{aligned} V_O &= N_{vO}\int_0^\infty p(\bar{D})v\,\mathrm{d}\bar{D} \\ &= N_{vO}\,\varepsilon\int_0^\infty p(\bar{D})\bar{D}^3\,\mathrm{d}\bar{D} \end{aligned} \tag{2.6.5}$$

と書くことができるであろう．一方 $\bar{D}$ の算術平均 $\mathrm{E}(\bar{D})$ を用いて

$$Q_3 = \frac{1}{[\mathrm{E}(\bar{D})]^3}\int_0^\infty p(\bar{D})\bar{D}^3\,\mathrm{d}\bar{D} \tag{2.6.6}$$

という形の係数 Q_3 を定義すれば，Q_3 は $\bar{D}$ の確率分布を表わす $p(\bar{D})$ の形によ

ってのみ定まることになる．これについては後に(3.3.11)としてあらためて説明する．これを用いて V_O を書きなおせば

$$V_O = N_{vO}\varepsilon Q_3[\mathrm{E}(\bar{D})]^3 \tag{2.6.7}$$

となる．この式と(2.6.3)から

$$N_{vO} = \sqrt{\frac{\varepsilon Q_3}{V_O}}(\bar{N}_{aO})^{\frac{3}{2}} \tag{2.6.8}$$

を得る．

この式の V_O はたとえば(2.1.11)により容易に求めることができるが，ε と Q_3 が決まらなければ N_{vO} を計算できない．それゆえ以下この二つの係数の処理を考えておこう．まず最も簡単な場合として立体を球とすると，$\bar{D}$ は球の直径 D に等しいから

$$v = \frac{\pi}{6}D^3 = \frac{\pi}{6}\bar{D}^3 \tag{2.6.9}$$

となる．したがって立体が球の場合には

$$\varepsilon = \pi/6 \tag{2.6.10}$$

とすればよい．立体の形が球と見ることができないようなものであれば，その形を適当な幾何学的モデルにあてて計算をしなければならないので一律にはいえないが，ここでは最も応用が広いと思われる回転楕円体について ε の値を求めておくと，離心率 e の回転楕円体では

$$\varepsilon = \frac{4}{3}\pi(1-e^2)\Big/\left[1+\frac{1-e^2}{2e}\log\frac{1+e}{1-e}\right]^3 \tag{2.6.11}$$

となる．この式の誘導はこの項の終りの注に説明してある．なおこの式の形を見ると，$e=0$，すなわち立体が球であれば $\varepsilon=\pi/6$ を得る．逆に e が1に近づけば ε の値は0に近づくことがわかる．つまり立体の形が球から遠ざかる程 ε の値が小さくなるのである．そしてこの結果からみて一般に凸面体については $\varepsilon \leqq \pi/6$ であり，この等号の成立するのは球の場合であることが推論できるであろう．

次に Q_3 の値は $\bar{D}$ の確率分布関数 $p(\bar{D})$ の形によって定まるが，いくつかの具体的な関数形についての Q_3 の値は第3章の(3.3.38)(3.3.68)(3.3.129)に示してあるので参照していただきたい．たとえば $p(\bar{D})$ が対数正規分布であれば，

m を $\bar{D}$ の対数の標準偏差として

$$Q_3 = \mathrm{e}^{3m^2} \qquad (2.6.12)$$

となる．そして(2.6.8)の式には Q_3 の平方根が関係してくるから

$$\sqrt{Q_3} = \mathrm{e}^{\frac{3}{2}m^2} \qquad (2.6.13)$$

として，mに一連の値を与えて $\sqrt{Q_3}$ を計算してみると，図2.6.2のような結果になる．そして仮に $\sqrt{Q_3} \leqq 1.1$ の範囲を $\sqrt{Q_3} \fallingdotseq 1$ と見ることにすれば，これに相当する m はほぼ $m \leqq 0.25$ となる．そして $3m$ の水準で最大と最小の立体の大きさの比をとってみると，この比がほぼ4.5以下であればよいことが計算できる．つまり立体の大きさのバラツキがこの範囲をこえない程度のものであれば $\sqrt{Q_3} \fallingdotseq 1$ とみて，この係数を省略しても結果に大きな影響を与えないといえるのである．この場合の式はしたがって

$$N_{vO} = \sqrt{\frac{\varepsilon}{V_O}}(\bar{N}_{aO})^{\frac{3}{2}} \qquad (2.6.14)$$

と書くことができる．なお一般に $p(\bar{D})$ の parameter を実測によって定める方法は第3章で説明するので，$\sqrt{Q_3} \fallingdotseq 1$ とするのが無理な場合には，むしろ第3章の方法に従って立体の大きさの分布を求め，その過程で N_{vO} も同時に定める方がよい．この節ではむしろ $\sqrt{Q_3} \fallingdotseq 1$ が成立する範囲で N_{vO} を求めるのに有効

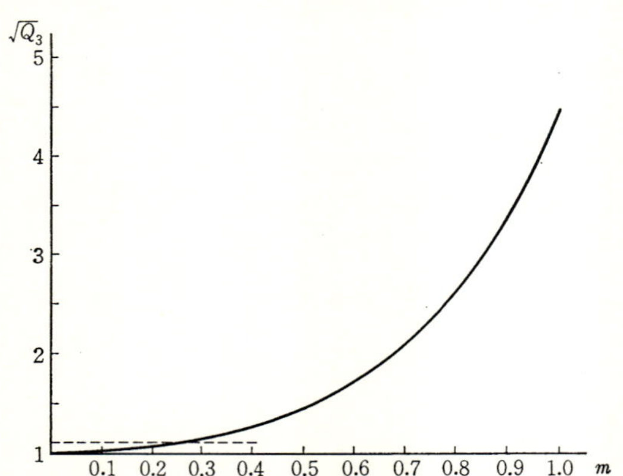

図2.6.2　$\bar{D}$ の分布が対数正規分布に従う時，m の値による $\sqrt{Q_3}$ の変化を示す．図の点線は $\sqrt{Q_3}=1.1$ に相当するものであり，これに対する m の値はほぼ0.25になる．

な方法を紹介することに主眼があるわけである．

以上述べたN_{vO}の推定法にはεとQ_3の二つの係数が関係し，しかも一般的にいえばこれらを計算することは必ずしも簡単なことではない．それゆえこのような係数を全く考慮しないですむ，原理を異にしたN_{vO}の推定法を次に説明しておこう．いま1稜が単位長の立方体中にN_{vO}個の凸面体があるものとする．凸面体の形や大きさの分布については何の制約も必要としない．さてこの立方体の一つの面に平行な試験平面を立方体の一つの面に重なる位置からこれに相対する面の位置に至るまで動かしてみると，この試験平面はこの経過の間で凸面体と次々と接してゆくことになる．そして1個の凸面体ごとに試験平面との接点は必ず2個できることは直観的にも明らかであろう．それゆえこの立方体中に在るN_{vO}個の凸面体全体が試験平面とつくる接点の数をτ_{VO}とすれば

$$N_{vO}=\tau_{VO}/2 \tag{2.6.15}$$

というきわめて簡単な関係が成立するのである．そこでτ_{VO}が求められればただちにN_{vO}が定まることになる．

このτ_{VO}の求め方についての一般的な説明は§7の曲率の問題を扱う際にあらためて行うつもりであるが，ここでは凸面体のみを扱っておく．いま立方体を充分に狭い間隔hの互いに平行な2枚の試験平面で切ってみよう．このhの値はこの立方体中の最小の立体の最小径よりも小さければよい．要するにこの2枚の試験平面の間にどちらの試験平面とも交渉をもたないような立体が存在する可能性がない程度にhを定めればよいのである．さてこの2枚の試験平面，または標本面上にできる立体の切口の図形を重ね合わせてみると，次の二つの場合がありうる．その一つは相応する図形が両方の試験平面上に認められる場合で，この時にはhの間隔の間で試験平面とこの図形を与えた立体が接点をつくることはない．他の一つの場合は一方の試験平面上に在る図形に対応する図形が他の試験平面上には出現しない形で，この時にはhの間隔の間で試験平面とその図形を与えた立体とは1個の接点をつくりうることになる．この関係は図2.6.3について了解していただきたい．そして2枚の試験平面を重ねてみてこの後者のような現象を示す個所がいくつあるかを数え，これを$\tau_{V(h)}$とし，かつこのような試行を充分多数回くりかえして得られる$\tau_{V(h)}$の期待値を$\bar{\tau}_{V(h)}$とする．しかし実際問題としては$\bar{\tau}_{V(h)}$は$\tau_{V(h)}$で置き換えられることにはな

る．そうすると1稜が単位長の立方体全体にわたって試験平面と立体とがつくりうる接点の数の期待値$\bar{\tau}_{VO}$は

$$\bar{\tau}_{VO}=\bar{\tau}_{V(h)}/h \tag{2.6.16}$$

で与えられることになるので，これからただちにN_{vO}を求めることができる．すなわち

$$N_{vO}=\bar{\tau}_{V(h)}/2h \tag{2.6.17}$$

となる．

この方法は少なくとも2枚の標本を要し，また$\tau_{V(h)}$を求めるためには写真または描画を必要とするので，その面で手間はかかるが，立体が滑らかな面をもった凸面体であるという以外には，立体の形やその大きさの分布は全く自由であることが大きな利点である．そしてこれを利用すれば(2.6.3)より

$$\begin{aligned}\mathrm{E}(\bar{D})&=\bar{N}_{aO}/N_{vO}\\&=2h\bar{N}_{aO}/\bar{\tau}_{V(h)}\end{aligned} \tag{2.6.18}$$

を得るから，これより逆に$\mathrm{E}(\bar{D})$を求めることができるので，これも承知して

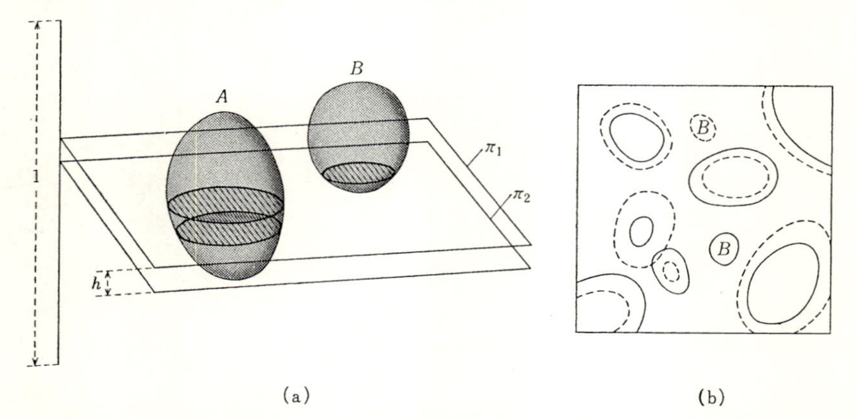

図2.6.3　(a)単位体積の立方体中に任意の形の凸面体がある時，これをいずれの立体の最小のDよりも小さい間隔hをもった2枚の平行な試験平面π_1, π_2で切った場合を模型的に示してある．この際π_1, π_2の位置は単位長の範囲で無作為にとることはもちろんである．2枚の試験平面が立体と交渉をもつ場合には2通りの型がある．Aはπ_1, π_2共に同一の立体と交わる場合，Bはπ_1, π_2のいずれか一方だけがある立体と交わる場合である．(b)π_1, π_2の上につくられた図形を重ね合わせてみると，同じ位置に相応する図形が認められる個所と，いずれか一方の試験平面上にのみ図形が出現する個所Bとができる．図ではπ_1の図形を実線で，π_2のそれを点線で示してある．そして単位面積のπ_1, π_2を重ねてBの個所の数を求め，これをhで除せばτ_{VO}が得られる．

おいてよいことであろう．

なお(2.6.8) (2.6.15)を実際に適用するにあたって次のことに留意しておく必要がある．それは対象とする構造物の試験平面上の切口は，それがある程度以上の大きさに達しないと，それとして認め難いことである．勢い小さな切口は見落され，これがN_{vo}の推定値の誤差の原因となる．そして特に対象が小さい時にこの影響が大きい．このような時にはむしろ意識的に厚い標本を用いる方がよいので，これについてはこの章の§9, b)や第3章の§2, a)の‘付’を参照していただきたい．

注）回転楕円体の平均有効長 $\bar{D}$ と形態係数 ε

長軸が$2r$，離心率がeの回転楕円体の方程式を，その中心を直交座標系O-xyzの原点にとり，長軸をz軸に重ねた形で書くと

$$\frac{x^2}{r^2(1-e^2)}+\frac{y^2}{r^2(1-e^2)}+\frac{z^2}{r^2}=1 \qquad (2.6.19)$$

である．次にこの回転楕円体の長軸をz軸に対してφの角度だけ傾けた時，この回転楕円体のz軸方向の有効長$D(\varphi)$を求めてみよう(図2.6.4)．この操作はx-z面上で行っても同じことであるから，$y=0$とすれば上の方程式は

$$\frac{x^2}{r^2(1-e^2)}+\frac{z^2}{r^2}=1 \qquad (2.6.20)$$

となる．さてx-z面上で長軸がz軸とφの角をなす，したがってx軸と$(\pi/2)-\varphi$の角をなす楕円のz軸方向の有効長$D(\varphi)$は楕円のz軸上への正射影の長さに等しいから，

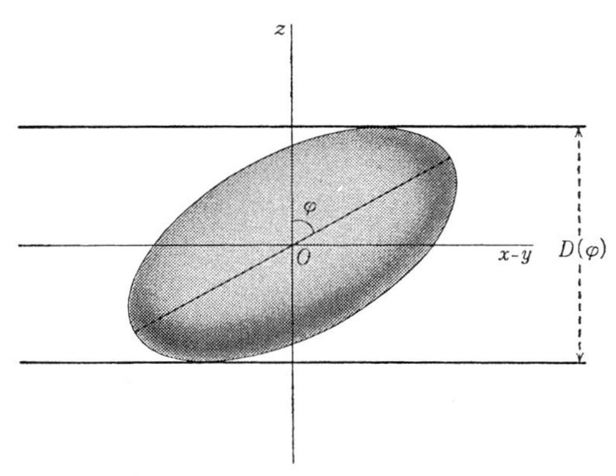

図2.6.4　長軸がz軸とφの角をなす回転楕円体の，x-y面に平行な2枚の接平面間の距離$D(\varphi)$を示す．

93頁の(2. 4. 176)により

$$D(\varphi)=2r\sqrt{1-e^2\cos^2\left(\frac{\pi}{2}-\varphi\right)}$$
$$=2r\sqrt{1-e^2\sin^2\varphi} \qquad (2.6.21)$$

となる.

次に $D(\varphi)$ をこの回転楕円体のとりうるすべての orientation について平均した値を $\bar{D}$ とする. そして φ の値が φ である確率密度を $p(\varphi)$ とすれば

$$\bar{D}=\int_0^{\pi/2}D(\varphi)\,p(\varphi)\,\mathrm{d}\varphi \qquad (2.6.22)$$

である. また φ が φ と $\varphi+\mathrm{d}\varphi$ の間にあるような確率 $p(\varphi)\mathrm{d}\varphi$ は, 座標系の原点を中心とする単位長の半径の半球面上に, この範囲の角によってつくられる微小な帯状面積に比例する. この面積は $2\pi\sin\varphi\,\mathrm{d}\varphi$ となる. これは図2. 3. 3とその説明を参照していただきたい. 一方 φ が0から $\pi/2$ まで変化することによってできる面積は赤道面を含まない半球の表面積であるから 2π に等しい. したがって

$$p(\varphi)\mathrm{d}\varphi=2\pi\sin\varphi\,\mathrm{d}\varphi/2\pi=\sin\varphi\,\mathrm{d}\varphi \qquad (2.6.23)$$

である. ゆえに

$$\bar{D}=\int_0^{\pi/2}D(\varphi)\sin\varphi\,\mathrm{d}\varphi$$
$$=2r\int_0^{\pi/2}\sin\varphi\cdot\sqrt{1-e^2\sin^2\varphi}\,\mathrm{d}\varphi \qquad (2.6.24)$$

を得る. ここで $t=\cos\varphi$ とおけばこの積分は91頁の I_a の積分と同形になる. そして

$$\bar{D}=2r\int_0^1\sqrt{1-e^2(1-t^2)}\,\mathrm{d}t$$
$$=r\left[1+\frac{1-e^2}{2e}\log\frac{1+e}{1-e}\right] \qquad (2.6.25)$$

を得る.

一方この回転楕円体の体積 v は

$$v=\frac{4}{3}\pi r^3(1-e^2) \qquad (2.6.26)$$

である. それゆえ

$$v=\varepsilon\bar{D}^3 \qquad (2.6.27)$$

とおけば

$$\varepsilon=\frac{4}{3}\pi(1-e^2)\Big/\left[1+\frac{1-e^2}{2e}\log\frac{1+e}{1-e}\right]^3 \qquad (2.6.28)$$

となる.

§7 曲率の推定とその幾何学的意味

総長 L_A の等方性の平面曲線が N_a 個の任意の形の loop をなす図形をつくり，その図形の内部にさらに全体として N_h 個の loop があって穴をつくる時，曲線の正味の回転角を $\theta_{\rm net}$ とすれば，この曲線の平均曲率 $\bar{k}$ は

$$\bar{k}=\theta_{\rm net}/L_A=2\pi(N_a-N_h)/L_A=\pi\tau_A/L_A$$

である．この式の τ_A は曲線が一定方向の試験直線とつくりうる正負の接点の数の代数和である．また総表面積が S の等方性の曲面が，N_v 個の任意の形の立体の表面をつくり，この立体に N_h 個の穴がある時，曲面の正味の立体角を $\omega_{\rm net}$ とすれば，この曲面の Gauss の曲率の平均 $\bar{K}$ は

$$\bar{K}=\omega_{\rm net}/S=4\pi(N_v-N_h)/S=2\pi\tau_V/S$$

で与えられる．この式の τ_V はこの曲面がある一定方向の試験平面とつくりうる正負の接点の数の代数和である．一方等方性の曲面の平均曲率の平均値 $\bar{H}$ は，この曲面を切る任意の試験平面上にできる曲線の平均曲率 $\bar{k}$ を用いて

$$\bar{H}=(\pi/2)\bar{k}$$

により推定できる．さらに立体が凸面体である時は

$$\bar{H}={\rm E}(\bar{D})\bar{K}$$

が成立する．この ${\rm E}(\bar{D})$ は立体の試験平面に直交する方向の有効長の平均である．

曲率には正負を区別することができるから，正の曲率と負の曲率を適当に利用すれば，平面曲線や曲面の凹凸による形の不規則性を量的に表示することができる．

この節では平面曲線の曲率，また曲面の曲率の推定の理論と，これが利用できる二三の問題を扱うつもりである．曲率の問題には *Quantitative Microscopy* 中の DeHcff (1968) の解説が優れているので，ここでも内容的にはほとんどこ

れに従い，ただ私共の観点から重点のおき方を多少変える程度に止めたい．曲率の観念を有効に利用しうるような局面は生物学の領域でもずいぶん多いにもかかわらず，現状ではそのような研究は必ずしも充分ではなく，むしろ将来に期待すべき課題である．しかし曲率の理論はいろいろな幾何学的量と広い範囲にわたって交渉をもつもので，これらの諸量の間に存在する関係は曲率を媒介として明らかになるものが少なくない．それゆえここでは曲率の推定法もさることながら，一方ではむしろこのような理論的関係を明らかにすることを考慮して説明することにしたい．特に幾何学的確率論の応用の広さを理解するためには適切な主題であると考えている．またここで扱う事項は位相幾何学と関係の深いものであり，位相幾何学との連関で新しい領域が開拓されることが期待されるが，位相幾何学の生物形態学への応用はそれ自身として独立した大きな課題であり，今回の企画の枠をこえるので，ここではあまり深入りしないことにする．

a）平面曲線の曲率

平面曲線上のある点における曲率は解析的にはその部の2次微係数が関係し，その部で曲線に接する曲率円の半径の逆数として定義される．しかしここではもう少し直観的に理解しやすい形で曲率を定義してみよう(図2.7.1)．平面曲線上に微小な長さ $\mathrm{d}L_A$ の弧をとり，その両端に法線を立ててみると，この法線はある小さな角 $\mathrm{d}\theta$ を挟むことになる．そうすればこの部での曲線の曲率 k は

$$k=\frac{\mathrm{d}\theta}{\mathrm{d}L_A} \qquad (2.7.1)$$

という形で定義できるであろう．幾何学的な立場からは k は常に正の値をとる

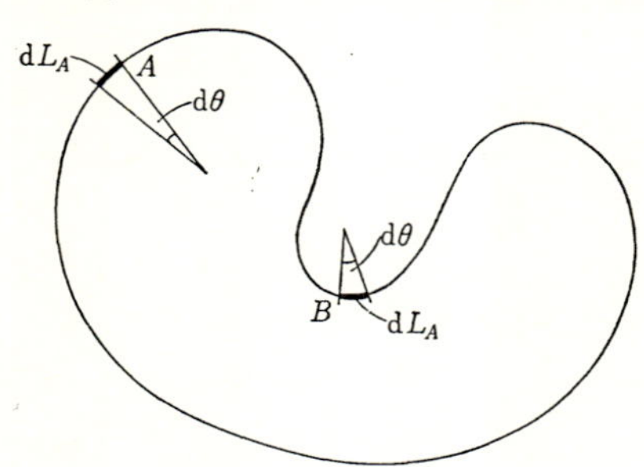

図2.7.1　平面曲線の曲率の定義の説明．閉曲線の内部を基準相にとれば，A の位置では法線が基準相の内部に向う方向で交わるから曲率 k は正であり，B の位置では法線が基準相の外部に向う方向で交わるから曲率 k は負になる．

ものとして扱うこともできるが，ここでは曲線が凸であるか凹であるかに従って，k に正負を区別する方法を採用しておく．ところで曲線が凸であるか凹であるかという観念は，曲線によって境された二つの相のうちどちらか一方の相を規準にしないと成り立たない．たとえば閉曲線に囲まれた平面図形があれば，その内部にある相を規準として曲線に凸と凹とを区別することができる．そして k に正負を区別することは $\mathrm{d}\theta$ に正負を区別することになるので，$\mathrm{d}\theta$ が規準にとった相の内部に向う法線でつくられる場合は正とし，外部に向う法線によってつくられる場合は負とする．前者は曲線がその部で凸であり，後者は凹であることに相当する．

さて平面曲線はもちろん部位によってその曲率を異にするのが一般であるから，ある長さの平面曲線を扱う場合には平均曲率という観念を導入する必要がある．この平均曲率 $\bar{k}$ は次のように定義できる．

$$\begin{aligned}\bar{k} &= \int_{L_A}\left(\frac{\mathrm{d}\theta}{\mathrm{d}L_A}\right)\mathrm{d}L_A \Big/ \int_{L_A}\mathrm{d}L_A = \int_{L_A}\mathrm{d}\theta \Big/ \int_{L_A}\mathrm{d}L_A \\ &= \theta_{\mathrm{net}}/L_A \qquad (2.7.2)\end{aligned}$$

この式の θ_{net} は L_A の長さを経過する間に曲線が方向を変える正と負の角度 $\mathrm{d}\theta$ の代数和である．したがってたとえばサイン曲線のようなものは n を正の整数として $\theta=2n\pi$ ごとの間隔でとれば $\theta_{\mathrm{net}}=0$, $\bar{k}=0$ ということになる．このような現象が問題の設定の仕方によっては不便であることもある．このような場合には θ の正負に従って θ_+, θ_- と書き，θ_+, θ_- のそれぞれのみを考慮した平均曲率を $\bar{k}_+=\theta_+/L_A$, $\bar{k}_-=\theta_-/L_A$ とし，これらを用いて図形の性格を表示する方法が有効である．なおこれらの量の間には $\theta_{\mathrm{net}}=\theta_++\theta_-$, $\bar{k}=\bar{k}_++\bar{k}_-$ という代数和で規定される関係が存在することはあらためて説明を要しないであろう．

まず図形の形態と曲率の間に一般にどのような関係が成立するかを検討しておこう．この際平面図形はすべて閉曲線で囲まれた loop で構成され，また loop の内部にはさらに loop があって図形に穴があるような形も含まれるものとする．そして外周で囲まれた図形の内部の相を規準にとって θ の正負を考えることにする．この際穴をつくる loop の内部はこの相に対しては外部になる．なお図形の外周であれ穴の周であれ loop の形は全く自由である．そして図形の外周をつくる loop の数，いいかえれば図形そのものの数を N_a, 穴をつくる

loopの数を含めてのloopの総数をN_lとすると，穴の数をN_hとして，$N_h = N_l - N_a$ということになる．さて1個のloopについてみると，その周についてloopを1周する間につくられる回転角の代数和$\theta_{\rm net}$は図形の外周ではloopの形如何にかかわらず必ず2πとなり，穴の周ではこれもloopの形にかかわらず必ず-2πになることは直観的に明らかである．この2πという絶対値は曲線が1個のloopをつくるために要求される最小限度の回転角であり，これより絶対値の小さい回転角ではloopが形成されないわけである．そして一般的にいえばloopをつくる曲線は必ずしも常に凸または凹の形が全周にわたって維持されるようなものではなく，その走向中に凹凸をつくりうる．この凹凸に相当してそれだけ‘過剰’な回転角ができるが，この分はloopを1周する間に正負が相殺されて，その結果$\theta_{\rm net}$の絶対値は常に2πとなる．したがって全体としてN_h個の穴のあるN_a個の平面図形がある時，その正味の回転角は

$$\boldsymbol{\theta}_{\rm net} = \boldsymbol{2\pi}(\boldsymbol{N_a} - \boldsymbol{N_h}) \tag{2.7.3}$$

で与えられる．つまり$\theta_{\rm net}$はloopの位相不変量であり，これを媒介として位相幾何学への橋渡しが可能になる．

一方$\theta_{\rm net}$の絶対値は同じでも曲線の凹凸の程度はいろいろである．そしてこの曲線の凹凸による図形の不規則さを量的に表示する必要が起ることがある．たとえば肥大心の心筋線維の切口は正常の心筋線維に比較して凹凸がいちじるしく，不規則な形をしていることはよく知られた事実であるが，この不規則性を量的に表現しようというような場合がそれである．このような目的のためには$\theta_{\rm net}$だけでは足りないので，曲線の凹凸によって発生する過剰な角を求めなければならない．

いまN_a個の図形がある時，その‘過剰’な回転角$\theta_{\rm extra}$を求めると，図形の外周については$\theta_{\rm net} = \theta_+ + \theta_-$の右辺の$\theta_-$だけをとればよいから，これを正の値にするため$-\theta_-$とすれば

$$\theta_{\rm extra} = -\theta_- = \theta_+ - \theta_{\rm net} = \theta_+ - 2\pi N_a \tag{2.7.4}$$

となる．この関係は図2.7.2を参照していただきたい．一方穴の周については図形の外周に対してθの正負が逆になるから，過剰な回転角をみるにはθ_+のみをとればよい．そしてこのθ_+はそのまま外周のつくるθ_+に加算すればよいから，外周と穴の周を含めてすべてのloopについてのθ_+をとれば，loop全体

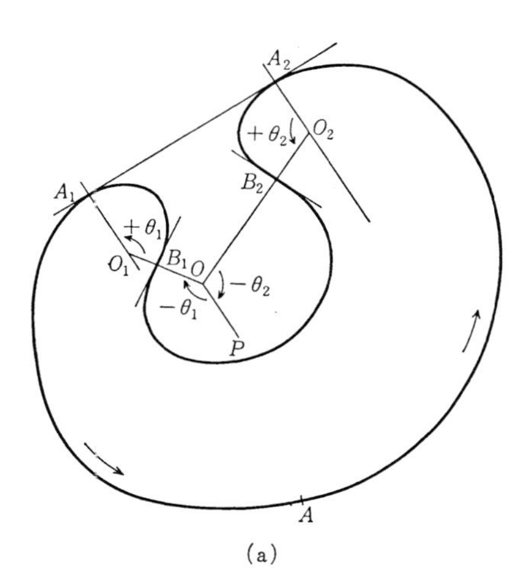

(a)

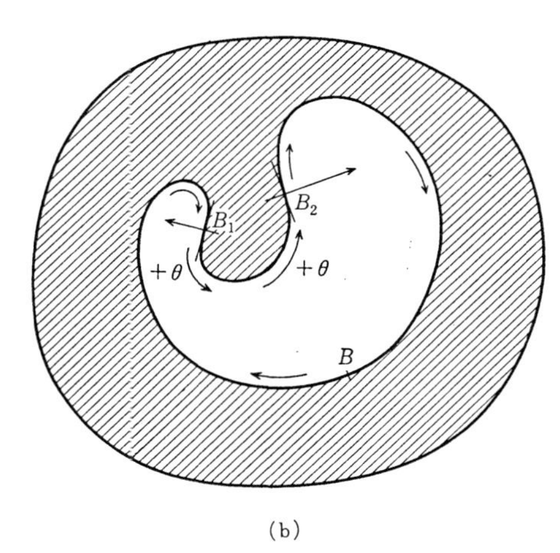

(b)

図 2.7.2 (a)凹凸のある閉曲線で囲まれた平面図形がある時，その周のつくる回転角を説明するための図．この曲線は1個の彎入部をもっているが，その部分の両縁にわたり1本の接線を引けば，この接線は2点 A_1, A_2 で曲線に接することになる．また彎入部があれば1個の彎入部に対して曲線上には必ず2個の変曲点，つまり曲率が正から負に変わる点ができるからこれを B_1, B_2 とする．いま A_1 と B_1 に立てた法線の交点，A_2 と B_2 に立てた法線の交点をそれぞれ O_1, O_2 とし，B_1 と B_2 の法線の交点を O とする．当然のことながら $A_1O_1//A_2O_2$ である．そこでさらに O を通り A_1O_1 または A_2O_2 に平行な直線 OP を引くことにする．さて $A_1 \to A \to A_2$ の間には彎入部がないものとすれば，この経過の間に曲線のつくる回転角は $+2\pi$ であることはただちに了解できる．ところで彎入をつくるためには曲線は $+2\pi$ 以上の過剰な回転をすることになるが，この過剰な角は $\angle A_2O_2B_2 = +\theta_2$ と $\angle B_1O_1A_1 = +\theta_1$ の和になる．そして図から明らかなように，これらの角の絶対値はそれぞれ $\angle B_2OP$, $\angle POB_1$ に等しく，正負が逆になる．したがって A_2 から A_1 に至る彎入部でつくられる回転角の代数和は0となる．そして閉曲線全体についての正負の回転角をそれぞれ θ_+, θ_- とすれば，彎入部をつくるための‘過剰’な回転角は $\theta_1+\theta_2 = -[(-\theta_1)+(-\theta_2)] = \angle B_2OB_1 = -\theta_- = \theta_+ - 2\pi$ となる．

(b)穴をもつ平面図形について穴の周のつくる回転角を説明する図．穴の周では図形の外周についての結果の符号を逆にすればよい．この図では穴に対して基準相が突出部をつくっているが，この部の変曲点を B_1, B_2 とすれば‘過剰’な回転角は B_1 から B_2 に至る突出部のつくる正の回転角 $+\theta$ で与えられる．これは(a)の $\angle B_2OB_1$ と比較すればただちに了解できるであろう．

についての過剰な回転角はやはり $\theta_+ - 2\pi N_a$ で与えられることになる．そして1個の loop あたりの過剰な回転角はこれを N_l で除して

$$\theta_{\text{extra}}/N_l = (\theta_+ - 2\pi N_a)/N_l \tag{2.7.5}$$

となり，さらにこれを‘過剰’な平均曲率 $\bar{k}_{\text{extra}}$ と関係させるために1個の loop あたりの曲線の長さ L_A/N_l で除せば

$$\begin{aligned}\bar{k}_{\text{extra}} &= (\theta_+ - 2\pi N_a)/L_A \\ &= \bar{k}_+ - (2\pi N_a/L_A)\end{aligned} \tag{2.7.6}$$

を得る．なお図形に穴がない場合には，(2.7.6)の右辺第2項は $\bar{k}$ で置き換えることができる．そしてこれを用いて平面図形をつくる曲線の凹凸の存在による‘不規則性’を検定することができる．

さて曲率に関係する量は θ と L_A の二つである．このうち等方性の平面曲線については L_A はこの章の§2に述べた方法で推定できる．しかし θ の推定のためには新しい方法を導入しなければならないので，以下その理論を説明しよう．1辺が l の正方形の領域中に総長 L_A の等方性の平面曲線があるものとする．いまこの曲線上に微小な長さ $\mathrm{d}L_A$ の弧を無作為にとり，弧の両端に法線を立てると，この2本の法線は微小な角 $\mathrm{d}\theta$ を挟むことになる．ところで曲線は等方性の条件を満足しているからこの弧の方向，したがって法線の方向は 2π の角の範囲の中で一様な可能性をもつことになる．次にこの正方形の1辺に平行な試験直線を引いて，$\mathrm{d}L_A$ の長さの弧がこの試験直線に接しうるような

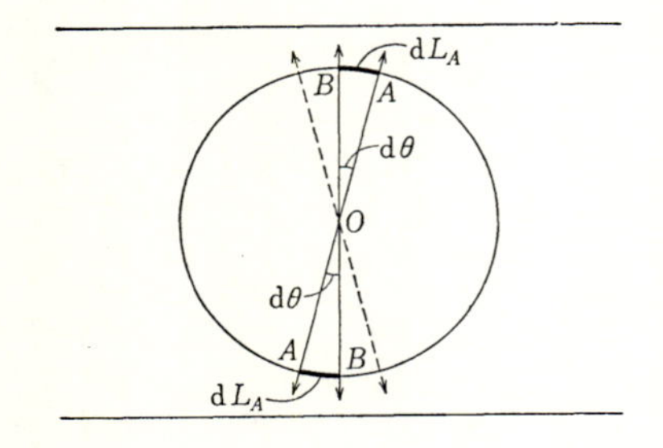

図2.7.3　平面曲線から微小な長さ $\mathrm{d}L_A$ の弧をとり，その両端 A, B に立てた法線の交点を O とする．扇形 OAB のとりうる方向を OA の方向で表わせば，OA は 2π の範囲でその方向については一様な可能性をもっていることになる．ところで弧 AB がある一定の方向の試験直線と接しうる方向は OB が試験直線に直交する位置から OA が試験直線に直交するまでの位置の範囲に制約される．これを角で表わせば $\mathrm{d}\theta$ である．そしてこのような位置は OA が 2π 回転する間に2回出現することになるから，弧 AB が1方向の試験直線と接しうるような位置をとる確率 $\mathrm{d}p$ は

$$\mathrm{d}p = \frac{2\mathrm{d}\theta}{2\pi} = \frac{\mathrm{d}\theta}{\pi}$$

となる．

方向をとる確率 dp を求めてみよう．図 2.7.3 についてみるようにまず一つの弧が試験直線に接するには試験直線の上方から接する場合と下方から接する場合と 2 通りが考えられる．そしていずれの場合も弧が試験直線に接しうるために許される範囲は，一方の法線が試験直線に直交する方向から，もう一方の法線が試験直線に直交する方向に至るまでの間であり，これを角度で表わせば dθ である．そしてこの範囲の弧の配置は試験直線の両側に一つずつできることを考慮すれば

$$\mathrm{d}p = 2\mathrm{d}\theta/2\pi = \mathrm{d}\theta/\pi, \qquad \mathrm{d}\theta = \pi\mathrm{d}p \tag{2.7.7}$$

を得る．なお dp には dθ の正負によって正負ができることになる．

以上の結果を利用して dθ を L_A の長さの曲線の全長にわたり積分してみると

$$\int_{L_A}\mathrm{d}\theta = \theta_{\mathrm{net}} = \pi\int_{L_A}\mathrm{d}p \tag{2.7.8}$$

となる．この dp の積分は内容からみて平面曲線が L_A の長さを経過する間にある方向の試験直線と接しうるような方向をとる部位がいくつできるかを示すことになる．そして dθ に正負が区別されるから，dθ が正になるような接点の数を τ_{A+}, dθ が負になるような接点の数を τ_{A-} とし，この二つの代数和を τ_A とする．この際 τ_{A-} は負の数になる．そうすると

$$\int_{L_A}\mathrm{d}p = \tau_{A+}+\tau_{A-} = \tau_A \tag{2.7.9}$$

となるから(2.7.8)により

$$\theta_{\mathrm{net}} = \theta_{+}+\theta_{-} = \pi(\tau_{A+}+\tau_{A-}) = \pi\tau_A \tag{2.7.10}$$

を得る．この結果はきわめて重要である．それは曲線に試験直線と接しうるような個所が一つ存在するごとに，曲線は平均して π だけ方向を変えることを意味するからである．そして N_a 個の図形に N_h 個の穴がある時，一つの loop のつくる正味の回転角は図形の外周では 2π, 穴の周では -2π であるから，

$$2(N_a-N_h) = \tau_A \tag{2.7.11}$$

という簡潔な関係が得られる．これはいろいろな局面で利用できる便利なものである．

次に実測によって $\tau_{A+}, \tau_{A-}, \tau_A$ の期待値 $\bar{\tau}_{A+}, \bar{\tau}_{A-}, \bar{\tau}_A$ を求める操作を説明しよ

う．図2.7.4のような適当に狭い間隔hの2本の平行線を刻んだeye-pieceを用い，この平行線を顕微鏡下で平面図形に重ねてみる．そして，曲線がそのうちの1本の直線と交わりながら，他の1本の直線と交わることなくhの間隔の間で反転し，再びもとの直線と交わってhの間隔の外にもどるような個所を数える．この際規準としてとった相に対する凸と凹の形によってそれぞれ$\tau_{A(h)+}$, $\tau_{A(h)-}$を区別する．そして$\tau_{A(h)+}$は正の数，$\tau_{A(h)-}$は負の数とするわけである．次にl^2の面積の正方形の領域全体にわたり，無限に多数回の試行を行って得られるであろう結果を平均したものを$\tau_{A(h)+}, \tau_{A(h)-}$の期待値として，それぞれ$\bar{\tau}_{A(h)+}, \bar{\tau}_{A(h)-}$と書けば，これは$l\times h$の面積中に存在しうる接点の期待値を与えることになる．したがってl^2の面積全体についての可能な接点の数の期待値は

$$\bar{\tau}_{A+} = (l/h)\bar{\tau}_{A(h)+} \tag{2.7.12}$$

$$\bar{\tau}_{A-} = (l/h)\bar{\tau}_{A(h)-} \tag{2.7.13}$$

となるから，$\bar{\tau}_A=\bar{\tau}_{A+}+\bar{\tau}_{A-}$により$\bar{\tau}_A$を求めればよい．

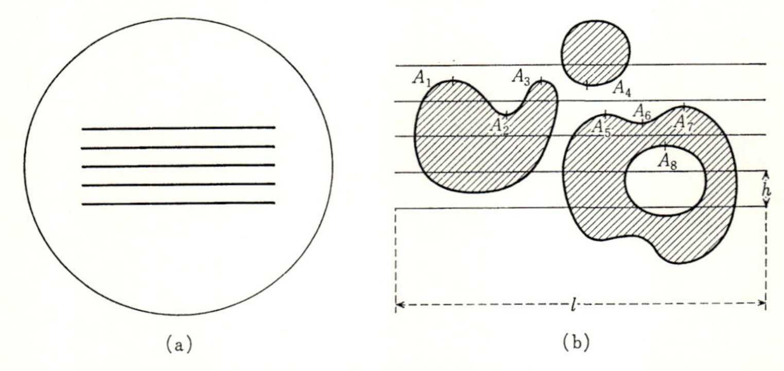

図2.7.4　(a)τ_Aを求めるためのeye-piece．充分狭い間隔hをもった何本かの平行線を引いたものである．(b)このeye-pieceを平面曲線に重ねた具体例を示す．この図ではhの間隔の5本の平行線が引いてあるから，hの間隔の幅を4個用いていることになる．図形の斜線を入れた部分を規準相にとればA_1, A_3, A_4, A_5, A_7の5個の点が正の接点，A_2, A_6, A_8の3個の点が負の接点になる．したがって

$$\tau_{A(h)+} = 5/4 = 1.20$$
$$\tau_{A(h)-} = -3/4 = -0.75$$
$$\tau_{A(h)} = 0.45$$

となる．なお原則的には$A_5\to A_6\to A_7$のように彎曲部をもった部分が2本の平行線の間に出現しない程度にhを小さくとるのが望ましいが，実際にはhをあまり小さくとることは計測に手間がかかるので，視察によって判断が可能であればhをある程度大きくとった方が便利である．

この操作にあたって h の大きさは曲線の形を見て定める必要があるので，屈曲の少ない曲線では h を大きく，屈曲の多い曲線では h を小さくとるのが便利である．しかし h の値は顕微鏡の拡大を変えることによっても調節できるから，必ずしも eye-piece そのものを何通りも用意することはないであろう．

また平面図形の数があまり多くない時は適当な長さの1本の横線の入った eye-piece を用い，視野をこれと直交する方向に移動させながら，横線と図形の周がつくる接点を直接数えた方が楽である．この操作を sweeping という．そして横線の長さと横線の移動距離の積が計測の対象となる領域の面積を与えることになる．

以上の結果により θ は $\bar{\tau}_{A(h)}$ から，また L_A はすでに述べたように試験直線と曲線が交わってつくる交点の数の期待値 $\bar{C}_A$ から求められるので，これを利用して曲率の式を書きなおせば

$$\theta_+ = \pi\bar{\tau}_{A+} = \pi(l/h)\bar{\tau}_{A(h)+} \tag{2.7.14}$$

$$\theta_- = \pi\bar{\tau}_{A-} = \pi(l/h)\bar{\tau}_{A(h)-} \tag{2.7.15}$$

$$\theta_{\text{net}} = \pi\bar{\tau}_A = \pi(l/h)\bar{\tau}_{A(h)} \tag{2.7.16}$$

$$L_A = (\pi/2)\bar{C}_A l \tag{2.7.17}$$

であるから

$$\bar{k}_+ = \frac{\pi\bar{\tau}_{A+}}{L_A} = \frac{2\bar{\tau}_{A+}}{\bar{C}_A l} = \frac{2\bar{\tau}_{A(h)+}}{\bar{C}_A h} \tag{2.7.18}$$

$$\bar{k}_- = \frac{\pi\bar{\tau}_{A-}}{L_A} = \frac{2\bar{\tau}_{A-}}{\bar{C}_A l} = \frac{2\bar{\tau}_{A(h)-}}{\bar{C}_A h} \tag{2.7.19}$$

$$\bar{k} = \frac{\pi\bar{\tau}_A}{L_A} = \frac{2\bar{\tau}_A}{\bar{C}_A l} = \frac{2\bar{\tau}_{A(h)}}{\bar{C}_A h} \tag{2.7.20}$$

を得る．そしてこれらの結果を用いて(2.7.6)を書きなおせば

$$\bar{k}_{\text{extra}} = \bar{k}_+ - (2\pi N_a/L_A)$$

$$= \frac{2}{\bar{C}_A l}(\bar{\tau}_{A+} - 2N_a) \tag{2.7.21}$$

を得る．

なお実際には τ_{A+} と τ_{A-} を区別して計測するのが煩わしいこともある．このような時には接点の正負を区別せずに，その絶対数を数えて $\tau_{A(\text{total})}$ とし，こ

れを利用する方法がある．まずθ_+とθ_-についても同様な考え方でθ_{total}を定義すれば，N_lをloopの総数として

$$\theta_{\text{total}}-2\pi N_l = 2\theta_{\text{extra}} \tag{2.7.22}$$

が成立する．これは‘過剰’な正の回転角は一つのloopを1周する間に必ずこれと絶対値の等しい負の回転角により相殺されるので，正負の回転角の絶対値の和をとれば，過剰な回転角は2倍されて加算されるからである．ところで

$$\theta_{\text{total}} = \pi\tau_{A(\text{total})} \tag{2.7.23}$$

であるから，これを(2.7.22)に代入して

$$\theta_{\text{extra}} = \pi\left(\frac{1}{2}\tau_{A(\text{total})}-N_l\right) \tag{2.7.24}$$

を得る．そしてこれを用いて$\bar{k}_{\text{extra}}$を求めることもできる．

b) 曲面の曲率

曲面の曲率を考えるためにはまず主法曲率の観念を説明する必要がある．ある滑らかな曲面上に1点Oをとると，この点で曲面に接する平面，接平面が一義的に定まる．そして点Oでこの接平面に立てた法線をこの曲面のOにおける法線ということにする．次にこの法線を含む平面，法平面でこの曲面を切ると，法平面上にはある曲線が描かれることになる．そして法平面を法線を軸として回転してみると法平面上の曲線の形は法平面の方向によって異なってくるわけで，したがってこの曲線のOにおける曲率も変わってくる．そしてその曲率が最小になる方向と最大になる方向とは互いに直交することが知られている．この最小の曲率と最大の曲率を曲面のOにおける主法曲率というのである．

ある滑らかな曲面上の1点，または充分小さい曲面の曲率はこの二つの主法曲率を用いて定義できる．そしてこの定義には2通りの方法が可能である．その一つはGaussの曲率といわれるもので，主法曲率をk_1, k_2とすれば

$$K = k_1k_2 \tag{2.7.25}$$

で与えられる．もう一つの曲率は平均曲率といわれるもので

$$H = k_1+k_2 \tag{2.7.26}$$

で表わされるものである．なお‘平均’という内容をはっきりさせるためには$H=(k_1+k_2)/2$とした方がよく，事実Hをこのような形で定義することの方が

多いが，ここでは便宜上(2.7.26)の形式を用いておく．そして平均曲率はたとえば曲面の表面張力を問題にするような時に有効に利用されるものであるが，曲面の幾何学的性格を論ずる場合にはGaussの曲率が適している．それゆえ以下まずGaussの曲率の説明をしておく．

i) Gaussの曲率 滑らかな曲面から微小な面積dSの面素をとってみる．曲面素が充分小さければ面積についてはこの面素を平面とみてよいが，曲率を問題とする時にはもちろんいくら小さな素片でも曲面として扱わなければならない．この意味を入れて曲面素という表現を用いておく．さて便宜のため曲面素は次のような形にとることにしよう．曲面上の1点Oに法線を立て，これを含んで二つの主法曲率を与える方向の二つの法平面で曲面を切ると，曲面上にはOで直交する2本の曲線ができる．この2本の曲線上にOから微小な距離$h/2$をとり，それぞれA_1, A_2; B_1, B_2の4点を定める．この4点で曲面に法線を立ててみると，A_1, A_2; B_1, B_2の2組の点からの法線はOに立てた法線上の二つの異なった点P, Qで交わることになる．そして$OP=r_1$，$OQ=r_2$とすれば，曲率の定義により$k_1=1/r_1$，$k_2=1/r_2$である．なお$\angle A_1PA_2$，$\angle B_1QB_2$をそれぞれα, βとすると，$\alpha/h=k_1$，$\beta/h=k_2$である．次にA_1, A_2を通り，それぞれの法線A_1P, A_2Pを含み，曲線A_1A_2のA_1, A_2における接線と直交するような二つの平面で曲面を切れば，曲面上には曲線B_1B_2の両側にこれとならんだ2本の曲線ができることになる．そして同様の操作をB_1, B_2の点について行えば，曲線A_1A_2の両側にこれとならんだ2本の曲線ができる．その結果曲面上にはほぼ正方形に近い，面積h^2とみてよい曲面素が切りとられることにな

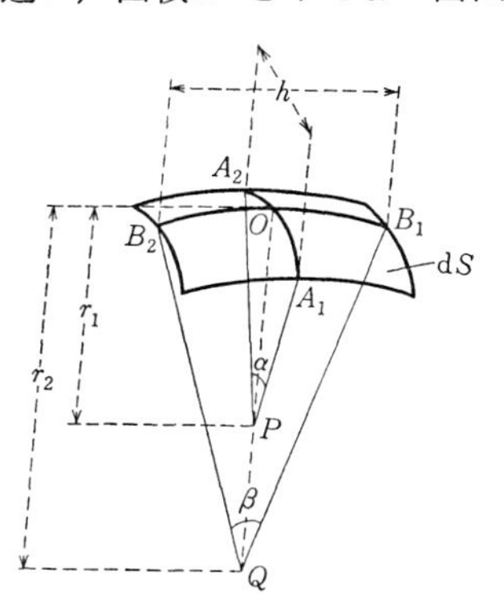

図 2.7.5 曲面のGaussの曲率を定めるための諸量を示す．説明は本文参照のこと．

る．したがって $dS=h^2$ とおくことができるのである．なおこの操作は説明としてはずいぶんややこしいことになるが，図2.7.5についてみればただちに了解できるであろう．

さて次に曲面の曲率と関係するもう一つの観念，立体角の説明をしておく．いま単位長の半径の球をとり，その球面上に任意の形の図形を描き，その図形の周の各点に法線を立ててみると，これらの法線はすべて球の中心に集まる．そして球の中心を頂点とし，球面上の図形を底とする錐体がつくられる．そしてこの錐体の頂点で法線群が囲む空間の広がりを立体角とする．この立体角は量的には球面上の図形の面積を球の半径の平方で除したもので与えられる(図2.7.6)．これは平面上の角を円周上の弧の長さを円の半径で除したもので定義することに相当する．したがって角の重なりを考えない限り，幾何学的には平面上の最大の角は円周を半径で除した量 2π で与えられるように，最大の立体角は球の表面積を半径の平方で除したものであるから 4π となる．

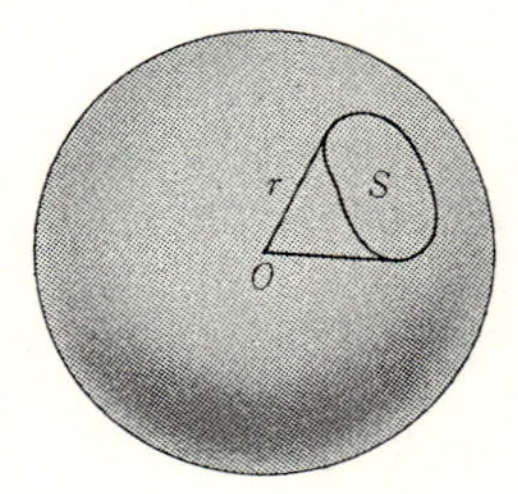

図2.7.6　半径 r の球面上に面積 S の任意の形の曲面を限ると，この曲面の張る立体角 ω は

$$\omega = S/r^2$$

で定義される．

ところで一般に滑らかな曲面上に描いた図形の周に立てた法線群は必ずしも1点には集まらない．しかしこれらの法線群の方向を変えることなく移動して，すべての法線が単位長の半径をもったある球の中心を通るようにすれば，これらの法線群はこの球面上にある図形を描くことになる．つまりこの操作によって曲面上の図形が球面上に投影されるのである．そしてこの単位長の半径の球面上の図形の面積をもって，もとの曲面上の図形の張る立体角を定義できる．

さてこの立体角の定義を上に述べた曲面素に適用してみよう．そうすると曲面素上の弧 A_1A_2 と B_1B_2 は互いに直交する関係を保ったまま球面上に投影されることになる．これを $A_1'A_2', B_1'B_2'$ としよう．この際弧の長さは投影によって変わり

$$A_1'A_2'/A_1A_2 = 1/r_1,\ \ B_1'B_2'/B_1B_2 = 1/r_2 \qquad (2.7.27)$$

という関係が成立するであろう．そして $A_1A_2=B_1B_2=h$ であるから

$$A_1'A_2' = h/r_1,\quad B_1'B_2' = h/r_2 \tag{2.7.28}$$

を得る．したがって h が充分小さければ，球面上に投影された曲面素の面積は h^2/r_1r_2 となる．これが曲面素の張る微小な立体角を与えるものである(図 2.7.7)．以下立体角を一般に ω と書き，微小な立体角を $\mathrm{d}\omega$ とすれば

$$\mathrm{d}\omega = h^2/r_1r_2 \tag{2.7.29}$$

となる．ここで平面曲線の曲率にならって $\mathrm{d}\omega/\mathrm{d}S$ をもって曲面の曲率を定義すれば

$$\frac{\mathrm{d}\omega}{\mathrm{d}S} = \frac{h^2/r_1r_2}{h^2} = \frac{1}{r_1r_2} = k_1k_2 = K \tag{2.7.30}$$

となる．すなわちこのように定めた曲面の曲率は Gauss の曲率にほかならない．そして面積 S の曲面全体について Gauss の曲率の平均 $\bar{K}$ を求めれば

$$\bar{K} = \int_S \left(\frac{\mathrm{d}\omega}{\mathrm{d}S}\right)\mathrm{d}S \Big/ \int_S \mathrm{d}S$$

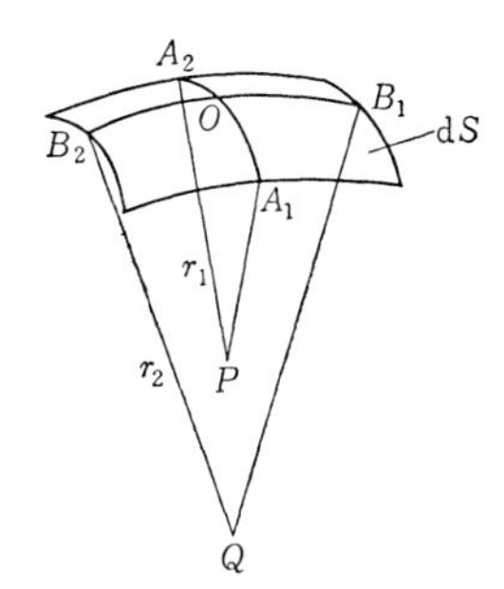

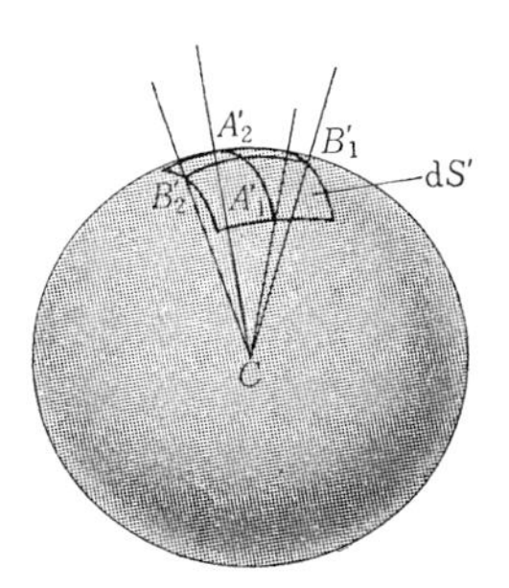

図 2.7.7　図 2.7.5 の曲面素の張る立体角を定める操作の説明．いま C を中心とする単位長の半径の球面を考え，C を通りそれぞれ PA_1, PA_2, QB_1, QB_2 に平行な直線を引き，これが球面と交わる点をそれぞれ A_1', A_2', B_1', B_2' とする．そして曲面素の周のすべての点に立てた法線について同様の操作を行えば，曲面素は球面上に投影され，微小な面積 $\mathrm{d}S'$ をつくる．この $\mathrm{d}S'$ がこの曲面素の張る立体角 $\mathrm{d}\omega$ である．この際

$$\mathrm{d}S' = \mathrm{d}S/r_1r_2$$

が成立することは明らかであろう．

$$= \omega/S \qquad (2.7.31)$$

となる．この際 dω には正負があるので，これによって $\bar{K}$ の内容が異なってくるが，それについては後に説明する．

ii) 曲面の形と立体角　以下曲面はすべて分離した立体の表面をつくる閉曲面とする．また立体に穴や空洞のある場合は後に述べることとして，まずこれらのない立体の表面を考えることにしよう．立体の内部を規準相にとれば曲面には凸面と凹面のほかに，第三の形として鞍面が区別される．この三つの形は図2.7.8に示してある．凸面と凹面の形そのものについてはあらためて説明を要しないであろうが，ただこの場合両者に共通な点は，二つの主法曲率円の中心が共に曲面に対して一方の側にのみあるということで，これは注意しておく必要がある．そして凸面では曲率円の中心はいずれも規準相の内部に向う曲率半径の端であり，凹面では曲率半径はいずれも外部に向う．いま曲率半径をベクトルと考え，規準相の内部に向う方向を正，外部に向う方向を負とすれば，凸面ではこのベクトルはいずれも正，凹面ではいずれも負である．ところで

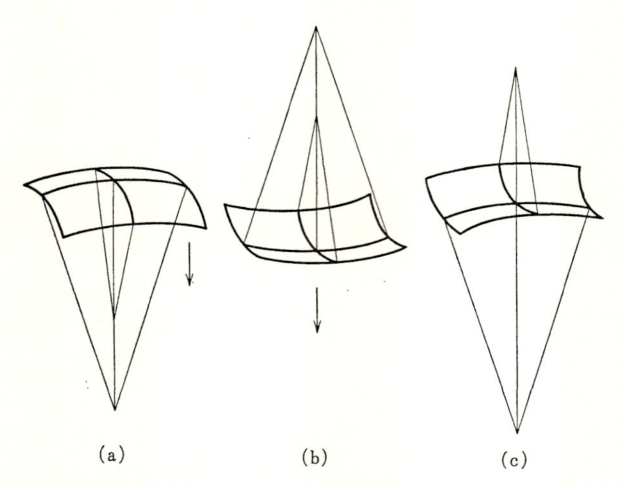

図2.7.8　曲面の三つの形を示す．(a) 凸面．矢印は基準相の内部を示す．二つの主法曲率ベクトルはいずれも正であり，基準相の内部に向う．(b) 凹面．矢印は基準相の内部を示す．二つの主法曲率ベクトルはいずれも負であり，基準相の外部に向う．(c) 鞍面．二つの主法曲率ベクトルの方向は互いに逆になり，一つは正，他は負となる．

Gaussの曲率は

$$K = 1/r_1 r_2 \qquad (2.7.32)$$

であるから，凸面凹面共にGaussの曲率は正になる．したがってこの部の曲面素の張る立体角 $d\omega$ はいずれも正にとらなければならない．これに対して鞍面では一つの主法曲率円の半径は内部に，他の一つは外部に向うから，一方が正，他方が負である．それゆえ鞍面のGaussの曲率は負となり，立体角も負にとる必要がある．この鞍面は曲面が常に凸の形をとる時以外には，曲面が閉じられた形になるためには必ずどこかに出現するものである．

次に閉曲面の形と立体角の間に成立する一般的な関係を検討してみよう．まず閉曲面がすべての部分で凸である場合には，この曲面をいくつかの任意の形の曲面素に分割し，それぞれの曲面素を単位長の半径の球面に投影すれば，球面上にはすべての曲面素が隙間なく，また重なることもなく投影され，結局閉曲面全体の投影されたものは球面全体を過不足なく被うことになる．つまり凸面のみからなる閉曲面の張る立体角は $+4\pi$ に等しい．この関係は図2.7.9から明らかであろう．

しかし一般には閉曲面には凹凸がありうるから次にその影響を考えてみよう．

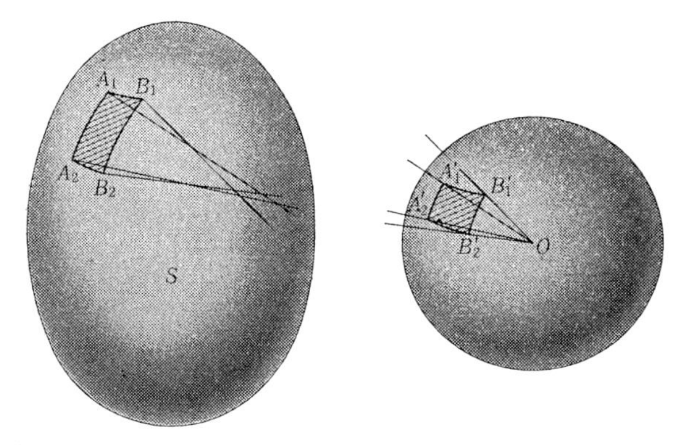

図2.7.9　すべての部分が凸面でできている任意の形の閉曲面 S の上に任意の形，たとえば4本の弧で囲まれた曲面素 $A_1A_2B_2B_1$ をとり，この周の各点に法線を立てる．これらの法線を方向を変えることなく単位長の半径の球の中心 O を通るように集めてみると，$A_1A_2B_2B_1$ は球面上の $A_1'A_2'B_2'B_1'$ に投影される．このような操作で S 全体を過不足なく球面上に投影できる．

いますべての部分で凸な閉曲面に突出部をつくってみる．これは曲面に図2.7.10の例に示すような‘くびれ’をつくることと同じである．この際‘くびれ’の部分では鞍面はできるが凹面は発生しない．さて鞍面と凸面の境は曲面上の2本の曲線 J_1, J_2 となるが，J_1 上に1点 B_1 をとり，この点における曲面の二つの主法面を考えると，その主法面の一つの上には‘くびれ’に相当して彎入をもった曲線が描かれることになる．この彎入部の両縁にかけて曲線に接線を引けば二つの接点 A_1, A_2 ができる．さて B_1 を J_1 上を移動させれば A_1, A_2 は曲面上に二つの曲線 I_1, I_2 を描くことになる．そして同時に直線 A_1A_2 の集合は‘くびれ’を被う曲面 S_0 をつくる．いま I_1 と I_2 の‘くびれ’の反対側の凸面をそれぞれ S_1, S_2 とすれば，$S_1+S_0+S_2$ の閉曲面はいずれの部分も凸であるから，その立体角は 4π である．そして S_0 はいずれの点でも一つの主法曲率は0であるから S_0 の立体角は0となり，したがって S_1 と S_2 の曲面のつくる立体角が 4π となる．それゆえ‘くびれ’の影響は I_1 と I_2 に挾まれた曲面だけを考えればよい．

次に J_1 上で充分近接した2点 B_1, B_1' をとり，この2点を通って上記の法面をつくれば，この二つの法面は元来の曲面から彎曲した狭い帯状部分を切りとることになる．いま B_1 が J_1 上を移動するにつれて A_1, A_2 が曲面上に描く曲線 I_1, I_2 をとり，帯状部分のうち I_1 と I_2 の間にある部分だけに注目すれば，この部分は図2.7.10に示すように $A_1B_1B_1'A_1'$，$A_2B_2B_2'A_2'$ の二つの凸面と，$B_1B_2B_2'B_1'$ の鞍面からつくられていることになる．この凸面部と鞍面部のつくる立体角は絶対値が等しく符号が逆になるから，結局 $A_1A_2A_2'A_1'$ 全体については立体角が0になる．この関係は図2.7.10(b)に説明してあるが，同時に図2.7.2も参照していただきたい．そして I_1, I_2 の間に挾まれた元来の曲面全体についても，これは $A_1A_2A_2'A_1'$ のような帯状部分の和であるからそのつくる立体角は0である．つまり曲面が突出部または‘くびれ’をもっていても，それが閉曲面である限り正味の立体角は常に $+4\pi$ であるということである．

閉曲面に凹凸をつくるもう一つの基本的な操作は‘くぼみ’をつくることである．これは具体的には空気のぬけたゴムのボールのようなものを考えればよいであろう．この形の特色は‘くびれ’の時と異なり必ず鞍面以外に凹面を伴うことである．そして凸面と凹面の間に鞍面が介在することになる．いま凸面と鞍

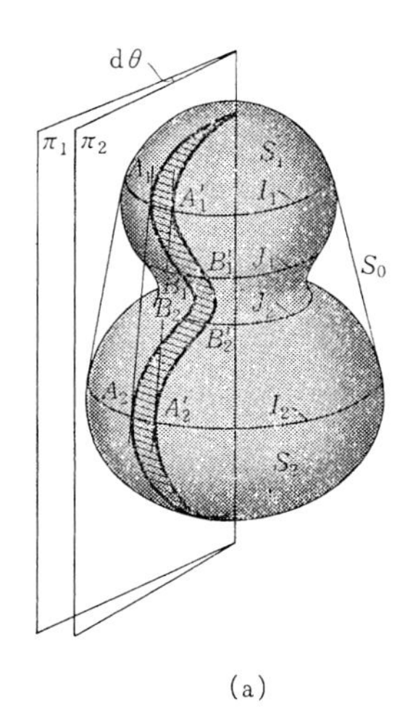

(a)

(b)

図 2.7.10 (a) ‘くびれ’のある曲面の一例. J_1, J_2 は凸面と鞍面の境をつくる曲線である. J_1 上の充分近接した 2 点 B_1, B_1' を通る主法面のうち, その上に彎曲した曲線の描かれるものをそれぞれ π_1, π_2 とする. 図は π_1, π_2 によって彎曲した狭い曲面素を切りとった状態を示している. なお $d\theta$ は π_1 と π_2 の挾む角, B_2, B_2' は π_1, π_2 と J_2 の交点で

ある．説明は本文参照のこと．

(b) (a)の曲面素 $A_1A_2A_2'A_1'$ の性格を示す．なお図2.7.2も参照のこと．M_1M_2：π_1 と π_2 の交線．O_1, O_2, O_3, O_4：それぞれ A_1, A_2, B_1, B_2 を通って M_1M_2 におろした垂線の足．P_1, P_2, Q：π_1 面上でそれぞれ A_1 と B_1，A_2 と B_2，B_1 と B_2 で曲面素に立てた法線の交点．したがって $A_1P_1//A_2P_2$，$\angle P_1QP_2=\angle A_1P_1Q+\angle QP_2A_2$ である．なお A_1', A_2', B_1', B_2' とそれぞれ O_1, O_2, O_3, O_4 を結べば，定義により $B_1'O_3$ は M_1M_2 に直交するが，それ以外の直線は一般に直交するとは限らない．次に P_1, P_2, Q をそれぞれ単位長の半径をもつ球の中心 C_1, C_2, C_3 にのせ，曲面素 $A_1B_1B_1'A_1'$，$A_2B_2B_2'A_2'$，$B_1B_2B_2'B_1'$ をそれぞれ C_1, C_2, C_3 の球面に投影したものを $\mathrm{d}\omega_1, \mathrm{d}\omega_2, \mathrm{d}\omega_3$ とする．したがって C_1 の球面の $A_1C_1, A_1'C_1, B_1C_1, B_1'C_1$ はそれぞれ曲面素上の A_1, A_1', B_1, B_1' に立てた法線に平行であり，C_2, C_3 の球面についても同様のことが成立する．そして $\mathrm{d}\theta$ が充分小さければ A_1, A_2, B_1, B_2 における曲面素の幅は $A_1O_1, A_2O_2, B_1O_3, B_2O_4$ の長さにそれぞれ比例する．したがって曲面素を球面に投影する時にはこれらの幅はすべて等しくなる．それゆえ $\mathrm{d}\omega_1, \mathrm{d}\omega_2, \mathrm{d}\omega_3$ の幅はすべて一様かつ等しく，$\mathrm{d}\theta$ で与えられる．そして球面上では $\widehat{A_1B_1}=\varphi_1$，$\widehat{A_2B_2}=\varphi_2$，$\widehat{B_1B_2}=\varphi_1+\varphi_2$ であり，かつ $\mathrm{d}\omega_3$ は鞍面によるものであるから負の値をとる．したがって

$$\mathrm{d}\omega_1+\mathrm{d}\omega_2+\mathrm{d}\omega_3=0$$

となる．

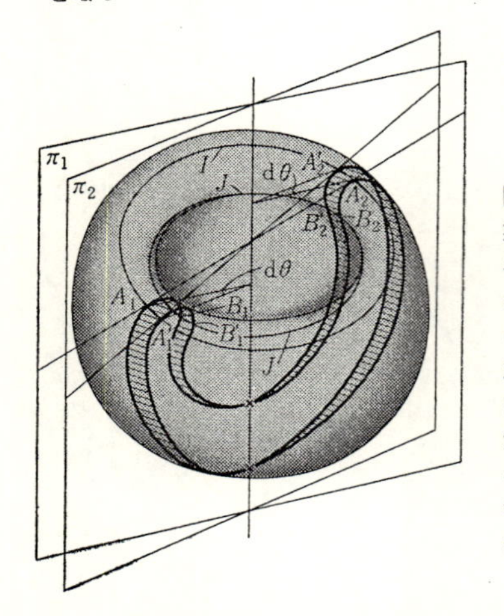

図 2.7.11　‘くぼみ’のある閉曲面の基本型を示す．この場合は凸面と鞍面の境を I，鞍面と凹面との境を J とする．‘くぼみ’の基本型の時には I は一平面上にのる．したがって I の外側の凸面のつくる立体角は 4π となる．そして I の内部にある鞍面と凹面によってつくられる立体角の代数和は0になる．これは‘くびれ’の場合と類似の方法で証明できる．なお π_1, π_2；A_1, A_2, A_1', A_2'；B_1, B_2, B_1', B_2' などの意味は図2.7.10と同様である．

面の境界のつくる曲線を考えると，基本的な形ではこの曲線は一つの平面上にある．つまり‘くぼみ’が一つの平面で被うことによって消失する形である．そうでない場合は‘くぼみ’は実はこの基本型と‘くびれ’との複合されたものになるのである．この‘くぼみ’の基本型についても‘くびれ’の処理と同様な操作で

‘くぼみ’の部分でつくられる立体角が0であることが証明できる．これは図2.7.11に説明してあるが，要するに$A_1A_2A_2'A_1'$の帯状部分が，$A_1B_1B_1'A_1'$，$A_2B_2B_2'A_2'$の二つの鞍面部分と$B_1B_2B_2'B_1'$の凹面部分とで構成されている点が‘くびれ’の場合と異なるだけである．

以上の結果は重要である．それはいかなる曲面の凹凸も上に述べた‘くびれ’と‘くぼみ’の基本型の複合であるから，曲面に‘くびれ’や‘くぼみ’があってもその閉曲面のつくる正味の立体角は変わらない．つまり穴も空洞もなければすべての閉曲面について

$$\omega_{\text{net}} = 4\pi \tag{2.7.33}$$

が成立する．そしてこの4πという値は曲面が閉じられるため最小限度必要なものであり，これより小さい立体角では曲面は閉じられない．一方閉曲面に‘くびれ’や‘くぼみ’があれば，これによって4πをこす過剰な正の立体角が，‘くびれ’の場合は凸面により，‘くぼみ’の場合は凹面によってつくられることになる．そしてこの過剰な立体角は必ず鞍面のつくる負の立体角によって相殺されることになる．これはすべての部分が凸面でできている閉曲面，たとえば球面に‘くびれ’や‘くぼみ’をつくってみると，それに伴っていつも鞍面が形成されることからも了解できるであろう．それゆえ穴も空洞ももたないN_v個の立体の表面でつくられるω_{net}は常に

$$\omega_{\text{net}} = 4\pi N_v \tag{2.7.34}$$

となる．そして立体の総表面積をSとすれば，Gaussの曲率の平均は

$$\boldsymbol{\overline{K} = 4\pi N_v/S} \tag{2.7.35}$$

となる．

しかし立体の表面の凹凸による不規則さを曲率と関係づけて理解しようという時にはこれでは都合が悪い．この場合には

$$\omega_{\text{net}} = \omega_{+}+\omega_{-} \tag{2.7.36}$$

であるから

$$\omega_{+}-\omega_{\text{net}} = \omega_{+}-4\pi N_v = -\omega_{-} \tag{2.7.37}$$

という形をつくればこれが過剰な立体角ω_{extra}を表わすことになる．そしてこの過剰な立体角の1個の立体あたりの値は

$$\omega_{\text{extra}}/N_v = (\omega_{+}-4\pi N_v)/N_v = -\omega_{-}/N_v \tag{2.7.38}$$

であり，また‘過剰’なGaussの曲率の平均$\bar{K}_{\mathrm{extra}}$はこれをS/N_vで除して

$$\bar{K}_{\mathrm{extra}} = (\omega_+ - 4\pi N_v)/S = -\omega_-/S \tag{2.7.39}$$

とすればよい．このω_+はすでに述べたように凸面と凹面から，ω_-は鞍面から与えられる立体角である．なおω_+, ω_-のそれぞれについてのGaussの曲率の平均は

$$\bar{K}_+ = \omega_+/S, \qquad \bar{K}_- = \omega_-/S \tag{2.7.40}$$

で定義できることはいうまでもない．

次に立体中に空洞がある場合と立体に穴がある場合を考えてみよう．空洞というのは立体中に立体表面とは全く関係をもたない閉曲面で囲まれた腔が存在することを意味する．この際空洞の壁の張る立体角の代数和を考えると，空洞の中の相を規準にとっても外の相を規準にとっても立体角の正負は変わらないから，これは空洞を一つの立体と見た時その表面のつくる立体角としてよい．したがって1個の空洞については4πの正味の立体角がつくられることになる．たとえばピンポンのボールのような中空の構造物のつくる正味の立体角は8πとなる．要するに空洞も立体も同じ扱いにしてN_vの中に数えてしまえばよい．

一方穴の存在やその数は立体については平面図形の時のようにいつも直観的にわかるとは限らないから，多少位相幾何学的な考察を加えておこう．穴のない立体は一般に単純多面体といわれるものであるが，これらは位相幾何学的にはすべて球に還元できる．いま球の表面上に任意のそれ自身交叉しない閉曲線Jを描いてみると，この閉曲線はどのようにとっても必ず球面を二つの部分に分割する．このことがすでに穴のない立体の特色を表わすものであるが，さらにこの閉曲線の両側に近接した2点A, Bをとれば，Aより出発して球面上を走るいかなる経路J'もJと交わることなしにはBに到達することができない．Jをどのようにとってもこのような現象が起ることが穴のない立体の定義に用いることができる(図2.7.12)．ところで次に穴のある立体の古典的な例としては円環(torus)といわれるドーナッツ形の立体をあげることができよう．この場合は図2.7.13(a)に示すように穴の周囲に沿って閉曲線Jを円環面上に描けば，この曲線は円環面を二つの部分には分割しない．つまり円環面全体としては連結性が保たれるのである．このことはまた次の操作を行えば明らかになる．いまJの両側に近接した2点A, Bをとれば，Aから出発してJと交わ

ることなしに B に到達する経路 J' が必ず1通りだけ存在する．この1通りというのは曲面上の連続変形によって互いに移行しうるような曲線群を一括すれば一つの群しかできないという意味である．そしてこの曲線群 J' が穴を通る経路，いいかえれば穴そのものの存在を証明するものであり，同時に J が円環面を分割しないことの説明にもなる．このような J, J' の組み合わせは穴が1個あるごとに1組ずつできる．そして N 個の穴があれば曲面上の連続変形によっては互いに移行しえないような N 組の J, J' の組み合わせが存在する．

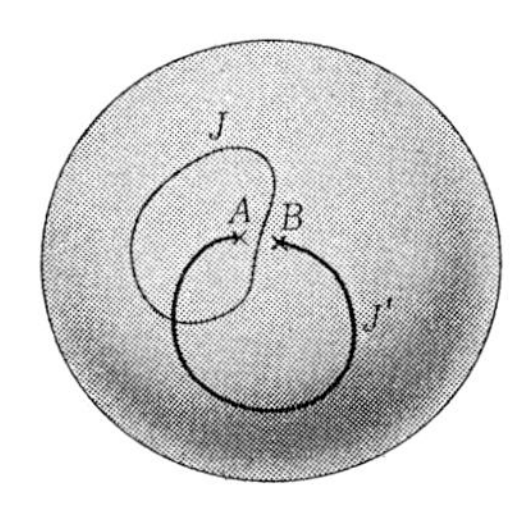

図 2.7.12　穴のない閉曲面の一例として球面を示す．J は球面上のそれ自身は交叉しない任意の閉曲線である．J の両側にとった2点 A, B を球面上で連結する経路 J' で J と交わらないものは存在しない．これが穴のない閉曲面の定義である．

この関係は図 2.7.13 に説明してある．しかし穴の形が複雑に連結し合うようなものである時にはこのような操作で穴の数を判断するのは実際的ではない．この場合は穴を隔壁で塞ぐという方法が効果的である．つまりいくつの隔壁を用いれば穴の存在を証明する経路が消失するかを調べるのである．そうすれば最小限度必要な隔壁の数をもって穴の数 N_h を定義できる．この N_h を求める

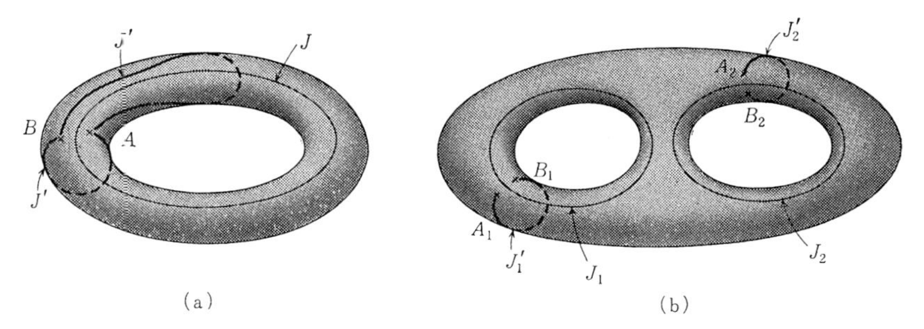

図 2.7.13　(a) 1個の穴のある立体の例として円環(torus)を示す．J はその穴の周囲に沿って描いた閉曲線である．J の両側にとった2点 A, B を連結し，かつ J と交わらないような曲面上の経路 J' を2本描いてある．この2本の曲線は曲面上の連続変形により互いに移行可能であるから，経路としては1通りということになる．(b) 2個の穴のある立体を示す．J_1, J_2 はこの立体表面上にそれぞれの穴の周囲に沿って描いた閉曲線である．J_1, J_2 の両側にそれぞれ近接した2点 A_1, B_1；A_2, B_2 をとると，A_1 より B_1 に，A_2 より B_2 に至る，J_1, J_2 と交わらない曲面上の経路 J_1', J_2' は1個の穴についてそれぞれ1通りだけできる．

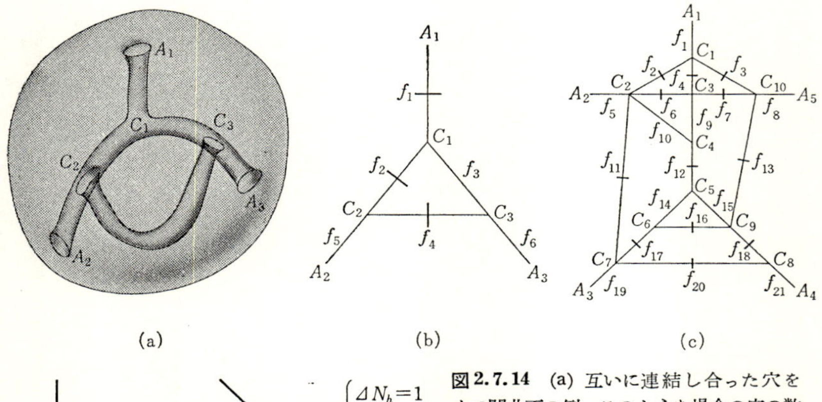

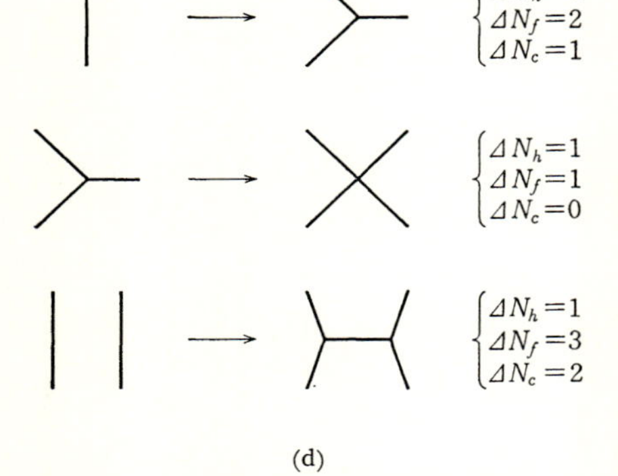

図 2.7.14 (a) 互いに連結し合った穴をもつ閉曲面の例．このような場合の穴の数の定め方が当面の課題である．

(b) (a)の穴を直線で置き換えてつくった網状のモデル．A_1, A_2, A_3 は直観的にみて閉曲面の表面に見られる開口部，C_1, C_2, C_3 は穴の連結部を表わす．そして網を構成する線分を $f_1, f_2, \cdots, f_6$ としてある．いま任意の f の上に任意の1点をとり，これから出発して網の上を通り再びその点にもどる経路が一つあればそれは1個の穴の存在を証明することになる．この際 A で表わした自由端は閉曲面上にあるから互いに連絡可能なものとして扱えばよい．そして f に最小限度の断絶をつくり，穴の存在を証明する経路を消失させることを考え，その断絶の数をもって穴の数 N_h とする．この断絶は図では網をつくる線分に直交する小線分で示してある．そうすると N_h と網をつくる線分の数 N_f と結合部の数 N_c の間には

$$N_h = N_f - N_c$$

という簡単な関係が成立する．したがってこの図の場合には

$$N_h = 6-3 = 3$$

である．

(c) (a)よりはもっと複雑な連結をもった穴の例を示す．この場合は $N_f=21$，$N_c=10$ であるから $N_h=11$ である．

(d) $N_h=N_f-N_c$ の関係を証明するための模型図．まず1個の穴をもつ立体については穴を表わす経路は単に1本の線分で代表させることができるから，この場合は $N_h=1, N_f=1, N_c=0$ であり，$N_h=N_f-N_c$ が成立する．次にこれに新しい穴を追加する時に発生する経路の変化は要素的にはこの図に示す形式ですべてが尽される．そして N_h, N_f, N_c の増加をそれぞれ $\Delta N_h, \Delta N_f, \Delta N_c$ とすれば，この図のいずれの形式についても $\Delta N_h=\Delta N_f-\Delta N_c$ が成立することがわかる．したがって一般的に $N_h=N_f-N_c$ が証明されたことになる．

簡単な方法は図 2.7.14 に説明してある．

ところで隔壁を用いて穴を完全に塞いでしまえばでき上った閉曲面は穴のない閉曲面であるから，立体に空洞がない限り，そのつくる正味の立体角は閉曲面の形にかかわらず常に $+4\pi$ である．一方隔壁は表裏を考えるという以外にはその形は自由に設定できる．たとえば図 2.7.15(a) に示すように穴の表面に接するような閉曲面を採用しても差しつかえないであろう．そうすれば隔壁自身のつくる正味の立体角は常に $+4\pi$ であることは明らかである．もちろん隔壁の形をこのようにとらなければならないということではないので，たとえば図 2.7.15(b) のような形を考えても結果は同じことになる．したがって穴がある立体の張る立体角の代数和を ω_{net} とすれば，N_v 個の閉曲面に N_h 個の穴が存在するものとして

$$\boldsymbol{\omega}_{\text{net}} = 4\boldsymbol{\pi}(\boldsymbol{N}_v - \boldsymbol{N}_h) \qquad (2.7.41)$$

という結果を得るのである．具体的な例についていえば，たとえば円環では $\omega_{\text{net}}=0$ となる．

なお立体中に空洞がある時，この空洞中に梁が存在すれば，梁は穴と同じ効果をもつものである．これは規準にとる相を入れ換えてみれば空洞は立体に，梁は穴に置き換えられることからただちに了解がつくことであろう．そして梁の数は空洞の面から梁を通って再び空洞の面に至る途を完全に遮断するために必要最小限度の切断面の数をもって定義することができる．その数を N_h の中に含ませれば(2.7.41)の式はそのまま成立することになる．

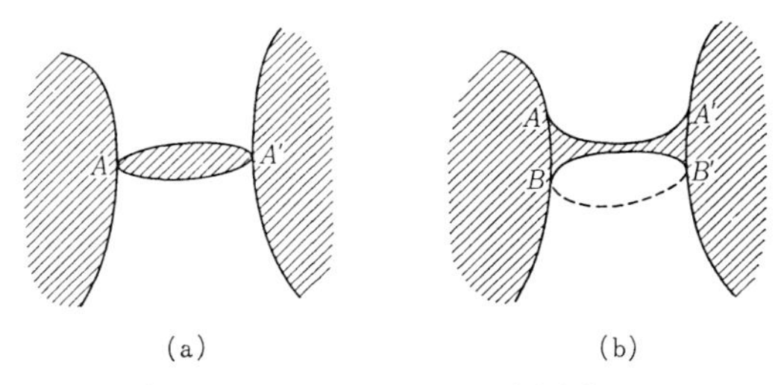

図 2.7.15　隔壁の断面を示す．(a) 隔壁自身が滑らかな閉曲面をつくる形．(b) 穴の壁が滑らかな曲面で隔壁に移行する形．この場合は隔壁が充分薄ければ AA' の曲面を平行移動して BB' の点線の位置におけば(a)と同じことになるのは明らかである．

さて1個の穴や梁のつくる立体角の代数和が -4π であることはすでに述べた通りであるが，この 4π という絶対値は穴や梁ができるために最小限度必要な値であって，一般的にいえば穴や梁をつくる面には凹凸があるから，穴や梁の張る立体角の絶対値は一般に 4π よりは大きくなる．この過剰な立体角によって穴や梁の表面の凹凸の程度を表わすことができるのは立体表面の場合と同じことである．そしてこの過剰な立体角 ω_{extra} は穴や梁については ω_+ で与えられる．したがって立体の表面や空洞の面と同時に穴や梁の面の凹凸を問題にする時にはこの ω_+ を共に加算しておけばよい．そして N_v に空洞の数も含めておけば，1個の立体あたりの過剰な立体角は

$$\omega_{\mathrm{extra}}/N_v=(\omega_+-4\pi N_v)/N_v \tag{2.7.42}$$

となり，'過剰' な Gauss の曲率の平均を $\bar{K}_{\mathrm{extra}}$ で表わせば

$$\bar{K}_{\mathrm{extra}}=(\omega_+-4\pi N_v)/S \tag{2.7.43}$$

となる．そして(2.7.38)や(2.7.39)はそのままで穴や梁がある場合にも適用できるのである．

なお(2.7.41)は ω_{net} が閉曲面の位相不変量であることを示すものであり，重要な含みをもった式であるから，その一面を簡単に説明しておく．位相幾何学的な立場から立体の特性を示す指標として連結数(connectivity)と示性数(genus)という観念がある．連結数とは閉曲面をつくる立体の表面を二つの分離した面に分割することなしに，いいかえれば立体表面の全体としての連結性が保たれたままで，立体表面に何通りのそれ自身は交叉しない閉曲線をなす経路群がとれるかを示す数である．この連結数は立体の穴の数の2倍になる．たとえば137頁の円環の例についてみると，1個の穴に対して上記の条件を満足させるような経路群は J, J' の2通りが存在する．ただしこの場合は J' は J の両側の近傍にとった2点を結んで閉曲線をつくるようにとるものとする．この2通りというのは J と J' は立体表面上では連続変形によっては互いに移行することができないことの表現である．

ところでこのような意味での立体の特性を考えるにあたっては立体を線でおきかえたモデルを用いると便利である．これは穴の数を変えずに穴を極端に大きくしてみた時に，残存する立体の極限にあたる網状構造物である．そしてその網を二つの分離した部分に分割することなしに，網をつくる曲線にいくつの

切断を入れることができるかという数をとってみると，これは穴の数に等しく，したがって元の立体の連結数の 1/2 になる．このことは図 2.7.16 に示すような穴と網の共役関係からも了解できるであろう．そしてこの数が立体の示性数といわれるもので，立体の位相幾何学的特性を表わす上で，非常に重要でもあり，また有用な観念である．

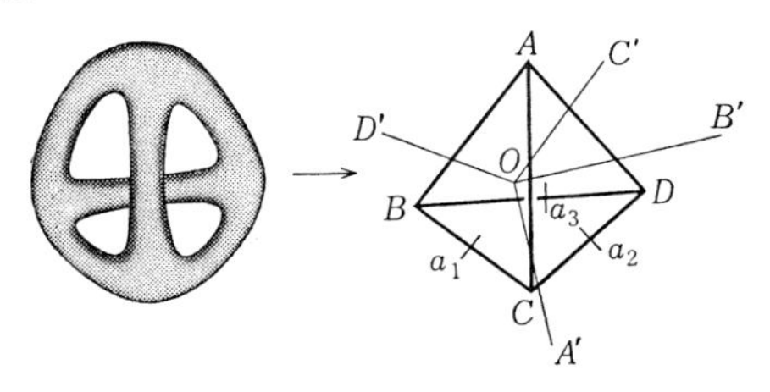

図 2.7.16　穴のある立体の連結数を求める操作を示す．図の左方の立体は 4 面体の四つの面に穴をあけた形と同相である．したがってこれを右方の 4 面体の稜でつくられる網で置き換えることができる．この網に切断を入れてみると，a_1, a_2, a_3 のような 3 個の切断までは頂点 A に集まる稜線により網全体の連結性は保持される．しかしこれ以上の切断はどの位置に入れてもこの網から分離する部分をつくることがわかる．したがってこの立体の示性数は 3，連結数は $3\times2=6$ ということになる．またこの網と共役する穴は 4 面体内部の 1 点 O から四つの面を貫く OA', OB', OC', OD' の直線群によって代表される．これについて図 2.7.14(b)(c)の方法によって穴の数を求めれば $N_h=3$ となることは明らかである．なお a_1, a_2, a_3 の切断は図 2.7.13 の J' の経路によって穴の存在を確かめることと同じ意味をもつ．

さて(2.7.41)は互いに分離した立体の数 N_v，穴の数 N_h と，立体角 ω の関係を示すものである．それゆえ ω と N_v がわかれば N_h が求められ，これより 1 個の立体あたりの穴の数と立体の連結数や示性数の平均が計算できる．これは対象の形態を位相幾何学的に解析する上で大切な手がかりを与えるものである．ω の求め方は次節で説明するが，N_v は立体の形が複雑な場合には連続切片による再構築から推定する必要があるからかなり手間はかかる．

平面図形については面の表裏を考えれば，いいかえれば平面図形を立体を極限まで薄くしたものと見れば，連結数や示性数は立体と同様にして求めることができる．しかし面に表裏を考えなければ平面図形は閉曲面ではなく境界をもった面となる．この場合は境界そのもの，すなわち図形の周を経路にとれば，この経路は図形を二つの部分には分離しない．したがって穴のない平面図形の連結数は1となる．そして穴が1個存在するごとに連結数は1だけ増加するから，平面図形の連結数は穴の数に1を加えて N_h+1 で表わされる．なお平面図形の場合も図2.7.17のように網のモデルに置き換えて処理することができるが，平面図形では穴の数は直観的に簡単に数えることができるから，必ずしも網のモデルを用いる必要はないであろう．

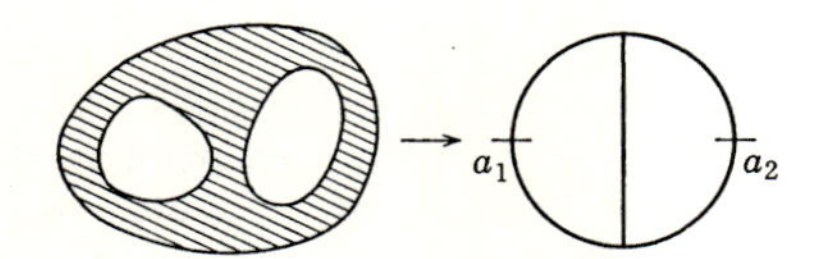

図2.7.17　左方の穴のある平面図形は右方の網で置き換えることができる．網の連結性を保持できる範囲でこの網に入れうる最大の切断数は a_1, a_2 の2であり，これは図形の穴の数に等しい．

iii) Gaussの曲率の推定　次に実際にGaussの曲率を推定することを考えよう．以下空間中に等方性の曲面があるものとして理論を誘導することにする．さてGaussの曲率を定めるためには S と ω の二つの要素が必要であるが，このうち S は(2.2.7)により簡単に求めることができる．しかし ω を求めるためには新しい方法を導入しなければならない．その原理は次の通りである．いま一つの曲面素が微小な立体角 $\mathrm{d}\omega$ を張る時，この曲面素が一つの試験平面に接しうるような方向をとる確率 $\mathrm{d}p$ を求めてみよう．この‘接しうる方向をとる’ということをもう少しくわしく規定すると，曲面素上のすべての点に立てた法線のいずれかが試験平面と直交するという条件が満足されるような範囲の曲面素の方向を意味するのである．これは鞍面が平面と接するということを定義する上にも必要なことである．さてある曲面素が試験平面と接する機会は平面の両側について同じように起りうるが，まずその一方の側についてだけ考えてみよう．曲面素の張る立体角 $\mathrm{d}\omega$ は半径が単位長の球面上の $\mathrm{d}\omega$ の面積と内容的には同じことである．それゆえ $\mathrm{d}\omega$ の面積の球面部分が平面と接しうるような位置をとる可能性を求めれば，これが $\mathrm{d}\omega$ の立体角を張る曲面素が平面の一側に接する確率を与えることになる．この可能性は $\mathrm{d}\omega$ を球の表面積 4π で除したものに等しい．したがって平面の両側を考慮すれば

$$\mathrm{d}p = 2\mathrm{d}\omega/4\pi = \mathrm{d}\omega/2\pi \tag{2.7.44}$$

を得るのである．この結果は平面曲線の場合の式(2.7.7)に相当するものである．そして $\mathrm{d}p$ を曲面全体について積分したものは，その内容からみてこの曲面がある方向の試験平面に対してつくりうる接点の数を意味するから，これを τ_V と書くと

$$\begin{aligned}\tau_V &= \int_S \mathrm{d}p = \frac{1}{2\pi}\int_S \mathrm{d}\omega \\ &= \omega_{\mathrm{net}}/2\pi \end{aligned} \tag{2.7.45}$$

したがって

$$\omega_{\mathrm{net}} = 2\pi\tau_V \tag{2.7.46}$$

を得る．ただし ω には正負があるから τ_V にも正負があり，上の式の τ_V はその代数和を意味する．そして正の ω_+ は凸面または凹面によりつくられ，負の ω_- は鞍面によりつくられるから，正の τ_{V+} は凸面または凹面の接点，負の τ_{V-} は鞍面の接点である．したがって

$$\omega_+ = 2\pi\tau_{V+} \tag{2.7.47}$$

$$\omega_- = 2\pi\tau_{V-} \tag{2.7.48}$$

であり，また

$$\tau_V = \tau_{V+} + \tau_{V-} \tag{2.7.49}$$

となる．

さて次に $\tau_V, \tau_{V+}, \tau_{V-}$ をどうして求めたらよいかということである．これが1枚の試験平面上の曲面の切口の図形の処理から得られれば簡単であろうが実際にはそうはゆかないので，τ_V などを定めるには一般には少なくとも2枚の試験平面を必要とする．以下1稜が l の長さの立方体の領域をとり，その中に存在する曲面について考えることにしよう．いまこの立方体の一つの面に平行な試験平面を用いるものとし，充分に狭い間隔 h の2枚の平行な試験平面で曲面を切り，試験平面上にできる曲線図形を互いに比較してみることにする．二

つの試験平面を相互の位置関係を乱さないように重ね合わせて，二つの試験平面上の図形を比較すると，模型的には次の三つの場合がありうる．この関係は図2.7.18について見ると容易に了解できるであろう．

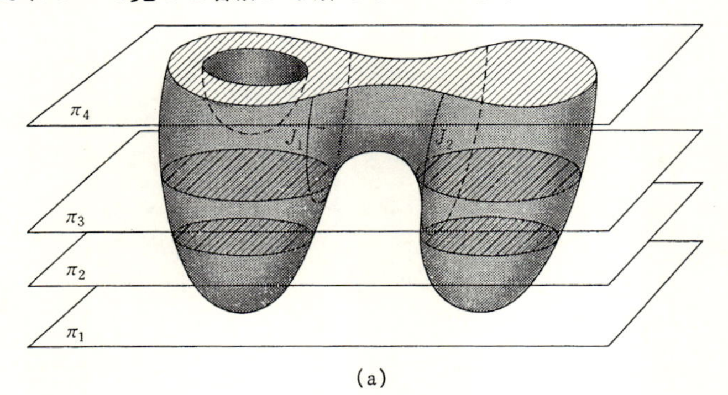

(a)

(b)

図2.7.18　(a) 凸面，凹面，鞍面をもつ立体を1方向の試験平面 π_1, π_2, π_3, π_4 で切った時，試験平面上にできる図形と曲面の接点との関係を示す．J_1, J_2 は凸面と鞍面の境界である．なお試験平面の方向は鞍面に立てた法線のいずれかと直交する範囲にあるものとする．これ以外の方向の時には鞍面との接点はできない．この図では π_1 と π_2 の間で凸面の接点が，π_3 と π_4 の間で凹面と鞍面の接点ができる．なお π_2 と π_3 の間では曲面の接点はできない．(b) 2枚の平行な試験平面上にできる図形を重ね合わせて図形と曲面の接点の関係を示す．1枚の試験平面上の図形の周は実線で，他の試験平面上のそれは点線で区別し，また図形の斜線の方向を変えてある．A:2枚の試験平面間で曲面は試験平面と接しうるような方向はとらない．B, C, D:2枚の試験平面間でそれぞれ凸面，凹面，鞍面が接しうるような方向をとる個所が一つずつある．

a)　二つの試験平面の対応する位置にそれぞれ同数の図形がある.

b)　一方の試験平面に存在するある図形が，他の試験平面上のそれに相当する位置には現われない.

c)　一方の試験平面上のある位置に在る図形の数と，他の試験平面上のそれに相当する位置に在る図形の数が異なる.

さてhが充分小さければa)の場合は二つの試験平面の間の空間で曲面が試験平面に接しうるような方向をとる可能性はないとみてよいから，このような個所はτ_Vを求める上では無視してよい．これに対しb)の場合はhの間隔の間で凸面または凹面が1回試験平面と接しうるような方向をとることがわかる．このような個所を一つの試験平面全体，つまりl^2の面積について数えてこれを$\tau_{V(h)+}$とする．またc)の場合にはその個所の図形の数の差に等しい数だけの鞍面が試験平面に接しうる方向をとっていることになる．このような個所について，それぞれの図形の数の差をとり，l^2の試験平面の面積についてその和をとった数を$\tau_{V(h)-}$としよう．これは負の数として表わされる．そしてhの間隔の2枚の試験平面で立方体を切る操作を無限回くりかえして得られるであろう$\tau_{V(h)+}, \tau_{V(h)-}$の期待値をそれぞれ$\bar{\tau}_{V(h)+}, \bar{\tau}_{V(h)-}$とし，また$l^3$の体積の立方体全体についての$\tau_{V+}, \tau_{V-}$の期待値をそれぞれ$\bar{\tau}_{V+}, \bar{\tau}_{V-}$とすれば

$$\bar{\tau}_{V+} = (l/h)\bar{\tau}_{V(h)+} \tag{2.7.50}$$

$$\bar{\tau}_{V-} = (l/h)\bar{\tau}_{V(h)-} \tag{2.7.51}$$

である．したがって(2.7.47)(2.7.48)により

$$\omega_+ = 2\pi(l/h)\bar{\tau}_{V(h)+} = 2\pi\bar{\tau}_{V+} \tag{2.7.52}$$

$$\omega_- = 2\pi(l/h)\bar{\tau}_{V(h)-} = 2\pi\bar{\tau}_{V-} \tag{2.7.53}$$

であり，また(2.7.46)(2.7.49)により

$$\begin{aligned}\omega_{\text{net}} &= 2\pi(l/h)(\bar{\tau}_{V(h)+}+\bar{\tau}_{V(h)-})\\ &= 2\pi(l/h)\bar{\tau}_{V(h)}\\ &= 2\pi\bar{\tau}_V\end{aligned} \tag{2.7.54}$$

となる．一方(2.2.7)により

$$S = 2\bar{C}_V l^2 \tag{2.7.55}$$

であり，また(2.7.52)(2.7.53)により

$$\omega_+ = 2\pi\bar{\tau}_{V+} \tag{2.7.56}$$

$$\omega_{-} = 2\pi\bar{\tau}_{V-} \tag{2.7.57}$$

であるから，凸面と凹面のみについての Gauss の曲率の平均を $\bar{K}_{+}$，鞍面のみについてのそれを $\bar{K}_{-}$ とすれば

$$\bar{K}_{+} = 2\pi\bar{\tau}_{V+}/S = 2\pi(l/h)\bar{\tau}_{V(h)+}/2\bar{C}_{V}l^{2} = \pi\bar{\tau}_{V(h)+}/\bar{C}_{V}hl = \pi\bar{\tau}_{V+}/\bar{C}_{V}l^{2} \tag{2.7.58}$$

$$\bar{K}_{-} = 2\pi\bar{\tau}_{V-}/S = 2\pi(l/h)\bar{\tau}_{V(h)-}/2\bar{C}_{V}l^{2} = \pi\bar{\tau}_{V(h)-}/\bar{C}_{V}hl = \pi\bar{\tau}_{V-}/\bar{C}_{V}l^{2} \tag{2.7.59}$$

である．そして $\bar{K}_{+}$ と $\bar{K}_{-}$ の代数和を $\bar{K}$ とすれば

$$\bar{K} = 2\pi\bar{\tau}_{V}/S = \pi\bar{\tau}_{V(h)}/\bar{C}_{V}hl = \pi\bar{\tau}_{V}/\bar{C}_{V}l^{2} \tag{2.7.60}$$

を得る．

なおこのような関係が成立するために必要な h の値はもちろん曲面の凹凸の細粗によって異なるので，凹凸が細かい程 h を小さくとらなければならない．実際には何枚かの等間隔の標本をつくって，ある二つの標本面の間にもう1枚の標本面を挿入してもそれが $\tau_{V(h)+}$ や $\tau_{V(h)-}$ の値に影響を与えないことを確かめなければならないので，かなり手間はかかるであろう．また組織標本については τ_{V} などを直接顕微鏡下に推定することは困難で，写真を用いるか，または図形を描くかしなければならないから，いずれにせよ $\bar{\tau}_{V(h)}$ を求める方法はかなり労力を要することは避けられない．したがって τ_{V} から ω_{net}，そして Gauss の曲率を求めるという方法はあまり実用的とはいえない．

しかし曲面が凸面体の表面である時は，ω_{net} は τ_{V} を媒介とせずもっと簡単な方法で推定することができる．それは N_{v} 個の立体のつくる ω_{net} は

$$\omega_{\text{net}} = 4\pi N_{v} \tag{2.7.61}$$

であることはすでに述べたが，立体が凸面体である時，いいかえれば立体が1枚の試験平面と交わるにあたり，1個の立体がただ1個の切口しかつくらない，という条件が満足される時には，この N_{v} が1枚の試験平面上の図形の数 N_{a} を利用して比較的簡単に求められるからである．これは(2.6.8)により

$$N_{vO} = \sqrt{\frac{\varepsilon Q_{3}}{V_{O}}}(\bar{N}_{aO})^{\frac{3}{2}} \tag{2.7.62}$$

という形になる．これを用いてすべての立体の表面全体についての Gauss の曲率の平均を表わせば

$$\bar{K} = 4\pi N_v/S = 4\pi N_{vO}/S_O$$
$$= 2\pi\sqrt{\frac{\varepsilon Q_3}{V_O}}(\bar{N}_{aO})^{\frac{3}{2}}/\bar{C}_{VO} \tag{2.7.63}$$

となる．

iv）平均曲率　平均曲率は主法曲率を k_1, k_2 として $H = k_1 + k_2$ で定義される量であることはすでに説明した．平均曲率は幾何学的な意味よりはむしろ物理学的な観点からみて重要な観念である．そしてGaussの曲率とは異なり1枚の標本面上の曲線の平均曲率 $\bar{k}$ から曲面全体についての平均曲率の平均値 $\bar{H}$ が推定できるという非常に便利な点をもっている．

まず $\bar{H}$ は

$$\bar{H} = \int_S H\mathrm{d}S \Big/ \int_S \mathrm{d}S$$
$$= \int_S H\mathrm{d}S/S \tag{2.7.64}$$

という形で表現することができる．右辺の分子は曲面全体を等しい微小な面積 $\mathrm{d}S$ の曲面素に分割して，それぞれの曲面素について $H\mathrm{d}S$ を求め，これを曲面全体にわたり積分することを意味する．ところで H は $\mathrm{d}S$ を曲面のどの部分にとるかで当然異なってくるから，これを明示するためには曲面上に適当な座標 ξ, η をとれば，任意の曲面素の位置を ξ, η を用いて表わすことができる．この座標は曲面そのものの上にとるので，直交座標系の座標ではない．そうすると H は ξ, η の関数になるから $H(\xi, \eta)$ と書くことができるし，また $\mathrm{d}S$ の位置を明らかにするためには $\mathrm{d}S(\xi, \eta)$ とすればよいであろう．この表現を用いれば(2.7.64)は

$$\bar{H} = \int_S H(\xi, \eta)\,\mathrm{d}S(\xi, \eta)/S \tag{2.7.65}$$

となる．

さて次に $\bar{H}$ を一つの試験平面で曲面を切った時，試験平面上に描かれる曲線の平均曲率 $\bar{k}$ と関係づけることを考えてみよう(図2.7.19)．以下空間中に任意の形の曲面があり，その表面の方向は全体としてみれば等方性の条件を満足するものとしよう．そして1稜の長さ l の立方体の領域をとり，その中にある曲面の総表面積を S とする．なお便宜のため，隣り合った3稜に直交座標系

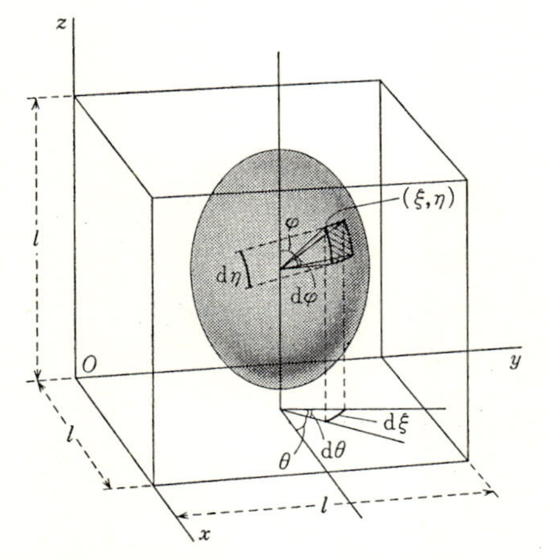

図 2.7.19 平均曲率 $\overline{H}$ と曲面を切る試験平面上の曲線の平均曲率 $\overline{k}$ との関係を求める操作を示す．なおこの図では閉曲面を描いてあるが，実際には等方性の条件が満足される形であれば必ずしも閉曲面である必要はない．説明は本文参照のこと．

O-xyz を重ね，試験平面は x-y 面に平行に，いいかえれば z 軸に直交するようにとるものとする．いま曲面上に無作為に微小な面積 $\mathrm{d}S$ の曲面素をとってみる．そしてこの曲面素の曲面上の座標を ξ,η とし，ξ は x-y 面に平行に，η は ξ に直交する方向に曲面上にとり，また $\mathrm{d}\xi\mathrm{d}\eta=\mathrm{d}S$ になるような微小な距離 $\mathrm{d}\xi,\mathrm{d}\eta$ を定めることにする．次にこの曲面素上に立てた法線の x-y 面上への正射影が x 軸となす角を θ，法線が z 軸となす角を φ としよう．さて x-y 面に平行な一つの試験平面を立方体の1稜 l の長さの範囲で無作為にとってみると，この試験平面が上に述べた曲面素と交わり，同時にその曲面素の θ が θ と $\theta+\mathrm{d}\theta$ の間にあり，φ が φ と $\varphi+\mathrm{d}\varphi$ の間にあるような確率は二つの独立した確率の積として求められる．その一つはそもそもこの曲面素が試験平面と交わる確率 $p(\xi,\eta)$ であり，これは曲面素の試験平面に対する有効長を l で除したものであるから

$$p(\xi,\eta)=\sin\varphi\cdot\mathrm{d}\eta/l \tag{2.7.66}$$

である．もう一つはこの曲面素の方向がたまたま θ については θ と $\theta+\mathrm{d}\theta$ の間に，φ については φ と $\varphi+\mathrm{d}\varphi$ の間にあるような確率 $p(\theta,\varphi)$ であり，これは単位長の半径の球面上に $\mathrm{d}\theta,\mathrm{d}\varphi$ の範囲の角がつくる微小面積 $\sin\varphi\,\mathrm{d}\theta\mathrm{d}\varphi$ を，球面の全表面積 4π で除したものであるから

$$p(\theta,\varphi)=\sin\varphi\,\mathrm{d}\theta\mathrm{d}\varphi/4\pi \tag{2.7.67}$$

となる．したがって求める確率は

$$p(\xi,\eta)p(\theta,\varphi)=\sin^2\varphi\,\mathrm{d}\theta\,\mathrm{d}\varphi\,\mathrm{d}\eta/4\pi l \tag{2.7.68}$$

ということになるであろう．ところでこの曲面素は1度試験平面と交われば試験平面上に $\mathrm{d}\xi$ の長さの曲線を与えることになる．つまり $\mathrm{d}\xi$ の長さの曲線が上記の条件をそなえた曲面素によって与えられる確率は $p(\xi,\eta)p(\theta,\varphi)$ である．ゆえにこの条件をそなえた曲面素が試験平面上に寄与するであろう曲線の長さ $\mathrm{d}L_A$ の期待値 $\overline{\mathrm{d}L_A}$ は

$$\begin{aligned}\overline{\mathrm{d}L_A}&=p(\xi,\eta)p(\theta,\varphi)\mathrm{d}\xi\\&=\sin^2\varphi\,\mathrm{d}\theta\,\mathrm{d}\varphi\,\mathrm{d}\xi\,\mathrm{d}\eta/4\pi l\end{aligned} \tag{2.7.69}$$

である．そしてある一つの試験平面上に曲面の切口が描く曲線の総長の期待値 $\bar{L}_A$ は $\overline{\mathrm{d}L_A}$ を曲面のすべての部分について，いいかえればすべての可能な θ,φ,ξ,η にわたって積分すれば与えられることになる．したがって

$$\bar{L}_A=\int_\eta\int_\xi\int_0^\pi\int_0^{2\pi}\sin^2\varphi\,\mathrm{d}\theta\,\mathrm{d}\varphi\,\mathrm{d}\xi\,\mathrm{d}\eta/4\pi l \tag{2.7.70}$$

となる．まず θ と φ についての積分を考えると

$$\begin{aligned}\int_0^\pi\int_0^{2\pi}\sin^2\varphi\,\mathrm{d}\theta\,\mathrm{d}\varphi&=2\pi\int_0^\pi\sin^2\varphi\,\mathrm{d}\varphi\\&=2\pi\cdot\frac{1}{2}[\varphi-\sin\varphi\cos\varphi]_0^\pi\\&=\pi^2\end{aligned} \tag{2.7.71}$$

となる．そして ξ と η についての積分はその内容からみて曲面全体の面積 S を与えるから結局

$$\begin{aligned}\bar{L}_A&=\pi^2S/4\pi l\\&=\pi S/4l\end{aligned} \tag{2.7.72}$$

を得る．この式は l を単位長にとれば(2.2.31)としてすでに述べたもので，同じことを異なった観点から誘導したにすぎない．

ところで $\bar{L}_A$ の長さの平面曲線についての平均曲率 $\bar{k}$ は(2.7.2)により

$$\begin{aligned}\bar{k}&=\int_{\bar{L}_A}k\overline{\mathrm{d}L_A}\Big/\int_{\bar{L}_A}\overline{\mathrm{d}L_A}\\&=\frac{1}{\bar{L}_A}\int_{\bar{L}_A}k\overline{\mathrm{d}L_A}\end{aligned}$$

$$= \frac{4l}{\pi S}\int_{\bar{L}_A} k \, \mathrm{d}\overline{L}_A \tag{2.7.73}$$

となる．この式の k は試験平面が曲面を切ることによってできる平面曲線上の任意の1点における曲率であるが，もっと一般的にいえば，曲面上の1点を通る任意の方向の平面で曲面を切った時にできる平面曲線の，その点における曲率を意味するわけである．さて曲面のこの点における主法曲率を k_1, k_2 とし，曲面と試験平面との方向関係を，曲面のこの点に立てた法線の x-y 面上への正射影が x 軸となす角を θ，法線が z 軸となす角を φ として規定すると，k と k_1, k_2 の間には

$$k = \frac{1}{\sin\varphi}[k_1\cos^2\theta + k_2\sin^2\theta] \tag{2.7.74}$$

という簡単な関係が成立する．この式の誘導はこの項の注に述べてある．これを(2.7.73)に代入すればよいわけであるが，k_1, k_2 は曲面上の位置によって異なり，したがって ξ, η の関数になるからこれを $k_1(\xi, \eta)$，$k_2(\xi, \eta)$ と書くと

$$\begin{aligned}\bar{k} &= \frac{4l}{\pi S}\int_\eta\int_\xi\int_0^\pi\int_0^{2\pi}\frac{1}{\sin\varphi}[k_1(\xi,\eta)\cos^2\theta + k_2(\xi,\eta)\sin^2\theta]\sin^2\varphi\,\mathrm{d}\theta\,\mathrm{d}\varphi\,\mathrm{d}\xi\,\mathrm{d}\eta/4\pi l \\ &= \frac{1}{\pi^2 S}\int_\eta\int_\xi\int_0^\pi\int_0^{2\pi}\sin\varphi[k_1(\xi,\eta)\cos^2\theta + k_2(\xi,\eta)\sin^2\theta]\mathrm{d}\theta\,\mathrm{d}\varphi\,\mathrm{d}\xi\,\mathrm{d}\eta\end{aligned} \tag{2.7.75}$$

となる．この積分のうちまず θ に関するものを I_θ として処理してみると

$$\begin{aligned}I_\theta &= \int_0^{2\pi}[k_1(\xi,\eta)\cos^2\theta + k_2(\xi,\eta)\sin^2\theta]\mathrm{d}\theta \\ &= \int_0^{2\pi}[k_1(\xi,\eta) - \{k_1(\xi,\eta) - k_2(\xi,\eta)\}\sin^2\theta]\mathrm{d}\theta\end{aligned} \tag{2.7.76}$$

となる．ここで

$$\int\sin^2\theta\,\mathrm{d}\theta = \frac{1}{2}(\theta - \sin\theta\cos\theta) \tag{2.7.77}$$

であることを利用すれば

$$\begin{aligned}I_\theta &= 2\pi k_1(\xi,\eta) - \pi[k_1(\xi,\eta) - k_2(\xi,\eta)] \\ &= \pi[k_1(\xi,\eta) + k_2(\xi,\eta)]\end{aligned} \tag{2.7.78}$$

を得る．そして

$$\int_0^{\pi} \sin\varphi \,\mathrm{d}\varphi = 2[-\cos\varphi]_0^{\pi/2} = 2 \tag{2.7.79}$$

であるから，これらの結果を用いれば

$$\begin{aligned}\bar{k} &= 2\pi\int_{\eta}\int_{\xi}[k_1(\xi,\eta)+k_2(\xi,\eta)]\mathrm{d}\xi\mathrm{d}\eta/\pi^2 S \\ &= \frac{2}{\pi}\int_S H(\xi,\eta)\mathrm{d}S(\xi,\eta)/S\end{aligned} \tag{2.7.80}$$

となる．そしてこの積分は $\bar{H}$ を与えるものであるから

$$\bar{\boldsymbol{k}} = \frac{2}{\boldsymbol{\pi}}\bar{\boldsymbol{H}} \tag{2.7.81}$$

という結果を得る．これが $\bar{k}$ と $\bar{H}$ を結びつける関係式であり，きわめて簡潔な形になっている．そして(2.7.20)を用いれば

$$\bar{H} = \frac{\pi}{2}\bar{k} = \pi\frac{\bar{\tau}_A}{\bar{C}_A l} = \pi\frac{\bar{\tau}_{A(h)}}{\bar{C}_A h} \tag{2.7.82}$$

となり，これにより平面曲線の処理から曲面の平均曲率の平均値を推定することができる．

なお(2.7.82)の式の $\bar{k}$ はいろいろな形で表現できるので，少し書きなおしてみると，実際に $\bar{H}$ を推定する上に便利な形式や理論的に興味ある関係が誘導できる．まず曲面がいくつかの閉曲面であれば，(2.7.3)により

$$\bar{H} = \frac{\pi}{2}\bar{k} = \frac{\pi}{2}\cdot\frac{2\pi(N_a-N_h)}{L_A} = \pi^2\frac{(N_a-N_h)}{L_A} \tag{2.7.83}$$

とすれば，これは $\bar{H}$ を計算する上に最も適したものであろう．また曲面がいくつかの凸面体の表面であれば立体1個の表面積の平均を $\bar{s}$ とし，立体の試験平面に直交する方向の有効長の平均，いいかえれば試験平面に平行な2枚の接平面間の距離をそれぞれの立体について平均したものを $\bar{D}$ とし，さらにこれを大きさと形を異にしたすべての立体について平均した値を $\mathrm{E}(\bar{D})$ とすれば

$$L_{AO} = (\pi/4)S_O = (\pi/4)N_{vO}\bar{s} \tag{2.7.84}$$

$$N_{aO} = N_{vO}\mathrm{E}(\bar{D}) \tag{2.7.85}$$

であるから，これを(2.7.83)に代入すれば

$$\bar{H} = 4\pi\mathrm{E}(\bar{D})/\bar{s} \tag{2.7.86}$$

という関係が得られる．これは $\bar{H}$ を表現するために利用しうる立体の幾何学

的 parameter の組み合わせとしては最も簡潔でもあり，また注目すべきものの一つであろう．

v) Gaussの曲率と平均曲率の関係　これまではGaussの曲率と平均曲率を別々に考察してきた．しかしこの二つの曲率の間には密接な関係があり，一方が決まればある parameter を媒介として他も一義的に定まるという性質をもっている．それゆえ以下二つの曲率の間の関係を検討してみよう．なおその結果を利用すると二三の重要な幾何学的関係が明らかになるので，あわせてその問題にも触れるつもりである．

まず曲面上のある点の主法曲率半径を r_1, r_2 として $\bar{H}$ を変形してみると

$$\begin{aligned}\bar{H} &= \int_S H\mathrm{d}S/S \\ &= \int_S\left(\frac{1}{r_1}+\frac{1}{r_2}\right)\mathrm{d}S/S \\ &= \int_S\left(\frac{r_1+r_2}{r_1r_2}\right)\mathrm{d}S/S \qquad (2.7.87)\end{aligned}$$

となる．そして

$$K = 1/r_1r_2 \qquad (2.7.88)$$

であるから

$$\begin{aligned}\bar{H} &= \int_S(r_1+r_2)K\mathrm{d}S/S \\ &= \frac{\int_S(r_1+r_2)K\mathrm{d}S}{\int_S K\mathrm{d}S}\cdot\frac{\int_S K\mathrm{d}S}{S} \\ &= \frac{\int_S(r_1+r_2)\frac{\mathrm{d}\omega}{\mathrm{d}S}\mathrm{d}S}{\int_S\frac{\mathrm{d}\omega}{\mathrm{d}S}\mathrm{d}S}\cdot\bar{K} \\ &= \frac{\int_S(r_1+r_2)\mathrm{d}\omega}{\omega_{\mathrm{net}}}\cdot\bar{K} \\ &= \overline{(r_1+r_2)}\cdot\bar{K} \qquad (2.7.89)\end{aligned}$$

を得る．これが $\bar{H}$ と $\bar{K}$ の関係を示すものである．そしてこの $\overline{(r_1+r_2)}$ は曲面

を互いに等しい立体角 dω を張るような曲面素に分割して，それぞれの曲面素の r_1+r_2 を曲面全体にわたって平均した結果を意味するので，等しい面積 dS についての r_1+r_2 の平均ではないことに注意しておく必要はあろう．

そこで次に $\overline{(r_1+r_2)}$ はいかなる幾何学的量であるかを調べてみよう．なお以下の考察はすべて曲面を凸面体の表面としておかないと明確な幾何学的意味がつけられないから，その条件をつけておく．まず1稜が単位長の立方体の領域をとり，その中にある曲面について $\bar{H}/\bar{K}$ という比をつくってみると，(2.7.81) により $\bar{H}=(\pi/2)\bar{k}$ であるから

$$\frac{\bar{H}}{\bar{K}}=\frac{\pi}{2}\cdot\frac{\pi\bar{\tau}_{AO}}{L_{AO}}\Big/\frac{2\pi\bar{\tau}_{VO}}{S_O} \tag{2.7.90}$$

である．ここで $S_O/L_{AO}=4/\pi$ であることを用いれば

$$\begin{aligned}\bar{H}/\bar{K} &= \bar{\tau}_{AO}/\bar{\tau}_{VO} = 2N_{aO}/2N_{vO}\\ &= N_{aO}/N_{vO}\end{aligned} \tag{2.7.91}$$

という簡潔な関係が得られる．そして(2.7.89)によりこの比が $\overline{(r_1+r_2)}$ に等しいのであるから，(2.6.2)を利用して

$$\overline{(r_1+r_2)} = N_{aO}/N_{vO} = \mathrm{E}(\bar{D}) \tag{2.7.92}$$

となる．すなわち $\overline{(r_1+r_2)}$ という量は立体の試験平面に直交する方向の有効長の平均を意味する．したがって

$$\boldsymbol{\bar{H}} = \mathbf{E}(\boldsymbol{\bar{D}})\cdot\boldsymbol{\bar{K}} \tag{2.7.93}$$

という重要な関係が証明される．そして $\mathrm{E}(\bar{D})$ が直接計算可能な場合にはこれを利用して $\bar{H}$ から $\bar{K}$ を求めることができるし，直接計算が困難な場合には (2.6.8)を用いて

$$\begin{aligned}\mathrm{E}(\bar{D}) &= \bar{N}_{aO}/N_{vO}\\ &= \bar{N}_{aO}\Big/\sqrt{\frac{\varepsilon Q_3}{V_O}}(\bar{N}_{aO})^{\frac{3}{2}}\\ &= \sqrt{\frac{V_O}{\varepsilon Q_3\bar{N}_{aO}}}\end{aligned} \tag{2.7.94}$$

により $\mathrm{E}(\bar{D})$ を推定し，その結果を利用することもできる．

注）曲面を切る任意の平面上にできる曲線の曲率

滑らかな曲面上の1点における主法曲率が k_1, k_2 である時，この点を通る任意の方向

の平面とこの曲面が交わってつくる曲線の，この点における曲率を与える式を誘導してみよう．この問題は元来微分幾何学的なものであるが，ここでは通常の直交座標系を用いる微分学の手法に従っておく．まず曲面に二つの型を区別しておく必要がある．その一つは主法曲率 k_1, k_2 がいずれも正または負である場合で，これは曲面が凸面または凹面である時に相当する．この凹凸の判定は規準となる相のとり方で決まるだけのことであるから，幾何学的には共通の扱い方ができる．もう一つの型は k_1, k_2 のいずれかが正，他が負である場合で，これは鞍面に相当する．この時は k_1, k_2 のいずれを正にとっても同じことであるから，ここでは $k_1>0$，$k_2<0$ としておく．またいずれの型の曲面についても $|k_1|<|k_2|$ とする．さて曲面が凸面または凹面であれば，この曲面上の1点 O の近傍に充分小さい曲面素をとれば，この曲面素は一つの回転楕円体の赤道面と交わる部分の表面で近似できる．また鞍面では回転一葉双曲面の頂点の部分の表面で近似させることが可能である．この二つの二次曲面を総括して，ここでは曲率二次曲面とでもいっておこう．この際凸面や凹面に対しては扁平な回転楕円体を用い，その長軸を $2/k_1$ に等しく，鞍面に対しては双曲面の頂点間の距離を $2/k_1$ にとるようにすれば，曲率二次曲面の一つの主法曲率は最初から k_1 に等しくなっている．これは回転楕円体では直観的にも明らかであるが，回転一葉双曲面では必ずしもそうはゆかないので，念のため後に証明はしておく．

さて曲率二次曲面のもう一つの parameter はさしあたり不明であるから，これを b としておいて，O を原点にとり，O における曲面の法線を z 軸とし，k_1 を与える方向を x-z 面とする直交座標系 O-xyz について曲率二次曲面の方程式を書くと

$$k_1{}^2x^2 \pm \frac{y^2}{b^2} + k_1{}^2\left(z - \frac{1}{k_1}\right)^2 = 1 \tag{2.7.95}$$

であり，したがって

$$k_1{}^2x^2 \pm \frac{y^2}{b^2} + k_1{}^2z^2 - 2k_1z = 0 \tag{2.7.96}$$

となる．この左辺第2項の符号が + の場合が回転楕円体を，− の場合が回転一葉双曲面を与えることになる．

まず $y=0$ として x-z 面上の曲線の方程式を書くと

$$k_1x^2 + k_1z^2 - 2z = 0 \tag{2.7.97}$$

となる．これを x について微分すれば

$$2k_1x + 2k_1z\frac{\mathrm{d}z}{\mathrm{d}x} - 2\frac{\mathrm{d}z}{\mathrm{d}x} = 0 \tag{2.7.98}$$

である．ゆえに $x=0$，$z=0$ の原点では

$$\frac{\mathrm{d}z}{\mathrm{d}x} = 0 \tag{2.7.99}$$

である．また (2.7.98) の式をさらに x について微分すれば

$$2k_1+2k_1\left[z\cdot\frac{\mathrm{d}^2z}{\mathrm{d}x^2}+\left(\frac{\mathrm{d}z}{\mathrm{d}x}\right)^2\right]-2\frac{\mathrm{d}^2z}{\mathrm{d}x^2}=0 \tag{2.7.100}$$

そして $x=0$，$z=0$，$\mathrm{d}z/\mathrm{d}x=0$ という条件を入れれば

$$\frac{\mathrm{d}^2z}{\mathrm{d}x^2}=k_1 \tag{2.7.101}$$

となる．したがって原点における曲率は

$$\frac{\mathrm{d}^2z}{\mathrm{d}x^2}\bigg/\left[1+\left(\frac{\mathrm{d}z}{\mathrm{d}x}\right)^2\right]^{\frac{3}{2}}=\frac{\mathrm{d}^2z}{\mathrm{d}x^2}=k_1 \tag{2.7.102}$$

となっている．

次に b を k_1, k_2 を用いて表わすことを考えよう．それには $x=0$ とおいて y-z 面上の曲線について原点における曲率が k_2 に等しくなるように b を定めればよい．まず $x=0$ とすれば

$$\pm\frac{y^2}{b^2}+k_1^2z^2-2k_1z=0 \tag{2.7.103}$$

を得る．これを(2.7.97)と全く同じ手法で処理すればよいから，途中の計算を省略して結果だけを書くと，原点における曲率は

$$\pm\frac{1}{k_1b^2} \tag{2.7.104}$$

となる．これを k_2 に等しくするために

$$k_2=\pm\frac{1}{k_1b^2} \tag{2.7.105}$$

とおけば

$$b^2=\pm\frac{1}{k_1k_2} \tag{2.7.106}$$

となる．また凸面または凹面については $k_1k_2>0$，鞍面については $k_1k_2<0$ であるから，前者の場合は右辺の符号は正に，後者の場合は負にとればよい．この結果を(2.7.96)に代入すれば，二つの型の曲面に対して共通に

$$k_1x^2+k_2y^2+k_1z^2-2z=0 \tag{2.7.107}$$

という方程式を得る．これが曲率二次曲面の方程式である．

さて元の由面を任意の方向の平面で切った時，その上にできる曲線の原点 O における曲率を求めることは，(2.7.107)によって与えられる曲率二次曲面をこの平面で切った時にできる曲線の原点 O における曲率を求めることに帰着するから，以下(2.7.107)の方程式について必要な式を誘導してみよう．なお平面の方向を表現するには二つの方法があり，平面そのものが座標軸となす角によって規定してもよく，また平面の法線が座標軸となす角によって規定してもよい．ここではまず直観的にわかりやすい前者の方法により処理を行ってみる．いま図2.7.20に示すように y-z 面をこの割平面にとり，

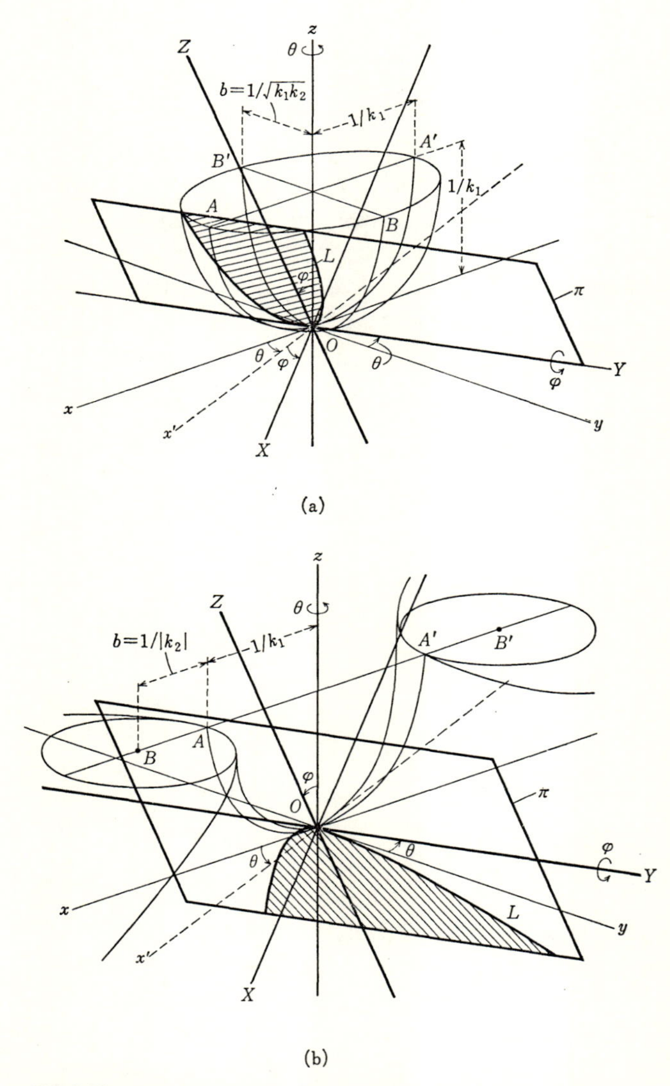

図 2.7.20 曲率二次曲面とこれを任意の方向の平面 π で切った時にその平面上にできる曲線 L を示す．平面 π はまず z 軸を中心として x-y 面を x 軸が y 軸方向に進むように θ だけ回転させてできる座標系——図では O-$x'Yz$ になる——をつくり，さらに Y 軸を中心として z 軸が

x' 軸方向に進むように x'-z 面を φ だけ回転させて新しい座標系——図ではO-XYZ としてある——をつくり，この Y-Z 面を用いればよい．

(a)長軸 AA'，短軸 BB' の楕円を短軸のまわりに回転させてつくった回転楕円体の半分を示す．これは凸面または凹面に対する曲率二次曲面として用いることができる．

(b)x-y 面上で x 軸上に焦点をもつ双曲線を y 軸のまわりに回転して得られる回転一葉双曲面の半分を，$1/k_1$ の距離だけ z 軸上を移動させた位置で示す．これは鞍面に対する曲率二次曲面である．その際双曲線の頂点間の距離 AA' の 1/2 を曲面の一つの主法曲率半径に，また双曲線の頂点における曲率円の半径 AB, $A'B'$ をもう一つの主法曲率半径に等しくとるものとする．

z 軸を中心として x 軸を y 軸方向に θ だけ回転し，この新しい位置でさらに y 軸を中心として z 軸を x 軸方向に φ だけ回転することにする．この θ と φ を適当に選べば y-z 面は原点を通り任意の方向をとる割平面を再現することになる．この操作には座標変換の公式を用いればよいから，まず

$$\begin{aligned} x &\to x\cos\theta - y\sin\theta \\ y &\to x\sin\theta + y\cos\theta \end{aligned} \tag{2.7.108}$$

の変換を行えば(2.7.107)は

$$k_1(x\cos\theta - y\sin\theta)^2 + k_2(x\sin\theta + y\cos\theta)^2 + k_1 z^2 - 2z = 0 \tag{2.7.109}$$

$$\begin{aligned} &(k_1\cos^2\theta + k_2\sin^2\theta)x^2 + (k_1\sin^2\theta + k_2\cos^2\theta)y^2 \\ &\qquad + 2(k_2 - k_1)\sin\theta\cos\theta\cdot xy + k_1 z^2 - 2z = 0 \end{aligned} \tag{2.7.110}$$

となる．これにさらに

$$\begin{aligned} z &\to z\cos\varphi - x\sin\varphi \\ x &\to z\sin\varphi + x\cos\varphi \end{aligned} \tag{2.7.111}$$

の変換を行い，かつ $x=0$ とおいて y-z 面上の曲線の方程式を求めれば

$$\begin{aligned} &(k_1\sin^2\theta + k_2\cos^2\theta)y^2 + 2(k_2 - k_1)\sin\theta\cos\theta\sin\varphi\cdot yz \\ &\quad + [(k_1\cos^2\theta + k_2\sin^2\theta)\sin^2\varphi + k_1\cos^2\varphi]z^2 - 2z\cos\varphi = 0 \end{aligned} \tag{2.7.112}$$

となる．これを y について微分すれば

$$\begin{aligned} &2(k_1\sin^2\theta + k_2\cos^2\theta)y + 2(k_2 - k_1)\sin\theta\cos\theta\sin\varphi\cdot\left(z + y\frac{\mathrm{d}z}{\mathrm{d}y}\right) \\ &\quad + 2[(k_1\cos^2\theta + k_2\sin^2\theta)\sin^2\varphi + k_1\cos^2\varphi]\cdot z\frac{\mathrm{d}z}{\mathrm{d}y} - 2\cos\varphi\cdot\frac{\mathrm{d}z}{\mathrm{d}y} = 0 \end{aligned} \tag{2.7.113}$$

となる．そして $y=0$，$z=0$ の点では

$$\frac{\mathrm{d}z}{\mathrm{d}y} = 0 \tag{2.7.114}$$

となることはただちに了解できる．次に(2.7.113)の式をさらに y について微分すれば

$$2(k_1\sin^2\theta + k_2\cos^2\theta) + 2(k_2 - k_1)\sin\theta\cos\theta\sin\varphi\cdot\left[\frac{\mathrm{d}z}{\mathrm{d}y} + \left(\frac{\mathrm{d}z}{\mathrm{d}y}\right)^2 + y\cdot\frac{\mathrm{d}^2z}{\mathrm{d}y^2}\right]$$

$$+2[(k_1\cos^2\theta+k_2\sin^2\theta)\sin^2\varphi+k_1\cos^2\varphi]\left[\left(\frac{dz}{dy}\right)^2+z\cdot\frac{d^2z}{dy^2}\right]-2\cos\varphi\cdot\frac{d^2z}{dy^2}=0 \tag{2.7.115}$$

となる．これに $y=0$，$z=0$，$dz/dy=0$ という条件を入れれば

$$\frac{d^2z}{dy^2}=\frac{k_1\sin^2\theta+k_2\cos^2\theta}{\cos\varphi} \tag{2.7.116}$$

を得る．ゆえに求める曲率を k とすれば

$$\begin{aligned} k &= \frac{d^2z}{dy^2}\Bigg/\left[1+\left(\frac{dz}{dy}\right)^2\right]^{\frac{3}{2}}=\frac{d^2z}{dy^2} \\ &= \frac{1}{\cos\varphi}(k_1\sin^2\theta+k_2\cos^2\theta) \end{aligned} \tag{2.7.117}$$

という結果になる．

なお曲面を切る平面の方向をこの平面の法線の方向を用いて表わす方が便利なこともある．この場合には法線の方向に正負を区別する必要があるから，ここでは k_1 を与える曲率円を回転させてできる球面の外方に向う方向を正にとることにしよう．そうすると図2.7.20の z 軸の負の方向が法線の正の方向になる．それゆえこれに合わせて右手系の座標系をつくれば x 軸と y 軸が入れ換わる．そして x 軸，y 軸と k_1, k_2 の関係も逆になる．したがって θ は $(\pi/2)-\theta$ で，また φ は $(\pi/2)-\varphi$ で置き換えられるから，式(2.7.117)は

$$k=\frac{1}{\sin\varphi}(k_1\cos^2\theta+k_2\sin^2\theta) \tag{2.7.118}$$

となる．一方法線の正の方向をこの逆に，つまり図2.7.20の z 軸の正の方向にとれば，その結果は(2.7.117)の分母の $\cos\varphi$ を $\sin\varphi$ で置き換えたものになるわけである．

また以上述べたように曲面を固定していろいろな方向の平面でこれを切るかわりに，逆に平面を固定して曲面の方向を変えるという操作を用いても全く同じ結果が得られることはいうまでもない．この場合は曲面素の中央に立てた法線の x-y 面への正射影が x 軸となす角を θ，この法線と z 軸のなす角を φ にとればよい．

§8　平面上または空間中の点の配置と最近点間の平均距離

平面上にある配置をもった点の集団がある時，ある点からその最も近い点に至るまでの平均距離 $\bar{r}_{\min}$ は $\bar{n}_O$ を点の密度として

$$\bar{r}_{\min}=q/\sqrt{\bar{n}_O}$$

で与えられる．この式で q はある正の係数であり，点の配置が無作為である時には $q=1/2$ である．そして点の配置が点の集結により無作為な配置からはずれる時は，q の値はこれよりも小さくなり0に近づく．一方点の配置が等間隔的な規則性をもつ時には q の値は1/2より大きくなり，点が平面を隙間なく被う連続した正三角形の頂点を表わす時最大の値1.074となる．したがって実測により $\bar{n}_O$ と $\bar{r}_{\min}$ を求め，これから q を計算すれば，平面上の点の配置に関するある情報が得られる．

なお3次元の空間中の点については一般に

$$\bar{r}_{\min} = q/(\bar{n}_O)^{1/3}$$

となる．そして無作為な配置の点については $q=0.5540$ である．また q の値が最大になるのは立方格子の格子線の交角を60°になるようにゆがめた時の格子交点についてであり，$q=1.1225$ となる．

この節では厳密な意味での stereology ではないが，平面上または空間中の点の配置の様式を分析する確率論的方法を追加して紹介しておく．点の配置，またはその位置を点で置き換えられるような何らかの構造物の配置に，ある規則性があるかどうかということは生物学的形態学の領域でもしばしば問題になる．たとえば組織標本上の血管の切口の配置は臓器ごとに異なった様式をとる．これは血管構築と関係したものであるから，その様式の差を何らかの形で表現したいというような場合などその一例であろう．この問題を解析的に処理する上で便利な方法が Clark and Evans (1954) によって開発されている．この方法の要点はいくつかの点からそれに最も近接した点——これをここでは簡単に最近点ということにする——に至る距離の平均を求めることにある．

まずここでは‘規則性をもった点の配置’という言葉を‘点の配置が無作為なものとは見られない’という意味に定義しよう．つまり最近点間の平均距離を指標として，点の配置が無作為なものとみてよいか，またはこれからはずれるかを検討するわけである．

最初に無作為な配置の点について最近点の平均距離がどのような形になるかを調べてみよう．いま非常に大きい，実際問題としては無限大と考えてよい大きさの平面上に無作為な配置をもった点の集団があるものとする．そして点の密度は単位面積中に落ちる点の数の期待値をもって表わすことができるから，これを $\bar{n}_O$ と書くことにする．そうすると a の面積の図形の中に落ちる点の数の期待値 $\bar{x}$ は

$$\bar{x} = a\bar{n}_O \tag{2.8.1}$$

で与えられる．ところでこの場合1個の点が面積 a の図形中に落ちる確率 $p(a)$ は，a を非常に大きい平面の面積で除したものであるから $p(a)\to 0$ である．またこの平面全体に存在する点の総数 n は平面が非常に大きければ $n\to\infty$ となるはずである．したがってこの場合 $p(a)n$ が有限の値をとれば，面積 a の図形の中に落ちる点の数 x は Poisson 分布に従うことになる．そして Poisson 分布の parameter には x の期待値 $\bar{x}$ を用いればよいから，(2.8.1)を用いて Poisson 分布の式を

$$B(x) = \frac{(a\bar{n}_O)^x}{x!}\cdot \mathrm{e}^{-a\bar{n}_O} \tag{2.8.2}$$

と書くことができる．

さて任意の1点をとった時，その点から最も近い他の点に至るまでの距離を $r_{\min}$ で表わすことにする．そして $r_{\min}$ が r と $r+\mathrm{d}r$ の間にある確率を $p(r)\mathrm{d}r$ とし，この確率を求めてみよう(図2.8.1)．ある1点から最近点に至る距離がこのような条件を満足するということは，内容的にみて次の二つの事象が複合したものと見ることができる．その一つはある点から半径 r の円の内には全く他の点が存在しない，つまり πr^2 の面積中には他の点が一つもないということ

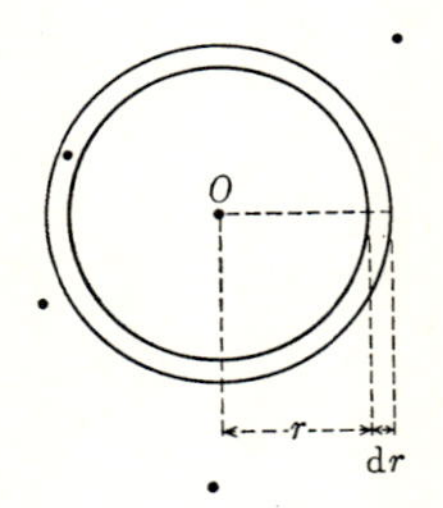

図2.8.1　ある配置の点がある時，その任意の1点 O より最も近い点に至る距離が r と $r+\mathrm{d}r$ の間にある条件を説明する図．

である．この事象が起る確率は(2. 8. 2)において $a=\pi r^2$ とした時の $x=0$ の $B(x)$ で与えられる．すなわち

$$B(0) = \mathrm{e}^{-\pi r^2 \bar{n}_O} \tag{2. 8. 3}$$

である．もう一つの事象はある点を中心として半径 r と $r+\mathrm{d}r$ の円で区切られた幅 $\mathrm{d}r$ の微小な環状面積 $2\pi r\mathrm{d}r$ 中に少なくとも1個の点が存在する，いいかえればこの面積中に落ちる点の数が0でないということである．この確率は(2. 8. 2)において $a=2\pi r\mathrm{d}r$ とし，$x\neq 0$ の $B(x)$ の総和を求めればよい．そしてこれは1から $x=0$ の $B(x)$ を引いたものに等しいから，$2\pi r\mathrm{d}r$ が微小であることを考慮して

$$\begin{aligned} B(x\neq 0) &= 1-B(0) \\ &= 1-\mathrm{e}^{-2\pi r\mathrm{d}r\cdot\bar{n}_O} \\ &= 2\pi\bar{n}_O r\,\mathrm{d}r \end{aligned} \tag{2. 8. 4}$$

となる．そうすると $p(r)\mathrm{d}r$ は(2. 8. 3)と(2. 8. 4)の積で与えられるから

$$p(r)\mathrm{d}r = 2\pi\bar{n}_O r\mathrm{e}^{-\pi\bar{n}_O r^2}\mathrm{d}r \tag{2. 8. 5}$$

を得る．

ところで $r_{\min}$ の平均を $\bar{r}_{\min}$ とすれば，

$$\begin{aligned} \bar{r}_{\min} &= \int_0^\infty rp(r)\mathrm{d}r \\ &= 2\pi\bar{n}_O\int_0^\infty r^2\mathrm{e}^{-\pi\bar{n}_O r^2}\mathrm{d}r \end{aligned} \tag{2. 8. 6}$$

である．ここで

$$t = \pi\bar{n}_O r^2 \tag{2. 8. 7}$$

とおけば

$$r = t^{\frac{1}{2}}/\sqrt{\pi\bar{n}_O}, \qquad \mathrm{d}r = (t^{-\frac{1}{2}}/2\sqrt{\pi\bar{n}_O})\mathrm{d}t \tag{2. 8. 8}$$

であるから(2. 8. 6)は

$$\bar{r}_{\min} = \frac{1}{\sqrt{\pi\bar{n}_O}}\int_0^\infty t^{\frac{1}{2}}\mathrm{e}^{-t}\mathrm{d}t \tag{2. 8. 9}$$

となる．この積分はガンマ関数を与えるものである．そしてガンマ関数については264頁以下の注に説明してあるが，(2. 8. 9)は(3. 3. 151)において $n=3/2$ とおいた場合に相当するから，(3. 3. 156)を用いて

$$\bar{r}_{\min}=\frac{1}{2\sqrt{\bar{n}_o}} \qquad (2.8.10)$$

という簡潔な結果を得る．

ところで(2.8.10)を見ると $\bar{r}_{\min}$ は $\sqrt{\bar{n}_o}$ に逆比例する形になっている．これは何も無作為な配置の点に特有な現象ではなく，いかなる配置の点であっても配置の型をそのままにして点の密度だけを変えれば，いずれの点についても相互の距離は点の密度の平方根に逆比例するであろうことは直観的にも明らかなことである．したがって $\bar{r}_{\min}$ も点の配置の型如何にかかわらず点の密度の平方根に逆比例する．一方(2.8.10)の 1/2 という係数は無作為な点の配置に関係するものである．それゆえ(2.8.10)の式を無作為な配置の点という制約をはずして一般的な形で書けば，q を点の配置によって定まる係数として

$$\bar{r}_{\min}=q/\sqrt{\bar{n}_o} \qquad (2.8.11)$$

とすることができる．そして点の配置の型はこの q の値に反映することになる．

しかし点の配置の型と q の値の関係を解析的手法を用いて一般的な形で誘導することは容易でないように思われるので，ここでは直観的な処理を考えておこう．まず点の配置が無作為な配置からはずれることによって q の値が 1/2 とは異なってくるのには大別して2通りの途筋がある．その一つの型は点の集結による場合で，図2.8.2から明らかなように q の値は 1/2 より小さくなり，集結が完全ならば $q=0$ となる．

これに対してもう一つの方向は点が等間隔の配置に近づくという形で無作為な配置からはずれる場合である．そして最近点が等間隔的に配置されるにしても，いくつかの異なった形があり，その形によって q の値は変わってくる．こ

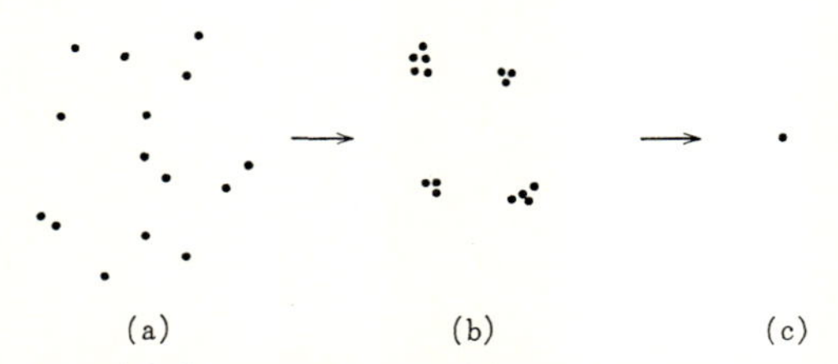

図2.8.2　点の集結を示す．(a)点がほぼ無作為に配置されている形．(b)部分的集結．(c)完全な集結．この場合は $\bar{r}_{\min}=0$ である．

の係数の値が最も大きくなるのは図2.8.3(a)のように点が平面を隙間なく連続的に被う正三角形の頂点に配置される時である．この場合は図の太い線で囲んだ平行四辺形の一つに一つずつの点が割り当てられる関係になる．それゆえその面積を a とすれば

$$a=\frac{\sqrt{3}}{2}\bar{r}_{\min}{}^2 \qquad (2.8.12)$$

であるから

$$\bar{n}_O=\frac{1}{a}=1\Big/\frac{\sqrt{3}}{2}\bar{r}_{\min}{}^2 \qquad (2.8.13)$$

となり，これから

$$\bar{r}_{\min}=1.074/\sqrt{\bar{n}_O}, \qquad q=1.074 \qquad (2.8.14)$$

を得る．また図2.8.3(b)のように点が正方格子の交点に配置されている時は当然ながら

$$q=1 \qquad (2.8.15)$$

となり，さらに図2.8.3(c)のような六角形の格子の交点については

$$q=0.877 \qquad (2.8.16)$$

である．

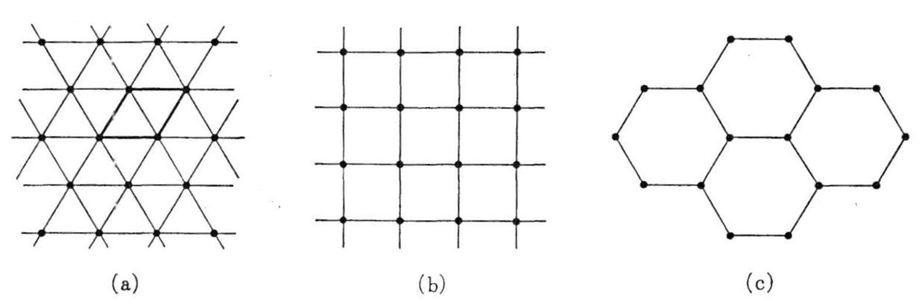

図2.8.3　点の規則的配置の例を示す．(a) 点が連続した正三角形の頂点を表わす場合．(b) 点が正方格子の交点を表わす場合．(c) 点が連続した正六角形の頂点を表わす場合．

なお理論的には q の値が 1/2 であっても無作為でない点の配置もありうるので，q の値が 1/2 に近い時には厳密には(2.8.5)の r の分布の形と実測による $r_{\min}$ の分布の形を比較して χ^2 検定によって異同を調べる必要も起りうる．ただ実際には生物学的対象についてはこのような心配はあまりないものとみてよいであろう．

しかし(2.8.5)の分布の形を調べておくことは以後の操作の上でも必要なことであるから次にこの問題を扱ってみよう．なおこの式のrは定義からいえば元来$r_{\min}$と書くべきものであるが，簡単にするため単にrと書いておく．この関数は第3章で説明するWeibull分布について，分布の幾何学的特性を決定するparameter mを$m=2$とおいた場合に相当する．それゆえこの関数の特色は第3章の253頁以下で述べることになるが，ここではある配置の点について$\bar{r}_{\min}$の実測値から，それらの点の配置が無作為なものとみてよいかどうかの検定に必要な事項を中心として説明をしておく．

この関数は図2.8.4に示すようにrの値の大きい方に裾をひいた比較的軽い非対称性をもった曲線になる．そして(2.8.5)を書きなおせば

$$p(r) = 2\sqrt{\pi\bar{n}_O}\cdot\sqrt{\pi\bar{n}_O}r\mathrm{e}^{-(\sqrt{\pi\bar{n}_O}r)^2} \tag{2.8.17}$$

となるから，この形からみて$\bar{n}_O$はrのスケールのとり方に関係したparameterであり，曲線の型には影響を及ぼさないことがわかる．次にこの関数の分散$\sigma^2_{r_{\min}}$を求めてみると(4.A.9)により

$$\sigma^2_{r_{\min}} = 2\pi\bar{n}_O\int_0^\infty r^3\mathrm{e}^{-\pi\bar{n}_O r^2}\mathrm{d}r - \frac{1}{4\bar{n}_O} \tag{2.8.18}$$

である．そして部分積分法を適用すれば

$$\begin{aligned}\sigma^2_{r_{\min}} &= 2\int_0^\infty r\mathrm{e}^{-\pi\bar{n}_O r^2}\mathrm{d}r - \frac{1}{4\bar{n}_O}\\ &= \frac{1}{\bar{n}_O}\left(\frac{1}{\pi}-\frac{1}{4}\right)\end{aligned} \tag{2.8.19}$$

を得る．そして(2.8.10)と(2.8.19)を用いて変異係数の平方をつくれば

$$\left(\frac{\sigma_{r_{\min}}}{\bar{r}_{\min}}\right)^2 = \frac{4}{\pi}-1 = 0.27324 \tag{2.8.20}$$

である．この値は$\bar{n}_O$には無関係であり，またN個の点からの最近点の計測結果から$\bar{r}_{\min}$を求めれば，(4.A.28)により

$$\left(\frac{\sigma_{\bar{r}_{\min}}}{\bar{r}_{\min}}\right)^2 = \left(\frac{\sigma_q}{\bar{q}}\right)^2 = \frac{1}{N}\left(\frac{4}{\pi}-1\right) = \frac{0.27324}{N} \tag{2.8.21}$$

となる．

さて$r_{\min}$の分布は図2.8.4に示すようなもので，もちろん正規分布にはならない．しかし中心極限定理により，$r_{\min}$の算術平均$\bar{r}_{\min}$の分布，したがっ

て q の分布には正規分布を仮定した検定法が適用できる．それゆえ q にこの検定法を適用してみると次のようになる．まず q の 95% の信頼限界を求めてみると，正規分布については $1.96\sigma_q$ をとればよいから，(2.8.21)を利用して

$$q = 0.5 \pm 0.5 \times 1.96 \times \sqrt{0.27324}/\sqrt{N}$$
$$= 0.5 \pm 0.5123/\sqrt{N} \qquad (2.8.22)$$

を得る．つまり N 個の計測結果から得た q の値がこの範囲にあれば，95% の信頼度で点の配置が無作為のものであるという仮説が保留される．一方 q の値がこの範囲をはずれれば上記の水準では点の配置は無作為なものとはいえないということになる．なお推定値の誤差と信頼限界の一般的な説明は第4章§2の 288 頁以下を参照していただきたい．

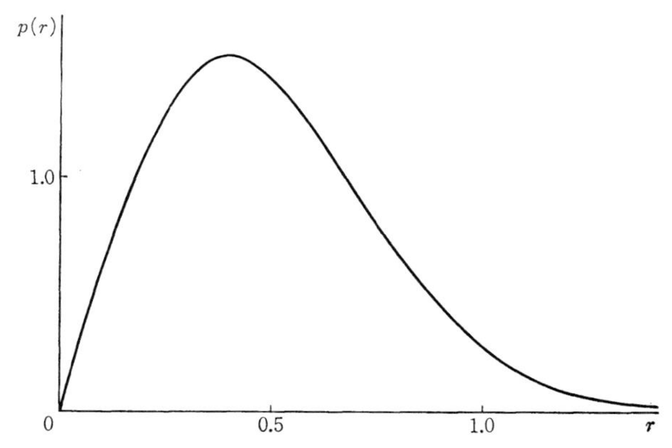

図2.8.4 無作為な配置の点について $r_{\min}$ の分布を確率分布 $p(r)$ の形で示す．なお図では $r_{\min}$ を簡単に r としてある．

これまでの理論ではある点からの最近点をとる時，その方向は全く自由であった．そしてこの方法はなるほど点の配置の大まかな分析には便利である．しかし実際には点の配置の様式が方向によって異なる場合も当然ありうることで，このような時には方向ごとに点の配置の分析を行う必要が起ってくる．それゆえこの目的のための式を追加しておく．

いまある点から最近点をとる時，その許容範囲をその点からある角 θ の開きの方向中に制約するものとしよう(図2.8.5)．そうすると制約された領域は1点から対称的に広がる二つの扇形をつくることになる．そしてこの平面が充分

大きければ扇形の占める面積は点の存在する平面全体の θ/π 倍の面積になる．したがってこの上に存在する点の数も全体の点の数の θ/π 倍になる．それゆえこの制約された領域の中で $\bar{r}_{\min}$ を求めることは，点の密度 $\bar{n}_O$ を θ/π 倍にして，領域の制約をつけずに $\bar{r}_{\min}$ を求めることと内容的には同一になる．したがって(2.8.10)と(2.8.19)の式は

$$\bar{r}_{\min}=\frac{1}{2}\cdot\sqrt{\frac{\pi}{\bar{n}_O\theta}} \tag{2.8.23}$$

$$\sigma^2_{\bar{r}_{\min}}=\frac{\pi}{\bar{n}_O\theta}\left(\frac{1}{\pi}-\frac{1}{4}\right) \tag{2.8.24}$$

となる．

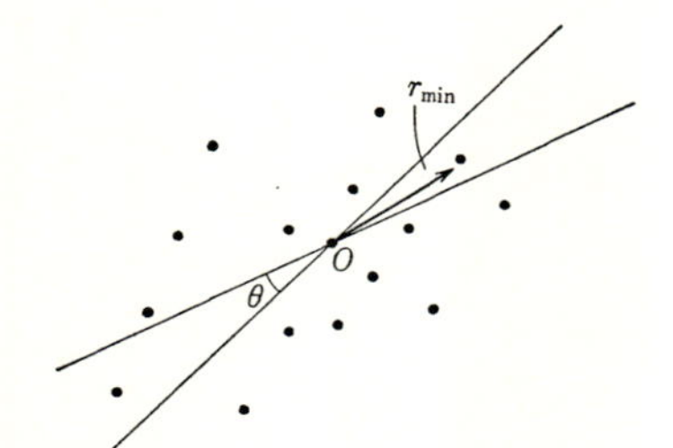

図2.8.5　任意の点からの最近点を，ある開きの角の範囲の制約の下で求める場合を示す．

なお平面上に2種類の群の点が配置されている時，その一方の群の点を規準にとり，その群の任意の1点から他の群に属する点のうち最も近接したものに至る距離の平均をとれば，2群の間の点の配置関係が無作為であるかどうかを検定できる．この際点の密度は規準または出発点にとった点の群ではない他の群の点だけについて定めればよい．

以上は2次元の平面上の点の配置の分析であるが，3次元の空間中の点の配置についても同様な理論が誘導できる．まず(2.8.1)の a のかわりに任意の形の立体をとり，その体積を v とすれば，v の体積中に入る点の数の期待値は

$$\bar{x}=v\bar{n}_O \tag{2.8.25}$$

となる．この場合 $\bar{n}_O$ はもちろん空間中の点の平均密度を意味する．いまこの立体を球とすれば，その半径を r として

$$v=\frac{4}{3}\pi r^3 \tag{2.8.26}$$

となるから，3次元の空間については(2.8.3)(2.8.4)(2.8.5)のかわりにそれぞれ

$$B(0)=\mathrm{e}^{-\frac{4}{3}\pi\bar{n}_O r^3} \tag{2.8.27}$$

$$B(x\mp 0)=4\pi\bar{n}_O r^2\mathrm{d}r \tag{2.8.28}$$

$$p(r)\mathrm{d}r=4\pi\bar{n}_O r^2\mathrm{e}^{-\frac{4}{3}\pi\bar{n}_O r^3}\mathrm{d}r \tag{2.8.29}$$

を用いればよい．したがって

$$\begin{aligned}\bar{r}_{\min}&=\int_0^\infty rp(r)\mathrm{d}r\\&=\int_0^\infty 4\pi\bar{n}_O r^3\mathrm{e}^{-\frac{4}{3}\pi\bar{n}_O r^3}\mathrm{d}r\end{aligned} \tag{2.8.30}$$

を計算することになる．そのためには

$$t=\frac{4}{3}\pi\bar{n}_O r^3 \tag{2.8.31}$$

の置換を行えば

$$r=\left(\frac{4}{3}\pi\bar{n}_O\right)^{-\frac{1}{3}}t^{\frac{1}{3}} \tag{2.8.32}$$

$$\mathrm{d}r=\frac{1}{3}\left(\frac{4}{3}\pi\bar{n}_O\right)^{-\frac{1}{3}}t^{-\frac{2}{3}}\mathrm{d}t \tag{2.8.33}$$

であるから，(2.8.30)は

$$\bar{r}_{\min}=\left(\frac{4}{3}\pi\bar{n}_O\right)^{-\frac{1}{3}}\int_0^\infty t^{\left(\frac{4}{3}-1\right)}\mathrm{e}^{-t}\mathrm{d}t \tag{2.8.34}$$

となる．この右辺の積分は $\Gamma(4/3)$ を与えるものであるから

$$\bar{r}_{\min}=\left(\frac{4}{3}\pi\right)^{-\frac{1}{3}}\Gamma\left(\frac{4}{3}\right)\Big/\sqrt[3]{\bar{n}_O} \tag{2.8.35}$$

を得る．そして右辺の係数を一般に q で表わせば

$$\bar{r}_{\min}=q/\sqrt[3]{\bar{n}_O} \tag{2.8.36}$$

と書くことができる．空間中の点の配置が無作為であれば q の値は(2.8.35)から

$$q=0.5540 \tag{2.8.37}$$

となる．

一般に q の値は空間中の点の配置の様式によって定まり，点が等間隔的配置

に近づけばその値は(2.8.37)よりは大きくなるはずである．まず立方格子の交点についてqを求めてみよう．この場合格子の間隔を稜とする1個の立方体ごとに1個の格子交点が配当される関係になるから

$$\bar{n}_O = 1/\bar{r}_{\min}{}^3 \tag{2.8.38}$$

となり，したがって

$$\bar{r}_{\min} = 1/\sqrt[3]{\bar{n}_O} \tag{2.8.39}$$

が成立する．それゆえこの場合は

$$q = 1 \tag{2.8.40}$$

であり，この値は無作為の配置の点についてのqの値より明らかに大きい．

次にこの立方格子をゆがめてある交点で交わる稜が互いに60°の角度をなすようにするとqの値はさらに大きくなる．この場合には図2.8.6にみるように格子を稜とする6面体の体積は$\bar{r}_{\min}{}^3/\sqrt{2}$で与えられる．したがって

$$\bar{r}_{\min} = \sqrt[6]{2}/\sqrt[3]{\bar{n}_O} \tag{2.8.41}$$

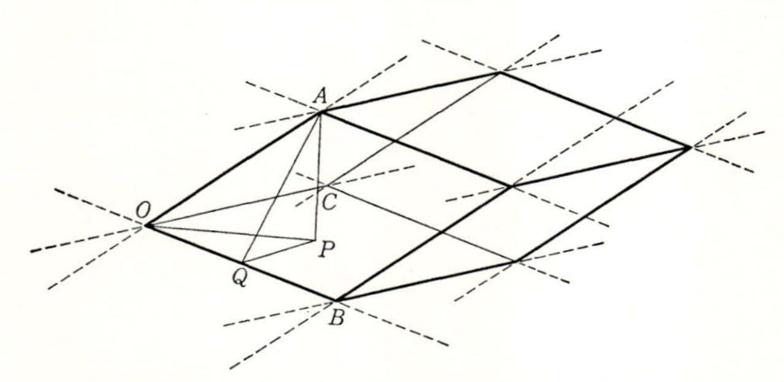

図2.8.6　等間隔の立方格子をゆがめて格子線が互いにつくる角度が60°になるようにした形を示す．この場合もいずれの格子交点からそれに最も近い格子交点に至るまでの距離はすべて格子間隔に等しい．しかし格子交点間の線分を稜とする6面体の体積は格子線が互いに直交する時のそれよりも小さくなり，したがって$\bar{n}_O$が大きくなるためqの値も大きくなる．以下この6面体の体積を求めるに必要な諸量を示しておく．図において$OA=OB=OC=1$，$\angle AOB=\angle BOC=\angle COA=60°$，$\angle BOP=30°$，$AQ\perp OB$，$PQ\perp OB$，$AP\perp OP$とすると，

$$OQ=1/2,\ OP=1/\sqrt{3},\ AP=\sqrt{2}/\sqrt{3}$$

となる．そしてこの6面体の一つの面の面積は$\sqrt{3}/2$であるから，その体積はこれにAPを乗じて$1/\sqrt{2}$となる．なお一般に格子間隔を$\bar{r}_{\min}$とすれば，OQ, OP, APの値は$\bar{r}_{\min}$に乗じられる係数となることはいうまでもない．

であり,

$$q = \sqrt[6]{2} = 1.1225 \tag{2.8.42}$$

となる．このような配置の点の場合に q が最大の値をとる．この証明についてはたとえば Hilbert and Cohn-Vossen(1932)を参照していただきたい．

なお空間中の点の配置の解析には一般に連続切片を必要とするから，平面上の点の配置の分析よりははるかに手間がかかるのはやむをえない．

最後に3次元の空間中に無作為な配置の点がある時，$r_{\min}$ の分布の変異係数の平方を求めてみよう．まず(2.8.29)により

$$\overline{(r_{\min}{}^2)} = 4\pi\bar{n}_O \int_0^\infty r^4 \mathrm{e}^{-\frac{4}{3}\pi\bar{n}_O r^3} \mathrm{d}r \tag{2.8.43}$$

であるから，(2.8.31)(2.8.32)(2.8.33)を利用すれば

$$\overline{(r_{\min}{}^2)} = \left(\frac{4}{3}\pi\bar{n}_O\right)^{-\frac{2}{3}} \Gamma\left(\frac{5}{3}\right) \tag{2.8.44}$$

を得る．これと(2.8.35)から

$$\left(\frac{\sigma_{r_{\min}}}{\bar{r}_{\min}}\right)^2 = \left[\Gamma\left(\frac{5}{3}\right) \Big/ \left\{\Gamma\left(\frac{4}{3}\right)\right\}^2\right] - 1 = 0.132085 \tag{2.8.45}$$

となる．したがって(2.8.22)と同様にして q の 95% 水準の信頼限界を求めることができる．いま実測に用いた出発点の数を N とすれば

$$\begin{aligned} q &= 0.5540 \pm 0.5540 \times 1.96 \times \sqrt{0.132085}/\sqrt{N} \\ &= 0.5540 \pm 0.3946/\sqrt{N} \end{aligned} \tag{2.8.46}$$

となる．つまり実測により得た q の値がこの範囲のものであれば，95% の信頼度で空間中の点の無作為な配置の仮説が保留されることになる．

§9 標本の厚さに対する補正

これまで説明した諸量の推定にあたって，試験平面を用いる時にはすべて試験平面は厚さをもたない平面と考えて理論を誘導してきた．しかし実際に顕微鏡を用いて透過光線によって計測を行うには必ずある厚さをもった組織標本に頼らざるをえない．そしてこの標本の厚さが状況によってはかなり重大な誤差の原因にもなる．それゆえこの節ではどのような局面で標本の厚さの影響を考

慮しなければならないか，またこれによる誤差を補正するにはどうしたらよいかを検討してみよう．

標本の厚さが問題になりうる計測としてはまず立体の体積と表面積の推定がある．また試験平面上の立体の切口の数から空間中の立体の数を推定する場合にも，標本の厚さは当然結果に影響を及ぼしうる．このうち立体の体積と表面積の推定にあたっては，標本の厚さはもっぱら誤差の原因として扱われ，これを補正することだけが問題になる．つまり標本が薄ければ薄い程推定が正確に行われるのであるが，立体の数の推定は必ずしもそうばかりはいえない．場合によっては意識的に厚い標本を用いる方が便利でもあり，また正確な結果を与えることもある．したがって単に標本の厚さを補正するというだけの発想では必ずしも問題の中核が充分明らかになるとはいえない．それゆえここではこの二つを区別して説明する方が適当と考える．

a）立体の体積と表面積

凸面体の体積を試験平面に厚さのある標本を用いて推定した結果の誤差を補正する式は，立体の表面が等方性であれば

$$V = V' - ST/4$$

で与えられる．この式で V' は見かけの体積，V は真の体積，S は立体の表面積，T は標本の厚さである．立体が大きさを異にした球である場合にはこの式は

$$V = V' \Big/ \left(1 + \frac{3}{2} \cdot \frac{TQ_2}{\bar{D}Q_3}\right)$$

となる．この式で $\bar{D}$ は球の平均直径，Q_2, Q_3 は(3.3.11)によって定義される球の直径の分布関数の形によって定まる係数である．またこの場合の立体表面積の推定誤差の補正式は

$$S = S' \Big/ \left(1 + \frac{4}{\pi} \cdot \frac{T}{\bar{D}Q_2}\right)$$

となる．この式で S' は見かけの立体表面積，S は真の立体表面積である．立体の体積と表面積の推定にあたってこれらの補正式が必要にな

るのは標本の厚さに比較して個個の立体の大きさが比較的小さい場合であることがわかる．また球の半径 r の分布が N_{vo}, r_0 を parameter として

$$N(r)=\frac{2N_{vo}}{r_0^{\;2}}re^{-(r/r_0)^2}$$

という関数で近似できる時は，上の補正式は

$$V=V'\Big/\left(1+\frac{T}{\bar{\delta}}\right)$$

$$S=S'\Big/\left(1+\frac{T}{\bar{\delta}}\right)$$

となる．この式で $\bar{\delta}$ は標本上の円の直径の算術平均であり，直接標本から求められる量である．

試験平面上の図形の面積から立体の体積を推定する理論を生物学的対象に適用する場合，試験平面としては透過光線を用いる組織標本が利用されることが圧倒的に多い．電子顕微鏡を用いる場合でもこの状況は本質的には同じである．理論的な立場からは元来試験平面には厚さがあってはならないが，実際には組織標本が用いられるため，組織標本の厚さがある誤差をつくることになり，したがってまたこれに対する補正が必要になる．この問題は歴史的には落下光線によって金属や鉱石の研磨面を観察するとき，光線が表面からある深さまで入ってから反射してくることによって生ずる研磨面の像のずれ，いわゆる Holmes 効果(Holmes 1927)として取り上げられたものである．つまりある深さまで標本が透けて見えるために発生する誤差が問題にされたわけである．そしてこれはある厚さをもった標本を透過光線によって観察する場合の誤差と本質的には同じであることは明らかであろう．

この誤差に対する補正は以前には対象にある幾何学的形態，たとえば球を仮定して論じられるのが例であったが，Cahn and Nutting (1959) がもっと一般的な理論を発表しているので，ここではその説明をしておく．この理論は立体の表面が空間中で鞍面をもたず，かつ等方性であることを前提とする以外は，個個の立体の形には幾何学的制約をつける必要がない点が優れている．つまり表面が等方性であれば凸面体一般に通用する理論である．いま1稜が l の立方

体中に全体の体積が V, 表面積が S の立体が無作為に配置されているものとする．そしてこの立方体の一つの面に平行に T の厚さの標本をとるものと考えよう．ところで理論的には試験平面には厚さがあってはならないから，たとえばこの標本の上面を試験平面と見ればよいであろう．そうすると標本に厚さがあるために発生する誤差は，T の厚さの標本の上面にできる平面図形の像に，T の厚さの中にある立体の部分の像が投影されて重なるために発生するものであることが了解できる．さてこの場合図2.9.1(b)のように，T の厚さの中の立体の表面が，標本の上面にできる像の中に含まれてしまうような時には，その影響は像の上には現われない．しかし図2.9.1(a)のように，T の厚さの中の立体の標本の上面への投影が，上面につくられる図形の外にはみ出す場合には誤差が起るであろうことは想像がつく．さて T の厚さの中にある立体の総表面積を S_T とすると，

$$S_T = ST/l \tag{2.9.1}$$

であることは明らかである．そして立体表面の等方性の条件から，標本の上面の像に影響を与えるような立体表面，つまり誤差の原因となるような立体表面は，丁度 S_T の 1/2 になるはずである．したがって以下 $ST/2l$ の表面積の影響のみを考えればよいことになる．そこで次にこの $ST/2l$ の立体表面積が標本の

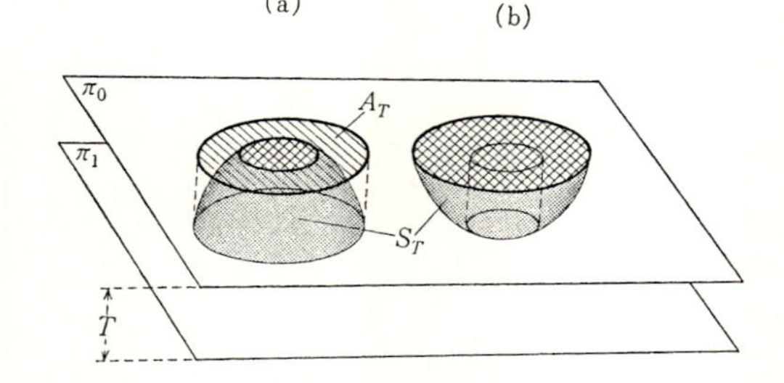

図2.9.1　厚さのある標本を用いて立体の体積を推定する場合の誤差を示す．標本の厚さを T とし，π_0, π_1 をそれぞれ標本の上面および下面とする．π_0 と π_1 の間にある立体の表面が上からみて凸面である場合を(a)，凹面である場合を(b)とする．標本の厚さが影響をもつのは(a)の場合である．そして π_0, π_1 の間にある立体表面 S_T が π_0 に投影されたものが A_T である．

上面に投影された時に，この面上にどれだけの面積をつくるかを検討してみよう．いまこの問題の立体表面を充分小さい面素に分割し，その空間中の方向を変えることなく適当に変位すると，立体表面の等方性の条件から，この面素は表面積 $ST/2l$ の半球の表面――赤道面を含まない――をつくることになる．この形が球ではなく半球になるのはいうまでもなく標本上面の図形の像に対して影響を及ぼすような方向をもった立体表面だけを考えるからである．そしてその半球の表面が標本上面に投影されてつくる面積を A_T とすれば，A_T は当然半球の赤道面の面積に等しい．ところで半球の表面積は赤道面の面積の 2 倍であるから

$$A_T = \frac{1}{2}(S_T/2) = \frac{ST}{4l} \tag{2.9.2}$$

となる．それゆえ理論的に正しい試験平面上の図形面積を A とし，T の厚さの標本について観察した結果から得られた図形面積の推定値を A' とすれば

$$\begin{aligned} A &= A' - A_T \\ &= A' - ST/4l \end{aligned} \tag{2.9.3}$$

となる．そして 1 稜が l の立方体中の立体の体積 V を A' から推定した値を V' とすれば，$V=Al$，$V'=A'l$ であるから，

$$\boldsymbol{V = V' - \frac{ST}{4}} \tag{2.9.4}$$

というきわめて簡潔な結果が誘導される．この式の中の S は(2.2.7)により

$$S = 2C_V l^2$$

から求められる．

ところで S もその推定値はやはり標本の厚さの影響を受ける．したがって次に厚さ T の標本を用いた時の S の推定値の誤差とその補正を考えておこう．この場合には立体の形にある制約をつける必要があるから，1 稜が l の立方体中に N_v 個の大きさを異にした球があるものとしよう．もちろん球以外の凸面体についても理論は誘導できるが，あまり実用的な形にならないので，立体の形が球から遠い時には S を補正しないままで(2.9.4)を用いるより仕方がないであろう．いまこの立方体の一つの面に垂直な試験直線を引く操作を 2 段に分けて，まず立方体の一つの面に平行な無作為な試験平面でこの立方体を切り，

その試験平面上に出現する図形と試験平面の1辺に平行な無作為な試験直線を交わらせて交点の数 C_V を求めることにする．この試験平面が実は T の厚さをもつ標本である．

そこで球とこの標本のすべての可能な相対的位置と標本面に出現する図形との関係を考えてみよう．まず標本の上方から球を近づけてみると，標本の上面と球の下端が接する位置から標本に図形が出現することになる．そして球の中心が標本の上面に重なるまでの間は，標本上の図形の形は標本の上面で球の下半分を切ったものになる．次に球の中心が標本の上面から下面の間に位置する間は，標本に見られる円の直径は球の赤道面の直径になる．さらに球の中心が標本の下面から下に下ると，球の上端が標本の下面に接する位置に至るまでの間は，標本に見られる図形の形は球の上半分を標本の下面で切ったものになる．これらの関係は図2.9.2から容易に理解できるであろう．そして全体を通観してみると，標本に厚さがあることの影響は，球の中心がこの厚さの間にある時，球の赤道面の大きさの円ができることに要約できるので，このためにできる図

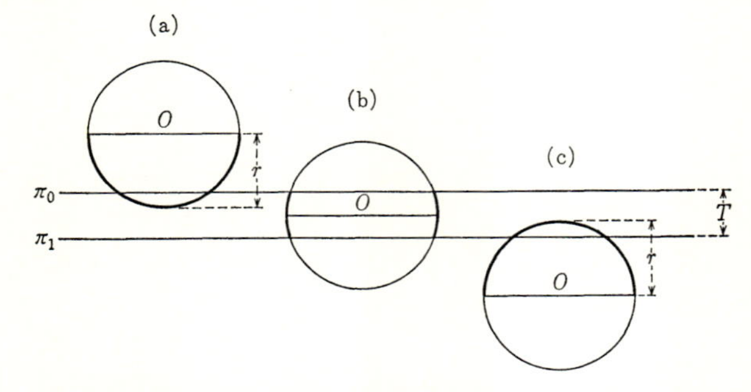

図2.9.2　ある厚さ T をもつ標本で立体の切口の周を観測する時の誤差を示す．標本と立体——この図では半径 r の球を用いてある——との間に成立する関係は次のようになる．(a)球の下端が標本の上面 π_0 と接する位置から球の中心 O が π_0 に重なるまでの範囲では，標本に見られる立体切口の周は球の下半面と標本の上面 π_0 の交わりでつくられる．(b)球の中心 O が π_0 と π_1 の間にある時は立体切口の周は球の赤道面の周でつくられる．(c)球の中心 O が標本の下面 π_1 に重なる位置から，球の上端が π_1 に接するまでの間は球の上半面と π_1 との交わりが立体の切口の周を決定する．そして $T=0$，すなわち π_0 と π_1 が重なる時は(b)が欠落する．逆にいえば標本に厚さがある時には(b)の場合が過剰に加わることになる．

形が，厚さのない試験平面を用いる時に比較して余計に加わってくる．

そこでこの‘過剰’な図形と試験平面上に引いた試験直線が交わってつくる交点の数の期待値を $\bar{C}_{VT}$ とし，これがどのような形になるかを調べてみよう．いま立方体中に N_v 個の球があるものとし，その平均直径を $\bar{D}$ とすれば，$\bar{C}_{VT}$ は中心が T の厚さの間にあるような球の数の期待値 N_vT/l と，直径 $\bar{D}$ の円が試験直線と交わってつくる交点の数の期待値 $2\bar{D}/l$ の積となる．すなわち

$$\bar{C}_{VT} = 2N_vT\bar{D}/l^2 \tag{2.9.5}$$

である．そしてこの過剰な交点から推定された立体の表面積を S_T とすれば，(2.2.7)により

$$S_T = 2\bar{C}_{VT}l^2 = 4N_vT\bar{D} \tag{2.9.6}$$

を得る．一方この立方体中の球の表面積の和を S とし，球の直径の確率分布関数を $p(D)$ とすれば

$$S = N_v\pi\int_0^\infty D^2p(D)\mathrm{d}D \tag{2.9.7}$$

である．ここで(3.3.11)，したがってまた(2.6.6)と同じ考え方で

$$Q_2 = \frac{1}{\bar{D}^2}\int_0^\infty D^2p(D)\mathrm{d}D \tag{2.9.8}$$

で定義される係数 Q_2 を考えれば，Q_2 は $p(D)$ の parameter によってのみ定まる係数となる．なおこの形の係数の一般的な性質については第3章の221頁に説明してあるので参考にしていただきたい．この Q_2 を利用すれば(2.9.7)は

$$S = N_v\pi\bar{D}^2Q_2 \tag{2.9.9}$$

となる．したがって

$$\begin{aligned}\bar{D} &= \sqrt{S/N_v\pi Q_2} \\ &= \sqrt{1/N_v\pi SQ_2}\cdot S \\ &= \sqrt{1/N_v{}^2\pi^2\bar{D}^2Q_2{}^2}\cdot S \\ &= S/\pi N_v\bar{D}Q_2 \end{aligned} \tag{2.9.10}$$

である．これを(2.9.6)に代入すれば

$$S_T = \frac{4}{\pi}\cdot\frac{ST}{\bar{D}Q_2} \tag{2.9.11}$$

を得る．そして厚さのある標本を用いて推定した S を S' とすれば

$$S = S' - S_T \tag{2.9.12}$$

であるから，これに(2.9.11)を代入して整理すれば

$$\boldsymbol{S} = \boldsymbol{S}' \Big/ \left(1 + \frac{4}{\pi} \cdot \frac{\boldsymbol{T}}{\bar{\boldsymbol{D}}\boldsymbol{Q}_2}\right) \tag{2.9.13}$$

を得る．

これで標本の厚さによるSの推定誤差とその補正式の誘導が一応はすんだことになる．しかし(2.9.13)の式の$\bar{D}$は一般には簡単に標本面の図形の大きさから求めることはできない．特に標本の厚さが無視できない時は第3章§3 a)の方法，つまり標本面の円の直径δの分布から空間中の球の半径r，または直径Dの分布を求める方法を利用して$\bar{D}$を求めるより仕方がない．したがって詳細はそのところで説明する．ただ空間中の球の半径rの分布$N(r)$がN_{vO}，r_0をparameterとして

$$N(r) = \frac{2N_{vO}}{{r_0}^2} r \mathrm{e}^{-(r/r_0)^2} \tag{2.9.14}$$

という形の関数で表わされる場合は問題は簡単になる．そしてこの関数形を用いると，厚さをもった標本で直接計測される円の直径の平均$\bar{\delta}$と空間中の球の直径の平均$\bar{D}$の間には(3.3.119)により

$$\bar{D} = \bar{\delta} \tag{2.9.15}$$

というきわめて簡単な関係が成立することが証明される．そして(2.9.14)の関数形を用いれば(3.3.115)により

$$Q_2 = 4/\pi \tag{2.9.16}$$

であるから，(2.9.13)は

$$S = S' \Big/ \left(1 + \frac{T}{\bar{\delta}}\right) \tag{2.9.17}$$

という簡潔な形になる．これより正しいSを求めて，それを(2.9.4)に入れ正しいVを計算すればよい．

なお対象の大きさが標本の厚さに比較して小さい時，具体的にはたとえば5 μmの厚さの組織標本を用いて直径5 μm前後の細胞核を計測の対象とするような時には，$\bar{D}$を求めるためにはもっと実際的な方法を採用することができる．それは焦点深度の小さい油浸系の対物レンズを用いれば，対象とする球状構造物の赤道面が標本中に出現しているかどうかを直接観察によって比較的容易に

判断できるからである．それゆえこのような赤道面がわかる球だけを無作為にとって，その直径 D を計測してその平均 $\bar{D}$ をとれば，これが球の平均直径を直接に与えることになる．そして D の実測分布から Q_2 を求めることもできるから，これらの結果を(2. 9. 13)に入れれば補正式の値を簡単に計算できる．実際に標本の厚さに対する補正が必要なのは(2. 9. 13)から明らかなように，T に比較して $\bar{D}$ が小さい時であるから，この方法は実用上の価値が大きいものであり，この方法を必要とするような局面は後にも出てくる．

さて立体の形を大きさを異にした球の群とすることができれば，(2. 9. 4)の式を変形して S を媒介としないもっと簡単な補正式が誘導できる．まず Q_2, Q_3 をそれぞれ(2. 9. 8)(2. 6. 6)で定義される係数とすれば

$$S = N_v \pi \bar{D}^2 Q_2 \tag{2. 9. 18}$$

$$V = N_v \pi \bar{D}^3 Q_3/6 \tag{2. 9. 19}$$

であるから

$$S = 6VQ_2/\bar{D}Q_3 \tag{2. 9. 20}$$

を得る．これを(2. 9. 4)に代入して整理すれば

$$\boldsymbol{V = V'\Big/\left(1+\frac{3}{2}\cdot\frac{TQ_2}{\bar{D}Q_3}\right)} \tag{2. 9. 21}$$

となる．これは Weibel (1963) が導いた補正式と同類のものである．この式の $\bar{D}, Q_2, Q_3$ は対象が小さい時には直接標本についての計測から求めることができるし，また(2. 9. 14)が適用できる時は(3. 3. 115)(3. 3. 116)(3. 3. 119)を用いて

$$V = V'\Big/\left(1+\frac{T}{\bar{\delta}}\right) \tag{2. 9. 22}$$

という簡潔な形になる．これは形式の上では(2. 9. 17)と同形であり，またこれを用いれば S を媒介とせず直接実測値 V' を補正して正しい V を求めることができる．

以上の結果に基づいて(2. 9. 17)や(2. 9. 22)の補正式を実際に必要とする局面を具体的に考えてみよう．これらの補正式の形からみて補正の必要があるのは計測の対象が標本の厚さに比較してあまり大きくない時であることは明らかである．通常の組織標本では T は大体 10 μm 程度以下と考えてよい．したがって $\bar{\delta}$ が 200 μm をこすような時，たとえば腎の糸球体が計測の対象となる時に

は(2. 9. 17)や(2. 9. 22)の補正式は実際問題として全く必要がない．これに対して細胞の核のように$\bar{\delta}$が10 μm前後までの構造物を対象とする時には(2. 9. 17)や(2. 9. 22)の補正式は非常に重要な意味をもつもので，補正式を用いなければ大きな誤差を生ずることが理解されるのである．

b)　空間中の立体の数

単位体積中に大きさを異にした凸面体の群がある時，これを切る標本の厚さをTとすれば

$$N_{vo}=\bar{N}_{ao}\Big/\mathrm{E}(\bar{D})\left(1+\frac{T}{\mathrm{E}(\bar{D})}\right)$$

が成立する．この式で$\mathrm{E}(\bar{D})$はすべての凸面体の標本に直交する方向の有効長の平均である．また立体が球であり，その半径rの分布がN_{vo}, r_0をparameterとして

$$N(r)=\frac{2N_{vo}}{{r_0}^2}r\mathrm{e}^{-(r/r_0)^2}$$

で近似できる時は，上の式は標本に出現する円の直径の算術平均を$\bar{\delta}$として

$$N_{vo}=\bar{N}_{ao}\Big/\bar{\delta}\left(1+\frac{T}{\bar{\delta}}\right)$$

となる．また球の直径Dが小さい時にはTを充分大きくとれば標本の観測から直接Dを推定することが可能である．さらにTが$\bar{D}$に比較して格段に大きい時は

$$N_{vo}=\bar{N}_{ao}/T$$

という近似式を用いることができる．そしてこの式が適用できる時には立体の形には特に制約を必要としない．

1稜が単位長の立方体中に大きさを異にした，互いに幾何学的相似形であるような凸面体が存在するものとする．これを厚さのない試験平面で切った時の式はすでに(2. 6. 3)と(2. 6. 8)で説明したが，ここではこの試験平面のかわりにTの厚さの透明な標本を用いるものとしよう．そしてそれぞれの凸面体に一

つの中心，たとえば重心をとり，この重心の標本に対する位置関係を考えてみると，重心が標本の外にある場合と標本の中にある場合が区別される．このうち重心が標本の外にある場合は厚さのない試験平面を用いる時と同じ考え方が適用できるが，ただ立体の重心の存在しうる位置が$1-T$の範囲に制約される点が異なる．これは重心が標本の外にあるという条件の表現である．したがってこの範囲の位置にある立体が標本面に与える切口の期待値は

$$\bar{N}_{aO} = N_{vO}(1-T)\mathrm{E}(\bar{D}) \tag{2.9.23}$$

である．この$\mathrm{E}(\bar{D})$は個個の立体の標本面に直交する方向の有効長の平均をさらにすべての立体について平均したものであることは(2.6.3)と同じである．そして厚い標本といっても実際問題としてはTは1よりはるかに小さいから，$1-T\fallingdotseq 1$とみれば(2.9.23)は

$$\bar{N}_{aO} = N_{vO}\mathrm{E}(\bar{D}) \tag{2.9.24}$$

となり，これは(2.6.3)にほかならない(図2.9.3)．

次に立体の重心が標本の中にある場合を考えると，この位置にある立体が標本面に与える数は直観的に明らかなように

$$\bar{N}_{aO} = N_{vO}T \tag{2.9.25}$$

である．したがってTの厚さの標本を用いた時，その標本に認められる立体の総数は(2.9.24)と(2.9.25)の和として

$$\bar{N}_{aO} = N_{vO}[\mathrm{E}(\bar{D})+T] \tag{2.9.26}$$

となり，これから

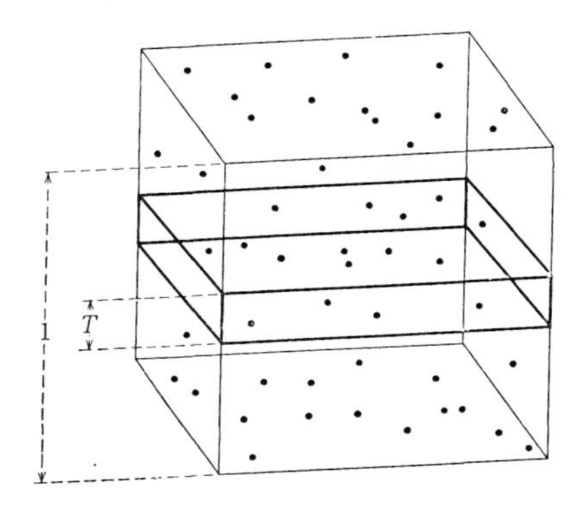

図2.9.3 標本の厚さTに比較して格段に小さい立体を標本について数えることは，$1\times T$の体積中の立体の数を求めることと同じである．この関係は図から直観的に了解できるであろう．

$$N_{vo}=\bar{N}_{ao}\Big/\mathrm{E}(\bar{D})\left(1+\frac{T}{\mathrm{E}(\bar{D})}\right) \qquad (2.9.27)$$

を得る．

この式の形を見ると $\mathrm{E}(\bar{D})\gg T$ の場合は(2.9.24)と同じことになるから，これは§6で扱う問題である．逆に $T\gg\mathrm{E}(\bar{D})$ であれば(2.9.27)は実質的に(2.9.25)と同じになる．この場合は実はある体積の中に在る立体の数から単位体積中の立体の数を推定することになるので，試験平面を用いるのとは全く別の立場から N_{vo} を推定していることになる．

しかし実際には $\mathrm{E}(\bar{D})$ と T がどちらも無視できないような値をとることが多いから，以下この場合の処理を考えておこう．まず(2.6.7)から $\mathrm{E}(\bar{D})$ を求めてこれを(2.9.26)に代入すれば

$$\bar{N}_{ao}=N_{vo}\left[\left(\frac{V_O}{N_{vo}\varepsilon Q_3}\right)^{\frac{1}{3}}+T\right] \qquad (2.9.28)$$

となる．これは結局 $(N_{vo})^{1/3}$ を変数とする三次方程式になるから，正面からこれを解いてもよいが，それではあまりきれいな方法とはいえないであろう．それゆえここではこれとは異なった手段も考えてみよう．

一つの方法は T を意識的に大きくして(2.9.25)の式が適用できるようにすることである．これは一方ではできるだけ厚い標本をつくることを意味するが，他方では対象となる構造物を可能な限り小さいものにとるのが有効である．たとえば細胞の数を問題にする時，細胞そのものではなく，核や核小体を数えることを考える．いますべての細胞が一つの核をもち，一つの核が一つの核小体をもつ時には，標本の厚さをたとえば20 μm にとれば核小体の大きさは1 μm 以下であるから充分(2.9.25)が利用できることがわかる．また T が対象の大きさよりも大きいか，またはこれに匹敵する程度であり，かつ対象の大きさがほぼ一様であれば，標本を観察して標本中にその最大径がでているような対象だけを選ぶことが比較的容易であるから，$\mathrm{E}(\bar{D})$ を直接計測から求めることも可能であり，この場合は(2.9.27)がそのまま利用できるので，これで用がすむことも少なくない．

しかし対象の大小不同がいちじるしい時には次の方法を試してみるべきであろう．それは立体を球と仮定して，球の半径 r の分布を N_{vo}，r_0 を parameter

とする

$$N(r) = \frac{2N_{vo}}{r_0^{\ 2}} r\mathrm{e}^{-(r/r_0)^2} \qquad (2.9.29)$$

という関数で近似させてみることである．この関数は§9a)でも利用したものであり，また第3章の§3c)で詳しく説明するが，この関数の便利な点は空間中の球の平均直径 $\bar{D}$ と，任意の厚さをもった標本に見られる円の直径の平均 $\bar{\delta}$ の間には(3.3.119)にみるように

$$\bar{D} = \bar{\delta} \qquad (2.9.30)$$

という簡単な関係が成立することである．つまり $\bar{D}$ は一般には，特に厚さをもった標本からはただちには推定できない量であるが，D または r の分布が(2.9.29)で与えられる時に限り，$\bar{D}$ は標本からただちに推定できる量 $\bar{\delta}$ で置き換えることができる．そして幸いなことにこの関数は実際にも近似的に適合する場合がかなり多い．さて(2.9.27)の $\mathrm{E}(\bar{D})$ はこの場合 $\bar{D}$ に等しいから，これを $\bar{\delta}$ で置き換えると

$$N_{vO} = \bar{N}_{aO} \Big/ \bar{\delta}\left(1+\frac{T}{\bar{\delta}}\right) \qquad (2.9.31)$$

を得る．この形は(2.9.17)や(2.9.22)と同形の簡潔なものであり，実用上の価値も大きい．なお球の半径の分布が果して(2.9.29)で近似できるかどうかは第3章の§3で説明する方法で検定すればよい．

最後に参考のために(2.9.29)の関数を用いた時の(2.6.8)の式を書いておく．立体が球の時は $\varepsilon=\pi/6$ であり，また(2.9.29)の関数では(3.3.116)により $Q_3=6/\pi$ である．そして

$$V_O = N_{vO}\cdot\pi\bar{D}^3 Q_3/6 = N_{vO}\bar{D}^3 \qquad (2.9.32)$$

$$\bar{N}_{aO} = N_{vO}\cdot\bar{D} \qquad (2.9.33)$$

であることを利用すれば(2.6.8)は

$$N_{vO} = (\bar{N}_{aO})^{\frac{3}{2}}/\sqrt{V_O} = \bar{N}_{aO}/\bar{\delta} \qquad (2.9.34)$$

という簡単な形になる．

文　献

1) Cahn, J. W. and Nutting, J. (1959): Transmission quantitative metallography. *Trans. AIME*, **215**, 526–528.

2) Chalkley, H. W. (1943): Method for the quantitative morphologic analysis of tissues. *J. nat. Cancer Inst.*, **4**, 47.

3) Chalkley, H. W., Cornfield, J. and Park, H. (1949): A method for estimating volume surface ratios. *Science*, **110**, 295.

4) Clark, P. J. and Evans, F. C. (1954): Distance to nearest neighbor as a measure of spatial relationships in populations. *Ecology*, **35**, 445–453.

5) DeHoff, R. T. (1968): Curvature and the topological properties of interconnected phases. In: *Quantitative Microscopy*, edited by R. T. DeHoff and F. N. Rhines, McGraw-Hill Book Company, New York-St. Louis-San Francisco-Toronto-London-Sydney, 1968, pp. 291–325

6) Delesse, M. A. (1847): Procédé mécanique pour determiner la composition des roches. *C. R. Acad. Sci.*, (Paris), **25**, 544–545.

7) Glagoleff, A. A. (1933): On the geometrical methods of quantitative mineralogic analysis of rocks. *Trans. Inst. Econ. Mineral.*, (Moscow), **59**. Cited by E. R. Weibel in: *Morphometry of the Human Lung*, Springer-Verlag, Berlin-Göttingen-Heidelberg, 1963, p. 20.

8) Haug, H. (1955): Die Treffermethode, ein Verfahren zur quantitativen Analyse im histologischen Schnitt. *Z. Anat. Entwickl.-Gesch.*, **118**, 302–312.

9) Hennig, A. (1956): Bestimmung der Oberfläche beliebig geformter Körper mit besonderer Anwendung auf Körperhaufen im mikroskopischen Bereich. *Mikroskopie*, **11**, 1–20.

10) Hennig, A. (1958): Kritische Betrachtungen zur Volum- und Oberflächenbestimmung in der Mikroskopie. *Zeiß-Werk-Z.*, **30**, 78–86.

11) Hennig, A. (1967): Fehlerbetrachtungen zur Volumenbestimmung aus der Integration ebener Schnitte. In: *Quantitative Methods in Morphology*, edited by E. R. Weibel and H. Elias, Springer-Verlag, Berlin-Heidelberg-New York, 1967, pp. 99–129.

12) Hilbert, D. und Cohn-Vossen, S. (1932): *Anschauliche Geometrie*, Springer, Berlin, zweites Kapitel.

13) Holmes, A. H. (1927): *Petrographic Methods and Calculations*. Murby & Co., London, 1927.

14) Rosiwal, A. (1898): Über geometrische Gesteinanalysen. Ein einfacher Weg zur ziffermäßigen Feststellung des Quantitätsverhältnisses der Mineralbestandteile gemengter Gesteine. *Verh. k. k. Geol. Reichsamt*, (Wien), 1898, p. 143.

15) Saltykov, S. A. (1945): *Stereometric Metallography*, 2nd. ed., Metallurgizdat, Moscow, 1958, pp. 446. Cited by E. E. Underwood in: *Quantitative Microscopy*, edited by R. T. DeHoff and F. N. Rhines, McGraw-Hill Book Company, New York-St. Louis-San Francisco-Toronto-Sydney, 1968, p. 79.

16) Suwa, N., Sasaki, Y., Takahashi, K. and Fujimoto, R. (1966): Estimation of expiratory efficiency of emphysematous lungs on the basis of anatomical findings. *Tohoku J. exp. Med.*, **90**, 137–168.

17) 諏訪紀夫 (1968): 器官病理学, 朝倉書店, 昭和43年, pp. 331–332.

18) Tomkeieff, S. I. (1945): Linear intercepts, areas and volumes. *Nature* (Lond.), **155**, 24, (correction p. 107).

19) Underwood, E. E. (1968): Surface area and length in volume. In: *Quantitative Microscopy*, edited by R. T. DeHoff and F. N. Rhines, McGraw-Hill Book Company, New York-St. Louis-San Francisco-Toronto-London-Sydney, 1968, pp. 77–127.

20) Weibel, E. R. (1963): Principles and methods for the morphometric study of the lung and other organs. *Lab. Inv.*, **12**, 131–155.

21) Weibel, E. R. (1963): *Morphometry of the Human Lung*, Springer-Verlag, Berlin-Göttingen-Heidelberg, 1963.

22) Weibel, E. R. and Gomez, D. M. (1962): A principle for counting tissue structures on random sections. *J. appl. Physiol.*, **17**, 343–348.

第3章　空間中の球の径の分布

大きさを異にした球状の構造物が空間中に配置された形は生物学的な対象ではしばしば経験する．たとえば膵の島などもそうであるし，また病的なものとしては肝硬変症の結節などがその一例であろう．そしてその球状構造物の大きさや，またそれが3次元の空間中でどのような分布をしているかを知りたいという局面もよくあることである．この要求を正面から満足させようとすれば，それは連続切片による再構築がまず考えられる方法であろう．しかしこの方法は非常に手間のかかるものであり，多数例を短時間に処理することなどとても思いもよらないことである．それゆえ1枚の標本の上にできる球状構造物の切口の図形から，もとの構造物の空間中の分布を知る方法がないものかということはすぐに思いつく注文ではあろう．しかしこの注文はそう簡単には解決できないので，ただ標本面上の切口の図形の大きさを測定しただけでは元来の空間中の球の大きさやその分布について直接的な情報は得られない．その理由は大きく言って二つある．その一つはある試験平面で空間を切った時，その平面が球と交わる確率は球の直径に比例する，つまり大きな球程よけいに標本面に切口をつくりやすいということで，いいかえれば標本面によって抽出された球の集団はすでに母集団からの無作為抽出標本の意味をもたないからである．他の一つは試験平面と交わった球は必ずしもその赤道面を標本上に示すわけではないので，赤道面の大きさ以下ならばあらゆる可能な大きさの切口が試験平面上に出現しうるわけである．これを逆にいえば試験平面上のある切口を見ただけでは，これが元来どのくらいの大きさの球に由来するかはただちにはわからないということである．しかしこの二つの問題とも確率論的立場からは一括して処理が可能である．それゆえ以下幾何学的確率論を利用して1枚の標本面から得られる情報に基づいて，空間中の球の大きさの分布を求める理論と方法を説明してみたいと思う．

この章で扱う事項は原理的には第2章の期待値に関する理論の中に包括され

てしかるべきものではある．しかしこの問題はかなり複雑な処理を必要とするので便宜上独立した章を設けることにした．またこの問題はこれまでかなり多くの研究者がいろいろな角度から扱ってきているが，Wicksell (1925) の研究は別としてその大部分は鉱物学や岩石学の領域の研究であり，私共には比較的なじみが薄かった．私共はこれとは別に1964年に肝硬変症の研究にあたって生物学的な対象に適した理論を誘導してみたこともある．そしてこの理論に多少の修正を加えて‘器官病理学’(1968)の中で説明しておいた．またこの際の計測結果の解析的処理についてはMasuyama (1965) の研究がある．しかし今日になってみるとそれ以外の研究にも生物学的領域で利用して便利なものもあるので，この機会に一括して解説しておきたいと思っている．

§1 基礎理論

単位体積の空間中にその半径 r の分布が $N(r)$ で与えられる球が，その大きさに関して無作為に配置されている時，これを単位面積の試験平面で切ってできる円の直径と面積をそれぞれ δ, a とする．試験平面上の δ, a の分布をそれぞれ $F(\delta), F(a)$ とすれば

$$F(\delta)=\delta\int_{\delta/2}^{\infty}\frac{N(r)}{\sqrt{4r^2-\delta^2}}\mathrm{d}r$$

$$F(a)=\frac{1}{\pi}\int_{\sqrt{a/\pi}}^{\infty}\frac{N(r)}{\sqrt{r^2-(a/\pi)}}\mathrm{d}r$$

という関係が成立する．またこの空間に1本の単位長の試験直線を引いて，これが球と交わってつくる弦の長さ λ の分布を $F(\lambda)$ とすれば

$$F(\lambda)=\frac{\pi}{2}\lambda\int_{\lambda/2}^{\infty}N(r)\mathrm{d}r$$

が成立する．これらの式の右辺が積分の形になるのは同じ値の δ, a, λ などが異なった半径の球からできるためで，それらの量の分布には異なった半径の球からの寄与が累積されるからである．原理的にはこれらの積分方程式を解けば $N(r)$ が求められる．しかし実際には別の処

理法が便利であるので，これは次の節以下で説明することになる．

a）球の切口の確率論的処理

空間中にその大きさに関しては無作為に配置された球の半径の分布を試験平面上にできる図形から推論するためには，まず試験平面上の球の切口の大きさを判定する何らかの指標が必要である．この指標はいろいろなものでありうるが，常識的に思いつくのは切口の円の直径 δ または円の面積 a を用いることであろう．また理論的にはこれとやや異なるが，空間中に試験直線を引いて，これが球と交わってつくる弦の長さ λ を利用することもできる．この方法も実際には空間をまず試験平面で切って，試験平面上に直線を引くという操作で置き換えられるので，ここで一括して扱っておく方が適当であろう．そしていずれの指標を用いるにしろ共通な目的は，δ, a, λ などの試験平面上の分布と空間中の球の半径の分布を結びつける関係式を誘導することである．以下便宜のため稜の長さが単位長の立方体を考え，この中にある球の総数を N_{vO} とすると，N_{vO} は一般に次の形式で表わすことができる．

$$N_{vO}=\int_0^\infty N(r)\mathrm{d}r \tag{3.1.1}$$

この式で $N(r)$ は半径 r の球の空間中の分布密度を与える関数であり，半径が r と $r+\mathrm{d}r$ の間にあるような球の単位体積中の数は $N(r)\mathrm{d}r$ で与えられることを示すものである．なお立方体の1稜を単位の長さにとるということは，球の半径その他の諸量を立方体の稜の長さを単位として表現することを意味するので，別に立方体そのものの大きさを制約するものではない．

また無作為な試験平面や試験直線を用いれば，理論的には球の配置の方は必ずしも無作為であることを要しない．しかし試験直線を利用する時には規則的な配置の試験直線の方が誤差が小さくなる．そして規則的な試験直線を用いるためには対象の方の配置が無作為であることが前提になる．これらの条件を一一区別することはむしろ煩わしいから，実際問題としては第3章を通じて球の配置の方を無作為なものとしておく方が便利であろう．

次に試験平面上の球の切口についての指標 δ, a, λ を以下しばらく一般的に X

で表わし，X の単位面積の試験平面上の分布を $F(X)$ で表現すると，X が X と $X+\mathrm{d}X$ の間にある度数は $F(X)\mathrm{d}X$ で与えられることになる．いま空間中の球がその大きさに関しては無作為に配置されている時，$F(X)$ がどのような要因で決定されるかを考えよう．その要因はまず第一に半径 r の一つの球が試験平面または試験直線と交わって，X から $X+\mathrm{d}X$ の間の値の指標，つまり切口の直径，面積，弦の長さを与える確率である．これを一般的な形で $\mathrm{d}p(X)$ と書くことにする．第二には半径が r から $r+\mathrm{d}r$ の間にあるような球が単位体積中にいくつあるかということである．この数は $N(r)\mathrm{d}r$ で表わされる．以下この二つの要因がどのようにからみ合って $F(X)$ が決定されるかを検討してみよう．

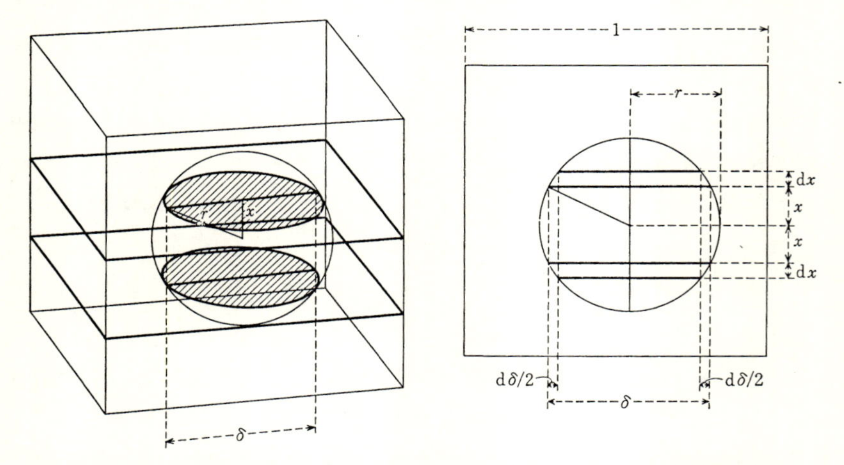

図 3.1.1　半径 r の球が試験平面と交わってつくる円の直径 δ と球の中心から試験平面までの距離 x の関係を示す．右側の図は試験平面と平行な方向から球を見た像を表わす．

まず第一の要因についてみると，X が球の切口の直径または面積である時は，単位体積の立方体をその一つの面に平行な試験平面で切って，1個の半径 r の球からの切口の X が X と $X+\mathrm{d}X$ の間にあるような確率 $\mathrm{d}p(X)$ を求めることになる．この範囲の X が与えられる時，試験平面が球の中心から x と $x+\mathrm{d}x$ の間で球と交わるものとすれば，このような位置は球の中心の両側に1個所ずつできるはずである(図 3.1.1)．したがって $\mathrm{d}p(X)$ は $2\mathrm{d}x$ の長さを試験平面のとりうる位置の範囲の長さ，この場合は立方体の1稜の長さであるから単位長で除したものである．したがって

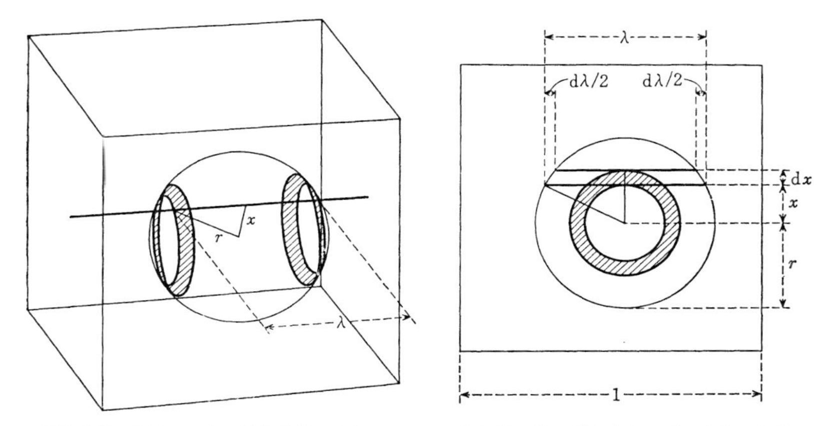

図 3.1.2　半径 r の球が試験直線と交わってこれから切取る弦の長さ λ と，球の中心から弦までの距離 x との関係を示す．右側の図は試験直線の方向から球の赤道面を見た像である．ただしこの方向からは弦は半径 x の円周上の 1 点にしかならないから，便宜上弦を $\pi/2$ だけ回転させて図に記入してある．

$$\mathrm{d}p(X) = 2\mathrm{d}x \tag{3.1.2}$$

となる．X が立方体の一つの面に垂直に引いた試験直線が半径 r の 1 個の球と交わってつくる弦の長さで，この場合も試験直線が球の中心から x と $x+\mathrm{d}x$ の距離の間で球と交わるものとすれば，$\mathrm{d}p(X)$ は図 3.1.2 のように $2\pi x\mathrm{d}x$ の環状の微小面積を試験直線がとりうる位置の範囲の面積，この場合は立方体の一つの面の面積であるから単位面積で除したものである．したがって

$$\mathrm{d}p(X) = 2\pi x\mathrm{d}x \tag{3.1.3}$$

となる．

さて次に $\mathrm{d}p(X)$ を x ではなく X を用いて表現することを考えよう．このためには x と X の間に成立する関係式を利用すればよい．そしてこの関係式は次のようになる．

X が δ であれば　　$$x^2+\frac{X^2}{4} = r^2 \tag{3.1.4}$$

X が a であれば　　$$x^2+\frac{X}{\pi} = r^2 \tag{3.1.5}$$

X が λ であれば　　$$x^2+\frac{X^2}{4} = r^2 \tag{3.1.6}$$

これらの関係式をrが変化しないという条件でそれぞれ微分して整理すれば$\mathrm{d}x$をXと$\mathrm{d}X$を用いて表わすことができる．まず(3.1.4)と(3.1.6)は同形であるからいずれも

$$2x\,\mathrm{d}x+\frac{X}{2}\mathrm{d}X=0 \tag{3.1.7}$$

$$\mathrm{d}x=-\frac{X}{4x}\mathrm{d}X$$

$$=-\frac{X\mathrm{d}X}{2\sqrt{4r^2-X^2}} \tag{3.1.8}$$

となる．そして(3.1.5)の場合は

$$2x\,\mathrm{d}x+\frac{\mathrm{d}X}{\pi}=0 \tag{3.1.9}$$

$$\mathrm{d}x=-\frac{\mathrm{d}X}{2\pi x}$$

$$=-\frac{\mathrm{d}X}{2\pi\sqrt{r^2-(X/\pi)}} \tag{3.1.10}$$

を得る．この右辺の負の符号はXの増減とxの増減が逆になることを示すものであるから，$\mathrm{d}p(X)$を正の量にとる時には無視してよい．したがって負の符号を除いて$\mathrm{d}p(X)$を書きなおせば

Xがδであれば　$$\mathrm{d}p(X)=\frac{X}{\sqrt{4r^2-X^2}}\mathrm{d}X \tag{3.1.11}$$

Xがaであれば　$$\mathrm{d}p(X)=\frac{\mathrm{d}X}{\pi\sqrt{r^2-(X/\pi)}} \tag{3.1.12}$$

Xがλであれば　$$\mathrm{d}p(X)=\frac{\pi}{2}X\mathrm{d}X \tag{3.1.13}$$

を得る．

次に$F(X)$は$N(r)\mathrm{d}r$に関係する．つまり半径がrと$r+\mathrm{d}r$の間にある球の数が大きければ$F(X)$も大きくなるであろう．そしてあるrが指定されれば$F(X)$は$\mathrm{d}p(X)$と$N(r)\mathrm{d}r$の積として表わされるはずである．しかしXは特定のrをもった球からだけではなく，いろいろの大きさの球から与えられうるものである．ただその場合rにある制約はある．たとえばδを指標にした場合，

X は半径が $X/2$ 以下の球からはできないことは明らかであるが，逆にこれ以上の大きさの球はすべて X の大きさの切口を与える可能性をもっている．つまり X が δ であれば $r \geqq X/2$ という制約がつくのである．同様にして X が a であれば $r \geqq \sqrt{X/\pi}$，X が λ であれば $r \geqq X/2$ である．この等号の成立する r の下限を一般に $r_{\min}$ と書くと，X が X と $X+\mathrm{d}X$ の間の値である期待値 $F(X)\mathrm{d}X$ は $\mathrm{d}p(X)N(r)\mathrm{d}r$ を $r_{\min}$ から無限大まで積分したものになる．したがって次の式を得る．

X が δ であれば　$$F(X)\mathrm{d}X = \int_{r_{\min}}^{\infty} \frac{XN(r)}{\sqrt{4r^2 - X^2}} \mathrm{d}r\mathrm{d}X \tag{3.1.14}$$

X が a であれば　$$F(X)\mathrm{d}X = \int_{r_{\min}}^{\infty} \frac{N(r)}{\pi\sqrt{r^2 - (X/\pi)}} \mathrm{d}r\mathrm{d}X \tag{3.1.15}$$

X が λ であれば　$$F(X)\mathrm{d}X = \int_{r_{\min}}^{\infty} \frac{\pi}{2} XN(r)\mathrm{d}r\mathrm{d}X \tag{3.1.16}$$

これらの式の両辺から $\mathrm{d}X$ を落し，X と $r_{\min}$ を個別的に δ, a, λ を用いて書きなおせば

$$\boldsymbol{F(\delta) = \delta \int_{\delta/2}^{\infty} \frac{N(r)}{\sqrt{4r^2 - \delta^2}} \mathrm{d}r} \tag{3.1.17}$$

$$\boldsymbol{F(a) = \frac{1}{\pi} \int_{\sqrt{a/\pi}}^{\infty} \frac{N(r)}{\sqrt{r^2 - (a/\pi)}} \mathrm{d}r} \tag{3.1.18}$$

$$\boldsymbol{F(\lambda) = \frac{\pi}{2} \lambda \int_{\lambda/2}^{\infty} N(r)\mathrm{d}r} \tag{3.1.19}$$

となる．これが δ, a, λ の分布を $N(r)$ と結びつける積分方程式である．

これまでの理論はすべて立体を球とするものであるが，(3.1.17)(3.1.18)(3.1.19)の式はその右辺に楕円体の形によって決まるある定数を乗ずるだけで，そのまま大きさを異にした楕円体の群にまで拡張適用できる．この定数は必ずしも簡単に計算できるとは限らない．しかし r の確率分布を $p(r)$ とすれば，$N(r) = N_{vo}p(r)$ であるから，N_{vo} の値を問題にせず $p(r)$ を求めるだけなら(3.1.17)(3.1.18)(3.1.19)をそのまま楕円体に用いても同じ結果になる．したがって以後第3章全体を通じて球について $p(r)$ を求める実測操作はただちに楕円体にも適用できる．この際楕円体の大きさは，その半長軸またはこれと関係する適当な1次元の量を用いて表現すればよい．そして楕円体はすべて互いに幾何

学的相似形であるか，または形を異にする楕円体の群についてそれぞれの形の群がすべて共通な $p(r)$ をもつことが条件となる．

まず δ を指標とする場合には試験平面上に出現する楕円体の切口の楕円について，長軸と短軸の幾何学的平均をとってこれを δ とする．また楕円体の大きさは1次的にはその中心を通る割面上の楕円の長軸と短軸の幾何学的平均の1/2をもって表わし，これを r とする必要がある．この理論は Wicksell(1925, 1926)が発表しているが，数学的操作はずいぶんと煩雑になるので，ここでは上記の結論だけを述べて，詳細は省略しておく．これに対して λ を指標とすれば楕円体の理論ははるかに簡単に誘導できるので，これは196頁以下で説明してある．なお実際問題としては a を指標にしなければならないことはまず起らないし，またその理論は本質的には δ を楕円の長軸と短軸の幾何学的平均とする処理と同じことになるので，あらためて扱ってみるだけの必要はないであろう．そしていずれの指標を用いるにしても実測操作の上では N_{vo} は(2.6.8)から推定するのが便利である．この式の Q_3 は $p(r)$ が決まればただちに求められる．ただ ε は一般の楕円体については計算に手間がかかるが，回転楕円体については第2章§6の注に示すように，その値は比較的簡単に求めることができる．

生物学的対象ではその形を球とみることが無理なものも多いから，この章の理論が楕円体にまで拡張できることは計測実施上重要な意味をもつものといえよう．

なお以上の理論では試験平面は厚さのない面としてあるが，実際には厚さのある標本が用いられるから，次に標本の厚さの影響を考えてみよう．

b）標本の厚さの影響

組織標本を用いるにあたってその厚さが問題になるのはそれが計測の対象となる球状構造物の大きさに比較して無視できない時である．実例についていうと，たとえば肝硬変症の結節が対象である場合などは通常の組織標本の厚さは無視しても差しつかえない．しかし細胞の核を対象とすれば通常の標本の厚さはもう無視できない範囲に入るであろう．それゆえ以下組織標本の厚さを考慮に入れた時，理論式がどのような形になるかを検討しておく．まず標本の厚さ

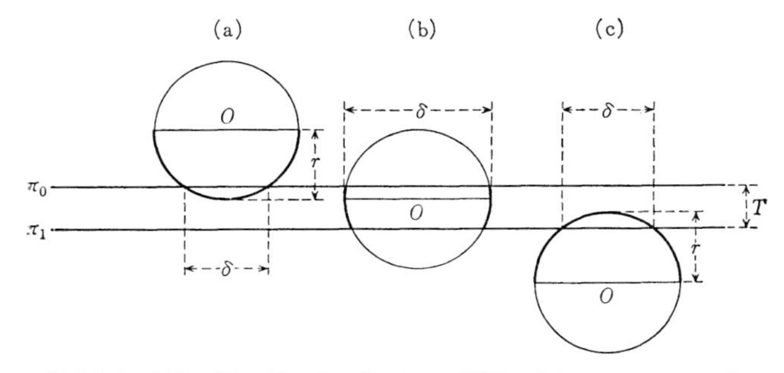

図 3.1.3 標本の厚さ T が δ の値に及ぼす影響を示す．π_0, π_1 はそれぞれ標本の上面と下面である．説明は本文参照のこと．

を T とする．この標本に対する球のあらゆる可能な位置関係を考えるために，球を標本の上方から次第に下方に移動させてみよう．球の中心が標本の上面より上にある間は球の切口の大きさは標本の上面により決定される．そしてこの間は球の下半分が厚さのない平面で切られたのと同じ大きさの切口を与えることになる．ところで球の中心が標本の上面と下面の間，つまり T の厚さの間に位置する時は，標本面上に投影される切口の大きさは常に球の赤道面に等しくなる．さらに球の中心が標本の下面より下に移ると，今度は球の上半分が標本の下面によって切られた切口を与えることになる．この切口の大きさは厚さのない平面で球を切る時と同じになる．この間の状況は図 3.1.3 について了解していただきたい．この過程全体を通観してみると標本の厚さが $F(X)$ に影響を及ぼすのは球の中心が標本の厚さの中に存在する状態がその原因になっていることがわかる．この間球が標本に与える切口の大きさは球の赤道面に相当する．したがってたとえば $F(\delta)$ についていうと半径が $r=\delta/2$ の球の出現頻度だけが影響を受けることになる．そして T の間に中心をおく半径が $\delta/2$ の球の分布密度は $TN(\delta/2)$ で与えられることになるから，結局(3.1.17)の右辺にこの項を付け加えればよい．この際 $\mathrm{d}r=\mathrm{d}\delta/2$ であるから $TN(\delta/2)/2$ の形にしておけば式全体を δ を変数として用いることができる．すなわち

$$\boldsymbol{F(\delta) = \delta \int_{\delta/2}^{\infty} \frac{N(r)}{\sqrt{4r^2-\delta^2}} \mathrm{d}r + \frac{1}{2} TN(\delta/2)} \qquad (3.1.20)$$

を得る．また $F(a)$ の場合も同様の考え方で $a=\pi r^2$，$\mathrm{d}a=2\pi r\,\mathrm{d}r=2\pi\sqrt{a/\pi}\,\mathrm{d}r$ を利用して

$$F(a)=\frac{1}{\pi}\int_{\sqrt{a/\pi}}^{\infty}\frac{N(r)}{\sqrt{r^2-(a/\pi)}}\mathrm{d}r+\frac{1}{2\sqrt{\pi a}}TN(\sqrt{a/\pi}) \qquad (3.1.21)$$

となる．このように余計な項が加わるが，積分方程式としては解ける形になるので，たとえば(3.1.20)の解はBach(1959)が示している．しかしこれからの目的には必ずしも正面から積分方程式を解く必要はなく，別の処理法を考えた方が便利である．

なお対象物の大きさに比べて T が大きい時，たとえば細胞核を厚い氷結切片標本で計測するような時は，右辺の第2項がむしろ主役を演ずるので，第1項は修正項的な意味しかなく，場合によっては省略しても差しつかえないようになる．これは直観的にも明らかなことで，単位体積中の球の半径の分布を，単位面積に T の厚さを乗じた体積の中の球を直接観測して推定することを意味するから，球の大きさに比べて T が充分大きければきわめて簡単な話である．

次に $F(\lambda)$ の場合には式の形はやや複雑になる．それは中心が T の厚さの間にある球が標本上に与える円の大きさが球の赤道面であることには変わりはないが，標本上でこの円と試験直線が交わってつくる弦の長さはいろいろであるからである．逆に弦の長さを指定すればその長さの弦はいろいろな大きさの円に由来することになる．しかしこの問題はこれまで述べてきた考え方の筋で処理できるから，ここでは証明を省略して結果だけを書いておくと

$$F(\lambda)=\frac{\pi}{2}\lambda\int_{\lambda/2}^{\infty}N(r)\mathrm{d}r+T\lambda\int_{\lambda/2}^{\infty}\frac{N(r)}{\sqrt{4r^2-\lambda^2}}\mathrm{d}r \qquad (3.1.22)$$

となる．この式では右辺の第2項の方が第1項より複雑であり，あまり使いやすい形ではないから，実際にあたっては T が無視できないような時にはむしろ λ を指標として用いない方がよいであろう．

c) 理論式の実用上の処理方針

これまで説明したように試験平面上にとった指標 δ, a, λ の分布を空間中の球の半径の分布と結びつける関係式はすべて積分方程式の形になる．それゆえ原理的には次に目的とするところはこの積分方程式を解いて $N(r)$ をいわば裸の形になおすことである．しかし解析的にはこれが一般に困難なのである．ただ

このうちで一番簡単で扱いやすいのは標本の厚さを考慮しないですむ時のλを指標とする式(3.1.19)である．これは$N(r)$自身が積分可能であれば解析的に処理できるからである．しかしいずれにせよ実際にあたって上記の積分方程式を正面から解くことは得策でもなく，また必要もないことで，実際にこれらの式を応用するには別の処理方式が用いられる．その場合二つの異なった方針が考えられる．

第一の方法は$N(r)$の関数形をparameterを用いては規定しないままにしておき，試験平面上のXの実測値から直接rの個個の値についてその出現頻度を推定する仕方である．これは上記の積分方程式の積分は同じXがいろいろの大きさの球からの寄与の累積であることを示すものであるが，この積分の上限の近傍にはこの上限に近い直径をもった球のみが関係することに注目して，まず積分の下限をほとんど上限近くまで引き上げて，この区間の$F(X)$から$N(r)$の上端近傍の値を求め，以下積分の下限を次第に下げながら累積された$N(r)$の値を上端から崩してゆく方策をとるものである．これに対して第二の方法はまず$N(r)$にある関数形を仮定し，そのparameterを用いて理論的に$F(X)$の形を定め，試験平面上のXの実測分布をこの$F(X)$にあてて，いきなり$F(X)$, したがってまた$N(r)$のparameterの値を推定してしまう方法である．

第一の方法はまず実測結果から$N(r)$の形をグラフに描いて，それを見てから$N(r)$に適当な関数形をあててゆくことになるから，いわば正攻法的な方法である．これに必要な数学的処理についてはBach(1967)の研究があり，私共もδとλについてこれと類似の手法で実用を目的とした式を誘導はしてみた．しかしこの方法の最大の欠点は何といってもある段階で発生した誤差がそれ以後のすべての段階に影響を及ぼすということで，このためrの比較的小さい領域では各段階からの誤差が累積されて非常に大きな誤差ができる．特にこの方法ではまず$N(r)$の値が0に近い領域から手をつけるから，この領域の信頼すべき$F(X)$の実測値を得るためにはきわめて多数の実測を行なわなければならず，これも実際にはかなりの困難を伴うのである．したがってこの方法は理論的には興味があるが，私共の経験では生物学の領域ではほとんど実用にならないので，本書では思い切って省略することにした．

なおScheil(1931, 1935)は球の半径を離散的な量とするモデルを用いて，同じ趣旨の方法を開発し，これがSchwartz (1934)やSaltykov (1958)によって引きつがれ改善が加えられている．これらの方法に興味をもたれる方はたとえばUnderwood (1968)の解説を参照していただきたい．また本質的にはこの系統の考え方と同じではあるが，その扱い方が優れており，また実用上の立場からみても価値が大きいのはPenel and Simon (1974)の研究である．そして彼らの方法はδのみならずλを指標とする場合にも適用できる．それゆえこの方法を多少変更し，また拡張した形でここで紹介しておこうと思う．なおλを指標とする時には積分方程式が簡単であるため，積分方程式を出発点としても処理が比較的容易である．そしてこの系統の方法ではSpektor (1950)の方法が最も使いやすいのでこれも説明しておく．

以上の方法にそれぞれの利点はあっても生物学的領域では何といっても第二の方法，$N(r)$の関数形を仮定してそのparameterを推定する方法の方が全般的にはずっと利用価値が大きい．そしてδを指標としてもλを指標としても$N(r)$の関数形はある範囲で自由に選べるのである．それゆえこの章では第二の方法について少しくわしく述べるつもりである．なおこの系統の方法の総括的な扱い方はSuwa *et al.* (1976)にも説明してある．

またaを指標とすることも理論的には可能ではあるが，この方法は面積推定に手間がかかるし，それ以外にも不便な点が多い．そして実際問題としてはδかλを指標とすればほとんどの場合事が処理できるので，どうしてもaを指標にしなければならないような局面はこれまで経験していない．それゆえここではaを指標とする方法については説明を省略しておく．

d) 楕円体への拡張

最後に弦を利用する理論を楕円体にまで拡張してみよう．直交座標系O-xyzの原点Oに中心を置く楕円体の方程式は，一般的な形式としてはa, b, c, f, g, h, dを定数として

$$ax^2+by^2+cz^2+2fyz+2gzx+2hxy+d=0 \qquad (3.1.23)$$

と表わすことができる．そしてこの方程式の係数は楕円体の長軸の長さ，楕円体の離心率，および楕円体の座標系に対するorientationによって定められることになる．いまx軸に平行な1本の試験直線がこの楕円体と交わってある

弦をつくる時，この試験直線が y-z 面と交わる点の座標を y, z とすれば，弦の長さ λ は(3.1.23)を x に関して解いた2根の差の絶対値であるから

$$\lambda=\left|\frac{2}{a}\sqrt{(hy+gz)^2-a(by^2+2fyz+cz^2+d)}\right| \tag{3.1.24}$$

となる．これを $a>0$ として整理すれば

$$(h^2-ab)y^2+2(gh-af)yz+(g^2-ac)z^2-\left(ad+\frac{a^2\lambda^2}{4}\right)=0 \tag{3.1.25}$$

を得る．そしてこの方程式は λ の長さの弦をつくる x 軸に平行な試験直線群が楕円体の表面に描く閉曲線の，y-z 面上への正射影を与えるものである．この式の形と図3.1.4からみて(3.1.25)は楕円を表わすものと考えてよいから，座標系を適当に変換すれば

$$\frac{G}{ad+(a^2\lambda^2/4)}Y^2+\frac{H}{ad+(a^2\lambda^2/4)}Z^2=1 \tag{3.1.26}$$

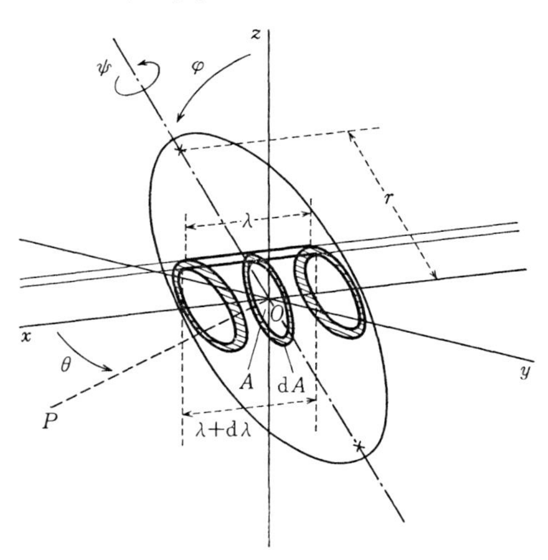

図3.1.4　直交座標系 O-xyz に対して任意の orientation をとる楕円体を x 軸に平行な試験直線で貫いた時の図．斜線を入れた環状の部分は，両側は楕円体の表面に，中央は y-z 面上に，長さが λ と $\lambda+\mathrm{d}\lambda$ の間の弦を与える試験直線群が限る領域である．鎖線は楕円体の長軸を示す．点線 OP は楕円体の長軸の x-y 面上への正射影である．

という形になおすことができる．この式でG, Hは次の方程式のtの2根である．

$$t^2-[(h^2-ab)+(g^2-ac)]t+[(h^2-ab)(g^2-ac)-(gh-af)^2]=0 \tag{3.1.27}$$

なお(3.1.27)の誘導はここでは省略するが，解析幾何学の著書を参照していただきたい．

ところで(3.1.26)で与えられる楕円の面積Aは(3.1.23)の楕円体の長軸を$2r$とし，rを一定にとれば，λにより左右されるばかりでなく，楕円体の幾何学的形態と楕円体の座標系に対するorientationによって値が変わる．楕円体の幾何学的形態は二つの離心率をもって表わすことができるが，ここではこれを一括してeで表現しておく．また楕円体のorientationはその長軸のx-y面上への正射影がx軸となす角をθ，長軸とz軸のなす角をφ，長軸のまわりの回転角をψとすれば，θ, φ, ψの三つの角により一義的に決まる．これらの角を一括してorという記号で表わすことにする．そしてAを$A(\lambda; e, or)$と書くと

$$A(\lambda; e, or)=\pi\frac{|ad+(a^2\lambda^2/4)|}{\sqrt{GH}} \tag{3.1.28}$$

となり，GHは(3.1.27)の2根の積であるから

$$\sqrt{GH}=\sqrt{(h^2-ab)(g^2-ac)-(gh-af)^2} \tag{3.1.29}$$

である．したがって(3.1.28)は

$$A(\lambda; e, or)=\frac{\pi|ad+(a^2\lambda^2/4)|}{\sqrt{(h^2-ab)(g^2-ac)-(gh-af)^2}} \tag{3.1.30}$$

となる．そして$A(\lambda; e, or)$の増加に伴いλは減少することを考慮して(3.1.30)を微分してみると

$$\mathrm{d}A(\lambda; e, or)=-\frac{\pi}{2}\cdot\frac{a^2}{\sqrt{(h^2-ab)(g^2-ac)-(gh-af)^2}}\lambda\cdot\mathrm{d}\lambda \tag{3.1.31}$$

を得る．この式の$\mathrm{d}A(\lambda; e, or)$は楕円体と交わって長さが$\lambda$と$\lambda+\mathrm{d}\lambda$の間の弦をつくるような，$x$軸に平行な試験直線群が，$y$-$z$面上につくる微小な環状領域の面積である．

さてこの楕円体をその稜が単位長，かつ三つの座標軸に平行な立方体中に入れ，y-z 面に平行な立方体の一つの面の範囲に制約された，x 軸に平行な１本の単位長の試験直線を立方体中に引くものとする．そうすると試験直線が楕円体と交わって長さが λ と $\lambda+\mathrm{d}\lambda$ の間の弦をつくる確率 $\mathrm{d}p(\lambda\,;e,or)$ は $\mathrm{d}A(\lambda\,;e,or)$ に等しいことはただちに了解できるであろう．また(3.1.31)の右辺の λ の係数は e と θ,φ,ψ の角のみによって定まるから，これを $\Phi(e,or)$ と書き，また確率を問題にするのであるから負の符号を無視すれば(3.1.31)は

$$\mathrm{d}A(\lambda\,;e,or)=\mathrm{d}p(\lambda\,;e,or)=\frac{\pi}{2}\Phi(e,or)\lambda\,\mathrm{d}\lambda \qquad (3.1.32)$$

となる．次に長軸が $2r$ の楕円体がその orientation をランダム化した形でこの立方体の空間中に充分多数配置されているものとする．この場合には楕円体群が上記の試験直線と交わって長さが λ と $\lambda+\mathrm{d}\lambda$ の間の弦をつくる確率の和は，楕円体の数が一定ならば(3.1.32)をすべての可能な θ,φ,ψ の範囲について積分したものに比例する．これは長さが上記の範囲の弦の数の期待値はこの積分に比例するといってもよい．そしてこの積分の結果はもはや θ,φ,ψ を含まない形になるはずである．また理論的には楕円体の数を１個とした場合の上記の弦の数の期待値を用いても差しつかえない．それゆえこの積分の結果を

$$\mathrm{d}A(\lambda\,;e)=\mathrm{d}p(\lambda\,;e)=\frac{\pi}{2}\Phi(e)\lambda\,\mathrm{d}\lambda \qquad (3.1.33)$$

と書くことができる．これは１個の楕円体がその orientation をランダム化している時，これに１本の単位長の試験直線が交わって，長さが λ と $\lambda+\mathrm{d}\lambda$ の間の弦をつくる確率を与えるものである．そして $\lambda\leqq 2r$ の範囲の任意の λ に対して $\Phi(e)$ は単に楕円体の幾何学的形態によってのみ左右される定数となる．この式を立体が球の場合の式(3.1.13)と比較すると，(3.1.33)は(3.1.13)の右辺に $\Phi(e)$ を乗じたものになっているだけの差である．したがって λ の確率分布に関する限り(3.1.13)と(3.1.33)は全く同じことになる．つまり立体が楕円体である場合にも，弦の長さの確率分布を求めるには球の場合の式をそのまま用いて差しつかえないという注目すべき結果が得られるのである．ところで長軸が $2r$ の楕円体の y-z 面上への正射影の面積は直径が $2r$ の球のそれよりも常に小さいことは直観的に明らかであろう．そしてこの正射影の面積は(3.1.33)を λ

について0から$2r$まで積分したものであるから

$$A(e)=\pi r^2\cdot\Phi(e) \tag{3.1.34}$$

である．そしてπr^2は直径$2r$の球の正射影の面積であるから

$$\Phi(e)<1 \tag{3.1.35}$$

が証明される．

次に空間中にその形が互いに相似形であり大きさを異にした楕円体の群があり，その orientation はランダム化されているものとし，またその半長軸rの分布が$N(r)$で与えられる時は，(3.1.19)の誘導と全く同様にして

$$F(\lambda)=\frac{\pi}{2}\Phi(e)\lambda\int_{\lambda/2}^{\infty}N(r)\mathrm{d}r \tag{3.1.36}$$

が得られる．これは(3.1.19)に楕円体の形によって定まる1より小さい定数を乗じたものであるから，$F(\lambda)$の形は確率分布になおせば(3.1.19)と同じことになり，ただ弦の総数が球の場合より小さくなるだけである．それゆえ第3章§3で扱う$N(r)$の三つの理論分布については，mとr_0は球の場合と全く同じ操作で求めることができる．しかしN_{vO}を求めるためには$\Phi(e)$を計算する必要があり，これにはかなり手間がかかる．したがってN_{vO}の推定にはむしろ試験平面上の立体の切口を数えて，(2.6.8)を利用する方が実際的であろう．この場合にも形態係数εの計算は一般の楕円体についてはあまり容易ではないが，回転楕円体であれば第2章§6の注のように比較的簡単な結果が得られる．また形態係数εを求めるのが簡単でない場合には，むしろ(2.6.17)を利用してN_{vO}を求める方が得策である．

§2　関数形を規定せずに分布を求める方法

a）直径を指標とする方法

単位体積の空間中に直径Dを異にする球の群があるものとし，その最大直径を$D_{\max}$とする．いまmを適当な正の整数とし，$D_{\max}=m\Delta D$によりDの区間ΔDを定める．そして$1\leqq i\leqq m$であるすべての整数iについて，その直径が$D_{i-1}=(i-1)\Delta D$と$D_i=i\Delta D$の間にあ

る球の数を $N_{vO(i)}$ とする．一方この空間を単位面積の無作為な試験平面で切った時，その上にできる円の直径を δ とし，δ についても D と同様に $\delta_{\max}=m\Delta\delta$ であるような $\Delta\delta$ を定める．そして $1\leqq j\leqq m$ であるすべての整数 j について，δ が $\delta_{j-1}=(j-1)\Delta\delta$ と $\delta_j=j\Delta\delta$ の間にある円の数を $N_{aO(j)}$ とする．いま $N_{vO(i)}, N_{aO(j)}$ を行ベクトルの形でそれぞれ $[N_{vO}], [N_{aO}]$ と表わし，$[t]$ をその要素が以下のように定義される行列とする．

$$t_{ij}=\sqrt{i^2-(j-1)^2}-\sqrt{i^2-j^2} \qquad (i\geqq j)$$

$$t_{ij}=0 \qquad (i<j)$$

そしてこれらの行列の間には

$$\Delta D[N_{vO}][t]=[N_{aO}]$$

という関係が成立するから，$\Delta\delta=\Delta D$ を用いて

$$[N_{vO}]=[N_{aO}][t]^{-1}/\Delta\delta$$

を得る．したがって $[N_{aO}]$ の実測値から $[N_{vO}]$ を求めることができる．この結果から $r=(2i-1)\Delta D/4$ として

$$N(r)=2N_{vO(i)}/\Delta D$$

から $N(r)$ が定められる．

いま単位体積の空間中にその直径 D を異にした球の群があるものとしよう．そしてその最大の直径を $D_{\max}$ とし，m を適当な正の整数として

$$D_{\max}=m\Delta D \tag{3.2.1}$$

によって D の区間 ΔD を定めることにする．この m の値はある範囲の直径の球の度数分布をとる時 ΔD が都合のよい大きさになるように決めればよいので，通常10から20位までで足りる．そして i を $1\leqq i\leqq m$ の任意の整数とすれば，D の i 番目の区間の境界は $D_{i-1}=(i-1)\Delta D$ と $D_i=i\Delta D$ で与えられる．

一方この空間を単位面積の試験平面で切れば，その試験平面上にはいろいろな直径 δ をもった円の群ができる．この δ についても D と同様にして

$$\delta_{\max}=m\Delta\delta \tag{3.2.2}$$

によりその区間 $\Delta\delta$ を定めることにする．いうまでもなく充分多数の円をとれば，$\delta_{\max}$ は $D_{\max}$ に等しくなるはずであるから，$\Delta\delta$ は ΔD に等しい．そして

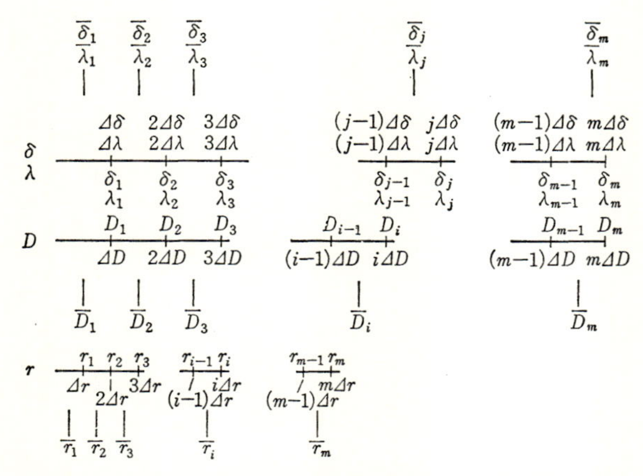

図 3.2.1 Parameter を決めずに $N(r)$ を求めるにあたって採用する球の直径 D，半径 r，試験平面上の円の 直径 δ，試験直線のつくる弦の長さ λ の区間の切り方，およびそれぞれの区間の代表値の定め方を図示してある．その方針は最大の球の直径 $D_{\max}$ を m 等分してこれを ΔD とし，これを単位として直径を表わすことである．そしてその他の諸量 r, δ, λ についても同様である．なお $\overline{D}_i$ は D_{i-1} と D_i の算術平均であり，i 番目の区間の D の代表値である．他の量についても同様である．

$1 \leqq j \leqq m$ である任意の整数 j を用いれば，j 番目の δ の区間の境界は $\delta_{j-1}=(j-1)\Delta\delta$ と $\delta_j=j\Delta\delta$ で規定される(図 3.2.1)．

さてここで D が離散的な値をとるモデルについて考えてみよう．この場合は D が $D_1, D_2, \cdots\cdots, D_i, \cdots\cdots, D_m$ というように $i\Delta D$ で表わされる値だけをとり，その中間の直径をもった球は存在しないものとする．いま試験平面上で直径が δ_{j-1} と δ_j の間にあるような円だけについてみると，このような円は D_i が δ_j よりも大きいすべての球からつくられる．しかし D_i が δ_j よりも小さいような球からはこの直径の円は全くできないことは明らかである．そこで直径 D_i の球1個について，この範囲の直径の円が割面上にできる確率を $p(i, j)$ とすれば，$p(i, j)$ は次のようにして求めることができる．この球に試験平面が交わる時，その切口の円の δ が δ_{j-1}, δ_j になるような試験平面の位置を球の中心から試験平面に至る距離で表わすことにし，それぞれ x_{j-1}, x_j とすれば

$$x_{j-1}=\frac{1}{2}\sqrt{D_i^2-\delta_{j-1}^2} \tag{3.2.3}$$

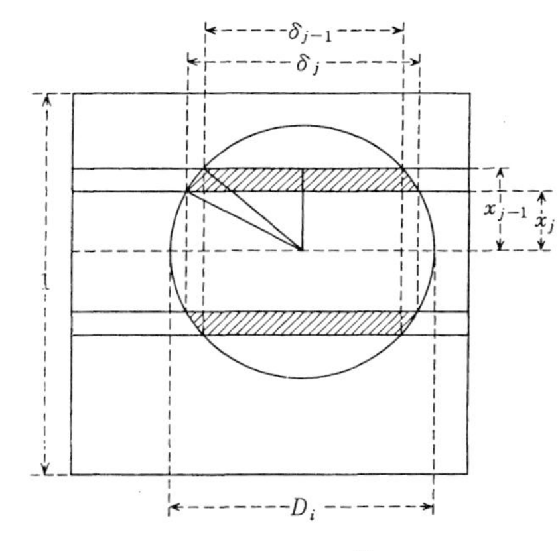

図 3.2.2 直径 D_i の球を試験平面が切る時，δ が δ_{j-1} と δ_j の間にあるような円を与える試験平面と球の位置的関係を示す．図の斜線の部分がそれにあたる．

$$x_j = \frac{1}{2}\sqrt{D_i^2-\delta_j^2} \tag{3.2.4}$$

である．この関係は図 3.2.2 に示してある．そして δ が δ_{j-1} から δ_j の間にあるような円ができるのは，試験平面が x_{j-1} と x_j の間で球と交わる時だけである．このような条件にかなう x の範囲は球の赤道面の両側に 1 個所ずつ，合計 2 個所できることになる．一方単位体積の空間を 1 稜が単位長の立方体とすれば，試験平面のとりうる位置の範囲は 1 となるから

$$\begin{aligned} p(i,j) &= 2(x_{j-1}-x_j) \\ &= \sqrt{D_i^2-\delta_{j-1}^2}-\sqrt{D_i^2-\delta_j^2} \qquad (i \geqq j) \end{aligned} \tag{3.2.5}$$

を得る．そして $\Delta D = \Delta\delta$ であるから

$$p(i,j) = \Delta D[\sqrt{i^2-(j-1)^2}-\sqrt{i^2-j^2}] \qquad (i \geqq j) \tag{3.2.6}$$

と書くことができる．この右辺の括弧中の式は i と j という整数のみを変数とする関数になるが，これを t_{ij} とすれば

$$t_{ij} = \sqrt{i^2-(j-1)^2}-\sqrt{i^2-j^2} \qquad (i \geqq j) \tag{3.2.7}$$

であるから

$$p(i,j) = \Delta D \cdot t_{ij} \tag{3.2.8}$$

である．なお $i<j$ に対しては

$$p(i,j) = 0, \quad t_{ij} = 0 \tag{3.2.9}$$

であることはいうまでもない．

次に t_{ij} を行列の形式で表わせば

$$[t]=\begin{bmatrix} t_{11} & t_{12} & \cdots\cdots & t_{1m} \\ t_{21} & t_{22} & \cdots\cdots & t_{2m} \\ \cdots & \cdots & \cdots & \cdots \\ \cdots & \cdots & \cdots & \cdots \\ t_{m1} & t_{m2} & \cdots\cdots & t_{mm} \end{bmatrix} \tag{3.2.10}$$

となるが，(3.2.9)を考慮すれば

$$[t]=\begin{bmatrix} t_{11} & 0 & \cdots\cdots & 0 \\ t_{21} & t_{22}\ 0 & \cdots\cdots & 0 \\ \cdots & \cdots & \cdots & \cdots \\ \cdots & \cdots & \cdots & \cdots \\ t_{m1} & t_{m2} & \cdots\cdots & t_{mm} \end{bmatrix} \tag{3.2.11}$$

を得る．

一方直径が D_i の球の数を $N_{vO(i)}$ とし，試験平面上で直径が δ_{j-1} と δ_j の間にある円の数を $N_{aO(j)}$ とすれば，これらの数を行ベクトルの形にまとめて

$$[N_{vO}]=[N_{vO(1)}, N_{vO(2)}, \cdots\cdots, N_{vO(i)}, \cdots\cdots, N_{vO(m)}] \tag{3.2.12}$$

$$[N_{aO}]=[N_{aO(1)}, N_{aO(2)}, \cdots\cdots, N_{aO(j)}, \cdots\cdots, N_{aO(m)}] \tag{3.2.13}$$

となる．そこで

$$[N_{vO}][p]=\Delta D[N_{vO}][t] \tag{3.2.14}$$

という行列の積をつくってみると，その結果は一つの行ベクトルになるが，その第1要素は

$$\begin{aligned} &\Delta D(N_{vO(1)}t_{11}+N_{vO(2)}t_{21}+\cdots\cdots+N_{vO(m)}t_{m1}) \\ &\quad = N_{vO(1)}p_{(1,1)}+N_{vO(2)}p_{(2,1)}+\cdots\cdots+N_{vO(m)}p_{(m,1)} \end{aligned} \tag{3.2.15}$$

となる．これはその内容からみてすべての大きさの球からできる直径が0から δ_1 までの間にある円の数 $N_{aO(1)}$ にほかならない．そしてこの積の行ベクトルの第2要素以下も同様の考え方で，$N_{aO(2)}, N_{aO(3)}, \cdots\cdots, N_{aO(m)}$ に等しくなるはずである．したがって

$$\Delta D[N_{vO}][t]=[N_{aO}] \tag{3.2.16}$$

という重要な関係が得られる．そして $[t]$ の逆行列を $[t]^{-1}$ とし，また $\Delta D=\Delta\delta$ であることを考慮すれば

$$[\boldsymbol{N_{vO}}]=[\boldsymbol{N_{aO}}][\boldsymbol{t}]^{-1}/\boldsymbol{\Delta\delta} \tag{3.2.17}$$

となる．これにより実測によって求めた $[N_{aO}]$ から $[N_{vO}]$ が推定できる．

以上の理論は D を離散的な量としているが，$\varDelta D$ を充分小さくとればこのままで実用になる．なおここで説明した Penel and Simon (1974) の方法がすぐれている点は $[t]$ の逆行列 $[t]^{-1}$ を利用していることである．一方 Scheil (1931) 以来これまでの方法では多くは(3.2.16)の段階で連立方程式をつくってこれを解く方式をとっているが，これに比較すれば Penel and Simon の方法は $N_{vO(i)}$ を求める計算がはるかに簡単にすむ．もっとも m が 10 から 20 位の値であれば 10 次から 20 次の逆行列を計算することは電子計算機を使用しなければ無理であるが，1 度求めておけばこれはそのまますべての計測に利用することができるからあとは楽である．それゆえここでは $m=20$ に相当する 20 次の $[t]$ と $[t]^{-1}$ を求めてこれを表 3.2.1 に示しておく．

なおここで説明した方法を用いるにしても，$N_{aO(i)}$ の実測分布が計測上の，または確率論的な誤差のためにある程度以下に精度が低下して不規則になると，$N_{vO(i)}$ の値がたとえば負になる等の不合理な結果を生ずることがある．このような時は計測数を増して $N_{aO(i)}$ の実測分布の精度を上げるよう努力すべきものであるが，それができない時には $N_{aO(i)}$ の実測分布を視察によってある程度滑らかなものに修正してからこの方法を適用すべきであろう．これはあまり感心した処理法ではないが止むをえない場合もある．

最後に $N_{vO(i)}$ から $N(r)$ を求めるには次のようにする必要がある．$N_{vO(i)}$ は直径が D_{i-1} から D_i までの球の数であるから，これをある D の値で代表させるには D_{i-1} と D_i の算術平均 $\bar{D}_i$ を用いるのが常識的であろう．これをさらに半径 r になおせば $r_{i-1}=D_{i-1}/2$ と $r_i=D_i/2$ の算術平均を求めることになる．したがって $N_{vO(i)}$ は

$$\bar{r}_i=\frac{1}{2}\left[\frac{D_{i-1}+D_i}{2}\right]=\frac{1}{4}(2i-1)\varDelta D \qquad (3.2.18)$$

に対応することになる．そして $N(r)$ の値は $\varDelta r$ を単位長にとった時のものであるから，(3.2.18)の $\bar{r}_i$ に対しては

$$N(\bar{r}_i)=N_{vO(i)}/\varDelta r=2N_{vO(i)}/\varDelta D \qquad (3.2.19)$$

を求めればよい．

表 3.2.1 行列 $[t]$ とその逆行列 $[t]^{-1}$. なおこの表では 20 次の行列を計算してあるが，実測に
をとって差しつかえない. そして $[t]^{-1}$ の左上のその次数の部分だけを用いればよい. これは内
ことに等しいからである.

$[t] =$

1.000000	0	0	0	0	0	0	0	0	0
0.267949	1.732051	0	0	0	0	0	0	0	0
0.171573	0.592359	2.236068	0	0	0	0	0	0	0
0.127017	0.408882	0.818350	2.645751	0	0	0	0	0	0
0.101021	0.316404	0.582576	1.000000	3.000000	0	0	0	0	0
0.083920	0.259226	0.460702	0.724016	1.155511	3.316625	0	0	0	0
0.071797	0.219999	0.383649	0.579993	0.845583	1.293428	3.605551	0	0	0
0.062746	0.191287	0.329768	0.487995	0.683205	0.953495	1.418519	3.872983	0	0
0.055728	0.169308	0.289683	0.423024	0.578943	0.775111	1.051350	1.533749	4.123106	0
0.050126	0.151915	0.258567	0.374241	0.504897	0.660254	0.858572	1.141428	1.641101	4.358899
0.045549	0.137797	0.233649	0.336054	0.448992	0.578415	0.734263	0.935447	1.225279	1.741980
0.041739	0.126101	0.213210	0.305242	0.404996	0.516407	0.645511	0.802522	1.007018	1.304004
0.038519	0.116249	0.196122	0.279794	0.369317	0.467437	0.578111	0.707500	0.866119	1.074208
0.035760	0.107834	0.181612	0.258386	0.339711	0.427586	0.524755	0.635230	0.765320	0.925846
0.033370	0.100561	0.169130	0.240106	0.314697	0.394409	0.481228	0.577922	0.688578	0.819660
0.031281	0.094212	0.158274	0.224300	0.293249	0.366287	0.444902	0.531088	0.627650	0.738761
0.029437	0.088620	0.148742	0.210489	0.274635	0.342103	0.414040	0.491933	0.577795	0.674478
0.027799	0.083657	0.140304	0.198311	0.258312	0.321054	0.387439	0.458608	0.536058	0.621828
0.026334	0.079222	0.132781	0.187487	0.243873	0.302546	0.364235	0.429834	0.500487	0.577706
0.025016	0.075236	0.126029	0.177802	0.231001	0.286133	0.343790	0.404691	0.469732	0.540063

$[t]^{-1} =$

1.000000	0	0	0	0	0	0	0	0	0
-0.154701	0.577350	0	0	0	0	0	0	0	0
-0.035748	-0.152946	0.447214	0	0	0	0	0	0	0
-0.013043	-0.041918	-0.138326	0.377964	0	0	0	0	0	0
-0.006068	-0.017218	-0.040736	-0.125988	0.333333	0	0	0	0	0
-0.003285	-0.008731	-0.017732	-0.038615	-0.116133	0.301511	0	0	0	0
-0.001970	-0.005041	-0.009420	-0.017400	-0.036513	-0.108162	0.277350	0	0	0
-0.001272	-0.003178	-0.005648	-0.009519	-0.016837	-0.034614	-0.101582	0.258199	0	0
-0.000869	-0.002135	-0.003672	-0.005851	-0.009399	-0.016225	-0.032934	-0.096047	0.242536	0
-0.000619	-0.001504	-0.002531	-0.003885	-0.005880	-0.009193	-0.015630	-0.031451	-0.091313	0.229416
-0.000457	-0.001101	-0.001822	-0.002727	-0.003965	-0.005827	-0.008956	-0.015070	-0.030138	-0.087208
-0.000346	-0.000830	-0.001358	-0.001994	-0.002821	-0.003976	-0.005736	-0.008713	-0.014552	-0.028967
-0.000269	-0.000641	-0.001040	-0.001507	-0.002088	-0.002858	-0.003950	-0.005626	-0.008475	-0.014075
-0.000213	-0.000506	-0.000815	-0.001168	-0.001594	-0.002135	-0.002863	-0.003903	-0.005509	-0.008246
-0.000172	-0.000406	-0.000651	-0.000925	-0.001247	-0.001644	-0.002155	-0.002848	-0.003846	-0.005390
-0.000140	-0.000331	-0.000528	-0.000746	-0.000996	-0.001296	-0.001671	-0.002158	-0.002822	-0.003782
-0.000116	-0.000274	-0.000435	-0.000611	-0.000809	-0.001043	-0.001326	-0.001682	-0.002149	-0.002789
-0.000097	-0.000229	-0.000362	-0.000506	-0.000667	-0.000852	-0.001072	-0.001342	-0.001684	-0.002133
-0.000082	-0.000193	-0.000305	-0.000425	-0.000557	-0.000707	-0.000881	-0.001091	-0.001349	-0.001678
-0.000070	-0.000165	-0.000260	-0.000360	-0.000470	-0.000593	-0.000734	-0.000900	-0.001101	-0.001350

あたっては δ の区間の数を必ずしも 20 に合わせる必要はなく，20 以下であれば任意の区間の数
容的には仮想的な $\delta_{\max}$ を用いて δ の区間を 20 にとり，ある j 以上の δ_j の出現度数を 0 とする

0	0	0	0	0	0	0	0	0	0
0	0	0	0	0	0	0	0	0	0
0	0	0	0	0	0	0	0	0	0
0	0	0	0	0	0	0	0	0	0
0	0	0	0	0	0	0	0	0	0
0	0	0	0	0	0	0	0	0	0
0	0	0	0	0	0	0	0	0	0
0	0	0	0	0	0	0	0	0	0
0	0	0	0	0	0	0	0	0	0
0	0	0	0	0	0	0	0	0	0
4.582576	0	0	0	0	0	0	0	0	0
1.837418	4.795832	0	0	0	0	0	0	0	0
1.378421	1.928203	5.000000	0	0	0	0	0	0	0
1.137705	1.449151	2.014950	5.196152	0	0	0	0	0	0
0.982301	1.198039	1.516685	2.098150	5.385165	0	0	0	0	0
0.871046	1.035945	1.255626	1.581412	2.178202	5.567764	0	0	0	0
0.786246	0.919887	1.087143	1.310800	1.643651	2.255437	5.744563	0	0	0
0.718823	0.831399	0.966508	1.136191	1.363834	1.703663	2.330131	5.916080	0	0
0.663561	0.761014	0.874513	1.011174	1.183329	1.414953	1.761669	2.402519	6.082763	0
0.617215	0.703293	0.801316	0.915827	1.054100	1.228757	1.464346	1.817856	2.472800	6.244998

0	0	0	0	0	0	0	0	0	0
0	0	0	0	0	0	0	0	0	0
0	0	0	0	0	0	0	0	0	0
0	0	0	0	0	0	0	0	0	0
0	0	0	0	0	0	0	0	0	0
0	0	0	0	0	0	0	0	0	0
0	0	0	0	0	0	0	0	0	0
0	0	0	0	0	0	0	0	0	0
0	0	0	0	0	0	0	0	0	0
0	0	0	0	0	0	0	0	0	0
0.218218	0	0	0	0	0	0	0	0	0
−0.083605	0.208514	0	0	0	0	0	0	0	0
−0.027918	−0.080412	0.200000	0	0	0	0	0	0	0
−0.013637	−0.026971	−0.077555	0.192450	0	0	0	0	0	0
−0.008029	−0.013233	−0.026111	−0.074982	0.185695	0	0	0	0	0
−0.005273	−0.007825	−0.012860	−0.025327	−0.072647	0.179605	0	0	0	0
−0.003717	−0.005159	−0.007633	−0.012515	−0.024609	−0.070517	0.174078	0	0	0
−0.002752	−0.003650	−0.005050	−0.007452	−0.012195	−0.023947	−0.068563	0.169031	0	0
−0.002113	−0.002712	−0.003585	−0.004946	−0.007282	−0.011898	−0.023335	−0.066762	0.164399	0
−0.001668	−0.002090	−0.002672	−0.003521	−0.004846	−0.007122	−0.011620	−0.022768	−0.065096	0.160128

付）厚い標本の利用法

Penel and Simon の方法を実際に応用する時に，次のような困難を経験することがしばしばある．それは生物学的対象ではある球状構造物が試験平面にほとんど接する位置で切られ，小さな切口をつくる場合，これを標本上で正しく認識することが容易でないということである．そのため $N_{aO(1)}$ にあたる最も小さい切口の実測値には常に不安がつきまとう．元来 Penel and Simon の方法は厚さのない試験平面を用いることが前提になっており，したがって実際にはできるだけ薄い標本を用いるよう心がけるべきである．しかし上に述べたような難点を避けるためには，むしろ意識的に厚い標本を用いてそれに適合した理論式を用いる方がよいこともある．それゆえ以下このような場合の理論を追加しておく．なお球のモデルとしてはすでに述べたように球の直径 D を離散的量として扱うことにし，D や δ の区間の分け方等も 201 頁以下の説明通りとする．

さて厚さのない標本については直径 D_i の球が直径 δ_{j-1} から δ_j の間の切口の円をつくる確率は (3.2.5) の $p(i,j)$ で与えられる．これに対して T の厚さの標本を用いれば直径 D_i の球の中心が標本中に存在する間は標本では直径 δ_i の円が観察されることになる．そしてこの分だけが標本に厚さのない場合にくらべて余計な図形になる．この間の関係は図3.1.3を参照していただきたい．いま直径 D_i の球が単位体積の空間中に $N_{vO(i)}$ 個あるものとし，これらの球が T の厚さをもった単位面積の標本につくる直径 δ_{j-1} から δ_j までの円の数の期待値を $\bar{N}_{aO(i,j)}$ とすれば，$i=j$ の時は上記の考察に従って

$$\bar{N}_{aO(i,j)} = p(i,j)N_{vO(i)} + TN_{vO(i)} \qquad (3.2.20)$$

が成立する．ところでこの大きさの切口の円は一方では $i \geqq j$ であるようなすべての球からつくられるが，$i>j$ の時はこれらの球の中心が標本中に位置する時観察される円の直径 δ_i は δ_j よりも大きくなる．したがってこれは $\bar{N}_{aO(j)}$ には影響を及ぼさない．結局標本の厚さが意味をもつのは $i=j$ の時の $\bar{N}_{aO(j)}$ に対してだけである．それゆえすべての大きさの球からつくられる $\bar{N}_{aO(j)}$ については

$$\begin{aligned}\bar{N}_{aO(j)} &= \sum_i p(i,j)N_{vO(i)} + TN_{vO(j)} \\ &= \Delta D \sum_i t_{ij}N_{vO(i)} + TN_{vO(j)} \quad (i \geqq j)\end{aligned} \qquad (3.2.21)$$

となる．この式の右辺第1項の計算には表3.2.1の [t] を用いればよい．そして $j=1, 2, 3, \cdots, m$ に相当して m 個の連立方程式をつくり，これから $i=1, 2, 3, \cdots, m$ にあたる $N_{vO(i)}$ を求めることができる．これは Scheil (1931) 以来の伝統的手法である．

さて (3.2.21) をみると T が大きくなれば右辺第1項の比重は次第に小さくなり，遂には無視してよい程になる．したがって小さな球については右辺第1項の計算にあたって発生する前述の誤差は問題にならなくなる．これは直観的にも明らかなことで，充分に厚い標本を用いれば小さな球は大部分直接その直径が計測されることになり，標本の上下の面にかかる球の数は僅かなものになるであろうことはただちに了解できる．そしてこの場合は実は stereological な方法としての意味は少ないものになってしまう．

b) 弦を指標とする方法

> 単位体積の空間中に直径 D を異にする球の群がある時，直径が D_{i-1} と D_i の間にある球の数を $N_{vO(i)}$ とする．また単位長の無作為な試験直線が球の群と交わってつくる弦のうち，その長さが λ_{j-1} と λ_j の間にあるものの数を $N_{\lambda O(j)}$ とする．ここで i, j はいずれも m を適当な正の整数とし，$1 \leqq i \leqq m$，$1 \leqq j \leqq m$ の範囲にある任意の整数である．そして $N_{vO(i)}$ と $N_{\lambda O(j)}$ を行ベクトルで表わし，それぞれ $[N_{vO}]$，$[N_{\lambda O}]$ とし，また $\lambda_j - \lambda_{j-1} = \Delta\lambda$ とすれば
>
> $$[N_{vO}] = [N_{\lambda O}][t]^{-1} \Big/ \frac{\pi}{4}(\Delta\lambda)^2$$
>
> が成立する．この式で $[t]^{-1}$ は球の直径を連続量とすれば次の t_{ij} を要素とする行列 $[t]$ の逆行列である．
>
> $$t_{ij} = j^2 - (j-1)^2 \qquad (i \geqq j)$$
>
> $$t_{ij} = 0 \qquad (i < j)$$
>
> この逆行列は簡単に計算できるので，その結果を用いて
>
> $$N_{vO(i)} = \frac{2}{\pi\Delta\lambda}\left[\frac{N_{\lambda O(i)}}{\bar{\lambda}_i} - \frac{N_{\lambda O(i+1)}}{\bar{\lambda}_{i+1}}\right]$$
>
> を得る．この式で $\bar{\lambda}_i, \bar{\lambda}_{i+1}$ はそれぞれ λ_{i-1} と λ_i，λ_i と λ_{i+1} の算術平均である．これにより $[N_{\lambda O}]$ の実測値から $[N_{vO}]$ を求めることができる．なお $r = (2i-1)\Delta D/4$ として
>
> $$N(r) = 2N_{vO(i)}/\Delta D$$
>
> により $N(r)$ を定めることができる．

空間中の球の群が無作為な試験直線と交わってつくる弦の長さ λ を指標として $N(r)$ を求める方法には，(3.1.19)の積分方程式が比較的簡単な形であるためいろいろな操作が可能である．そのうちで実用的なものは Spektor (1950) の方法であるが，前項で説明した Penel and Simon (1974) の考え方を δ ではなく λ に適用すれば Spektor の方法と同じ結果が得られるので，ここではまずできるだけ応用範囲の広い考え方を採用して説明しておくことにする．なおこの項では δ のかわりに λ が用いられるが，その区間の切り方等の方針は前項と全く

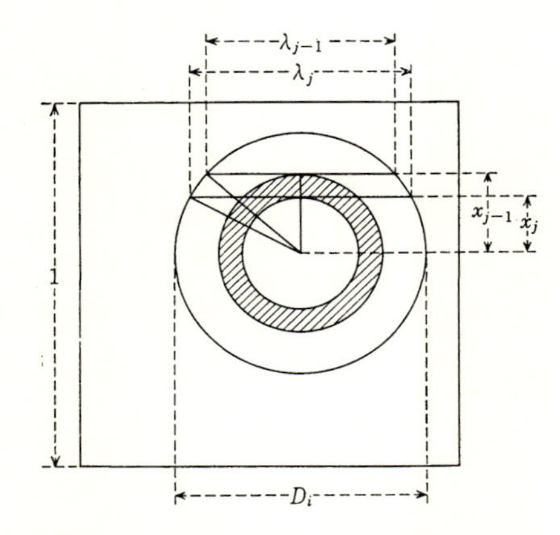

図 3.2.3 直径 D_i の球と試験直線が交わる時，λ_{j-1} から λ_j までの間の弦を与えるような試験直線と球との位置関係を示す．試験直線は図の斜線を入れた環状の部分を通ることになる．なおこの図では試験直線は紙面に直交する方向をとるから，弦は元来点にしかならないが，便宜上これを 90° 回転して図に書き入れてある．

同じであるから，ここであらためては触れない．

最初に球の直径が離散的な量であるようなモデルについて考えることとし，1稜が単位長の立方体の空間中にある直径 D_i の球1個をとってみよう．そして球と試験直線が交わってつくる弦のうち，その長さが λ_{j-1} から λ_j の間にあるものだけを考え，球の中心からこの両限界にあたる試験直線に至る距離を x_{j-1}, x_j とする(図 3.2.3)．そうすると λ_{j-1} から λ_j の範囲の弦ができる確率 $p(i,j)$ は

$$p(i,j) = \pi({x_{j-1}}^2 - {x_j}^2) \tag{3.2.22}$$

で与えられる．そして $i \geqq j$ であれば

$${x_{j-1}}^2 = \frac{1}{4}({D_i}^2 - {\lambda_{j-1}}^2) \tag{3.2.23}$$

$${x_j}^2 = \frac{1}{4}({D_i}^2 - {\lambda_j}^2) \tag{3.2.24}$$

となるから(3.2.22)は

$$\begin{aligned} p(i,j) &= \frac{\pi}{4}({\lambda_j}^2 - {\lambda_{j-1}}^2) \\ &= \frac{\pi}{4}(\Delta\lambda)^2[j^2-(j-1)^2] \qquad (i \geqq j) \end{aligned} \tag{3.2.25}$$

となる．そして

$$t_{ij} = [j^2-(j-1)^2] \qquad (i \geqq j) \tag{3.2.26}$$

とすれば(3.2.25)は

$$p(i,j)=\frac{\pi}{4}(\varDelta\lambda)^2\cdot t_{ij} \qquad (i\geqq j) \tag{3.2.27}$$

となる．なお $i<j$ であれば

$$p(i,j)=0, \qquad t_{ij}=0 \tag{3.2.28}$$

であることは明らかである．

さて(3.2.25)と(3.2.26)をみて興味があることは，$i\geqq j$ の範囲でも $p(i,j)$，したがって t_{ij} が D_i に無関係になることである．つまり大きな球であろうと小さい球であろうとある一定範囲の長さの弦を与える確率に変わりはないということである．これは(3.2.25)や(3.2.26)の結果を球の直径を連続量とするモデルにまでただちに拡張を許すものである．この場合の球の直径と弦の長さの関係は図3.2.4から了解できるであろう．したがって

$$\begin{cases} p(i,j)=\dfrac{\pi}{4}(\varDelta\lambda)^2[j^2-(j-1)^2], & t_{ij}=j^2-(j-1)^2 \quad (i\geqq j) \\ p(i,j)=0, & t_{ij}=0 \quad (i<j) \end{cases} \tag{3.2.29}$$

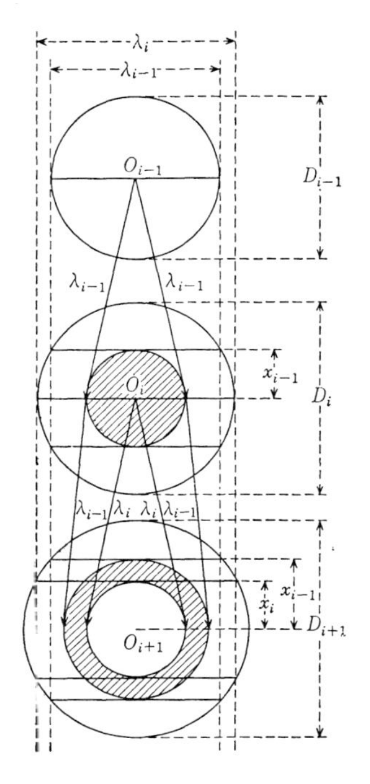

図3.2.4　球の直径 D が連続的に変わるものとし，これと交わって λ_{i-1} から λ_i までの弦をつくるような試験直線がその近傍の直径をもった球に対する位置関係を示す．なお図では試験直線は紙面に直交する方向をとるが，便宜上これを90°回転した時の弦の長さも図に書き入れてある．球の直径が D_{i-1} の時は球の中心を通る試験直線のみが λ_{i-1} の弦を与え，その他の試験直線はすべて λ_{i-1} より小さい弦をつくる．球の直径が D_{i-1} から D_i まで大きくなる間，λ_{i-1} の弦をつくる試験直線は球の中心からある半径をもった円をつくり，λ_{i-1} から λ_i の間の弦を与える試験直線は斜線を入れたこの円の内部を通ることになる．そして球の直径が D_i になると，球の中心を通る試験直線が λ_i の弦をつくる．球の直径が D_i よりも大きくなると，λ_i の弦をつくる試験直線は球の中心からある半径をもった円周を描くことになり，この内部を通る試験直線は λ_i よりも長い弦をつくる．したがって λ_{i-1} から λ_i の弦のできる試験直線の位置は斜線を入れた環状の部分を通る．

となる.

次に球の直径が連続量であるモデルについて，直径が D_{i-1} と D_i の間にある球の数を $N_{vO(i)}$，λ_{j-1} と λ_j の間にある弦の数を $N_{\lambda O(j)}$ とし，$N_{vO(i)}$ と $N_{\lambda O(j)}$ を行ベクトルの形式で表現したものをそれぞれ $[N_{vO}]$ と $[N_{\lambda O}]$，また t_{ij} を要素とする行列を $[t]$ とすれば,

$$\frac{\pi}{4}(\Delta\lambda)^2\cdot[N_{vO}][t]=[N_{\lambda O}] \tag{3.2.30}$$

が成立する．したがって $[t]$ の逆行列を $[t]^{-1}$ とすれば

$$[\boldsymbol{N}_{vO}]=[\boldsymbol{N}_{\lambda O}][\boldsymbol{t}]^{-1}\Big/\frac{\boldsymbol{\pi}}{\boldsymbol{4}}(\boldsymbol{\Delta\lambda})^2 \tag{3.2.31}$$

を得る．そしてこの関係を利用して $[N_{\lambda O}]$ の実測値から $[N_{vO}]$ が推定できるのである.

ところで行の数の多い行列の逆行列を計算することは一般に容易でないが，t_{ij} が i に無関係で j の値だけで決まる時には $[t]$ の逆行列は簡単に求められ

$$[t]^{-1}=\begin{bmatrix} \frac{1}{t_{11}} & 0 & 0 & \cdots\cdots\cdots & 0 & 0 \\ \frac{-1}{t_{22}} & \frac{1}{t_{22}} & 0 & \cdots\cdots\cdots & 0 & 0 \\ 0 & \frac{-1}{t_{33}} & \frac{1}{t_{33}} & \cdots\cdots\cdots & 0 & 0 \\ \cdots & \cdots & \cdots & \cdots & \cdots & \cdots \\ \cdots & \cdots & \cdots & \cdots & \cdots & \cdots \\ 0 & 0 & 0 \cdots & 0 & \frac{-1}{t_{mm}} & \frac{1}{t_{mm}} \end{bmatrix} \tag{3.2.32}$$

となる．この誘導はこの項の注に説明してある．これを用いて(3.2.31)を計算すれば

$$N_{vO(i)}=\frac{4}{\pi(\Delta\lambda)^2}\left[\frac{N_{\lambda O(i)}}{t_{ii}}-\frac{N_{\lambda O(i+1)}}{t_{i+1,i+1}}\right] \tag{3.2.33}$$

を得る．そして

$$t_{ii}\Delta\lambda=[i^2-(i-1)^2]\Delta\lambda=2\left(\frac{2i-1}{2}\right)\Delta\lambda=2\left(\frac{\lambda_i+\lambda_{i-1}}{2}\right) \tag{3.2.34}$$

$$t_{i+1,i+1}\varDelta\lambda = [(i+1)^2-i^2]\varDelta\lambda = 2\left(\frac{2i+1}{2}\right)\varDelta\lambda = 2\left(\frac{\lambda_{i+1}+\lambda_i}{2}\right) \tag{3. 2. 35}$$

である．すなわち(3. 2. 34)と(3. 2. 35)はそれぞれ λ_{i-1} と λ_i, λ_i と λ_{i+1} の算術平均の2倍を与えるものである．したがってこれを簡単に $2\bar{\lambda}_i$, $2\bar{\lambda}_{i+1}$ と書くことにすれば(3. 2. 33)は

$$\boldsymbol{N}_{vO(i)} = \frac{\boldsymbol{2}}{\boldsymbol{\pi\varDelta\lambda}}\left[\frac{\boldsymbol{N}_{\lambda O(i)}}{\bar{\boldsymbol{\lambda}}_i} - \frac{\boldsymbol{N}_{\lambda O(i+1)}}{\bar{\boldsymbol{\lambda}}_{i+1}}\right] \tag{3. 2. 36}$$

となる．これによりそれぞれの λ の区間について $N_{\lambda O(j)}$ を実測により求めれば，$N_{vO(i)}$ を推定できることになる．そして $N_{vO(i)}$ から $N(r)$ を求めるには(3. 2. 18)と同様にして

$$\bar{r}_i = \frac{1}{4}(2i-1)\varDelta D \tag{3. 2. 37}$$

に対して

$$N(\bar{r}_i) = 2N_{vO(i)}/\varDelta D \tag{3. 2. 38}$$

とすればよい．

以上の結果は Underwood (1968) が解説している Spektor (1950) の方法によるものと全く同一である．しかしここでは本質的には Underwood の解説と同じであるが，これよりも簡単な方法で(3. 2. 36)の結果を誘導する理論を追加しておきたい．まず(3. 1. 19)の理論式の両辺を $(\pi/2)\lambda$ で除せば

$$\frac{2F(\lambda)}{\pi\lambda} = \int_{\lambda/2}^{\infty} N(r)\,\mathrm{d}r \tag{3. 2. 39}$$

となる．ここで

$$\int N(r)\,\mathrm{d}r = H(r) \tag{3. 2. 40}$$

とおけば

$$\int_{\lambda/2}^{\infty} N(r)\,\mathrm{d}r = H(\infty) - H(\lambda/2) \tag{3. 2. 41}$$

である．ところで実際問題としてはある程度以上の大きさの球は存在しないから，$N(r)$ がいかなる関数形であろうと $N(\infty)=0$ とみてよい．これを考慮に入れて(3. 2. 41)の式を微分すれば

$$\frac{\mathrm{d}}{\mathrm{d}\lambda}\left(\frac{2F(\lambda)}{\pi\lambda}\right)=\frac{\mathrm{d}r}{\mathrm{d}\lambda}\cdot\frac{\mathrm{d}}{\mathrm{d}r}[H(\infty)-H(\lambda/2)] = -\frac{\mathrm{d}r}{\mathrm{d}\lambda}N(\lambda/2) \qquad (3.2.42)$$

となる．両辺の微係数は λ の長さの弦を与えうる最小の半径の球について考えればよいから，$\lambda=2r$，したがって $\mathrm{d}\lambda=2\mathrm{d}r$ である．これを利用すれば

$$-\frac{\mathrm{d}}{\mathrm{d}\lambda}\left(\frac{2F(\lambda)}{\pi\lambda}\right) = \frac{1}{2}N(\lambda/2) \qquad (3.2.43)$$

となる．両辺に $\Delta\lambda$ を乗じ，また $\Delta\lambda=2\Delta r$ であることを用いれば

$$-\frac{\mathrm{d}}{\mathrm{d}\lambda}\left(\frac{2F(\lambda)\Delta\lambda}{\pi\lambda}\right) = N(\lambda/2)\Delta r \qquad (3.2.44)$$

を得る．さてこの結果を λ と r の i 番目の区間に適用すると

$$F(\lambda)\Delta\lambda = N_{\lambda O(i)},\quad N(\lambda/2)\Delta r = N_{vO(i)} \qquad (3.2.45)$$

であるから

$$-\frac{\mathrm{d}}{\mathrm{d}\lambda}\left(\frac{2N_{\lambda O(i)}}{\pi\bar{\lambda}_i}\right) = N_{vO(i)} \qquad (3.2.46)$$

となる．ここで左辺の $\mathrm{d}\lambda$ を $\Delta\lambda$ で置き換えると

$$\frac{2}{\pi\Delta\lambda}\left[\frac{N_{\lambda O(i)}}{\bar{\lambda}_i}-\frac{N_{\lambda O(i+1)}}{\bar{\lambda}_{i+1}}\right] = N_{vO(i)} \qquad (3.2.47)$$

を得る．これは正に(3.2.36)の式にほかならない．

このようにしてみると以上の操作は結局(3.2.39)の両辺を微分していることになる．これをもっと意識的に行ったのが Cahn and Fullman (1956) である．彼らは(3.2.39)の式の左辺の微分を実際に行って

$$\frac{2}{\pi}\left[\frac{F(\lambda)\Delta\lambda}{\lambda^2}-\frac{1}{\lambda}\cdot\frac{\mathrm{d}F(\lambda)\Delta\lambda}{\mathrm{d}\lambda}\right] = N(\lambda/2)\Delta r \qquad (3.2.48)$$

とした．そしてこれを i 番目の区間に適用すれば

$$\frac{2}{\pi\bar{\lambda}_i}\left[\frac{N_{\lambda O(i)}}{\bar{\lambda}_i}-\frac{N_{\lambda O(i+1)}-N_{\lambda O(i)}}{\Delta\lambda}\right] = N_{vO(i)} \qquad (3.2.49)$$

となる．

この Cahn and Fullman の式と(3.2.47)の Spektor の式とは λ を連続変数として扱う限り同じものである．しかし実際には λ の区間を区切って $\bar{\lambda}_i$ を非連続量として処理することになるから(3.2.47)と(3.2.49)は同じにはならない．この関係を少し調べておこう．まず Cahn and Fullman の式を変形してみる

と

$$N_{vO(i)}=\frac{2}{\pi\varDelta\lambda}\left[\frac{N_{\lambda O(i)}}{\bar{\lambda}_i}\left(\frac{\bar{\lambda}_i+\varDelta\lambda}{\bar{\lambda}_i}\right)-\frac{N_{\lambda O(i+1)}}{\bar{\lambda}_{i+1}}\cdot\frac{\bar{\lambda}_{i+1}}{\bar{\lambda}_i}\right] \qquad (3.2.50)$$

となる．ところで $\bar{\lambda}_i=[i-(1/2)]\varDelta\lambda$ であるから，これを用いて(3.2.50)を書きなおすと

$$N_{vO(i)}=\frac{2}{\pi\varDelta\lambda}\left[\left(i+\frac{1}{2}\right)\bigg/\left(i-\frac{1}{2}\right)\right]\left[\frac{N_{\lambda O(i)}}{\bar{\lambda}_i}-\frac{N_{\lambda O(i+1)}}{\bar{\lambda}_{i+1}}\right] \qquad (3.2.51)$$

となる．これを見ると，(3.2.51)の形に変形した Cahn and Fullman の式は Spektor の式にある係数を乗じた形になり，同一の実測結果については Cahn and Fullman の式の方が常に $N_{vO(i)}$ の推定値が大きくなる．この差は i の大きな領域ではあまり問題にならないが，i の小さい領域では無視できない大きさになり，$i=1$ ではこの係数の値は 3 になる．したがって計測実施にあたってはどちらの式を用いるかを考えておく必要がある．いずれの式も(3.2.39)を出発点とする点では変わりはないが，Spektor の式の方が紛れの少ない形であるので，私共は Spektor の式(3.2.36)を用いることにしている．

なお Spektor の式を実際に応用するにあたって次のような問題が起きうることを承知しておく必要がある．それはこの式はその形からみて

$$\frac{N_{\lambda O(i)}}{\bar{\lambda}_i}\geqq\frac{N_{\lambda O(i+1)}}{\bar{\lambda}_{i+1}} \qquad (3.2.52)$$

という条件が満足されないと $N_{vO(i)}$ の値が負になるという不合理な結果を与えることである．実測の結果 $N_{\lambda O(i)}$ が滑らかな規則性をもった分布になる時には実際にこの条件が満足されるのであるが，生物学的対象では $N_{\lambda O(i)}$ の実測分布がいつもこの条件が満足される程滑らかなものになるとは限らない．このような場合の処理の仕方としてはまず観測数を増すことを心がけるべきであるが，時には視察によって $N_{\lambda O(i)}$ の分布を滑らかな分布に修正しなければならないこともある．これは δ を指標とする場合と同じことで，あまり感心した方法ではないがやむをえない．

注）逆行列の計算

m 次の正方行列

$$[A]=\begin{bmatrix} a_{11}\, a_{12} \cdots\cdots a_{1j} \cdots\cdots a_{1m} \\ a_{21}\, a_{22} \cdots\cdots a_{2j} \cdots\cdots a_{2m} \\ \cdots\cdots\cdots\cdots\cdots\cdots\cdots\cdots \\ a_{i1}\, a_{i2} \cdots\cdots a_{ij} \cdots\cdots a_{im} \\ \cdots\cdots\cdots\cdots\cdots\cdots\cdots\cdots \\ a_{m1}\, a_{m2} \cdots a_{mj} \cdots a_{mm} \end{bmatrix} \tag{3. 2. 53}$$

に，ある m 次の正方行列 $[X]$ を乗じた結果が m 次の単位行列 $[E]$ になる時，すなわち

$$[A][X]=[E] \tag{3. 2. 54}$$

が成立する時，$[X]$ を $[A]$ の逆行列といい，$[A]^{-1}$ で表わす．そして $[A]^{-1}$ は次の形で与えられる．なお以下の式で $|A|$ は行列 $[A]$ からつくられる行列式であり，$|A|\neq 0$ であるものとする．また A_{ij} は $[A]$ の要素 a_{ij} の余因子である．余因子とは $[A]$ の要素 a_{ij} の属する行と列とを除いてつくった行列式に $(-1)^{i+j}$ で定まる正負の符号をつけたものである．

$$[A]^{-1}=\begin{bmatrix} A_{11}\, A_{21} \cdots A_{i1} \cdots A_{m1} \\ A_{12}\, A_{22} \cdots A_{i2} \cdots A_{m2} \\ \cdots\cdots\cdots\cdots\cdots\cdots\cdots\cdots \\ A_{1j} \cdots\cdots A_{ij} \cdots A_{mj} \\ \cdots\cdots\cdots\cdots\cdots\cdots\cdots\cdots \\ A_{1m} \cdots\cdots A_{im} \cdots A_{mm} \end{bmatrix} \Big/ |A| \tag{3. 2. 55}$$

このような逆行列を求めることは m が10以上であるような場合には一般にはなはだしく手間がかかるものであるが，電子計算機を用いれば簡単である．しかし(3. 2. 29)で与えられる行列では楽に逆行列を求めることができるから，次にその説明をしておく．この行列はある列についてみると，その元素は0かまたは行にかかわらず同一の値のものである．これは t_{ij} が $i\geqq j$ の範囲では i に無関係で単に j の値だけで決まり，また $i<j$ の時は0になるためである．したがってこの行列は

$$[A]=\begin{bmatrix} a_1 & 0 & 0 & 0 & \cdots & 0 \\ a_1 & a_2 & 0 & 0 & \cdots & 0 \\ a_1 & a_2 & a_3 & 0 & \cdots & 0 \\ \cdots & \cdots & \cdots & \cdots & \cdots & \cdots \\ \cdots & \cdots & \cdots & \cdots & \cdots & \cdots \\ \cdots & \cdots & \cdots & \cdots & \cdots & \cdots \\ a_1 & a_2 & a_3 & \cdots & \cdots & a_m \end{bmatrix} \tag{3. 2. 56}$$

という形に書くことができる．まずこの行列からつくられる行列式は

$$|A| = a_1a_2a_3\cdots\cdots a_m = \prod_{j=1}^{m} a_j \tag{3.2.57}$$

であることは明らかであろう．次にこの行列の対角線上にある要素 a_{ii} の余因子 A_{ii} は行列式 $|A|$ から a_{ii} をもつ行と列を除いた行列式になり，また $(-1)^{i+i}=1$ であるから

$$A_{ii} = a_1a_2\cdots a_{i-1}a_{i+1}\cdots a_m = \prod_{j=1}^{m} a_j/a_i \tag{3.2.58}$$

である．つぎに $a_{i,i+1}$ の余因子を $A_{i,i+1}$ とすると，この絶対値は $\prod_{j=1}^{m} a_j/a_{i+1}$ に等しく $(-1)^{i+i+1}=-1$ であるから符号はマイナスになる．その他の要素に対する余因子を求めてみると，いずれかの行がすべて0になるか，またはいずれかの2行の対応する要素がすべて等しくなる．このような行列式の値は当然0となる．したがって

$$[A]^{-1} = \begin{bmatrix} \dfrac{1}{a_1} & 0 & 0 & \cdots\cdots & 0 \\ \dfrac{-1}{a_2} & \dfrac{1}{a_2} & 0 & \cdots\cdots & 0 \\ 0 & \dfrac{-1}{a_3} & \dfrac{1}{a_3} & \cdots\cdots & 0 \\ \cdots & \cdots & \cdots & \cdots & \cdots \\ \cdots & \cdots & \cdots & \cdots & \cdots \\ 0 & \cdots\cdots & & \dfrac{-1}{a_m} & \dfrac{1}{a_m} \end{bmatrix} \tag{3.2.59}$$

を得る．

§3　関数形を規定して分布を求める方法

単位体積の空間中に無作為に配置された球の分布関数が球の個数を N_{vO}，半径 r の確率理論分布を $p(r)$ として

$$N(r) = N_{vO}p(r)$$

で与えられる時，この空間を切る単位面積の試験平面上の円の直径を δ，円と単位長の試験直線が交わってつくる弦の長さを λ とし，円の数を N_{aO}，弦の数を $N_{\lambda O}$ とする．そして n を正の整数とし，$(\overline{\delta^n})$, $(\overline{\lambda^n})$ をそれぞれ δ^n, λ^n の平均とすれば

$$\bar{N}_{aO} = 2\bar{r}N_{vO}$$

$$(\overline{\delta^n}) = 2^{n-1}\sqrt{\pi}\left[n\Gamma\left(\frac{n}{2}\right)\Big/(n+1)\Gamma\left(\frac{n+1}{2}\right)\right]Q_{n+1}\bar{r}^n$$

および

$$\bar{N}_{\lambda O} = \pi\bar{r}^2 Q_2 N_{vO}$$

$$(\overline{\lambda^n}) = \frac{2^{n+1}}{n+2}\cdot\frac{Q_{n+2}}{Q_2}\cdot\bar{r}^n$$

が成立する．ただし $Q_n=(\overline{r^n})/\bar{r}^n$ である．

以上の関係から n に一連の値を与えて $N(r)$ の parameter の数だけの方程式をつくれば，$N_{aO}, (\overline{\delta^n})$; $N_{\lambda O}, (\overline{\lambda^n})$ の実測値を用いて $N(r)$ の parameter が決定できる．

いくつかの $N(r)$ の関数形について $\bar{r}$ と Q_n を $N(r)$ の parameter を用いて表示すれば次のようになる．

ガンマ分布　$N(r) = \dfrac{N_{vO}}{r_0\Gamma(m)}\cdot(r/r_0)^{m-1}e^{-(r/r_0)}$

$$\bar{r} = mr_0$$

$$Q_n = \Gamma(m+n)/m^n\Gamma(m)$$

Weibull 分布　$N(r) = \dfrac{N_{vO}m}{r_0}\cdot(r/r_0)^{m-1}e^{-(r/r_0)^m}$

$$\bar{r} = r_0\Gamma\left(\frac{m+1}{m}\right)$$

$$Q_n = \Gamma\left(\frac{m+n}{m}\right)\Big/\left[\Gamma\left(\frac{m+1}{m}\right)\right]^n$$

対数正規分布　$N(r) = \dfrac{N_{vO}}{\sqrt{2\pi}mr}\exp\left[-\dfrac{(\log r-\log r_0)^2}{2m^2}\right]$

$$\bar{r} = r_0 e^{\frac{m^2}{2}}$$

$$Q_n = e^{\frac{1}{2}n(n-1)m^2}$$

a）一般的処理

もし $N(r)$ を何らかの理論分布関数で規定した時，$N(r)$ の parameter を用いて，試験平面上の指標 X の分布関数 $F(X)$ との関係式をつくることができれば，X の実測結果から逆に $N(r)$ の parameter が推定できる．ここでは指標 X

としてδとλを採用しよう．切口の円の面積aを指標とすることは実際問題として必要ないからこれは省略しておく．これから述べる方法の基本は$F(X)$の理論分布そのものを決定することは回避し，nを0または正の整数として

$$I_n=\int_0^\infty X^n F(X)\mathrm{d}X \tag{3.3.1}$$

という定積分を利用することにある．したがってこの形の定積分が求められるような$F(X)$ならすべて以下の方法が適用可能である．これはXのn次の積率を求める積分であることはいうまでもない．そして$F(X)$の形そのものは理論分布としては不明なままで解析的処理がすんでしまうので，その点便利ではある．しかし時には$F(X)$の形が理論的にどのようなものになるかを知りたいということも起るであろう．この要求はλを指標とすれば(3.1.19)の形からみて$N(r)$の不定積分が求められる場合には満足される．Weibull分布がその一例である．またそうでなくても$N(r)$が対数正規分布であれば$F(\lambda)$は比較的扱いやすい形で求められる．これについては諏訪(1968)を参照していただきたい．一方δを指標とする場合は(3.1.17)の形からみて一般に$F(\delta)$を$N(r)$から誘導することは困難であり，これが可能なのは$N(r)$が特定の関数である時に限る．この関数がどのようなものであるかは後に253頁以下で説明する．

まずδを指標とする理論式から始めよう．この理論式(3.1.17)の解析的処理についてはすでにWicksell(1925)の詳細な研究がある．そして彼はさらに立体が楕円体である場合にまで理論を展開させており(Wicksell 1926)，この種の研究としては私の知る限り歴史的にも最も早いものであると同時に，解析的な処理としてはすでに行く所まで行きついている感さえある．なお興味あることは彼の研究は解剖学者のHellmanが淋巴組織の胚中心の定量的処理を可能とする方法の開発を依頼したことがきっかけになっていることであり，生物形態学者の問題意識から出発して発展した数学的研究の最も顕著な例の一つであろう．実は私自身Wicksellの研究を知らないままに以下述べるような解析的処理を考えてみたわけであるが，後に至ってすでに50年も前に発表された彼のすぐれた業績を知り，大変感銘を受けたことを申し添えておきたい．したがってこれから説明することは本質的にはWicksellの研究と同じ内容になる部分もあることを御断りしておく．さて差しあたり標本の厚さTを無視できる

ものとして(3.1.17)を用いて(3.3.1)をつくれば

$$I_n(\delta)=\int_0^\infty \delta^n F(\delta)\,\mathrm{d}\delta$$

$$=\int_0^\infty\int_{\delta/2}^\infty \frac{\delta^{n+1}}{\sqrt{4r^2-\delta^2}}\cdot N(r)\,\mathrm{d}r\,\mathrm{d}\delta \tag{3.3.2}$$

となる．なお $I_n(\delta)$ の (δ) は δ を指標とすることを示す．そして積分の順序を変更すれば

$$I_n(\delta)=\int_0^\infty N(r)\,\mathrm{d}r\int_0^{2r}\frac{\delta^{n+1}}{\sqrt{4r^2-\delta^2}}\mathrm{d}\delta \tag{3.3.3}$$

である．ここでまず δ についての積分を処理することを考え

$$\sqrt{4r^2-\delta^2}=2r\cos\theta \tag{3.3.4}$$

とおくと

$$\delta=2r\sin\theta,\quad \mathrm{d}\delta=2r\cos\theta\,\mathrm{d}\theta \tag{3.3.5}$$

となる．したがって

$$\int_0^{2r}\frac{\delta^{n+1}}{\sqrt{4r^2-\delta^2}}\mathrm{d}\delta=(2r)^{n+1}\int_0^{\pi/2}\sin^{n+1}\theta\,\mathrm{d}\theta \tag{3.3.6}$$

を得る．ここで $\sin^{n+1}\theta$ の定積分を q_n とし，漸化式を用いる定積分の公式を適用すれば

$$q_n=\int_0^{\pi/2}\sin^{n+1}\theta\,\mathrm{d}\theta=\frac{n}{n+1}\int_0^{\pi/2}\sin^{n-1}\theta\,\mathrm{d}\theta \tag{3.3.7}$$

である．この漸化式は $n\geqq 1$ の時にのみ利用可能である．しかし $n=0$ の時は漸化式を用いなくても $q_0=1$ となることがわかる．したがってさらに q_1 がわかればすべての n に対して q_n が定まることはただちに了解できる．そして

$$q_1=\pi/4 \tag{3.3.8}$$

は明らかであろう．次にこの結果を利用して(3.3.7)を書きなおせば

$$q_n=\frac{n(n-2)(n-4)\cdots\cdots}{(n+1)(n-1)(n-3)\cdots\cdots}$$

$$=\frac{\left(\frac{n}{2}\right)\left(\frac{n-2}{2}\right)\left(\frac{n-4}{2}\right)\cdots\cdots}{\left(\frac{n+1}{2}\right)\left(\frac{n-1}{2}\right)\left(\frac{n-3}{2}\right)\cdots\cdots}$$

$$= \frac{\sqrt{\pi}}{2} \cdot \frac{\Gamma\left(\frac{n+2}{2}\right)}{\Gamma\left(\frac{n+3}{2}\right)} = \frac{\sqrt{\pi}\, n}{2(n+1)} \cdot \frac{\Gamma\left(\frac{n}{2}\right)}{\Gamma\left(\frac{n+1}{2}\right)} \tag{3. 3. 9}$$

となる．この式でΓはいうまでもなくガンマ関数の表示である．そして$\sqrt{\pi}/2$という係数は$q_0=1$，$q_1=\pi/4$であること，またnが偶数の時は(3. 3. 9)の分母，nが奇数の時は分子の最後の項が$\Gamma\left(\frac{3}{2}\right)=\sqrt{\pi}/2$となることを考慮して付け加えたものである．なおこれについては264頁を参照されたい．また(3. 3. 9)により計算すれば

$$q_0 = 1,\ q_1 = \pi/4,\ q_2 = 2/3,\ q_3 = 3\pi/16,\ q_4 = 8/15,\ \cdots \tag{3. 3. 10}$$

となる．

さて次にnを0または正の整数として

$$Q_n = \frac{\overline{(r^n)}}{\bar{r}^n} = \int_0^\infty r^n p(r)\,\mathrm{d}r \Big/ \left[\int_0^\infty r p(r)\,\mathrm{d}r\right]^n \tag{3. 3. 11}$$

という比Q_nを定義しよう．この形はrのn次の積率とrの算術平均のn乗の比であるが，今後しばしば用いられるので記憶しておいていただきたい．またこの関係はrのかわりに球の直径Dを用いて$\overline{(D^n)}/\bar{D}^n$としても全く同じである．そして$Q_0$と$Q_1$は$p(r)$の形にかかわらず共に1になることは明らかであるが，$n \geqq 2$に対してはQ_nの値は$p(r)$の関数形によって決まるから，$p(r)$の性質やその parameter を検討する上でQ_nは役に立つ．もちろんrのn次の積率をそのまま用いてもよいが，Q_nの形の方が便利である．なお

$$\int_0^\infty r^n N(r)\,\mathrm{d}r = N_{vo}\int_0^\infty r^n p(r)\,\mathrm{d}r = N_{vo}\bar{r}^n Q_n \tag{3. 3. 12}$$

となることはいうまでもない．またQ_nは空間中の球の半径の分布について定義されたものであるが，同様の係数が平面上の円の半径または直径についても定められるから，この場合はQ_nをQ_n'と書いて区別しておく．そしてQ_nとQ_n'の関係はこれ以下でただちに誘導する(3. 3. 15)によって求めることができるが，その具体的な形は後に(4. 4. 16)などに示してある．

以上の結果(3. 3. 7) (3. 3. 9) (3. 3. 12)を用いて(3. 3. 3)を書きなおせば

$$I_n(\delta) = 2^{n+1} q_n \int_0^\infty r^{n+1} N(r)\,\mathrm{d}r = 2^{n+1} q_n Q_{n+1} \bar{r}^{n+1} N_{vo}$$

$$= 2^n\sqrt{\pi}\left[n\Gamma\left(\frac{n}{2}\right)\Big/(n+1)\Gamma\left(\frac{n+1}{2}\right)\right]Q_{n+1}\bar{r}^{n+1}N_{vO} \quad (3.3.13)$$

となる．そして(2.6.2)により

$$2\bar{r}N_{vO} = \bar{N}_{aO} \quad (3.3.14)$$

であるから

$$\boldsymbol{I_n(\delta) = 2^{n-1}\sqrt{\pi}\left[n\Gamma\left(\frac{n}{2}\right)\Big/(n+1)\Gamma\left(\frac{n+1}{2}\right)\right]Q_{n+1}\bar{r}^n\bar{N}_{aO}} \quad (3.3.15)$$

という結果を得る．この式は n を0または正の整数として常に成立する．そして

$$\int_0^\infty r^n N(r)\,\mathrm{d}r$$

という積分が求められるような $N(r)$ の理論分布については Q_n も $\bar{r}$ も計算可能であるから，$I_n(\delta)$ を $N(r)$ の parameter を用いて表現できることになる．

ここで注意を要するのは(3.3.13)と(3.3.15)は同じ $I_n(\delta)$ を与えるものではあるが，その内容を異にすることである．それは(3.3.13)を N_{vO} で，(3.3.15)を $\bar{N}_{aO}$ で除したものはいずれも$(\overline{\delta^n})$で表わされる δ^n の期待値を示すものであるが，前者は試験平面で切るという試行に先立っての δ^n の期待値であり，後者はその試行を行った後，試験平面上にできた円についての δ^n の平均値，または期待値である．それゆえ前者を‘試行前期待値’，後者を‘試行後期待値’とでもいって区別しておこう．たとえば $n=1$ とすると(3.3.13)からは $\bar{\delta}=\pi Q_2\bar{r}^2$，(3.3.15)からは $\bar{\delta}=(\pi/2)Q_2\bar{r}$ が得られる．この差は後者の式が球と試験平面の交わる確率 $2\bar{r}$ を含まないために生ずるものである．したがって(3.3.13)と(3.3.15)は局面に応じて使い分け，混同しないようにする必要がある．第3章では以後もっぱら試行後期待値を用いるが，第2章での理論の誘導や第4章で誤差を問題にする時には試行前期待値を考慮に入れなければならない．

なおこれまでの式では標本の厚さ T を無視できるものとしているが，これを考慮する必要があれば(3.1.17)のかわりに(3.1.20)を出発点とすればよい．この場合には(3.3.15)の右辺に次の積分を加えたものが $I_n(\delta)$ になる．

$$\frac{T}{2}\int_0^\infty \delta^n N(\delta/2)\,\mathrm{d}\delta$$

$$
\begin{aligned}
&= 2^n T \int_0^\infty r^n N(r) \mathrm{d}r \\
&= 2^n T Q_n \bar{r}^n N_{vO} \\
&= 2^{n-1} T Q_n \bar{r}^{n-1} \bar{N}_{aO}
\end{aligned}
\tag{3.3.16}
$$

そして実際にこのままでも計算ができないことはないが，式の形はあまり扱いやすいものではないので，ここでは(3.3.16)を多少変形して用いることを考えよう．まずTを$\bar{r}$をスケールとして

$$T = \nu \bar{r} \tag{3.3.17}$$

と表現すると，(3.3.16)は

$$2^{n-1} \nu Q_n \bar{r}^n \bar{N}_{aO} \tag{3.3.18}$$

となる．これを(3.3.15)に加え，(3.3.9)を用いて

$$I_n(\delta) = 2^n \left(q_n Q_{n+1} + \frac{1}{2} \nu Q_n \right) \bar{r}^n \bar{N}_{aO} \tag{3.3.19}$$

を得る．この式が便利なのは次の理由による．それは後にみるように通常利用される理論分布ではQ_nはただ1個の parameter のみをもつ関数になるが，$\bar{r}$は2個の parameter によって規定される．したがって$\bar{r}$を消去して1個の parameter だけの式をつくり，これとδについての実測値を結びつけてその parameter の値を求める時には(3.3.19)の式は簡単に処理できるからである．

ただしνの値は前もって知ることはできないから，実際にあたってこれをどう扱うかを考えておく必要がある．標本の厚さが問題になるのはTが対象の大きさに比較して無視できない時，たとえば通常の組織標本で細胞核の計測をしてその半径の分布を求めるというような場合である．そしてこのような場合には標本中にその赤道面が現われているような球状構造物を判別することは比較的容易であるから，このような対象を選んで実測によりおよその$\bar{r}$は求めうる．したがってこれからνの値を定めればよい．この方法は必ずしも精度の高いものではないが実用上は便利である．

なお後にみるようにλを指標とする時には(3.3.19)に相当する使いやすい式をつくることができない．それゆえ標本の厚さを考慮する必要がある場合にはできるだけδを指標とするようにつとめるべきものである．

さてここで$I_n(\delta)$の意味を考えると，これはこの積分の形からみて

$$I_0(\delta) = \bar{N}_{aO} \qquad (n=0) \tag{3.3.20}$$

$$I_n(\delta) = \sum \delta^n, \quad I_n(\delta)/I_0(\delta) = (\overline{\delta^n}) \qquad (n \geqq 1) \tag{3.3.21}$$

である．したがって $I_n(\delta)/I_0(\delta)$ を理論分布から誘導して，実測によって得られた $(\overline{\delta^n})$ の値に等しいものと置き，$N(r)$ の確率分布 $p(r)$ の parameter の数だけの方程式をつくれば $p(r)$ の parameter の値が推定できる．そしてこの parameter を用いて $\bar{r}$ の値が定まれば(3.3.14)から N_{vO} が得られるので $N(r)$ の関数形は確定する．したがって $p(r)$ の parameter がたとえば2個ならば $I_1(\delta)/I_0(\delta)$，$I_2(\delta)/I_0(\delta)$ と $\bar{\delta}$，$(\overline{\delta^2})$ をそれぞれ等しいと置いた方程式だけですむが，さらにこの parameter の値から $I_3(\delta)/I_0(\delta)$，$I_4(\delta)/I_0(\delta)$ を計算し，これと $(\overline{\delta^3})$，$(\overline{\delta^4})$ の実測値とを対比すれば，採用した理論分布の実測分布への適合度が判定できる．これらの操作の実際は後にいくつかの $N(r)$ の関数形について具体的に説明するつもりである．

次に λ を指標とする場合も(3.3.2)と同様にして理論式を誘導することができる．まず(3.1.19)から出発して

$$\begin{aligned} I_n(\lambda) &= \int_0^\infty \lambda^n F(\lambda)\,\mathrm{d}\lambda \\ &= \int_0^\infty \int_{\lambda/2}^\infty \frac{\pi}{2}\lambda^{n+1} N(r)\,\mathrm{d}r\,\mathrm{d}\lambda \end{aligned} \tag{3.3.22}$$

であるが，この積分の順序を変更し

$$\begin{aligned} I_n(\lambda) &= \frac{\pi}{2}\int_0^\infty N(r)\,\mathrm{d}r \int_0^{2r} \lambda^{n+1}\,\mathrm{d}\lambda \\ &= \frac{2^{n+1}\pi}{n+2}\int_0^\infty r^{n+2} N(r)\,\mathrm{d}r \\ &= \frac{2^{n+1}\pi}{n+2} Q_{n+2}\,\bar{r}^{n+2}\cdot N_{vO} \end{aligned} \tag{3.3.23}$$

を得る．ここで球の赤道面の面積の算術平均を $\bar{\omega}$ とすれば

$$\bar{N}_{\lambda O} = \bar{\omega} N_{vO} \tag{3.3.24}$$

という関係が成立することは直観的にも明らかであろう．そして $\bar{\omega}$ は

$$\begin{aligned} \bar{\omega} &= \frac{1}{N_{vO}}\int_0^\infty \pi r^2 N(r)\,\mathrm{d}r \\ &= \pi \bar{r}^2 Q_2 \end{aligned} \tag{3.3.25}$$

となるから，(3. 3. 24)と(3. 3. 25)を用いて(3. 3. 23)を書きなおせば

$$\boldsymbol{I}_n(\lambda)=\frac{\boldsymbol{2}^{n+1}}{\boldsymbol{n}+\boldsymbol{2}}\cdot\frac{\boldsymbol{Q}_{n+2}}{\boldsymbol{Q}_2}\cdot\bar{\boldsymbol{r}}^n\bar{\boldsymbol{N}}_{\lambda O} \qquad (3.3.26)$$

という結果を得る．これは δ を指標とした時の式(3. 3. 15)に対応するものであることはいうまでもない．なお(3. 3. 23)を N_{vO} で除して得られる $(\overline{\lambda^n})$ は λ^n の試行前期待値を，また(3. 3. 26)を $\bar{N}_{\lambda O}$ で除して得られる $(\overline{\lambda^n})$ は λ^n の試行後期待値を与えるものである．この両者の区別は222頁を参照していただきたい．そして(3. 3. 26)により

$$I_0(\lambda)=\bar{N}_{\lambda O} \qquad (3.3.27)$$

$$I_n(\lambda)=\sum\lambda^n,\ \ I_n(\lambda)/I_0(\lambda)=(\overline{\lambda^n}) \qquad (3.3.28)$$

であるから，$N_{\lambda O}$ と $(\overline{\lambda^n})$ の実測値から δ を指標とする場合と同様にして $N(r)$ の parameter を定め，また採用した $N(r)$ の理論分布の適合度を検討することができる．

これまでの説明は $N(r)$ の関数形のいかんにかかわらず，一般に通用するものであり，$N(r)$ の parameter の推定方法の基本的な原理を示すものである．次に $N(r)$ に具体的な関数形を規定してこれに以上の理論を適用してみよう．そしてここでは実用上の価値が大きいガンマ分布，Weibull 分布，対数正規分布の三つを取りあげることにする．なお実用上の便宜を考えて，これらの関数について必要な式を§3の終り263頁に表3. 3. 3として一括してある．

b) ガンマ分布

ガンマ分布は確率分布としては $m>0$，$r_0>0$ である2個の parameter m, r_0 を用いて

$$p(r)=\frac{1}{r_0\Gamma(m)}(r/r_0)^{m-1}\mathrm{e}^{-(r/r_0)} \qquad (3.3.29)$$

で定義される分布である．そして単位体積中の対象の数を N_{vO} とすれば，

$$N(r)=\frac{N_{vO}}{r_0\Gamma(m)}(r/r_0)^{m-1}\mathrm{e}^{-(r/r_0)} \qquad (3.3.30)$$

となる．ガンマ分布は r の値が0に近い部分での出現頻度が比較的高く，ある程度の非対称性をもった分布に適用してよい適合性が認められることがある．

また対象とする構造物の r にある下限が予想され，それ以下の r の出現頻度が0であるような時は，この下限を $r_{\min}$ とし，$r-r_{\min}$ を r のかわりに用いてこの分布をあててみればよい．

まず(3.3.29)は r_0 と m の2個の parameter をもっているが，r_0 と m はそれぞれ異なった意味をもっている．このうち r_0 は r のスケールのとり方に関係する parameter である．ある m の値を固定して r_0 を2倍にすれば，それは分布の横の広がりを2倍にし，分布の高さを1/2にする効果をもつ．つまり r_0 は厳密な意味では曲線の型に影響を及ぼすものではなく，単に縦横の座標を伸縮するのと同じ意味をもつにすぎない．この関係は図3.3.1に示してある．これに対して m の方は曲線の型を決定するもので，r_0 に比較して重要な意義をもつものである．図3.3.2に r_0 を固定して m を変化させていくつかの $p(r)$ の曲線を示してある．これを見ると m が大きくなる程幅の広いなだらかな分布

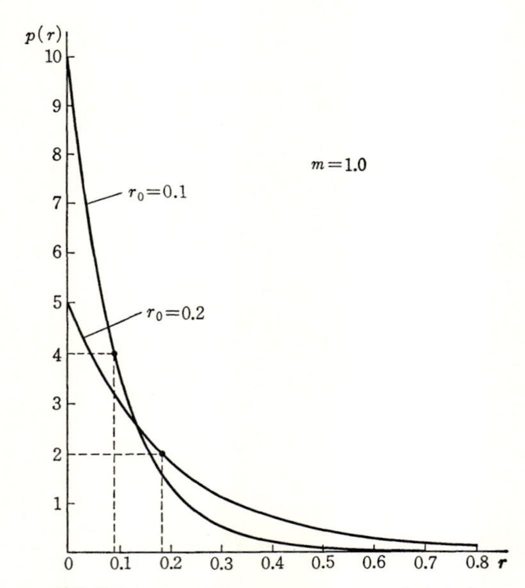

図3.3.1　ガンマ分布の parameter r_0 の意味を示す．図には $m=1$: $r_0=0.1$, $r_0=0.2$ の曲線が描いてある．この図から $r_0=0.2$ の曲線は $r_0=0.1$ の曲線の縦座標を1/2に圧縮し，横座標を2倍に伸張したものにすぎないことが了解できる．

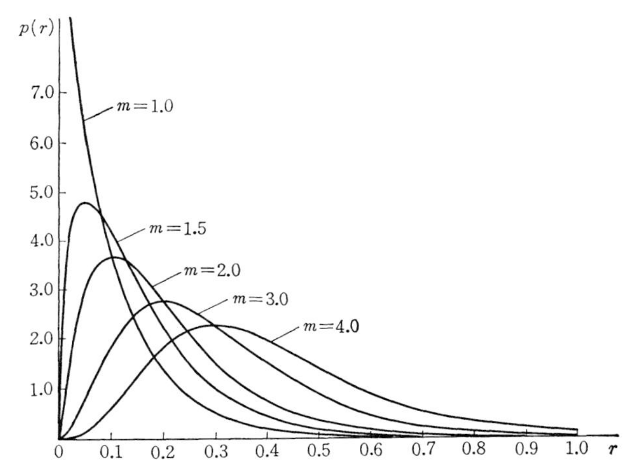

図 3.3.2 $r_0=0.1$ として m に一連の値を与えてガンマ分布の $p(r)$ の曲線の形の変化を示す．説明は本文参照のこと．なお実際の計測にあたっては対象の存在する立方体の領域を考え，その1稜の長さを単位長にとるから，球の半径は実際問題としては当然0.5よりは小さい値をとる．これを考慮して $r<0.5$ の範囲に曲線の peak がくるように r_0 の値をとってみた．r_0 をこれより小さくすれば曲線の peak は r の値の小さい方に，逆に r_0 をこれより大きくすれば peak は r の値の大きい方に移動することになる．

が得られ，同時に分布の非対称性が少なくなることがわかる．

次にガンマ分布の $(\overline{r^n})$ を計算し，これから $\bar{r}$ と Q_n を求めてみよう．

$$\begin{aligned}(\overline{r^n}) &= \int_0^\infty r^n p(r)\mathrm{d}r \\ &= \frac{{r_0}^n}{r_0\Gamma(m)}\int_0^\infty (r/r_0)^{m+n-1}\mathrm{e}^{-(r/r_0)}\mathrm{d}r \qquad (3.3.31)\end{aligned}$$

であるが，ここで

$$r/r_0 = t \qquad (3.3.32)$$

と置けば

$$\mathrm{d}r = r_0\mathrm{d}t \qquad (3.3.33)$$

であるから(3.3.31)は

$$(\overline{r^n}) = \frac{{r_0}^n}{\Gamma(m)}\int_0^\infty t^{[(m+n)-1]}\mathrm{e}^{-t}\mathrm{d}t \qquad (3.3.34)$$

となる．これはガンマ関数 $\Gamma(m+n)$ を定義する積分にほかならないから

$$(\overline{r^n}) = r_0{}^n\Gamma(m+n)/\Gamma(m) \tag{3.3.35}$$

を得る．なおガンマ関数については264頁の注に説明してある．さて(3.3.35)において $n=1$ とすればこれは r の算術平均 $\bar{r}$ を与えるから

$$\bar{r} = r_0\cdot\frac{\Gamma(m+1)}{\Gamma(m)} = mr_0 \tag{3.3.36}$$

となる．そして

$$Q_n = \frac{r_0{}^n\Gamma(m+n)}{\Gamma(m)}\bigg/(mr_0)^n = \frac{\Gamma(m+n)}{m^n\Gamma(m)}$$
$$= \frac{[m+(n-1)][m+(n-2)]\cdots\cdots(m+1)}{m^{n-1}} \tag{3.3.37}$$

を得る．これよりただちに

$$Q_2 = \frac{m+1}{m},\ \ Q_3 = \frac{(m+2)(m+1)}{m^2},\ \ Q_4 = \frac{(m+3)(m+2)(m+1)}{m^3},\ \ \cdots\cdots \tag{3.3.38}$$

という結果を得る．

さてこの結果を用いて I_n を表わしてみよう．この際 δ を指標とする I_n と λ を指標とする I_n を区別するため，それぞれを $I_n(\delta)$, $I_n(\lambda)$ と書くことにする．まず $I_n(\delta)$ は(3.3.15)(3.3.36)(3.3.38)を用いて

$$I_0(\delta) = \bar{N}_{ao} \tag{3.3.39}$$

$$I_1(\delta) = \frac{\pi}{2}r_0(m+1)\cdot\bar{N}_{ao} \tag{3.3.40}$$

$$I_2(\delta) = \frac{8}{3}r_0{}^2(m+2)(m+1)\cdot\bar{N}_{ao} \tag{3.3.41}$$

$$I_3(\delta) = \frac{3\pi}{2}r_0{}^3(m+3)(m+2)(m+1)\cdot\bar{N}_{ao} \tag{3.3.42}$$

$$I_4(\delta) = \frac{128}{15}r_0{}^4(m+4)(m+3)(m+2)(m+1)\cdot\bar{N}_{ao} \tag{3.3.43}$$

となる．また $I_n(\lambda)$ は(3.3.26)(3.3.36)(3.3.38)を用いて

$$I_0(\lambda) = \bar{N}_{\lambda o} \tag{3.3.44}$$

$$I_1(\lambda) = \frac{4}{3}r_0(m+2)\cdot\bar{N}_{\lambda o} \tag{3.3.45}$$

$$I_2(\lambda)=2r_0^2(m+3)(m+2)\cdot\bar{N}_{\lambda O} \tag{3.3.46}$$

$$I_3(\lambda)=\frac{16}{5}r_0^3(m+4)(m+3)(m+2)\cdot\bar{N}_{\lambda O} \tag{3.3.47}$$

$$I_4(\lambda)=\frac{16}{3}r_0^4(m+5)(m+4)(m+3)(m+2)\cdot\bar{N}_{\lambda O} \tag{3.3.48}$$

を得る．ところでこの結果をみると，$I_n(\delta)$ も $I_n(\lambda)$ も I_2/I_0 と $(I_1/I_0)^2$ の比，つまり $(\overline{\delta^2})/\bar{\delta}^2$ または $(\overline{\lambda^2})/\bar{\lambda}^2$ という比をつくれば，これは m のみの関数となることがわかる．そして

$$\frac{(\overline{\delta^2})}{\bar{\delta}^2}=\frac{32}{3\pi^2}\cdot\frac{m+2}{m+1} \tag{3.3.49}$$

$$\frac{(\overline{\lambda^2})}{\bar{\lambda}^2}=\frac{9}{8}\cdot\frac{m+3}{m+2} \tag{3.3.50}$$

となる．これを解いて m を求め，その値を用いるとともに $I_1(\delta)/I_0(\delta)$ と $I_1(\lambda)/I_0(\lambda)$ にそれぞれ $\bar{\delta}$ と $\bar{\lambda}$ の実測値をあてれば r_0 が求められる．そして N_{aO} または $N_{\lambda O}$ の実測値から，それぞれ(3.3.14)または(3.3.24)(3.3.25)を用いて N_{vO} が決定できる．

なお(3.3.49)と(3.3.50)の形からみて $m>0$ の m が存在するためには

$$\frac{64}{3\pi^2}>\frac{(\overline{\delta^2})}{\bar{\delta}^2}\geqq\frac{32}{3\pi^2},\qquad 2.1615>\frac{(\overline{\delta^2})}{\bar{\delta}^2}\geqq 1.0807 \tag{3.3.51}$$

$$\frac{27}{16}>\frac{(\overline{\lambda^2})}{\bar{\lambda}^2}\geqq\frac{9}{8},\qquad 1.6875>\frac{(\overline{\lambda^2})}{\bar{\lambda}^2}\geqq 1.1250 \tag{3.3.52}$$

という条件が満足されなければならない．しかし対象の半径の大小不同がいちじるしい時には $(\overline{\delta^2})/\bar{\delta}^2$ や $(\overline{\lambda^2})/\bar{\lambda}^2$ の値がこれより大きくなることが実際にある．このような時にはガンマ分布が適用できないので，この制限がガンマ分布の不便な点である．一方下限の方はここでは証明は省略するが同一の半径の球の集団についての値である．そして球に大小不同があれば $(\overline{\delta^2})/\bar{\delta}^2$ や $(\overline{\lambda^2})/\bar{\lambda}^2$ の値は必ずそれより大きくなるので，これらの値が(3.3.51)(3.3.52)の下限より小さくなることはありえない．つまりこの下限の存在は別にガンマ分布の適用を制約するものではない．

これまでの式は標本の厚さ T を無視したものであるが，これを考慮する必要がある時は(3.3.19)を用い

$$I_0(\delta) = \left(1+\frac{\nu}{2}\right)\bar{N}_{ao} \tag{3.3.53}$$

$$I_1(\delta) = r_0\left[\frac{\pi}{2}(m+1)+\nu m\right]\cdot\bar{N}_{ao} \tag{3.3.54}$$

$$I_2(\delta) = r_0{}^2(m+1)\left[\frac{8}{3}(m+2)+2\nu m\right]\cdot\bar{N}_{ao} \tag{3.3.55}$$

$$I_3(\delta) = r_0{}^3(m+2)(m+1)\left[\frac{3\pi}{2}(m+3)+4\nu m\right]\cdot\bar{N}_{ao} \tag{3.3.56}$$

$$I_4(\delta) = r_0{}^4(m+3)(m+2)(m+1)\left[\frac{128}{15}(m+4)+8\nu m\right]\cdot\bar{N}_{ao} \tag{3.3.57}$$

となる．そしてこれ以後の処理は $T=0$，したがって $\nu=0$ の時と同じことであり，まず

$$\frac{\overline{(\delta^2)}}{\bar{\delta}^2} = \frac{(m+1)\left[\frac{8}{3}(m+2)+2\nu m\right]\left(1+\frac{1}{2}\nu\right)}{\left[\frac{\pi}{2}(m+1)+\nu m\right]^2} \tag{3.3.58}$$

を解けばよい．この際 ν が比較的小さければ ν^2 の項を省略すると計算は簡単になる．

以上のような方法でガンマ分布の parameter はすべて求められるが，次にこの parameter の値を用いて $I_3(\delta)/I_0(\delta)$，$I_4(\delta)/I_0(\delta)$；$I_3(\lambda)/I_0(\lambda)$，$I_4(\lambda)/I_0(\lambda)$ を計算し，これを実測から得た $(\overline{\delta^3})$, $(\overline{\delta^4})$；$(\overline{\lambda^3})$, $(\overline{\lambda^4})$ と対比すれば，両者の値の一致の程度から，理論分布としてガンマ分布を採用することの適否が判定できることになる．

最後にガンマ分布の分散を求めておこう．これは(4. A. 9)の公式と(3. 3. 35)(3. 3. 36)を用いて

$$\begin{aligned}\sigma_r^2 &= \int_0^\infty r^2 p(r)\mathrm{d}r-\bar{r}^2 \\ &= m(m+1)r_0{}^2-m^2r_0{}^2 = mr_0{}^2\end{aligned} \tag{3.3.59}$$

となる．これを見ると r の分散も m に比例して大きくなることがわかる．しかし変異係数の平方は

$$\left(\frac{\sigma_r}{\bar{r}}\right)^2 = \frac{1}{m} \tag{3.3.60}$$

となるから，m が大きくなるにしたがって r の相対的バラツキは小さくなるということである．

c) Weibull 分布

Weibull 分布は確率分布としては $m>0$, $r_0>0$ である二つの parameter m, r_0 を用いて

$$p(r)=\frac{m}{r_0}(r/r_0)^{m-1}e^{-(r/r_0)^m} \tag{3.3.61}$$

という形で与えられるものである．したがって単位体積中の対象の個数を N_{vo} とすれば

$$N(r)=N_{vo}\cdot\frac{m}{r_0}(r/r_0)^{m-1}e^{-(r/r_0)^m} \tag{3.3.62}$$

となる．この分布は Weibull (1951) が鎖に力を加えて破壊するモデルについて理論的に誘導したものであるが，その後いろいろな工業製品，たとえば真空管の寿命等を表わす分布として優れた適合性を示すことが認められ，工業製品の品質管理の分野で広く用いられるようになった．しかし生物学の領域ではこの分布はまだそれほど一般的に用いられるには至っていないが，たとえば梶田(1971)はこの分布を肝硬変症の結節の大きさの分布にあて，よい適合性を見出している．それゆえ今後生物学的研究にも応用できるものと思うのでここで紹介しておく次第である．

Weibull 分布はガンマ分布のように m の値が小さくなるにつれて，r の値が 0 に近いところで出現頻度が急激に上昇する，非対称性の強い分布を与えるものである．そしてガンマ分布がある程度以上強い非対称性をもった分布には適用できないのに対して，Weibull 分布にはこのような制限がない点が便利である．なお対象の r にある下限 $r_{\min}$ が予想される場合には，r の実測値から $r_{\min}$ を引いて，$r-r_{\min}$ を r のかわりに用いて理論分布をあてることを考慮すべきであろう．

まず(3.3.61)の形から r_0 は r のスケールのとり方に関係する parameter であることがわかる．これはガンマ分布について説明したことがそのまま適用できるので，r_0 の意味についてはあらためて説明を要しないであろう．そして曲

線の形に本質的な影響を及ぼすのは m である．いま r_0 を固定して m に一連の値を与えた時の曲線の形の変化を図3.3.3に示してある．これを見ると曲線の形は m の値によってほとんど極端から極端まで変わりうることがわかる．そして $m<1$ の領域では m の値が小さくなるに従って曲線の非対称性は急速に増大するが，一方 m が3以上になると曲線の形はほぼ対称的な分布に近づくことになる．

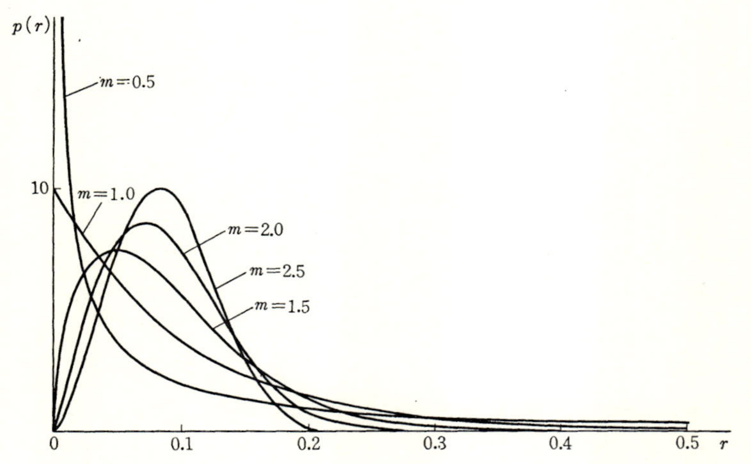

図3.3.3　$r_0=0.1$ とし，m に一連の値を与えて Weibull 分布の曲線の形の変化を示す．この分布は m の値が小さい場合には m のわずかな変動によっていちじるしくその形を変える．$m\leqq 1$ の領域では曲線の形は r の値が0に近づくに従って $p(r)$ は急激に上昇するが，一方 r の値の大きい方にも長い裾を引いた幅の広い分布となる．$m=1.0$ の時はこの分布は指数関数になる．そして $m=2$ の時には Weibull 分布は(3.3.91)の関数を与えることになる．また $m=2.5$ では曲線の形は大分対称的なものになることがわかる．そして図には描いてないが $m>3$ 位になると，Weibull 分布はほぼ対称的な正規分布に近い形になる．このように m の値によって曲線の形が極端から極端まで変わりうることが，この分布の適用範囲を非常に広くする理由である．

次に Weibull 分布の $\bar{r}$ と Q_n を求めてみよう．

$$
\begin{aligned}
(\overline{r^n}) &= \frac{m}{r_0}\int_0^\infty r^n(r/r_0)^{m-1}\mathrm{e}^{-(r/r_0)^m}\mathrm{d}r \\
&= \frac{m{r_0}^n}{r_0}\int_0^\infty (r/r_0)^{m+n-1}\mathrm{e}^{-(r/r_0)^m}\mathrm{d}r \qquad (3.3.63)
\end{aligned}
$$

であるが，ここで

$$(r/r_0)^m = t \tag{3.3.64}$$

と置けば

$$r/r_0 = t^{\frac{1}{m}},\ \mathrm{d}r = \frac{r_0}{m} t^{\frac{(1-m)}{m}} \mathrm{d}t \tag{3.3.65}$$

となる．これを(3.3.63)に入れ

$$\begin{aligned}(\overline{r^n}) &= r_0{}^n \int_0^\infty t^{\frac{n}{m}} \mathrm{e}^{-t} \mathrm{d}t \\ &= r_0{}^n \int_0^\infty t^{\left[\frac{m+n}{m}-1\right]} \mathrm{e}^{-t} \mathrm{d}t \\ &= r_0{}^n \Gamma\left(\frac{m+n}{m}\right) = \frac{n r_0{}^n}{m} \Gamma\left(\frac{n}{m}\right)\end{aligned} \tag{3.3.66}$$

を得る．この式で $n=1$ とおけばそれは r の算術平均 $\bar{r}$ を与えることになるから

$$\bar{r} = r_0 \Gamma\left(\frac{m+1}{m}\right) = r_0 \Gamma\left(\frac{1}{m}\right)\bigg/ m \tag{3.3.67}$$

である．そして(3.3.66)と(3.3.67)を用いて

$$Q_n = (\overline{r^n})/\bar{r}^n = \Gamma\left(\frac{m+n}{m}\right)\bigg/\left[\Gamma\left(\frac{m+1}{m}\right)\right]^n = n m^{n-1} \Gamma\left(\frac{n}{m}\right)\bigg/\left[\Gamma\left(\frac{1}{m}\right)\right]^n \tag{3.3.68}$$

を得る．この式は m が必ずしも整数ではないからガンマ関数のままで用いるより仕方がない．ただ $\Gamma\left(\frac{m+n}{m}\right)$ は $\frac{n}{m}\Gamma\left(\frac{n}{m}\right)$ になおせるから，これを用いて式を多少簡単にはできる．さて $I_n(\delta)$ を求めると(3.3.15)(3.3.67)(3.3.68)により

$$I_0(\delta) = \bar{N}_{aO} \tag{3.3.69}$$

$$\begin{aligned}I_1(\delta) &= \frac{\pi}{2} r_0 \left[\Gamma\left(\frac{m+2}{m}\right)\bigg/\Gamma\left(\frac{m+1}{m}\right)\right] \cdot \bar{N}_{aO} \\ &= \pi r_0 \left[\Gamma\left(\frac{2}{m}\right)\bigg/\Gamma\left(\frac{1}{m}\right)\right] \cdot \bar{N}_{aO}\end{aligned} \tag{3.3.70}$$

$$\begin{aligned}I_2(\delta) &= \frac{8}{3} r_0{}^2 \left[\Gamma\left(\frac{m+3}{m}\right)\bigg/\Gamma\left(\frac{m+1}{m}\right)\right] \cdot \bar{N}_{aO} \\ &= 8 r_0{}^2 \left[\Gamma\left(\frac{3}{m}\right)\bigg/\Gamma\left(\frac{1}{m}\right)\right] \cdot \bar{N}_{aO}\end{aligned} \tag{3.3.71}$$

$$I_3(\delta) = \frac{3\pi}{2}r_0^3\left[\Gamma\left(\frac{m+4}{m}\right)\Big/\Gamma\left(\frac{m+1}{m}\right)\right]\cdot\bar{N}_{ao}$$

$$= 6\pi r_0^3\left[\Gamma\left(\frac{4}{m}\right)\Big/\Gamma\left(\frac{1}{m}\right)\right]\cdot\bar{N}_{ao} \tag{3.3.72}$$

$$I_4(\delta) = \frac{128}{15}r_0^4\left[\Gamma\left(\frac{m+5}{m}\right)\Big/\Gamma\left(\frac{m+1}{m}\right)\right]\cdot\bar{N}_{ao}$$

$$= \frac{128}{3}r_0^4\left[\Gamma\left(\frac{5}{m}\right)\Big/\Gamma\left(\frac{1}{m}\right)\right]\cdot\bar{N}_{ao} \tag{3.3.73}$$

となる．また $I_n(\lambda)$ は(3.3.26)(3.3.67)(3.3.68)を用いて

$$I_0(\lambda) = \bar{N}_{\lambda o} \tag{3.3.74}$$

$$I_1(\lambda) = \frac{4}{3}r_0\left[\Gamma\left(\frac{m+3}{m}\right)\Big/\Gamma\left(\frac{m+2}{m}\right)\right]\cdot\bar{N}_{\lambda o}$$

$$= 2r_0\left[\Gamma\left(\frac{3}{m}\right)\Big/\Gamma\left(\frac{2}{m}\right)\right]\cdot\bar{N}_{\lambda o} \tag{3.3.75}$$

$$I_2(\lambda) = 2r_0^2\left[\Gamma\left(\frac{m+4}{m}\right)\Big/\Gamma\left(\frac{m+2}{m}\right)\right]\cdot\bar{N}_{\lambda o}$$

$$= 4r_0^2\left[\Gamma\left(\frac{4}{m}\right)\Big/\Gamma\left(\frac{2}{m}\right)\right]\cdot\bar{N}_{\lambda o} \tag{3.3.76}$$

$$I_3(\lambda) = \frac{16}{5}r_0^3\left[\Gamma\left(\frac{m+5}{m}\right)\Big/\Gamma\left(\frac{m+2}{m}\right)\right]\cdot\bar{N}_{\lambda o}$$

$$= 8r_0^3\left[\Gamma\left(\frac{5}{m}\right)\Big/\Gamma\left(\frac{2}{m}\right)\right]\cdot\bar{N}_{\lambda o} \tag{3.3.77}$$

$$I_4(\lambda) = \frac{16}{3}r_0^4\left[\Gamma\left(\frac{m+6}{m}\right)\Big/\Gamma\left(\frac{m+2}{m}\right)\right]\cdot\bar{N}_{\lambda o}$$

$$= 16r_0^4\left[\Gamma\left(\frac{6}{m}\right)\Big/\Gamma\left(\frac{2}{m}\right)\right]\cdot\bar{N}_{\lambda o} \tag{3.3.78}$$

となる．この結果から $(\overline{\delta^2})/\bar{\delta}^2$, $(\overline{\lambda^2})/\bar{\lambda}^2$ を求めると，これはそれぞれ $I_2(\delta)/I_0(\delta)$ と $[I_1(\delta)/I_0(\delta)]^2$ の比，$I_2(\lambda)/I_0(\lambda)$ と $[I_1(\lambda)/I_0(\lambda)]^2$ の比に等しいから

$$\frac{(\overline{\delta^2})}{\bar{\delta}^2} = \frac{32}{3\pi^2}\Gamma\left(\frac{m+3}{m}\right)\Gamma\left(\frac{m+1}{m}\right)\Big/\left[\Gamma\left(\frac{m+2}{m}\right)\right]^2$$

$$= \left(\frac{8}{\pi^2}\right)\Gamma\left(\frac{3}{m}\right)\Gamma\left(\frac{1}{m}\right)\Big/\left[\Gamma\left(\frac{2}{m}\right)\right]^2 \tag{3.3.79}$$

$$\frac{(\overline{\lambda^2})}{\bar{\lambda}^2} = \frac{9}{8}\Gamma\left(\frac{m+4}{m}\right)\Gamma\left(\frac{m+2}{m}\right)\Big/\left[\Gamma\left(\frac{m+3}{m}\right)\right]^2$$

$$= \Gamma\left(\frac{4}{m}\right)\Gamma\left(\frac{2}{m}\right)\Big/\left[\Gamma\left(\frac{3}{m}\right)\right]^2 \qquad (3.3.80)$$

を得る．これらの式の右辺は m だけの関数になるから，これを解けば m が求められることになるが，m が整数とは限らないからこの計算は簡単にはできない．それゆえ m に一連の値を与えて数表を作製しておくのが実用的であるので，これを 237 頁以下の表 3.3.1 と 245 頁以下の表 3.3.2 に示してある．これを利用すれば実測で得た $(\overline{\delta^2})/\bar{\delta}^2$，$(\overline{\lambda^2})/\bar{\lambda}^2$ に対応する m の値をただちに求めることができる．そして m が定まれば $\bar{\delta}$ と $\bar{\lambda}$ の実測値と $I_1(\delta)/I_0(\delta)$，$I_1(\lambda)/I_0(\lambda)$ の理論式を用いて r_0 が求められる．さらに m と r_0 がわかれば $\bar{r}$ が計算できるから，N_{ao} と $N_{\lambda o}$ の実測値からそれぞれ(3.3.14)または(3.3.24)(3.3.25)を用いて N_{vo} が得られる．これで $N(r)$ の parameter がすべて決定されることになる．なおこれらの parameter の値を用いて $I_3(\delta), I_4(\delta)$；$I_3(\lambda), I_4(\lambda)$ を計算し，これを実測値と対比して Weibull 分布の適合性を検定できることは他の理論分布の場合と同じである．

なお標本の厚さ T を考慮する場合の式もガンマ分布の時と同様に(3.3.19)から誘導できる．そして $(\overline{\delta^2})/\bar{\delta}^2$ の実測値と m だけを変数とする関数とを結ぶ方程式がつくられることも同じである．しかしこれを解いて m を求めることは一般に簡単ではないから，標本の厚さを考慮する時には Weibull 分布は用いない方がよいであろう．ただ Weibull 分布で $m=2$ の時には標本の厚さがどのようなものであっても常に $\bar{\delta}$ と $2\bar{r}$，すなわち $\bar{D}$ が等しいという興味ある関係が見出されるので，それを説明しておこうと思う．まず(3.3.19)から

$$I_0(\delta) = \left(1+\frac{\nu}{2}\right)\cdot\bar{N}_{ao} \qquad (3.3.81)$$

$$I_1(\delta) = r_0\left[\frac{\pi}{2}\left\{\Gamma\left(\frac{m+2}{m}\right)\Big/\Gamma\left(\frac{m+1}{m}\right)\right\}+\nu\Gamma\left(\frac{m+1}{m}\right)\right]\cdot\bar{N}_{ao} \qquad (3.3.82)$$

を得る．ここで $m=2$ とおけば

$$I_1(\delta) = r_0\left[\frac{\pi}{2}\Big/\Gamma\left(\frac{3}{2}\right)+\nu\Gamma\left(\frac{3}{2}\right)\right]\cdot\bar{N}_{ao} \qquad (3.3.83)$$

となる．そして

$$\Gamma\left(\frac{3}{2}\right)=\frac{\sqrt{\pi}}{2} \tag{3.3.84}$$

であるから，(3. 3. 83)は

$$I_1(\delta)=\sqrt{\pi}\,r_0\left(1+\frac{\nu}{2}\right)\cdot\bar{N}_{ao} \tag{3.3.85}$$

となる．なお(3. 3. 84)の式については266頁を参照していただきたい．そして

$$\bar{\delta}=I_1(\delta)/I_0(\delta)=\sqrt{\pi}\,r_0 \tag{3.3.86}$$

を得る．一方(3. 3. 67)により

$$\bar{r}=r_0\Gamma\left(\frac{3}{2}\right)=\sqrt{\pi}\,r_0/2 \tag{3.3.87}$$

である．したがって

$$\bar{\delta}=2\bar{r} \tag{3.3.88}$$

が成立する．これはWeibull分布を適用してmが2，またはそれに充分近い値になるような対象では，$\bar{r}$の推定に関する限り標本の厚さはそれがどのようなものであれ無関係であることを示すものである．

最後にWeibull分布の分散を求めておくと，(4. A. 9)と(3. 3. 66)(3. 3. 67)を利用して

$$\sigma_r^2={r_0}^2\left[\Gamma\left(\frac{m+2}{m}\right)-\left\{\Gamma\left(\frac{m+1}{m}\right)\right\}^2\right]=\left(\frac{r_0}{m}\right)^2\left[2m\Gamma\left(\frac{2}{m}\right)-\left\{\Gamma\left(\frac{1}{m}\right)\right\}^2\right] \tag{3.3.89}$$

となる．そして変異係数の平方は

$$\left(\frac{\sigma_r}{\bar{r}}\right)^2=\frac{\Gamma\left(\frac{m+2}{m}\right)}{\left[\Gamma\left(\frac{m+1}{m}\right)\right]^2}-1=\frac{2m\Gamma\left(\frac{2}{m}\right)}{\left[\Gamma\left(\frac{1}{m}\right)\right]^2}-1 \tag{3.3.90}$$

である．そしてこの形からみてrの相対的バラツキはmが小さくなるに従って急速に大きくなることがわかる．

表 3.3.1 Weibull 分布の m に一連の値を与えて

$$\frac{(\overline{\delta^2})}{\bar{\delta}^2}=\frac{8}{\pi^2}\Gamma\left(\frac{3}{m}\right)\Gamma\left(\frac{1}{m}\right)\Big/\left[\Gamma\left(\frac{2}{m}\right)\right]^2$$

を計算した数表(238 頁〜244 頁). この数表の使い方はたとえば次のようである. いま実測により $(\overline{\delta^2})/\bar{\delta}^2=1.65481$ を得たものとすれば表を参照して

$$m=0.960,\quad (\overline{\delta^2})/\bar{\delta}^2=1.65532$$

$$m=0.961,\quad (\overline{\delta^2})/\bar{\delta}^2=1.65442$$

であるから, この実測値に対する m は

$$\begin{aligned} m &= 0.961-[(1.65481-1.65442)/(1.65532-1.65442)]\times 10^{-3} \\ &= 0.961-0.00043=0.96057 \end{aligned}$$

となる. なお表 3.3.1, 表 3.3.2 は高橋徹の計算により作製したものである.

表3.3.1 (δ)

m	0	1	2	3	4	5	6	7	8	9
0.50	2.70190	69633	69080	68530	67983	67440	66900	66363	65830	65299
0.51	64772	64248	63727	63209	62694	62182	61673	61167	60664	60164
0.52	59667	59173	58682	58193	57707	57224	56744	56267	55792	55320
0.53	54851	54384	53920	53458	52999	52543	52089	51638	51189	50743
0.54	50299	49858	49419	48982	48548	48116	47687	47260	46835	46412
0.55	45992	45574	45158	44745	44333	43924	43517	43113	42710	42309
0.56	2.41911	41515	41121	40728	40338	39950	39564	39180	38798	38418
0.57	38040	37664	37289	36917	36546	36178	35811	35446	35083	34722
0.58	34363	34005	33649	33295	32943	32593	32244	31897	31552	31208
0.59	30866	30526	30187	29851	29515	29182	28850	28519	28190	27863
0.60	27538	27213	26891	26570	26250	25933	25616	25301	24988	24676
0.61	2.24365	24056	23749	23443	23138	22835	22533	22233	21933	21636
0.62	21339	21045	20751	20459	20168	19878	19590	19303	19018	18733
0.63	18450	18168	17888	17609	17331	17054	16779	16504	16231	15959
0.64	15689	15419	15151	14884	14618	14354	14090	13828	13566	13306
0.65	13047	12789	12533	12277	12023	11769	11517	11265	11015	10766
0.66	2.10518	10271	10025	09780	09536	09293	09052	08811	08571	08332
0.67	08095	07858	07622	07387	07153	06920	06689	06458	06228	05998
0.68	05770	05543	05317	05092	04867	04644	04421	04199	03979	03759
0.69	03540	03322	03104	02888	02672	02458	02244	02031	01819	01608
0.70	01397	01188	00979	00771	00564	00358	00152	99948*	99744*	99541* (*1.…)
0.71	1.99338	99137	98936	98736	98537	98339	98141	97944	97748	97553
0.72	97358	97164	96971	96779	96587	96396	96206	96016	95827	95639
0.73	95452	95265	95079	94894	94709	94525	94342	94160	93978	93797
0.74	93616	93436	93257	93079	92901	92724	92547	92371	92196	92021
0.75	91847	91674	91501	91329	91157	90986	90816	90647	90477	90309
0.76	1.90141	89974	89807	89641	89476	89311	89147	88983	88820	88657
0.77	88495	88334	88173	88013	87853	87694	87535	87377	87220	87063
0.78	86907	86751	86595	86441	86286	86133	85979	85827	85675	85523
0.79	85372	85221	85071	84922	84773	84624	84476	84328	84181	84035
0.80	83889	83743	83598	83453	83309	83166	83022	82880	82738	82596
0.81	1.82455	82314	82173	82034	81894	81755	81617	81479	81341	81204
0.82	81067	80931	80795	80660	80525	80390	80256	80123	79989	79857
0.83	79724	79592	79461	79330	79199	79069	78939	78810	78681	78552
0.84	78424	78296	78169	78042	77915	77789	77663	77538	77413	77288
0.85	77164	77040	76917	76794	76671	76549	76427	76305	76184	76063
0.86	1.75943	75823	75703	75584	75465	75347	75228	75110	74993	74876
0.87	74759	74643	74527	74411	74295	74180	74066	73951	73837	73724
0.88	73610	73497	73385	73273	73161	73049	72938	72827	72716	72606
0.89	72496	72386	72277	72168	72059	71951	71843	71735	71628	71520
0.90	71414	71307	71201	71095	70990	70884	70779	70675	70571	70466
0.91	1.70363	70259	70156	70053	69951	69849	69747	69645	69544	69442
0.92	69342	69241	69141	69041	68941	68842	68743	68644	68546	68447
0.93	68349	68252	68154	68057	67960	67863	67767	67671	67575	67480
0.94	67384	67289	67194	67100	67006	66912	66818	66725	66631	66538
0.95	66446	66353	66261	66169	66077	65986	65895	65804	65713	65623
0.96	1.65532	65442	65353	65263	65174	65085	64996	64908	64819	64731
0.97	64643	64556	64469	64381	64295	64208	64121	64035	63949	63864
0.98	63778	63693	63608	63523	63438	63354	63270	63186	63102	63018
0.99	62935	62852	62769	62687	62604	62522	62440	62358	62277	62195
1.00	62114	62033	61952	61872	61791	61711	61631	61552	61472	61393

m	0	1	2	3	4	5	6	7	8	9
1.01	1.61314	61235	61156	61078	60999	60921	60843	60766	60688	60611
1.02	60534	60457	60380	60303	60227	60151	60075	59999	59924	59848
1.03	59773	59698	59623	59548	59474	59400	59326	59252	59178	59104
1.04	59031	58958	58885	58812	58739	58667	58595	58522	58450	58379
1.05	58307	58236	58164	58093	58022	57952	57881	57811	57741	57671
1.06	1.57601	57531	57461	57392	57323	57254	57185	57116	57048	56979
1.07	56911	56843	56775	56707	56640	56572	56505	56438	56371	56304
1.08	56238	56171	56105	56039	55973	55907	55841	55776	55710	55645
1.09	55580	55515	55450	55386	55321	55257	55193	55129	55065	55001
1.10	54938	54874	54811	54748	54685	54622	54559	54497	54434	54372
1.11	1.54310	54248	54186	54124	54063	54002	53940	53879	53818	53757
1.12	53697	53636	53575	53515	53455	53395	53335	53275	53216	53156
1.13	53097	53037	52978	52919	52861	52802	52743	52685	52626	52568
1.14	52510	52452	52395	52337	52279	52222	52165	52107	52050	51993
1.15	51937	51880	51823	51767	51711	51655	51598	51543	51487	51431
1.16	1.51375	51320	51265	51209	51154	51099	51045	50990	50935	50881
1.17	50826	50772	50718	50664	50610	50556	50503	50449	50396	50342
1.18	50289	50236	50183	50130	50077	50025	49972	49920	49867	49815
1.19	49763	49711	49659	49607	49556	49504	49453	49401	49350	49299
1.20	49248	49197	49146	49096	49045	48994	48944	48894	48844	48794
1.21	1.48744	48694	48644	48594	48545	48495	48446	48397	48348	48299
1.22	48250	48201	48152	48103	48055	48006	47958	47910	47862	47814
1.23	47766	47718	47670	47622	47575	47527	47480	47433	47386	47339
1.24	47292	47245	47198	47151	47105	47058	47012	46965	46919	46873
1.25	46827	46781	46735	46689	46644	46598	46553	46507	46462	46417
1.26	1.46371	46326	46281	46237	46192	46147	46103	46058	46014	45969
1.27	45925	45881	45837	45793	45749	45705	45661	45618	45574	45531
1.28	45487	45444	45401	45358	45315	45272	45229	45186	45143	45100
1.29	45058	45015	44973	44931	44889	44846	44804	44762	44720	44679
1.30	44637	44595	44554	44512	44471	44429	44388	44347	44306	44265
1.31	1.44224	44183	44142	44101	44061	44020	43980	43939	43899	43859
1.32	43819	43778	43738	43698	43659	43619	43579	43539	43500	43460
1.33	43421	43381	43342	43303	43264	43225	43186	43147	43108	43069
1.34	43030	42992	42953	42915	42876	42838	42800	42761	42723	42685
1.35	42647	42609	42571	42534	42496	42458	42421	42383	42346	42308
1.36	1.42271	42234	42197	42160	42122	42086	42049	42012	41975	41938
1.37	41902	41865	41829	41792	41756	41719	41683	41647	41611	41575
1.38	41539	41503	41467	41431	41396	41360	41324	41289	41253	41218
1.39	41183	41147	41112	41077	41042	41007	40972	40937	40902	40867
1.40	40833	40798	40763	40729	40694	40660	40626	40591	40557	40523
1.41	1.40489	40455	40421	40387	40353	40319	40285	40252	40218	40184
1.42	40151	40117	40084	40051	40017	39984	39951	39918	39885	39852
1.43	39819	39786	39753	39720	39688	39655	39622	39590	39557	39525
1.44	39492	39460	39428	39396	39363	39331	39299	39267	39235	39203
1.45	39172	39140	39108	39076	39045	39013	38982	38950	38919	38887
1.46	1.38856	38825	38794	38763	38732	38700	38669	38639	38608	38577
1.47	38546	38515	38485	38454	38423	38393	38362	38332	38302	38271
1.48	38241	38211	38181	38151	38121	38091	38061	38031	38001	37971
1.49	37941	37911	37882	37852	37823	37793	37764	37734	37705	37675
1.50	37646	37617	37588	37559	37529	37500	37471	37443	37414	37385

表 3. 3. 1 (δ)

m	0	1	2	3	4	5	6	7	8	9
1.51	1.37356	37327	37298	37270	37241	37213	37184	37156	37127	37099
1.52	37070	37042	37014	36986	36958	36929	36901	36873	36845	36817
1.53	36790	36762	36734	36706	36678	36651	36623	36596	36568	36541
1.54	36513	36486	36458	36431	36404	36377	36349	36322	36295	36268
1.55	36241	36214	36187	36160	36133	36107	36080	36053	36026	36000
1.56	1.35973	35947	35920	35894	35867	35841	35815	35788	35762	35736
1.57	35710	35684	35657	35631	35605	35579	35553	35528	35502	35476
1.58	35450	35424	35399	35373	35347	35322	35296	35271	35245	35220
1.59	35195	35169	35144	35119	35094	35068	35043	35018	34993	34968
1.60	34943	34918	34893	34868	34844	34819	34794	34769	34745	34720
1.61	1.34695	34671	34646	34622	34597	34573	34548	34524	34500	34476
1.62	34451	34427	34403	34379	34355	34331	34307	34283	34259	34235
1.63	34211	34187	34163	34140	34116	34092	34068	34045	34021	33998
1.64	33974	33951	33927	33904	33880	33857	33834	33811	33787	33764
1.65	33741	33718	33695	33672	33649	33626	33603	33580	33557	33534
1.66	1.33511	33488	33466	33443	33420	33397	33375	33352	33330	33307
1.67	33285	33262	33240	33217	33195	33173	33150	33128	33106	33084
1.68	33062	33039	33017	32995	32973	32951	32929	32907	32885	32863
1.69	32842	32820	32798	32776	32755	32733	32711	32690	32668	32646
1.70	32625	32603	32582	32560	32539	32518	32496	32475	32454	32432
1.71	1.32411	32390	32369	32348	32327	32305	32284	32263	32242	32221
1.72	32201	32180	32159	32138	32117	32096	32076	32055	32034	32014
1.73	31993	31972	31952	31931	31911	31890	31870	31849	31829	31808
1.74	31788	31768	31748	31727	31707	31687	31667	31647	31626	31606
1.75	31586	31566	31546	31526	31506	31486	31466	31447	31427	31407
1.76	1.31387	31367	31348	31328	31308	31289	31269	31249	31230	31210
1.77	31191	31171	31152	31132	31113	31094	31074	31055	31036	31016
1.78	30997	30978	30959	30940	30920	30901	30882	30863	30844	30825
1.79	30806	30787	30768	30749	30730	30712	30693	30674	30655	30636
1.80	30618	30599	30580	30562	30543	30524	30506	30487	30469	30450
1.81	1.30432	30413	30395	30377	30358	30340	30322	30303	30285	30267
1.82	30248	30230	30212	30194	30176	30158	30140	30122	30103	30085
1.83	30067	30050	30032	30014	29996	29978	29960	29942	29924	29907
1.84	29889	29871	29853	29836	29818	29801	29783	29765	29748	29730
1.85	29713	29695	29678	29660	29643	29625	29608	29591	29573	29556
1.86	1.29539	29522	29504	29487	29470	29453	29436	29418	29401	29384
1.87	29367	29350	29333	29316	29299	29282	29265	29248	29231	29215
1.88	29198	29181	29164	29147	29131	29114	29097	29080	29064	29047
1.89	29030	29014	28997	28981	28964	28948	28931	28915	28898	28882
1.90	28865	28849	28833	28816	28800	28784	28767	28751	28735	28719
1.91	1.28702	28686	28670	28654	28638	28622	28605	28589	28573	28557
1.92	28541	28525	28509	28493	28478	28462	28446	28430	28414	28398
1.93	28382	28367	28351	28335	28319	28304	28288	28272	28257	28241
1.94	28226	28210	28194	28179	28163	28148	28132	28117	28101	28086
1.95	28071	28055	28040	28024	28009	27994	27979	27963	27948	27933
1.96	1.27918	27902	27887	27872	27857	27842	27827	27812	27796	27781
1.97	27766	27751	27736	27721	27706	27692	27677	27662	27647	27632
1.98	27617	27602	27588	27573	27558	27543	27528	27514	27499	27484
1.99	27470	27455	27440	27426	27411	27397	27382	27368	27353	27339
2.00	27324	27310	27295	27281	27266	27252	27238	27223	27209	27194

m	0	1	2	3	4	5	6	7	8	9
2.01	1.27180	27166	27152	27137	27123	27109	27095	27080	27066	27052
2.02	27038	27024	27010	26996	26982	26968	26954	26940	26926	26912
2.03	26898	26884	26870	26856	26842	26828	26814	26800	26786	26773
2.04	26759	26745	26731	26717	26704	26690	26676	26663	26649	26635
2.05	26622	26608	26594	26581	26567	26554	26540	26527	26513	26500
2.06	1.26486	26473	26459	26446	26432	26419	26406	26392	26379	26365
2.07	26352	26339	26326	26312	26299	26286	26273	26259	26246	26233
2.08	26220	26207	26193	26180	26167	26154	26141	26128	26115	26102
2.09	26089	26076	26063	26050	26037	26024	26011	25998	25985	25972
2.10	25960	25947	25934	25921	25908	25896	25883	25870	25857	25845
2.11	1.25832	25819	25806	25794	25781	25768	25756	25743	25731	25718
2.12	25705	25693	25680	25668	25655	25643	25630	25618	25605	25593
2.13	25580	25568	25556	25543	25531	25519	25506	25494	25482	25469
2.14	25457	25445	25432	25420	25408	25396	25384	25371	25359	25347
2.15	25335	25323	25311	25299	25286	25274	25262	25250	25238	25226
2.16	1.25214	25202	25190	25178	25166	25154	25142	25130	25119	25107
2.17	25095	25083	25071	25059	25047	25036	25024	25012	25000	24988
2.18	24977	24965	24953	24942	24930	24918	24907	24895	24883	24872
2.19	24860	24848	24837	24825	24814	24802	24791	24779	24768	24756
2.20	24745	24733	24722	24710	24699	24687	24676	24664	24653	24642
2.21	1.24630	24619	24608	24596	24585	24574	24562	24551	24540	24529
2.22	24517	24506	24495	24484	24473	24461	24450	24439	24428	24417
2.23	24406	24395	24384	24372	24361	24350	24339	24328	24317	24306
2.24	24295	24284	24273	24262	24251	24240	24230	24219	24208	24197
2.25	24186	24175	24164	24153	24143	24132	24121	24110	24099	24089
2.26	1.24078	24067	24056	24046	24035	24024	24014	24003	23992	23982
2.27	23971	23960	23950	23939	23928	23918	23907	23897	23886	23876
2.28	23865	23855	23844	23834	23823	23813	23802	23792	23781	23771
2.29	23760	23750	23740	23729	23719	23709	23698	23688	23678	23667
2.30	23657	23647	23636	23626	23616	23606	23595	23585	23575	23565
2.31	1.23554	23544	23534	23524	23514	23504	23493	23483	23473	23463
2.32	23453	23443	23433	23423	23413	23403	23393	23383	23373	23363
2.33	23353	23343	23333	23323	23313	23303	23293	23283	23273	23263
2.34	23253	23243	23234	23224	23214	23204	23194	23184	23175	23165
2.35	23155	23145	23136	23126	23116	23106	23097	23087	23077	23067
2.36	1.23058	23048	23038	23029	23019	23010	23000	22990	22981	22971
2.37	22962	22952	22942	22933	22923	22914	22904	22895	22885	22876
2.38	22866	22857	22847	22838	22828	22819	22810	22800	22791	22781
2.39	22772	22763	22753	22744	22734	22725	22716	22706	22697	22688
2.40	22679	22669	22660	22651	22641	22632	22623	22614	22605	22595
2.41	1.22586	22577	22568	22559	22549	22540	22531	22522	22513	22504
2.42	22495	22486	22476	22467	22458	22449	22440	22431	22422	22413
2.43	22404	22395	22386	22377	22368	22359	22350	22341	22332	22323
2.44	22314	22306	22297	22288	22279	22270	22261	22252	22243	22235
2.45	22226	22217	22208	22199	22190	22182	22173	22164	22155	22147
2.46	1.22138	22129	22120	22112	22103	22094	22085	22077	22068	22059
2.47	22051	22042	22033	22025	22016	22008	21999	21990	21982	21973
2.48	21965	21956	21947	21939	21930	21922	21913	21905	21896	21888
2.49	21879	21871	21862	21854	21845	21837	21828	21820	21812	21803
2.50	21795	21786	21778	21770	21761	21753	21744	21736	21728	21719

表3.3.1　(δ)

m	0	1	2	3	4	5	6	7	8	9
2.51	1.21711	21703	21694	21686	21678	21670	21661	21653	21645	21636
2.52	21628	21620	21612	21603	21595	21587	21579	21571	21562	21554
2.53	21546	21538	21530	21522	21513	21505	21497	21489	21481	21473
2.54	21465	21457	21449	21441	21433	21424	21416	21408	21400	21392
2.55	21384	21376	21368	21360	21352	21344	21336	21328	21320	21312
2.56	1.21305	21297	21289	21281	21273	21265	21257	21249	21241	21233
2.57	21226	21218	21210	21202	21194	21186	21179	21171	21163	21155
2.58	21147	21140	21132	21124	21116	21108	21101	21093	21085	21078
2.59	21070	21062	21054	21047	21039	21031	21024	21016	21008	21001
2.60	20993	20985	20978	20970	20963	20955	20947	20940	20932	20925
2.61	1.20917	20909	20902	20894	20887	20879	20872	20864	20857	20849
2.62	20842	20834	20827	20819	20812	20804	20797	20789	20782	20774
2.63	20767	20760	20752	20745	20737	20730	20722	20715	20708	20700
2.64	20693	20686	20678	20671	20664	20656	20649	20642	20634	20627
2.65	20620	20612	20605	20598	20591	20583	20576	20569	20562	20554
2.66	1.20547	20540	20533	20525	20518	20511	20504	20497	20489	20482
2.67	20475	20468	20461	20454	20447	20439	20432	20425	20418	20411
2.68	20404	20397	20390	20383	20375	20368	20361	20354	20347	20340
2.69	20333	20326	20319	20312	20305	20298	20291	20284	20277	20270
2.70	20263	20256	20249	20242	20235	20228	20221	20215	20208	20201
2.71	1.20194	20187	20180	20173	20166	20159	20152	20146	20139	20132
2.72	20125	20118	20111	20104	20098	20091	20084	20077	20070	20064
2.73	20057	20050	20043	20037	20030	20023	20016	20010	20003	19996
2.74	19989	19983	19976	19969	19962	19956	19949	19942	19936	19929
2.75	19922	19916	19909	19902	19896	19889	19883	19876	19869	19863
2.76	1.19856	19849	19843	19836	19830	19823	19817	19810	19803	19797
2.77	19790	19784	19777	19771	19764	19758	19751	19745	19738	19732
2.78	19725	19719	19712	19706	19699	19693	19686	19680	19673	19667
2.79	19660	19654	19648	19641	19635	19628	19622	19616	19609	19603
2.80	19596	19590	19584	19577	19571	19565	19558	19552	19546	19539
2.81	1.19533	19527	19520	19514	19508	19501	19495	19489	19483	19476
2.82	19470	19464	19458	19451	19445	19439	19433	19426	19420	19414
2.83	19408	19401	19395	19389	19383	19377	19370	19364	19358	19352
2.84	19346	19340	19333	19327	19321	19315	19309	19303	19297	19291
2.85	19284	19278	19272	19266	19260	19254	19248	19242	19236	19230
2.86	1.19224	19218	19212	19206	19199	19193	19187	19181	19175	19169
2.87	19163	19157	19151	19145	19139	19133	19127	19121	19116	19110
2.88	19104	19098	19092	19086	19080	19074	19068	19062	19056	19050
2.89	19044	19038	19033	19027	19021	19015	19009	19003	18997	18991
2.90	18986	18980	18974	18968	18962	18956	18951	18945	18939	18933
2.91	1.18927	18922	18916	18910	18904	18898	18893	18887	18881	18875
2.92	18870	18864	18858	18852	18847	18841	18835	18829	18824	18818
2.93	18812	18807	18801	18795	18789	18784	18778	18772	18767	18761
2.94	18755	18750	18744	18738	18733	18727	18722	18716	18710	18705
2.95	18699	18693	18688	18682	18677	18671	18665	18660	18654	18649
2.96	1.18643	18638	18632	18626	18621	18615	18610	18604	18599	18593
2.97	18588	18582	18577	18571	18566	18560	18555	18549	18544	18538
2.98	18533	18527	18522	18516	18511	18505	18500	18495	18489	18484
2.99	18478	18473	18467	18462	18457	18451	18446	18440	18435	18430
3.00	18424	18419	18413	18408	18403	18397	18392	18387	18381	18376

表3.3.1 (δ)

m	0	1	2	3	4	5	6	7	8	9
3.01	1.18371	18365	18360	18355	18349	18344	18339	18333	18328	18323
3.02	18317	18312	18307	18301	18296	18291	18286	18280	18275	18270
3.03	18265	18259	18254	18249	18244	18238	18233	18228	18223	18217
3.04	18212	18207	18202	18197	18191	18186	18181	18176	18171	18165
3.05	18160	18155	18150	18145	18140	18134	18129	18124	18119	18114
3.06	1.18109	18104	18099	18093	18088	18083	18078	18073	18068	18063
3.07	18058	18053	18047	18042	18037	18032	18027	18022	18017	18012
3.08	18007	18002	17997	17992	17987	17982	17977	17972	17967	17962
3.09	17957	17952	17947	17942	17937	17932	17927	17922	17917	17912
3.10	17907	17902	17897	17892	17887	17882	17877	17872	17867	17862
3.11	1.17857	17852	17847	17843	17838	17833	17828	17823	17818	17813
3.12	17808	17803	17798	17794	17789	17784	17779	17774	17769	17764
3.13	17760	17755	17750	17745	17740	17735	17730	17726	17721	17716
3.14	17711	17706	17702	17697	17692	17687	17682	17678	17673	17668
3.15	17663	17658	17654	17649	17644	17639	17635	17630	17625	17620
3.16	1.17616	17611	17606	17601	17597	17592	17587	17583	17578	17573
3.17	17568	17564	17559	17554	17550	17545	17540	17536	17531	17526
3.18	17522	17517	17512	17508	17503	17498	17494	17489	17484	17480
3.19	17475	17470	17466	17461	17457	17452	17447	17443	17438	17434
3.20	17429	17424	17420	17415	17411	17406	17401	17397	17392	17388
3.21	1.17383	17379	17374	17370	17365	17360	17356	17351	17347	17342
3.22	17338	17333	17329	17324	17320	17315	17311	17306	17302	17297
3.23	17293	17288	17284	17279	17275	17270	17266	17261	17257	17252
3.24	17248	17243	17239	17235	17230	17226	17221	17217	17212	17208
3.25	17204	17199	17195	17190	17186	17181	17177	17173	17168	17164
3.26	1.17159	17155	17151	17146	17142	17138	17133	17129	17124	17120
3.27	17116	17111	17107	17103	17098	17094	17090	17085	17081	17077
3.28	17072	17068	17064	17059	17055	17051	17046	17042	17038	17034
3.29	17029	17025	17021	17016	17012	17008	17004	16999	16995	16991
3.30	16986	16982	16978	16974	16969	16965	16961	16957	16953	16948
3.31	1.16944	16940	16936	16931	16927	16923	16919	16915	16910	16906
3.32	16902	16898	16894	16889	16885	16881	16877	16873	16868	16864
3.33	16860	16856	16852	16848	16843	16839	16835	16831	16827	16823
3.34	16819	16814	16810	16806	16802	16798	16794	16790	16786	16782
3.35	16777	16773	16769	16765	16761	16757	16753	16749	16745	16741
3.36	1.16737	16732	16728	16724	16720	16716	16712	16708	16704	16700
3.37	16696	16692	16688	16684	16680	16676	16672	16668	16664	16660
3.38	16656	16652	16648	16644	16640	16636	16632	16628	16624	16620
3.39	16616	16612	16608	16604	16600	16596	16592	16588	16584	16580
3.40	16576	16572	16568	16564	16560	16556	16552	16548	16544	16540
3.41	1.16536	16533	16529	16525	16521	16517	16513	16509	16505	16501
3.42	16497	16493	16490	16486	16482	16478	16474	16470	16466	16462
3.43	16458	16455	16451	16447	16443	16439	16435	16431	16428	16424
3.44	16420	16416	16412	16408	16404	16401	16397	16393	16389	16385
3.45	16382	16378	16374	16370	16366	16362	16359	16355	16351	16347
3.46	1.16344	16340	16336	16332	16328	16325	16321	16317	16313	16310
3.47	16306	16302	16298	16294	16291	16287	16283	16279	16276	16272
3.48	16268	16265	16261	16257	16253	16250	16246	16242	16238	16235
3.49	16231	16227,	16224	16220	16216	16212	16209	16205	16201	16198
3.50	16194	16190	16187	16183	16179	16176	16172	16168	16165	16161

表 3. 3. 1 (δ)

m	0	1	2	3	4	5	6	7	8	9
3.51	1.16157	16154	16150	16146	16143	16139	16135	16132	16128	16125
3.52	16121	16117	16114	16110	16106	16103	16099	16096	16092	16088
3.53	16085	16081	16077	16074	16070	16067	16063	16059	16056	16052
3.54	16049	16045	16042	16038	16034	16031	16027	16024	16020	16017
3.55	16013	16009	16006	16002	15999	15995	15992	15988	15985	15981
3.56	1.15978	15974	15971	15967	15963	15960	15956	15953	15949	15946
3.57	15942	15939	15935	15932	15928	15925	15921	15918	15914	15911
3.58	15907	15904	15900	15897	15894	15890	15887	15883	15880	15876
3.59	15873	15869	15866	15862	15859	15855	15852	15849	15845	15842
3.60	15838	15835	15831	15828	15825	15821	15818	15814	15811	15807
3.61	1.15804	15801	15797	15794	15790	15787	15784	15780	15777	15773
3.62	15770	15767	15763	15760	15756	15753	15750	15746	15743	15740
3.63	15736	15733	15730	15726	15723	15719	15716	15713	15709	15706
3.64	15703	15699	15696	15693	15689	15686	15683	15679	15676	15673
3.65	15669	15666	15663	15659	15656	15653	15650	15646	15643	15640
3.66	1.15636	15633	15630	15626	15623	15620	15617	15613	15610	15607
3.67	15603	15600	15597	15594	15590	15587	15584	15581	15577	15574
3.68	15571	15568	15564	15561	15558	15555	15551	15548	15545	15542
3.69	15538	15535	15532	15529	15525	15522	15519	15516	15513	15509
3.70	15506	15503	15500	15497	15493	15490	15487	15484	15481	15477
3.71	1.15474	15471	15468	15465	15461	15458	15455	15452	15449	15446
3.72	15442	15439	15436	15433	15430	15427	15423	15420	15417	15414
3.73	15411	15408	15405	15401	15398	15395	15392	15389	15386	15383
3.74	15379	15376	15373	15370	15367	15364	15361	15358	15355	15351
3.75	15348	15345	15342	15339	15336	15333	15330	15327	15324	15320
3.76	1.15317	15314	15311	15308	15305	15302	15299	15296	15293	15290
3.77	15287	15284	15280	15277	15274	15271	15268	15265	15262	15259
3.78	15256	15253	15250	15247	15244	15241	15238	15235	15232	15229
3.79	15226	15223	15220	15217	15214	15211	15208	15205	15202	15199
3.80	15196	15193	15190	15187	15184	15181	15178	15175	15172	15169
3.81	1.15166	15163	15160	15157	15154	15151	15148	15145	15142	15139
3.82	15136	15133	15130	15127	15124	15121	15118	15115	15112	15109
3.83	15106	15103	15100	15098	15095	15092	15089	15086	15083	15080
3.84	15077	15074	15071	15068	15065	15062	15059	15057	15054	15051
3.85	15048	15045	15042	15039	15036	15033	15030	15028	15025	15022
3.86	1.15019	15016	15013	15010	15007	15004	15002	14999	14996	14993
3.87	14990	14987	14984	14981	14979	14976	14973	14970	14967	14964
3.88	14961	14959	14956	14953	14950	14947	14944	14942	14939	14936
3.89	14933	14930	14927	14924	14922	14919	14916	14913	14910	14908
3.90	14905	14902	14899	14896	14893	14891	14888	14885	14882	14879
3.91	1.14877	14874	14871	14868	14865	14863	14860	14857	14854	14852
3.92	14849	14846	14843	14840	14838	14835	14832	14829	14827	14824
3.93	14821	14818	14816	14813	14810	14807	14805	14802	14799	14796
3.94	14794	14791	14788	14785	14783	14780	14777	14774	14772	14769
3.95	14766	14763	14761	14758	14755	14753	14750	14747	14744	14742
3.96	1.14739	14736	14734	14731	14728	14725	14723	14720	14717	14715
3.97	14712	14709	14707	14704	14701	14698	14696	14693	14690	14688
3.98	14685	14682	14680	14677	14674	14672	14669	14666	14664	14661
3.99	14658	14656	14653	14650	14648	14645	14642	14640	14637	14635
4.00	14632	14629	14627	14624	14621	14619	14616	14613	14611	14608

表 3.3.2　Weibull 分布の m に一連の値を与えて

$$\frac{\overline{(\lambda^2)}}{\bar{\lambda}^2} = \Gamma\left(\frac{4}{m}\right)\Gamma\left(\frac{2}{m}\right)\Big/\left[\Gamma\left(\frac{3}{m}\right)\right]^2$$

を計算した数表(246 頁～252 頁)．この使い方は表 3. 3. 1 で説明したことと同じである．

表3.3.2 (λ)

m	0	1	2	3	4	5	6	7	8	9
0.50	2.10000	09717	09435	09155	08876	08599	08323	08049	07776	07504
0.51	2.07234	06966	06698	06433	06168	05905	05643	05383	05124	04866
0.52	04610	04355	04101	03849	03597	03348	03099	02851	02605	02360
0.53	02116	01874	01633	01392	01153	00916	00679	00444	00209	99976* (*1.…)
0.54	1.99744	99514	99284	99055	98828	98601	98376	98152	97929	97707
0.55	97486	97266	97047	96829	96612	96396	96182	95968	95755	95543
0.56	1.95332	95122	94913	94706	94499	94293	94088	93884	93680	93478
0.57	93277	93076	92877	92678	92481	92284	92088	91893	91699	91506
0.58	91313	91122	90931	90741	90553	90364	90177	89991	89805	89620
0.59	89436	89253	89070	88889	88708	88528	88348	88170	87992	87815
0.60	87639	87464	87289	87115	86942	86769	86597	86426	86256	86086
0.61	1.85918	85749	85582	85415	85249	85084	84919	84755	84592	84429
0.62	84267	84106	83945	83785	83626	83467	83309	83152	82995	82839
0.63	82683	82529	82374	82221	82068	81915	81764	81612	81462	81312
0.64	81162	81014	80866	80718	80571	80424	80279	80133	79988	79844
0.65	79701	79558	79415	79273	79132	78991	78851	78711	78572	78433
0.66	1.78295	78157	78020	77884	77748	77612	77477	77343	77209	77075
0.67	76942	76810	76678	76546	76415	76285	76155	76025	75896	75767
0.68	75639	75512	75384	75258	75131	75006	74880	74755	74631	74507
0.69	74383	74260	74138	74016	73894	73773	73652	73531	73411	73292
0.70	73172	73054	72935	72818	72700	72583	72466	72350	72234	72119
0.71	1.72004	71889	71775	71661	71548	71435	71322	71210	71098	70987
0.72	70876	70765	70655	70545	70436	70326	70218	70109	70001	69893
0.73	69786	69679	69573	69466	69361	69255	69150	69045	68941	68836
0.74	68733	68629	68526	68423	68321	68219	68117	68016	67915	67814
0.75	67714	67614	67514	67415	67316	67217	67119	67021	66923	66825
0.76	1.66728	66632	66535	66439	66343	66247	66152	66057	65962	65868
0.77	65774	65680	65587	65494	65401	65308	65216	65124	65032	64941
0.78	64850	64759	64668	64578	64488	64398	64309	64220	64131	64042
0.79	63954	63866	63778	63691	63604	63517	63430	63344	63257	63171
0.80	63086	63000	62915	62830	62746	62661	62577	62494	62410	62327
0.81	1.62244	62161	62078	61996	61914	61832	61750	61669	61588	61507
0.82	61426	61346	61266	61186	61106	61027	60947	60868	60790	60711
0.83	60633	60555	60477	60399	60322	60245	60168	60091	60015	59938
0.84	59862	59787	59711	59636	59560	59485	59411	59336	59262	59188
0.85	59114	59040	58967	58893	58820	58748	58675	58603	58530	58458
0.86	1.58386	58315	58243	58172	58101	58030	57960	57889	57819	57749
0.87	57679	57610	57540	57471	57402	57333	57264	57196	57127	57059
0.88	56991	56924	56856	56789	56721	56654	56588	56521	56454	56388
0.89	56322	56256	56190	56125	56059	55994	55929	55864	55799	55735
0.90	55670	55606	55542	55478	55414	55351	55288	55224	55161	55099
0.91	1.55036	54973	54911	54849	54787	54725	54663	54602	54540	54479
0.92	54418	54357	54296	54236	54175	54115	54055	53995	53935	53875
0.93	53816	53757	53697	53638	53579	53521	53462	53404	53345	53287
0.94	53229	53171	53114	53056	52999	52941	52884	52827	52770	52714
0.95	52657	52601	52545	52488	52432	52377	52321	52265	52210	52155
0.96	1.52099	52044	51990	51935	51880	51826	51771	51717	51663	51609
0.97	51555	51502	51448	51395	51341	51288	51235	51182	51129	51077
0.98	51024	50972	50920	50867	50815	50764	50712	50660	50609	50557
0.99	50506	50455	50404	50353	50302	50251	50201	50151	50100	50050
1.00	50000	49950	49900	49851	49801	49751	49702	49653	49604	49555

表 3. 3. 2 (λ)

m	0	1	2	3	4	5	6	7	8	9
1.01	1.49506	49457	49408	49360	49311	49263	49215	49167	49119	49071
1.02	49023	48976	48928	48881	48833	48786	48739	48692	48645	48598
1.03	48552	48505	48458	48412	48366	48320	48274	48228	48182	48136
1.04	48091	48045	48000	47954	47909	47864	47819	47774	47729	47685
1.05	47640	47595	47551	47507	47463	47418	47374	47330	47287	47243
1.06	1.47199	47156	47112	47069	47026	46983	46940	46897	46854	46811
1.07	46768	46726	46683	46641	46599	46557	46514	46472	46430	46389
1.08	46347	46305	46264	46222	46181	46140	46098	46057	46016	45975
1.09	45934	45894	45853	45812	45772	45732	45691	45651	45611	45571
1.10	45531	45491	45451	45411	45372	45332	45293	45253	45214	45175
1.11	1.45136	45096	45057	45019	44980	44941	44902	44864	44825	44787
1.12	44749	44710	44672	44634	44596	44558	44520	44482	44445	44407
1.13	44370	44332	44295	44257	44220	44183	44146	44109	44072	44035
1.14	43998	43962	43925	43888	43852	43816	43779	43743	43707	43671
1.15	43635	43599	43563	43527	43491	43456	43420	43384	43349	43314
1.16	1.43278	43243	43208	43173	43138	43103	43068	43033	42998	42964
1.17	42929	42895	42860	42826	42791	42757	42723	42689	42655	42621
1.18	42587	42553	42519	42485	42452	42418	42385	42351	42318	42284
1.19	42251	42218	42185	42152	42119	42086	42053	42020	41987	41955
1.20	41922	41889	41857	41825	41792	41760	41728	41695	41663	41631
1.21	1.41599	41567	41535	41504	41472	41440	41408	41377	41345	41314
1.22	41283	41251	41220	41189	41158	41126	41095	41064	41034	41003
1.23	40972	40941	40910	40880	40849	40819	40788	40758	40727	40697
1.24	40667	40637	40607	40577	40547	40517	40487	40457	40427	40397
1.25	40368	40338	40309	40279	40250	40220	40191	40161	40132	40103
1.26	1.40074	40045	40016	39987	39958	39929	39900	39871	39843	39814
1.27	39785	39757	39728	39700	39672	39643	39615	39587	39558	39530
1.28	39502	39474	39446	39418	39390	39363	39335	39307	39279	39252
1.29	39224	39197	39169	39142	39114	39087	39060	39032	39005	38978
1.30	38951	38924	38897	38870	38843	38816	38789	38762	38736	38709
1.31	1.38682	38656	38629	38603	38576	38550	38524	38497	38471	38445
1.32	38419	38393	38367	38341	38315	38289	38263	38237	38211	38185
1.33	38160	38134	38108	38083	38057	38032	38006	37981	37955	37930
1.34	37905	37880	37854	37829	37804	37779	37754	37729	37704	37679
1.35	37655	37630	37605	37580	37556	37531	37506	37482	37457	37433
1.36	1.37408	37384	37360	37335	37311	37287	37263	37239	37215	37191
1.37	37167	37143	37119	37095	37071	37047	37023	37000	36976	36952
1.38	36929	36905	36882	36858	36835	36811	36788	36765	36741	36718
1.39	36695	36672	36648	36625	36602	36579	36556	36533	36510	36487
1.40	36465	36442	36419	36396	36374	36351	36328	36306	36283	36261
1.41	1.36238	36216	36193	36171	36149	36126	36104	36082	36060	36038
1.42	36015	35993	35971	35949	35927	35905	35884	35862	35840	35818
1.43	35796	35775	35753	35731	35710	35688	35666	35645	35623	35602
1.44	35581	35559	35538	35517	35495	35474	35453	35432	35410	3538
1.45	35368	35347	35326	35305	35284	35263	35243	35222	35201	35180
1.46	1.35159	35139	35118	35097	35077	35056	35036	35015	34995	34974
1.47	34954	34933	34913	34893	34872	34852	34832	34812	34791	34771
1.48	34751	34731	34711	34691	34671	34651	34631	34611	34591	34572
1.49	34552	34532	34512	34493	34473	34453	34434	34414	34394	34375
1.50	34355	34336	34317	34297	34278	34258	34239	34220	34201	34181

表3.3.2　(λ)

m	0	1	2	3	4	5	6	7	8	9
1.51	1.34162	34143	34124	34105	34086	34067	34048	34029	34010	33991
1.52	33972	33953	33934	33915	33896	33878	33859	33840	33821	33803
1.53	33784	33766	33747	33728	33710	33691	33673	33654	33636	33618
1.54	33599	33581	33563	33544	33526	33508	33490	33472	33453	33435
1.55	33417	33399	33381	33363	33345	33327	33309	33291	33273	33256
1.56	1.33238	33220	33202	33184	33167	33149	33131	33114	33096	33078
1.57	33061	33043	33026	33008	32991	32973	32956	32939	32921	32904
1.58	32887	32869	32852	32835	32818	32800	32783	32766	32749	32732
1.59	32715	32698	32681	32664	32647	32630	32613	32596	32579	32562
1.60	32546	32529	32512	32495	32479	32462	32445	32428	32412	32395
1.61	1.32379	32362	32346	32329	32313	32296	32280	32263	32247	32230
1.62	32214	32198	32181	32165	32149	32133	32116	32100	32084	32068
1.63	32052	32036	32020	32004	31988	31972	31956	31940	31924	31908
1.64	31892	31876	31860	31844	31828	31813	31797	31781	31765	31750
1.65	31734	31718	31703	31687	31672	31656	31640	31625	31609	31594
1.66	1.31578	31563	31548	31532	31517	31501	31486	31471	31455	31440
1.67	31425	31410	31394	31379	31364	31349	31334	31319	31304	31289
1.68	31274	31258	31243	31228	31214	31199	31184	31169	31154	31139
1.69	31124	31109	31095	31080	31065	31050	31035	31021	31006	30991
1.70	30977	30962	30948	30933	30918	30904	30889	30875	30860	30846
1.71	1.30831	30817	30803	30788	30774	30759	30745	30731	30716	30702
1.72	30688	30674	30659	30645	30631	30617	30603	30589	30574	30560
1.73	30546	30532	30518	30504	30490	30476	30462	30448	30434	30420
1.74	30407	30393	30379	30365	30351	30337	30324	30310	30296	30282
1.75	30269	30255	30241	30228	30214	30200	30187	30173	30160	30146
1.76	1.30132	30119	30105	30092	30078	30065	30052	30038	30025	30011
1.77	29998	29985	29971	29958	29945	29931	29918	29905	29892	29879
1.78	29865	29852	29839	29826	29813	29800	29787	29773	29760	29747
1.79	29734	29721	29708	29695	29682	29669	29656	29644	29631	29618
1.80	29605	29592	29579	29566	29554	29541	29528	29515	29503	29490
1.81	1.29477	29465	29452	29439	29427	29414	29401	29389	29376	29364
1.82	29351	29339	29326	29314	29301	29289	29276	29264	29251	29239
1.83	29226	29214	29202	29189	29177	29165	29152	29140	29128	29116
1.84	29103	29091	29079	29067	29055	29043	29030	29018	29006	28994
1.85	28982	28970	28958	28946	28934	28922	28910	28898	28886	28874
1.86	1.28862	28850	28838	28826	28814	28802	28791	28779	28767	28755
1.87	28743	28732	28720	28708	28696	28685	28673	28661	28650	28638
1.88	28626	28615	28603	28591	28580	28568	28557	28545	28534	28522
1.89	28510	28499	28487	28476	28465	28453	28442	28430	28419	28408
1.90	28396	28385	28373	28362	28351	28339	28328	28317	28306	28294
1.91	1.28283	28272	28261	28250	28238	28227	28216	28205	28194	28183
1.92	28172	28160	28149	28138	28127	28116	28105	28094	28083	28072
1.93	28061	28050	28039	28028	28017	28007	27996	27985	27974	27963
1.94	27952	27941	27931	27920	27909	27898	27887	27877	27866	27855
1.95	27844	27834	27823	27812	27802	27791	27780	27770	27759	27749
1.96	1.27738	27727	27717	27706	27696	27685	27675	27664	27654	27643
1.97	27633	27622	27612	27601	27591	27580	27570	27560	27549	27539
1.98	27529	27518	27508	27498	27487	27477	27467	27456	27446	27436
1.99	27426	27415	27405	27395	27385	27375	27364	27354	27344	27334
2.00	27324	27314	27304	27294	27284	27273	27263	27253	27243	27233

m	0	1	2	3	4	5	6	7	8	9
2.01	1.27223	27213	27203	27193	27183	27173	27164	27154	27144	27134
2.02	27124	27114	27104	27094	27084	27075	27065	27055	27045	27035
2.03	27026	27016	27006	26996	26987	26977	26967	26957	26948	26938
2.04	26928	26919	26909	26899	26890	26880	26871	26861	26851	26842
2.05	26832	26823	26813	26804	26794	26785	26775	26766	26756	26747
2.06	1.26737	26728	26718	26709	26699	26690	26681	26671	26662	26652
2.07	26643	26634	26624	26615	26606	26596	26587	26578	26569	26559
2.08	26550	26541	26532	26522	26513	26504	26495	26486	26476	26467
2.09	26458	26449	26440	26431	26422	26412	26403	26394	26385	26376
2.10	26367	26358	26349	26340	26331	26322	26313	26304	26295	26286
2.11	1.26277	26268	26259	26250	26241	26232	26223	26215	26206	26197
2.12	26188	26179	26170	26161	26153	26144	26135	26126	26117	26109
2.13	26100	26091	26082	26074	26065	26056	26047	26039	26030	26021
2.14	26013	26004	25995	25987	25978	25969	25961	25952	25944	25935
2.15	25926	25918	25909	25901	25892	25884	25875	25866	25858	25849
2.16	1.25841	25832	25824	25816	25807	25799	25790	25782	25773	25765
2.17	25756	25748	25740	25731	25723	25715	25706	25698	25690	25681
2.18	25673	25665	25656	25648	25640	25631	25623	25615	25607	25598
2.19	25590	25582	25574	25566	25557	25549	25541	25533	25525	25516
2.20	25508	25500	25492	25484	25476	25468	25460	25451	25443	25435
2.21	1.25427	25419	25411	25403	25395	25387	25379	25371	25363	25355
2.22	25347	25339	25331	25323	25315	25307	25299	25291	25283	25276
2.23	25268	25260	25252	25244	25236	25228	25220	25213	25205	25197
2.24	25189	25181	25173	25166	25158	25150	25142	25135	25127	25119
2.25	25111	25104	25096	25088	25080	25073	25065	25057	25050	25042
2.26	1.25034	25027	25019	25011	25004	24996	24988	24981	24973	24966
2.27	24958	24950	24943	24935	24928	24920	24913	24905	24898	24890
2.28	24883	24875	24868	24860	24853	24845	24838	24830	24823	24815
2.29	24808	24800	24793	24786	24778	24771	24763	24756	24749	24741
2.30	24734	24726	24719	24712	24704	24697	24690	24682	24675	24668
2.31	1.24661	24653	24646	24639	24631	24624	24617	24610	24602	24595
2.32	24588	24581	24574	24566	24559	24552	24545	24538	24530	24523
2.33	24516	24509	24502	24495	24488	24480	24473	24466	24459	24452
2.34	24445	24438	24431	24424	24417	24410	24403	24396	24389	24382
2.35	24375	24368	24361	24354	24347	24340	24333	24326	24319	24312
2.36	1.24305	24298	24291	24284	24277	24270	24263	24256	24249	24243
2.37	24236	24229	24222	24215	24208	24201	24195	24188	24181	24174
2.38	24167	24160	24154	24147	24140	24133	24127	24120	24113	24106
2.39	24099	24093	24086	24079	24073	24066	24059	24052	24046	24039
2.40	24032	24026	24019	24012	24006	23999	23992	23986	23979	23972
2.41	1.23966	23959	23953	23946	23939	23933	23926	23920	23913	23907
2.42	23900	23893	23887	23880	23874	23867	23861	23854	23848	23841
2.43	23835	23828	23822	23815	23809	23802	23796	23789	23783	23776
2.44	23770	23764	23757	23751	23744	23738	23732	23725	23719	23712
2.45	23706	23700	23693	23687	23681	23674	23668	23661	23655	23649
2.46	1.23643	23636	23630	23624	23617	23611	23605	23598	23592	23586
2.47	23580	23573	23567	23561	23555	23548	23542	23536	23530	23524
2.48	23517	23511	23505	23499	23493	23486	23480	23474	23468	23462
2.49	23456	23449	23443	23437	23431	23425	23419	23413	23407	23401
2.50	23394	23388	23382	23376	23370	23364	23358	23352	23346	23340

表3.3.2 (λ)

m	0	1	2	3	4	5	6	7	8	9
2.51	1.23334	23328	23322	23316	23310	23304	23298	23292	23286	23280
2.52	23274	23268	23262	23256	23250	23244	23238	23232	23226	23220
2.53	23214	23208	23202	23196	23191	23185	23179	23173	23167	23161
2.54	23155	23149	23144	23138	23132	23126	23120	23114	23108	23103
2.55	23097	23091	23085	23079	23074	23068	23062	23056	23050	23045
2.56	1.23039	23033	23027	23022	23016	23010	23004	22999	22993	22987
2.57	22981	22976	22970	22964	22959	22953	22947	22942	22936	22930
2.58	22925	22919	22913	22908	22902	22896	22891	22885	22879	22874
2.59	22868	22862	22857	22851	22846	22840	22834	22829	22823	22818
2.60	22812	22807	22801	22795	22790	22784	22779	22773	22768	22762
2.61	1.22757	22751	22746	22740	22735	22729	22724	22718	22713	22707
2.62	22702	22696	22691	22685	22680	22674	22669	22664	22658	22653
2.63	22647	22642	22636	22631	22626	22620	22615	22609	22604	22599
2.64	22593	22588	22583	22577	22572	22566	22561	22556	22550	22545
2.65	22540	22534	22529	22524	22518	22513	22508	22503	22497	22492
2.66	1.22487	22481	22476	22471	22466	22460	22455	22450	22445	22439
2.67	22434	22429	22424	22418	22413	22408	22403	22397	22392	22387
2.68	22382	22377	22371	22366	22361	22356	22351	22346	22340	22335
2.69	22330	22325	22320	22315	22310	22304	22299	22294	22289	22284
2.70	22279	22274	22269	22264	22258	22253	22248	22243	22238	22233
2.71	1.22228	22223	22218	22213	22208	22203	22198	22193	22188	22183
2.72	22178	22173	22167	22162	22157	22152	22147	22142	22137	22132
2.73	22128	22123	22118	22113	22108	22103	22098	22093	22088	22083
2.74	22078	22073	22068	22063	22058	22053	22048	22043	22039	22034
2.75	22029	22024	22019	22014	22009	22004	21999	21995	21990	21985
2.76	1.21980	21975	21970	21965	21961	21956	21951	21946	21941	21936
2.77	21932	21927	21922	21917	21912	21907	21903	21898	21893	21888
2.78	21884	21879	21874	21869	21864	21860	21855	21850	21845	21841
2.79	21836	21831	21826	21822	21817	21812	21808	21803	21798	21793
2.80	21789	21784	21779	21775	21770	21765	21761	21756	21751	21747
2.81	1.21742	21737	21733	21728	21723	21719	21714	21709	21705	21700
2.82	21695	21691	21686	21682	21677	21672	21668	21663	21659	21654
2.83	21649	21645	21640	21636	21631	21627	21622	21617	21613	21608
2.84	21604	21599	21595	21590	21586	21581	21576	21572	21567	21563
2.85	21558	21554	21549	21545	21540	21536	21531	21527	21522	21518
2.86	1.21513	21509	21504	21500	21496	21491	21487	21482	21478	21473
2.87	21469	21464	21460	21456	21451	21447	21442	21438	21433	21429
2.88	21425	21420	21416	21411	21407	21403	21398	21394	21389	21385
2.89	21381	21376	21372	21368	21363	21359	21354	21350	21346	21341
2.90	21337	21333	21328	21324	21320	21315	21311	21307	21303	21298
2.91	1.21294	21290	21285	21281	21277	21272	21268	21264	21260	21255
2.92	21251	21247	21243	21238	21234	21230	21225	21221	21217	21213
2.93	21209	21204	21200	21196	21192	21187	21183	21179	21175	21171
2.94	21166	21162	21158	21154	21150	21145	21141	21137	21133	21129
2.95	21124	21120	21116	21112	21108	21104	21099	21095	21091	21087
2.96	1.21083	21079	21075	21070	21066	21062	21058	21054	21050	21046
2.97	21042	21038	21033	21029	21025	21021	21017	21013	21009	21005
2.98	21001	20997	20993	20989	20985	20980	20976	20972	20968	20964
2.99	20960	20956	20952	20948	20944	20940	20936	20932	20928	20924
3.00	20920	20916	20912	20908	20904	20900	20896	20892	20888	20884

m	0	1	2	3	4	5	6	7	8	9
3.01	1.20880	20876	20872	20868	20864	20860	20856	20852	20848	20844
3.02	20840	20836	20832	20828	20825	20821	20817	20813	20809	20805
3.03	20801	20797	20793	20789	20785	20781	20777	20774	20770	20766
3.04	20762	20758	20754	20750	20746	20742	20739	20735	20731	20727
3.05	20723	20719	20715	20712	20708	20704	20700	20696	20692	20688
3.06	1.20685	20681	20677	20673	20669	20666	20662	20658	20654	20650
3.07	20646	20643	20639	20635	20631	20627	20624	20620	20616	20612
3.08	20609	20605	20601	20597	20593	20590	20586	20582	20578	20575
3.09	20571	20467	20563	20560	20556	20552	20548	20545	20541	20537
3.10	20534	20530	20526	20522	20519	20515	20511	20508	20504	20500
3.11	1.20496	20493	20489	20485	20482	20478	20474	20471	20467	20463
3.12	20460	20456	20452	20449	20445	20441	20438	20434	20430	20427
3.13	20423	20419	20416	20412	20409	20405	20401	20398	20394	20390
3.14	20387	20383	20380	20376	20372	20369	20365	20362	20358	20354
3.15	20351	20347	20344	20340	20337	20333	20329	20326	20322	20319
3.16	1.20315	20312	20308	20304	20301	20297	20294	20290	20287	20283
3.17	20280	20276	20273	20269	20265	20262	20258	20255	20251	20248
3.18	20244	20241	20237	20234	20230	20227	20223	20220	20216	20213
3.19	20209	20206	20202	20199	20195	20192	20189	20185	20182	20178
3.20	20175	20171	20168	20164	20161	20157	20154	20151	20147	20144
3.21	1.20140	20137	20133	20130	20126	20123	20120	20116	20113	20109
3.22	20106	20103	20099	20096	20092	20089	20086	20082	20079	20075
3.23	20072	20069	20065	20062	20058	20055	20052	20048	20045	20042
3.24	20038	20035	20032	20028	20025	20021	20018	20015	20011	20008
3.25	20005	20001	19998	19995	19991	19988	19985	19981	19978	19975
3.26	1.19971	19968	19965	19962	19958	19955	19952	19948	19945	19942
3.27	19938	19935	19932	19929	19925	19922	19919	19915	19912	19909
3.28	19906	19902	19899	19896	19893	19889	19886	19883	19880	19876
3.29	19873	19870	19867	19863	19860	19857	19854	19850	19847	19844
3.30	19841	19838	19834	19831	19828	19825	19821	19818	19815	19812
3.31	1.19809	19805	19802	19799	19796	19793	19789	19786	19783	19780
3.32	19777	19774	19770	19767	19764	19761	19758	19755	19751	19748
3.33	19745	19742	19739	19736	19732	19729	19726	19723	19720	19717
3.34	19714	19711	19707	19704	19701	19698	19695	19692	19689	19686
3.35	19682	19679	19676	19673	19670	19667	19664	19661	19658	19654
3.36	1.19651	19648	19645	19642	19639	19636	19633	19630	19627	19624
3.37	19621	19618	19614	19611	19608	19605	19602	19599	19596	19593
3.38	19590	19587	19584	19581	19578	19575	19572	19569	19566	19563
3.39	19560	19557	19554	19551	19548	19544	19541	19538	19535	19532
3.40	19529	19526	19523	19520	19517	19514	19511	19508	19505	19502
3.41	1.19499	19496	19493	19490	19488	19485	19482	19479	19476	19473
3.42	19470	19467	19464	19461	19458	19455	19452	19449	19446	19443
3.43	19440	19437	19434	19431	19428	19425	19422	19420	19417	19414
3.44	19411	19408	19405	19402	19399	19396	19393	19390	19387	19384
3.45	19382	19379	19376	19373	19370	19367	19364	19361	19358	19355
3.46	1.19353	19350	19347	19344	19341	19338	19335	19332	19330	19327
3.47	19324	19321	19318	19315	19312	19309	19307	19304	19301	19298
3.48	19295	19292	19290	19287	19284	19281	19278	19275	19272	19270
3.49	19267	19264	19261	19258	19255	19253	19250	19247	19244	19241
3.50	19239	19236	19233	19230	19227	19225	19222	19219	19216	19213

表3.3.2 (λ)

m	0	1	2	3	4	5	6	7	8	9
3.51	1.19211	19208	19205	19202	19199	19197	19194	19191	19188	19185
3.52	19183	19180	19177	19174	19172	19169	19166	19163	19161	19158
3.53	19155	19152	19150	19147	19144	19141	19139	19136	19133	19130
3.54	19128	19125	19122	19119	19117	19114	19111	19108	19106	19103
3.55	19100	19098	19095	19092	19089	19087	19084	19081	19079	19076
3.56	1.19073	19070	19068	19065	19062	19060	19057	19054	19052	19049
3.57	19046	19044	19041	19038	19035	19033	19030	19027	19025	19022
3.58	19019	19017	19014	19011	19009	19006	19003	19001	18998	18995
3.59	18993	18990	18988	18985	18982	18980	18977	18974	18972	18969
3.60	18966	18964	18961	18959	18956	18953	18951	18948	18945	18943
3.61	1.18940	18938	18935	18932	18930	18927	18924	18922	18919	18917
3.62	18914	18911	18909	18906	18904	18901	18898	18896	18893	18891
3.63	18888	18886	18883	18880	18878	18875	18873	18870	18868	18865
3.64	18862	18860	18857	18855	18852	18850	18847	18844	18842	18839
3.65	18837	18834	18832	18829	18827	18824	18822	18819	18816	18814
3.66	1.18811	18809	18806	18804	18801	18799	18796	18794	18791	18789
3.67	18786	18784	18781	18779	18776	18774	18771	18769	18766	18763
3.68	18761	18758	18756	18753	18751	18748	18746	18744	18741	18739
3.69	18736	18734	18731	18729	18726	18724	18721	18719	18716	18714
3.70	18711	18709	18706	18704	18701	18699	18696	18694	18692	18689
3.71	1.18687	18684	18682	18679	18677	18674	18672	18669	18667	18665
3.72	18662	18660	18657	18655	18652	18650	18648	18645	18643	18640
3.73	18638	18635	18633	18631	18628	18626	18623	18621	18618	18616
3.74	18614	18611	18609	18606	18604	18602	18599	18597	18594	18592
3.75	18590	18587	18585	18582	18580	18578	18575	18573	18570	18568
3.76	1.18566	18563	18561	18559	18556	18554	18551	18549	18547	18544
3.77	18542	18540	18537	18535	18533	18530	18528	18525	18523	18521
3.78	18518	18516	18514	18511	18509	18507	18504	18502	18500	18497
3.79	18495	18493	18490	18488	18486	18483	18481	18479	18476	18474
3.80	18472	18469	18467	18465	18462	18460	18458	18455	18453	18451
3.81	1.18449	18446	18444	18442	18439	18437	18435	18432	18430	18428
3.82	18426	18423	18421	18419	18416	18414	18412	18409	18407	18405
3.83	18403	18400	18398	18396	18394	18391	18389	18387	18384	18382
3.84	18380	18378	18375	18373	18371	18369	18366	18364	18362	18360
3.85	18357	18355	18353	18351	18348	18346	18344	18342	18339	18337
3.86	1.18335	18333	18330	18328	18326	18324	18321	18319	18317	18315
3.87	18313	18310	18308	18306	18304	18301	18299	18297	18295	18293
3.88	18290	18288	18286	18284	18282	18279	18277	18275	18273	18271
3.89	18268	18266	18264	18262	18260	18257	18255	18253	18251	18249
3.90	18246	18244	18242	18240	18238	18235	18233	18231	18229	18227
3.91	1.18225	18222	18220	18218	18216	18214	18212	18209	18207	18205
3.92	18203	18201	18199	18196	18194	18192	18190	18188	18186	18184
3.93	18181	18179	18177	18175	18173	18171	18169	18166	18164	18162
3.94	18160	18158	18156	18154	18151	18149	18147	18145	18143	18141
3.95	18139	18137	18134	18132	18130	18128	18126	18124	18122	18120
3.96	1.18118	18115	18113	18111	18109	18107	18105	18103	18101	18099
3.97	18096	18094	18092	18090	18088	18086	18084	18082	18080	18078
3.98	18076	18074	18071	18069	18067	18065	18063	18061	18059	18057
3.99	18055	18053	18051	18049	18047	18044	18042	18040	18038	18036
4.00	18034	18032	18030	18028	18026	18024	18022	18020	18018	18016

d) Weibull 分布の特殊型

Weibull 分布で $m=2$ の時にはこの関数は特別な性格をもつので，この場合だけを別に扱っておく方がよいと思う．この関数は確率分布としては r_0 を parameter として

$$p(r)=\frac{2}{{r_0}^2}r\mathrm{e}^{-(r/r_0)^2} \tag{3.3.91}$$

という形になる．そして単位体積中の球の数を N_{vo} とすれば

$$N(r)=\frac{2N_{vo}}{{r_0}^2}r\mathrm{e}^{-(r/r_0)^2} \tag{3.3.92}$$

となる．

この関数のいちじるしい特色の一つは $N(r)$ にある関数形を与えた時，δ の分布 $F(\delta)$ そのものの関数形が決まる唯一のものであることである．この関数形については Wicksell (1925) がすでに触れているが，後に Bach (1967) がこの関係を証明しているのでここに紹介しておく．なおこの場合は標本の厚さ T を考慮した理論式(3.1.20)を用いても別に煩雑にはならないからこの式から出発してみよう．まず(3.1.20)の右辺第2項の $\delta/2$ は，この式では δ の直径の円を与えうる最小の球の半径 r を意味するから，$\delta/2$ を r と書くと

$$F(\delta)=\int_{\delta/2}^{\infty}\frac{\delta N(r)}{\sqrt{4r^2-\delta^2}}\mathrm{d}r+\frac{T}{2}N(r) \tag{3.3.93}$$

である．この式の両辺を δ で除すと

$$\begin{aligned}\frac{F(\delta)}{\delta}&=\int_{\delta/2}^{\infty}\frac{N(r)}{\sqrt{4r^2-\delta^2}}\mathrm{d}r+\frac{T}{2}\cdot\frac{N(r)}{\delta}\\&=\int_{\delta/2}^{\infty}\frac{4r}{\sqrt{4r^2-\delta^2}}\cdot\frac{N(r)}{4r}\cdot\mathrm{d}r+\frac{T}{4}\cdot\frac{N(r)}{r}\end{aligned} \tag{3.3.94}$$

となる．右辺第1項を部分積分すれば

$$\frac{F(\delta)}{\delta}=\frac{1}{4}\left[\sqrt{4r^2-\delta^2}\cdot\frac{N(r)}{r}\right]_{\delta/2}^{\infty}-\frac{1}{4}\int_{\delta/2}^{\infty}\sqrt{4r^2-\delta^2}\cdot\frac{\mathrm{d}}{\mathrm{d}r}\left(\frac{N(r)}{r}\right)\mathrm{d}r+\frac{T}{4}\cdot\frac{N(r)}{r} \tag{3.3.95}$$

である．そして(3.3.95)の右辺第1項は0になるから

$$\frac{F(\delta)}{\delta}=-\frac{1}{4}\int_{\delta/2}^{\infty}\sqrt{4r^2-\delta^2}\cdot\frac{\mathrm{d}}{\mathrm{d}r}\left(\frac{N(r)}{r}\right)\mathrm{d}r+\frac{T}{4}\cdot\frac{N(r)}{r} \tag{3.3.96}$$

となる．ここで両辺をδで微分し，右辺第1項ではδについての微分は積分の下限を動かすことと同じ意味になることに注目し，また右辺第2項では$2\mathrm{d}r=\mathrm{d}\delta$であることを利用すれば

$$\begin{aligned}\frac{\mathrm{d}}{\mathrm{d}\delta}\left(\frac{F(\delta)}{\delta}\right) &= \frac{1}{4}\int_{\delta/2}^{\infty}\frac{\delta}{\sqrt{4r^2-\delta^2}}\cdot\frac{\mathrm{d}}{\mathrm{d}r}\left(\frac{N(r)}{r}\right)\mathrm{d}r+\frac{T}{8}\cdot\frac{\mathrm{d}}{\mathrm{d}r}\left(\frac{N(r)}{r}\right)\\ &= \frac{1}{4}\left[\int_{\delta/2}^{\infty}\frac{\delta}{\sqrt{4r^2-\delta^2}}\cdot\frac{\mathrm{d}}{\mathrm{d}r}\left(\frac{N(r)}{r}\right)\mathrm{d}r+\frac{T}{2}\cdot\frac{\mathrm{d}}{\mathrm{d}r}\left(\frac{N(r)}{r}\right)\right]\end{aligned} \tag{3.3.97}$$

を得る．これを(3.3.93)と比較してみると，右辺に1/4という定数が乗じられている以外には$F(\delta)$を$\frac{\mathrm{d}}{\mathrm{d}\delta}\left(\frac{F(\delta)}{\delta}\right)$に，$N(r)$を$\frac{\mathrm{d}}{\mathrm{d}r}\left(\frac{N(r)}{r}\right)$に置き換えれば全く同形の積分方程式になっている．しかもこの関係はδとrの値いかんにかかわらず成立するものであるから，次のことが結論できる．いま

$$N(r)/r = G(r),\ \ F(\delta)/\delta = H(\delta) \tag{3.3.98}$$

と置くと，g, hをある定数として

$$\frac{\mathrm{d}G(r)}{\mathrm{d}r} = grG(r),\ \ \frac{\mathrm{d}H(\delta)}{\mathrm{d}\delta} = h\delta H(\delta) \tag{3.3.99}$$

という関係が成立する．これは変数分離型の微分方程式であるから，その解はG, Hを定数として

$$G(r) = G\mathrm{e}^{\frac{g}{2}r^2},\ \ H(\delta) = H\mathrm{e}^{\frac{h}{2}\delta^2} \tag{3.3.100}$$

を得る．この$G(r), H(\delta)$を(3.3.98)により$N(r)$と$F(\delta)$にもどせば

$$N(r) = Gr\mathrm{e}^{\frac{g}{2}r^2},\ \ F(\delta) = H\delta\mathrm{e}^{\frac{h}{2}\delta^2} \tag{3.3.101}$$

となる．ところで実際の球の半径の分布様式を考えてみると，それがいかなる形のものにせよある程度の大きさ以上の球は出現しなくなるはずであるから，$r\to\infty$，$\delta\to\infty$の時$N(r)$，$F(\delta)$はいずれも0にならなければならない．これを上の式にあててみるとgもhも負の定数であるということになる．これを表現するために

$$g/2 = -\alpha^2,\ \ h/2 = -\beta^2 \tag{3.3.102}$$

と書くと

$$N(r) = Gr\mathrm{e}^{-\alpha^2r^2},\ \ F(\delta) = H\delta\mathrm{e}^{-\beta^2\delta^2} \tag{3.3.103}$$

となる．これで$N(r)$と$F(\delta)$の関数形は一応規定され，$N(r)$と$F(\delta)$は同形の

関数になること，また(3. 3. 62)よりみてこの関数は Weibull 分布において $m=2$ としたものであることが明らかになった．そこで残る問題は α と β，G と H の関係を求めることである．

まず(3. 3. 93)と(3. 3. 97)の比較から

$$\frac{\mathrm{d}}{\mathrm{d}\delta}\left(\frac{F(\delta)}{\delta}\right)\Big/F(\delta)=\frac{1}{4}\left[\frac{\mathrm{d}}{\mathrm{d}r}\left(\frac{N(r)}{r}\right)\Big/N(r)\right] \qquad (3.3.104)$$

が得られる．したがって

$$\frac{-2H\beta^2\delta\mathrm{e}^{-\beta^2\delta^2}}{H\delta\mathrm{e}^{-\beta^2\delta^2}}=\frac{1}{4}\cdot\frac{-2G\alpha^2r\mathrm{e}^{-\alpha^2r^2}}{Gr\mathrm{e}^{-\alpha^2r^2}} \qquad (3.3.105)$$

となる．これから

$$4\beta^2=\alpha^2 \qquad (3.3.106)$$

という結果になる．なおこの 4 という係数は球の半径を変数にとったためであり，直径 D を変数にとれば $\beta^2=\alpha^2$ となり，以後の式も簡単になるが，ここではこれまでの扱いに合わせて r を変数としておく．

次に G と H の関係を求めることになるが，この際(3. 3. 92)に従って G を書きなおし，(3. 3. 91)により $\alpha=1/r_0$ であることを考慮すれば

$$G=N_{vo}\cdot2\alpha^2=2N_{vo}/{r_0}^2 \qquad (3.3.107)$$

となる．そこでこれを用いて $N(r)$ を書きなおし，(3. 3. 93)を δ について 0 から ∞ まで積分すると次のようになる．

$$\int_0^\infty H\delta\mathrm{e}^{-\beta^2\delta^2}\mathrm{d}\delta=\int_0^\infty\mathrm{d}\delta\int_{\delta/2}^\infty\frac{\delta\cdot N_{vo}\cdot2\alpha^2r\mathrm{e}^{-\alpha^2r^2}}{\sqrt{4r^2-\delta^2}}\mathrm{d}r+\frac{T}{2}\int_0^\infty N_{vo}\cdot2\alpha^2r\mathrm{e}^{-\alpha^2r^2}\mathrm{d}\delta \qquad (3.3.108)$$

この右辺の第 1 項は積分順序を変更し，第 2 項では $\mathrm{d}\delta=2\mathrm{d}r$ であることを利用すれば

$$\left[-\frac{H\mathrm{e}^{-\beta^2\delta^2}}{2\beta^2}\right]_0^\infty=\int_0^\infty N_{vo}2\alpha^2r\mathrm{e}^{-\alpha^2r^2}\mathrm{d}r\int_0^{2r}\frac{\delta}{\sqrt{4r^2-\delta^2}}\mathrm{d}\delta+2TN_{vo}\alpha^2\int_0^\infty r\mathrm{e}^{-\alpha^2r^2}\mathrm{d}r \qquad (3.3.109)$$

したがって

$$\frac{H}{2\beta^2}=\int_0^\infty\mathrm{d}r\cdot N_{vo}\cdot2\alpha^2r\mathrm{e}^{-\alpha^2r^2}\left[-\sqrt{4r^2-\delta^2}\right]_0^{2r}+2TN_{vo}\cdot\alpha^2\left[-\frac{\mathrm{e}^{-\alpha^2r^2}}{2\alpha^2}\right]_0^\infty$$

$$= N_{vo}\cdot 4\alpha^2\int_0^\infty r^2 \mathrm{e}^{-\alpha^2 r^2}\mathrm{d}r + TN_{vo} \qquad (3.3.110)$$

となる．右辺第1項の積分は部分積分をすると

$$\int_0^\infty r^2\mathrm{e}^{-\alpha^2r^2}\mathrm{d}r = -\left[\frac{r\mathrm{e}^{-\alpha^2r^2}}{2\alpha^2}\right]_0^\infty + \frac{1}{2\alpha^2}\int_0^\infty \mathrm{e}^{-\alpha^2r^2}\mathrm{d}r$$

$$= \frac{1}{2\alpha^2}\int_0^\infty \mathrm{e}^{-\alpha^2r^2}\mathrm{d}r$$

$$= \frac{\sqrt{\pi}}{4\alpha^3} \qquad (3.3.111)$$

となる．この積分については264頁の注を参考にしていただきたい．この結果を(3.3.110)に入れ，また(3.3.106)を用いると

$$H = \frac{\alpha}{2}N_{vo}(\sqrt{\pi}+\alpha T) = \frac{1}{2r_0}N_{vo}\left(\sqrt{\pi}+\frac{T}{r_0}\right) \quad (\alpha>0) \qquad (3.3.112)$$

を得る．特に $T=0$ の時は

$$H = \frac{\sqrt{\pi}}{2}N_{vo}\cdot\alpha = \frac{\sqrt{\pi}}{2r_0}N_{vo} \quad (\alpha>0) \qquad (3.3.113)$$

となる．なお(3.3.106), (3.3.107)を利用すれば(3.3.112)または(3.3.113)と合わせて G を H と β の関数として表わすことができるから，実測によって定めた H, β から G, α を求めることができる．

これで $N(r)$ と $F(\delta)$ の parameter はすべて決定されたことになり，$N(r)$ がこの形の関数で与えられる時に限り $F(\delta)$ そのものの関数形が決まることも明らかになった．そして $N(r)$ も $F(\delta)$ も共に Weibull 分布の $m=2$ の場合に相当するので，これらの関数の一般的な性格としては Weibull 分布で説明したことがそのまま通用する．そこで $N(r)$ の $\bar{r}$ と Q_n を(3.3.67)と(3.3.68)から求めてみると

$$\bar{r} = r_0\Gamma\left(\frac{3}{2}\right) = \frac{\sqrt{\pi}\,r_0}{2} \qquad (3.3.114)$$

$$Q_2 = \Gamma\left(\frac{4}{2}\right)\Big/\left[\Gamma\left(\frac{3}{2}\right)\right]^2 = 4/\pi \qquad (3.3.115)$$

$$Q_3 = \Gamma\left(\frac{5}{2}\right)\Big/\left[\Gamma\left(\frac{3}{2}\right)\right]^3$$

$$= \frac{3}{2}\Gamma\left(\frac{3}{2}\right)\Big/\left[\Gamma\left(\frac{3}{2}\right)\right]^3$$

$$= 6/\pi \qquad (3.3.116)$$

$$Q_4 = \Gamma\left(\frac{6}{2}\right)\Big/\left[\Gamma\left(\frac{3}{2}\right)\right]^4$$

$$= 32/\pi^2 \qquad (3.3.117)$$

を得る．以下同様の操作をくりかえせばよい．そしてこの結果を(3.3.15)または(3.3.19)に入れて $I_n(\delta)$ を計算すればよいわけである．またそうでなくてもこの場合は $F(\delta)$ が与えられるから，これを用いて $(\overline{\delta^n})$ を計算して実測値と対照し，理論分布 $F(\delta)$ の parameter を定めて，これから(3.3.106)(3.3.112)を用いて $N(r)$ の parameter を求めてももちろん差しつかえない．

次に $p(r)$ の形を図3.3.4に示してある．これをみると，r_0 の値が小さくなるに従って r の分布の幅が狭くなることがわかる．これは r_0 が元来 Weibull 分布で r のスケールのとり方に関係する parameter であることに相当する現象である．そして曲線の型そのものは m が固定されているから厳密な意味では r_0 の変動によっては変わらないといえる．その点この分布は融通性に乏しいが，幸いこの形の分布は生物学的対象にも比較的よく適合する場合もある．

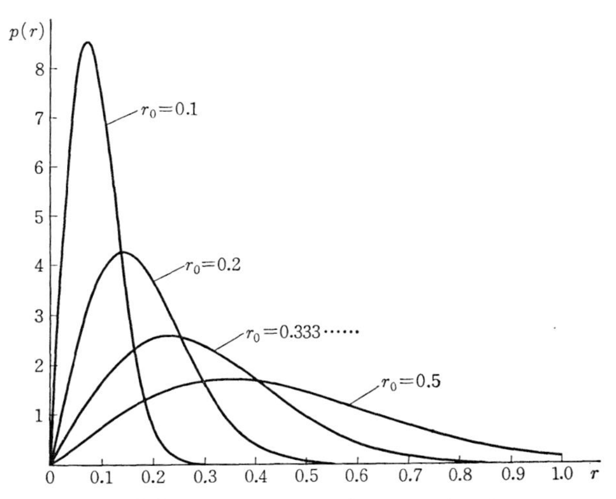

図3.3.4 Weibull 分布において $m=2$ の時の曲線の形を r_0 に一連の値を与えて描いたもの．

なおこの分布関数の大きな利点はいかなる厚さの標本を用いても$\bar{\delta}$は常に$2\bar{r}$に等しいという関係が成立することである．これは(3.3.88)ですでに説明したが，関数形が決定されたこの段階でもう一度触れておきたい．(3.3.103)の$F(\delta)$について$\bar{\delta}$を求めてみると

$$\bar{\delta}=\frac{\sqrt{\pi}}{2\beta}=\frac{\sqrt{\pi}}{\alpha}=\sqrt{\pi}\,r_0 \tag{3.3.118}$$

となる．これはすでに標本の厚さと関係のない形であり，また(3.3.114)と比較してただちに

$$\bar{\delta}=2\bar{r} \tag{3.3.119}$$

を得る．この性質は厚い標本を用いて小さな対象を計測する時に便利なものであるから記憶しておいてよいことであろう．

最後に(4.A.11)からこの分布の変異係数の平方を求めると

$$\left(\frac{\sigma_r}{\bar{r}}\right)^2=\frac{4}{\pi}-1 \tag{3.3.120}$$

となる．つまりrの相対的バラツキは常に一定であり，これは曲線の型が固定されていることを示す．

e）対数正規分布

対数正規分布は確率分布の形ではr_0, mをparameterとして

$$p(r)=\frac{1}{\sqrt{2\pi}mr}\exp\left[-\frac{(\log r-\log r_0)^2}{2m^2}\right] \tag{3.3.121}$$

で表現されるものである．そして単位体積中の球の個数をN_{vo}とすれば

$$N(r)=\frac{N_{vo}}{\sqrt{2\pi}mr}\exp\left[-\frac{(\log r-\log r_0)^2}{2m^2}\right] \tag{3.3.122}$$

となる．対数正規分布は球の半径のように元来負になりえない量に適用される理論分布としては最も一般的なものであり，また実際に応用の範囲も広い．なおすべての理論分布のうちで最もよく利用されるものは正規分布であろうが，この分布は負の領域から正の領域にわたって変動しうる量に適用されるものであるから，負になりえない量については理論的処理が困難である．それゆえここでは正規分布そのものは用いないことにして，その説明は省略しておく．実際にあたっては正規分布がよく適合する実測分布もありうるが，この場合には

理論分布としては Weibull 分布を利用する方が処理が容易である．それは Weibull 分布は $m>3\sim4$ の場合にはほぼ正規分布の代用となるような対称的な形になるからである．

なお(3.3.121)の式では r_0 は r の幾何学的平均である．また m はその内容からいえば幾何学的標準偏差の対数である．したがって正規分布の標準偏差とは意味が異なるから区別しておく必要はある．

対数正規分布では曲線の型は m によって定められるもので，r_0 は厳密な意味では曲線の形には関係しない．これは後に(3.3.150)に見るように変異係数が r_0 を含まないことから了解できるであろう．それゆえ図 3.3.5 に r_0 を固定して m の値による曲線の形の変化を示してある．

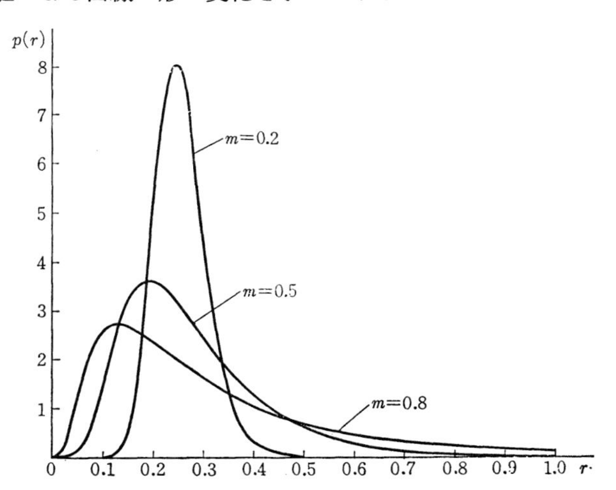

図 3.3.5 対数正規分布を示す．この図は $r_0=0.25$ として m にいくつかの値を与えて曲線を描いたものである．m が曲線の型を決定する parameter であり，m の値が大きくなると分布の幅が広くなり，また曲線の非対称性が強くなることがわかる．なお通常の等差的な座標を用いて r そのものを変数とする時には曲線の peak は r_0 とは一致しない．しかし $\log r$ を変数にとれば peak は $\log r_0$ のところにでき，分布は対称的な正規分布そのものになる．

まず対数正規分布について $(\overline{r^n})$ を求めてみよう．

$$(\overline{r^n})=\int_0^\infty \frac{r^n}{\sqrt{2\pi}mr}\exp\left[-\frac{(\log r-\log r_0)^2}{2m^2}\right]dr \qquad (3.3.123)$$

について

$$(\log r - \log r_0)/m = t \tag{3.3.124}$$

の置換を行えば

$$r = r_0 \mathrm{e}^{mt},\ \mathrm{d}r = mr_0\mathrm{e}^{mt}\mathrm{d}t \tag{3.3.125}$$

であるから，(3.3.123)は

$$\begin{aligned}(\overline{r^n}) &= r_0{}^n\int_{-\infty}^{\infty}\frac{1}{\sqrt{2\pi}}\cdot\mathrm{e}^{nmt-\frac{t^2}{2}}\mathrm{d}t \\ &= r_0{}^n\int_{-\infty}^{\infty}\frac{1}{\sqrt{2\pi}}\mathrm{e}^{-\frac{1}{2}(t-nm)^2+\frac{n^2m^2}{2}}\mathrm{d}t \\ &= r_0{}^n\mathrm{e}^{\frac{n^2m^2}{2}}\end{aligned} \tag{3.3.126}$$

となる．したがって

$$\bar{r} = r_0\mathrm{e}^{\frac{m^2}{2}} \tag{3.3.127}$$

$$Q_n = (\overline{r^n})/\bar{r}^n = \mathrm{e}^{\frac{1}{2}n(n-1)m^2} \tag{3.3.128}$$

を得る．これからただちに

$$Q_2 = \mathrm{e}^{m^2},\ Q_3 = \mathrm{e}^{3m^2},\ Q_4 = \mathrm{e}^{6m^2},\ Q_5 = \mathrm{e}^{10m^2},\ Q_6 = \mathrm{e}^{15m^2},\ \cdots\cdots \tag{3.3.129}$$

が得られる．

さて(3.3.127)(3.3.129)の結果を(3.3.15)に入れれば

$$I_0(\delta) = \bar{N}_{ao} \tag{3.3.130}$$

$$I_1(\delta) = \frac{\pi}{2}r_0\mathrm{e}^{\frac{3}{2}m^2}\cdot\bar{N}_{ao} \tag{3.3.131}$$

$$I_2(\delta) = \frac{8}{3}r_0{}^2\mathrm{e}^{4m^2}\cdot\bar{N}_{ao} \tag{3.3.132}$$

$$I_3(\delta) = \frac{3\pi}{2}r_0{}^3\mathrm{e}^{\frac{15}{2}m^2}\cdot\bar{N}_{ao} \tag{3.3.133}$$

$$I_4(\delta) = \frac{128}{15}r_0{}^4\mathrm{e}^{12m^2}\cdot\bar{N}_{ao} \tag{3.3.134}$$

となる．また(3.3.26)を用いれば

$$I_0(\lambda) = \bar{N}_{\lambda o} \tag{3.3.135}$$

$$I_1(\lambda)=\frac{4}{3}r_0\mathrm{e}^{\frac{5}{2}m^2}\cdot\bar{N}_{\lambda O} \qquad (3.3.136)$$

$$I_2(\lambda)=2r_0^2\mathrm{e}^{6m^2}\cdot\bar{N}_{\lambda O} \qquad (3.3.137)$$

$$I_3(\lambda)=\frac{16}{5}r_0^3\mathrm{e}^{\frac{21}{2}m^2}\cdot\bar{N}_{\lambda O} \qquad (3.3.138)$$

$$I_4(\lambda)=\frac{16}{3}r_0^4\mathrm{e}^{16m^2}\cdot\bar{N}_{\lambda O} \qquad (3.3.139)$$

となる．これから

$$\frac{(\overline{\delta^2})}{\bar{\delta}^2}=\frac{32}{3\pi^2}\mathrm{e}^{m^2} \qquad (3.3.140)$$

$$\frac{(\overline{\lambda^2})}{\bar{\lambda}^2}=\frac{9}{8}\mathrm{e}^{m^2} \qquad (3.3.141)$$

を得る．そしてこれから m^2 が求められるので，その値と $\bar{\delta}, \bar{\lambda}$ の実測値を

$$\bar{\delta}=I_1(\delta)/I_0(\delta) \qquad (3.3\ 142)$$

または

$$\bar{\lambda}=I_1(\lambda)/I_0(\lambda) \qquad (3.3.143)$$

に入れて r_0 を定め，さらに N_{aO} または $N_{\lambda O}$ の実測値を用いて (3.3.14) または (3.3.24)(3.3.25) によって N_{vO} を計算すれば，$N(r)$ の parameter はすべて決定できることになる．なおこの parameter の値を用いて $I_3(\delta)/I_0(\delta)$, $I_4(\delta)/I_0(\delta)$; $I_3(\lambda)/I_0(\lambda)$, $I_4(\lambda)/I_0(\lambda)$ を計算し，これと $(\overline{\delta^3})$, $(\overline{\delta^4})$; $(\overline{\lambda^3})$, $(\overline{\lambda^4})$ とをそれぞれ比較すれば対数正規分布の適合度を検定することができる．

次に標本の厚さ T を考慮した (3.3.19) を用いると

$$I_0(\delta)=\left(1+\frac{1}{2}\nu\right)\bar{N}_{aO} \qquad (3.3.144)$$

$$I_1(\delta)=r_0\left(\frac{\pi}{2}\mathrm{e}^{m^2}+\nu\right)\mathrm{e}^{\frac{m^2}{2}}\cdot\bar{N}_{aO} \qquad (3.3.145)$$

$$I_2(\delta)=r_0^2\left(\frac{8}{3}\mathrm{e}^{2m^2}+2\nu\right)\mathrm{e}^{2m^2}\cdot\bar{N}_{aO} \qquad (3.3.146)$$

となる．したがって

$$\frac{(\overline{\delta^2})}{\bar{\delta}^2}=\frac{I_2(\delta)/I_0(\delta)}{[I_1(\delta)/I_0(\delta)]^2}=\mathrm{e}^{m^2}\left(\frac{8}{3}\mathrm{e}^{2m^2}+2\nu\right)\left(1+\frac{1}{2}\nu\right)\Big/\left(\frac{\pi}{2}\mathrm{e}^{m^2}+\nu\right)^2$$

$$= e^{m^2}\left[\frac{8}{3}e^{2m^2}+\left(2+\frac{4}{3}e^{2m^2}\right)\nu+\nu^2\right]\bigg/\left(\frac{\pi^2}{4}e^{2m^2}+\pi\nu e^{m^2}+\nu^2\right) \tag{3.3.147}$$

となる．そして T が r に比較してかなり小さい時は ν^2 はきわめて小さい値となるからこれを省略すれば

$$\frac{(\overline{\delta^2})}{\bar{\delta}^2} = 2\left[\frac{4}{3}e^{2m^2}+\left(1+\frac{2}{3}e^{2m^2}\right)\nu\right]\bigg/\pi\left(\frac{\pi}{4}e^{m^2}+\nu\right) \tag{3.3.148}$$

を得る．これは e^{m^2} を変数とする二次方程式であるから容易に解くことができる．しかし ν がかなり大きい値をとる時には(3.3.147)のままで計算を行わなければならないから手間はかかる．

対数正規分布の説明の終りにその分散を求めておくと，(4.A.9)(3.3.127)(3.3.129)により

$$\sigma_r^2 = {r_0}^2e^{2m^2}-{r_0}^2e^{m^2} = {r_0}^2e^{m^2}(e^{m^2}-1) \tag{3.3.149}$$

となる．そして変異係数の平方は

$$\left(\frac{\sigma_r}{\bar{r}}\right)^2 = e^{m^2}-1 \tag{3.3.150}$$

であるから，r の値の相対的バラツキは m が大きい程大きくなる．これは当然のことである．そして(3.3.150)は r_0 を含まないから，対数正規分布の曲線の型は m のみによって定まることがわかる．

表 3.3.3 三つの理論分布関数について実用上必要な諸量を表示したもの．なお本文中では $(\overline{\delta^n})$, $(\overline{\lambda^n})$ の理論値はそれぞれ $I_n(\delta)/I_0(\delta)$, $I_n(\lambda)/I_0(\lambda)$ という形で表現して，実測値と区別してあるが，この表では便宜上 δ および λ の n 次の積率の形で示してある．

	ガンマ分布	Weibull 分布	対数正規分布
$p(r)$	$\dfrac{(r/r_0)^{m-1}\exp(-r/r_0)}{r_0\Gamma(m)}$	$\dfrac{m(r/r_0)^{m-1}\exp[-(r/r_0)^m]}{r_0}$	$\dfrac{\exp[-(\log r/r_0)^2/2m^2]}{\sqrt{2\pi}mr}$
$\bar{r}$	mr_0	$r_0\Gamma\left(\frac{1}{m}\right)\Big/m$	$r_0\exp(m^2/2)$
Q_n	$\Gamma(m+n)/m^n\Gamma(m)$	$nm^{n-1}\Gamma\left(\frac{n}{m}\right)\Big/\left[\Gamma\left(\frac{1}{m}\right)\right]^n$	$\exp[n(n-1)m^2/2]$
$\bar{\delta}$	$\frac{\pi}{2}r_0(m+1)$	$\pi r_0\left[\Gamma\left(\frac{2}{m}\right)\Big/\Gamma\left(\frac{1}{m}\right)\right]$	$\frac{\pi}{2}r_0\exp(3m^2/2)$
$(\overline{\delta^2})$	$\frac{8}{3}r_0^2(m+2)(m+1)$	$8r_0^2\left[\Gamma\left(\frac{3}{m}\right)\Big/\Gamma\left(\frac{1}{m}\right)\right]$	$\frac{8}{3}r_0^2\exp(4m^2)$
$(\overline{\delta^3})$	$\frac{3\pi}{2}r_0^3(m+3)(m+2)(m+1)$	$6\pi r_0^3\left[\Gamma\left(\frac{4}{m}\right)\Big/\Gamma\left(\frac{1}{m}\right)\right]$	$\frac{3\pi}{2}r_0^3\exp(15m^2/2)$
$(\overline{\delta^4})$	$\frac{128}{15}r_0^4(m+4)(m+3)(m+2)(m+1)$	$\frac{128}{3}r_0^4\left[\Gamma\left(\frac{5}{m}\right)\Big/\Gamma\left(\frac{1}{m}\right)\right]$	$\frac{128}{15}r_0^4\exp(12m^2)$
$\bar{\lambda}$	$\frac{4}{3}r_0(m+2)$	$2r_0\left[\Gamma\left(\frac{3}{m}\right)\Big/\Gamma\left(\frac{2}{m}\right)\right]$	$\frac{4}{3}r_0\exp(5m^2/2)$
$(\overline{\lambda^2})$	$2r_0^2(m+3)(m+2)$	$4r_0^2\left[\Gamma\left(\frac{4}{m}\right)\Big/\Gamma\left(\frac{2}{m}\right)\right]$	$2r_0^2\exp(6m^2)$
$(\overline{\lambda^3})$	$\frac{16}{5}r_0^3(m+4)(m+3)(m+2)$	$8r_0^3\left[\Gamma\left(\frac{5}{m}\right)\Big/\Gamma\left(\frac{2}{m}\right)\right]$	$\frac{16}{5}r_0^3\exp(21m^2/2)$
$(\overline{\lambda^4})$	$\frac{16}{3}r_0^4(m+5)(m+4)(m+3)(m+2)$	$16r_0^4\left[\Gamma\left(\frac{6}{m}\right)\Big/\Gamma\left(\frac{2}{m}\right)\right]$	$\frac{16}{3}r_0^4\exp(16m^2)$

注）ガンマ関数の一般的性格

ガンマ関数は n を正の数として

$$\Gamma(n) = \int_0^\infty t^{n-1}\mathrm{e}^{-t}\,\mathrm{d}t \tag{3.3.151}$$

で定義される関数である．この際 n は必ずしも整数である必要はないが，まず整数の場合から説明する方が便利である．この積分を部分積分によって処理すると

$$\begin{aligned}\int_0^\infty t^{n-1}\mathrm{e}^{-t}\mathrm{d}t &= -\left[t^{n-1}\mathrm{e}^{-t}\right]_0^\infty + (n-1)\int_0^\infty t^{n-2}\mathrm{e}^{-t}\,\mathrm{d}t \\ &= (n-1)\int_0^\infty t^{n-2}\mathrm{e}^{-t}\,\mathrm{d}t\end{aligned} \tag{3.3.152}$$

となる．これをくりかえせば

$$\begin{aligned}\int_0^\infty t^{n-1}\mathrm{e}^{-t}\mathrm{d}t &= (n-1)!\int_0^\infty \mathrm{e}^{-t}\,\mathrm{d}t \\ &= (n-1)!\end{aligned} \tag{3.3.153}$$

となる．これは正に $\Gamma(n)$ で表わされる内容である．

しかし n が整数でない場合には (3.3.151) の積分は数値計算をする以外はないので，その結果はガンマ関数表として利用できるようになっている．この際 n が 2 より大きな数であれば (3.3.152) の部分積分をある所まで進行させてからガンマ関数表を用いればよい．たとえば $n=4.3$ であれば

$$\int_0^\infty t^{(4.3-1)}\mathrm{e}^{-t}\,\mathrm{d}t = (4.3-1)(4.3-2)(4.3-3)\int_0^\infty t^{(1.3-1)}\mathrm{e}^{-t}\,\mathrm{d}t \tag{3.3.154}$$

として，ガンマ関数表の $\Gamma(1.3)$ を利用することになる．

なお特別な場合として

$$\Gamma\left(\frac{1}{2}\right) = \sqrt{\pi} \tag{3.3.155}$$

$$\Gamma\left(\frac{3}{2}\right) = \sqrt{\pi}/2 \tag{3.3.156}$$

である．この関係はしばしば利用されているからここで説明しておく．

$$\Gamma\left(\frac{1}{2}\right) = \int_0^\infty t^{-\frac{1}{2}}\mathrm{e}^{-t}\,\mathrm{d}t \tag{3.3.157}$$

であるが，この処理にはベータ関数が用いられる．ベータ関数は一般に p, q を正の数として

$$B(p, q) = \int_0^1 x^{p-1}(1-x)^{q-1}\,\mathrm{d}x \tag{3.3.158}$$

で定義される関数である．この関数において

$$x = \sin^2\theta \tag{3.3.159}$$

と置くと

$$\mathrm{d}x = 2\sin\theta\cdot\cos\theta\,\mathrm{d}\theta \tag{3.3.160}$$

であるから

$$B(p, q) = 2\int_0^{\pi/2} \sin^{2p-1}\theta\cdot\cos^{2q-1}\theta\,\mathrm{d}\theta \tag{3.3.161}$$

となる．ここで $p=1/2$, $q=1/2$ とすると

$$B\left(\frac{1}{2}, \frac{1}{2}\right) = 2\int_0^{\pi/2} \mathrm{d}\theta = \pi \tag{3.3.162}$$

を得る．ところで p, q を正の数としてベータ関数とガンマ関数の間には

$$B(p, q) = \frac{\Gamma(p)\Gamma(q)}{\Gamma(p+q)} \tag{3.3.163}$$

という関係がある．これは Cramér (1946) に従えば次のようにして証明することができる．いま次の積分を考えることにする．

$$\begin{aligned}
I(p, q) &= \int_0^\infty \int_0^\infty t^{p+q-1}x^{p-1}\mathrm{e}^{-t(1+x)}\,\mathrm{d}x\cdot\mathrm{d}t \\
&= \int_0^\infty (tx)^{p-1}\mathrm{e}^{-tx}\mathrm{d}(tx)\int_0^\infty t^{q-1}\mathrm{e}^{-t}\,\mathrm{d}t \\
&= \Gamma(p)\Gamma(q)
\end{aligned} \tag{3.3.164}$$

ところでこの積分の順序を変えれば

$$\begin{aligned}
I(p, q) &= \int_0^\infty \int_0^\infty t^{p+q-1}x^{p-1}\mathrm{e}^{-t(1+x)}\,\mathrm{d}t\cdot\mathrm{d}x \\
&= \int_0^\infty [t(1+x)]^{p+q-1}\mathrm{e}^{-t(1+x)}\,\mathrm{d}[t(1+x)]\int_0^\infty \frac{x^{p-1}}{(1+x)^{p+q}}\mathrm{d}x \\
&= \Gamma(p+q)\int_0^\infty \frac{x^{p-1}}{(1+x)^{p+q}}\mathrm{d}x
\end{aligned} \tag{3.3.165}$$

となる．ここで

$$y = \frac{x}{1+x} \tag{3.3.166}$$

と置けば

$$x = \frac{y}{1-y} \tag{3.3.167}$$

$$\mathrm{d}x = \frac{\mathrm{d}y}{(1-y)^2} \tag{3.3.168}$$

であり，また $x=0$ の時 $y=0$, $x\to\infty$ の時 $y\to 1$ であるから

$$\begin{aligned}
&\int_0^\infty \frac{x^{p-1}}{(1+x)^{p+q}}\mathrm{d}x \\
&\quad = \int_0^1 y^{p-1}(1-y)^{q-1}\,\mathrm{d}y
\end{aligned}$$

$$= B(p, q) \tag{3.3.169}$$

を得る．そして(3. 3. 164) (3. 3. 165) (3. 3. 169)から(3. 3. 163)が誘導されることはただちに了解できるであろう．

さて(3. 3. 163)において$p=1/2$, $q=1/2$とすれば，(3. 3. 162)により

$$B\left(\frac{1}{2}, \frac{1}{2}\right) = \left[\Gamma\left(\frac{1}{2}\right)\right]^2 \Big/ \Gamma(1) = \pi \tag{3.3.170}$$

となり，$\Gamma(1)=1$であるから

$$\Gamma\left(\frac{1}{2}\right) = \sqrt{\pi} \tag{3.3.171}$$

となる．そして

$$\Gamma\left(\frac{3}{2}\right) = \left(\frac{3}{2}-1\right)\Gamma\left(\frac{1}{2}\right) = \sqrt{\pi}/2 \tag{3.3.172}$$

を得る．

なおここでは直接の関係はないが正規分布の標準形の積分にも$\Gamma(1/2)$が利用されるから，この際追加しておくことにする．

$$\int_{-\infty}^{\infty} \mathrm{e}^{-\frac{x^2}{2}} \mathrm{d}x \tag{3.3.173}$$

の積分で

$$\frac{x^2}{2} = t \tag{3.3.174}$$

と置くと，$x \geqq 0$の範囲では

$$x = \sqrt{2t} \tag{3.3.175}$$

$$\mathrm{d}x = \frac{1}{\sqrt{2}} t^{-\frac{1}{2}} \mathrm{d}t \tag{3.3.176}$$

である．ゆえに(3. 3. 173)の積分は

$$\begin{aligned} \int_{-\infty}^{\infty} \mathrm{e}^{-\frac{x^2}{2}} \mathrm{d}x &= 2\int_0^{\infty} \frac{1}{\sqrt{2}} t^{-\frac{1}{2}} \mathrm{e}^{-t}\, \mathrm{d}t \\ &= \sqrt{2} \int_0^{\infty} t^{\left(\frac{1}{2}-1\right)} \mathrm{e}^{-t}\, \mathrm{d}t \end{aligned} \tag{3.3.177}$$

となる．そしてこの積分は$\Gamma(1/2)$を定義するから

$$\int_{-\infty}^{\infty} \mathrm{e}^{-\frac{x^2}{2}} \mathrm{d}x = \sqrt{2\pi} \tag{3.3.178}$$

を得る．

§4 方法の選択

> 空間中の球の半径の分布を推定する諸法のうち適当なものを選択するにはおよそ次の方針が妥当なものと考えられる．一般的にはδよりはλを指標として用いる方法が推奨できる．ただしきわめて小さい球の分布を正確に求めるには厚い標本を用いてδを指標とする方法が適している．また球の分布が単峰性である時は$N(r)$に何らかの理論分布を仮定し，λを指標としてその parameter を推定する方法を試みるべきである．しかし球の分布が多峰性であれば，δを指標として$N(r)$の関数形を規定しない方法を用いるのがよい．

空間中の球の半径の分布をこれを切る試験平面上の図形の計測から推定する方法はこれまでみたようにいくつもある．したがって実際にあたってはどのような方針でこれらの方法の中から最も目的に適したものを選択したらよいかが当然問題になるであろう．それゆえ最後に全体を通観してそれぞれの方法の利点を説明する必要があると考える．

まずいえることは原則として弦の長さλを指標に用いるべきもので，δを指標とすることはできるだけ避けた方がよいということである．その最大の理由は次の通りである．生物学の領域では計測すべき対象は多くの場合それをとりまく何らかの構造物の中に包埋されているものであり，何の構造もない一様な物質の中に分散した形をとることはむしろ例外的である．このような対象を試験平面で切る時には計測すべき対象の切口がある程度以上大きくならないと，その周辺の構造物と区別がつかないためそれとして認識することができない．いきおい小さな切口が見落されることはどうしても避けられない．またたとえ遊離した構造物であってもある程度以下の小さな断面を正しく認識することは容易ではない．ここに理論上の要請と実測の間にくいちがいがでてくることになる．ここまではδを指標としようとλを指標としようと同じことである．しかしこれから試験平面上の図形の数N_{ao}や$\bar{\delta}$, $(\overline{\delta^2})$などを求める時に発生する誤差と，弦の数$N_{\lambda o}$や$\bar{\lambda}$, $(\overline{\lambda^2})$などを求める時につきまとう誤差とは同じにはならない．そして結論からいうと弦を用いる時の方が小さな断面を見落すことによる影響がはるかに少なくてすむのである．それは弦の数の期待値は図形の数と図形の直径の積に比例するから，元来小さな図形が $N_{\lambda O}$ に寄与する比重は非常に小さいためである．したがってたとえ小さな図形を見落してもその影響は大きな図形から与えられる弦の数が多いため案外小さなものになってしまう．これに対して図形の直径 δ を指標とする時には大きな図形も小さな図形も N_{aO} に対する寄与の上では同じ重みをもつ．それゆえ見落した図形の数はそのまま N_{aO} の値に影響を及ぼすことになる．そしてこの差が $N(r)$ の parameter の推定に利用される $(\overline{\delta^2})/\bar{\delta}^2$ と $(\overline{\lambda^2})/\bar{\lambda}^2$ の値の偏りに差をつくることになる．これは簡単なモデルについて計算してみるとはっきりする．いま1辺が単位長の正方形の領域中に直径が 0.01, 0.05, 0.10 の円が1個ずつ存在するものとしよう．いまこの最小の円が正しく認識された時の $(\overline{\delta^2})/\bar{\delta}^2$, $(\overline{\lambda^2})/\bar{\lambda}^2$ をそれぞれ $W(\delta)$, $W(\lambda)$ とし，最小の円が見落された時にこれらの値が $W'(\delta)$, $W'(\lambda)$ となるものとする．直径 δ の円については λ, λ^2 の試行後期待値はそれぞれ $\bar{\lambda}=(\pi/4)\delta$, $(\overline{\lambda^2})=(2/3)\delta^2$ であるから，次の関係が得られる．

$$W(\delta)=\frac{(1^2+5^2+10^2)\times10^{-4}/3}{[(1+5+10)\times10^{-2}/3]^2}=1.47656 \tag{3.4.1}$$

$$W(\lambda)=\frac{(2/3)(1^3+5^3+10^3)\times10^{-4}/(1+5+10)}{[(\pi/4)(1^2+5^2+10^2)\times10^{-2}/(1+5+10)]^2}=1.22644 \tag{3.4.2}$$

$$W'(\delta)=\frac{(5^2+10^2)\times10^{-4}/2}{[(5+10)\times10^{-2}/2]^2}=1.11111 \tag{3.4.3}$$

$$W'(\lambda)=\frac{(2/3)(5^3+10^3)\times10^{-4}/(5+10)}{[(\pi/4)(5^2+10^2)\times10^{-2}/(5+10)]^2}=1.16722 \tag{3.4.4}$$

となる．この $W(\lambda)$ や $W'(\lambda)$ の誘導にあたっては個個の円から与えられる弦の数の期待値は円の直径に比例することを考慮している．そして $W'(\delta)/W(\delta)$, $W'(\lambda)/W(\lambda)$ を求めれば

$$W'(\delta)/W(\delta)=0.7525 \tag{3.4.5}$$

$$W'(\lambda)/W(\lambda)=0.9517 \tag{3.4.6}$$

となる．つまり小さな図形を見落したことの影響は $W(\delta)$ にはきわめて強く現われることがわかる．

ところで試験平面上の小さい図形は元来小さい球の切口でもありうるし，ま

た大きな球が試験平面にほとんど接する位置で切られるために出現することもある．しかし球が大きくなるにつれ後者の場合は確率論的にはきわめて頻度の低いものになるから，球の半径の分布の上では小さな切口を見落した影響は主として小さな球の数が過小に推定される結果になる．それゆえδを指標とした場合は往往にして小さな球の数の推定値が実際よりはるかに小さくでてしまうことがある．このようなわけでδを指標として用いても比較的安全なのは計測すべき対象の大きさに明らかな下限がある場合だけである．たとえば腎の糸球体などはその適例であろう．

なおλを指標とする方法が便利な点はこれ以外にもいくつかある．まず顕微鏡下で直接計測を行う場合には相当な広さをもった領域について対象とする図形を落ちなく数えることはかなり困難な作業であり，これを間違いなく実行するためにはたとえば写真を用いる必要がある．電子顕微鏡レベルでの計測には常に写真が用いられるから，この意味での難点はない．また理論分布を決めないで$N(r)$を求める場合の計算が楽なこともλを指標とする方法の利点の一つであろう．

一方λを用いる方法にも制約はある．その最も大きい要因は図形の密度である．空間中の球の密度が低く，したがって試験平面上の図形の密度も低い時には弦の観測数を大きくするために，ずいぶんと時間と労力を要することはただちに了解できるであろう．このような時には前に述べた条件が満足されれば，つまり対象の大きさにある下限がある時にはδを用いた方が便利である．

またλを指標とする場合はδを用いる場合にくらべて球の分布を決めるにあたって大きな球からの情報の比重がはるかに大きくなる．これは(3.4.1)と(3.4.2)の比較からも了解できよう．したがってすでに述べたように小さな切口を見落すことが計測結果にあまり影響を及ぼさないという弦を用いる方法の利点は，一方では小さな球に関する情報が元来不充分であるという欠点ともなる．それゆえλを指標とする方法も，球の分布がある理論分布によく適合するという前提が満足されない限り，対象とする構造物のうち比較的大きなものについてのみ正確な情報を与えるにすぎないことを承知しておく必要があろう．

小さな球状構造物の分布について最も信頼すべき結果が得られるのは厚い標本を用いてδを指標とする方法であろう．そしてδを指標とする時には球の半径の分布関数を規定するにしろしないにしろ標本の厚さの補正は比較的簡単に行える．それゆえむしろ意識的に厚い標本を用いる手法も考慮しておく価値がある．これによって球がほぼ試験平面に接する位置で切られた時の切口の認定の不確実さの影響が大幅に緩和され，δ を指標とする時の大きな欠点の一つが除かれることになる．この間の事情についてはたとえば208頁を参照していただきたい．

次にもう一つの原則はまず $N(r)$ にある理論分布を仮定して，いきなりその parameter を推定する方法を試みるべきであるということである．この方法の利点は何といっても球の半径の分布に関する最終段階の情報が直接得られることにある．この際いかなる理論分布を用いるかは勿論対象の性格によって一概にはいえないけれども，多くの場合 Weibull 分布を用いれば満足すべき適合が得られるから，まず Weibull 分布をあててみるのが得策である．これは Weibull 分布の形がほとんど極端から極端まで変わりうるため，たいていの対象に合わせることができるからである．なおこの章の§3で説明した三つの理論分布すべてを用いてその結果を比較する方針をとっても計算には大して手間はかからない．

これに対して理論分布を決めないで $N(r)$ を求める Penel and Simon の方法や Spektor の方法にどうしても頼らなければならないような局面は球の半径の分布が単峰性である限りあまりないので，多くの場合これらの方法を用いるとすればそれは $N(r)$ の理論分布を決める予備的な操作としての意味をもつにすぎない．しかしこれらの方法が効果的であると予想されるのは対象がその大きさについては二つまたはそれ以上の異なった集団から構成されており，$N(r)$ が二峰性または多峰性の分布になる場合である．このような時には $N(r)$ に単一の理論分布をあてることは無理であるから，どうしても Penel and Simon の方法か Spektor の方法を用いて分布のおよその形を見なければならないであろう．そして私共の経験の範囲では多峰性の分布を分離する目的のためには Penel and Simon の方法が適している．

以上要約すれば次のようになるであろう．一般的には λ を指標とし，$N(r)$ に Weibull 分布をあててみる方法をまず試みるべきである．しかし対象の密度が低く，またその大きさに下限が存在する時には δ を用いる方が楽である．

この場合にはその下限を $\delta_{\min}$ とし，$\delta-\delta_{\min}$ を変数として何らかの理論分布を適用することになる．そして対象の大きさの分布が単一の理論分布を適用するのが無理な形である時には Penel and Simon の方法を利用するのがよいであろう．

文　献

1) Bach, G. (1959): Über die Größenverteilung von Kugelschnitten in durchsichtigen Schnitten endlicher Dicke. (a) *Mitteilungen aus dem Math. Seminar Gießen* 1959; (b) *Z. wiss. Mikr.*, **64**, 265. Cited in 2).

2) Bach, G. (1967): Kugelgrößenverteilung und Verteilung der Schnittkreise; ihre wechselseitigen Beziehungen und Verfahren zur Bestimmung der einen aus der anderen. In: *Quantitative Methods in Morphology*, edited by Ewald R. Weibel and Hans Elias, Springer-Verlag, Berlin-Heidelberg-New York, 1967, pp. 23-45.

3) Cahn, J. W. and Fullman, R. L. (1956): On the use of linear analysis for obtaining particle size distribution functions in opaque samples. *Trans. AIME*, **206**, 610. Cited in 16).

4) Cramér, H. (1946): *Mathematical Methods of Statistics*. Princeton University Press, Princeton, p. 127.

5) 梶田昭，三沢章吾，益子幸子，上田国臣 (1971)：肝硬変症の結節の大きさについての組織計測的考察．東京女医大誌．**41**, 583-587.

6) Masuyama, M. (1965): A class of histometrical distribution. *Rep. Stat. Appl. Res. JUSE*, **12**, 109-111.

7) Penel, C. et Simon, C. (1974): Modèle de la《boître noire》pour l'histologie des structures sphériques. *C. R. Acad. Sci.*, (Paris), **279**, Série D, 513-515.

8) Saltykov, S. A. (1958): *Stereometric Metallography*, 2nd ed., Metallurgizdat, Moscow, 1958, pp. 446. Cited in 16).

9) Scheil, E. (1931): Die Berechnung der Anzahl und Größenverteilung kugelförmiger Kristalle in undurchsichtigen Körpern mit Hilfe der durch einen ebenen Schnitt erhaltenen Schnittkreise. *Z. Aorg. Allgem. Chem.*, **201**, 259. Cited in 16).

10) Scheil, E. (1935): Statistische Gefügeuntersuchungen I. *Z. Metallk.*, **27**, 199. Cited in 16).

11) Schwartz, H. A. (1934) : The metallographic determination of the size distribution of temper carbon nodules. *Metals Alloys*, **5**, 139. Cited in 16).

12) Spektor, A. G. (1950) : Analysis of distribution of spherical particles in non-transparent structures. *Zavod. Lab.*, **16** (2), 173. Cited in 16).

13) 諏訪紀夫 (1968) : 器官病理学, 朝倉書店, 昭和43年, pp. 371–414.

14) Suwa, N., Takahashi, T., Saito, K. and Sawai, T. (1976) : Morphometrical method to estimate the parameters of distribution functions assumed for spherical bodies from measurements on a random section. *Tohoku J. exp. Med.*, **118**, 101–111.

15) Suwa, N., Takahashi, T. and Sasaki, Y. (1964) : Histometrical studies of liver cirrhosis by mathematical treatments of linear intercepts on a small number of random histological sections. *Tohoku J. exp. Med.*, **84**, 1–36. Addendum and Correction. *Tohoku J. exp. Med.*, **84**, 199–200.

16) Underwood, E. E. (1968) : Particle-size distribution. In : *Quantitative Microscopy*, edited by R. T. DeHoff and F. N. Rhines, McGraw-Hill Book Company, New York–St. Louis–San Francisco–Toronto–London–Sydney, 1968, pp. 149–200.

17) Weibull, W. (1951) : A statistical distribution function of wide applicability. *J. appl. Mech.*, **18**, 293–297.

18) Wicksell, S. D. (1925) : The corpuscle problem. A mathematical study of a biometric problem. *Biometrika*, **17**, 84–99.

19) Wicksell, S. D. (1926) : The corpuscle problem. Second memoir. Case of ellipsoidal corpuscles. *Biometrika*, **18**, 151–172.

第4章　誤差の構造

§1　確率論的方法の誤差の構造

確率論的方法には必ず確率論的誤差が付帯する．この誤差は対象の構造上の不平等に基づく誤差や，計測操作上の誤差とは区別しなければならない．確率論的誤差は現象的には何回かの試行の結果について推計学的に処理することもできる．しかしここでは確率論的誤差の構造を理論的立場から明らかにすることに主眼をおいた．これによって1回の試行についての結果の信頼度や，また要求される信頼度に対して必要な領域の大きさ，観測数等を予見することができる．また適当な方法を選択する上での理論的根拠が与えられるのである．

確率論的誤差は二つの性格の違った誤差から合成される．その一つは領域間誤差であり，対象の存在する全領域からある部分領域をとり，その部分領域の情報から全領域についての量を推定する時に発生する誤差であり，全領域そのものが計測の対象になる時はこの誤差は消失する．他の一つは領域内誤差であり，一つの部分領域に確率論的計測法を適用する場合に発生する誤差である．この誤差は scanning の性格をもつ計測法を用いる時には考慮する必要がない．この節ではこのような誤差の一般的構造を説明する．

第2章と第3章では確率論的方法を用いてある期待値から立体の体積や表面積，または平面図形の面積や周の長さ，空間中の線状構造物の長さ，さらに空間中の球の大きさの分布などを求める理論を述べた．これらの方法を実際に応用するにあたっては，多くは対象のある部分について計測を行った結果を全体に及ぼすという方式をとることになる．この際計測を行う部位の選び方によって，また同じ部位についても何回かの試行を行ってみれば，その結果にはあるバラツキを生ずるはずである．それゆえある1回の測定に基づいてこれまで述べたような諸量を推定すれば，それは必ずある誤差を伴うことになるであろう．この誤差をどう処理したらよいかが実際にあたって常に問題となる．

この扱い方には大まかにいって二つの方法がある．その一つは現象論的処理とでもいうべきもので，たとえばいくつかの部位について得られた結果の算術平均とその信頼限界を求める方法である．この方法では誤差がどういう原因で生じたかは全く問題にはされず，ただ結果の信頼度がいわば現象的，かつ経験的にわかるだけである．もう一つの方法は構造論的処理ともいうべきもので，どのような原因でどのような誤差が発生するかをまず理論的に調べてみる方法である．つまり私共が用いている計測方法は確率論的なものであるから，これには事の性質上必然的にある確率論的誤差が付帯するはずであり，この誤差の構造を確率論的立場から理論的に扱うことである．そしてこの方法によって私共が実際にあたって知りたいこと，つまり最も誤差が少なく，また能率的な計測方法を選択するための根拠が与えられることになる．たとえば平面図形の面積を推定するにあたって点解析と線解析のいずれが有利かといったような問題に対する解答はどうしても構造論的処理をしてみなければ得られない．また確率論的方法は一般に‘充分に多数’の試行をくりかえせば，それだけ結果の信頼性が高くなるのが常であるが，ある目的に対してどの程度‘多数’の試行を行えば‘充分’かという予見も誤差の構造論的処理をしなければできないことである．さらに実際には唯1回の試行によって得た結果をそのまま利用することも少なくないが，1回の試行の結果の信頼度の判定には当然誤差の構造論的理解が必要である．それゆえこの章では確率論的計測法に内在する誤差をもっぱら構造論的に扱ってみるつもりである．

しかし実はこのような処理はかなり厄介なものでもあるし，またこれがわからなければ計測が実施できないという性質のものでもないので，確率論的方法による組織計測をこれから始めようという人はむしろ面倒なことは考えずにおいた方が得策かも知れない．ただそのような場合でも誤差の現象論的処理だけは心得ておく必要はあるかと思う．そればかりではなく，構造論的処理の可能なものは後に説明するように確率論的誤差だけである．しかし実際の計測にあたっては確率論的誤差以外に他の要因による誤差，たとえば計測操作上の誤差等も関与してくる．したがって時には確率論的誤差の処理だけでは足りないこともある．このような時にはやはり現象論的な誤差の処理法に頼らざるをえない．それゆえ本題に入る前にまずその説明をしておく．

いま閉曲線で囲まれた平面図形が無作為に配置されている場合を例にとって，ある計測領域を限ってその中に入る図形の数を調べてみると，その領域が図形に対してある程度より小さい時は計測結果は Poisson 分布に従うであろう．具体的にいうと領域の大きさがその中に図形が 4～5 個以上は入らない程度であれば Poisson 分布で近似できる非対称な分布が得られる．これに対して領域の大きさをもっと大きくして，その中に入る図形の数を大きくしてゆくと，その数の分布は次第に対称的なものになってゆく．具体的にいうと 10 個程度以上の図形が入るような場合がこれにあたる．これは理論的には Poisson 分布の parameter の値が大きくなると分布の形が次第に対称的になることに相当するものであろうが，実際問題としては正規分布で近似させても差しつかえない形になる．この傾向は図 4.1.1 の実測の結果を見ても了解できるであろう．そしてこの現象は何も図形の数についてだけのことではない．たとえば閉曲線で囲まれた平面図形の面積をとってみても，また図形の周の長さをとってみても，図形が無作為に配置されていればほぼ同様の結果が得られる．この現象は一般的に中心極限定理として知られている事項と同一の内容をもつものである．つまり母集団の分布がいかなるものであっても，それから無作為に抽出した標本の和の分布は，標本の数が多くなるにつれて次第に正規分布に近づくのである．そこでこのような計測領域をいくつか無作為にとって，計測結果の算術平均を求めればそれは対象の全領域についての情報を与えるであろうことは常識的にも思いつくことである．ところでこの算術平均の信頼限界を求める推計学的方法は一般に母集団が正規分布をなすことを前提としている．それゆえ計測領域の大きさを適当にとって，計測値の分布がほぼ対称的になるようにすれば，通常の推計学的方法——たとえば t 分布を利用する方法——によって計測結果の信頼度を検定することができる．そして実際にはこれだけで用がすんでしまうことも少なくない．

さて次にこの章の本題である誤差の構造論的解析に移ることになるが，一般に誤差といっても通常はいろいろ性質を異にするものが一括されているので，まずこの章で扱う確率論的誤差の観念をはっきりさせるため多少の整理をしておく必要がある．まず第一には対象の構造に由来する誤差がある．これを‘構造上の誤差’といっておこう．たとえば腎の皮質の割面について糸球体の占め

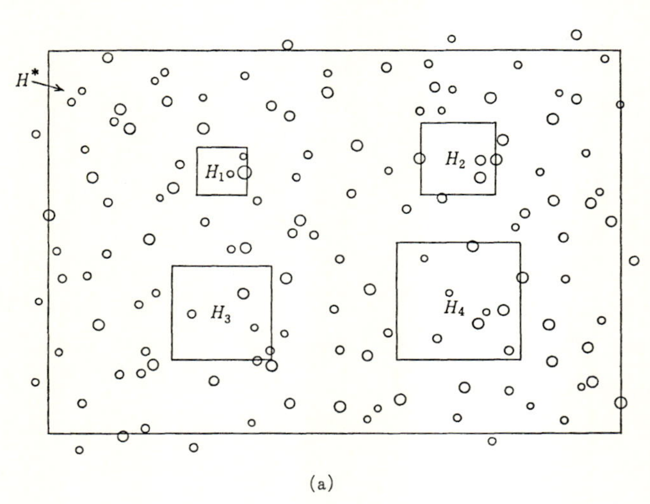

(a)

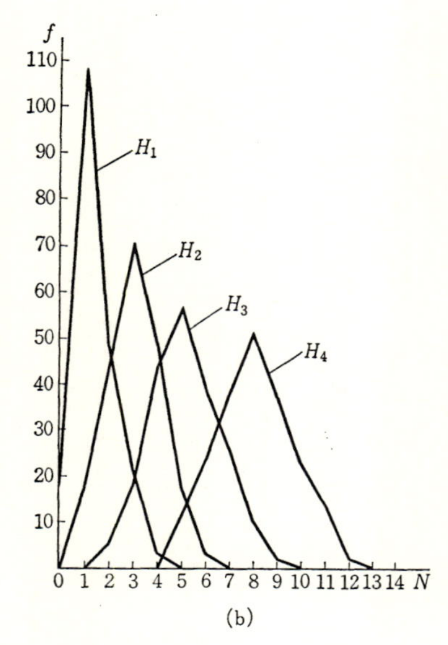

(b)

図 4.1.1　無作為な配置の図形が無作為にとった領域の中に入る数の分布が領域の大きさによって異なることを実測によって示すものである．なおこの操作については275頁を参照のこと．(a) H^* の範囲にほぼ無作為に配置された図形を4種類の正方形の領域 H_1, H_2, H_3, H_4 で限ってその中に入る図形の数を実測する．正方形の1辺の長さは $\sqrt{H_1}:\sqrt{H_2}:\sqrt{H_3}:\sqrt{H_4}=2:3:4:5$ になるようにとってある．(b) それぞれの大きさの領域を用いてそれぞれ200回の計測を行った結果をグラフに示したもの．N は H の中に入る図形の数，f は N の度数である．領域が大きくなり，その中に入る図形の数が多くなると分布は次第に対称的になる．H が H^* に比較して充分小さければこの分布は理論的には Poisson 分布になる．そしてこの結果は算術平均が大きくなるにつれて Poisson 分布は次第に対称的になることと一致する．なお Poisson 分布については第1章を参照のこと．

る面積を知ろうという時，動物によっては糸球体の大きさや密度は皮質の外層と内層とではかなり異なっている．したがって皮質のある領域をとってその領域についていかに精密な計測を行っても，その結果を皮質全体に及ぼせば当然ある誤差を生じるわけである．この種の誤差は対象の構造についての知識がなければ処理することはできない性質のもので，ここでいう確率論的誤差ではない．したがってこの形の誤差はここでは問題にしない．

次に考えなければならないのは測定操作の間に発生する誤差である．たとえばある平面図形の面積を planimetry によって測定する場合，planimeter の読みは毎回多少の差を示すものである．しかしこのような誤差もここでいう確率論的誤差とは意味が違う．それはこのような誤差は確率論的計測方法を離れて，planimeter の使用といういわゆる scanning によって測定を行う場合の計測操作上の誤差を意味するものであるからである．この種の誤差は通常の推計学的方法で処理できるものであるが，事の性質上この章の本題とは関係ないから，以下の考察からは除外しておく．

それではここで取り上げる誤差とはどのようなものかといえば，それは確率論的方法に本質的に内在する確率論的誤差ともいうべきものである．そしてこれにもさらに意味を異にする二つの誤差を区別しなければならない．その一つをここでは‘領域間誤差’，他の一つを‘領域内誤差’ということにしておく．この区別は重要であるから以下少しくわしくこの観念を説明しておこう．

いま一例として平面上に無作為に配置された図形があって，その面積を測定するという場合を考えてみよう．この際対象の存在する全領域にわたって直接計測を行うということは，いろいろな制約から実行困難なことが多い．たとえば顕微鏡の視野の大きさは比較的限られたものであるし，また全領域にわたっては図形の数があまりにも多すぎるという場合もあるであろう．そしてこのような時にはその全領域からある部分領域をとって，その中の図形面積を測定して，その結果を全領域に及ぼすという方法がとられるのが一般である(図 4.1.2)．これは母集団からある標本を抽出して，その標本の測定値から母集団の性格を推定する操作に相当する．この場合図形の配置は全領域にわたってランダム化されており，‘構造上の誤差’は入る余地がないことが前提になっている．しかしそれにもかかわらず部分領域から得られた情報は，その部分領域についてい

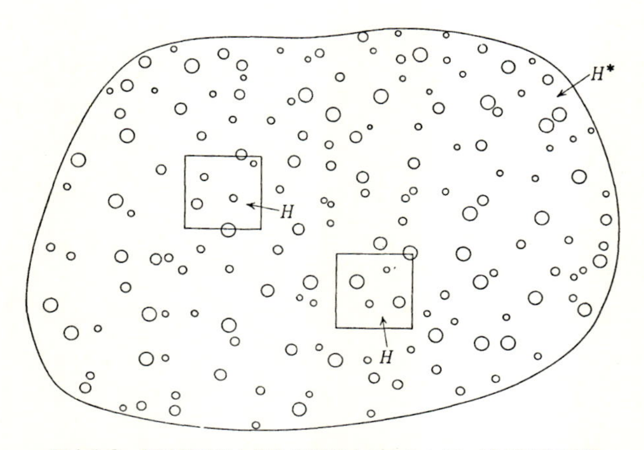

図 4.1.2 領域間誤差の観念を説明するための図．平面図形の面積分率を計測する場合を示す．H^*：全領域．これは無限の大きさをもっていてもよい．H：部分領域．ある部分領域について図形の面積分率を推定するのは，その部分領域そのものが目的ではなく，これから得られる情報に基づいて全領域についての図形の面積分率が知りたいからである．しかしそれぞれの部分領域の間では図形の面積分率が異なるので，これが全領域についての推定結果の誤差の一要因になる．そしてこれが領域間誤差である．

かに正確であってもこれを全領域に及ぼす時にはある誤差を生ずるものである．具体的にいうとたとえば充分な大きさの平面上に直径 1 cm 程度の円形の図形が全領域の面積の 10% を占める位の密度で無作為に配置されている場合に，この全領域から 5×5 cm 程度の部分領域を無作為にとるものとしよう．そうするとこの部分領域の中に入る図形の数は毎回異なり，時には全く図形の含まれない部分領域もできるであろう．しかし部分領域の大きさをたとえば 50×50 cm にとればその中に入る図形の数のバラツキは相対的には少なくなることが考えられる．このような現象は図形の無作為な配置そのものに原因があるので，対象の特定な構造による偏りのために発生する誤差とは無関係な性質のものである．つまり無作為に配置された図形をもつ全領域からいくつかの部分領域をとってみれば，その部分領域中の図形の面積には必ずあるバラツキが起り，しかもそのバラツキは図形の形，密度，大きさ，または部分領域の大きさ等によって変わってくる．このために生ずる誤差は領域の選択のために，もっと一般的にいうと標本抽出のために発生するのであるから，正しくは‘標本抽出の誤差'とでもいうべきものであろう．しかしこの誤差は形式的には分散分析の級間変動(between class deviation)に相当するものであるから，この章ではこれを簡単に'領域間誤差'ということにした．ただし内容的にはこの誤差は級間変動とは一致しない．これは分散分析の目的がむしろ'構造上の誤差'にあたるものが存在するかどうかを検定する点にあることを考えれば了解できるであろう．

確率論的誤差のもう一つのカテゴリーは'領域内誤差'である．これは部分領域内の対象を確率論的方法で推定する場合に必然的に発生する誤差をいうのである．したがって部分領域についての計測方法が scanning に属するものであればここでいう'領域内誤差'はなくなってしまう．たとえば平面図形の面積を planimeter で測るとか，または図形を切り抜いてその重量を測定するとかいうような方法を用いれば，'領域内誤差'は考慮しないでもよいことになる．

確率論的方法を用いる時，直接計測に利用される量は常に推定の目標となる量よりも次元が低くなる．この直接計測される量が面積である時は面解析，線分の長さである時は線解析，点の数であれば点解析ということにする．そうするとたとえば立体の体積は面解析または線解析によって推定することができるし，平面図形の面積は線解析または点解析によって推定できるわけである．この際発生する領域内誤差の処理には構造論的方法が採用される．つまり誤差を表現するにあたっては直接計測される量をそのまま用いるわけにはゆかないので，これと元来の次元の量との間に何らかの理論的関係がついていなければならない．たとえば立体の体積を面解析によって推定する際の誤差の表示には元来体積と体積に関する量が用いられるべきもので，面積やこれに関する量をいきなり用いてはならないはずのものである．ただし体積等3次元の量は実際には直接試験平面上の計測から知ることは困難であることが多いから，理論的に平面図形に関する量と関係をつけて，実用上は面積やこれに関する量を用いた式を誘導してもそれはもちろん差しつかえはない．

なお領域内誤差をすべての量についてそれぞれ誘導する必要はないので，たとえば立体の表面積の領域内誤差と平面図形の周の長さの領域内誤差は同一の形式になる．それは(2.2.8)と(2.2.22)から

$$S_O = \frac{4}{\pi} L_{AO} \tag{4.1.1}$$

という関係があり，S_O は L_{AO} にある定数を乗じたものになる．このような時には(4. A. 13)によって

$$\sigma_{S_O}^2 = (4/\pi)^2 \sigma_{L_{AO}}^2 \tag{4.1.2}$$

であるから

$$\left(\frac{\sigma_{S_O}}{\bar{S}_O}\right)^2 = \left(\frac{\sigma_{L_{AO}}}{\bar{L}_{AO}}\right)^2 \tag{4.1.3}$$

が成立する．それゆえ実際には L_{AO} についての領域内誤差を求めれば，それをただちに S_O の領域内誤差の式として用いることができる．

さて元来部分領域についてある量を計測するのは，部分領域そのものについての量を知ること自体よりは，これを全領域についての情報として用いることを目的とする場合の方が圧倒的に多い．そして全領域についての推定誤差には領域内誤差のみならず領域間誤差も関与する．それゆえそれぞれの量についての領域内誤差を問題にするにあたっては同時に領域間誤差を考慮する必要がある．この2種類の誤差が複合する時の分散についての一般的事項は第4章注7)(417頁)に説明してあるが，ここではある量の部分領域間の変動も，またある部分領域内のその量の推定値の分布も共に正規分布に従う場合について，この複合の様式を検討しておこう．それは後にも述べるようにこのような前提をおいて操作できることが実際問題としても多いからである．

いまある量 W の部分領域間の変動が算術平均 $\overline{W}$，分散 σ_W^2 の正規分布

$$p(W) = \frac{1}{\sqrt{2\pi}\sigma_W} \exp\left[-\frac{(W-\overline{W})^2}{2\sigma_W^2}\right] \tag{4.1.4}$$

に従うものとする．ところでこの W はそれぞれの部分領域中のこの量の'正しい'値を意味するが，これを確率論的方法を用いて推定すればその結果はあるバラツキを示すことになる．つまり領域内誤差が発生する．いま一つ一つの推定値 X の分布がやはり正規分布に従うものとすれば，X の期待値は W であるから，X の分散を σ_X^2 とすれば，X の確率分布は

$$p(X) = \frac{1}{\sqrt{2\pi}\sigma_X} \exp\left[-\frac{(X-W)^2}{2\sigma_X^2}\right] \tag{4.1.5}$$

で与えられる．以下 σ_X はすべての部分領域について共通であるものとする．

次にすべての部分領域，つまり対象の存在する領域全体についてのこの量の

計測値 x の確率分布を $p(x)$ とし，ある部分領域の X が x という値をとる確率密度を考えてみると，これは W の値が異なるため部分領域ごとに異なるはずである．そして W がある値をとる確率密度は (4.1.4) で与えられるから

$$p(x)=\frac{1}{\sqrt{2\pi}\sigma_X}\cdot\frac{1}{\sqrt{2\pi}\sigma_W}\int_{-\infty}^{\infty}\exp\left[-\frac{(x-W)^2}{2\sigma_X^2}\right]\cdot\exp\left[-\frac{(W-\overline{W})^2}{2\sigma_W^2}\right]\mathrm{d}W$$

$$=\frac{1}{2\pi\sigma_X\sigma_W}\int_{-\infty}^{\infty}\exp\left[-\frac{(x-W)^2}{2\sigma_X^2}-\frac{(W-\overline{W})^2}{2\sigma_W^2}\right]\mathrm{d}W \tag{4.1.6}$$

が成立する．この指数を整理して書きなおすと

$$-\frac{(x-W)^2}{2\sigma_X^2}-\frac{(W-\overline{W})^2}{2\sigma_W^2}$$

$$=-\frac{1}{2}\left[\frac{\sqrt{\sigma_X^2+\sigma_W^2}}{\sigma_X\sigma_W}W-\frac{(x\sigma_W^2+\overline{W}\sigma_X^2)}{\sigma_X\sigma_W\sqrt{\sigma_X^2+\sigma_W^2}}\right]^2-\frac{(x-\overline{W})^2}{2(\sigma_X^2+\sigma_W^2)} \tag{4.1.7}$$

となる．ここで

$$\frac{\sqrt{\sigma_X^2+\sigma_W^2}}{\sigma_X\sigma_W}\cdot W=t \tag{4.1.8}$$

とおけば

$$\mathrm{d}W=\frac{\sigma_X\sigma_W}{\sqrt{\sigma_X^2+\sigma_W^2}}\mathrm{d}t \tag{4.1.9}$$

であるから，(4.1.6) は結局

$$p(x)=\frac{1}{\sqrt{2\pi}\sqrt{\sigma_X^2+\sigma_W^2}}\exp\left[-\frac{(x-\overline{W})^2}{2(\sigma_X^2+\sigma_W^2)}\right] \tag{4.1.10}$$

となる．これは $\overline{W}$ を算術平均，$\sigma_X^2+\sigma_W^2$ を分散とする正規分布の式であることはいうまでもない．つまり部分領域内でのある量の計測値の分布が正規分布をなし，また領域間のこの量の分布も正規分布であれば，すべての部分領域についての計測値の分布もやはり正規分布となる．そしてその算術平均は領域間の分布の算術平均であり，分散は二つの正規分布の分散の和であることが証明されたことになる．

確率論的方法の誤差の問題については Hennig (1956, 1960, 1967) や Hilliard and Cahn (1961) の研究がある．特に Hilliard and Cahn の扱い方は参考になったし，またこの章の大筋はこの研究の拡張展開といってもよいであろう．ただ彼らの報告は簡単なものであり，推計学の専門家にはこれでもよいであろう

が私共にはもう少しくわしい説明がほしい所でもある．それゆえこの章ではくどくなるのは覚悟して多少詳細な説明を加えておいた．また彼らの研究は平面図形の面積測定にのみ限られている．事実この誤差の扱い方が理解できればその手法はただちに他の量の誤差に応用がきく点が多いけれども，ここでは面積以外の量の推定誤差もそれぞれ扱ってみた．

なお近代推計学では正規分布をなす母集団とこれから抽出した標本の分布を明確に区別し，標本分布から推定した母集団の分布の parameter の信頼限界を χ^2 分布や t 分布を利用して求めるというのが一般的な手法である．しかし第4章や第5章では特に母集団と標本の分布を区別した扱いはしていない．これは組織計測の実施にあたってその誤差を実用上差しつかえない程度に小さくするためには多くの場合数百の標本の計測が必要であり，この程度の数の標本をとれば標本分布をそのまま母分布にあてて推定値の信頼限界を求めても実際上問題ないからである．このことは287頁以下にやや具体的な形で説明してある．

この章ではずいぶん多くの記号を用いなければならないので記号の意味は本文中ばかりでなく，巻末503頁の‘主要な記号の表’に説明してあるので参考にしていただきたい．また理論の誘導に必要な推計学の諸公式は第4章の終りに注として説明しておいた．数式の番号にたとえば(4. A. 1)というようにAの記号のつけてあるのがそれである．

§2　領域間誤差

いま H^* の広がりをもつ全領域中に $N_w{}^*$ 個の対象が無作為に配置されている時，この全領域から H の大きさをもった部分領域をとり，その中に入る対象の個数 N_w の算術平均を $\bar{N}_w$ とする．一つの部分領域について測定すべき量を W とし，1個の対象についてのこれに相当する量を w とすると，N_w と W の値は部分領域ごとに異なり，これが領域間誤差を意味する．そして W と w の算術平均と分散をそれぞれ $\overline{W}, \bar{w}\,;\sigma_W^2, \sigma_w^2$ とすると，全領域についての対象の数が充分大きく，また H/H^* がきわめて小さく，部分領域中の対象の分布が Poisson

分布に従う時は，

$$\left(\frac{\sigma_{N_w}}{\bar{N}_w}\right)^2=\frac{1}{\bar{N}_w}$$

$$\left(\frac{\sigma_W}{\bar{W}}\right)^2=\frac{1}{\bar{N}_w}\left(1+\frac{\sigma_w^2}{\bar{w}^2}\right)$$

である．この W と w に計測すべき量，たとえば立体の体積，表面積，平面図形の面積等をあてれば，それぞれの量についての領域間誤差が与えられる．

これから説明することは充分に広い空間中に立体が，また充分に広い平面上に平面図形が，さらに充分に長い直線上に線分が，いずれも無作為に配置されている時，この空間，平面，また直線からある部分領域を無作為にとった時，その部分領域中に入る対象の数や対象について測定すべき量がどのような変動を示すかということである．計測すべき量は何であってもよい．立体の数，その体積や表面積，曲面の面積，平面図形の数，その面積，空間曲線や平面曲線の長さ，直線上にできる線分の数や長さなど，いろいろな量について共通な扱いが可能である．しかしこれらの諸量を一括して説明すると理論がやや抽象的になるから，まず空間中に存在する立体の体積について説明し，その結果を一般的な形になおすことにする．

まず対象の存在する領域全体を全領域ということにし，H^* という記号で表わすことにする．そして H^* の次元が空間，平面，直線と異なるに応じて $H_V{}^*$, $H_A{}^*$, $H_X{}^*$ と書いて区別する．以後 * の記号は常に全領域，または全領域についての量を示すものである．そしてこの記号のついていない時は全領域からある限られた領域をとり，これを部分領域として部分領域に関係した量であることを意味する．全領域は無限大であってもよいが，実際問題としては充分の大きさをもった有限の領域と考えるのが実状に合致するであろう．

なお本題に入る前に二三考えておかなければならないことがある．それは空間中の立体にしろ，平面上の図形にしろ，それらが無作為に配置されるという条件は対象が無限に小さい，つまり点の場合にしか厳密には満足されないということであそ．たとえばある体積をもった立体が空間中にある場合，無作為な立体の配置とはある立体の存在する位置に他の立体が入りうる可能性を含んだ配置を意味する．しかし実際にはある立体が空間を占有すると，その位置には他の立体は入れないという‘おしのけ’の現象が起るため，無作為な配置はそれだけ乱されることになる．そしてこの効果は空間中の立体の体積密度が高くなる程大きくなることは容易に想像はつく．しかしこれを数学的に処理することは簡単ではないから，ここではこの効果を無視して理論を進めるつもりである．したがってこれを実際に適用するにあたっては多かれ少なかれ厳密さに欠けることになるが止むを得ない．なおこの問題に関心をもたれる方はたとえば樋口(1972)の解説を参照していただきたい．

次に部分領域にある対象が‘入る’ということを実際に即して定義しておく必要がある．たとえば立体の場合ある立方体の部分領域をとってみると，立体がこの立方体の中に完全に入る時は問題ないが，立方体の面と交わるものの処理をどうするかということである．そのためには立方体の6面を隣合った3面ずつの2群に分け，一方の群の面と交わった立体は部分領域に入るものとして採用し，他の群の面と交わった立体は除外するという方針をとればよいであろう．平面図形の場合には正方形の部分領域をとり，隣合った2辺で2群をつくり，一つの群にかかったものは採用し，他の群にかかったものは除外する．また線分の場合は部分領域の一端にかかったものはとり，他の端にかかったものは除くということでよいわけである．ただこのような方針をとるにしても，対象の大小不同がいちじるしい時には部分領域の境界と交わる確率は大きな対象程大きいから，部分領域が小さいと，部分領域に入るものとして採用した対象の群は全領域から無作為にとった標本の意味をもたなくなる．このような時はまた

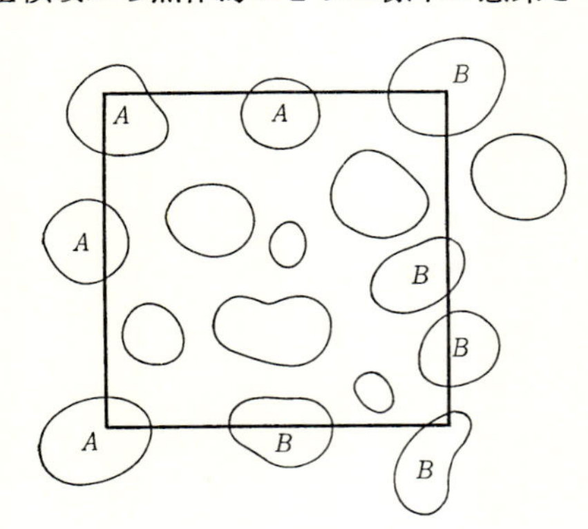

図4.2.1　ある部分領域に対象物が入るかどうかを判定する方法の説明．この図は平面図形を正方形の部分領域で限る場合を示しているが，正方形の辺と交わる図形についてはたとえば上と左の辺にかかるものは採り，下と右の辺にかかるものは捨てるというようにすればよいであろう．また正方形のかどにかかるものについてはたとえば右上にかかるものは捨て，左下にかかるものは採ることにする．図ではAは採る図形，Bは捨てる図形を表わす．

別の処理が必要になる．しかしこのような偏りは部分領域の周辺部で発生するものであるから，部分領域を充分大きくとればその影響は小さくなるものとみてよいであろう(図4.2.1)．

以上で予備的な考察を終ってこれから本題に入ることになる．これから扱う立体はどのような形でもよく，また大きさが異なってもよい．いま1稜 l の立方体の部分領域をとり，この中に入る立体の数を N_v，個個の立体の体積を v，その算術平均を $\bar{v}$ とする．そうすると一つの部分領域に入る立体の体積 V は

$$V = N_v \bar{v} \tag{4.2.1}$$

で表わされる．この V と N_v の値は部分領域ごとに変動することになるが，充分多数の部分領域をとって V と N_v の算術平均，または期待値を求め，それぞれ $\bar{V}, \bar{N}_v$ とし，また全領域についての $\bar{v}$ を $\bar{v}^*$ とすれば

$$\bar{V} = \bar{N}_v \bar{v}^* \tag{4.2.2}$$

となり，これはすべての部分領域について同一の値をとるべきものである．さてある1個の立体が部分領域中に存在する確率 p は部分領域の大きさの全領域に対する比であるから

$$p = H/H^* \tag{4.2.3}$$

となる．ここでまず N_v の分散を $\sigma^2_{N_v}$ とすれば二項分布に関する定理(1.11)(1.12)により

$$\bar{N}_v = N_v{}^*(H/H^*) \tag{4.2.4}$$

$$\sigma^2_{N_v} = \bar{N}_v[1-(H/H^*)] \tag{4.2.5}$$

が成立する．したがって変異係数の平方は

$$\left(\frac{\sigma_{N_v}}{\bar{N}_v}\right)^2 = \frac{1}{\bar{N}_v}[1-(H/H^*)] \tag{4.2.6}$$

となる．そして実際には H/H^* はきわめて小さく，$N_v{}^*$ は非常に大きい，つまり $H/H^* \to 0$，$N_v{}^* \to \infty$ とみてよいから，N_v は Poisson 分布に従うであろう．したがって

$$\left(\frac{\sigma_{N_v}}{\bar{N}_v}\right)^2 = \frac{1}{\bar{N}_v} \tag{4.2.7}$$

という簡潔な結果を得る．なお N_v の期待値 $\bar{N}_v$ を実際に求めるのは手間もかかり容易でないから，通常 $\bar{N}_v$ はある部分領域についての実測値 N_v で代用さ

れることになる．それにしても N_v を直接計測することは一般に簡単ではないから，実際には試験平面上の立体の切口の数から N_v を推定する方が便利である．しかしこのためには立体の形に何らかの幾何学的制約をつける必要があるので理論としてはやや一般性が少なくなる．

次に V の領域間誤差は(4.2.1)からみて $N_v, \bar{v}$ の二つの互いに独立した変量の変動の結果を示すことになる．そこで $V, v, \bar{v}$ の分散をそれぞれ $\sigma_V^2, \sigma_v^2, \sigma_{\bar{v}}^2$ とすれば，$\rho=0$ として(4.A.36)を用いて

$$\begin{aligned}\sigma_V^2 &= \left(\frac{\partial V}{\partial N_v}\right)^2 \sigma_{N_v}^2 + \left(\frac{\partial V}{\partial \bar{v}}\right)^2 \sigma_{\bar{v}}^2 \\ &= \bar{v}^2 \cdot \sigma_{N_v}^2 + N_v{}^2 \cdot \sigma_{\bar{v}}^2 \qquad (4.2.8)\end{aligned}$$

を得る．ここで(4.2.2)によって左辺を $\bar{V}^2$ で，また $\bar{v}^*$ を $\bar{v}$ で代用し右辺を $\bar{N}_v{}^2\bar{v}^2$ で除し，また(4.2.8)の N_v を $\bar{N}_v$ に等しいものとみれば

$$\left(\frac{\sigma_V}{\bar{V}}\right)^2 = \left(\frac{\sigma_{N_v}}{\bar{N}_v}\right)^2 + \left(\frac{\sigma_{\bar{v}}}{\bar{v}}\right)^2 \qquad (4.2.9)$$

となる．この式は $\rho=0$ として(4.A.32)から直接誘導してももちろん差しつかえはない．この右辺第1項は(4.2.7)で与えられる．また右辺第2項は N_v 個の対象について求めた $\bar{v}$ の変動を意味するものであるから，(4.A.28)により

$$\left(\frac{\sigma_{\bar{v}}}{\bar{v}}\right)^2 = \frac{1}{\bar{N}_v}\left(\frac{\sigma_v}{\bar{v}}\right)^2 \qquad (4.2.10)$$

である．ゆえに(4.2.9)は

$$\left(\frac{\sigma_V}{\bar{V}}\right)^2 = \frac{1}{\bar{N}_v}\left(1+\frac{\sigma_v^2}{\bar{v}^2}\right) \qquad (4.2.11)$$

となる．

これらの結果(4.2.7)と(4.2.11)は一般性をもった重要なものである．たとえば立体の体積のかわりに平面図形の面積の領域間誤差を求めるには，部分領域に入る図形の数を N_a，個個の図形面積を a，部分領域全体についての図形面積を A とし，(4.2.7)や(4.2.11)と全く同様にして

$$\left(\frac{\sigma_{N_a}}{\bar{N}_a}\right)^2 = \frac{1}{\bar{N}_a} \qquad (4.2.12)$$

$$\left(\frac{\sigma_A}{\bar{A}}\right)^2 = \frac{1}{\bar{N}_a}\left(1+\frac{\sigma_a^2}{\bar{a}^2}\right) \qquad (4.2.13)$$

を得る．それゆえ計測すべき量を一般に W とし，個個の対象についてのその量を w として，一般的な形で

$$\left(\frac{\boldsymbol{\sigma}_{N_w}}{\bar{\boldsymbol{N}}_w}\right)^2=\frac{\mathbf{1}}{\bar{\boldsymbol{N}}_w} \tag{4.2.14}$$

$$\left(\frac{\boldsymbol{\sigma}_W}{\overline{\boldsymbol{W}}}\right)^2=\frac{\mathbf{1}}{\bar{\boldsymbol{N}}_w}\left(\mathbf{1}+\frac{\boldsymbol{\sigma}_w^2}{\bar{\boldsymbol{w}}^2}\right) \tag{4.2.15}$$

とし，これらの式に目的に応じて測定すべき量を表わす記号を入れればよい．

なお H を単位の量にとれば W や N_w などには添字 $_o$ をつけてこれを表わすことになる．たとえば(4.2.15)は

$$\left(\frac{\sigma_{W_o}}{\overline{W}_o}\right)^2=\frac{1}{\bar{N}_{w_o}}\left(1+\frac{\sigma_w^2}{\bar{w}^2}\right) \tag{4.2.16}$$

となる．これは直観的にも明らかなことであるが，解析的に処理すれば次のようになる．部分領域は一般にはいろいろな次元でありうる．たとえば空間中にとる部分領域は1稜が l の立方体として $H_V=l^3$，平面上にとる部分領域は1辺が l の正方形として $H_A=l^2$ という形で表わすことができる．それゆえ一般的に部分領域の大きさを $H=l^n$ とすれば

$$\overline{W}_o=\overline{W}/l^n \tag{4.2.17}$$

$$\sigma_{W_o}^2=\sigma_W^2/l^n \tag{4.2.18}$$

が成立する．これは l^n の部分領域は単位の部分領域の l^n 個の和とみることができるからである．これについては(4.A.24)に説明してある．したがって

$$\begin{aligned}\left(\frac{\sigma_{W_o}}{\overline{W}_o}\right)^2&=\frac{l^n}{\bar{N}_w}\left(1+\frac{\sigma_w^2}{\bar{w}^2}\right)\\&=\frac{1}{\bar{N}_{w_o}}\left(1+\frac{\sigma_w^2}{\bar{w}^2}\right)\end{aligned} \tag{4.2.19}$$

となる．

次に誤差を変異係数の平方で表現することの意味，特にこの形の実際上の利用の仕方を説明しておく．元来 $\overline{W}$ という期待値は観念上は一義的に決まるものではあるが，その値は無限回の試行によってのみ得られるはずのものである．それゆえ実際にはある適当な大きさの部分領域について計測した W で代用される．この W はもちろん部分領域ごとに変動する量であるから，W をもって $\overline{W}$ にあてれば推定された $\overline{W}$ にはある誤差が伴う．いいかえれば $\overline{W}$ の推定値

にはある幅をもった信頼限界を設定する必要を生じる．以下この信頼限界の求め方を考えてみよう．

さて W は一般に連続量であるが，ここでは具体例について扱った方が了解しやすいから，大きさを異にする分離した平面図形の面積を例にとることにする．そうするとある部分領域についての図形面積 A はいくつかの大きさを異にした個個の図形面積 a の和になる．一方全領域における a の分布が母集団の分布であるが，この母分布はどのようなものであってもよく，もちろん必ずしも正規分布に従う必要はない．しかし部分領域を充分大きくとれば A はかなり多数のほぼ同じ個数 N_a の図形面積の和になるから，中心極限定理により N_a が充分大きければ A の分布は正規分布で近似できることになる．中心極限定理についてはここでは説明を省略するが，これはたとえば Cramér(1946)の213頁以下を参照していただきたい．そして W の内容はもちろん必ずしも平面図形面積に限ったことはなく，対象についての任意の連続量であって差しつかえない．以上の考察から σ_W は正規分布の標準偏差を与えることになる．それゆえ正規分布表を利用して $\bar{W}$ の推定値の信頼限界を求めることができる．たとえば95% 水準の信頼限界を求めるとすれば，この水準はほぼ $1.96\sigma_W$ に相当するから

$$\begin{aligned}\bar{W} &= W\pm1.96\sigma_W \\ &= W[1\pm1.96(\sigma_W/W)]\end{aligned} \tag{4. 2. 20}$$

となる．

なお W の内容は単に対象の個数 N_w であってもよい．この時の $\bar{N}_w$ の信頼限界は次のようにして求めればよいであろう．まず全領域についての対象の個数を $N_w{}^*$ とすれば，充分に大きい一つの部分領域中に入る N_w の期待値 $\bar{N}_w$ は

$$\bar{N}_w = N_w{}^*(H/H^*) \tag{4. 2. 21}$$

で与えられる．そして

$$\chi^2 = \frac{(N_w-\bar{N}_w)^2}{\bar{N}_w} + \frac{(N_w-\bar{N}_w)^2}{N_w{}^*-\bar{N}_w} \tag{4. 2. 22}$$

は自由度1の χ^2 分布に従うことになる．ところで $H^*\gg H$ であるから $N_w{}^*\gg\bar{N}_w$ であり，したがって(4. 2. 22)の右辺第2項は無視できる．そして右辺第1

項の分母を N_w で置き換えれば結局 $(N_w-\bar{N}_w)^2/N_w$ が自由度1の χ^2 分布に従うものと見てよいであろう．ところで一般に自由度 k の χ^2 分布，t 分布をそれぞれ $\chi^2(k), t(k)$ と書くことにすれば

$$\chi^2(1)=[t(\infty)]^2 \qquad (4.2.23)$$

という関係がある．この証明はここでは省略するが，たとえば石川(1964)の174頁以下を参照していただきたい．そして(4.2.23)により $(N_w-\bar{N}_w)/\sqrt{N_w}$ は自由度無限大の t 分布，いいかえれば正規分布に従うことがわかる．それゆえ N_w をもって $\bar{N}_w$ とした時の95%の信頼限界は(4.2.14)を考慮して

$$\begin{aligned}\bar{N}_w &= N_w \pm 1.96\sqrt{N_w}\\ &= N_w[1\pm 1.96(\sigma_{N_w}/N_w)]\end{aligned} \qquad (4.2.24)$$

となる．これは(4.2.20)と全く同形である．それゆえ以下第4章と第5章では推定した諸量の信頼限界は(4.2.20)を用いて求めることにしている．ただしこの式を用いるにあたっては標本数が充分大きく，少なくとも100以上であることが前提になるであろう．

なお第4章や第5章で変異係数の形で求めた領域内誤差からその推定値の信頼限界を求めるにあたっても，(4.2.20)の形の式が多くの場合そのまま用いられる．しかし推定した量の性質によってはその分布を正規分布とすることが無理な場合もある．このような時にはその分布の形に応じて確率計算をする必要があるから，信頼限界を求めることは必ずしも簡単ではなくなる．

最後に実例の一つとして N_w から $\bar{N}_w$ を推定する時，その95%の信頼限界が N_w の ±5% の範囲に入るために要求される N_w の数を(4.2.14)を用いて求めると次のようになる．

$$\left(\frac{1.96\sigma_{N_w}}{\bar{N}_w}\right)^2=\frac{3.8416}{N_w}\leqq(0.05)^2 \qquad (4.2.25)$$

ゆえに

$$N_w \geqq 1537 \qquad (4.2.26)$$

を得る．これを見ても誤差を実用上差しつかえない程度に小さくするためには，ずいぶん多数の標本を必要とすることがわかるであろう．

付）対象の配置が無作為でない場合の領域間誤差

これまでの処理はすべて対象の配置が無作為であることを前提とするものであった．そして領域間誤差の問題に限らず推計学的な理論は無作為な配置の対象について最も誘導しやすいため，一般に知られている推計学的手法はほとんどすべてがこの線の上での展開である感が深い．しかし生物学的な対象では厳密な意味で無作為な配置と考えてよいものは少なくとも正常の生体の構造に関してはむしろ稀である．そして大部分の構造物の配置は何らかの規則性，もっと厳密にいえば無作為な配置からのずれをもっている．このような対象に無作為な配置を前提とする理論を適用すれば，その結果はもちろん多少の差はあっても現実に合致しないことになる．しかしこの問題を誤差の構造論的立場から扱うのは現状では容易でないように思われる．それはこの方面での推計学的理論の開発がいまだ充分でないからである．それゆえ実際にあたっては対象の配置を無作為なものと見るのが無理な時は，何回かの試行を行ってその結果を現象論的な立場で処理しておく以外はない．そしてこれについての推計学的手法はいずれの成書にも記載してある．

しかし構造論的な立場からでもこの問題が全く扱えないというのではなく，ある程度大まかな筋途くらいはたてられるので，以下その説明をしておくつもりである．なおここでは便宜上対象を平面図形に限り，その面積推定を行う際の領域間誤差を考慮することにする．まず平面図形を点で置き換えてみると，その配置が無作為な形からはずれるには二つの異なった方向がある．これについては第2章§8を参照していただきたい．その一つは点の集結であり，他は等間隔的配置である．そして部分領域に入る点または図形の数を同一にして比較すると，前者では誤差は無作為な配置の時より大きくなり，後者では逆に小さくなる．以下この基本的な関係を扱ってみよう．

まず全領域に $N_a{}^*$ 個の平面図形があり，何個かずつがきわめて近接した位置に集結して一つの群をつくり，この群そのものは無作為に配置されているものとする．具体的には血球が凝集反応を示した時のような形を考えればよいであろう．この場合は個個の群をつくる図形の数の平均を $(\bar{N}_a{}^*)_c$ とすれば群の数 $N_g{}^*$ は

$$N_g{}^* = N_a{}^*/(\bar{N}_a{}^*)_c \tag{4. 2. 27}$$

である．そしてそれぞれの群については無作為な配置の式(4. 2. 12)が適用できる．それゆえある部分領域について $(N_a)_c$ の期待値と分散をそれぞれ $(\bar{N}_a)_c, \sigma^2_{(N_a)_c}$ とすれば，(4. A. 32)の ρ を0として

$$\left(\frac{\sigma_{N_a}}{\bar{N}_a}\right)^2 = \left(\frac{\sigma_{N_g}}{\bar{N}_g}\right)^2 + \left(\frac{\sigma_{(\bar{N}_a)_c}}{(\bar{N}_a)_c}\right)^2$$

$$= \frac{1}{\bar{N}_g}\left[1+\left(\frac{\sigma_{(N_a)_c}}{(\bar{N}_a)_c}\right)^2\right] = \frac{(\bar{N}_a)_c}{\bar{N}_a}\left[1+\left(\frac{\sigma_{(N_a)_c}}{(\bar{N}_a)_c}\right)^2\right] \tag{4. 2. 28}$$

を得る．つまり(4. 2. 12)に比較して誤差は少なくとも $(\bar{N}_a)_c$ 倍だけ大きくなる．一方個個の図形の面積 a の算術平均 $\bar{a}$ についての変異係数の平方を求めるには N_a をそのまま

用いればよいから，(4. 2. 13) に相当する式は

$$\left(\frac{\sigma_A}{\bar{A}}\right)^2=\left(\frac{\sigma_{N_a}}{\bar{N}_a}\right)^2+\left(\frac{\sigma_{\bar{a}}}{\bar{a}}\right)^2=\frac{(\bar{N}_a)_c}{\bar{N}_a}\left[1+\left(\frac{\sigma_{(N_a)_c}}{(\bar{N}_a)_c}\right)^2\right]+\frac{1}{\bar{N}_a}\left(\frac{\sigma_a}{\bar{a}}\right)^2 \qquad (4.2.29)$$

となる.

これに対して対象の配置が等間隔的なものに近い時の扱いははるかに面倒である．この場合は図形の配置に何らかの幾何学的モデルをあてはめて理論を誘導する以外はないので，一般的な解析的処理は困難であるように思われるから，ここでは図形の配置が正方格子の交点に位置する形を考えてみよう．一方部分領域の形は必ずしも正方形である必要はないから，ここでは便宜上直径 δ の円形の部分領域をとることにする．そうすると当然のことながら

$$H_A=\frac{\pi}{4}\delta^2 \qquad (4.2.30)$$

である．まず図形を大きさのない点と考えると，図形の数についての領域間誤差の問題はこのモデルについては円の上にその直径より目の細かい正方格子を重ねた時，円の中に落ちる格子交点の数の変動を求める問題に帰着する．これは後に‘目の細かい格子’を用いる平面図形の面積推定の誤差として 341 頁以下にくわしく説明することになるが，ここではその結論を先取りして結果だけを書いておく．用いる式は (4. 5. 76) であり，これは

$$\left(\frac{\sigma_{A_{o/n}}}{\bar{A}_{o/n}}\right)^2_{\text{reg./f}}=\left(\frac{4}{\pi}-1\right)\left(\frac{h}{\bar{\delta}}\right)^3\frac{1}{N_a[Q_2']^2} \qquad (4.2.31)$$

という形になる．この式での格子交点がここでは図形に読みかえられ，図形の円が部分領域にあてられる関係になる．そして h^2 の面積が 1 個の格子交点または図形にあたるから，格子交点の数を N_a で表現すれば (4. 2. 31) の左辺は

$$\left(\frac{\sigma_{A_{o/n}}}{\bar{A}_{o/n}}\right)^2_{\text{reg./f}}=\left(\frac{\sigma_{N_a}}{\bar{N}_a}\right)^2_{\text{reg./f}} \qquad (4.2.32)$$

と書くことができる．一方右辺の N_a はここでは部分領域の数にあたるから，これを 1 とすれば，$Q_2'=1$ となり，また $\bar{\delta}$ は δ となる．ゆえに (4. 2. 31) は

$$\left(\frac{\sigma_{N_a}}{\bar{N}_a}\right)^2_{\text{reg./f}}=\left(\frac{4}{\pi}-1\right)\left(\frac{h}{\delta}\right)^3 \qquad (4.2.33)$$

となる．ところでこのような配置の図形については 1 個の図形の存在が h^2 の面積を代表するから

$$\bar{N}_a=\frac{(\pi/4)\delta^2}{h^2} \qquad (4.2.34)$$

である．これより

$$\left(\frac{h}{\delta}\right)^3=\frac{\pi^{3/2}}{8}\cdot\frac{1}{\bar{N}_a{}^{3/2}} \qquad (4.2.35)$$

を得るから(4. 2. 33)は

$$\left(\frac{\sigma_{N_a}}{\bar{N}_a}\right)^2_{\mathrm{reg./f}}=\frac{\pi^{3/2}}{8}\left(\frac{4}{\pi}-1\right)\cdot\frac{1}{\bar{N}_a{}^{3/2}}$$
$$=0.1902/\bar{N}_a{}^{3/2} \qquad (4.\,2.\,36)$$

となる．この結果は(4. 2. 12)に比較して明らかに小さい．特に(4. 2. 12)は $\bar{N}_a$ に逆比例するにすぎないが，(4. 2. 36)は $\bar{N}_a{}^{3/2}$ に逆比例する．つまり部分領域を大きくとってその中に入る図形の数を増すことが領域間誤差を小さくする上でずっと効果的である．また図形の面積についての領域間誤差は(4. 2. 36)に $(1/\bar{N}_a)(\sigma_a^2/\bar{a}^2)$ を加えて

$$\left(\frac{\sigma_A}{\bar{A}}\right)^2_{\mathrm{reg./f}}=\frac{1}{\bar{N}_a}\left[\frac{0.1902}{\sqrt{\bar{N}_a}}+\frac{\sigma_a^2}{\bar{a}^2}\right] \qquad (4.\,2.\,37)$$

という形になる．

さらにある数の図形が集結して群をつくり，その群が正方格子の交点に位置するように配置されていれば

$$\left(\frac{\sigma_A}{\bar{A}}\right)^2_{\mathrm{reg./f}}=\frac{1}{\bar{N}_a}\left[\frac{0.1902(\bar{N}_a)_c{}^{3/2}}{\sqrt{\bar{N}_a}}+\frac{\sigma}{\bar{a}^2}\right]+\frac{(\bar{N}_a)_c}{\bar{N}_a}\left(\frac{\sigma_{(N_a)_c}}{(\bar{N}_a)_c}\right)^2 \qquad (4.\,2.\,38)$$

である．

以上は図形の配置にある理念的な型を考えての理論である．そしていずれの型に近いかは第2章§8の方法を用いて判定することはできる．しかし現実の対象はそれ程はっきり理念型に一致するわけではないから，その一致の程度に応じられるような一般的な理論式が望ましいわけであるが，これは将来の研究にまたなければならない．それゆえ実際には図形の配置を見てここで説明したいずれかの式を用いることになるが，いずれにせよ現実との間に多少のくいちがいの存することは承知しておく必要があろう．

§3　立体体積の面解析の誤差

立体の体積をある部分領域を切る試験平面上の図形面積から推定し，これを全領域についての推定値とみる時の誤差は

$$\left(\frac{\sigma_{V^*}}{\bar{V}^*}\right)^2=\frac{1}{\bar{N}_a}\left(1+\frac{\sigma_a^2}{\bar{a}^2}\right)+\frac{1}{\bar{N}_v}\left(1+\frac{\sigma_v^2}{\bar{v}^2}\right)$$

で与えられる．この式の適用にあたって立体の形には何の制約も必要としないが，その配置が無作為であることが前提になる．そして右辺第1項は領域内誤差，第2項は領域間誤差である．記号の意味は次の通りである．

$\bar{V}^*, (\sigma_V{}^*)^2$: 全領域についての立体体積の推定値とその分散

$\bar{N}_v, \bar{N}_a$: それぞれ部分領域中の立体の数とこれを切る試験平面上の平面図形の数の期待値

$\bar{v}, \sigma_v^2$: 個個の立体の体積の算術平均と分散

$\bar{a}, \sigma_a^2$: 個個の平面図形の面積の算術平均と分散

なお部分領域が充分大きければ $\bar{N}_a \ll \bar{N}_v$ となるから，右辺第2項は無視できる．そして体積推定の誤差は結局平面図形の面積の推定誤差の問題に還元される．

立体の体積の面解析による推定誤差は実際問題としては直接扱う必要はなく，結局は平面図形の面積推定の誤差の問題に還元されてしまう．それゆえここでは体積推定の誤差を面積推定の誤差に関係づける途筋をつけるという観点から面解析の誤差を説明するつもりである．

充分に大きい空間中に任意の形の立体が多数無作為に配置されているものとする．いまこの空間中に1稜が l の立方体の部分領域 H_V をとり，これを試験平面で切ると，試験平面上には1辺 l の正方形の部分領域 H_A がつくられることになる．さて空間中の立体の配置が無作為であれば H_A 上の平面図形の配置もまた無作為であるとみてよいであろう．そして H_A 上での図形面積の変動は H_V を切る試験平面の位置によって切口の図形が変化するために発生するものであるから，これが立体体積の面解析による推定の領域内誤差となる．しかしこの誤差は一方からいえば充分に大きい試験平面上に H_A の部分領域をとる時，その中に入る図形面積の領域間誤差に相当する．したがって(4. 2. 13)を適用して

$$\left(\frac{\sigma_A}{\bar{A}}\right)_g^2 = \frac{1}{\bar{N}_a}\left(1+\frac{\sigma_a^2}{\bar{a}^2}\right) \tag{4. 3. 1}$$

を得る．そして(2. 1. 4)と(4. A. 13)により

$$\bar{V} = \bar{A}l \tag{4. 3. 2}$$

$$\sigma_V = \sigma_A^2 l^2 \tag{4. 3. 3}$$

であるから(4. 3. 1)は

$$\left(\frac{\sigma_V}{\bar{V}}\right)_w^2 = \left(\frac{\sigma_A}{\bar{A}}\right)_g^2 = \frac{1}{\bar{N}_a}\left(1+\frac{\sigma_a^2}{\bar{a}^2}\right) \tag{4.3.4}$$

となる．これが面解析の領域内誤差を与えるものである．なお添字 $_w$ は領域内誤差を，添字 $_g$ は領域間誤差を示すためのものである．しかしこの式の右辺では立体と平面図形とは単に立体が無作為な配置であるという条件で結び付いているだけであり，$\bar{v}, \sigma_v^2$ と $\bar{a}, \sigma_a^2$ の関係は全く不明であるから，その意味では現象論的な処理の範囲を出ない．構造論的な扱いをするためには立体の形にある幾何学的な制約が必要であり，これについては§4 平面図形面積の線解析の誤差で説明する．

一方 $\bar{V}$ の領域間誤差は(4.2.11)をそのまま用いて

$$\left(\frac{\sigma_V}{\bar{V}}\right)_g^2 = \frac{1}{\bar{N}_v}\left(1+\frac{\sigma_v^2}{\bar{v}^2}\right) \tag{4.3.5}$$

である．したがってこの部分領域の A の値から全領域についての $\bar{V}$ を推定する時の誤差は(4.A.44)により(4.3.1)と(4.3.5)の和になるから

$$\left(\frac{\boldsymbol{\sigma}_V^*}{\bar{\boldsymbol{V}}^*}\right)^2 = \frac{\mathbf{1}}{\bar{\boldsymbol{N}}_a}\left(\mathbf{1}+\frac{\boldsymbol{\sigma}_a^2}{\bar{\boldsymbol{a}}^2}\right)+\frac{\mathbf{1}}{\bar{\boldsymbol{N}}_v}\left(\mathbf{1}+\frac{\boldsymbol{\sigma}_v^2}{\bar{\boldsymbol{v}}^2}\right) \tag{4.3.6}$$

である．

さて立体の試験平面に直交する方向の平均有効長を $\mathrm{E}(\bar{D})$ とすれば(2.6.2)により

$$\bar{N}_a = [\mathrm{E}(\bar{D})/l]\cdot\bar{N}_v \tag{4.3.7}$$

であるから，l を充分大きくとれば $\bar{N}_a$ は $\bar{N}_v$ に比較して格段に小さくなる．したがって(4.3.6)の右辺第2項は無視できる．つまり充分大きな試験平面を用いれば，その上の平面図形は空間中の立体の体積について偏りのない情報を与えるということである．そこでこの大きな試験平面を全領域として，これからあらためて適当な大きさの部分領域をとり，その中の平面図形面積を線解析または点解析により推定して，この結果から $\bar{A}^*$ と $\bar{V}^*$ を推定することになる．実際にあたっては常にこの操作が採用され，A や a を確率論的方法を用いないで実測し(4.3.6)を直接利用することは，測定に手間もかかるし実施されることはまずないといってよい．

§4 平面図形面積の線解析の誤差

a) 現象論的方法

ある部分領域中に閉曲線で囲まれた任意の形の任意の数の平面図形が無作為に配置されている時，これと M 本の無作為な単位長の試験直線が交わってつくる弦の長さ λ を利用して図形の面積分率を推定する場合の領域内誤差は

$$\left(\frac{\sigma_{A_{O/X}}}{\bar{A}_{O/X}}\right)^2=\frac{1}{M\bar{N}_{\lambda O}}\left(1+\frac{\sigma_\lambda^2}{\bar{\lambda}^2}\right)$$

となる．また図形の密度が高いため図形の配置が無作為とはいえない時には

$$\left(\frac{\sigma_{A_{O/X}}}{\bar{A}_{O/X}}\right)^2=\frac{(1-\bar{X}_{O\alpha})^2}{M\bar{N}_{\lambda O}}\left[\frac{\sigma_{\lambda\alpha}^2}{\bar{\lambda}_\alpha{}^2}+\frac{\sigma_{\lambda\beta}^2}{\bar{\lambda}_\beta{}^2}\right]$$

が成立する．この式で $\bar{X}_{O\alpha}$ は単位長の試験直線の全長中図形の内部にある部分の長さの分率であり，また α, β はそれぞれ図形の内部または外部にある線分に関係する量であることを示す添字である．

なおこの部分領域についての計測結果から全領域についての図形の面積分率を推定する場合の誤差は以上の式の右辺にさらに領域間誤差を加えたものになる．したがって図形の配置が無作為であれば

$$\left(\frac{\sigma_{A_{O/X}}{}^*}{\bar{A}_{O/X}{}^*}\right)^2=\frac{1}{M\bar{N}_{\lambda O}}\left(1+\frac{\sigma_\lambda^2}{\bar{\lambda}^2}\right)+\frac{1}{\bar{N}_{aO}}\left(1+\frac{\sigma_a^2}{\bar{a}^2}\right)$$

である．

平面図形の面積の線解析の誤差もここでは構造論的立場から扱うのが主な目的ではあるが，それに先立って多少現象論的な扱い方を述べておきたいと思う．それはこの場合には誤差を考えるにしても平面図形の形に幾何学的な制約をおく必要がないため，実用上の価値が大きいからである．一般的にいえば個個の弦の長さの和を試験直線の全長で除して得た分率を，何回かの試行によって求めて，その平均値と分散を計算すればよいであろう．しかし本質的にはこれと同じことであるがこれまでに誘導した式のうちに利用できるものがあるので，それをまず述べておきたい．それは(4.2.16)であるが，これを弦の長さに応用

すれば，それは元来試験直線上にある長さの線分が無作為に配置されている場合にこの試験直線上にある部分領域を限った時の領域間誤差を与えるはずである．一方平面上の図形が無作為に配置されていれば，これにある長さ，たとえば単位長の試験直線を重ねてできる弦の長さの分布はやはり無作為なものと見てよいであろう．したがって(4. 2. 16)は w を λ に置き換えればそのままの形で平面図形の面積を線解析する場合の領域内誤差を表わすものと見ることができるわけで，ただ式が直接計測される λ という量を用いるため現象論的な性格のものになってしまうのである．なお λ を利用する時には計測実施にあたって同一部分領域に複数の試験直線を引く方が便利である．いま M 本の無作為な単位長の試験直線を用いるものとすれば，(4. A. 25) (4. A. 26)により弦の長さの和の期待値も分散も共に M 倍になる．したがって変異係数の平方の形を用いる時には(4. 2. 16)の $\bar{N}_{wO}$ を $M\bar{N}_{\lambda O}$ に置き換えればよい．そしてこの式を利用して全領域にわたっての平面図形の面積分率を推定する時の誤差はこれに平面上に部分領域を限るために生ずる領域間誤差が複合したものであるから，(4. 2. 13)を用いれば

$$\left(\frac{\boldsymbol{\sigma}_{A_{O/X}}{}^*}{\bar{A}_{O/X}{}^*}\right)^2 = \frac{\mathbf{1}}{M\bar{N}_{\lambda O}}\left(\mathbf{1}+\frac{\boldsymbol{\sigma}_\lambda^2}{\bar{\boldsymbol{\lambda}}^2}\right)+\frac{\mathbf{1}}{\bar{N}_{aO}}\left(\mathbf{1}+\frac{\boldsymbol{\sigma}_a^2}{\bar{\boldsymbol{a}}^2}\right) \qquad (4.4.1)$$

という形になるであろう．ただしこの場合 $M\bar{N}_{\lambda O}$ は実際にはある部分領域についての $MN_{\lambda O}$ で代用されることになる．なおこの式の左辺の $\bar{A}_{O/X}, \sigma_{A_{O/X}}$ の $/X$ という添字は線解析を方法とすることを示すものである．この結果から同一部分領域に何本かの無作為な単位長の試験直線を用いれば，計測する弦の数が多くなるため，A_O の領域内誤差を小さくする上に有効であることが了解される．

ところでこの式は図形の配置が無作為であることを前提としているが，図形の密度が高く，この条件があまりよくは満足されそうもない時には，むしろ Hilliard and Cahn (1961) の誘導した次の式を用いる方がよいであろう．一般に独立変量 $x_1, x_2, \cdots, x_i, \cdots, x_m$ によってつくられる関数

$$W = F(x_1, x_2, \cdots, x_i, \cdots, x_m) \qquad (4.4.2)$$

がある時，近似的には(4. A. 36)により次の式が成立する．

$$\sigma_W^2 \fallingdotseq \sum_{i=1}^{m}\left(\frac{\partial W}{\partial x_i}\cdot\sigma_{x_i}\right)^2 \tag{4.4.3}$$

さて l の長さの試験直線が図形と交わって線分をつくる時，図形の内部にあるものには α，外部にあるものには β の添字をつけて区別すると

$$X_{O\alpha}=\frac{X_\alpha}{X_\alpha+X_\beta} \tag{4.4.4}$$

であるから

$$\sigma_{X_{O\alpha}}^2 \fallingdotseq \left(\frac{\partial X_{O\alpha}}{\partial X_\alpha}\right)^2\cdot\sigma_{X\alpha}^2+\left(\frac{\partial X_{O\alpha}}{\partial X_\beta}\right)^2\cdot\sigma_{X\beta}^2 \tag{4.4.5}$$

となる．そして試験直線の長さを単位にとれば $X_\alpha+X_\beta=1$ であるから

$$\left\{\begin{aligned}\frac{\partial X_{O\alpha}}{\partial X_\alpha}&=\frac{X_\beta}{(X_\alpha+X_\beta)^2}=X_\beta=\bar{N}_{\lambda O}\bar{\lambda}_\beta\\ \frac{\partial X_{O\alpha}}{\partial X_\beta}&=-\frac{X_\alpha}{(X_\alpha+X_\beta)^2}=-X_\alpha=-\bar{N}_{\lambda O}\bar{\lambda}_\alpha\end{aligned}\right. \tag{4.4.6}$$

であり，また(4. A. 24)により

$$\left\{\begin{aligned}\sigma_{X\alpha}^2&=\bar{N}_{\lambda O}\sigma_{\lambda\alpha}^2\\ \sigma_{X\beta}^2&=\bar{N}_{\lambda O}\sigma_{\lambda\beta}^2\end{aligned}\right. \tag{4.4.7}$$

となるから，これを用いて(4.4.5)を書きなおせば

$$\begin{aligned}\sigma_{X_{O\alpha}}^2&=\frac{\bar{N}_{\lambda O}{}^4\bar{\lambda}_\alpha{}^2\bar{\lambda}_\beta{}^2}{\bar{N}_{\lambda O}}\left[\frac{\sigma_{\lambda\alpha}^2}{\bar{\lambda}_\alpha{}^2}+\frac{\sigma_{\lambda\beta}^2}{\bar{\lambda}_\beta{}^2}\right]\\ &=\frac{X_\alpha{}^2(1-X_\alpha)^2}{\bar{N}_{\lambda O}}\left[\frac{\sigma_{\lambda\alpha}^2}{\bar{\lambda}_\alpha{}^2}+\frac{\sigma_{\lambda\beta}^2}{\bar{\lambda}_\beta{}^2}\right]\end{aligned} \tag{4.4.8}$$

を得る．そして試験直線の長さを単位にとれば $X_\alpha=X_{O\alpha}$ であるから(4.4.8)は

$$\sigma_{X_{O\alpha}}^2=\frac{X_{O\alpha}{}^2(1-X_{O\alpha})^2}{\bar{N}_{\lambda O}}\left[\frac{\sigma_{\lambda\alpha}^2}{\bar{\lambda}_\alpha{}^2}+\frac{\sigma_{\lambda\beta}^2}{\bar{\lambda}_\beta{}^2}\right] \tag{4.4.9}$$

となる．これからただちに $X_{O\alpha}$ の変異係数の平方をつくることができる．しかし実際には同一の部分領域に何本かの試験直線を引くことが多いから，これを考慮して式を誘導しておく．いま同一の部分領域に M 本の無作為な単位長の試験直線を用いるものとすれば，(4. A. 25) (4. A. 26)により弦の長さの和の期待値も分散も共に M 倍になる．したがって

$$\left(\frac{\sigma_{A_{O/X}}}{\bar{A}_{O/X}}\right)^2=\left(\frac{\sigma_{X_{O\alpha}}}{\bar{X}_{O\alpha}}\right)^2=\frac{(1-\bar{X}_{O\alpha})^2}{M\bar{N}_{\lambda O}}\left[\frac{\sigma_{\lambda\alpha}^2}{\bar{\lambda}_\alpha{}^2}+\frac{\sigma_{\lambda\beta}^2}{\bar{\lambda}_\beta{}^2}\right] \tag{4.4.10}$$

を得る．この式の右辺はすべて直接計測される λ に関係する量をそのまま用いているから，その意味で現象論的な処理に止まるのである．またこの式は領域内誤差を与えるものであるが，この場合は図形の無作為な配置が前提とはなっていないから，厳密な意味では領域間誤差の式として(4.2.16)を用いることはできない．しかし近似的には(4.4.10)の右辺に(4.2.16)の W_O, w などを A_O, a などの平面図形面積を表わす記号で置き換えた式を加えて，全領域の図形の面積分率の推定誤差としてもよいであろう．

b) 構造論的方法

i) 無作為な試験直線

平面図形が大きさを異にする円の群である時，M 本の無作為な単位長の試験直線を用いる線解析によって図形の面積分率を推定する場合の領域内誤差は

$$\left(\frac{\sigma_{A_{O/X}}}{\bar{A}_{O/X}}\right)^2=\frac{32}{3\pi^2}\cdot\frac{Q_3'}{[Q_2']^2}\cdot\frac{1}{M\bar{N}_{\lambda O}}-\frac{Q_4'}{[Q_2']^2}\cdot\frac{1}{M\bar{N}_{aO}}$$

である．図形の配置が無作為であれば部分領域の計測結果から全領域の図形の面積分率を推定する際の誤差はこれに領域間誤差を加えて

$$\left(\frac{\sigma_{A_{O/X}^*}}{\bar{A}_{O/X^*}}\right)^2=\frac{32}{3\pi^2}\cdot\frac{Q_3'}{[Q_2']^2}\cdot\frac{1}{M\bar{N}_{\lambda O}}+\left(1-\frac{1}{M}\right)\cdot\frac{Q_4'}{[Q_2']^2}\cdot\frac{1}{\bar{N}_{aO}}$$

となる．これらの式において Q_2', Q_3', Q_4' は n を正の整数とし，円の直径を δ として

$$Q_n'=(\overline{\delta^n})/\bar{\delta}^n$$

で定義される係数である．そして平面上の円が空間中の球の切口を表わす時は，球の半径の分布についての Q_n を定めれば

$$Q_n'=2^{2n-1}\sqrt{\pi}\left[n\Gamma\left(\frac{n}{2}\right)\Big/(n+1)\Gamma\left(\frac{n+1}{2}\right)\right]Q_{n+1}\Big/(\pi Q_2)^n$$

である．

平面図形の面積の線解析は図形の形がどのようなものであっても実施できるが，その領域内誤差を構造論的な立場から求める時には図形の形に何らかの幾

何学的規定をおく必要がある．それゆえまず図形の形を円として理論を誘導し，後にこれを楕円にまで拡張することを考えよう．平面上に直径 δ を異にした円が多数無作為に配置されているものとし，この平面上に1辺が単位長の正方形の部分領域をとる．いうまでもなくこれは諸量を部分領域を単位として表現すればよいので，別に部分領域の大きさそのものを制約する意味をもつものではない．なお無作為な試験直線を用いる場合には，領域内誤差に関する限り図形の配置は必ずしも無作為である必要はない．この部分領域に1本の単位長の試験直線を無作為に引いてみると，試験直線は円と交わっていろいろな長さの弦をつくるであろう．この際試験直線の位置によって弦の長さの和が変動することが確率論的方法の特色であり，これが線解析の領域内誤差の原因になる．この弦の長さ λ に関する必要な式は第3章の(3.3.13)(3.3.14)と同様の方法で誘導され

$$\boldsymbol{I_n(\lambda)=\sum\lambda^n=\frac{\sqrt{\pi}}{2}\left[n\Gamma\left(\frac{n}{2}\right)\Big/(n+1)\Gamma\left(\frac{n+1}{2}\right)\right]Q'_{n+1}\bar{\delta}^{n+1}\bar{N}_{aO}} \tag{4.4.11}$$

$$\boldsymbol{\bar{\delta}\bar{N}_{aO}=\bar{N}_{\lambda O}} \tag{4.4.12}$$

を得る．なおこの $I_n(\lambda)$ は $\bar{r}$ のかわりに $\bar{\delta}$ を用いて表現しているため(3.3.26)とは形が異なるが内容は同じことである．また

$$(\overline{\lambda^n})=I_n(\lambda)/\bar{N}_{\lambda O} \tag{4.4.13}$$

であるから

$$(\overline{\lambda^n})=\frac{\sqrt{\pi}}{2}\left[n\Gamma\left(\frac{n}{2}\right)\Big/(n+1)\Gamma\left(\frac{n+1}{2}\right)\right]Q'_{n+1}\bar{\delta}^n \tag{4.4.14}$$

となる．この Q_n' は次のような意味をもっている．第3章では Q_n は空間中の球の半径の分布から定義されたものであるから，試験平面上の δ の分布から

$$Q_n'=(\overline{\delta^n})/\bar{\delta}^n \tag{4.4.15}$$

によって Q_n' を定めれば，これは当然 Q_n とは異なるはずである．そして円が球の切口であるという関係を残せば理論分布は δ にではなく球の直径 D の分布にあてなければならない．この場合 Q_n' は(3.3.15)を用いて

$$\boldsymbol{Q_n'=\frac{[I_n(\delta)/I_0(\delta)]}{[I_1(\delta)/I_0(\delta)]^n}=2^{2n-1}\sqrt{\pi}\left[n\Gamma\left(\frac{n}{2}\right)\Big/(n+1)\Gamma\left(\frac{n+1}{2}\right)\right]Q_{n+1}\Big/(\pi Q_2)^n} \tag{4.4.16}$$

となる．これによって試験平面上の円の直径の分布を空間中の球の直径の分布から規定することができる．もちろん平面図形そのものが最終的な対象であれば，円の直径の分布について何らかの理論分布を適用することになるから，この場合は Q_n' は Q_n と内容的には同じになる．これは図 4.4.1 からも了解できるであろう．

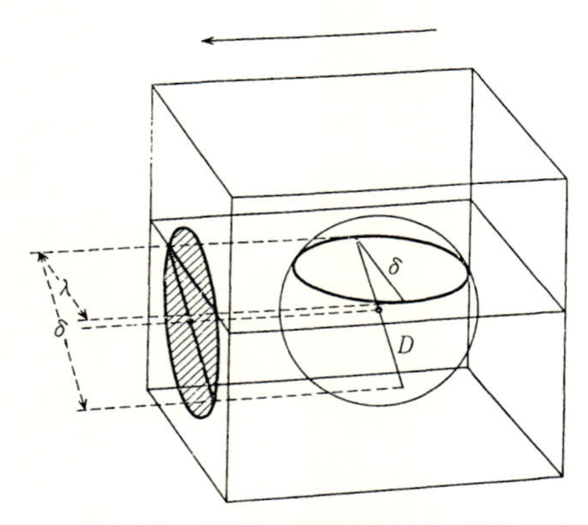

図 4.4.1 空間中の球をこれを切る試験平面に平行な矢印の方向に正射影をつくれば球は円になる．そして球の直径 D は射影されてできた円の直径 δ に，また球が試験平面上につくる断面の直径 δ は射影によりつくられる円と試験平面の射影の試験直線が交わってつくる弦の長さ λ に等しい．したがって D と δ についての関係はそのまま射影された円の δ と λ の関係に適用される．

さて1辺が単位長の正方形の部分領域中の円の群について直径 δ_j のもの1個を考えよう．この円が無作為な1本の単位長の試験直線と交わってつくる弦の長さの試行前期待値を $\bar{\lambda}_j$，分散を $\sigma^2_{\lambda j}$ とすれば，(4.4.11) において $\bar{\delta}$ を δ_j，$\bar{\lambda}$ を $\bar{\lambda}_j$ と書き，$N_{aO}=1$ とし，また Q'_{n+1} は1個の円については不要であるから省略し，分散については (4.A.8) を適用すると

$$\bar{\lambda}_j = \frac{\pi}{4}\delta_j{}^2 \qquad (4.4.17)$$

$$\sigma^2_{\lambda j} = \frac{2}{3}\delta_j{}^3 - \left(\frac{\pi}{4}\right)^2\delta_j{}^4 \qquad (4.4.18)$$

を得る．そして部分領域中のこの大きさの円の数の期待値を $\bar{N}_{aOj}$ とし，すべての大きさの円についての弦の長さの和 X_O の期待値を $\bar{X}_O$，分散を $\sigma^2_{X_O}$ とすれば，分散には(4. A. 24)を適用し

$$\bar{X}_O=\sum_j \bar{N}_{aOj}\cdot\frac{\pi}{4}\delta_j{}^2=\frac{\pi}{4}\bar{N}_{aO}\bar{\delta}^2Q_2' \tag{4.4.19}$$

$$\sigma^2_{X_O}=\sum_j \bar{N}_{aOj}\left[\frac{2}{3}\delta_j{}^3-\left(\frac{\pi}{4}\right)^2\delta_j{}^4\right]$$

$$=\frac{2}{3}\bar{N}_{aO}\bar{\delta}^3Q_3'-\left(\frac{\pi}{4}\right)^2\bar{N}_{aO}\bar{\delta}^4Q_4' \tag{4.4.20}$$

を得る．これからただちに

$$\left(\frac{\sigma_{X_O}}{\bar{X}_O}\right)^2=\frac{32}{3\pi^2}\cdot\frac{Q_3'}{[Q_2']^2}\cdot\frac{1}{\bar{\delta}\bar{N}_{aO}}-\frac{Q_4'}{[Q_2']^2}\cdot\frac{1}{\bar{N}_{aO}}$$

$$=\frac{32}{3\pi^2}\cdot\frac{Q_3'}{[Q_2']^2}\cdot\frac{1}{\bar{N}_{\lambda O}}-\frac{Q_4'}{[Q_2']^2}\cdot\frac{1}{\bar{N}_{aO}} \tag{4.4.21}$$

となる．そして(2. 1. 15)により $\bar{A}_O$ は $\bar{X}_O$ に等しいから，(4. 4. 21)はそのままの形で線解析による平面図形の面積分率推定の領域内誤差を与えることになる．この際 $\bar{A}_O$ と $\sigma^2_{A_O}$ を線解析によるものであることを示すためにそれぞれ $\bar{A}_{O/X}$，$\sigma^2_{A_{O/X}}$ と書けば

$$\left(\frac{\sigma_{A_{O/X}}}{\bar{A}_{O/X}}\right)^2=\frac{32}{3\pi^2}\cdot\frac{Q_3'}{[Q_2']^2}\cdot\frac{1}{\bar{N}_{\lambda O}}-\frac{Q_4'}{[Q_2']^2}\cdot\frac{1}{\bar{N}_{aO}} \tag{4.4.22}$$

を得る．

ここまでの理論では図形の配置は必ずしも無作為である必要はない．しかしこの部分領域についての計測結果から全領域の A_O を推定する際の誤差は，(4. 4. 22)に領域間誤差を加えたものになる．この領域間誤差は(4. 2. 16)で与えられるが，これは図形の配置が無作為であることを前提としている．それゆえ以下図形の配置も無作為であるという条件をつけておく．また図形が円である場合は(4. 2. 16)を以下のように変形できる．

$$\left(\frac{\sigma_{A_O}}{\bar{A}_O}\right)^2_g=\frac{1}{\bar{N}_{aO}}\left(1+\frac{\sigma_a^2}{\bar{a}^2}\right) \tag{4.4.23}$$

において，円の直径 δ の確率分布を $p(\delta)$ とすれば

$$\bar{a}=\int_0^\infty\frac{\pi}{4}\delta^2p(\delta)\mathrm{d}\delta=\frac{\pi}{4}\bar{\delta}^2Q_2' \tag{4.4.24}$$

$$\sigma_a^2=\int_0^\infty\left(\frac{\pi}{4}\right)^2\delta^4 p(\delta)\mathrm{d}\delta-\bar{a}^2$$

$$=\left(\frac{\pi}{4}\right)^2[\bar{\delta}^4 Q_4'-\bar{\delta}^4[Q_2']^2] \tag{4.4.25}$$

である．これらを(4.4.23)に入れれば

$$\left(\frac{\sigma_{A_O}}{\bar{A}_O}\right)_g^2=\frac{Q_4'}{[Q_2']^2}\cdot\frac{1}{\bar{N}_{aO}} \tag{4.4.26}$$

となる．これは(4.4.22)の右辺第2項と同じものである．したがって全領域についての A_O の推定誤差は

$$\left(\frac{\sigma_{A_{O/X}}{}^*}{\bar{A}_{O/X}{}^*}\right)^2=\frac{32}{3\pi^2}\cdot\frac{Q_3'}{[Q_2']^2}\cdot\frac{1}{\bar{N}_{\lambda O}} \tag{4.4.27}$$

という簡単な形になる．

ところでこの式を見ると変異係数の平方の値は $\bar{N}_{\lambda O}$ に逆比例する．しかし $\bar{N}_{\lambda O}$ は単位長の試験直線1本あたりの弦の数であるから，実際問題としてはこの値を充分大きくするためには部分領域を非常に大きくとらなければならず，計測実施に困難を生ずることが多い．このような時には同一部分領域に複数の試験直線を引いて弦の数を増せばよいことはただちに思いつくことである．いま同一部分領域に M 本の無作為な単位長の試験直線を引けば，(4.4.19)も(4.4.20)も共に M 倍になるから，(4.4.22)の領域内誤差の式は

$$\left(\frac{\sigma_{A_{O/X}}}{\bar{A}_{O/X}}\right)^2=\frac{32}{3\pi^2}\cdot\frac{Q_3'}{[Q_2']^2}\cdot\frac{1}{M\bar{N}_{\lambda O}}-\frac{Q_4'}{[Q_2']^2}\cdot\frac{1}{M\bar{N}_{aO}} \tag{4.4.28}$$

となる．つまり領域内誤差は $1/M$ になる．しかし領域間誤差はこの操作によっては影響を受けないから，全領域についての誤差は

$$\left(\frac{\sigma_{A_{O/X}}{}^*}{\bar{A}_{O/X}{}^*}\right)^2=\frac{32}{3\pi^2}\cdot\frac{Q_3'}{[Q_2']^2}\cdot\frac{1}{M\bar{N}_{\lambda O}}+\left(1-\frac{1}{M}\right)\cdot\frac{Q_4'}{[Q_2']^2}\cdot\frac{1}{\bar{N}_{aO}} \tag{4.4.29}$$

となる．そしてこの式で $M\to\infty$ とすれば領域間誤差がそのまま残ることになる．この領域間誤差を小さくするためには部分領域を大きくとって N_{aO} を大きくする以外方法はない．それゆえ計測にあたっては常に領域間誤差を見ながら M をこれに見合う程度に定める必要があり，小さな部分領域にただやたらに多数の試験直線を引いても計測の目的である全領域についての推定値の誤差を小

さくする上ではあまり意味はない．なお同じ M 本の試験直線を用いるにしても，無作為な試験直線よりは等間隔に配置した平行線を用いる方が領域内誤差を小さくする上では効果的であるが，これについては後に説明する．

次に以上の結果を平面図形が楕円である場合にまで拡張してみよう．1辺が l の正方形の部分領域中に長軸が $2r_j$，離心率が e，面積が a_j の1個の楕円がその長軸が試験直線と θ の角をなすように置かれている時，この楕円と無作為な試験直線とが交わってつくる弦の長さ $\lambda_j(\theta)$ の期待値を $\bar{\lambda}_j(\theta)$，分散を $\sigma^2_{\lambda_j}(\theta)$ とすれば

$$\bar{\lambda}_j(\theta) = \pi\sqrt{1-e^2}\cdot r_j{}^2/l = a_j/l \tag{4.4.30}$$

$$\sigma^2_{\lambda_j}(\theta) = \left(\frac{32}{3\pi^2}\cdot\frac{l}{2r_j}\cdot\frac{1}{\sqrt{1-e^2\cos^2\theta}}-1\right)\cdot\pi^2(1-e^2)r_j{}^4/l^2$$
$$= \left(\frac{32}{3\pi^2}\cdot\frac{l}{2r_j}\cdot\frac{1}{\sqrt{1-e^2\cos^2\theta}}-1\right)\cdot a_j{}^2/l^2 \tag{4.4.31}$$

である．これらの式の誘導は304頁以下の注に説明してある．そして(4.4.31)の $2r_j\sqrt{1-e^2\cos^2\theta}$ は(2.4.176)によりこの楕円の試験直線と直交する方向の有効長を与えるもので，それ以外は $\bar{\lambda}_j(\theta)$ も $\sigma^2_{\lambda_j}(\theta)$ も円の場合と全く同一の形式であることがわかる．

次に長軸が $2r_j$ の楕円の数が N_{aj} 個あり，その長軸が等方性に配置されているものとすると，θ が θ と $\theta+\mathrm{d}\theta$ の間にあるものの数 $\mathrm{d}N_{aj}(\theta)$ は

$$\mathrm{d}N_{aj}(\theta) = \frac{1}{2\pi}N_{aj}\,\mathrm{d}\theta \tag{4.4.32}$$

である．したがってこの範囲の楕円が試験直線と交わってつくる弦の長さの和を $X_j(\theta)$ とし，その期待値を $\bar{X}_j(\theta)$，分散を $\sigma^2_{X_j}(\theta)$ とすれば

$$\bar{X}_j(\theta) = \frac{1}{2\pi}N_{aj}a_j\,\mathrm{d}\theta/l \tag{4.4.33}$$

$$\sigma^2_{X_j}(\theta) = \left(\frac{32}{3\pi^2}\cdot\frac{l}{2r_j}\cdot\frac{1}{\sqrt{1-e^2\cos^2\theta}}-1\right)\cdot\frac{1}{2\pi}N_{aj}a_j{}^2\,\mathrm{d}\theta/l^2 \tag{4.4.34}$$

となる．そして $2r_j$ の長軸をもつすべての楕円のつくる弦の長さの和 X_j の期待値を $\bar{X}_j$，分散を $\sigma^2_{X_j}$ とすれば，これは(4.4.33)と(4.4.34)を θ について0から 2π まで積分すればよいから

$$\bar{X}_j = N_{aj}a_j/l \tag{4.4.35}$$

$$\sigma_{X_j}^2=\left(\frac{32}{3\pi^2}\cdot\frac{l}{2r_j}\cdot\frac{2}{\pi}\int_0^{\pi/2}\frac{\mathrm{d}\theta}{\sqrt{1-e^2\cos^2\theta}}-1\right)N_{aj}a_j{}^2/l^2 \qquad (4.4.36)$$

を得る．そして

$$\varepsilon=\frac{2}{\pi}\int_0^{\pi/2}\frac{\mathrm{d}\theta}{\sqrt{1-e^2\cos^2\theta}} \qquad (4.4.37)$$

とおくと $\sqrt{1-e^2\cos^2\theta}\leqq 1$ であるから

$$\varepsilon\geqq\frac{2}{\pi}\int_0^{\pi/2}\mathrm{d}\theta=1 \qquad (4.4.38)$$

となる．この等号の成立するのは $e=0$，つまり図形が円の時だけである．そして ε の値は e が大きい程，つまり図形の形が円から遠い程大きくなるわけである．

以上の結果を離心率が等しいという条件で，すべての大きさの楕円の群にまで拡張する操作は円の場合と全く同じことで，ただ ε という係数が余計に入るだけのことである．念のために $l=1$ として最終結果だけを書いておくと

$$\left(\frac{\sigma_{A_{O/X}}{}^*}{\bar{A}_{O/X}{}^*}\right)^2=\frac{32}{3\pi^2}\cdot\frac{Q_3'}{[Q_2']^2}\cdot\frac{\varepsilon}{M\bar{N}_{\lambda O}}+\left(1-\frac{1}{M}\right)\cdot\frac{Q_4'}{[Q_2']^2}\cdot\frac{1}{\bar{N}_{aO}} \qquad (4.4.39)$$

となる．この式で Q_2', Q_3', Q_4' は(4.4.15)の δ のかわりに楕円の長軸を用いて定義されるものである．そして ε の値は楕円積分表から求めることができるが，$\varepsilon\geqq 1$ であるから，この誤差は図形が円の場合よりは大きくなる．したがって誤差を同じ水準におさえるためには円の場合よりも多数の弦をとって計測を行う必要がある．

なお実際にあたっては図形が簡単な幾何学的モデルで近似できないことも多く，これまでの理論をいつもそのまま適用できるとは限らないが，どの程度の数の弦の計測を行えばよいかはおよその見当をつけることができるであろう．

注）楕円の面積の線解析

長軸が試験直線と θ の角をなす楕円1個を考え，楕円の中心に原点をおき，x 軸を試験直線と平行に，y 軸をこれと直交するように直交座標系をとる(図4.4.2)．楕円の方程式の標準形を e を離心率として

$$\frac{x^2}{r^2}+\frac{y^2}{r^2(1-e^2)}=1 \qquad (4.4.40)$$

とすると，x 軸と楕円の長軸が θ の角をなす場合の方程式は(4.4.40)の x を $x\cos\theta-$

$y\sin\theta$ に，y を $x\sin\theta+y\cos\theta$ に置き換えればよい．したがって(4.4.40)は

$$x^2(1-e^2\cos^2\theta)+2xy\,e^2\sin\theta\cos\theta+y^2(1-e^2\sin^2\theta)-r^2(1-e^2)=0 \quad (4.4.41)$$

となる．

さて $y=y$ の位置でこの楕円と交わる試験直線がつくる弦の長さ $\lambda(\theta)$ は，この方程式を x について解いた時の2根の差の絶対値に等しい．一般に2次方程式

$$ax^2+2bx+c=0 \quad (4.4.42)$$

の2根の差の絶対値は

$$\left|\frac{2\sqrt{b^2-ac}}{a}\right| \quad (4.4.43)$$

であるから，(4.4.41)から

$$\lambda(\theta)=\frac{2\sqrt{1-e^2}\cdot\sqrt{(1-e^2\cos^2\theta)r^2-y^2}}{1-e^2\cos^2\theta} \quad (4.4.44)$$

$$\lambda(\theta)^2=\frac{4(1-e^2)[(1-e^2\cos^2\theta)r^2-y^2]}{(1-e^2\cos^2\theta)^2} \quad (4.4.45)$$

を得る．そして $\lambda(\theta)$ が $\lambda(\theta)$ と $\lambda(\theta)+\mathrm{d}\lambda(\theta)$ の間にあるような間隔を y 軸上にとり，これを $\mathrm{d}y$ とすれば，この範囲の $\lambda(\theta)$ の出現する確率 $p[\lambda(\theta)]\mathrm{d}\lambda(\theta)$ は正方形の部分領域の1辺の長さを l として

$$p[\lambda(\theta)]\mathrm{d}\lambda(\theta)=2\mathrm{d}y/l \quad (4.4.46)$$

と書くことができる．そして $y=0$ の時は $\lambda(\theta)=2\sqrt{1-e^2}\cdot r/\sqrt{1-e^2\cos^2\theta}$ であり，また $y=\sqrt{1-e^2\cos^2\theta}\cdot r$ の時 $\lambda(\theta)=0$ であるから，$\lambda(\theta)$ の試行前期待値は

$$\bar{\lambda}(\theta)=\int_0^{2\sqrt{1-e^2}\cdot r/\sqrt{1-e^2\cos^2\theta}}p[\lambda(\theta)]\lambda(\theta)\mathrm{d}\lambda(\theta)$$

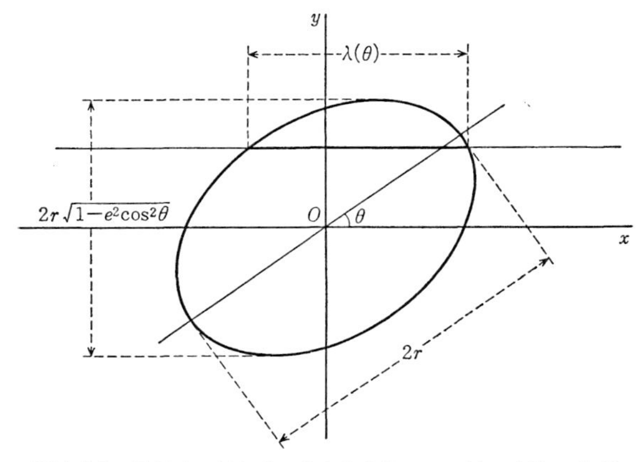

図 4.4.2　長軸が x 軸と θ の角をなす楕円と x 軸に平行な試験直線とを交わらせた状態を示す．説明は本文参照のこと．

$$= \frac{4}{l} \cdot \frac{\sqrt{1-e^2}}{1-e^2\cos^2\theta} \int_0^{\sqrt{1-e^2\cos^2\theta}\cdot r} \sqrt{(1-e^2\cos^2\theta)r^2-y^2} \cdot \mathrm{d}y$$

$$= \pi\sqrt{1-e^2} \cdot r^2/l \tag{4.4.47}$$

を得る．そしてこの楕円の面積 a は

$$a = \pi\sqrt{1-e^2} \cdot r^2 \tag{4.4.48}$$

であるから

$$\bar{\lambda}(\theta) = \pi\sqrt{1-e^2} \cdot r^2/l = a/l \tag{4.4.49}$$

となる．

次に $\lambda(\theta)$ の分散 $\sigma^2_{\lambda(\theta)}$ は

$$\sigma^2_{\lambda(\theta)} = \int_0^{2\sqrt{1-e^2}\cdot r/\sqrt{1-e^2\cos^2\theta}} p[\lambda(\theta)]\lambda(\theta)^2 \mathrm{d}\lambda(\theta) - [\bar{\lambda}(\theta)]^2$$

$$= \frac{2}{l} \cdot \frac{4(1-e^2)}{(1-e^2\cos^2\theta)^2} \int_0^{\sqrt{1-e^2\cos^2\theta}\cdot r} [(1-e^2\cos^2\theta)r^2-y^2]\mathrm{d}y - [\bar{\lambda}(\theta)]^2$$

$$= \left(\frac{32}{3\pi^2} \cdot \frac{l}{2r} \cdot \frac{1}{\sqrt{1-e^2\cos^2\theta}} - 1\right) \cdot a^2/l^2 \tag{4.4.50}$$

である．

ii）規則的な配置の試験直線

平面図形が無作為に配置された大きさを異にする円である時，試験直線が図形と交わる場合にも，同一の図形の上に1本の試験直線しか重なりえないような‘目の粗い等間隔平行線’を用いると，線解析による図形の面積分率の領域内誤差は

$$\left(\frac{\sigma_{A_{O/X}}}{\bar{A}_{O/X}}\right)^2_{\mathrm{reg./c}} = \frac{32}{3\pi^2} \cdot \frac{Q_3'}{[Q_2']^2} \cdot \frac{1}{M\bar{N}_{\lambda O}} - \frac{Q_4'}{[Q_2']^2} \cdot \frac{1}{\bar{N}_{aO}}$$

である．これと(4.4.28)の比較より同数の試験直線を用いる限り等間隔平行線を用いる方が無作為な試験直線より領域内誤差が小さくなることがわかる．またこれより全領域の図形の面積分率を推定する際の誤差は

$$\left(\frac{\sigma_{A_{O/X}^*}}{\bar{A}_{O/X^*}}\right)^2_{\mathrm{reg./c}} = \frac{32}{3\pi^2} \cdot \frac{Q_3'}{[Q_2']^2} \cdot \frac{1}{M\bar{N}_{\lambda O}}$$

である．

またいずれの図形にも何本かの平行線が重なるような‘目の細かい等間隔平行線’を用いる時の領域内誤差は近似的に

$$\left(\frac{\sigma_{A_{O/X}}}{\bar{A}_{O/X}}\right)^2_{\mathrm{reg./f}}=\left(\frac{32}{3\pi^2}-1\right)\left(\frac{h}{\bar{\delta}}\right)^2\frac{1}{Q_2'\bar{N}_{aO}}=\frac{\pi}{4}\left(\frac{32}{3\pi^2}-1\right)\frac{1}{\bar{M}^2\bar{\lambda}\bar{N}_{\lambda O}}$$

となる．したがってこれより全領域の面積分率を推定する時の誤差は

$$\left(\frac{\sigma_{A_{O/X}^*}}{\bar{A}_{O/X^*}}\right)^2_{\mathrm{reg./f}}=\left[\left(\frac{32}{3\pi^2}-1\right)\left(\frac{h}{\bar{\delta}}\right)^2\frac{1}{Q_2'}+\frac{Q_4'}{[Q_2']^2}\right]\frac{1}{\bar{N}_{aO}}$$

である．これらの式で h は平行線の間隔，$\bar{\delta}$ は円の平均直径，$\bar{\lambda}$ は個個の弦の長さの平均値，$\bar{M}$ は部分領域に重なる試験直線の数の期待値である．そしてこの場合の領域内誤差は $\bar{M}^2$ に逆比例するから，試験直線の数を増すことが誤差を小さくする上できわめて効果的である．

試験直線をある規則に従って配置する仕方はもちろんいろいろあるであろうが，ここでは実用上の便宜を考えて，等間隔に配置した平行線を部分領域全体に重ねる方法を採用することにする．以下これを簡単に‘等間隔平行線’という．そして平面図形の面積の線解析を行うにあたって等間隔平行線を用いると，同数の無作為に配置した試験直線を用いるよりは線解析の誤差が小さいことを説明するのがこれからの課題である．等間隔平行線がその特色を最もよく発揮するのはいずれの図形の上にも何本かの平行線が重なる場合である．しかしこの扱いは必ずしも簡単ではない．これに対して理論的にすっきりした処理ができるのは試験直線が図形と交わる場合にも，同一の図形には1本の試験直線しか重なりえない時である．そしてこの理論の誘導にはまず区域別平行線の理論を説明しておく必要がある．

区域別平行線　これはいわば等間隔平行線と無作為な試験直線との中間に位する操作といえる．いま平面上に無作為に配置された任意の形の図形があるものとし，この平面上に1辺 l の正方形の部分領域をとることにする．そして M を正の整数として，$h=l/M$ の等間隔の平行線を正方形の1辺に平行に引き，この正方形を M 個の等しい長方形の区域に分割しよう．そしてこの長方形の区域に1から M までの番号をつけ，それぞれの区域についての量には i の添字をつけて表現することにする．そうするというまでもなく $i=1,2,\cdots\cdots,M$ ということになる．さてこの M 個の長方形上にその長辺に平行にそれぞれ1

本ずつの長さ l の試験直線をそれぞれの区域の中では無作為に引いてみよう．この操作では隣合った2本の試験直線の間隔はもちろん h になるとは限らない．しかしそれぞれの試験直線のとりうる位置の範囲は l ではなくて h に制約されており，この点で部分領域全体にわたって M 本の試験直線を無作為に引くのとは異なった意味をもつのである．このように配置した試験直線群を以下‘区域別平行線’ということにしよう．さて区域別平行線のうち，i 番目の区域に引いたものを考えると，これは図形と交わっていくつかの弦をつくるわけであるが，この弦の長さの和を X_i，X_i の i 番目の区域についての平均値を $\bar{X}_i$ とする．これに対して部分領域全体にわたって無作為に引いた1本の試験直線についての弦の長さの和を X，部分領域全体についての X の平均値を $\bar{X}$ としておく．また M 本の区域別平行線を用い部分領域全体にわたって推定した，試験直線1本あたりの弦の長さの和の期待値を $(\bar{X})_{\mathrm{str.}/M}$，分散を $(\sigma^2{}_X)_{\mathrm{str.}/M}$ とし，これに対して M 本の無作為な試験直線によって得られたこれに相当する量をそれぞれ $(\bar{X})_{\mathrm{rand.}/M}$，$(\sigma^2{}_X)_{\mathrm{rand.}/M}$ と書くことにしよう(図 4.4.3)．

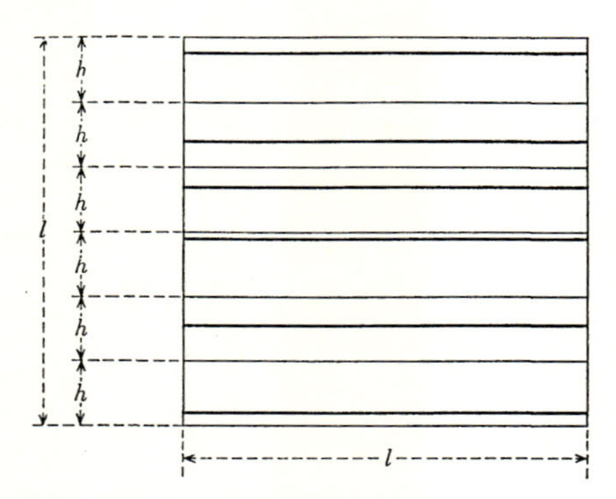

図 4.4.3 区域別平行線の観念を示す．太い線が試験直線であり，各試験直線は h の間隔の範囲内で無作為に引かれるものとする．

さて試験直線のとる位置の座標を z とすれば，X や X_i は z の関数になる．これによって弦の長さの和の期待値を求めてみると

$$(\bar{X})_{\mathrm{str.}/M}=\frac{1}{h}\int_0^h\left(\frac{\sum_{i=1}^{M}X_i}{M}\right)\mathrm{d}z=\frac{1}{l}\int_0^h\left(\sum_{i=1}^{M}X_i\right)\mathrm{d}z=\frac{1}{l}\int_0^l X\,\mathrm{d}z \quad (4.4.51)$$

となる．この最後の項は内容的にみて一般にM本の無作為な試験直線を用いる時のXの期待値$(\bar{X})_{\mathrm{rand.}/M}$を与えるものである．つまり弦の長さの和の期待値はいずれの方法でも変わりはない．これは直観的にも当然のことである．

ところで問題は分散の方であるが，まず$X_1, X_2, \cdots\cdots, X_M$を互いに独立した変量とみることにする．この前提は$h$がある程度以下に小さくなると満足されなくなるが，ここではこの条件がほぼ満足される程度にhをとることとして理論を進めよう．そうすると分散に関する定理(4. A. 24)から

$$(\sigma^2{}_X)_{\mathrm{str.}/M} = \sigma^2\left(\frac{\sum_{i=1}^{M} X_i}{M}\right) = \sum_{i=1}^{M}\sigma^2(X_i/M) \tag{4. 4. 52}$$

が成立する．そして(4. A. 5)により

$$\begin{aligned}\sigma^2(X_i/M) &= \frac{1}{h}\int_0^h (X_i/M)^2\,\mathrm{d}z - (\bar{X}_i/M)^2\\ &= \frac{1}{Ml}\int_0^h X_i{}^2\,\mathrm{d}z - (\bar{X}_i/M)^2\end{aligned}$$

したがって

$$\begin{aligned}\sigma^2\left(\frac{\sum_{i=1}^{M} X_i}{M}\right) &= \frac{1}{Ml}\sum_{i=1}^{M}\int_0^h X_i{}^2\,\mathrm{d}z - \frac{1}{M^2}\sum_{i=1}^{M}\bar{X}_i{}^2\\ &= \frac{1}{Ml}\int_0^l X^2\,\mathrm{d}z - \frac{1}{M^2}\sum_{i=1}^{M}\bar{X}_i{}^2\end{aligned} \tag{4. 4. 53}$$

となる．ところで(4. A. 5)により

$$\frac{1}{M}\sum_{i=1}^{M}\bar{X}_i{}^2 = \bar{X}^2 + \sigma^2{}_{\bar{X}_i} \tag{4. 4. 54}$$

であるから

$$(\sigma^2{}_X)_{\mathrm{str.}/M} = \frac{1}{Ml}\int_0^l X^2\,\mathrm{d}z - \frac{1}{M}(\bar{X}^2 + \sigma^2{}_{\bar{X}_i}) \tag{4. 4. 55}$$

を得る．この式の中で$\sigma^2{}_{\bar{X}_i}$はいうまでもなく

$$\sigma^2{}_{\bar{X}_i} = \frac{1}{M}\sum_{i=1}^{M}(\bar{X}_i - \bar{X})^2 \tag{4. 4. 56}$$

で定義される量である．つまりX_iの平均$\bar{X}_i$はM個の区域それぞれについて異なった値をとるから，$\sigma^2{}_{\bar{X}_i}$はその分散を示しているわけである．一方M本

の無作為な試験直線を用いた場合の X の分散を試験直線1本あたりの値になおしたものは，(4. A. 27)により1本の無作為な試験直線を用いて得た分散の $1/M$ であるから

$$(\sigma^2{}_X)_{\mathrm{rand.}/M}=\frac{1}{Ml}\int_0^l X^2\,\mathrm{d}z-\frac{1}{M}\bar{X}^2 \qquad (4.4.57)$$

である．したがって(4. 4. 55)と(4. 4. 57)から

$$(\boldsymbol{\sigma}^2{}_X)_{\mathrm{str.}/M}=(\boldsymbol{\sigma}^2{}_X)_{\mathrm{rand.}/M}-\frac{\mathbf{1}}{\boldsymbol{M}}\boldsymbol{\sigma}^2{}_{\bar{X}_i} \qquad (4.4.58)$$

という結果を得る．この式で $M=1$ の時には $\boldsymbol{\sigma}^2{}_{\bar{X}_i}$ は当然0になる．したがって二つの方法で求めた分散は等しくなる．それは直観的にいっても $M=1$ というのは部分領域上にただ1本の試験直線を引くことを意味するから，この場合には区域別平行線という観念が成立しないのは当然であろう．また $M\to\infty$ の時もこの二つの方法による分散は共に等しくなる．これ以外の場合には $\bar{X}_i$ が i にかかわらず一定でない限り必ず $\sigma^2{}_{\bar{X}_i}>0$ であるから

$$(\sigma^2{}_X)_{\mathrm{str.}/M}<(\sigma^2{}_X)_{\mathrm{rand.}/M} \qquad (4.4.59)$$

となることが了解できる．つまり区域別平行線を用いた方が線解析の誤差が小さくなる．ただし $\boldsymbol{\sigma}^2{}_{X_i}$ の値がどのようになるかはこの段階ではまだ決まらない．また区域別平行線はそのままの形で実際に応用されることはまずないが，この理論は後に述べる‘目の粗い等間隔平行線’に適用されるので，$\boldsymbol{\sigma}^2{}_{\bar{X}_i}$ の具体的な形はその際説明する．

等間隔平行線　次に等間隔平行線を用いる場合の一般的理論を述べておこう．なお平行線の間隔は必ずしもその整数倍が l になるようにとる必要はないが，ここでは理論を簡単にするために $h=l/M$ という条件をつけておく．さて等間隔平行線のうち任意の1本を部分領域としてとった正方形の1辺に重ねてみると，正方形は等間隔平行線によって M 個の等しい長方形に分割されることになる．そして等間隔平行線をこれと直交する方向に h の距離移動させれば，等間隔平行線と図形との間に成立するあらゆる位置関係はこの移動の間に完全に再現されることになる．この際 M 個の長方形の区域はそれぞれ1本ずつの直線によって受け持たれるわけである．この場合も分割された区域のそれぞれに関する量には i の添字をつけて表示しよう．等間隔平行線を用いる時も1本の

試験直線あたりの弦の長さの和の期待値 $\bar{X}$ は，M 本の試験直線から得られる結果，つまり M 個の X_i の平均値として求められる．そして $\bar{X}$ は無作為な試験直線を用いた時と変わりないことは容易に了解できるであろう．しかし重要な点は規則的に配置した試験直線を用いるため，2本以上の平行線が同一の図形に重なるような場合には，$X_1, X_2, \cdots, X_i, \cdots, X_M$ はもはや互いに独立した変量とはみられないことである．このため $\sum_{i=1}^{M} X_i/M$ の分散を簡単に X_i/M の分散の和に還元することができなくなる．そしてこの場合には(4. A. 23)により

$$\sigma^2\left(\frac{\sum_{i=1}^{M} X_i}{M}\right) = \sum_{i=1}^{M} \sigma^2\left(\frac{X_i}{M}\right) + \sum_{i=1}^{M} \sum_{j=1}^{M} \rho(i, j)\sigma\left(\frac{X_i}{M}\right)\sigma\left(\frac{X_j}{M}\right) \qquad (j \neq i) \tag{4. 4. 60}$$

が成立する．この式の $\rho(i, j)$ は X_i と X_j の間の相関係数である．この分散を $(\sigma^2{}_X)_{\mathrm{reg.}/M}$ と書くと，(4. 4. 60)の右辺の第1項は $(\sigma^2{}_X)_{\mathrm{str.}/M}$ に等しいから，$(\sigma^2{}_X)_{\mathrm{reg.}/M}$ と $(\sigma^2{}_X)_{\mathrm{str.}/M}$ の差は結局(4. 4. 60)の右辺第2項で決まることになる．ところでこの第2項の値を支配する要因は図形の形や配置の外に，同一の図形に2本以上の試験直線が重なるかどうかということである．もし図形の配置が無作為であり，また1個の図形に1本の試験直線しか重なりえない時は，実際問題として右辺第2項の相関係数は0とみてよい．しかし一つの図形に充分多数の試験直線が重なる時には，相関係数は負の値をとる．これは厳密な証明は容易でないように思うが，322頁の注1)におよその説明はしてある．また図形の配置にあるリズムがあり，平行線の間隔がこれに一致するような時には(4. 4. 60)の右辺第2項は正の値をとる．しかしこのような場合にも平行線の間隔を適当に変えればこの右辺第2項を負にすることもできる．これらのことは注2)(326頁以下)に説明してある．それゆえ閉曲線で囲まれた図形の集団に対しては，等間隔平行線の間隔を適当に選ぶことにすれば，$M>1$, $\sigma^2{}_{X_i} \neq 0$ の時には

$$(\sigma^2{}_X)_{\mathrm{reg.}/M} < (\sigma^2{}_X)_{\mathrm{str.}/M} < (\sigma^2{}_X)_{\mathrm{rand.}/M} \tag{4. 4. 61}$$

が成立するものとみてよいであろう．

このようなわけで，線解析にあたって区域別平行線や等間隔平行線を用いれば誤差を小さくする上で有効であることが一般的な形で示されたことになる．しかし(4. 4. 58)や(4. 4. 60)の式は，そのままの形ですぐ実用になるようなもの

ではない．それゆえ以下実際に利用できる形の式を誘導することになる．なお実際に区域別平行線そのものを用いなければならない局面はまずないから，ここでは等間隔平行線のみをとり上げて問題とする．そしてまず等間隔平行線に二つの形を区別する必要がある．その一つは‘目の粗い等間隔平行線’で，これは平行線の間隔がいずれの図形の最大径よりも大きく，したがって試験直線が図形と交わる場合にも，同一の図形の上には1本の試験直線しか重なりえない形である．この場合の理論は比較的簡単である．他の一つは‘目の細かい等間隔平行線’で，これはいずれの図形の上にも何本かの平行線が重なる場合を意味する．この形が等間隔平行線の効果が顕著にでるが，理論はずいぶん複雑なものになる．それゆえむしろ具体的なモデルについて説明した方が了解しやすいであろう．この二つの形をそれぞれ別に扱うことにして，まず目の粗い等間隔平行線の理論から始めよう．

目の粗い等間隔平行線　図形の配置が無作為である時は(4.4.60)の右辺第2項の相関係数 $\rho(i,j)$ は0とみてよい．平行線そのものは規則的な配置でも，図形の方の配置が無作為なら結局平行線と図形の交渉の仕方は無作為になるからである．ただこの場合には試験直線は部分領域全体にわたって無作為に引かれるのではなく，$1/M$ の領域についての情報を与える点が無作為な試験直線を用いる場合と異なるのである．したがってこの場合には(4.4.60)において $\rho(i,j)=0$ とおいて区域別平行線の理論を適用すればよい．

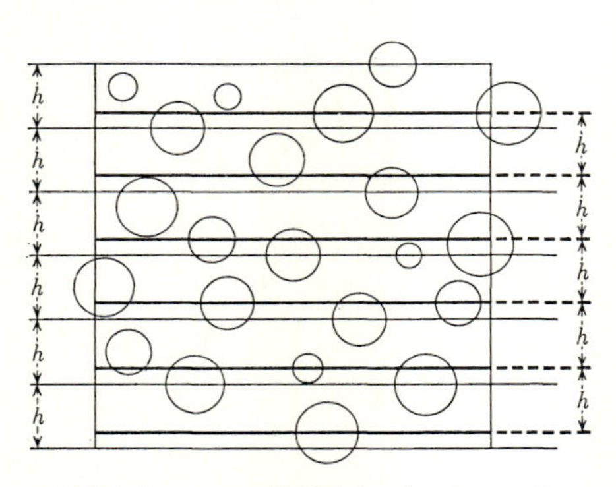

図4.4.4　目の粗い等間隔平行線を示す．平行線の間隔 h はいずれの図形の直径よりも大きくとってある．

まず1辺が単位長の正方形の部分領域の上に h の間隔の等間隔平行線を正方形の1辺に平行に重ねるものとする．なお便宜のため $hM=1$，すなわち正方形の1辺が h の整数倍になるように h を定めることにしよう(図4.4.4)．そうすると図形と等間隔平行線の間に成立するあらゆる位置的関係は，ある1本の試験直線が正方形の1辺に重なる位置から h の距離移動する間に完全に再現されるであろう．そして1本の試験直線はそれぞれ $h\times 1$，または $(1/M)\times 1$ の長方形の区域を受け持つことになる．さて単位面積の部分領域に関する量であることを示すため，X 等を X_O として(4.4.58)の式を書きなおすと，

$$(\sigma^2{}_{X_O})_{\mathrm{str.}/M}=(\sigma^2{}_{X_O})_{\mathrm{rand.}/M}-\frac{\sigma^2{}_{\bar{X}_{Oi}}}{M} \tag{4.4.62}$$

となる．一方任意の i 番目の区域についての $\bar{X}_{Oi}$ とその区域の図形の面積 A_{Oi} の間には

$$\bar{X}_{Oi}=MA_{Oi} \tag{4.4.63}$$

という関係があり，また $\bar{X}_{Oi}$ の平均は $\bar{X}_O$ であるから，A_{Oi} の M 個の区域についての平均値を $\bar{A}_{Oi}$ とし，(4.A.13)を考慮すれば

$$\bar{X}_O=M\bar{A}_{Oi} \tag{4.4.64}$$

$$\sigma^2{}_{\bar{X}_{Oi}}=M^2\sigma^2{}_{A_{Oi}} \tag{4.4.65}$$

が成立する．ここで(4.4.62)の両辺を $\bar{X}_O{}^2$ で除し，$(\sigma_{X_O}/\bar{X}_O)^2=(\sigma_{A_{O/X}}/\bar{A}_{O/X})^2$ であることを利用し，また図形を大きさを異にする円として(4.4.28)を用いれば

$$\left(\frac{\sigma_{A_{O/X}}}{\bar{A}_{O/X}}\right)^2_{\mathrm{reg.}/c}=\frac{32}{3\pi^2}\cdot\frac{Q_3'}{[Q_2']^2}\cdot\frac{1}{M\bar{N}_{\lambda O}}-\frac{Q_4'}{[Q_2']^2}\cdot\frac{1}{M\bar{N}_{aO}}-\frac{1}{M}\left(\frac{\sigma_{A_{Oi}}}{\bar{A}_{Oi}}\right)^2 \tag{4.4.66}$$

となる．なおreg./cの添字は目の粗い等間隔平行線を用いることの表示である．

この右辺第3項の $(\sigma_{A_{Oi}}/\bar{A}_{Oi})^2$ は $(1/M)\times 1$ の区域に入る図形の面積のバラツキを表わすから，領域間誤差の式(4.2.16)が適用できる．ただしこの場合は全領域を規準としてではなく，ある部分領域中での区域ごとの図形面積のバラツキが問題なのであるから，(4.2.16)を適用するにあたってこの部分領域そのものの領域間誤差を差し引く必要がある．いま部分領域の図形の数の期待値を $\bar{N}_{aO}$ とすれば，一つの区域に入る図形の数の期待値は $\bar{N}_{aO}/M$ である．したがって

$$\left(\frac{\sigma_{A_{Oi}}}{\bar{A}_{Oi}}\right)^2=\frac{M}{\bar{N}_{aO}}\left(1+\frac{\sigma_a^2}{\bar{a}^2}\right)-\frac{1}{\bar{N}_{aO}}\left(1+\frac{\sigma_a^2}{\bar{a}^2}\right)$$

$$=\frac{(M-1)}{\bar{N}_{aO}}\left(1+\frac{\sigma_a^2}{\bar{a}^2}\right)=\frac{(M-1)}{\bar{N}_{aO}}\cdot\frac{Q_4'}{[Q_2']^2} \qquad (4.4.67)$$

を得る．これを(4.4.66)に入れれば

$$\left(\frac{\sigma_{A_{O/X}}}{\bar{A}_{O/X}}\right)^2_{\text{reg./c}}=\frac{32}{3\pi^2}\cdot\frac{Q_3'}{[Q_2']^2}\cdot\frac{1}{M\bar{N}_{\lambda O}}-\frac{Q_4'}{[Q_2']^2}\cdot\frac{1}{\bar{N}_{aO}} \qquad (4.4.68)$$

となる．これを(4.4.28)と比較すれば右辺第2項の形が異なり，$M=1$でない限り(4.4.68)の方が(4.4.28)より値が小さくなることは明らかである．そして(4.4.68)の右辺第2項は領域間誤差そのものになっているから，全領域についての誤差はこの右辺第2項が消えて

$$\left(\frac{\boldsymbol{\sigma}_{A_{O/X}^*}}{\bar{\boldsymbol{A}}_{O/X^*}}\right)^2_{\text{reg./c}}=\frac{\mathbf{32}}{\mathbf{3}\boldsymbol{\pi}^2}\cdot\frac{\boldsymbol{Q}_3'}{[\boldsymbol{Q}_2']^2}\cdot\frac{\mathbf{1}}{\boldsymbol{M}\bar{\boldsymbol{N}}_{\lambda O}} \qquad (4.4.69)$$

という簡潔な形になる．この式はMを大きくすればいくらでも値が小さくなる形式になっているが，実際にはMはhが最大の図形の大きさに制限されるからある程度以上は大きくとれない．したがって(4.4.69)が実際に0に近づくのは部分領域が無限に大きい時だけである．

目の細かい等間隔平行線　この場合には同一の図形の上に何本かの間隔を固定された平行線が重なるから，これらの平行線が図形と交わってつくる弦の長さは互いに独立した変量にならない．つまり(4.4.60)の$\rho(i,j)$が0にはならない．しかし(4.4.60)を用いて相関係数を一般的な形で求めることは容易でないから，ここではこれとは異なった方法で問題を処理してみよう．

目の細かい等間隔平行線を用いる時のいちじるしい特色は，λの期待値を求めるにあたって，同一の図形について何本かの等間隔に配置された弦の長さを平均している点にある．いま半径r，直径δの円1個をとり，この上に間隔hの等間隔平行線を重ねてみよう．この場合目の細かい等間隔平行線の条件から$h<\delta$であり，円は必ずいずれかの平行線と交わるから，λの試行前期待値を求めるにあたって円と試験直線が交わる確率はδにかかわらず常に1である．したがって円のつくりうるすべての長さの弦の算術平均をとれば，それがそのままλの試行前期待値を与えることになる．ゆえに

$$(\bar{\lambda})_{\mathrm{reg./f}} = \frac{1}{r}\int_0^r 2\sqrt{r^2-x^2}\,\mathrm{d}x = \frac{1}{r}\left[x\sqrt{r^2-x^2}+r^2\sin^{-1}\frac{x}{r}\right]_0^r$$
$$= \frac{\pi}{2}r = \frac{\pi}{4}\delta \qquad (4.4.70)$$

で，reg./f という添字は目の細かい等間隔平行線を用いることの表示である．

次にこの場合の λ の分散を考えてみよう．一般に1個の円の上に1本の試験直線を無作為に重ねて得た λ をもって $\bar{\lambda}$ とした時，N 回の試行でこの推定値の分散，つまり λ の分散を求めてみると，(4. A. 5)により

$$\sigma_\lambda^2 = \frac{1}{N}\sum_{i=1}^{N}\lambda_i{}^2-(\bar{\lambda})^2 \qquad (4.4.71)$$

となる．この式で λ_i はいうまでもなく個個の試行で得られた1個の弦の長さである．ところで目の細かい等間隔平行線を用いる場合，円の上に ν 本の平行線が重なるものとすれば，$\bar{\lambda}$ は1回の試行ごとに ν 個の弦の平均を用いて推定される．それゆえ N 回の試行についてこの推定値の分散を求めるのには(4.4.71)の λ_i として個個の弦の長さではなく，1回ごとに ν 個の弦の平均を用いることになる．この場合に(4.4.71)の右辺第1項が具体的にどのようなものになるかは後に述べることにするが，さしあたってこれを F とすれば，F は(4.4.71)の形からみて円の半径 r の平方に比例することは明らかであるから

$$F = fr^2 \qquad (4.4.72)$$

と書くことができる．したがって $\bar{\lambda}$ の分散は

$$\sigma^2_{\bar{\lambda}} = fr^2-\bar{\lambda}^2 = fr^2-\left(\frac{\pi r}{2}\right)^2 \qquad (4.4.73)$$

により求めることができる．

まず h と δ の関係を一般的な形で表わすと，ν を正の整数として

$$\delta = \nu h+\zeta \qquad (0\leqq\zeta<h) \qquad (4.4.74)$$

となる．この式の ζ は円の直径が必ずしも h の整数倍となるとは限らないことを考慮して付け加えた項である．ところで等間隔平行線と円との間に成立するあらゆる可能な位置関係は，ある1本の直線が円に接する位置から h の距離移動する間に完全に再現されるであろう(図4.4.5)．この移動の距離を一般に z で表わすことにする．そうすると，$0\leqq z<\zeta$ の間は円と交わる平行線の数は $\nu+$

1本であり，$\zeta \leqq z < h$ の間はこれが ν 本となる．いま等間隔平行線のうち1本の直線が円に接する位置にある時，この直線を l_1 とし，これから順に円に重なる平行線に番号をつけると，l_1 が z だけ円の上を移動した時の i 番目の平行線のつくる弦の長さ λ_i は

$$\lambda_i = 2\sqrt{r^2-[r-(i-1)h-z]^2} \tag{4.4.75}$$

で与えられる．そして $0 \leqq z < \zeta$ の間は i は1から $\nu+1$ まで，$\zeta \leqq z < h$ の間は i は1から ν までをとればよい．

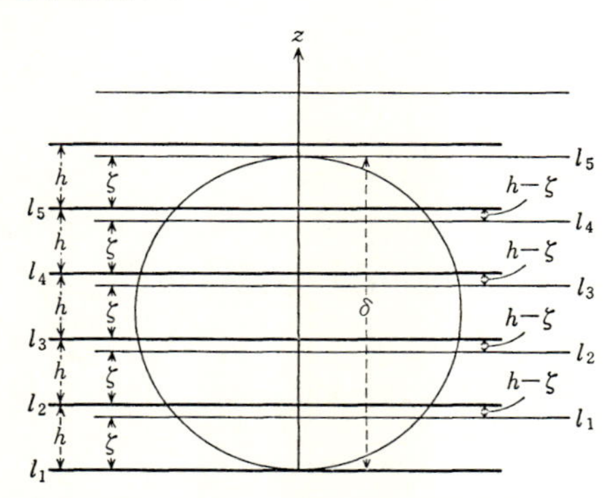

図4.4.5　直径 δ の一つの円に複数の平行線が重なる場合，δ は必ずしも平行線の間隔 h の整数倍となるとは限らない．そして平行線と円の位置的関係によって円に重なる平行線の数は変わってくる．この図では平行線の1本 l_1 が円に接する位置から ζ の距離円の内部に向って移動する間は5本の平行線が，ζ から h までの距離を移動する間は4本の平行線が円に重なることがわかる．なお ζ の意味その他については本文参照のこと．

ところで等間隔平行線を用いて1回の試行によって $\bar{\lambda}$ を求める操作を考えてみると，これは $\nu+1$ 本または ν 本の平行線によってつくられる λ_i の平均をとることになる．そして何回かの試行を行えば，この λ_i の平均も λ_i が $\nu+1$ 個の場合には ζ，ν 個の場合には $h-\zeta$ の範囲で等間隔平行線がとる位置によって値が変わるので，さらにこれら各 z の区間にわたっての平均をとる必要がある．

さて $0 \leqq z < \zeta$，$\zeta \leqq z < h$ の区間での λ_i の平均の平方をそれぞれ $g^2(\nu+1)$，$g^2(\nu)$ とすれば

$$g^2(\nu+1) = \frac{1}{\zeta}\int_0^\zeta \left(\frac{\sum_{i=1}^{\nu+1}\lambda_i}{\nu+1}\right)^2 \mathrm{d}z \tag{4.4.76}$$

$$g^2(\nu) = \frac{1}{h-\zeta}\int_\zeta^h \left(\frac{\sum_{i=1}^{\nu}\lambda_i}{\nu}\right)^2 \mathrm{d}z \tag{4.4.77}$$

である．そして fr^2 は $g^2(\nu+1)$ と $g^2(\nu)$ から合成されることになるが，その際平行線の数と積分の区間の大きさに従って重みをつける必要があるから，$g^2(\nu+1)$ と $g^2(\nu)$ にそれぞれ $(\nu+1)\zeta$, $\nu(h-\zeta)$ を乗じてこれを加え合わせ，その結果を $\bar{\nu}h=\delta$ で除せばよい．この $\bar{\nu}$ は ν の期待値であり

$$\bar{\nu} = \delta/h \tag{4.4.78}$$

で与えられる．以上の結果をまとめると

$$fr^2 = \frac{1}{\delta}\left[(\nu+1)\int_0^\zeta \left(\frac{\sum_{i=1}^{\nu+1}\lambda_i}{\nu+1}\right)^2 \mathrm{d}z + \nu\int_\zeta^h \left(\frac{\sum_{i=1}^{\nu}\lambda_i}{\nu}\right)^2 \mathrm{d}z\right] \tag{4.4.79}$$

を得る．この式はこれ以上簡単にできないからこのままの形で計算機を用いて数値計算を行うより仕方がない．

さて f を求めるには $r=1$ として(4.4.79)を計算すればよい．その結果は図4.4.6に示してある．これを見ると f は明らかな振動をくりかえし，$\bar{\nu}$ が整数の時に谷をつくりながら，$\bar{\nu}$ の増加に伴って値が小さくなり，ある値に向って収束することがわかる．そして $\bar{\nu}=1$，すなわち円に1本の試験直線しか重ならない時は，f は1本の無作為な試験直線を用いた場合と同じことになるから，

$$f(\bar{\nu}=1) = \frac{1}{2}\int_0^2 \lambda^2\,\mathrm{d}\lambda = \int_0^1 4(1-x^2)\,\mathrm{d}x = \frac{8}{3} = 2.6666\cdots\cdots \tag{4.4.80}$$

となる．一方 $\bar{\nu}\to\infty$，つまり h を無限に小さくして行けば，f は $r=1$ の円のつくる λ の期待値 $\bar{\lambda}$ の平方に等しくなる．したがって

$$f(\bar{\nu}\to\infty) = (\pi/2)^2 = 2.4674\cdots\cdots \tag{4.4.81}$$

である．つまり f は $\bar{\nu}=1$ の時 2.6666…… という値をとり，$\bar{\nu}$ の増加に従って振動をくりかえしながら，次第にある値，2.4674…… に近づくわけである．このように振動する関数は解析的な処理が不便であるから，ここでは便宜のため次の近似式を用いることにしよう．

$$f=\frac{\pi^2}{4}+\left(\frac{8}{3}-\frac{\pi^2}{4}\right)\left(\frac{h}{\delta}\right)^2$$

$$=\frac{\pi^2}{4}\left[1+\left(\frac{32}{3\pi^2}-1\right)\left(\frac{h}{\delta}\right)^2\right] \tag{4.4.82}$$

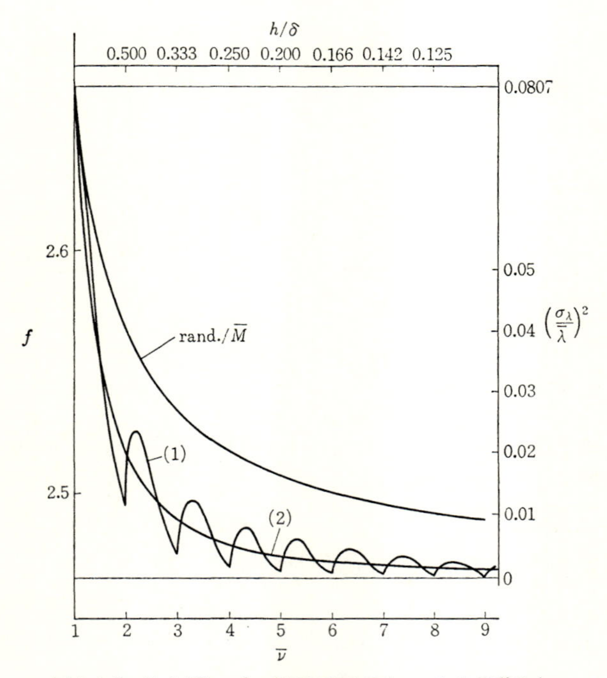

図4.4.6　(4.4.79)のfの計算結果を示す．これは振動をくりかえしながら，円に重なる平行線の数の期待値$\bar{\nu}$の増加に従って値が小さくなる曲線(1)となる．またこの近似式(4.4.82)はこの振動の山と谷の中間を通る滑らかな曲線(2)により表わされる．なお半径1の円については$\bar{\lambda}^2=(\pi/2)^2=2.4674$……であるから，図の2.4674……の横線から上がλの分散を与えることになる．そしてこれを$(\pi/2)^2$で除せば$(\sigma_\lambda/\bar{\lambda})^2$の変異係数の平方が得られる．このスケールは図の右側の縦軸に入れてある．なおrand./$\overline{M}$の曲線は$\overline{M}$本の無作為な試験直線を用いた時の$(\sigma_\lambda/\bar{\lambda})^2$の曲線であり，図では$\overline{M}$を$\bar{\nu}$にあてればよい．この図から同じ本数の試験直線を用いる限り，等間隔平行線の方が無作為な試験直線に比較して$\bar{\lambda}$の推定誤差が格段に小さくなることがわかるであろう．なお上方の横軸にはh/δ，すなわち円の直径に対する平行線の間隔のスケールを示してある．これはいうまでもなく$\bar{\nu}$の逆数になる．

この式の表わす曲線は図 4.4.6 に示してあるが，これは元来の f の振動の山と谷の中間を通る滑らかな曲線になるので，いわば元来の f の平均的な値を与えることになる．

次に (4.4.82) を利用して $\bar{\lambda}$ の分散を求めてみよう．このためには (4.4.73) に (4.4.82) を入れれば

$$(\sigma^2_{\bar{\lambda}})_{\mathrm{reg./f}} = \frac{\pi^2}{4}\left[1+\left(\frac{32}{3\pi^2}-1\right)\left(\frac{h}{\delta}\right)^2\right]r^2-\frac{\pi^2}{4}r^2$$

$$= \frac{\pi^2}{4}\left(\frac{32}{3\pi^2}-1\right)\left(\frac{h}{\delta}\right)^2 r^2$$

$$= \frac{\pi^2}{16}\left(\frac{32}{3\pi^2}-1\right)h^2 \tag{4.4.83}$$

となる．この結果は興味がある．それは分散が円の直径と無関係になることである．その理由は大きな円にはそれだけ多数の平行線が重なるので，直径が大きいために分散が大きくなる分が相殺されるからである．なおこの式は分散の平均的な値を与えるものであるから，個個の円についてはその大きさによって分散が過大に評価されたり，逆に過小に評価されたりすることになる．しかし計測の対象が大きさを異にした多数の円であれば，個個の円についての分散の誤差は大部分相殺されてしまうであろう．それゆえ (4.4.83) を用いても実際上は差しつかえないものと考える．

さて以上の結果を利用して 1 辺が単位長の正方形の部分領域中に N_{ao} 個の大きさを異にした円が存在する場合，その面積分率 A_O の推定誤差を求めてみよう．いま 1 本の試験直線あたりの λ の和 X_O の期待値を $\bar{X}_O$ とすれば，(2.1.15) により $A_O=\bar{X}_O$ であるから，A_O の推定誤差は $\bar{X}_O$ の推定誤差に等しい．ところでこの部分領域全体には $\bar{M}$ 本の平行線が重なり，また直径 δ_j の円 1 個には δ_j/h 本の平行線が交わることになるから，$\bar{\lambda}_j$ を直径 δ_j の円のつくる弦の平均値として

$$\bar{M}\bar{X}_O = \sum_j \bar{\lambda}_j(\delta_j/h) \tag{4.4.84}$$

が成立する．そして $\bar{M}h=1$ であるから，すべての大きさの円の平均直径を $\bar{\delta}$ とし，またすべての大きさの円の数の期待値を $\bar{N}_{ao}$ とすれば

$$(\bar{X}_O)_{\mathrm{reg./f}} = \sum_j \bar{\lambda}_j \delta_j = \frac{\pi}{4} \sum_j {\delta_j}^2$$

$$= \frac{\pi}{4} \bar{\delta}^2 Q_2' \bar{N}_{aO} \qquad (4.4.85)$$

を得る．この結果は当然のことながら A_O そのものを与える形になっている．

一方直径 δ_j の円1個よりの $\bar{X}_O$ に対する寄与を $\bar{X}_{Oj}$ とすれば

$$\bar{X}_{Oj} = \bar{\lambda}_j \delta_j \qquad (4.4.86)$$

であるから，X_{Oj} の分散を $(\sigma^2_{X_{Oj}})_{\mathrm{reg./f}}$ とすれば(4. A. 13)により

$$(\sigma^2_{X_{Oj}})_{\mathrm{reg./f}} = {\delta_j}^2 (\sigma^2_{\bar{\lambda}_j})_{\mathrm{reg./f}} = {\delta_j}^2 (\sigma^2_{\bar{\lambda}})_{\mathrm{reg./f}} \qquad (4.4.87)$$

である．なお，$\sigma^2_{\bar{\lambda}_j}$ は直径 δ_j の円についての $\bar{\lambda}_j$ の分散であるが，この値は(4. 4. 83)により δ_j に無関係であるから，すべての大きさの円に共通な $\sigma^2_{\bar{\lambda}}$ でおきかえてよい．そして X_O の分散は(4. 4. 87)を $\bar{N}_{aO}$ 個の円について和をとったものになるから，(4. A. 24)を用いると同時に(4. 4. 83)を考慮すれば

$$(\sigma^2_{X_O})_{\mathrm{reg./f}} = (\sigma^2_{\bar{\lambda}})_{\mathrm{reg./f}} \sum_j {\delta_j}^2$$

$$= \frac{\pi^2}{16}\left(\frac{32}{3\pi^2} - 1\right) h^2 \bar{\delta}^2 Q_2' \bar{N}_{aO} \qquad (4.4.88)$$

の結果になる．ここで(4. 4. 85)と(4. 4. 88)を用いて変異係数の平方をつくれば

$$\left(\frac{\boldsymbol{\sigma}_{A_{O/X}}}{\bar{\boldsymbol{A}}_{O/X}}\right)^2_{\mathrm{reg./f}} = \left(\frac{\boldsymbol{\sigma}_{X_O}}{\bar{\boldsymbol{X}}_O}\right)^2_{\mathrm{reg./f}}$$

$$= \left(\frac{\mathbf{32}}{\mathbf{3}\boldsymbol{\pi}^2} - \mathbf{1}\right)\left(\frac{\boldsymbol{h}}{\bar{\boldsymbol{\delta}}}\right)^2 \cdot \frac{\mathbf{1}}{\boldsymbol{Q}_2' \bar{\boldsymbol{N}}_{aO}} \qquad (4.4.89)$$

を得る．なお $\bar{\delta}/h = \bar{\nu}$，$\bar{M}h = 1$，$\bar{N}_{\lambda O} = \bar{\delta} N_{aO}$，さらにまた(4. 4. 14)等の関係を利用すれば，この式の右辺はいろいろな形で表現でき

$$\left(\frac{\sigma_{A_{O/X}}}{\bar{A}_{O/X}}\right)^2_{\mathrm{reg./f}} = \left(\frac{32}{3\pi^2} - 1\right) \frac{1}{\bar{\nu}^2 Q_2' \bar{N}_{aO}} \qquad (4.4.90)$$

$$= \left(\frac{32}{3\pi^2} - 1\right) \frac{1}{\bar{\delta} \bar{M}^2 Q_2' \bar{N}_{\lambda O}} \qquad (4.4.91)$$

$$= \frac{\pi}{4}\left(\frac{32}{3\pi^2} - 1\right) \frac{1}{\bar{M}^2 \bar{\lambda} \bar{N}_{\lambda O}} \qquad (4.4.92)$$

となる．(4. 4. 92)の形が実測にあたって最も使いやすい．またこの部分領域から全領域についての A_O を推定する時の誤差は(4. 4. 89)に(4. 4. 26)を加えて

$$\left(\frac{\sigma_{A_{O/X}}{}^*}{\bar{A}_{O/X}{}^*}\right)^2_{\text{reg./f}} = \left(\frac{32}{3\pi^2}-1\right)\left(\frac{h}{\bar{\delta}}\right)^2 \cdot \frac{1}{Q_2'\bar{N}_{aO}} + \frac{Q_4'}{[Q_2']^2}\cdot\frac{1}{\bar{N}_{aO}} \quad (4.4.93)$$

とすればよい．

なお実際に(4.4.89)から(4.4.93)の式を用いるにあたっては次のことに留意する必要がある．それはこれらの式は h がいずれの円の直径よりも小さいことが前提になっていることである．それゆえ δ の分布が連続関数で与えられ，また δ がいくらでも小さくなりうる形である時は $h\to 0$ でないとこれらの式は厳密には適用できないことになる．しかしこのような場合でも小さな円は仮に数は多くても A_O に対しては比較的影響が小さいから，A_O の大勢を支配する程度の大きさの円に複数の平行線が重なるように h を定めて(4.4.89)等を適用することは実際問題としては差しつかえないであろう．また厳密な扱いが必要であれば，h より小さい直径をもつ円の群に対してはこれを別にして目の粗い等間隔平行線の誤差の式を用いればよい．この際の理論はこの章の§6注2)として370頁以下に説明してある．

さて(4.4.92)の式をみると，この式の値は $\bar{M}^2$ に逆比例する．これに対して M 本の無作為な試験直線を用いる場合の式(4.4.28)では誤差は M に逆比例するにすぎない．したがって部分領域に複数の試験直線を用いるにあたっては，同じ数の試験直線を用いる限り，目の細かい等間隔平行線を用いる方が誤差を小さくする上ではるかに有利である．しかし重要なことは領域内誤差の処理にあたっては常に領域間誤差を考慮しておく必要があるということである．試験直線の数を増せば領域内誤差はいくらでも小さくなるが領域間誤差はそのまま残る．したがって部分領域から全領域について A_O の推定を行う時の誤差を小さくするためにはただやたらに M を大きくしても意味はない．そして領域間誤差を小さくするためには部分領域そのものを大きくとって N_{aO} を大きくする以外はない．これは同時に領域内誤差も小さくする効果をもつから，多くの場合部分領域には比較的少数の試験直線を引けばすむことになり，A_O の推定には必ずしも目の細かい等間隔平行線を用いる必要もなくなる．目の細かい等間隔平行線が有効に利用できるのは図形の大小不同がきわめていちじるしい場合であり，これについては363頁以下で説明するつもりである．

最後に簡単なモデルについて M 本の無作為な試験直線を用いる式(4.4.28)

と目の細かい等間隔平行線を用いる式(4. 4. 89)を計算して領域内誤差を比較しておく．まず円の直径が対数正規分布に従うものとし，モデルの条件は次のように設定する．

$$N_{aO}=50,\ \bar{\delta}=0.1,\ m=0.6,\ M=20,\ h=0.05 \qquad (4.4.94)$$

この条件下で A_O は

$$A_O=\frac{\pi}{4}N_{aO}\bar{\delta}^2Q_2'=\frac{\pi}{4}N_{aO}\bar{\delta}^2\mathrm{e}^{m^2}=0.5629 \qquad (4.4.95)$$

となる．まず(4. 4. 28)については

$$\left(\frac{\sigma_{A_{O/X}}}{\bar{A}_{O/X}}\right)^2=\frac{32}{3\pi^2}\cdot\frac{\mathrm{e}^{m^2}}{\bar{\delta}MN_{aO}}-\frac{\mathrm{e}^{4m^2}}{MN_{aO}}=0.01127 \qquad (4.4.96)$$

である．そして(4. 4. 89)は

$$\left(\frac{\sigma_{A_{O/X}}}{\bar{A}_{O/X}}\right)^2_{\mathrm{reg./f}}=\left(\frac{32}{3\pi^2}-1\right)\left(\frac{h}{\bar{\delta}}\right)^2\cdot\frac{\mathrm{e}^{-m^2}}{N_{aO}}=0.0002817 \qquad (4.4.97)$$

となる．この結果をみれば目の細かい等間隔平行線が領域内誤差を格段に小さくすることがわかる．なおこの場合の領域間誤差は(4. 4. 26)により

$$\left(\frac{\sigma_{A_O}}{\bar{A}_O}\right)^2_g=\frac{Q_4'}{[Q_2']^2}\cdot\frac{1}{N_{aO}}=\frac{\mathrm{e}^{4m^2}}{N_{aO}}=0.08441 \qquad (4.4.98)$$

となる．つまりこのモデルでは領域間誤差は領域内誤差に比較して非常に大きい．したがって計測計画としてはこのモデルのような形は適当ではなく，もっと部分領域を大きくとる必要があるということである．

注1）等間隔平行線を用いる時の弦の長さの共分散

1個の図形に複数の平行線が重なるような等間隔平行線を用いた場合の弦の長さの和 X の分散の式(4. 4. 60)の右辺第2項は，(4. A. 16)と対比してみれば X_i, X_j の共分散の総和の形になっていることがわかる．ゆえにこの項は $\mathrm{Cov}(X)$ と書くことができるであろう．さて(4. A. 17)の共分散の定義から図形に M 本の平行線が重なれば

$$\mathrm{Cov}(X)=\sum_{i=1}^{M}\sum_{j=1}^{M}\frac{1}{h}\int_z^{z+h}(X_i-\bar{X}_i)(X_j-\bar{X}_j)\,\mathrm{d}z \qquad (j\neq i) \qquad (4.4.99)$$

が成立する．この式で h は平行線の間隔であり，z は平行線の位置を表わす座標である．いうまでもなく z 座標軸は平行線と直交する方向にとってある．そして $\bar{X}_i, \bar{X}_j$ は平行線が z の位置から $z+h$ の位置まで移動する間の X_i, X_j の算術平均である．

さて最初に直線部分をもたない滑らかな任意の形の閉曲線で囲まれた1個の平面図形に等間隔平行線を重ねた時，平行線が図形と交わってつくる弦の長さ X の共分散がど

のようになるかを検討してみよう．この際図形の形によっては平行線の1本が2個以上の弦をつくることもありうるが，この場合にはそれぞれの1本の平行線ごとの弦の長さの和を X とする．そして結論を先にいうと，等間隔平行線の間隔 h が図形に対して充分小さければ

$$\mathrm{Cov}(X) < 0 \tag{4. 4. 100}$$

が成立する．以下これを証明してみよう．

まず等間隔平行線をその1本が図形に接する位置に置き，これから図形に重なる方向に向って平行線とそのつくる弦に番号をつけることにする．いまこの位置で図形に ν 本の平行線が重なるものとすれば平行線の番号は $l_1, l_2, \cdots, l_i, \cdots, l_\nu$ となる．そして平行線の番号の増加する方向を正とする平行線に直交する z 座標をとると，図形と平行線とのすべての可能な位置関係は，z が0から h まで変化する間に完全に再現される．いま $z=0$ の時に i 番目の平行線が図形と交わってつくる弦の長さを $X_{i(0)}$ とし，この弦が z が0から h まで変化する間にとる長さを X_i で表わすことにする(図4.4.7)．

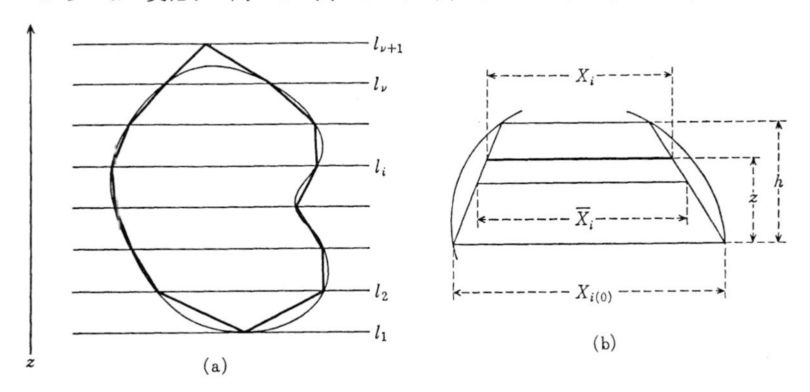

図4.4.7　(a) 任意の形の閉曲線で囲まれた図形に等間隔平行線を重ね，平行線と図形の周が交わってつくる交点を結んでつくった多角形を示す．図形の平行線に直交する方向の有効長は必ずしも平行線の間隔の整数倍にはならないから，この時は図形の外側の最も図形に近い平行線上の1点を用いて多角形を閉じるようにする．(b) 多角形の一部について必要な諸量の関係を示す．X_i は元来は曲線の間に挟まれた弦であるが，平行線の間隔 h が充分小さければ多角形と平行線がつくる弦で代用しても差しつかえない．$\overline{X}_i$ は X_i が $z=0$ から $z=h$ まで変化する間の X_i の平均，$X_{i(0)}$ は $z=0$ の時の X_i である．

次に $z=0$ の位置で平行線と図形との交点を順次に結べば図形に内接する多角形が得られる．ただし図形の z 方向の有効長は h の整数倍になるとは限らない．このような時は図形の外にある $l_{\nu+1}$ の平行線上に図形に最も近い1点をとり，これを利用して多角形を完結させるようにする．なお図形の周に凹の部分があれば，このような部分に内接する多角形についても類似の処理を必要とすることがある．さてこのようにしてつくった多角形は h が図形に対して充分小さければもとの図形の代用となるから，平行線と図形

とのつくる弦の長さの共分散を問題とするにあたっても，平行線と多角形のつくる弦の長さの共分散を考慮すればよい．そしてこの場合には $X_{i(0)}$ における X_i の微係数を $\mathrm{d}X_i/\mathrm{d}z$ として X_i は

$$X_i = X_{i(0)} + \left(\frac{\mathrm{d}X_i}{\mathrm{d}z}\right)z \qquad (0 \leqq z < h) \tag{4.4.101}$$

という形で表現される．またこの区間についての X_i の算術平均を $\bar{X}_i$ とすれば，多角形については

$$\bar{X}_i = X_{i(0)} + \left(\frac{\mathrm{d}X_i}{\mathrm{d}z}\right)\cdot\frac{h}{2} \tag{4.4.102}$$

が成立する．そして共分散の式として (4. A. 19) を用いれば

$$\mathrm{Cov}(X) = \sum_i \sum_j \frac{1}{h}\int_0^h (X_i X_j - \bar{X}_i \bar{X}_j)\,\mathrm{d}z \qquad (j \neq i) \tag{4.4.103}$$

である．ここで (4. 4. 101) と (4. 4. 102) を考慮すれば

$$(X_i X_j - \bar{X}_i \bar{X}_j) = \left(X_{i(0)}\frac{\mathrm{d}X_j}{\mathrm{d}z} + X_{j(0)}\frac{\mathrm{d}X_i}{\mathrm{d}z}\right)\left(z - \frac{h}{2}\right)$$
$$+ \left(\frac{\mathrm{d}X_i}{\mathrm{d}z}\right)\left(\frac{\mathrm{d}X_j}{\mathrm{d}z}\right)\left(z^2 - \frac{h^2}{4}\right) \qquad (j \neq i) \tag{4.4.104}$$

を得る．ところで

$$\int_0^h \left(z - \frac{h}{2}\right)\mathrm{d}z = 0 \tag{4.4.105}$$

であるから (4. 4. 104) の右辺第1項は (4. 4. 103) を求める積分過程で消え，(4. 4. 103) は結局

$$\mathrm{Cov}(X) = \sum_i \sum_j \frac{1}{h}\int_0^h \left(\frac{\mathrm{d}X_i}{\mathrm{d}z}\right)\left(\frac{\mathrm{d}X_j}{\mathrm{d}z}\right)\left(z^2 - \frac{h^2}{4}\right)\mathrm{d}z$$
$$= \sum_i \sum_j \frac{h^2}{12}\left(\frac{\mathrm{d}X_i}{\mathrm{d}z}\right)\left(\frac{\mathrm{d}X_j}{\mathrm{d}z}\right) \qquad (j \neq i) \tag{4.4.106}$$

となる．ここで $j \neq i$ という条件をはずして式を書いてみると

$$\mathrm{Cov}(X) = \frac{h^2}{12}\left[\sum_i \sum_j \left(\frac{\mathrm{d}X_i}{\mathrm{d}z}\right)\left(\frac{\mathrm{d}X_j}{\mathrm{d}z}\right) - \sum_i \left(\frac{\mathrm{d}X_i}{\mathrm{d}z}\right)^2\right] \tag{4.4.107}$$

を得る．ところで

$$\sum_i \sum_j \left(\frac{\mathrm{d}X_i}{\mathrm{d}z}\right)\left(\frac{\mathrm{d}X_j}{\mathrm{d}z}\right) = \sum_i \left(\frac{\mathrm{d}X_i}{\mathrm{d}z}\right)\sum_j \left(\frac{\mathrm{d}X_j}{\mathrm{d}z}\right) \tag{4.4.108}$$

であり，ここで用いた多角形については $\sum_i (\mathrm{d}X_i/\mathrm{d}z) = 0$, $\sum_j (\mathrm{d}X_j/\mathrm{d}z) = 0$ が成立するから，(4. 4. 107) の右辺括弧中の第1項は 0 になる．そして第2項については

$$\sum_i \left(\frac{\mathrm{d}X_i}{\mathrm{d}z}\right)^2 > 0 \tag{4.4.109}$$

であることは明らかであるから Cov$(X)<0$ が証明される.

以上の結果は h が大きくなるに従って元来の図形と多角形との差が大きくなり，それだけ適用は困難になる．それゆえ h が大きく図形に重なる平行線の数が小さい時には弦の長さの共分散の正負の判定には個別的な扱いが必要になる．そしてここでは詳細は省略するが，図形の周がすべての部分で凸であれば，このような場合にも Cov$(X)<0$ が成立するものとみてよい．しかし図形の周が凹の部分をもつ時には弦の長さの共分散の正負は必ずしも簡単に判定できない．たとえば Cov(X) が正になる一例を図 4. 4. 8 に示してある．ただしこの場合は内容の上では図形の配置にリズムがある時と同じことになるから，注 2) を参照していただきたい．そしてこのような図形に対しても，平行線の間隔や方向を適当に変えることによって容易に Cov$(X)<0$ になるようにできる.

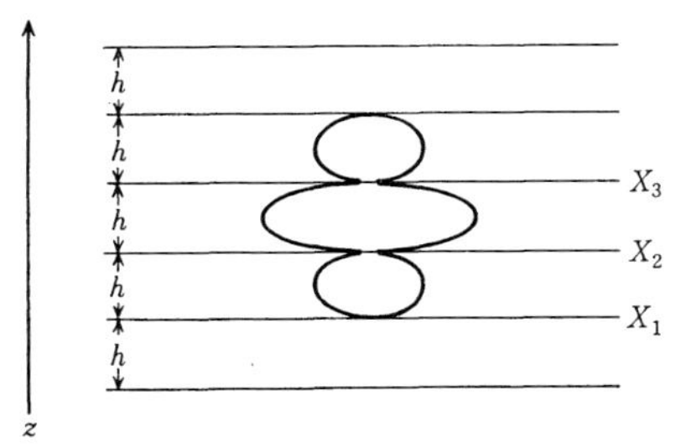

図 4. 4. 8 弦の長さの共分散が正になる一例を示す．平行線の z の正の方向への移動を考えると，X_1, X_2, X_3 はいずれの二つをとっても同時に増減する．したがってこれらの共分散は正になる.

次に正方形の部分領域中に上に述べたような条件を満足する平面図形が多数無作為に配置されている時の X の共分散を考えてみよう．この場合にはそれぞれの平行線が図形と交わってつくる弦の長さの和と等長の 1 個の弦を与えるような 1 個の仮想的な図形をつくることができる．そしてこの図形に図 4. 4. 7 (a) と同様にして図 4. 4. 9 (b) のような内接多角形を描けば，この多角形について (4. 4. 107) がそのまま成立することは明ら

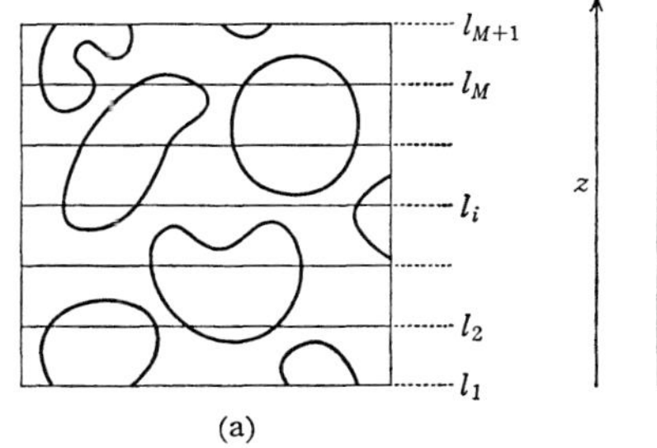

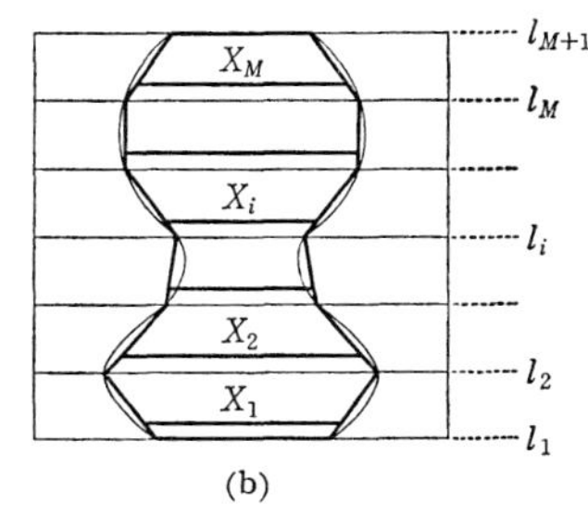

図 4. 4. 9 (a) 多数の図形をもった正方形の部分領域に $l_1, l_2, \cdots, l_i, \cdots, l_M$ の M 本の平行線を重ねた図．便宜上正方形の 1 辺を h の整数倍にとってある．(b) この図形とそれぞれの平行線のつくる弦の長さの和に等しい 1 個の弦を与えるような仮想的な図形と，これに内接する多角形を示す．$X_1, X_2, \cdots, X_i, \cdots, X_M$ はそれぞれの平行線が z の距離移動した時に多角形の与える弦を示す.

かであろう．しかしこの場合には(4. 4. 108)については $\sum_i(\mathrm{d}X_i/\mathrm{d}z)=0$, $\sum_j(\mathrm{d}X_j/\mathrm{d}z)=0$ が成立するとは限らない．そして部分領域に M 本の平行線が重なるものとすれば

$$\sum_i \frac{\mathrm{d}X_i}{\mathrm{d}z} = \sum_j \frac{\mathrm{d}X_j}{\mathrm{d}z} = \frac{X_{M+1}-X_1}{h} = M(X_{M+1}-X_1) \qquad (4.\,4.\,110)$$

となるから，(4. 4. 107)は

$$\mathrm{Cov}(X) = \frac{h^2}{12}\left[M^2(X_{M+1}-X_1)^2 - \sum_i\left(\frac{\mathrm{d}X_i}{\mathrm{d}z}\right)^2\right] \qquad (4.\,4.\,111)$$

となる．したがって $|X_{M+1}-X_1|$ が充分小さければ $\mathrm{Cov}(X)<0$ である．実際についてみると図形の配置が無作為であり，またその数が充分多ければ，部分領域の位置を適当にとれば $|X_{M+1}-X_1|$ を充分小さくすることは可能である．それゆえ実際問題としては多数の図形についても $\mathrm{Cov}(X)<0$ が成立するものとみてよいであろう．

注 2) 図形の配置にリズムが存する場合

この場合も一般的な形の理論の誘導は容易ではないから，簡単なモデルについて図形の配置のリズムと等間隔平行線の間隔との関係で共分散の正負がどのような影響を受けるかを検討しておこう．図 4. 4. 10 は同じ大きさの正方形がその対角線上に連結された形を示している．このような連結は何列あってもよいが，理論的には一つの列だけを考えておけばよいであろう．いま対角線の長さを $2r$ とすれば図 4. 4. 10(a) では平行線の間隔は $2r$ にとってあり，この場合は平行線の間隔と図形のリズムが一致していること

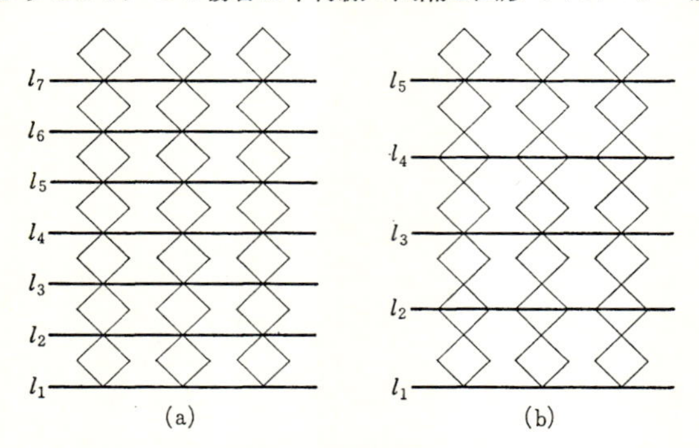

図 4. 4. 10　図形の配置にあるリズムが存する時，このリズムと等間隔平行線の間隔との間に成立しうる関係を簡単なモデルについて示す．(a) 図形配置のリズムと平行線の間隔が一致する場合の例．この時はいずれの二つの平行線のつくる弦をとってもその間に正の相関が成立する．(b) 図形配置のリズムと平行線の間隔が一致しない場合の例．この時には奇数番どうし，偶数番どうしの平行線のつくる弦の間には正の相関が成立するが，奇数番と偶数番の平行線のつくる弦の間には負の相関ができる．

になる．これに対して図4. 4. 10(b)では平行線の間隔を$3r$にとってある．そしてこの場合は平行線の間隔と図形配置のリズムとが一致しないようになっている．さて図4. 4. 10の(a) (b)ともある1本の平行線が正方形の頂点にある位置からrだけ移動する間に図形が平行線から切りとる弦の長さのすべての組み合わせができるから，この範囲で任意の二つの弦の共分散を求めてみよう．

図4. 4. 11から明らかなように(a)の場合は$j \neq i$であるような任意のiとjに対して

$$\begin{cases} X_i = X_j = 2z \\ \bar{X} = r \end{cases} \tag{4. 4. 112}$$

が成立する．このzはいうまでもなく正方形の頂点の位置からの平行線の移動の距離を表わすものである．したがって(4. A. 19)の共分散の公式から

$$\begin{aligned} \mathrm{Cov}(X_i, X_j) &= \frac{1}{r}\int_0^r (4z^2 - r^2)\,\mathrm{d}z \\ &= \frac{1}{3}r^2 \end{aligned} \tag{4. 4. 113}$$

を得る．これは明らかに共分散が正になることを示している．

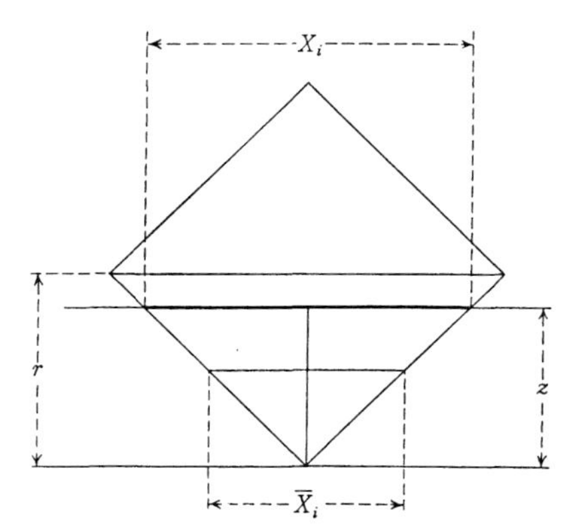

図4.4.11　i番目の平行線が図形と交わってつくる弦の長さを，正方形の頂点を起点としてzの関数として表現するために必要な諸関係を示す．正方形の対角線の長さを$2r$とすれば，この図から$X_i = 2z$, $\overline{X_i} = r$であることが了解できる．

ところで図4. 4. 10(b)の場合には奇数番目と偶数番目の平行線のつくる弦の組み合わせと，奇数番どうし，偶数番どうしの平行線のつくる弦の組み合わせとでは結果が違う．まず$j \neq i$であるiとjを用いて前者の組み合わせを表現すれば，X_{2i-1}, X_{2j}という形になるであろう(図4. 4. 12)．この時は

$$\begin{cases} X_{2i-1} = 2z \\ X_{2j} = 2(r-z) \\ \bar{X} = r \end{cases} \tag{4. 4. 114}$$

であるから

$$\mathrm{Cov}(X_{2i-1}, X_{2j}) = \frac{1}{r}\int_0^r [4z(r-z) - r^2]\,\mathrm{d}r$$

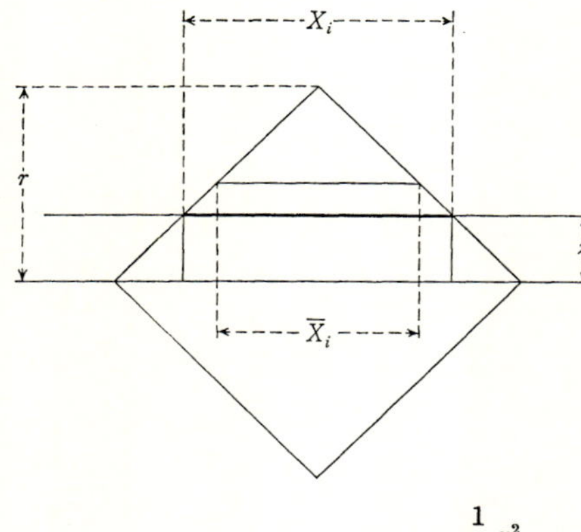

図 4.4.12　i 番目の平行線がつくる弦の長さを正方形の対角線を起点として z の関数として表現するために必要な関係を示す．この場合は対角線の長さを $2r$ として，$X_i=2(r-z)$，$\bar{X}_i=r$ が成立する．

$$= -\frac{1}{3}r^2 \tag{4.4.115}$$

を得る．つまり共分散の絶対値は図 4.4.10(a) の場合に等しいが共分散は負の値をとることになる．一方 X_{2i-1}, X_{2j-1}, または X_{2i}, X_{2j} の組み合わせは図 4.4.10(a) の場合と同じことになるから

$$\mathrm{Cov}\,(X_{2i-1}, X_{2j-1}) = \mathrm{Cov}\,(X_{2i}, X_{2j}) = \frac{1}{3}r^2 \tag{4.4.116}$$

となる．そして (4.4.115) と (4.4.116) は絶対値は同じであるから，あらゆる可能な弦の組み合わせの全体についての共分散は結局共分散が正になる組み合わせと負になる組み合わせのいずれが多いかでその正負が定まることになる．そこで弦の組み合わせを表の形にしてみると，M が奇数なら

$$\begin{array}{lllllll}
(-) & (+) & (-) & (+) & & (-) & (+) \\
X_1X_2, & X_1X_3, & X_1X_4, & X_1X_5, & \cdots\cdots\cdots\cdots, & X_1X_{M-1}, & X_1X_M \\
X_2X_3, & X_2X_4, & X_2X_5, & X_2X_6, & \cdots\cdots\cdots\cdots, & X_2X_M & \\
X_3X_4, & X_3X_5, & X_3X_6, & X_3X_7, & \cdots\cdots, X_3X_M & & \\
\cdots\cdots\cdots\cdots & & & & & & \\
\cdots\cdots\cdots\cdots & & & & & & \\
X_{M-2}X_{M-1}, & X_{M-2}X_M & & & & & \\
X_{M-1}X_M & & & & & &
\end{array}$$

という形になる．こうしてみると共分散が負になる組み合わせが必ず多くなることは明らかである．つまり図 4.4.10(b) のような形に平行線の間隔を定めれば (4.4.60) の右辺第 2 項は負になるであろうことが想像される．また M が偶数であっても結論に変わりのないことはいうまでもない．

§5　平面図形面積の点解析の誤差

平面図形面積の点解析にも無作為な配置の点を用いる方法と，規則的な配置の点を用いる方法とが区別できる．しかし実際問題としては無作為な配置の点を用いなければならないような局面はまず起らないので，もっぱら規則的な配置の点が利用される．その理由は真に無作為な配置の点をつくることは，それ自身予想外に困難であることもあるが，規則的な配置の点を用いる方が面積推定の誤差がはるかに小さくなるからである．しかし理論的な立場からいえば無作為な配置の点についての考察は一応は回避できない性質のものであるし，また規則的な配置の点を用いる利点を明らかにする上でも必要なことである．それゆえまず無作為な配置の点による点解析の理論を述べておく．

点解析によって平面図形の面積や面積分率を推定する時には前もって記号の使い方に多少の説明をしておいた方がよいと思う．それは点解析の時にはある部分領域に落ちる点の数 n で図形の中に落ちる点の数 n_A の期待値 $\bar{n}_A$ を除して得た比，$\bar{n}_A/n$ を用いて面積分率をまず推定するのがいずれの場合にも共通な基本方針である．すなわち

$$\bar{A}_O = \bar{n}_A/n \tag{4.5.1}$$

を利用するわけである．そしてこれから図形面積を求めるには，その部分領域の面積が l^2 であれば(4.5.1)に l^2 を乗じて

$$\bar{A} = \bar{A}_O l^2 = (\bar{n}_A/n)\cdot l^2 \tag{4.5.2}$$

とすればよい．これは本質的には単位のよみかえだけの操作で，また A_O に単にある定数を乗じただけのものであるから，A の分散 σ_A^2 は(4.A.13)から

$$\sigma_A^2 = \sigma_{A_O}^2\cdot l^4 \tag{4.5.3}$$

となる．したがってこの場合は

$$\left(\frac{\sigma_A}{\bar{A}}\right)^2 = \left(\frac{\sigma_{A_O}}{\bar{A}_O}\right)^2 \tag{4.5.4}$$

となり，誤差に変わりはない．

さてこれを線解析の場合と対比してみよう．いま長さ l の試験直線が図形の上に重なってつくる線分の長さの和 X の期待値を $\bar{X}$ とし，l に対する $\bar{X}$ の分

率を $\bar{X}_O$ とすれば

$$\bar{A}_O = \bar{X}_O = \bar{X}/l \tag{4.5.5}$$

である．そして記号の用い方をこれに整合させれば $\bar{X}_O$ のかわりに $\bar{n}_{AO}$ とし

$$\bar{n}_{AO} = \bar{n}_A/n \tag{4.5.6}$$

という形で $\bar{n}_{AO}$ を定義することができる．

ところで1辺 l の正方形の部分領域を考えると，$\bar{X}_O$ は同時に l を単位長にとった場合，つまり単位面積の部分領域の上に引いた1本の試験直線のつくる $\bar{X}$ を意味する．これは(4.5.5)からも明らかである．しかし $\bar{n}_{AO}$ の場合にはこのような関係は存在しない．それは(4.5.6)による $\bar{n}_{AO}$ の定義は n を単位にとっていることになり，これは l とは無関係である．つまりこのように定義した $\bar{n}_{AO}$ は $\bar{n}_A/l^2$ とは異なった内容をもつ．この点で n_{AO} や $\bar{n}_{AO}$ は X_O や $\bar{X}_O$ に比較して使いにくい面をもっている．それゆえこの節ではできるだけ n_{AO} や $\bar{n}_{AO}$ という記号は用いずに，$n_A, \bar{n}_A$ を用いて式を書くことにした．そしてこの節のみならずこの本全体を通じて n_O や n_{AO} の記号は $n_O=n/l^2, n_{AO}=n_A/l^2$ の意味で用いることとし，(4.5.6)のような $\bar{n}_{AO}=\bar{n}_A/n$ の用法は採用しない．

a）無作為な点

閉曲線で囲まれた任意の形と任意の数の平面図形の面積分率を，部分領域上に無作為に落した点の数を利用して推定する時の領域内誤差は

$$\left(\frac{\sigma_{A_{O/n}}}{\bar{A}_{O/n}}\right)^2 = \frac{1}{\bar{n}_A} - \frac{1}{n} = \frac{1-A_O}{nA_O} = \frac{1-A_O}{\bar{n}_A}$$

である．この式で n は部分領域全体に落した点の総数，$\bar{n}_A$ は図形上に落ちる点の数 n_A の期待値である．そして図形の面積分率 A_O が比較的小さく，$n \gg \bar{n}_A$ である時は，上の式は

$$\left(\frac{\sigma_{A_{O/n}}}{\bar{A}_{O/n}}\right)^2 \fallingdotseq \frac{1}{\bar{n}_A}$$

で近似できる．また部分領域の計測結果から全領域についての図形の面積分率を推定する時の誤差は，図形の配置が無作為であれば

$$\left(\frac{\sigma_{A_{O/n}}{}^*}{\bar{A}_{O/n}{}^*}\right)^2 = \frac{1}{\bar{n}_A} - \frac{1}{n} + \frac{1}{\bar{N}_a}\left(1+\frac{\sigma_a^2}{\bar{a}^2}\right)$$

で与えられる．この式の右辺第3項は領域間誤差であり，$\bar{N}_a$ は部分領域中の図形の数の期待値，$\bar{a}, \sigma_a^2$ はそれぞれ個個の図形面積の平均と分散である．

いま1辺 l の正方形の部分領域の中に閉曲線で囲まれた図形が配置されているものとする．点解析の場合には誤差の誘導にあたっても図形の形には別に制約をつける必要はなく，また図形の数も自由である．この図形の面積を A とする．なお面積分率 A_O は A/l^2 であることは明らかである．次にこの部分領域の上に n 個の無作為に配置された点を重ねる操作は，n 個の点を一つずつ無作為に落してみることと同じ意味になる．そうすると一つの点が図形の上に落ちる確率 p は $p=A/l^2=A_O$ である．そして n 回の試行の後に図形の上に落ちる点の数 n_A は二項分布に従うであろうことは容易に理解される．したがって n_A の期待値，つまり n 個の点を用いる操作を終った時の n_A の期待値を $\bar{n}_A$ とし，n_A の分散を $\sigma_{n_A}^2$ とすれば，二項分布の定理により(図4.5.1)

$$\bar{n}_A = np = nA_O \tag{4.5.7}$$

$$\sigma_{n_A}^2 = np(1-p) = \bar{n}_A(1-A_O) = nA_O(1-A_O) \tag{4.5.8}$$

が成立する．そしてこの方法で推定した図形の面積分率と面積の期待値をそれぞれ $\bar{A}_{O/n}, \bar{A}_{/n}$ とし，分散を $\sigma_{A_{O/n}}^2, \sigma_{A/n}^2$ とすれば

$$\bar{A}_{O/n} = \bar{n}_A/n, \quad \sigma_{A_{O/n}}^2 = \sigma_{n_A}^2/n^2 \tag{4.5.9}$$

$$\bar{A}_{/n} = \bar{n}_A\cdot(l^2/n), \quad \sigma_{A/n}^2 = \sigma_{n_A}^2\cdot(l^2/n)^2 \tag{4.5.10}$$

である．したがって変異係数の平方は

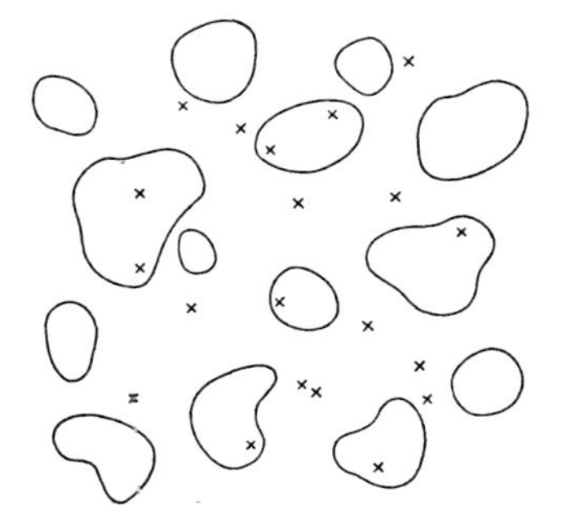

図4.5.1 平面図形の上に無作為に点を落して図形の面積分率 A_O を求める操作を示す．図形の中に落ちた点の数を n_A とし，用いた点の総数を n とすれば，A_O は n_A/n から推定できる．なお部分領域として1辺 l の正方形を考えるのがこれまでの一般的な手法であるが，ここでは必ずしも意識的にそうする必要はないので，n 個の点の落ちた領域をそのまま部分領域と考えればよい．

$$\left(\frac{\sigma_{n_A}}{\bar{n}_A}\right)^2=\left(\frac{\sigma_{A_{O/n}}}{\bar{A}_{O/n}}\right)^2=\left(\frac{\sigma_{A_{/n}}}{\bar{A}_{/n}}\right)^2=\frac{1-A_O}{nA_O}=\frac{1-A_O}{\bar{n}_A}=\frac{1}{\bar{n}_A}-\frac{1}{n} \quad (4.5.11)$$

となる．そして図形の面積分率が小さくて，$1-A_O\fallingdotseq 1$，または $\bar{n}_A\ll n$ であれば，(4.5.11)は

$$\left(\frac{\sigma_{A_{O/n}}}{\bar{A}_{O/n}}\right)^2=\left(\frac{\sigma_{A_{/n}}}{\bar{A}_{/n}}\right)^2\fallingdotseq\frac{1}{nA_O}=\frac{1}{\bar{n}_A} \quad (4.5.12)$$

となる．さて(4.5.12)の結果を見ると，変異係数の平方は nA_O に逆比例することがわかる．つまり用いる点の数が多い程，また図形の面積分率が大きい程，誤差は小さくなるということである．このうち図形の面積分率は対象の性格で決まることで，人為的に左右はできないから，単に面積推定にあたって留意すべきことというに止るが，点の数 n は理論的にはいくらでも大きくしうる量である．しかし限られた部分領域で無作為な点の密度を高くすることは計測の実施をいちじるしく困難にするから，実際問題としては点の数は比較的低いレベルにおさえなければならない．そして1回の計測で得た n_A をもって $\bar{n}_A$ を推定する際の誤差の計算には287頁以下の説明がそのまま適用できる．たとえば $\bar{n}_A$ の95%の信頼限界が n_A の ±5% の範囲に存在するためには(4.2.26)により $n_A\geqq 1537$ となる．そして $\bar{n}_A=nA_O$ であるから，領域内誤差をこの程度に小さくするために必要な n の値はずいぶん大きなものになる．このような時無作為な点が実用的でないことはただちに了解できる．

なお無作為な点を用いての面積推定の誤差論としてはHennig(1967)の綿密な研究がある．これはそれ自身として優れたものであり，また興味深いものではあるが，ここでの議論の筋には直接の関係は少ないから解説は省略しておく．

さて実際問題としては面積推定のための点解析にあたっては領域内誤差以外に部分領域の取り方による領域間誤差を考慮しなければならないから，次にこの二つの誤差を複合させておこう．この誤差は(4.A.44)により(4.5.11)の領域内誤差に，領域間誤差の一般式(4.2.15)の W, w, N_w をそれぞれ A, a, N_a で置き換えたものを加えればよいから

$$\left(\frac{\sigma_{A_{O/n}}{}^*}{A_{O/n}{}^*}\right)^2=\frac{1-A_O}{nA_O}+\frac{1}{\bar{N}_a}\left(1+\frac{\sigma_a^2}{\bar{a}^2}\right)$$

$$=\left(\frac{1}{\bar{n}_A}-\frac{1}{n}\right)+\frac{1}{\bar{N}_a}\left(1+\frac{\sigma_a^2}{\bar{a}^2}\right) \qquad (4.5.13)$$

を得る．この式の $\bar{n}_A$ と $\bar{N}_a$ は実際にはある部分領域についての n_A と N_a をそのまま用いても差しつかえないであろう．こうしてみるとかりに $\sigma_a=0$ として，いかに n を大きくして右辺第1項を0に近づけても，全領域の面積分率推定の誤差は0にならないので，領域間誤差に由来する $1/\bar{N}_a$ が残ってしまう．そして $1/\bar{N}_a$ を小さくするためには部分領域を大きくとる以外はない．これは同時に n と $\bar{n}_A$ の値を大きくして領域内誤差を小さくする効果を伴うものであり，全体の誤差を小さくする上に貢献することになる．以上の考察から計測実施にあたって重要な方針が与えられる．すなわち直接顕微鏡下で計測を行うと写真を用いるとを問わず，対象が識別できる範囲で低拡大を利用して計測の視野を大きくとるべきである．

なお実際に無作為な点を用いて計測をすることはまずないので，これまでの説明も規則的な配置の点を用いる時の誤差と比較するのが主な目的である．それゆえ(4.5.13)の式はその際あらためて扱うことにする．

b）規則的な配置の点

閉曲線で囲まれた任意の形，任意の数の平面図形が無作為に配置されている時，その面積分率を正方形の格子交点を用いて推定する時の誤差は次のようになる．まず同一の図形に1個の格子交点しか重なりえないような，‘目の粗い格子’を用いると，領域内誤差は $\bar{n}_A$ を図形に重なる格子交点の数の期待値として

$$\left(\frac{\sigma_{A_{O/n}}}{\bar{A}_{O/n}}\right)^2_{\mathrm{reg./c}}=\frac{1}{\bar{n}_A}-\frac{1}{\bar{N}_a}\left(1+\frac{\sigma_a^2}{\bar{a}^2}\right)$$

となる．そして $\bar{N}_a<n$ である限り無作為な点を用いるより誤差が小さくなる．なお全領域についての面積分率の推定誤差は，

$$\left(\frac{\sigma_{A_{O/n}}{}^*}{\bar{A}_{O/n}{}^*}\right)^2_{\mathrm{reg./c}}=\frac{1}{\bar{n}_A}$$

という簡潔な形になる．

周が常に凸である図形の群があり，それぞれの大きさの図形の周は全体として等方性である時，いずれの図形上にもいくつかの格子交点が落ちるような‘目の細かい格子’を用いれば，A_O の領域内誤差は h を格子間隔として近似的に

$$\left(\frac{\sigma_{A_{O/n}}}{\bar{A}_{O/n}}\right)^2_{\text{reg./f}}=\frac{h^3 L_A}{3\pi A^2}=\frac{L_A/\sqrt{A}}{3\pi \bar{n}_A{}^{3/2}}$$

で与えられる．また図形が大きさを異にした円の群である時は

$$\left(\frac{\sigma_{A_{O/n}}}{\bar{A}_{O/n}}\right)^2_{\text{reg./f}}=\left(\frac{4}{\pi}-1\right)\cdot\left(\frac{h}{\bar{\delta}}\right)^3\cdot\frac{1}{\bar{N}_a[Q_2']^2}$$

を用いることができる．これらの式において A は部分領域の図形面積，L_A は図形の周の総長，$\bar{\delta}$ は円の平均直径である．そして誤差はいずれも h^3 に比例するから，h を小さくとることが領域内誤差を小さくする上にきわめて有効であることがわかる．

平面上に点を規則的に配置する方法はいろいろありうるが，実際問題としては図4.5.2のような正三角形または正方形を連続させた格子をつくり，その格子の交点が利用される．この場合正三角形の格子は交点の配置からいえば正方形の格子を一方向にゆがませて，格子線の交角を60°または120°にしたものとみることができる．いずれの型の格子を用いても大差はない．Hennig (1967)は正三角形の格子の交点を推奨しているが，これは格子を‘目の細かい格子’として用いる場合，一つの図形の上にせいぜい1～2個までの少数の点が重なる範囲では正三角形の格子の方が誤差が小さいからである．このことは私共も確かめることができた．しかし私共の経験では実測操作上はむしろ正方形

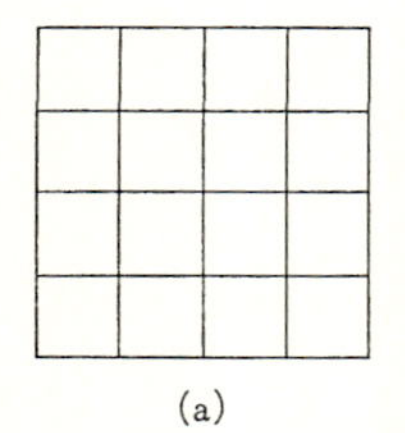
(a)

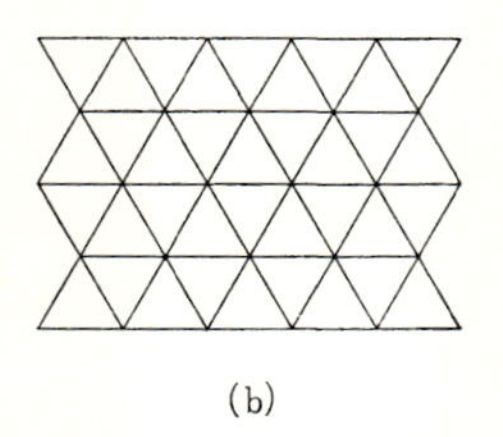
(b)

図4.5.2 通常用いられる‘規則的’な点の配置を示す．(a)は正方格子，(b)は60°の交角をもった格子であり，いずれも格子交点が利用される．

の格子が使いやすい．それゆえここでは理論的にも簡単な正方形の格子の説明を主眼とし，正三角形の格子については補足的な説明を加えるに止めるつもりである．

一般的にいうと格子の交点が閉曲線で囲まれた図形の中に落ちる数を理論的に扱うことは意外にやっかいな数学の問題になってしまう．これについてはたとえばKendall (1948) の研究があるけれども，数学者は別として私共には手に余る問題である．それゆえ以下の説明では理論的に扱える部分は理論的に扱うが，経験的に処理した方がわかりやすいものは経験的な立場で扱うという，いわば便宜的な方針をとろうと思う．特に後者の行方については Hennig (1967) の研究が参考になる．なお理論的には目の粗い格子と目の細かい格子を区別した方が説明しやすいので，以下この二つを別別に扱っておく．

i）目の粗い格子　理論的に比較的簡単に扱えるのは格子の交点が，閉曲線で囲まれた図形と重なる場合にも，同一の図形に一つしか重なりえないという場合で，これを‘目の粗い格子’ということにする（図 4.5.3）．そして格子の間隔を図形の最大径よりも大きくとればこの条件が満足されることは明らかであろう．いまある部分領域上に閉曲線で囲まれた面積 a の図形が N_a 個あるものとし，これに間隔 h の正方形の格子を重ねた時，図形の中に落ちる格子交点の数がどうなるかを調べてみよう．図形の形や大きさは最大径が h よりも小さいという制約がつく以外はどのようなものであってもよい．そして図形の配置は無作為なものとしよう．この場合図形の面積分率が大きくなると，無作為な配置という条件は厳密には満足されなくなるが，これは無視しておく．さてこの

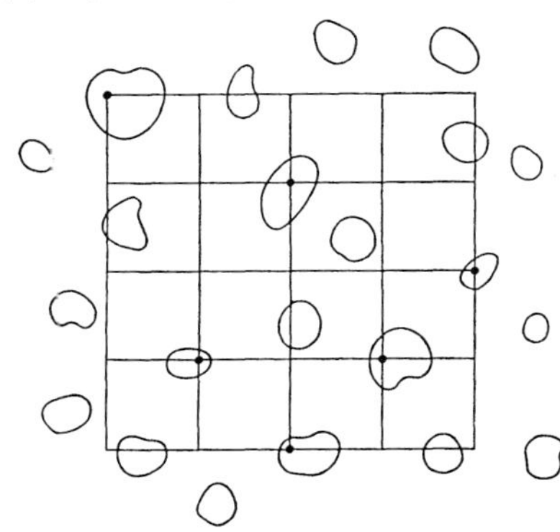

図 4.5.3　‘目の粗い格子’の観念の説明．格子の間隔をいずれの図形の最大径よりも大きくとれば，同一の図形の上には1個の点しか重なりえない．この条件で用いる格子を目の粗い格子ということにしている．

ような図形の上に格子を重ねて図形の中に格子交点が入るかどうかを問題にすることは，逆に部分領域上に格子を固定しておき，その上に N_a 個の図形を一つずつ無作為に落すという操作をしても同じことになる．そうすると図形が格子交点と重なる度数は二項分布に従うであろうことは容易に想像できる．そこでまず一つの図形が格子交点の上に重なる確率 p を求めてみよう．格子交点は h^2 の面積について一つできる関係になるから，a の面積の図形一つが格子交点の上に重なる確率 p は

$$p = a/h^2 \tag{4.5.14}$$

となる．したがって N_a 回の試行について，つまり N_a 個の図形について格子交点と重なるものの数，視点を変えていえば図形に重なる格子交点の数を n_A とすれば，n_A が二項分布に従うことになる．そして n_A の期待値 $\bar{n}_A$ と分散 $\sigma_{n_A}^2$ は

$$\bar{n}_A = N_a a/h^2 \tag{4.5.15}$$

$$\sigma_{n_A}^2 = \frac{N_a a}{h^2}\left(1-\frac{a}{h^2}\right) = \bar{n}_A\left(1-\frac{a}{h^2}\right) \tag{4.5.16}$$

となる．またこの部分領域全体についての図形の面積を A とすれば

$$A = N_a a \tag{4.5.17}$$

である．そしてこの部分領域全体について，図形に重なる点と重ならない点を合わせての点の総数を n とすれば，部分領域の面積は nh^2 であるから，図形の面積分率 A_O は

$$A_O = N_a a/nh^2 = A/nh^2 \tag{4.5.18}$$

となる．これを用いて $\bar{n}_A, \sigma_{n_A}^2$ を書きなおし，以下 N_a の期待値 $\bar{N}_a$ を用いれば

$$\bar{n}_A = nA_O \tag{4.5.19}$$

$$\sigma_{n_A}^2 = nA_O\left(1-\frac{nA_O}{\bar{N}_a}\right) \tag{4.5.20}$$

を得る．この式の中の A_O は元来対象そのものについての量であるから，‘真の値’は一義的に決まっているはずのものである．しかし実測からこれを推定する時にはあるバラツキをもった一連の $A_{O/n}$ の推定値が得られるので，その期待値を $\bar{A}_{O/n}$，分散を $\sigma_{A_{O/n}}^2$ とすれば，(4.5.19) と (4.5.20) により

$$\left(\frac{\sigma_{n_A}}{\bar{n}_A}\right)^2 = \left(\frac{\sigma_{A_{O/n}}}{\bar{A}_{O/n}}\right)^2 = \frac{1}{nA_O}\left(1-\frac{nA_O}{\bar{N}_a}\right)$$

$$=\frac{1}{\bar{n}_A}-\frac{1}{\bar{N}_a}$$

$$=\frac{h^2}{A}\left(1-\frac{a}{h^2}\right) \tag{4.5.21}$$

を得る．そしてこの値は A, a が大きい程，また h が小さい程小さくなることがわかる．しかし A と a は部分領域を1度限ればあとは対象の方の性格で決まってしまうので，人為的には左右できない．できるのは h を小さくすることだけであるが，この際格子交点が2個以上は同一の図形に重ならないという制約から，ある限界がでてくる．そして同じ面積の図形については円の場合が最大径が最小になるから，h を最も小さくとりうることになる．これに反して図形が円から遠くなる程 h を大きくとる必要が起る．つまり変異係数の値は図形の形によっても影響されることがわかる．

次にこれまでの理論を部分領域中の図形の面積が異なる場合にまで拡張することを考えよう．ある部分領域の中で図形の面積が大きさを異にしたいくつかのクラスに分けられるものとし，大きさが j のクラスの一つの図形の面積を a_j，a_j の面積の図形の数を N_{aj} とすると，この面積の図形のつくる部分領域中の面積 A_j は

$$A_j=N_{aj}a_j \tag{4.5.22}$$

である．そしてこの部分領域全体に重なる格子交点の総数を n とし，n のうち A_j の面積の上に落ちるものの数を n_{Aj} とすれば，n_{Aj} の期待値 $\bar{n}_{Aj}$ と分散 $\sigma^2_{n_{Aj}}$ は

$$\bar{n}_{Aj}=N_{aj}a_j/h^2=A_j/h^2 \tag{4.5.23}$$

$$\sigma^2_{n_{Aj}}=\frac{N_{aj}a_j}{h^2}\left(1-\frac{a_j}{h^2}\right)=\frac{A_j}{h^2}\left(1-\frac{a_j}{h^2}\right) \tag{4.5.24}$$

である．そしてこの部分領域についてすべての大きさの図形によってつくられる面積 $A=\sum_j A_j$ の上に落ちる点の数 n_A の期待値を $\bar{n}_A$，分散を $\sigma^2_{n_A}$ とすれば

$$\bar{n}_A=\sum_j A_j/h^2=A/h^2 \tag{4.5.25}$$

$$\sigma^2_{n_A}=\sum_j\left[\frac{N_{aj}a_j}{h^2}\left(1-\frac{a_j}{h^2}\right)\right]=\frac{A}{h^2}-\frac{1}{h^4}\sum_j N_{aj}{a_j}^2 \tag{4.5.26}$$

となる．ところで部分領域中のすべての図形の数の期待値を $\bar{N}_a$ とすれば個個

の図形面積の平均値 $\bar{a}$ は

$$\bar{a}=\frac{1}{\bar{N}_a}\sum_j N_{aj}a_j \tag{4.5.27}$$

で定義される量である．そして個個の図形面積 a の分散を σ_a^2 とすれば(4.A.5)により

$$\sigma_a^2=\frac{1}{\bar{N}_a}\sum_j N_{aj}a_j{}^2-\bar{a}^2 \tag{4.5.28}$$

であるから

$$\sum_j N_{aj}a_j{}^2=\bar{N}_a(\bar{a}^2+\sigma_a^2)=\bar{N}_a\bar{a}^2\left(1+\frac{\sigma_a^2}{\bar{a}^2}\right)=A\bar{a}\left(1+\frac{\sigma_a^2}{\bar{a}^2}\right) \tag{4.5.29}$$

である．これを(4.5.26)に代入すると

$$\begin{aligned}\sigma_{n_A}^2&=\frac{A}{h^2}\left[1-\frac{\bar{a}}{h^2}\left(1+\frac{\sigma_a^2}{\bar{a}^2}\right)\right]\\&=\bar{n}_A\left[1-\frac{\bar{n}_A}{\bar{N}_a}\left(1+\frac{\sigma_a^2}{\bar{a}^2}\right)\right]\end{aligned} \tag{4.5.30}$$

という結果になる．そして図形の面積分率を A_O とし，その期待値を $\bar{A}_{O/n}$，分散を $\sigma_{A_{O/n}}^2$ とし，また(4.5.25)を考慮に入れて変異係数の平方をつくれば次のようになる．この際目の粗い格子を用いることを示す reg./c という添字をつけることにすると

$$\begin{aligned}\left(\frac{\sigma_{n_A}}{\bar{n}_A}\right)_{\text{reg./c}}^2&=\left(\frac{\sigma_{A_{O/n}}}{\bar{A}_{O/n}}\right)_{\text{reg./c}}^2=\frac{h^2}{A}\left[1-\frac{\bar{a}}{h^2}\left(1+\frac{\sigma_a^2}{\bar{a}^2}\right)\right]\\&=\frac{1}{\bar{n}_A}-\frac{1}{\bar{N}_a}\left(1+\frac{\sigma_a^2}{\bar{a}^2}\right)\end{aligned} \tag{4.5.31}$$

となる．この $\bar{n}_A$ は実際には1回の試行による n_A を用いることになる．

この式を見ると，右辺第2項は領域間誤差そのものの形になっている．そして個個の図形面積が等しい場合の式(4.5.21)に比較して $\sigma_a^2/\bar{N}_a\bar{a}^2$ だけ値が小さくなることがわかる．つまり $\bar{n}_A$ と $\bar{N}_a$ が同じなら図形の大小不同がいちじるしい程 A_O 推定の誤差が小さくなる．ただし h が最大の図形の径により制約されるため，図形の大小不同がいちじるしければ，$\bar{N}_a$ が等しくても同じ $\bar{n}_A$ を得るためには大きな部分領域を必要とすることになる．

次に重要な問題であるが，ある部分領域の図形の面積分率 A_O を推定するに

あたり，無作為な点を用いるのと目の粗い格子交点を用いるのといずれが誤差を小さくする上に有効かを考えてみよう．無作為な点を用いるか，目の粗い格子交点を用いるかによって$(\sigma_{A_{O/n}}/\bar{A}_{O/n})^2$を$(\sigma_{A_{O/n}}/\bar{A}_{O/n})^2{}_{\mathrm{rand.}}$，$(\sigma_{A_{O/n}}/\bar{A}_{O/n})^2{}_{\mathrm{reg./c}}$と書いて区別することにし，また両者を比較するにあたって用いる点の数nと図形の面積分率は同じであるものとする．いまこの変異係数の平方の差をとってみると，(4.5.11)と(4.5.31)から

$$\left(\frac{\sigma_{A_{O/n}}}{\bar{A}_{O/n}}\right)^2_{\mathrm{rand.}}-\left(\frac{\sigma_{A_{O/n}}}{\bar{A}_{O/n}}\right)^2_{\mathrm{reg./c}}=\frac{1}{\bar{N}_a}\left(1+\frac{\sigma_a^2}{\bar{a}^2}\right)-\frac{1}{n} \qquad (4.5.32)$$

を得る．これを見ると$\bar{N}_a<n$である限り，つまり部分領域中の図形の数よりも部分領域全体についての格子交点の数の方が大きい限り，格子を用いる方が誤差が小さくなることがわかる．ところでここでは格子交点は図形と重なる場合にも，同一の図形の上には1個しか重ならないという前提がある．この制約下でも図形の面積分率があまり大きくなく，また図形の大きさが比較的そろっている場合には，格子の目の大きさを適当にとることで$\bar{N}_a<n$という条件を満足させることは充分可能なことであろう．しかし小さな図形が多数ある中に，とびぬけて大きい図形が少数混在する時には$\bar{N}_a>n$になることもありうる．ただこのような場合には$\sigma_a^2/\bar{a}^2$の値が大きくなるので，$\bar{N}_a>n$というだけでは必ずしもどちらの誤差が大きいとはいえない．しかしモデルをつくって計算してみると，実際に(4.5.32)の右辺を負にすることは簡単にできる．つまり図形の大小不同がいちじるしい時には目の粗い正方格子の交点を用いるよりは同数の無作為な点を用いる方が誤差がかえって小さくなる場合がある．これは注意しておく必要のあることである．

最後に任意の部分領域に目の粗い格子を用いて点解析を行った結果から，全領域の図形の面積分率を推定する時の誤差を求めておこう．これは(4.A.44)により，(4.5.31)の領域内誤差に領域間誤差を加えたものになるが，(4.5.31)の右辺第2項はすでに領域間誤差そのものの形になっているから，全領域についての誤差としては結局右辺第1項のみが残る．すなわち

$$\left(\frac{\boldsymbol{\sigma}_{A_{O/n}}{}^*}{\bar{\boldsymbol{A}}_{O/n}{}^*}\right)^2_{\mathrm{reg./c}}=\frac{\mathbf{1}}{\bar{\boldsymbol{n}}_A}=\frac{\mathbf{1}}{\boldsymbol{n}\boldsymbol{A}_O}=\frac{\boldsymbol{h}^2}{\boldsymbol{A}} \qquad (4.5.33)$$

というきわめて簡潔な結果を得る．これは目の粗い等間隔平行線を用いる線解

析の(4. 4. 69)に相当する．そして $\bar{n}_A$ は実際には1回の試行によって得た n_A で代用して差しつかえないであろう．

この結果は注目すべきもので，変異係数の平方の値は単に図形の上に落ちた格子交点の数にのみ関係し，かつこれに逆比例することになる．そしてまた同じ目の格子を用いる限り，この形の誤差は図形の面積分率に逆比例する．目の粗い格子を用いる時はこのように領域間誤差が(4. 5. 31)の領域内誤差の第2項で相殺されてしまうので，形式上は図形の大小不同や，またこれに左右される領域間誤差の影響を受けないように見える．しかしこれは見かけ上のことであって，実際には h が最大の図形によって制約されるため，図形の大きさのバラツキが大きければ誤差はやはりそれだけ大きくなる．また図形の上に落ちる点の数を大きくするには部分領域を大きくとらなければならず，これが領域間誤差を小さくする効果をもっている．そして実質的には誤差は領域間誤差より小さくなりえないことは理論的にも了解できることである．

なお正三角形の格子を用いてもこれと全く同じ結果を得る．この型の格子は正方形の格子を一方向にゆがめて格子線の交角を 60° または 120° にしたものとみてよいから，格子の目の形を平行四辺形とすれば，その面積は h^2 ではなく $\sqrt{3}\,h^2/2$ となる．それゆえ正方格子の式の h^2 を $\sqrt{3}\,h^2/2$ で置き換えれば求める式が得られる．たとえば(4. 5. 14)は

$$p = 2a/\sqrt{3}\,h^2 \tag{4. 5. 34}$$

となる．そして目の粗い正三角格子を tri./c という添字で表示すれば，(4. 5. 31) (4. 5. 33)はそれぞれ

$$\left(\frac{\sigma_{n_A}}{\bar{n}_A}\right)^2_{\text{tri./c}} = \left(\frac{\sigma_{A_{O/n}}}{\bar{A}_{O/n}}\right)^2_{\text{tri./c}} = \frac{\sqrt{3}\,h^2}{2A}\left[1-\frac{2\bar{a}}{\sqrt{3}\,h^2}\left(1+\frac{\sigma_a^2}{\bar{a}^2}\right)\right]$$
$$= \frac{1}{\bar{n}_A}-\frac{1}{\bar{N}_a}\left(1+\frac{\sigma_a^2}{\bar{a}^2}\right) \tag{4. 5. 35}$$

$$\left(\frac{\sigma_{A_{O/n}}{}^*}{\bar{A}_{O/n}{}^*}\right)^2_{\text{tri./c}} = \frac{\sqrt{3}\,h^2}{2A} = \frac{1}{\bar{n}_A} \tag{4. 5. 36}$$

となる．つまり目の粗い格子を用いる時は $\bar{n}_A$ さえ等しければ，正方形の格子を用いようと正三角形の格子を用いようと面積分率の推定誤差には全く変わりがないということである．ただし h が同一であれば同一面積上に落ちる格子交

点の密度は正三角形の格子の方が高くなり，$\bar{n}_A$ も大きくなる．それゆえ同一部分領域について h を等しくとった格子を比較するという条件下では正三角形の格子の方が有利であるといえる．そしてこの利点は h が図形の最大径に近い程顕著になる．

ii）目の細かい格子　同一の図形上に1個の格子交点しか重なりえないという制約をつけた場合が‘目の粗い格子’であったが，次にいずれの図形にもいくつかの格子交点が重なる場合を考え，これを‘目の細かい格子’ということにしよう．この理論は Kendall(1948) が発表しているが，ここでは結論だけを紹介しておく．ある閉曲線で囲まれた図形があり，その図形に対称の中心が存在し，周はいずれの部分でも凸であり，特異点をもたず，直線部分もない時に，これに充分目の細かい間隔を単位の長さにとった正方形の格子を重ねてみると，その図形の中に入る格子交点の数の平均はその図形の面積に等しく，またその格子交点の数の分散 $\sigma_{n_A}^2$ は

$$\sigma_{n_A}^2 = \frac{q^2 L_A}{2\pi} \tag{4.5.37}$$

で与えられるというのである．この式で L_A は図形の周の長さであり，q はある定数で，$q=0.676497$ という値をとるという．そして図形が対称の中心をもたない時は

$$\sigma_{n_A}^2 < \frac{q^2 L_A}{\pi} \tag{4.5.38}$$

という不等式が成立するとされている．

この理論の誘導はかなりの難事であるので，ここでは数学的厳密さを欠くけれども，もっと簡単な方法でこれに類する不等式を誘導しておこうと思う．なおこの分散は図形の大きさと格子の間隔との関係で振動をくりかえす関数になる．そして上の不等式はその振動する値の上限を与えることになる．このような分散の振動は等間隔平行線による平面図形の線解析の際にも経験したことで，それに類似の現象と考えてよいであろう．この分散の振動の形は不等式からはわからないから，後に実例について説明するつもりである．

ある部分領域中に閉曲線で囲まれた大きさを異にする平面図形の群があるものとする．この場合にはさらに図形の周はいずれの部分でも凸であり，またそ

れぞれの大きさの図形の周は部分領域全体としては等方性であるという条件が必要である．いま図4.5.4のようにこのうち1個の図形をとり，その格子の横線方向の径をδ_jとする．このδ_jは図形を格子の縦線方向に平行な2本の接線で挟んだ時その平行線の間隔として定義される量である．そしてδ_jはhを格子の間隔，νを正の整数として

$$\delta_j = \nu h + \zeta \qquad (0 \leqq \zeta < h) \tag{4.5.39}$$

という形で表現することができる．このζという項はδ_jが必ずしもhの整数倍とはならないことを考慮してつけ加えた項である．次にこの図形の格子の縦線方向についての位置は固定し，横線方向の位置の変動のみを考えることにする．そうすると格子の縦線が図形と重なる数は図形の位置によって$\nu+1$である場合とνである場合とができる．そして前者の起る確率を$p(\nu+1)$，後者のそれを$p(\nu)$とすれば

$$p(\nu+1) = \zeta/h \tag{4.5.40}$$

$$p(\nu) = (h-\zeta)/h = 1-(\zeta/h) \tag{4.5.41}$$

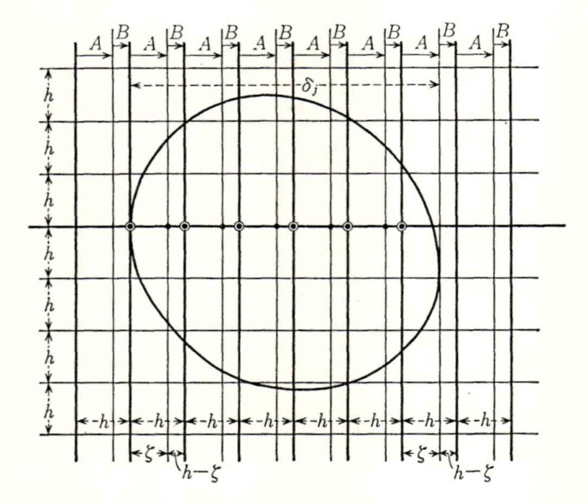

図4.5.4　'目の細かい格子'の性格を示す．この図で太い線で描いた1本の横線上の格子交点のみに注目し，図形に対して格子の縦線方向の位置は固定して，横線方向の位置の移動だけを考える．この図では格子の縦線がAの区間にある間は図形中に入る格子交点の数は6個であるが，Bの区間ではこれが5個になる．そして$A=\zeta$，$B=h-\zeta$である．なお説明は本文参照のこと．

である．また図形に重なる格子縦線の数の期待値を $\bar{\nu}$，分散を σ_ν^2 とすれば，分散については(4. A. 5)を適用して

$$\bar{\nu} = \frac{\delta_J}{h} = \nu + \frac{\zeta}{h} \tag{4.5.42}$$

$$\begin{aligned} \sigma_\nu^2 &= \frac{\zeta}{h}(\nu+1)^2 + \left(1-\frac{\zeta}{h}\right)\nu^2 - \left(\nu+\frac{\zeta}{h}\right)^2 \\ &= \frac{\zeta}{h}\left(1-\frac{\zeta}{h}\right) \end{aligned} \tag{4.5.43}$$

を得る．

ところで $\bar{\nu}$ は δ_J/h が連続的に大きくなるにつれて滑らかにその値が大きくなるが，σ_ν^2 はこれとは無関係に ζ/h が 0 から 1 まで変動するに従って振動をくりかえす関数である．したがって $(\sigma_\nu/\bar{\nu})^2$ の形をつくれば，これは δ_J/h の増大と共に振動をくりかえしながら次第に値が減少することになる．なお(4. 5. 43)により σ_ν^2 が図形の大きさ δ_J と無関係であることは興味がある．これはこの分散の発生機序には図形の周辺部だけが関与するので，図形の中心部に何本の平行線が重なってもそれは分散に影響を及ぼさないためである．

さて σ_ν^2 の値は ζ が与えられなければ決まらない．しかし σ_ν^2 の最大値と平均値を求めることはできる．そして最大値は $\zeta=h/2$ の時に得られ

$$(\sigma_\nu^2)_{\max} = 1/4 \tag{4.5.44}$$

である．また σ_ν^2 の平均値は

$$(\overline{\sigma_\nu^2}) = \frac{1}{h}\int_0^h \frac{\zeta}{h}\left(1-\frac{\zeta}{h}\right)\mathrm{d}\zeta = \frac{1}{6} \tag{4.5.45}$$

となる．したがって厳密にいえば

$$\sigma_\nu^2 \leqq 1/4 \tag{4.5.46}$$

という不等式を用いるのが正しいが，解析的な処理には等式の方が便利であるばかりでなく，最終的には大きさを異にした図形の群が対象となるから，以下主として(4. 5. 45)を用い，これを σ_ν^2 の値として

$$\sigma_\nu^2 = 1/6 \tag{4.5.47}$$

とすることにしよう．

次に δ_J を図形のすべての方向についての平均を $\bar{\delta}_J$ とすれば(4. 5. 42)は

$$\bar{\nu}=\bar{\delta}_j/h \tag{4.5.48}$$

となる．そして分散はδ_jに無関係であるから(4.5.47)がそのまま用いられる．ところでδ_jを図形のすべての方向について平均する操作は同時にこの図形の周を等方化することを意味するから，周の長さをL_{Aj}とすれば

$$L_{Aj}=\pi\bar{\delta}_j \tag{4.5.49}$$

が成立する．そして格子縦線方向に$\bar{\delta}_j$の長さを考えると，これは

$$\bar{\nu}=\frac{\bar{\delta}_j}{h}=\frac{L_{Aj}}{\pi h} \tag{4.5.50}$$

の数の格子横線と交わることになる．この関係を利用すればσ_ν^2から図形の中に落ちる点の数n_{Aj}の分散$\sigma_{n_{Aj}}^2$を誘導することができる．まず図形の横線方向のみの位置の変動による$\sigma_{n_{Aj}}^2$を$(\sigma_{n_{Aj}}^2)_{\text{horizontal}}$とすれば，これは(4.5.47)を(4.5.50)の数の横線について和をとればよいから

$$(\sigma_{n_{Aj}}^2)_{\text{horizontal}}=\frac{L_{Aj}}{6\pi h} \tag{4.5.51}$$

を得る．ただし実はここに問題があるので(4.5.51)はそれぞれの横線上の格子交点のうち，図形の中に入るものの数の変動が互いに独立であることを前提としている．しかし目の細かい等間隔の格子を用いる時にはこの変動の間には何らかの相関があるものと思わなければならない．これを無視して(4.5.51)を用いれば，n_{Aj}の分散は正しくは推定されないことになる．ただ後に見るようにこの差は一般的にはあまり大きなものではないから，誤差の式の誘導には(4.5.51)を用いても本質的な障害はないものと考えている．

さて(4.5.51)の結果は図形の位置を格子の横線方向を固定して縦線方向の位置の変動だけを考えた場合にも全く同様に成立するから，これを$(\sigma_{n_{Aj}}^2)_{\text{vertical}}$とする．また格子と図形の間に成立するあらゆる位置関係は，ある格子の位置から横線方向と縦線方向に互いに独立に0からhの距離までの変動を考えれば完全に再現される．それゆえ図形の位置の両方向への変動を考慮した場合のn_{Aj}の分散を$\sigma_{n_{Aj}}^2$とすれば

$$\sigma_{n_{Aj}}^2=(\sigma_{n_{Aj}}^2)_{\text{horizontal}}+(\sigma_{n_{Aj}}^2)_{\text{vertical}}=\frac{L_{Aj}}{3\pi h} \tag{4.5.52}$$

となる．この結果をすべての大きさの図形にまで拡張し，すべての図形の中に

落ちる点の数を n_A とすれば，n_A の分散は L_A をすべての図形の周の長さの和として

$$\sigma_{n_A}^2 = \frac{1}{3\pi h}\sum_j L_{Aj} = \frac{L_A}{3\pi h} \tag{4. 5. 53}$$

となる．なお(4. 5. 46)の不等式を用いれば

$$\sigma_{n_A}^2 \leqq \frac{L_A}{2\pi h} \tag{4. 5. 54}$$

となることはいうまでもない．

これで n_A の分散の式が得られたから，(4. 5. 54)で $h=1$ とおいて Kendall の結果と比較してみよう．対称の中心をもたない図形についての Kendall の式(4. 5. 38)は

$$\sigma_{n_A}^2 < q^2 L_A/\pi \tag{4. 5. 55}$$

であり，$q=0.676497$ としてあるから(4. 5. 55)は

$$\sigma_{n_A}^2 < 0.457 L_A/\pi = 0.915 L_A/2\pi \tag{4. 5. 56}$$

となる．これを(4. 5. 54)と比較してみると，私共の式では $\sigma_{n_A}^2$ の上限が Kendall の式よりも 9% 程高くなっている．この理由はすでに 344 頁で述べた通りである．しかしこの程度の差はあまり大きなものではないから実際問題として不等式が必要な時は(4. 5. 54)を，そして一般的な処理には(4. 5. 53)の等式を用いても差しつかえないであろう．

さてこのような‘目の細かい格子’を用いて部分領域の図形の面積分率を推定する場合の誤差は次のようになる．いま部分領域全体には n 個の格子交点が重なるものとすれば $\bar{A}_{O/n}=\bar{n}_A/n$ である．そして分散については(4. A. 13)により $\sigma_{A_{O/n}}^2=\sigma_{n_A}^2/n^2$ となる．そして $A/h^2=\bar{n}_A$ であることを利用し，また目の細かい格子を表わす reg./f という添字をつけて変異係数の平方をつくってみると

$$\left(\frac{\sigma_{A_{O/n}}}{\bar{A}_{O/n}}\right)_{\text{reg./f}}^2 = \left(\frac{\sigma_{n_A}}{\bar{n}_A}\right)_{\text{reg./f}}^2 \leqq \frac{h^3 L_A}{2\pi A^2} = \frac{L_A/\sqrt{A}}{2\pi \bar{n}_A^{3/2}} \tag{4. 5. 57}$$

となる．なお実用上は不等式よりは等式の方が使いやすいから(4. 5. 53)を用いれば

$$\left(\frac{\boldsymbol{\sigma}_{A_{O/n}}}{\bar{\boldsymbol{A}}_{O/n}}\right)_{\text{reg./f}}^2 = \frac{\boldsymbol{h}^3 \boldsymbol{L}_A}{\boldsymbol{3\pi A}^2} = \frac{\boldsymbol{L}_A/\sqrt{\boldsymbol{A}}}{\boldsymbol{3\pi \bar{n}}_A^{3/2}} \tag{4. 5. 58}$$

を得る．この式は実用上充分の利用価値があり，不等式は実際問題として不用になる．なお図形が大きさを異にした円の群である時には(4.5.58)の $1/3\pi$ という係数はもっと小さくとってもよいので，これについては後にあらためて説明する．

この結果をみると，誤差を小さくするためには h を小さくし，$\bar{n}_A$ を大きくすればよいことがわかる．そして上に述べた関係式から $A=h^2\bar{n}_A$ であるので，A が一定ならば h を小さくすることは必然的に $\bar{n}_A$ を大きくすることにもなる．つまり格子の目を細かくすればする程この誤差はいくらでも，そして h^3 に比例して急速に小さくなる．これは常識とも一致することを数式的に表現していることにもなるが，実際には格子の目をあまりに細かくすることは，計測上手間がかかるし，またこれでは確率論的方法というよりは scanning に近づくことになるから，実施の上ではある限界は当然存在する．また h と無関係に $\bar{n}_A$ を大きくするには部分領域を大きくとればよいので，これはすでに度度でてきた関係である．

次に目の細かい格子を用いる場合に特徴的な項は $L_A/\sqrt{A}$ である．これはその内容からみて全体の図形の形のみによって決まる定数である．そしてこの比が小さい程誤差が小さくなる．これは興味あることで，目の細かい格子を用いる場合には図形の周辺に落ちる点だけが分散に寄与するためである．これは(4.5.53)(4.5.54)の n_A の分散の式が L_A にのみ関係し，A を含まないことにも示されている．図形の中に重なる点はその一つ一つが決まった面積を代表するため n_A の分散の原因にならない．つまり図形の面積そのものは n_A の分散と関係しない．これに反して無作為な点を用いる場合には(4.5.8)により図形の中に落ちる点の数そのもの，したがって図形の面積そのものが n_A の分散の基盤になる．このことが一方で格子の目の間隔 h を小さくすれば誤差はいくらでも小さくなることの説明にもなる．それは h を小さくすれば図形の中に入る点は h^2 に逆比例して増加するのに，図形周辺と関係する点の数は単に h に逆比例して増すだけだからである．

なお目の細かい格子の誤差の式はこれまでの式にはなかった $L_A/\sqrt{A}$ という parameter をもっているから，無作為な点を用いた場合との比較を直接式の上で行うことはできない．しかし計測の精度をあげるために点の密度を高くするという操作を採用した時には，無作為な点を用いるよりは格子交点を用いる方が急速に誤差が小さくなることは説明できる．変異係数の平方の次元で誤差を検定すると，無作為な点を用いる場合は(4.5.11)により誤差は $\bar{n}_A$ に逆比例して小さくなるにすぎない．これに対して目の細かい格子を用いれば，誤差は(4.5.58)により $\bar{n}_A{}^{3/2}$ に逆比例する．そして $\bar{n}_A=nA_O$ であるから，n を大きくするにしても目の細かい格子を用いれば誤差を小さくする効果ははるかに顕著になる．

目の細かい格子の特徴はこれだけではまだ尽せない点が残る．これは具体的なモデルを用いて説明した方がはっきりするから，以下半径 r の円1個に，h の間隔の格子を重ねる時，円の中に落ちる点の数がどうなるかを考えてみよう(図4.5.5)．この点の数 n_A は r/h によって変わることはもちろんであるが，それ以外に r/h は一定でも格子と円の位置関係によって左右される．つまり n_A にはある分布があり，この分布が r/h の関数となる．まず $r/h<1/2$ の範囲では円と格子をどのように重ねても，n_A は0か1にしかならない．そして n_A の分布はすべての格子交点を中心として半径 r の円を描いた時，この円が h^2 の面積の正方形中で占める面積分率から求められる．つまり円と重なる部分の面積分率が $n_A=1$ の確率を与えるものであり，重ならない部分の面積分率が $n_A=0$ の確率を示すものである．一方 $r/h<1/2$ は‘目の粗い格子’の条件であるから，この範囲の r/h についての $\bar{n}_A, \sigma^2_{n_A}$，そして $(\sigma_{n_A}/\bar{n}_A)^2$ の値は(4.5.15)と(4.5.16)から

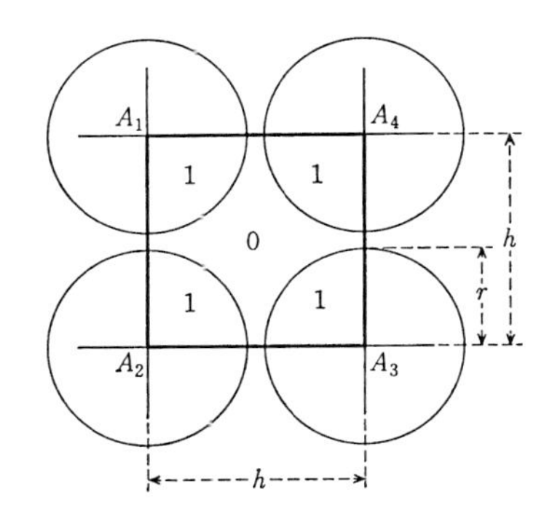

図4.5.5　間隔 h の1個の正方格子の目 $A_1A_2A_3A_4$ をとり，この格子の目の内部に $r/h<1/2$ の条件が満足されるような半径 r の1個の円の中心を無作為に落すものとしよう．そうするとこの円が A_1, A_2, A_3, A_4 の格子交点のいずれかと重なるのはその円の中心がこれらの格子交点から r の距離の範囲，つまり A_1, A_2, A_3, A_4 を中心として描いた半径 r の円の内部に落ちる時である．そしてこの時には1個の格子交点が円に重なる．この範囲は図では1を書き入れてある．それ以外の部分に円の中心が落ちた時には円は格子交点とは重ならない．この範囲は図では0で示してある．したがって円が格子交点と重なる確率，重ならない確率はそれぞれ1,0とした部分の面積に比例する．

$$\bar{n}_A = \pi(r/h)^2 \tag{4.5.59}$$

$$\sigma_{n_A}^2 = \pi(r/h)^2 - \pi^2(r/h)^4 \tag{4.5.60}$$

$$\left(\frac{\sigma_{n_A}}{\bar{n}_A}\right)^2 = \frac{1}{\pi}\left(\frac{h}{r}\right)^2 - 1 \tag{4.5.61}$$

を計算すればよい．

次に $1/2 \leqq r/h < \sqrt{2}/2$ の範囲では n_A の値は 0, 1, 2 の三つの場合ができる．そしてその確率は図 4.5.6 についていえばそれぞれ円が全く重ならない部分，一つの円しか重ならない部分，二つの円が重なる部分の面積分率によって与えられることになる．そして $n_A = 0, 1, 2$ に相当する確率を p_0, p_1, p_2 とすれば，図からわかるように

$$p_0 = 1 - (p_1 + p_2) \tag{4.5.62}$$

$$p_1 = \pi(r/h)^2 - 2p_2 \tag{4.5.63}$$

$$\begin{aligned} p_2 &= \frac{8}{h^2}\int_{h/2}^{r}\sqrt{r^2 - x^2}\,\mathrm{d}x \\ &= 4\left(\frac{r}{h}\right)^2\left(\frac{\pi}{2} - \sin^{-1}\frac{h}{2r}\right) - \sqrt{\left(\frac{2r}{h}\right)^2 - 1} \end{aligned} \tag{4.5.64}$$

となる．そして分散については(4.A.5)により

$$\bar{n}_A = p_1 + 2p_2 \tag{4.5.65}$$

$$\sigma_{n_A}^2 = (p_1 + 4p_2) - (p_1 + 2p_2)^2 \tag{4.5.66}$$

$$\left(\frac{\sigma_{n_A}}{\bar{n}_A}\right)^2 = \frac{(p_1 + 4p_2)}{(p_1 + 2p_2)^2} - 1 \tag{4.5.67}$$

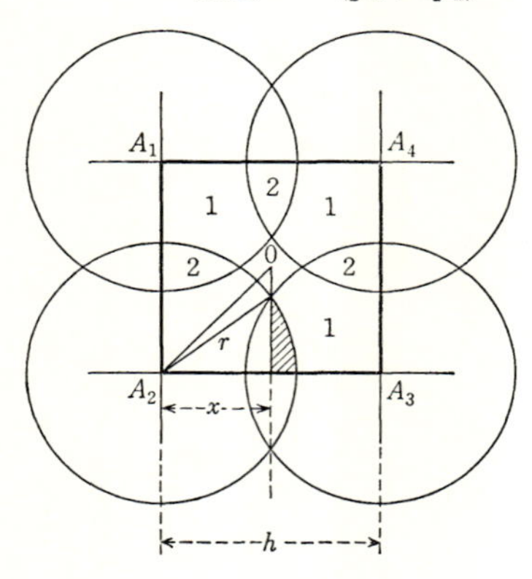

図 4.5.6　間隔 h の格子に重ねる円の半径 r が $1/2 \leqq r/h < \sqrt{2}/2$ である時，その中心の落ちる位置と円に重なる格子交点の数の関係を示す．説明は本文参照のこと．なお図で斜線を入れた部分は本文説明中の p_2 を求める積分を示す．図に書き入れた数字は円に重なる格子交点の数である．また図中の x は $x = h/2$ に相当するものであり，p_2 を求める積分の下限にあたる．

から誤差を求めることができる.

さらに$\sqrt{2}/2 \leqq r/h < 1$の範囲になると，n_Aは1, 2, 3, 4の4通りの値をとりうる．この段階になると，あるn_Aの出現する確率を求める理論式は誘導可能ではあるが，ただ計算に非常に手間がかかり実用的ではない．むしろ図について実測により確率を求めた方が早い．これはr/hがもっと大きくなればなおさらのことである.

さてこのようにして求めた$(\sigma_{n_A}/\bar{n}_A)^2$の値を図4.5.9に示してある．この値は$r/h$の値が大きくなると急速に小さくなるが，同時に明らかな振動が認められる．そして$r/h=\sqrt{2}/2, \sqrt{5}/2, \sqrt{10}/2, \cdots\cdots$という所で振動の極小値が得られる．これらの値はちょうどそこで図4.5.7に示すような図形の型が非連続的に変わる所に相当する(図4.5.8)．なおこの結果は実測によるものであり，これ以外にも図形が非連続的に変わる所で小さな振動があるかも知れないが，それは明らかにされていない．また図4.5.9には同時に無作為な点を用いる場合の誤差を比較のために描き入れてあるが，δ/hが2をこす程度になれば格子交点を用いた方が誤差が明らかに小さくなることがわかるであろう．しかしδ/hの値の小さい所では逆に無作為な点を用いる場合よりも誤差が大きくなる部位がある．これについては図4.5.9の説明を参照していただきたい.

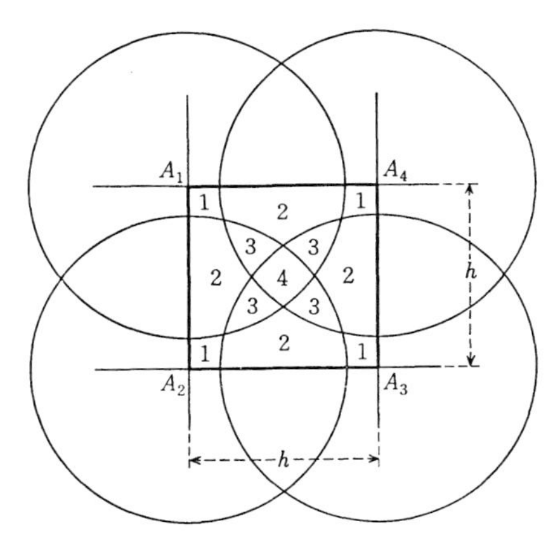

図 4.5.7　格子に重ねる円の半径rが$\sqrt{2}/2 \leqq r/h < 1$の範囲にある時の円の中心の位置と円に重なる格子交点の数との関係を示す．図中の数字がその数である.

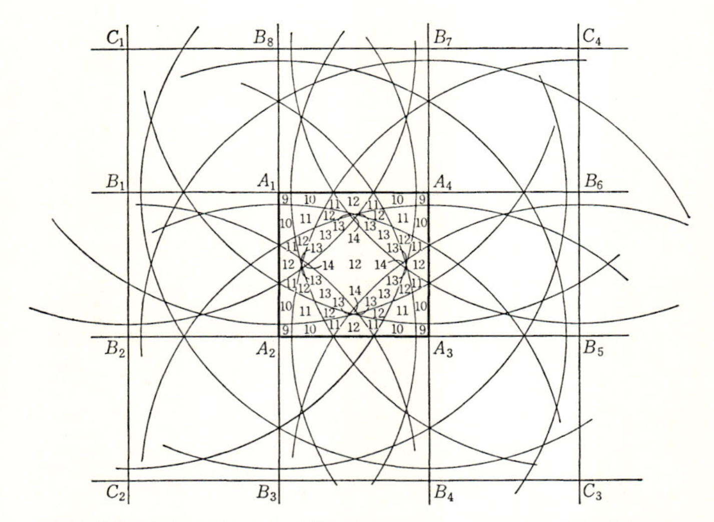

図 4.5.8 格子に重ねる円の半径が大きくなる，いいかえれば円に重なる格子の目が細かくなるに従って，格子に対する円の中心の位置と，円に重なる格子交点の数との関係は次第に複雑になる．この図は $\sqrt{2} \leqq r/h < (3/2)\sqrt{2}$ の時の一例である．このようになるとそれぞれの交点の数を与える部分の面積を理論的に計算することは困難であるから，適当な方法で実測を行うより仕方がない．

なお(4.5.58)の近似式をこのモデルに適用してみると，$L_A = 2\pi r$，$A = \pi r^2$ であり，また $\bar{n}_A = \pi r^2/h^2$ であるから

$$\left(\frac{\sigma_{n_A}}{\bar{n}_A}\right)^2_{\text{reg./f}} = \frac{2}{3\pi^2}\left(\frac{h}{r}\right)^3 = \frac{16}{3\pi^2}\left(\frac{h}{\delta}\right)^3 = \frac{2}{3\sqrt{\pi}} \cdot \frac{1}{\bar{n}_A{}^{3/2}} \qquad (4.5.68)$$

となる．この結果は注目すべきもので，誤差が図形の中に落ちる点の数の 3/2 乗に逆比例することを示している．そしてこの曲線も図 4.5.9 に示してある．これを見るとこの曲線は $(\sigma_{n_A}/\bar{n}_A)^2$ の振動のほぼ山に接するか，またはこれにわずかに交わる程度の位置をとることがわかる．それゆえ一般的には(4.5.58)は近似式として一応の価値があるものといえる．しかし図 4.5.9 からわかるように，図形が円である時には(4.5.58)の式では誤差は平均的にはまだ過大に評価されていることになるので，実際にはこの式の $1/3\pi$ をもっと値の小さい係数で置き換えた方がよいであろう．その目的には $h/\delta = 1$ という条件は目の粗い格子と目の細かい格子の接触点を意味することに注目して，目の粗い格子の

式から得られる係数を用いる方法が考えられる．目の粗い格子の式は近似式ではなく，$h/\delta=1$ の時の値も正確なものであるからである．そこでまず $h/\delta=1$ として(4.5.68)を書きなおすと

$$\left(\frac{\sigma_{n_A}}{\bar{n}_A}\right)^2_{\text{reg./f}}=\frac{1}{3\pi}\cdot\frac{16}{\pi} \tag{4.5.69}$$

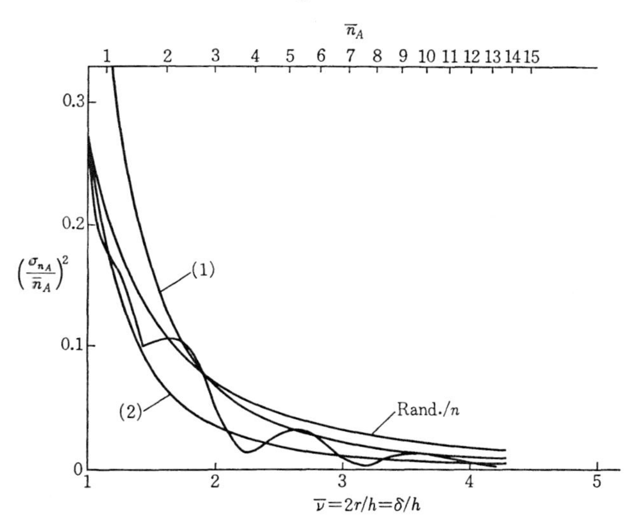

図 4.5.9　1個の円に目の細かい正方格子を適用した時の n_A の誤差を示す．横軸は図 4.4.6 の目の細かい等間隔平行線の誤差との比較のため，円に重なる一方向の格子線の数の期待値 $\bar{\nu}$ を用いて表示してある．なお上方の横軸には $\bar{n}_A$ の値を記入してある．いうまでもなく $\bar{\nu}=2r/h=\delta/h$ である．誤差は図中の振動をくりかえす曲線で表わされている．これに対する近似式(4.5.68)の曲線は(1)であるが，この曲線は元来の誤差曲線の山とわずかに交わる程度の位置をとることがわかる．しかし(1)は $\bar{\nu}$ の値が1に近い所では大きすぎる値をとる．それゆえ実際にはこの曲線にある係数を乗じて $\bar{\nu}=1$ の時の値を元来の誤差曲線と一致させておく方が望ましい．この修正した近似曲線が(2)である．この(2)の曲線は元来の誤差曲線の山と谷のほぼ中間を通るので，近似式としてなお充分の価値をもっている．これについては本文を参照されたい．なお図中で Rand./n とした曲線は格子交点と同数 $n=(\delta/h)^2$ の無作為な点を用いた場合の誤差を示すものである．この曲線を(1)，(2)と比較してみると，同じ点の数を増すにしても規則的な配置の点を用いた方が誤差を小さくする上に有効であることがわかる．ただし注意を要するのは $\bar{\nu}$ が 1.6 から 1.9 位までの限られた部分では，目の細かい正方格子を用いる時の方が同数の無作為な点を用いるよりはかえって誤差が大きくなることである．

となる．一方目の粗い格子の式(4. 5. 21)を1個の円に適用し，$h/\delta=1$ とすれば

$$\left(\frac{\sigma_{n_A}}{\bar{n}_A}\right)^2_{\text{reg./c}}=\frac{h^2}{A}-1=\frac{4}{\pi}\left(\frac{h}{\delta}\right)^2-1$$

$$=\left(\frac{4}{\pi}-1\right)=\frac{1}{4}\left(1-\frac{\pi}{4}\right)\cdot\frac{16}{\pi} \tag{4. 5. 70}$$

となる．ゆえに $1/3\pi$ のかわりに $\frac{1}{4}\left(1-\frac{\pi}{4}\right)$ を用いればよい．念のためにこの係数の値を計算しておくと

$$\frac{1}{3\pi}=0.106103 \tag{4. 5. 71}$$

$$\frac{1}{4}\left(1-\frac{\pi}{4}\right)=0.0536504 \tag{4. 5. 72}$$

であるから，図形が円の場合には $1/3\pi$ のほぼ $1/2$ の値の係数を用いればよいことがわかる．それゆえ図形が円に近い時には(4. 5. 58)の近似式は

$$\left(\frac{\sigma_{A_{O/n}}}{\bar{A}_{O/n}}\right)^2_{\text{reg./f}}=\frac{1}{4}\left(1-\frac{\pi}{4}\right)\cdot\frac{h^3L_A}{A^2} \tag{4. 5. 73}$$

とすればよい．そして図形が大きさを異にした N_a 個の円である時は

$$L_A=\pi N_a\bar{\delta} \tag{4. 5. 74}$$

$$A=\frac{\pi}{4}N_a\bar{\delta}^2\cdot Q_2' \tag{4. 5. 75}$$

であるから，これを(4. 5. 73)に代入すれば

$$\left(\frac{\boldsymbol{\sigma}_{A_{O/n}}}{\bar{\boldsymbol{A}}_{O/n}}\right)^2_{\text{reg./f}}=\left(\frac{\boldsymbol{4}}{\boldsymbol{\pi}}-\boldsymbol{1}\right)\left(\frac{\boldsymbol{h}}{\bar{\boldsymbol{\delta}}}\right)^3\cdot\frac{\boldsymbol{1}}{\boldsymbol{N}_a[\boldsymbol{Q}_2']^2} \tag{4. 5. 76}$$

を得る．したがって計測すべき図形の形を見て(4. 5. 58)の式を採用するか，または(4. 5. 73)や(4. 5. 76)の式を採用するかを決定すればよい．なお(4. 5. 58)や(4. 5. 73)の式の計算にあたっては L_A は第2章の(2. 2. 21)によって推定し，A は点解析によって得た A の推定値をそのまま用いることになる．

最後に目の細かい正三角形の格子交点を用いる理論を追加しておく．この格子は交点の配置からいえば正方格子をゆがませて格子線のなす角を60°または120°にしたものと見ることができる．この場合も理論の誘導方針は正方格子の場合と本質的には同じことであるが，ただ(4. 5. 50)で格子横線の間隔が $\sqrt{3}/2$ 倍に狭くなることが異なる．それゆえ h のかわりに $\sqrt{3}\,h/2$ を用いればよい．

これは(4. 5. 52)(4. 5. 53)についても同じである．いま(4. 5. 53)の h を $\sqrt{3}\,h/2$ で置き換えこれに相当する式を書けば

$$\sigma_{n_A}^2=\frac{2L_A}{3\sqrt{3}\,\pi h} \tag{4. 5. 77}$$

となる．一方正三角形の格子を用いる時には1個の格子交点が $\sqrt{3}\,h^2/2$ の面積を代表するから

$$\bar{n}_A=2A/\sqrt{3}\,h^2 \tag{4. 5. 78}$$

である．そして目の細かい正三角形の格子を tri./f という添字で示せば(4. 5. 58)に相当する式は

$$\left(\frac{\sigma_{A_{O/n}}}{\bar{A}_{O/n}}\right)^2_{\text{tri./f}}=\left(\frac{\sigma_{n_A}}{\bar{n}_A}\right)^2_{\text{tri./f}}=\frac{h^3L_A}{2\sqrt{3}\,\pi A^2}=\frac{(2/\sqrt{3}\,)^{1/2}L_A/\sqrt{A}}{3\pi\bar{n}_A{}^{3/2}} \tag{4. 5. 79}$$

となる．そして図形が直径 δ の1個の円である時の式(4. 5. 68)は

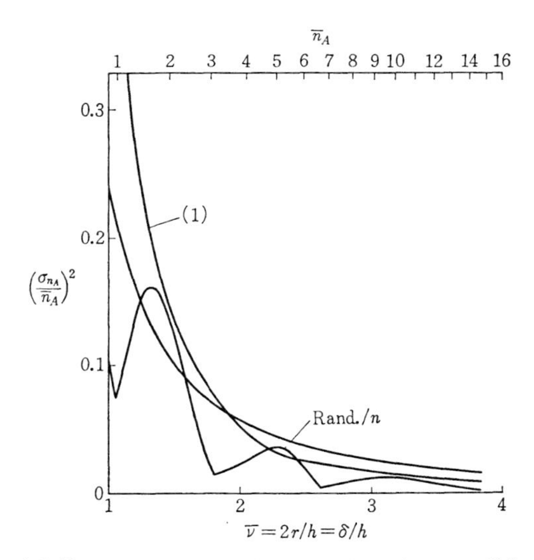

図 4. 5. 10　1個の円に正三角形の格子を用いた時の n_A の誤差を示す．振動する曲線は実測から得たものである．滑らかな曲線(1)は(4. 5. 80)の近似式を示す．そして Rand./n は格子交点と同数 $n=(2/\sqrt{3}\,)(\delta/h)^2$ の無作為な点を用いた場合の誤差である．全体の状況は図 4. 5. 9 の正方格子と大同小異ではあるが，正三角形の格子では $\delta/h<2$，特にこれが1に近い所で実測誤差が小さいことが目立つ．なお δ/h が 1.2 から 1.6 位の所では実測誤差は正方格子の場合と同じく無作為な点を用いる時より大きくなっている．

$$\left(\frac{\sigma_{n_A}}{\bar{n}_A}\right)^2_{\mathrm{tri./f}} = \frac{8}{\sqrt{3}\,\pi^2}\left(\frac{h}{\delta}\right)^3 = \frac{2(2/\sqrt{3}\,)^{1/2}}{3\sqrt{\pi}\,\bar{n}_A{}^{3/2}} \tag{4.5.80}$$

となる．そして，(4. 5. 80)の $(h/\delta)^3$ の係数は正方格子の(4. 5. 68)の式の $\sqrt{3}/2$ 倍になっている．

正三角格子の場合も正方格子について行ったような誤差の実測操作が可能である．そして図 4. 5. 10 の振動する誤差曲線が得られる．この図中にはまた比較のために(4. 5. 80)の曲線と，格子交点と同数の無作為な点を用いた場合の誤差曲線が描き入れてある．これを見ると(4. 5. 80)はほぼ正方格子の(4. 5. 68)の式に相当するものであることがわかる．それゆえ図形が大きさを異にする円の群である時には，(4. 5. 80)の係数をこの約 1/2 にとれば目の細かい正三角格子の誤差の近似式が得られるわけである．しかしこの近似式は正方格子の場合と異なり，$\delta=h$ の条件で目の粗い正三角格子の式に接続させることはできない．いま $\delta=h$ として目の粗い正三角格子の式(4. 5. 35)を 1 個の円に適用すると

$$\left(\frac{\sigma_{n_A}}{\bar{n}_A}\right)^2_{\mathrm{tri./c}} = \frac{\sqrt{3}}{2}\cdot\frac{4}{\pi}-1 = 0.10265\cdots\cdots \tag{4.5.81}$$

となる．この値は(4. 5. 80)の $(h/\delta)^3$ の係数の 1/2, 0.23399……よりいちじるしく小さい．したがって(4. 5. 81)の係数を用いて目の細かい正三角格子の誤差の式を書くわけにはゆかない．

次に図 4. 5. 11 に正方格子と正三角格子を目の細かい格子として用いた場合の実測誤差曲線を比較してある．これを見ると 2 種の格子の誤差曲線の振動の相が互いに異なるため，誤差が極小値を示すような δ/h の値は二つの格子で異なってくる．したがって全体としてどちらの格子が有利かは簡単にはいえない．しかし目立つことは $\delta/h<1.2$ の範囲では正三角格子の誤差がいちじるしく小さくなることである．この場合には一つの図形にはせいぜい 1～2 個までの格子交点しか重ならない．つまり目の細かい格子といってもほとんど目の粗い格子と大差のないような場合には正三角格子が明らかに有利である．これは計測実施にあたって心得ておいてよいことで，このような条件下には正三角格子を使用する方が得策であろう．

なおいずれの格子を用いても $\delta/h<2$ の範囲では目の細かい格子の誤差が非常に大きくなる所がある．これは正方格子では $1.6<\delta/h<1.9$，正三角格子では

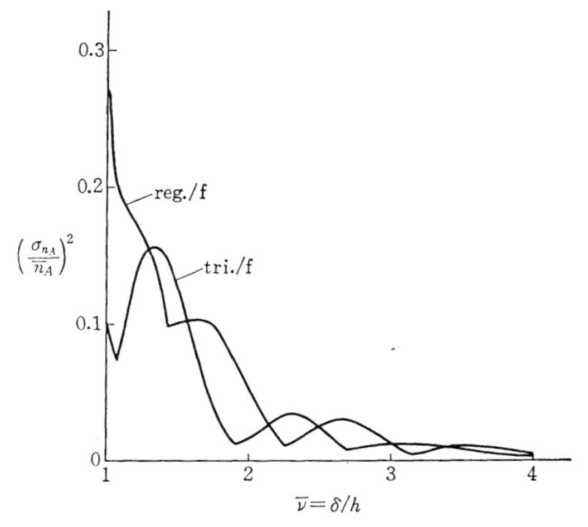

図 4.5.11 正方格子と正三角格子の実測誤差曲線の比較. reg./f は正方格子, tri./f は正三角格子.

$1.2<\delta/h<1.6$ 位の部位である. そしてこの部位では格子交点と同数の無作為な点を用いた方がかえって誤差が小さくなる. これも計測実施にあたって注意を要することである. つまり部分領域全体の図形面積を支配する程度の円に対して $\delta/h<2$ の条件で格子を重ねると, 誤差が予想外に大きくなることがある. それゆえこのような円に対しては $\delta/h>2$ になるようにして格子を適用する必要がある. そして $\delta/h>2$ の条件下では目の細かい格子の誤差は h が小さくなるにつれて急速に小さくなり, いずれの格子を用いても大差はなくなる. したがって実際問題としては是非どちらの格子を用いなければならないという程のことはないわけである.

§6 線解析と点解析の比較

この節では平面図形をその直径 δ が対数正規分布に従う円の群とするモデルを用い, 等間隔平行線と正方格子の間隔 h を等しくとるという条件で, 図形面積の線解析と点解析とを比較する. 目の粗い等間隔平行線と正方格子とでは, 線解析の方が領域内誤差が小さく, またそ

の差は $h/\bar{\delta}$ が大きい程いちじるしい．これに対して目の細かい等間隔平行線と正方格子とでは，$h/\bar{\delta}$ が充分小さければ点解析の方が領域内誤差が小さくなる．しかしこのような場合には線解析，点解析とも領域内誤差は領域間誤差に比較して格段に，そして不釣合な程に小さくなるので，この条件での計測は適当ではない．そして実際に適用可能な $h/\bar{\delta}$ の範囲ではやはり線解析の方が領域内誤差が小さい．しかし誤差論とは別に，小さな図形については弦の長さの正確な計測が困難なこと，また計測操作そのものは点解析の方が容易であること等を考慮し，総合的に判断すれば次のような結論になる．

図形の大小不同が比較的少ない場合には誤差論の立場からは目の粗い等間隔平行線による線解析を行うべきである．ただし部分領域を充分大きくとることができる時は，計測操作の容易さを考慮すれば目の粗い正方格子による点解析を採用してもよい．そしていずれの場合も領域間誤差を参考にして部分領域の大きさと h を決める必要がある．一方図形の大小不同がいちじるしい時には，領域間誤差を考慮しつつ，一部の大きな図形にのみ目の細かい正方格子が適用されるような条件で点解析を行う方が有利である．これは誤差論とは別に計測操作の便宜によるものである．

平面図形の面積推定には線解析と点解析の二つの方法があり，線解析では等間隔平行線，点解析では格子交点を用いるのが領域内誤差を小さくする上で有効な手段であることはすでに説明した通りである．しかし実際にあたって線解析と点解析のいずれを採用すべきかという問題がまだ残っているので，この節ではその検討をしてみるつもりである．

以下部分領域は1辺が単位長の正方形とする．これは例によって諸量を部分領域の大きさを単位として表現することを意味するので，実際にどれだけの大きさの部分領域をとるかは全く自由である．図形は大きさを異にした円が無作為に配置されているものとし，円の直径は対数正規分布に従うものとする．このように条件をつけた結果として得られた結論はこの条件の範囲でしか厳密には通用しないことになるが，円以外の図形がこれとは異なった分布をしている場合にも方法選択の上で見当をつける役には立つであろう．記号を簡単にするため変異係数の平方の形で表わした領域内誤差を J^2 とし，等間隔平行線による線解析の場合は J_X^2，正方形の格子の交点を用いる点解析については J_n^2 と書いて区別する．一方領域間誤差はいずれの方法でも共通であるから，これを J_g^2 としておく．そうすると全領域についての誤差は

$$J_X^{2*} = J_X^2 + J_g^2 \tag{4.6.1}$$

$$J_n^{2*} = J_n^2 + J_g^2 \tag{4.6.2}$$

となる．

a) 領域間誤差

領域内誤差の問題に先立って領域間誤差の一般的なことを述べておく．これはいずれの方法を採用するにしても共通の形のものであり，(4.2.16)(4.4.26)(3.3.129)により

$$J_g^2 = \frac{\mathrm{e}^{4m^2}}{\bar{N}_{aO}} \tag{4.6.3}$$

となる．この形からみて J_g^2 は m，つまり図形の大小不同にきわめて敏感であり，図形の大小不同がいちじるしいと急速に値が大きくなることがわかる．そして m が与えられればあとは $\bar{N}_{aO}$，つまり図形の数にのみ関係する．この $\bar{N}_{aO}$ を大きくするには部分領域そのものを大きくとる以外はないことはただちに了解できるであろう．いま J_g^2 を 0.0025 以下に，したがって変異係数そのものの値は 0.05 以下におさえるために必要な $\bar{N}_{aO}$ を計算してみると

$$m = 0: \quad \bar{N}_{aO} > 400 \tag{4.6.4}$$

$$m = 0.5: \quad \bar{N}_{aO} > 1087 \tag{4.6.5}$$

$$m = 1.0: \quad \bar{N}_{aO} > 21839 \tag{4.6.6}$$

となる．これを見ると m=1.0 ではずいぶん大きな部分領域をとらなければならないことがわかる．もっとも対数正規分布のように，原理的にはいくらでも大きな円が出現しうるような理論分布を適用すると，m が大きくなるにつれ，現実には出現しない程度の大きな円の影響が無視できなくなるため，実際よりは誤差が過大に評価される傾向はある．したがってこの値はある程度割引きして考えてもよいであろうが，それにしても円の大小不同がいちじるしい時には

ずいぶん多数の円をとらなければ領域間誤差は小さくならないことに変わりはない．このように大きな部分領域を直接計測の対象とすると，大部分の図形が小さくなりすぎて線解析にも点解析にも不便である．したがって実際にはこの大きな部分領域をさらにいくつかの区域に分割して，それぞれの区域の計測結果の和をとるという方法が必要であろう．どの程度の大きさの区域に分ければよいかはその区域についての計測の実施しやすさと領域内誤差の大きさを目安として決めることになる．

次に領域内誤差を検討するが，この場合も‘目の粗い’等間隔平行線と格子，および‘目の細かい’等間隔平行線と格子を区別して扱わなければならない．

b）目の粗い等間隔平行線と目の粗い格子

この比較を行うにあたってはまず両者の h を等しくとることが前提となる．そして目の粗い等間隔平行線や格子を用いる時は最初から全領域の図形の面積分率を推定する時の誤差の式を用いた方が簡単である．線解析の式は(4.4.69)を用い，係数に数値を入れ，$M=1/h$，$\bar{N}_{\lambda O}=\bar{\delta}\bar{N}_{aO}$ であることを考慮し，また(3.3.129)により $Q_3'/[Q_2']^2=\mathrm{e}^{m^2}$ とすれば

$$J_X{}^{2*}=1.0807\frac{\mathrm{e}^{m^2}}{\bar{N}_{aO}}\left(\frac{h}{\bar{\delta}}\right)\qquad(4.6.7)$$

となる．一方 $J_n{}^{2*}$ には(4.5.33)を用いるが，図形が円であるから(4.4.24)により A_O を書きなおせば

$$J_n{}^{2*}=1.2732\frac{\mathrm{e}^{-m^2}}{\bar{N}_{aO}}\left(\frac{h}{\bar{\delta}}\right)^2\qquad(4.6.8)$$

を得る．この段階ですでに $J_X{}^{2*}$ と $J_n{}^{2*}$ の比較は可能である．目の粗い等間隔平行線や格子を用いる時には常に $h>\bar{\delta}$ であるが，$h/\bar{\delta}$ の値が大きくなればなる程，いいかえれば平行線や格子の間隔を図形に対して粗くとればとる程 $J_n{}^{2*}$ の方が $J_X{}^{2*}$ よりも急速に値が大きくなることはわかる．ところで目の粗い等間隔平行線や格子では定義上 h はいずれの円の直径よりも大きくとらなければならない．対数正規分布を仮定すればこの分布の性格上 h は ∞ になってしまう．しかし実際には領域間誤差をある水準以下におさえるのに必要な大きさの部分領域をとった時に出現し得る最大の円の直径を h にあてるより仕方がない．

この値は m によって異なるので理論上一義的には決まらない．たとえば通常よく用いられる $3m$ 水準での最大の円の直径を h にとれば，h より大きい円の出現する確率は 0.00135 である．つまり 1000 個の円に対して 1 個程度である．それゆえ(4.6.5)からわかるように $m=0.5$ 以下であれば大体この水準で h を定めてもよいが，$m=1.0$ の時のように 20000 以上の円を必要とする場合にはこれでは不充分である．この場合には h より大きい直径の円が部分領域中に 30 個位出現することになるから，最大の円の直径，したがって h はたとえば $4m$ の水準にとる必要があるであろう．それゆえ一般的な表示を用いて xm の水準での最大の円の直径を $\delta_{\max}$ とし，式を誘導してみると，(3.3.125)と(3.3.127)から

$$\delta_{\max} = \delta_0 e^{xm} \tag{4.6.9}$$

$$\bar{\delta} = \delta_0 e^{\frac{m^2}{2}} \tag{4.6.10}$$

である．この δ_0 は $\log\delta$ の中央値にあたる δ の値である．そして(4.6.9)と(4.6.10)から

$$\delta_{\max} = \bar{\delta} e^{xm-\frac{m^2}{2}} \tag{4.6.11}$$

を得る．そこで $h=\delta_{\max}$ として(4.6.7)と(4.6.8)を書きなおすと

$$J_X{}^{2*} = \frac{1.0807}{\bar{N}_{ao}} e^{xm+\frac{m^2}{2}} \tag{4.6.12}$$

$$J_n{}^{2*} = \frac{1.2732}{\bar{N}_{ao}} e^{2xm-2m^2} \tag{4.6.13}$$

となる．これを用いて $J_n{}^{2*}/J_X{}^{2*}$ という比をつくってみると

$$\frac{J_n{}^{2*}}{J_X{}^{2*}} = 1.1781 e^{xm-\frac{5}{2}m^2} \tag{4.6.14}$$

となる．この比は形式的には m が大きくなればいずれは 1 より小さくなる．しかし実際問題として x を 3～4 位にとれば，図形の大小不同はずいぶんいちじるしい場合でも $m=1.0$ 位までのものであるから，$J_n{}^{2*}>J_X{}^{2*}$ が常に成立することがわかる．つまり目の粗い等間隔平行線と正方格子の交点を用いる時，両者の h が等しければ線解析の方が誤差を小さくする上で有利であるということである．原理的には目の粗い等間隔平行線や格子はどのような図形にも適用できるわけであるが，実際にはこれを用いるためにはある制約がある．それは

小さな図形が多数ある中に例外的に大きな図形が存在する場合には，hをこの例外的な図形の大きさに合わせなければならないため，その点で不便を生ずることがある．これはmの値の大きい場合にあててみることができる．以下いくつかのモデルについて目の粗い等間隔平行線や格子を使用しやすい局面，使用しにくい局面を具体的に検討してみよう．

i）Model 1　まず円の直径がすべて等しい，つまり$m=0$の場合を考えよう．条件としてはA_Oを図形の面積分率として

$$m = 0,\ \ A_O = 0.5,\ \ N_{aO} = 500$$

を採用する．この時のδは(4.4.24)により

$$\frac{\pi}{4} N_{aO} \delta^2 = 0.5 \tag{4.6.15}$$

したがって

$$\delta = 0.03568 \tag{4.6.16}$$

となる．それゆえ$h=0.04$にとれば，目の粗い等間隔平行線や格子の条件は充分満足される．そしてこれは正方形の部分領域上に25本の平行線，625個の格子交点を用いることになるから，実際問題としてはこの部分領域をさらにいくつかの，たとえば25個の正方形の区域に分割して，それぞれの区域についての計測の和をとるということになるであろう．この場合一つの区域の上には5本の平行線，25個の格子交点が重なるから実施上はちょうど手頃である．しかしここでの計算では部分領域全体を対象としてよいから，$h=0.04$を用いると，(4.6.7)と(4.6.8)により

$$J_X{}^{2*} = 0.002423 \tag{4.6.17}$$

$$J_n{}^{2*} = 0.003200 \tag{4.6.18}$$

を得る．

ところで$N_{aO}=500$の時の領域間誤差は(4.6.3)により

$$J_g{}^2 = 0.002000 \tag{4.6.19}$$

であるから，領域内誤差は(4.6.17)と(4.6.18)により

$$J_X{}^2 = 0.000423 \tag{4.6.20}$$

$$J_n{}^2 = 0.001200 \tag{4.6.21}$$

となる．これをみると$J_n{}^2$は$J_X{}^2$の約3倍の値になる．しかしいずれにせよ

$J_X{}^{2*}$ や $J_n{}^{2*}$ の大部分をつくるのは領域間誤差であって，これ以上 $J_X{}^{2*}$ や $J_n{}^{2*}$ を小さくしようとする時には h はこの程度で充分であり，N_{aO} を大きくすることを考えなければならない．そこで h を 0.04 のままにして部分領域を 4 倍にとり

$$m = 0,\ \ A_O = 0.5,\ \ N_{aO} = 2000$$

としてみよう．この時の δ は(4. 6. 16)の 1/2 であるから

$$\delta = 0.01784 \tag{4. 6. 22}$$

である．これを(4. 6. 7)と(4. 6. 8)に入れて計算すると

$$J_X{}^{2*} = 0.001212 \tag{4. 6. 23}$$

$$J_n{}^{2*} = 0.003200 \tag{4. 6. 24}$$

となる．そしてこの時は

$$J_g{}^2 = 1/2000 = 0.000500 \tag{4. 6. 25}$$

となるから，領域内誤差は

$$J_X{}^2 = 0.000712 \tag{4. 6. 26}$$

$$J_n{}^2 = 0.002700 \tag{4. 6. 27}$$

となる．

これを見ると $J_X{}^2$ と $J_g{}^2$ はほぼ同じ水準の値になっているが，$J_n{}^2$ は $J_g{}^2$ に比較してはるかに大きい．したがってこのモデルでは目の粗い等間隔平行線による線解析が効果的であることが示されている．そしてこのように図形の大きさが一様である時には，顕微鏡の拡大を適当にとれば，弦の長さの測定には充分の正確さが期待できるので，実用上も線解析が推奨できる．実際の操作についていうと，25 の正方形の区域に 5 本の等間隔平行線を重ねて，N_{aO} と λ の和 X をとり，これの全部分領域あたりの和を求めて $X_O = A_O{}^*$ により図形の面積分率を推定すればその誤差は(4. 6. 23)で与えられることになる．

ii) Model 2　このモデルでは図形に中等度の大小不同がある場合として $m = 0.5$ を採用しよう．この時の $J_g{}^2$ を 0.0025 以下におさえるために必要な N_{aO} は(4. 6. 5)により 1087 であるから，このモデルとしては $N_{aO} = 1100$ とする．したがって条件は次のようになる(図 4. 6. 1)．

$$m = 0.5,\ \ A_O = 0.5,\ \ N_{aO} = 1100$$

そしてこの場合の $\bar{\delta}$ は(4. 4. 24)から

$$\frac{\pi}{4}N_{ao}\bar{\delta}^2 e^{m^2} = 0.5 \tag{4.6.28}$$

であるから

$$\bar{\delta} = 0.02123 \tag{4.6.29}$$

となる．一方 h は最大の円の直径より大きくなければならないが，$3m$ 水準の δ_{max} は(4.6.11)により

$$\delta_{max} = \bar{\delta}e^{3m-\frac{m^2}{2}} = \bar{\delta}e^{1.375}$$
$$= 0.08397 \tag{4.6.30}$$

となる．それゆえここでは h=0.09 としよう．すると(4.6.7)と(4.6.8)から

$$J_X{}^{2*} = 0.005348 \tag{4.6.31}$$

$$J_n{}^{2*} = 0.016200 \tag{4.6.32}$$

を得る．そしてこのモデルの $J_g{}^2$ は(4.6.3)により

$$J_g{}^2 = 0.002471 \tag{4.6.33}$$

であるから，領域内誤差は

$$J_X{}^2 = 0.002877 \tag{4.6.34}$$

$$J_n{}^2 = 0.013729 \tag{4.6.35}$$

となる．

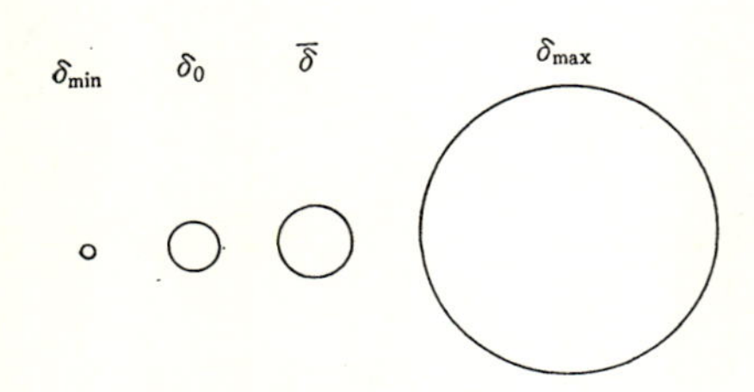

図4.6.1　Model 2 の条件，m=0.5 に対応する図形の大小不同の程度を直観的な形で示す．$\bar{\delta}$ は δ の算術平均，δ_0 は $\log\delta$ の分布の中央値に相当する円の直径であり，この附近の大きさの円の出現頻度が最も高いことを意味する．δ_{max}, δ_{min} はそれぞれ $3m$ 水準での最大，最小の円の直径で，この場合は $\delta_{max}/\delta_{min}$=20.09 となる．つまり最大の図形は最小の図形の約20倍の大きさをもつことになり，これによって図形の大きさのバラツキの程度を示すことができる．

この結果を見ても線解析の誤差が小さいことがわかる．なお h=0.09 であれば，この部分領域を4個程度の正方形の区域に分割すれば計測実施の上で不便はない．しかしこのモデルでは全領域についての面積分率の推定誤差は実際問題としてはまだ大きすぎるので，たとえばこの誤差を1/4程度に小さくしようと思えば部分領域を4倍の大きさにとらなければならない．そうすれば直接計

測を行う区域の総数は16個ということになる．これは実施上あまり困難はない数である．なお N_{aO} が大きくなっても $\bar{N}_{\lambda O}=\bar{\delta}N_{aO}$ であるから，$\bar{\delta}$ が小さい時は比較的少数の弦を計測すればすむ．

以上のような次第で $m=0.5$ という中等度の図形の大小不同のある時には，まだ目の粗い等間隔平行線による線解析が有効に用いられることがわかる．しかし一方では図形の大小不同のためにそろそろ別の制約がでてくる．それは図形の大小不同がいちじるしくなると，h の値は例外的に大きな円に合わせて決定しなければならないから，何本かの試験直線を顕微鏡の視野に入れるためには大部分の図形が非常に小さくなってしまうことである．このモデルでも $\bar{\delta}$ の値はすでに0.02にすぎない．このように小さい円と試験直線とが交わってつくる弦の長さを正確に計測することは次第に困難になる．このような場合には線解析よりは点解析の方が操作が容易である．それゆえ部分領域を大きくとることに困難がなければ，誤差論とは別に点解析を利用する方が実際的であろう．しかしこれにも限度がある．したがって図形の大小不同がいちじるしい時には目の粗い等間隔平行線や格子の制限をはずして，‘目の細かい’等間隔平行線や格子を用いる必要がでてくる．それゆえ以下目の細かい等間隔平行線と格子について検討してみよう．

c）目の細かい等間隔平行線と目の細かい格子

図形を円の群とすればこの場合の領域内誤差は(4. 4. 89)と(4. 5. 76)で与えられるから，これらの式の係数を計算すれば

$$J_X{}^2=\frac{0.0807}{N_{aO}\mathrm{e}^{m^2}}\left(\frac{h}{\bar{\delta}}\right)^2 \qquad (4.\ 6.\ 36)$$

$$J_n{}^2=\frac{0.2732}{N_{aO}\mathrm{e}^{2m^2}}\left(\frac{h}{\bar{\delta}}\right)^3 \qquad (4.\ 6.\ 37)$$

である．そして $J_n{}^2/J_X{}^2$ の比をつくってみると

$$\frac{J_n{}^2}{J_X{}^2}=3.3853\frac{1}{\mathrm{e}^{m^2}}\left(\frac{h}{\bar{\delta}}\right) \qquad (4.\ 6.\ 38)$$

となる．これをみると $h/\bar{\delta}$ を小さくとればこの比はいずれは1より小さくなることは明らかである．そして $m=1.0$ とすれば，$h/\bar{\delta}<0.803$ の範囲では点解析

の領域内誤差の方が小さくなる．しかし目の細かい等間隔平行線や目の細かい格子を用いる必要のあるのは図形の大小不同がいちじるしい時であり，このような時には実測にあたって $h/\bar{\delta}=1$ という条件をつけることすら困難であるので，h をこれ以上小さくすることは実際問題としてはあまり意味がない．一方この比は e^{m^2} に逆比例するから，理論的には m が大きくなれば点解析の方が誤差が小さくなることがわかる．しかし $h/\bar{\delta}=1$ としてこの比が1より小さくなる条件を求めてみると

$$m > 1.1043 \qquad (4.6.39)$$

となる．これは図形の大小不同が非常にいちじるしい場合を意味する．そしてこのような時には $\bar{\delta}$ がはなはだしく小さくなるので h を $\bar{\delta}$ よりかなり大きくとらないと計測実施は困難となる．したがってもう円の群全体にわたり(4.6.36)や(4.6.37)の式を適用することは無理であり，一部の図形には目の粗い等間隔平行線や目の粗い格子の式を用いて誤差を求めざるをえない．この場合の理論はこの節の注2)(370頁)で，また具体的な計算はモデルについて説明しよう．

さらに実際には線解析か点解析かの選択は単に誤差論の立場からだけでは必ずしも適切に判断できない．それは図形と試験直線のつくる弦の長さを計測するよりは，点の数があまり多くない限り，図形の上に重なる格子交点の数を数える方が手間もかからず楽でもあるから，むしろ N_{ao} を大きくとって計測数を増しても点解析を用いるのが有利である．それゆえ誤差論以外の立場も入れて総合的に判断すれば，たとえ大きな図形に重なる平行線や格子交点の数が比較的小さい場合でも点解析を用いる方が便利なことが多い．

これまでは誤差としては領域内誤差のみを考えてきた．しかしすでに度々述べたように同時に領域間誤差を考慮に入れなければ合理的な計測計画はたてられない．ただ領域内誤差だけを小さくしても意味が少ないからである．それゆえ次に(4.6.36)と(4.6.37)について領域内誤差 $J_X{}^2, J_n{}^2$ と，領域間誤差 $J_g{}^2$ を比較してみよう．式の形からみて m が大きい程領域内誤差は小さくなり，反対に領域間誤差は大きくなる．そして $h/\bar{\delta}=1$ としてこの2種の誤差が最も接近する $m=0$ という条件をとっても，図形が円に近いものであれば $J_X{}^2$ は $J_g{}^2$ の1/10以下であるし，$J_n{}^2$ も $J_g{}^2$ の1/3以下である．図形が円から遠い形であれば領域間誤差と領域内誤差の差はもっと小さくなるであろうが，いずれにせ

よ誤差論の立場からは実は図形全体に対して目の細かい等間隔平行線や目の細かい格子を用いる必要はあまりないので，むしろ N_{ao} を大きくして領域内誤差と領域間誤差を同時に小さくすることを考える方が効果的である．そしてすでにのべたように目の細かい等間隔平行線や格子を用いる必要は，誤差論とは別の立場からも検討すべき性質のものである．

最後に具体的なモデルについて計算の実際を説明しておこう．

i) Model 3 このモデルには図形の大小不同がいちじるしい場合を考え，$m=1.0$ とすると，領域間誤差を 0.0025 以下におさえるためには(4.6.6)により $N_{ao}\geqq 21839$ となる(図 4.6.2)．したがってこのモデルの条件は

$$m=1.0,\ \ A_o=0.5,\ \ N_{ao}=22000$$

としよう．この時の $\bar{\delta}$ は(4.4.24)によって

$$\frac{\pi}{4}N_{ao}\bar{\delta}^2\mathrm{e}^{m^2}=0.5 \qquad (4.6.40)$$

を計算すれば

$$\bar{\delta}=0.003263 \qquad (4.6.41)$$

となる．そして $3m$ 水準と $4m$ 水準での $\delta_{\max}$ をそれぞれ $\delta_{\max(3m)}$，$\delta_{\max(4m)}$ とすれば，これは(4.6.9)からそれぞれ $\delta_0\,\mathrm{e}^{3m}$，$\delta_0\,\mathrm{e}^{4m}$ を計算すればよいから

$$\delta_{\max(3m)}=0.0397 \qquad (4.6.42)$$

$$\delta_{\max(4m)}=0.1080 \qquad (4.6.43)$$

である．

このモデルにかりに目の粗い等間隔平行線や格子を用いるとすると，22000 という数の円に対しては最大径は少なくとも $4m$ 水準位にとらなければならな

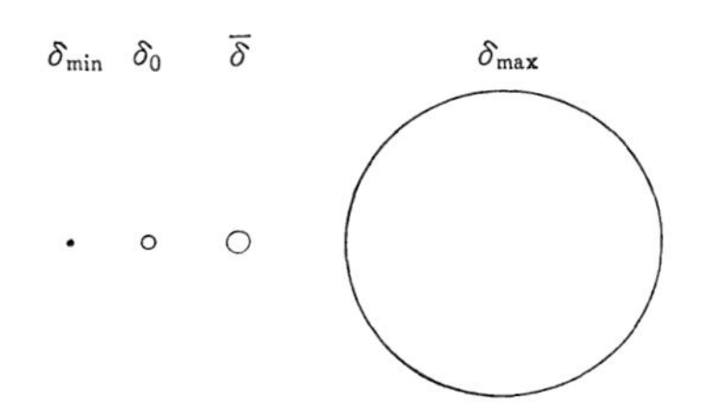

図 4.6.2 Model 3 の条件，$m=1.0$ に対応する図形の大小不同の程度を直観的な形で示す．$\bar{\delta}, \delta_0, \delta_{\max}, \delta_{\min}$ の意味は図 4.6.1 と同じである．この場合には $\delta_{\max}/\delta_{\min}=403.4$ となる．そして直観的にいうと多数の小さな図形の中に少数のとびぬけて大きな図形が混在するような形になる．したがって $\bar{\delta}$ を規準として目の細かい等間隔平行線や格子を適用すれば，大きな図形に対しては目が細かすぎる結果になるし，一方目の粗い等間隔平行線や格子を用いれば数の上で大部分を占める小さな図形の扱いが不便になることはただちに了解できるであろう．

いから，h は0.1程度にとる必要がある．そうすると大部分の円の大きさは $\bar{\delta}$ の値からみて eye-piece に刻んだ線の太さ，点の大きさと大差がない位小さくなってしまうから，とても正確な計測はできない．そしてこのような局面で目の細かい等間隔平行線や格子が必要になる．しかしもし $h/\bar{\delta}=1$ とすれば，この部分領域全体に重なる平行線の数は300本以上，格子交点の数は90000個以上となる．そしてこれを一視野に5本程度の平行線が入る位に視野の大きさをとれば，この部分領域を3600個以上の区域に分割して計測を行わなければならない．もちろん図形の大小不同のいちじるしい時は領域間誤差が大きくなるため多数の区域について計測を行うことは原則として避けられないが，できればもう少し区域の数を少なくした方が実用的であることはいうまでもない．そこで全体の図形面積の1/2程度の図形に複数の平行線，複数の格子交点が重なる位の所で妥協してみよう．いま h を $5\bar{\delta}$ にとると368頁の注1)の(4. 6. 55)により h 以下の直径の円の面積が全体の図形面積の中で占める割合は約54%になる．いま用いているモデルでは $5\bar{\delta}=0.01631$ であるから，$h=0.015$ とし，一つの視野に5本の平行線，25個の格子交点を用いることにすれば，必要な視野の数は $[1/(0.015\times5)]^2\fallingdotseq178$ となる．そして $3m$ 水準での最大の円には平均して2.6本の平行線，5.5個の格子交点が，$4m$ 水準の最大の円には平均して7.2本の平行線，40.7個の格子交点が重なることになる．つまり極端に大きな円はもはや一つの視野にはおさまらないが，この程度であれば4個の視野の中には入るから計測計画としては実行上大した差しつかえはないであろう．

さてこの場合は目の細かい等間隔平行線や格子が適用される部分と，目の粗い等間隔平行線や格子が適用される部分の図形面積はほぼ等しいから，全体に目の細かい等間隔平行線や格子の理論を適用するわけにはいかない．それゆえ370頁の注2)の方法を用いて(4. 6. 85)(4. 6. 86)により計算を行う必要がある．そして

$$h/\bar{\delta} = 0.015/0.003262 = 4.5984 \tag{4. 6. 44}$$

$$\log(h/\bar{\delta}) = 1.5257 \tag{4. 6. 45}$$

であり，また(4. 6. 78)から正規分布表を利用して

$$[E_1]_h^\infty = 0.1525,\ \ [E_2]_h^\infty = 0.4898,\ \ [E_2]_0^h = 0.5102,$$
$$[E_3]_0^h = 0.1649,\ \ [E_4]_0^h = 0.0242$$

を得るから，これを(4.6.85)と(4.6.86)に入れて計算すると

$$J_X{}^2 = 0.00004120 + 0.00001399$$
$$= 0.00005519 \qquad (4.6.46)$$
$$J_n{}^2 = 0.00016963 + 0.00002492$$
$$= 0.00019455 \qquad (4.6.47)$$

となる．この $J_X{}^2, J_n{}^2$ の上段の式の右辺第1項は目の粗い等間隔平行線または格子が適用される部分の誤差，また右辺第2項は目の細かい等間隔平行線または格子が適用される部分の誤差を表わすものである．この結果をみると右辺第1項，第2項とも $J_n{}^2$ の方が $J_X{}^2$ に比較して明らかに大きくなる．したがって誤差論の立場からは線解析がすぐれていることがわかる．

また注目を引くことは線解析にせよ点解析にせよいずれの場合も領域内誤差が非常に小さいことである．そしてこのモデルの領域間誤差

$$J_g{}^2 = 0.00248173 \qquad (4.6.48)$$

に比較すれば点解析ですら1/12以下にすぎない．したがって計測計画としては h をもっと大きくとっても差しつかえないが，この際の制約は顕微鏡の拡大を下げるために図形が小さくなる時，小さな図形がどこまで計測の対象となりうるかということである．そしてこの点については点の図形への重なりを判定する操作の方が，弦の長さを測定するよりははるかに小さな図形にまで適用できるから，その意味では誤差論とは別に点解析の方が便利である．

最後に比較のためこのモデルに目の粗い等間隔平行線と格子を適用する場合の誤差を計算しておこう．この際円の直径の分布に対数正規分布をあてればすでに述べたように目の粗い等間隔平行線や格子の条件を厳密に設定することはできないから，大部分の面積を占める図形に対してこの条件が満足されればよいとしなければならない．いま(4.6.43)の $4m$ 水準の $\delta_{\max}$ を考慮して $h=0.1$ とし，(4.6.7)と(4.6.8)を用いて $J_X{}^{2*}$ と $J_n{}^{2*}$ を求め，これから(4.6.48)の領域間誤差を引いて領域内誤差を計算すれば次のようになる．

$$J_X{}^2 = 0.001612 \qquad (4.6.49)$$
$$J_n{}^2 = 0.017527 \qquad (4.6.50)$$

これをみると点解析の領域内誤差ははなはだしく大きいから，この条件での計測は適当でないことがわかる．これに対して線解析の領域内誤差はかなり小

さくなるが，この条件では大部分の図形が小さくなりすぎ小さな図形と試験直線が交わってつくる弦の長さを正確に計測することが困難になるであろう．結局図形の大小不同がこのモデルのようにいちじるしい場合にはすべての図形に対して目の粗い等間隔平行線や格子を用いる計測は実用的でないといえる．

注1）ある直径以下の円の面積が全体の図形面積の中で占める比率

目の細かい等間隔平行線や格子の理論は元来 h がいずれの円の直径よりも小さいことを前提とするものである．しかし円に大小不同がある時は，小さな円はたとえ数は多くても全体の図形面積をつくる上では比較的役割は小さい．したがってこれを無視して一応 $\bar{\delta}$ を目安として $h/\bar{\delta}<1$ という条件の下に式を誘導したわけであった．それゆえ別にどうしても $\bar{\delta}$ を規準にとらなければならないということはないので，状況に応じて図形面積の大部分を占めるような円の群に注目して，その下限をつくる円の直径に h を合わせればよい．事実図形の大小不同がいちじるしい時には $\bar{\delta}$ を規準として h を定めても，部分領域全体に重なる平行線や格子交点の数が非常に大きくなり，とても実用にはならない．それゆえ実際には $h/\bar{\delta}>1$ の条件で目の細かい等間隔平行線や格子を用いることが多い．そうすると相当な面積を占める図形には実は目の粗い等間隔平行線や格子を用いることになる．この場合には厳密には注2)の方法に従って二つの部分の分散を別別に計算して加え合わせる必要がある．このためにはある直径以下の円の面積が全体の図形面積の中で占める割合を知ることが大切であるから，以下まずこの問題を扱ってみよう．

便宜のため円の直径を平均直径 $\bar{\delta}$ を標準として $x\bar{\delta}$ で表わし，直径が0から $x\bar{\delta}$ までの円のつくる面積を $[A_O]_0^{x\bar{\delta}}$ とすれば

$$[A_O]_0^{x\bar{\delta}}=N_{aO}\int_0^{x\bar{\delta}}\frac{\pi}{4}\delta^2\frac{1}{\sqrt{2\pi}m\delta}\exp\left[-\frac{(\log\delta-\log\delta_0)^2}{2m^2}\right]\mathrm{d}\delta \qquad (4.6.51)$$

である．そして $t=(\log\delta-\log\delta_0)/m$ の置換を行い(4.6.51)を標準化し，また $\bar{\delta}=\delta_0 e^{m^2/2}$ であることを考慮して $x\bar{\delta}$ を t を変数として表わせば

$$\begin{aligned}t_{x\bar{\delta}}&=(\log x+\log\bar{\delta}-\log\delta_0)/m\\&=\left(\log x+\frac{m^2}{2}\right)\Big/m\\&=\frac{\log x}{m}+\frac{m}{2}\end{aligned} \qquad (4.6.52)$$

である．これを用いて(4.6.51)を書きなおせば

$$[A_O]_0^{x\bar{\delta}}=\sqrt{\frac{\pi}{2}}N_{aO}\cdot\frac{\bar{\delta}^2}{4}e^{m^2}\int_{-\infty}^{\frac{\log x}{m}+\frac{m}{2}}e^{-\frac{1}{2}(t-2m)^2}\mathrm{d}t$$

$$= \sqrt{\frac{\pi}{2}} N_{aO} \cdot \frac{\bar{\delta}^2}{4} \mathrm{e}^{m^2} \int_{-\infty}^{\frac{\log x}{m} - \frac{3}{2}m} \mathrm{e}^{-\frac{t^2}{2}} \mathrm{d}t \tag{4.6.53}$$

となる．そして

$$[A_O]_0^\infty = \frac{\pi}{4} N_{aO} \bar{\delta}^2 \mathrm{e}^{m^2} \tag{4.6.54}$$

であるから

$$\frac{[A_O]_0^{x\bar{\delta}}}{[A_O]_0^\infty} = \frac{1}{\sqrt{2\pi}} \int_{-\infty}^{\frac{\log x}{m} - \frac{3}{2}m} \mathrm{e}^{-\frac{t^2}{2}} \mathrm{d}t \tag{4.6.55}$$

を得る．したがって m と x が与えられれば右辺の積分の値は正規分布表から求めることができる．

いくつかの m の値を定めて(4.6.55)の値を x の関数として計算した結果を図4.6.3に示してある．これを見るとたとえば $m=0.5$ の時は $x=1$，すなわち $\bar{\delta}$ そのものを規準にとると，$\bar{\delta}$ 以下の直径の円の占める面積は全体の円の面積の23%になる．これに対して $m=1.0$ では $\bar{\delta}$ 以下の直径の円の面積は全体の6.7%にすぎない．そして $2\bar{\delta}$ を規準とすればそれ以下の直径の円の占める面積は21%，$5\bar{\delta}$ の時にようやく54%になる．実際の計測にあたってはこれらの結果を参考にして h をどの位にとったらよいかを判断す

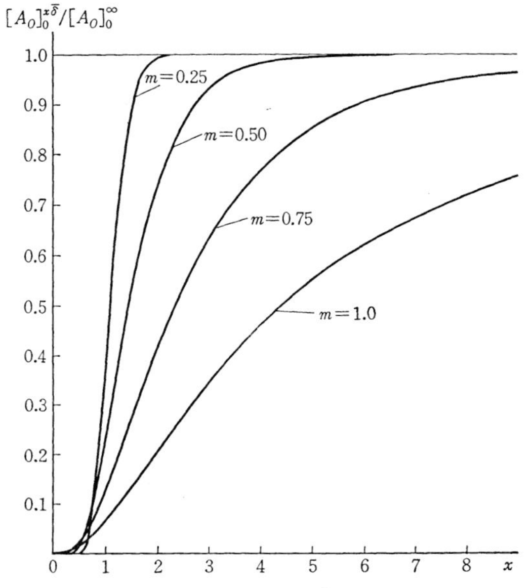

図4.6.3　m を parameter として $\bar{\delta}$ の x 倍以下の直径の円の面積が占める割合を示す．説明は本文参照のこと．

るのが望ましいであろう.

注 2) 平面図形の一部だけに目の細かい等間隔平行線や目の細かい格子を適用する時の誤差

図形の大小不同がいちじるしい時には $h/\bar{\delta}\leqq 1$ という条件で目の細かい等間隔平行線や格子を適用することは困難でもあり，また不必要なことでもある．このような時には $h/\bar{\delta}>1$ になるような h を用いて計測を行うことになるが，このような場合にまで全部の図形に目の細かい格子や等間隔平行線を用いる理論を適用するのは無理である．この局面では一部の図形には目の細かい等間隔平行線や格子が，他の図形には目の粗い等間隔平行線や格子が適用されていることになるので，その立場から誤差を計算してみる必要がある．以下1辺が単位長の正方形の部分領域中に直径がある理論分布に従う円の群があるものとして，この円の群の一部にのみ目の細かい等間隔平行線や格子が適用され，その他には目の粗い等間隔平行線や格子が適用される場合の誤差の理論を説明する.

まず δ が $0<\delta\leqq h$ の範囲にある時は目の粗い等間隔平行線や格子の理論が，$h<\delta<\infty$ の範囲にあれば目の細かい等間隔平行線や格子の理論が適用されることはあらためて説明を要しないであろう．いま直径が δ と $\delta+\mathrm{d}\delta$ の間にある円だけを考え，この範囲の直径をもった円の数の期待値を $(\bar{N}_{aO})_\delta$ とする．そして領域内誤差の式としては(4.4.68)(4.5.31)(4.4.89)(4.5.76)を用い，これを円の直径が同一の場合の形に書きなおせば

$$0<\delta\leqq h$$

$$\left[\left(\frac{\sigma_{A_{O/X}}}{\bar{A}_{O/X}}\right)^2_{\text{reg./c}}\right]_\delta=\frac{32}{3\pi^2}\left(\frac{h}{\delta}\right)\frac{1}{(\bar{N}_{aO})_\delta}-\frac{1}{(\bar{N}_{aO})_\delta} \tag{4.6.56}$$

$$\left[\left(\frac{\sigma_{A_{O/n}}}{\bar{A}_{O/n}}\right)^2_{\text{reg./c}}\right]_\delta=\frac{4}{\pi}\left(\frac{h}{\delta}\right)^2\frac{1}{(\bar{N}_{aO})_\delta}-\frac{1}{(\bar{N}_{aO})_\delta} \tag{4.6.57}$$

$$h<\delta<\infty$$

$$\left[\left(\frac{\sigma_{A_{O/X}}}{\bar{A}_{O/X}}\right)^2_{\text{reg./f}}\right]_\delta=\left(\frac{32}{3\pi^2}-1\right)\left(\frac{h}{\delta}\right)^2\frac{1}{(\bar{N}_{aO})_\delta} \tag{4.6.58}$$

$$\left[\left(\frac{\sigma_{A_{O/n}}}{\bar{A}_{O/n}}\right)^2_{\text{reg./f}}\right]_\delta=\left(\frac{4}{\pi}-1\right)\left(\frac{h}{\delta}\right)^3\frac{1}{(\bar{N}_{aO})_\delta} \tag{4.6.59}$$

となる．一方この範囲の大きさの円のつくる面積の期待値は

$$(\bar{A}_{O/X})_\delta=(\bar{A}_{O/n})_\delta=(\bar{A}_O)_\delta=\frac{\pi}{4}\delta^2(\bar{N}_{aO})_\delta \tag{4.6.60}$$

である．また δ の確率分布を $p(\delta)$ とすれば

$$(N_{aO})_\delta=N_{aO}p(\delta)\,\mathrm{d}\delta \tag{4.6.61}$$

であることはただちに了解できる.

さてここで(4.6.56)(4.6.57)(4.6.58)(4.6.59)の両辺に $(\bar{A}_O)^2_\delta$ を乗じて分散の形とし，この際(4.6.60)と(4.6.61)を用いれば

$$\left[(\sigma_{A_O/x})^2_{\mathrm{reg./c}}\right]_\delta = \frac{32}{3\pi^2}\left(\frac{\pi}{4}\right)^2 h\bar{N}_{aO}\delta^3 p(\delta)\mathrm{d}\delta - \left(\frac{\pi}{4}\right)^2 \bar{N}_{aO}\delta^4 p(\delta)\mathrm{d}\delta \quad (4.6.62)$$

$$\left[(\sigma_{A_O/n})^2_{\mathrm{reg./c}}\right]_\delta = \frac{4}{\pi}\left(\frac{\pi}{4}\right)^2 h^2\bar{N}_{aO}\delta^2 p(\delta)\mathrm{d}\delta - \left(\frac{\pi}{4}\right)^2 \bar{N}_{aO}\delta^4 p(\delta)\mathrm{d}\delta \quad (4.6.63)$$

$$\left[(\sigma_{A_O/x})^2_{\mathrm{reg./f}}\right]_\delta = \left(\frac{32}{3\pi^2}-1\right)\left(\frac{\pi}{4}\right)^2 h^2\bar{N}_{aO}\delta^2 p(\delta)\mathrm{d}\delta \quad (4.6.64)$$

$$\left[(\sigma_{A_O/n})^2_{\mathrm{reg./f}}\right]_\delta = \left(\frac{4}{\pi}-1\right)\left(\frac{\pi}{4}\right)^2 h^3\bar{N}_{aO}\delta p(\delta)\mathrm{d}\delta \quad (4.6.65)$$

を得る．そして目の粗い等間隔平行線や格子の適用されるのは δ が 0 から h まで，目の細かい等間隔平行線や格子の適用されるのは δ が h から ∞ までの範囲であることを考慮し，n を 0 または正の整数として

$$[I_n]_0^h = \int_0^h \delta^n p(\delta)\,\mathrm{d}\delta \quad (4.6.66)$$

$$[I_n]_h^\infty = \int_h^\infty \delta^n p(\delta)\,\mathrm{d}\delta \quad (4.6.67)$$

という積分を定義しよう．そうすると目の粗い等間隔平行線や格子の適用される部分の分散は (4.6.62) と (4.6.63) を δ について 0 から h まで積分したものに等しい．また目の細かい等間隔平行線や格子に関係した部分の分散は (4.6.64) と (4.6.65) を δ について h から ∞ まで積分すれば求められる．したがって

$$(\sigma_{A_O/x})^2_{\mathrm{reg./c}} = \frac{32}{3\pi^2}\left(\frac{\pi}{4}\right)^2 h\bar{N}_{aO}[I_3]_0^h - \left(\frac{\pi}{4}\right)^2 \bar{N}_{aO}[I_4]_0^h \quad (4.6.68)$$

$$(\sigma_{A_O/n})^2_{\mathrm{reg./c}} = \frac{4}{\pi}\left(\frac{\pi}{4}\right)^2 h^2\bar{N}_{aO}[I_2]_0^h - \left(\frac{\pi}{4}\right)^2 \bar{N}_{aO}[I_4]_0^h \quad (4.6.69)$$

$$(\sigma_{A_O/x})^2_{\mathrm{reg./f}} = \left(\frac{32}{3\pi^2}-1\right)\left(\frac{\pi}{4}\right)^2 h^2\bar{N}_{aO}[I_2]_h^\infty \quad (4.6.70)$$

$$(\sigma_{A_O/n})^2_{\mathrm{reg./f}} = \left(\frac{4}{\pi}-1\right)\left(\frac{\pi}{4}\right)^2 h^3\bar{N}_{aO}[I_1]_h^\infty \quad (4.6.71)$$

を得る．そして等間隔平行線や正方格子を用いた時のすべての大きさの円についての A_O の推定値の分散はそれぞれ (4.6.68) と (4.6.70)，(4.6.69) と (4.6.71) の和となるから

$$(\sigma_{A_O/x})^2 = \left(\frac{\pi}{4}\right)^2 \bar{N}_{aO}\left\{\frac{32}{3\pi^2}h[I_3]_0^h - [I_4]_0^h + \left(\frac{32}{3\pi^2}-1\right)h^2[I_2]_h^\infty\right\} \quad (4.6.72)$$

$$(\sigma_{A_O/n})^2 = \left(\frac{\pi}{4}\right)^2 \bar{N}_{aO}\left\{\frac{4}{\pi}h^2[I_2]_0^h - [I_4]_0^h + \left(\frac{4}{\pi}-1\right)h^3[I_1]_h^\infty\right\} \quad (4.6.73)$$

である．一方 A_O の期待値は

$$\bar{A}_O = \frac{\pi}{4}\bar{N}_{aO}\bar{\delta}^2 Q_2' \quad (4.6.74)$$

であるから，(4.6.72)(4.6.73)を(4.6.74)の平方で除して変異係数の平方をつくれば

$$\left(\frac{\sigma_{A_{O/X}}}{\bar{A}_{O/X}}\right)^2=\frac{1}{\bar{N}_{aO}[Q_2']^2}\left(\frac{1}{\bar{\delta}}\right)^2\left(\frac{h}{\bar{\delta}}\right)^2\left\{\frac{32}{3\pi^2}\cdot\frac{[I_3]_0^h}{h}-\frac{[I_4]_0^h}{h^2}+\left(\frac{32}{3\pi^2}-1\right)[I_2]_h^\infty\right\} \quad (4.6.75)$$

$$\left(\frac{\sigma_{A_{O/n}}}{\bar{A}_{O/n}}\right)^2=\frac{1}{\bar{N}_{aO}[Q_2']^2}\left(\frac{1}{\bar{\delta}}\right)^2\left(\frac{h}{\bar{\delta}}\right)^2\left\{\frac{4}{\pi}[I_2]_0^h-\frac{[I_4]_0^h}{h^2}+\left(\frac{4}{\pi}-1\right)h[I_1]_h^\infty\right\} \quad (4.6.76)$$

となる．

ところで$[I_n]_0^h$や$[I_n]_h^\infty$を求めることは理論分布の形によっては必ずしも容易でないが，対数正規分布についてはこの値は比較的簡単に求めることができるので，以下その説明をしておく．

まずδを変数とする対数正規分布について

$$t=(\log\delta-\log\delta_0)/m \quad (4.6.77)$$

の置換を行い，hをtを変数としてt_hとし，また(3.3.127)により$\bar{\delta}=\delta_0 e^{m^2/2}$であることを利用すれば

$$t_h=\left(\log h-\log\bar{\delta}+\frac{m^2}{2}\right)\Big/m$$

$$=\frac{\log(h/\bar{\delta})}{m}+\frac{m}{2} \quad (4.6.78)$$

である．そして(4.6.53)と同様な計算操作により

$$[I_n]_0^h=\bar{\delta}^n e^{\frac{1}{2}n(n-1)m^2}\cdot\frac{1}{\sqrt{2\pi}}\int_{-\infty}^{\frac{\log(h/\bar{\delta})}{m}-\left(n-\frac{1}{2}\right)m}e^{-\frac{t^2}{2}}dt \quad (4.6.79)$$

$$[I_n]_h^\infty=\bar{\delta}^n e^{\frac{1}{2}n(n-1)m^2}\cdot\frac{1}{\sqrt{2\pi}}\int_{\frac{\log(h/\bar{\delta})}{m}-\left(n-\frac{1}{2}\right)m}^{\infty}e^{-\frac{t^2}{2}}dt \quad (4.6.80)$$

を得る．そしてこれらの式の右辺の$1/\sqrt{2\pi}$以下の項を$[E_n]_0^h, [E_n]_h^\infty$とすれば，これは正規分布表からその値を求めることができる．そこで$n=1,2,3,4$とすれば

$$[I_1]_0^h=\bar{\delta}[E_1]_0^h,\qquad [I_1]_h^\infty=\bar{\delta}[E_1]_h^\infty \quad (4.6.81)$$

$$[I_2]_0^h=\bar{\delta}^2 e^{m^2}[E_2]_0^h,\qquad [I_2]_h^\infty=\bar{\delta}^2 e^{m^2}[E_2]_h^\infty \quad (4.6.82)$$

$$[I_3]_0^h=\bar{\delta}^3 e^{3m^2}[E_3]_0^h,\qquad [I_3]_h^\infty=\bar{\delta}^3 e^{3m^2}[E_3]_h^\infty \quad (4.6.83)$$

$$[I_4]_0^h=\bar{\delta}^4 e^{6m^2}[E_4]_0^h,\qquad [I_4]_h^\infty=\bar{\delta}^4 e^{6m^2}[E_4]_h^\infty \quad (4.6.84)$$

となる．これを(4.6.75)(4.6.76)に入れ，$[Q_2']^2=e^{2m^2}$であることを用いれば

$$\left(\frac{\sigma_{A_{O/X}}}{\bar{A}_{O/X}}\right)^2=\frac{1}{\bar{N}_{aO}}\left\{\frac{32}{3\pi^2}\left(\frac{h}{\bar{\delta}}\right)e^{m^2}[E_3]_0^h-e^{4m^2}[E_4]_0^h+\left(\frac{32}{3\pi^2}-1\right)\left(\frac{h}{\bar{\delta}}\right)^2\frac{[E_2]_h^\infty}{e^{m^2}}\right\} \quad (4.6.85)$$

$$\left(\frac{\sigma_{A_{O/n}}}{\bar{A}_{O/n}}\right)^2=\frac{1}{\bar{N}_{aO}}\left\{\frac{4}{\pi}\left(\frac{h}{\bar{\delta}}\right)^2\frac{[E_2]_0^h}{e^{m^2}}-e^{4m^2}[E_4]_0^h+\left(\frac{4}{\pi}-1\right)\left(\frac{h}{\bar{\delta}}\right)^3\frac{[E_1]_h^\infty}{e^{2m^2}}\right\} \quad (4.6.86)$$

を得る．そしてこれらの式の右辺括弧中の第1項と第2項は目の粗い等間隔平行線や格子，第3項は目の細かい等間隔平行線や格子に関係した項である．なお(4.6.85)(4.6.

86)とも領域内誤差の式であるから，全領域についての誤差を求めるためにはこれに $e^{4m^2}/\bar{N}_{ao}$ で与えられる領域間誤差を加える必要があることはいうまでもない.

§7　曲面の面積と平面曲線の長さの推定誤差

等方性の曲面の面積や，等方性の平面曲線の長さを，これらの構造物と試験直線が交わってつくる交点の数から推定する方法はすでに第2章で述べた．したがってここではその際の誤差を扱うことになる．理論の形式は平面図形の面積推定の誤差について述べたことと本質的には同じことであるから，説明は比較的簡略にしておく．

理論的な立場からいえば曲面の面積推定の誤差と，平面曲線の長さの推定誤差とはそれぞれ別に扱って然るべきものであろう．そして平面曲線と試験直線の交点の数は C_A で，曲面と試験直線の交点の数は C_V で表わして観念上は区別すべきものである．しかし実際問題としてはこのいずれの量の推定も，平面上に引いた試験直線が平面図形の境界や周と交わってつくる交点の数にある定数を乗じて求めるという点では変わりはない．そして誤差も全く同一の形式で表現することができる．したがってこの節では C_A と C_V の区別をせず，一括して C を用いておく．

さて一般に(2.2.7)と(2.2.21)により

$$S = 2Cl^2$$

$$L_A = \frac{\pi}{2}Cl$$

であるから，

$$S = \frac{4}{\pi}lL_A \qquad (4.7.1)$$

という関係が成立する．この場合 S, L_A の期待値と分散をそれぞれ $\bar{S}, \bar{L}_A, \sigma_S^2, \sigma_{L_A}^2$ とすれば(4.A.12)と(4.A.13)により，

$$\bar{S} = \frac{4}{\pi}l\bar{L}_A \qquad (4.7.2)$$

$$\sigma_S^2 = \left(\frac{4}{\pi}l\right)^2 \sigma_{L_A}^2 \qquad (4.7.3)$$

である．したがって

$$\left(\frac{\sigma_S}{\bar{S}}\right)^2=\left(\frac{\sigma_{L_A}}{\bar{L}_A}\right)^2 \qquad (4.7.4)$$

となる．つまり誤差を変異係数またはその平方という形で検討する限り，曲面の面積と平面曲線の長さのいずれかの誤差がわかれば，その結果はそのままの形でただちに他に適用できる．したがってこの節では平面曲線の長さの推定誤差の説明だけで充分であろう．ただしこれが成立するには試験平面が充分の大きさをもっていることが前提になっている．

平面曲線の長さの推定にも無作為な試験直線を用いる方法と，等間隔平行線を用いる方法があり，後者の方が誤差を小さくする上で有効である．しかし便宜上まず無作為な試験直線による方法から説明することにしたい．

a）無作為な試験直線

1辺が単位長の正方形の部分領域中に閉曲線で囲まれた大きさを異にする N_{ao} 個の平面図形の群が無作為に配置され，部分領域全体としてはそれぞれの大きさの群の図形の周が等方性である時，この部分領域に引いた M 本の単位長の無作為な試験直線と図形の周の交点の数から全領域について単位面積あたりの図形の周の長さを推定する際の誤差は

$$\left(\frac{\sigma_{L_{AO}}{}^*}{\bar{L}_{AO}{}^*}\right)^2=\frac{\bar{\mu}}{M\bar{C}_O}+\frac{1}{\bar{N}_{aO}}\left[\frac{\sigma_\mu^2}{\bar{\mu}^2}+\left(1-\frac{1}{M}\right)Q_2'\right]$$

である．この式で $\bar{C}_O$ は1本の試験直線と図形の周との交点の数の期待値，$\bar{\mu}, \sigma_\mu^2$ はそれぞれ個個の図形が1本の試験直線と交わってつくる交点の数の期待値と分散，Q_2' は個個の図形の試験直線に直交する方向の平均有効長を $\bar{\delta}_j$，すべての図形についての $\bar{\delta}_j$ の平均を $\bar{\delta}$ として $Q_2'=(\overline{\bar{\delta}_j{}^2})/\bar{\delta}^2$ によって定義される係数である．平面図形が空間中の閉曲面の切口を表わす時はこの式はこのままの形で全領域についての単位体積中の曲面の面積推定の誤差 $(\sigma_{S_O}{}^*/\bar{S}_O{}^*)^2$ を与えるものである．

1辺が単位長の正方形の部分領域に閉曲線で囲まれた大きさを異にする平面

図形の群があるものとする．図形の形は任意であるが，それぞれの大きさの群の図形はその周が部分領域全体についてみれば等方性であることが条件である．なお無作為な試験直線を用いる時には，領域内誤差に関する限り図形の配置は必ずしも無作為である必要はない．さてこの図形の周のつくる平面曲線の長さの和 L_{AO} はこの部分領域に引いた1本の試験直線が図形の周と交わってつくる交点の数 C_O の期待値を $\bar{C}_O$ として(2.2.22)に示すように

$$L_{AO}=\frac{\pi}{2}\bar{C}_O \tag{4.7.5}$$

で与えられる．したがって誤差を変異係数の平方で表わせば L_{AO} の誤差は $\bar{C}_O$ の誤差に等しくなる．

いまこの部分領域中に試験直線に対する直交方向の有効長の平均が $\bar{\delta}_j$ である図形が N_{aOj} 個あるものとする．この $\bar{\delta}_j$ は1個の図形を挟む二つの平行な接線間の間隔 δ_j を図形のすべての方向について平均したものである．いま N_{aOj} 個の図形の方向がランダム化されているものとすれば，この大きさの1個の図形が試験直線と交わる幾何学的確率は $\bar{\delta}_j$ である．それゆえ N_{aOj} 個の図形が1本の試験直線と交わる数 E_j——これは試験直線が図形の周と交わってつくる交点の数でも弦の数でもなく図形そのものと交渉をもつ回数である——の期待値を $\bar{E}_j$，分散を $\sigma^2_{E_j}$ とすれば，二項分布の定理により

$$\bar{E}_j=N_{aOj}\bar{\delta}_j \tag{4.7.6}$$

$$\sigma^2_{E_j}=N_{aOj}\bar{\delta}_j(1-\bar{\delta}_j) \tag{4.7.7}$$

である．なお厳密にいえば図形が円と異なる時には(4.7.7)の右辺第2項の $\bar{\delta}_j^2$ には図形の形によって定まるある係数を乗ずる必要がある．しかしこの項が最終的に誤差の中で占める比重は後にみるように比較的小さいものであるから，ここでは便宜上この係数は無視することにした．そして(4.7.6)(4.7.7)をすべての大きさの図形にまで拡張し，それぞれの記号の j の添字を除けば

$$\bar{E}=N_{aO}\bar{\delta} \tag{4.7.8}$$

$$\sigma^2_E=N_{aO}\bar{\delta}-N_{aO}\bar{\delta}^2Q_2' \tag{4.7.9}$$

となる．これらの式で N_{aO} は部分領域全体の図形の数，$\bar{\delta}$ は $\bar{\delta}_j$ のすべての図形についての平均，Q_2' は $\bar{\delta}_j$ について $Q_2'=(\overline{\bar{\delta}_j^2})/\bar{\delta}^2$ によって定義される係数である．そして以下 N_{aO} の期待値 $\bar{N}_{aO}$ を用いることとし(4.7.8)(4.7.9)から

$$\left(\frac{\sigma_E}{\bar{E}}\right)^2 = \frac{1}{\bar{N}_{aO}\bar{\delta}} - \frac{Q_2'}{\bar{N}_{aO}} = \frac{1}{\bar{E}} - \frac{Q_2'}{\bar{N}_{aO}} \tag{4.7.10}$$

を得る．

一方個個の図形が1本の試験直線と交わった時につくる交点の数μの平均値を$\bar{\mu}$とすれば

$$\bar{C}_O = \bar{\mu}\bar{E} = \bar{\mu}\bar{\delta}\bar{N}_{aO} \tag{4.7.11}$$

である．これを(4.7.10)に入れ同時に(4.7.5)を考慮すれば

$$\left(\frac{\sigma_{L_{AO}}}{\bar{L}_{AO}}\right)_w^2 = \left(\frac{\sigma_{C_O}}{\bar{C}_O}\right)_w^2 = \left(\frac{\sigma_E}{\bar{E}}\right)^2 = \frac{\bar{\mu}}{\bar{C}_O} - \frac{Q_2'}{\bar{N}_{aO}} \tag{4.7.12}$$

となる．これが1本の無作為な試験直線を用いる時のL_{AO}の領域内誤差である．そしてM本の無作為な試験直線を用いればこの誤差は$1/M$になるから

$$\left(\frac{\sigma_{L_{AO}}}{\bar{L}_{AO}}\right)_w^2 = \frac{\bar{\mu}}{M\bar{C}_O} - \frac{Q_2'}{M\bar{N}_{aO}} \tag{4.7.13}$$

である．

次にL_{AO}の領域間誤差を考えてみると，これは部分領域ごとにL_{AO}の値が動揺するためこれが$\bar{C}_O$の値に反映するという形で発生する誤差である．ところで(4.7.11)により$\bar{C}_O$の値に変動を与えうる要因は三つあり，しかもそれぞれが独立した変量とみることができるから(4.A.36)を適用して

$$\begin{aligned}\left(\frac{\sigma_{L_{AO}}}{\bar{L}_{AO}}\right)_g^2 &= \left(\frac{\sigma_{C_O}}{\bar{C}_O}\right)_g^2 \\ &= \left(\frac{\sigma_{\bar{\mu}}}{\bar{\mu}}\right)^2 + \left(\frac{\sigma_{\bar{\delta}}}{\bar{\delta}}\right)^2 + \left(\frac{\sigma_{N_{aO}}}{\bar{N}_{aO}}\right)^2 \\ &= \frac{1}{\bar{N}_{aO}}\left[\left(\frac{\sigma_\mu}{\bar{\mu}}\right)^2 + \left(\frac{\sigma_\delta}{\bar{\delta}}\right)^2 + 1\right] \\ &= \frac{1}{\bar{N}_{aO}}\left(\frac{\sigma_\mu^2}{\bar{\mu}^2} + Q_2'\right)\end{aligned} \tag{4.7.14}$$

を得る．なおこの式の誘導にあたっては$\bar{C}_O, \bar{N}_{aO}$はいずれも実際問題としては1回の試行によるC_O, N_{aO}がそのまま用いられること，また$\bar{\delta}, \bar{\mu}$はいずれも$\bar{N}_{aO}$個の図形についての平均値であることを考慮に入れている．さらに$(\sigma_\mu/\bar{\mu})^2$

の値は便宜上 $\bar{N}_{ao}$ 個の図形から求める形にしてあるが，実際問題としては適当な数 N_a の図形を用いて $\bar{\mu}$ を求めても差しつかえない．この場合はこの式の $(\sigma_\mu/\bar{\mu})^2/\bar{N}_{ao}$ のかわりに $(\sigma_\mu/\bar{\mu})^2/\bar{N}_a$ を用いればよい．そしてこの部分領域についての L_{AO} の推定値をもって全領域の L_{AO} とした時の誤差は(4.7.13)(4.7.14)の和であるから

$$\left(\frac{\sigma_{L_{AO}}{}^*}{\bar{L}_{AO}{}^*}\right)^2=\frac{\bar{\mu}}{M\bar{C}_O}+\frac{1}{\bar{N}_{aO}}\left[\frac{\sigma_\mu^2}{\bar{\mu}^2}+\left(1-\frac{1}{M}\right)Q_2{}'\right] \qquad (4.7.15)$$

となる．この式の $\bar{\mu}$ と σ_μ は図形にある幾何学的なモデルをあてれば解析的に誘導できる性質のものではあるが，実際問題としては実測によりその値を求める方が便利である．また $Q_2{}'$ も $\bar{\delta}_j$ の理論分布が簡単にはわからない時には実測から求めなければならない．しかし部分領域が充分大きく，また M があまり大きくない時は一般に $M\bar{C}_O \ll \bar{N}_{aO}$ であるから(4.7.15)の右辺第1項だけで充分な近似が得られることになる．一方部分領域が小さいままで M をいたずらに大きくしても，領域間誤差は全く影響されないから，全体の誤差を小さくするためにはどうしてもある程度以上に部分領域を大きくとって N_{aO} を大きくする以外はない．

なお $\bar{\mu}$ の値はいうまでもなく図形の形で決まるが，いずれの部分についても凸であるような図形の周については $\bar{\mu}=2$, $\sigma_\mu=0$ である．また平面曲線がこのような凸の図形の周ではなく境界を表わす時には1個の図形あたりの交点の数は1となるから $\bar{\mu}=1$, $\sigma_\mu=0$ となる．これらの関係については図2.2.1に説明してある．

b）等間隔平行線

1辺が単位長の正方形の部分領域中に閉曲線で囲まれた大きさを異にする $\bar{N}_{ao}$ 個の平面図形の群が無作為に配置され，部分領域全体としてはそれぞれの大きさの群の図形の周が等方性である時，この部分領域に‘目の粗い等間隔平行線’を重ねて図形の周との交点の数を求め，これから全領域についての単位面積あたりの図形の周の長さを推定する際の誤差は

$$\left(\frac{\sigma_{L_{AO}}{}^*}{\bar{L}_{AO}{}^*}\right)^2_{\text{reg./c}}=\frac{\bar{\mu}}{\bar{M}\bar{C}_O}+\frac{1}{\bar{N}_{aO}}\left(\frac{\sigma_\mu}{\bar{\mu}}\right)^2$$

である．この式で $\bar{M}$ は部分領域全体に重なる平行線の数の期待値，$\bar{C}_O$ は1本の試験直線あたりの交点の数の期待値，$\bar{\mu}, \sigma_\mu^2$ はそれぞれ個個の図形の周が1本の試験直線と交わってつくる交点の数の期待値と分散である．

また平面図形の周がいずれの部分についても凸である場合には，'目の細かい等間隔平行線' を用いると，全領域についての $\bar{L}_{AO}$ の推定誤差は

$$\left(\frac{\sigma_{L_{AO}}{}^*}{\bar{L}_{AO}{}^*}\right)^2_{\text{reg./f}}=\frac{1}{\bar{N}_{aO}}\left[\frac{1}{6}\left(\frac{h}{\bar{\delta}}\right)^2+Q_2'\right]=\frac{1}{3\bar{\nu}\bar{C}_O\bar{M}}+\frac{Q_2'}{\bar{N}_{aO}}$$

となる．この式で h は平行線の間隔，$\bar{\delta}$ は個個の図形の試験直線に直交する方向の平均有効長のすべての図形についての平均，$\bar{\nu}$ は個個の図形の上に重なる平行線の数の平均，Q_2' は個個の図形の平均有効長 $\bar{\delta}_j$ について $Q_2'=(\overline{\bar{\delta}_j{}^2})/\bar{\delta}^2$ により定義される係数である．またこの式の右辺第1項は領域内誤差を，第2項は領域間誤差を示す．そして領域内誤差は h^2 に比例し，したがって $\bar{M}^2$ に逆比例するから同数の無作為な試験直線を用いる場合に比較して誤差は顕著に小さくなる．

無作為な試験直線のかわりに目の粗い等間隔平行線，つまり試験直線が図形と交わる場合にも，同一の図形の上に1本の試験直線しかかからない程度に間隔をとった平行線を用いる場合の領域内誤差の式は本質的には(4.4.51)や(4.4.58)を基礎とするものであり，これらの式の X を E にあてて考えればよい．また領域間誤差の式は無作為な試験直線を用いる場合と同じことであるから(4.7.14)がそのまま用いられる．それゆえここでは式の誘導の過程は省略して最終結果だけを書いておくと

$$\left(\frac{\sigma_{L_{AO}}}{\bar{L}_{AO}}\right)^2_{\text{reg./c}}=\frac{\bar{\mu}}{\bar{M}\bar{C}_O}-\frac{Q_2'}{\bar{N}_{aO}} \tag{4.7.16}$$

$$\left(\frac{\sigma_{L_{AO}}{}^*}{\bar{L}_{AO}{}^*}\right)^2_{\text{reg./c}}=\frac{\bar{\mu}}{\bar{M}\bar{C}_O}+\frac{1}{\bar{N}_{aO}}\left(\frac{\sigma_\mu}{\bar{\mu}}\right)^2 \tag{4.7.17}$$

となる．この(4.7.16)はいうまでもなく領域内誤差の式である．また(4.7.17)

の右辺第2項は $\bar{N}_{ao}$ のかわりに適当な数 N_a の図形について $(\sigma_\mu/\bar{\mu})^2/N_a$ としても差しつかえない．なお $\bar{M}$ は部分領域全体に重なる平行線の数の期待値で

$$\bar{M}=1/h \tag{4.7.18}$$

で定義されるから，必ずしも整数にはならない．

さて(4.7.16)と(4.7.13)を比較すれば有限の M に対して $M>1$ である限り(4.7.16)の方が値が小さくなることは明らかである．つまり同数の試験直線を用いるにあたって，この試験直線を目の粗い等間隔平行線の形に配列した方が領域内誤差を小さくする上で有効である．この点だけでも目の粗い等間隔平行線が有利であることがわかるが，さらに全領域についての(4.7.17)の式をみると，これは Q_2' を含まない．つまり実際にこの式を適用するにあたって $\bar{\delta}$ に関係した諸量を知る必要のない点が非常に便利である．一般的にいって図形の大小不同がいちじるしくない限り目の粗い等間隔平行線が最も使いやすい．領域内誤差を小さくするだけならば後に述べる目の細かい等間隔平行線の方が効果的であるが，この場合の誤差の式には図形の形が凸であるという制約がつくので一般性はそれだけ少なくなる．

次にいずれの図形の上にも何本かの平行線が重なるような，‘目の細かい等間隔平行線’を用いる場合の誤差の式を考えてみよう．このためには‘目の細かい正方格子’を用いて平面図形面積の点解析を行う時の誤差の問題として341頁以下で考察したことがそのまま利用できる．等間隔平行線は正方格子から一方向の格子線を除いたものと見てよいからである．したがってここでも‘目の細かい正方格子’を用いた時と同じく個個の図形の周はいずれの部分でも凸であり，またそれぞれの大きさの図形の群については部分領域全体としてはその周が等方性になるという条件をつけておく必要がある．

まず平行線と直交する方向の有効長が δ_j である一つの図形をとり，h を平行線の間隔，ν を正の整数として δ_j を

$$\delta_j=\nu h+\zeta \qquad (0\leqq\zeta<h) \tag{4.7.19}$$

という形で表現しよう．この場合図形の上に重なる平行線の数は，平行線と図形との位置関係により，ν であることと $\nu+1$ であることとの2通りの場合がある．そして図形に重なる平行線の数の期待値と分散をそれぞれ $\bar{\nu}, \sigma_\nu^2$ とすれば(4.5.42)(4.5.43)により

$$\bar{\nu} = \delta_j/h = \nu+(\zeta/h) \tag{4.7.20}$$

$$\sigma_\nu^2 = \frac{\zeta}{h}\left(1-\frac{\zeta}{h}\right) \tag{4.7.21}$$

となる．この $\bar{\nu}$ は δ_j の増大に従って直線的に値が増大するが，σ_ν^2 は δ_j とは直接関係はなく ζ の変化に従って振動をくりかえす関数である．それゆえ変異係数の平方 $(\sigma_\nu/\bar{\nu})^2$ をつくってみると，これは図4.7.1のように振動をくりかえしながら δ_j，したがって $\bar{\nu}$ の増大と共に値が次第に減少してゆくことがわかる．そして $\zeta=0$ の所で $(\sigma_\nu/\bar{\nu})^2=0$ となることも(4.7.21)からただちに了解できるであろう．

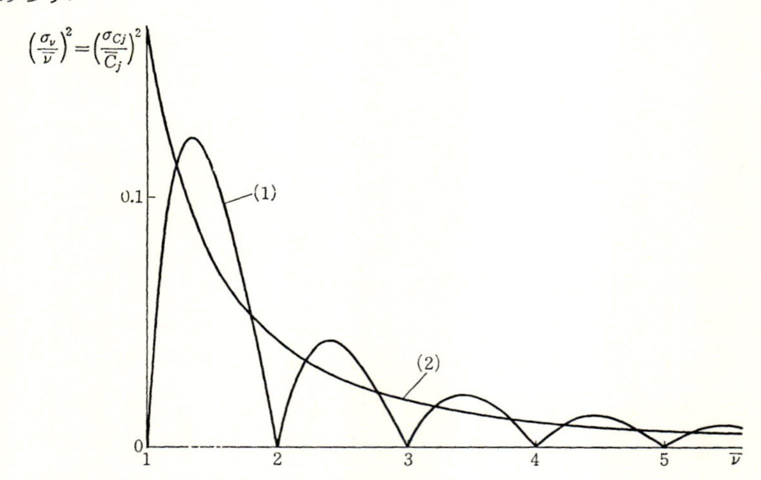

図4.7.1 目の細かい等間隔平行線を用いて C_j を求める時の誤差を示す．変異係数の平方は図の振動をくりかえす曲線(1)となる．そして注目に値するのは $\bar{\nu}$ が整数の時は誤差が0となることである．なお $\sigma^2{}_{C_j}$ として(4.7.24)を用いた時の近似式は図中の滑らかな曲線(2)で表わされる．この曲線は元来の誤差曲線の山と谷のほぼ中間を通るもので，したがって近似式として充分の価値をもつものといえる．

ところで試験直線は1回図形と交わるごとに2個の交点をつくるから，この図形が平行線とつくる交点の数 C_j の期待値と分散をそれぞれ $\bar{C}_j, \sigma_{C_j}^2$ とすれば(4.A.12)(4.A.13)により

$$\bar{C}_j = 2\delta_j/h \tag{4.7.22}$$

$$\sigma_{C_j}^2 = \frac{4\zeta}{h}\left(1-\frac{\zeta}{h}\right) \tag{4.7.23}$$

となる．そしてこの形からみて $(\sigma_{C_j}/\bar{C}_j)^2$ は $(\sigma_\nu/\bar{\nu})^2$ に等しくなるから，図4.7.1はそのまま $(\sigma_{C_j}/\bar{C}_j)^2$ を表わすことになる．

さて次に解析的な処理の便宜のため $\sigma_{C_j}^2$ の値として(4.7.23)の平均値をとれば(4.5.45)により

$$\sigma_{C_j}^2 = 2/3 \tag{4.7.24}$$

となる．この形を以下の計算に用いることにしよう．また(4.7.22)の δ_j のかわりに以下 δ_j を図形のすべての方向について平均した $\bar{\delta}_j$ を用いて

$$\bar{C}_j = 2\bar{\delta}_j/h \tag{4.7.25}$$

とする．そうするとこの操作で図形の周は等方化されたことになるから(4.7.25)の $\bar{C}_j$ を用いれば(4.7.5)により図形の周の長さを求めることができる．なお(4.7.24)と(4.7.25)を用いてつくった変異係数の平方は振動のない滑らかな曲線となる．この曲線も図4.7.1に描き入れてあるが近似式として充分利用できることはただちに了解されるであろう．

次にこの結果を図形の配置が無作為なものとしてすべての大きさの図形にまで拡張し，交点の総数の期待値を $\bar{C}$，$\bar{\delta}_j$ の平均を $\bar{\delta}$，図形の総数を $\bar{N}_{aO}$ とすれば

$$\bar{C} = 2(\bar{\delta}/h)\bar{N}_{aO} \tag{4.7.26}$$

$$\sigma_C^2 = (2/3)\bar{N}_{aO} \tag{4.7.27}$$

となる．したがってこれより変異係数の平方をつくればよいが，その際部分領域を1辺が単位長の正方形とし，また1本の単位長の試験直線あたりの交点の数の期待値を $\bar{C}_O$ とすれば

$$\bar{C} = \bar{M}\bar{C}_O \tag{4.7.28}$$

であることを考慮して

$$\left(\frac{\boldsymbol{\sigma}_{C_O}}{\bar{\boldsymbol{C}}_O}\right)^2_{\text{reg./f}} = \left(\frac{\boldsymbol{\sigma}_{L_{AO}}}{\bar{\boldsymbol{L}}_{AO}}\right)^2_{\text{reg./f}} = \frac{\mathbf{1}}{\mathbf{6}}\left(\frac{\boldsymbol{h}}{\bar{\boldsymbol{\delta}}}\right)^2\frac{\mathbf{1}}{\bar{\boldsymbol{N}}_{aO}} \tag{4.7.29}$$

を得る．これが目の細かい等間隔平行線を用いる時の L_{AO} の領域内誤差を与えるものである．この式は形としてはすでに充分簡潔ではあるが，このままでは $\bar{\delta}$ と $\bar{N}_{aO}$ を実測から求めなければならない．この実測操作を考えると式の形を

変えておいた方が便利である．いま $\bar{C}_O=2\bar{\delta}\bar{N}_{ao}$，$\bar{\nu}=\bar{\delta}/h=\bar{\delta}\bar{M}$ の関係を利用して(4.7.29)の右辺を変形してみると

$$\left(\frac{\sigma_{L_{AO}}}{\bar{L}_{AO}}\right)^2_{\text{reg./f}}=\frac{1}{3\bar{C}_O\bar{\nu}\bar{M}} \tag{4.7.30}$$

となる．これが計測実施上便利な形である．なお図形が円である時は(4.7.30)は $\bar{\lambda}$ を用いてもっと実用的な形に変形することができる．これは後に(4.13.50)として示してある．

なお領域間誤差は試験直線の様式とは関係ないから(4.7.14)の式が用いられる．しかしこの場合は図形の周がいずれの部分でも凸曲線であるという条件がつくから，$\bar{\mu}=2$，$\sigma_\mu=0$ である．したがって(4.7.14)は結局

$$\left(\frac{\sigma_{L_{AO}}}{\bar{L}_{AO}}\right)^2_g=\frac{Q_2'}{\bar{N}_{aO}} \tag{4.7.31}$$

となる．これを用いて全領域についての $\bar{L}_{AO}$ の誤差の式を書けば

$$\left(\frac{\sigma_{L_{AO}}{}^*}{\bar{L}_{AO}{}^*}\right)^2_{\text{reg./f}}=\frac{1}{\bar{N}_{aO}}\left[\frac{1}{6}\left(\frac{h}{\bar{\delta}}\right)^2+Q_2'\right]=\frac{1}{3\bar{C}_O\bar{\nu}\bar{M}}+\frac{Q_2'}{\bar{N}_{aO}} \tag{4.7.32}$$

となる．この式で Q_2' は一般に実測から求めることになる．しかしすべての図形がほぼ幾何学的相似形である場合以外この実測操作はあまり簡単なことではない．それゆえ実用の面からいえばむしろ Q_2' を考慮しないですむ目の粗い等間隔平行線を用いる方が便利なことが多い．

最後に簡単なモデルについて無作為な試験直線と等間隔平行線を比較し，計測実施上の問題点を検討しておこう．図形は円とし，比較のための条件としては部分領域に重なる試験直線の数 M を等しくとるものとする．まず記号を簡単にするため領域内誤差を変異係数の平方で表わしたものを J^2 とし，無作為な試験直線，目の粗い等間隔平行線，目の細かい等間隔平行線を用いる場合をそれぞれ $J^2{}_{\text{rand.}}$, $J^2{}_{\text{reg./c}}$, $J^2{}_{\text{reg./f}}$ と書いて区別することにする．そして領域間誤差を $J_g{}^2$ とすれば，全領域についての $L_{AO}{}^*$ の推定誤差は

$$\left\{\begin{aligned} J^{2*}{}_{\text{rand.}}&=J^2{}_{\text{rand.}}+J_g{}^2\\ J^{2*}{}_{\text{reg./c}}&=J^2{}_{\text{reg./c}}+J_g{}^2\\ J^{2*}{}_{\text{reg./f}}&=J^2{}_{\text{reg./f}}+J_g{}^2 \end{aligned}\right. \tag{4.7.33}$$

である．次に $J^2{}_{\text{rand.}}$ の式としては(4.7.13)を，$J^2{}_{\text{reg./c}}$, $J^2{}_{\text{reg./f}}$ の式としてはそ

れぞれ(4.7.16), (4.7.29)を用いることにして，これらを図形が円であるものとし $\bar{\mu}=2$, $\sigma_{\mu}=0$ として書きなおして併記すれば

$$J^2{}_{\text{rand.}}=\frac{2}{M\bar{C}_O}-\frac{Q_2'}{M\bar{N}_{aO}} \tag{4.7.34}$$

$$J^2{}_{\text{reg./c}}=\frac{2}{M\bar{C}_O}-\frac{Q_2'}{\bar{N}_{aO}} \tag{4.7.35}$$

$$J^2{}_{\text{reg./f}}=\frac{1}{6\bar{N}_{aO}}\left(\frac{h}{\bar{\delta}}\right)^2 \tag{4.7.36}$$

となる．

まず無作為な試験直線と目の粗い等間隔平行線の比較のために，円の大きさがすべて等しく，したがって $Q_2'=1$ という最も簡単なモデルを用いてみよう．そしてモデルの条件は

$$N_{aO}=500,\ \ \delta=0.04,\ \ h=0.05,\ \ M=20 \tag{4.7.37}$$

とする．この条件で計算すれば

$$\begin{cases} J_g{}^2=0.002000 \\ J^2{}_{\text{rand.}}=0.002400 \\ J^2{}_{\text{reg./c}}=0.000500 \end{cases} \tag{4.7.38}$$

となる．これをみると目の粗い等間隔平行線は領域内誤差を小さくする上に非常に有効であることがわかる．なお円の直径がすべて等しい時は(4.7.34)と(4.7.35)はそれぞれ

$$J^2{}_{\text{rand.}}=\frac{1}{M\bar{N}_{aO}}\left(\frac{1}{\delta}-1\right) \tag{4.7.39}$$

$$J^2{}_{\text{reg./c}}=\frac{1}{\bar{N}_{aO}}\left(\frac{1}{M\delta}-1\right) \tag{4.7.40}$$

となる．これを見ると $J^2{}_{\text{rand.}}$ の方は $\delta<1$ であるから $M\to\infty$ 以外には0にはならないが，$J^2{}_{\text{reg./c}}$ の方は $M\delta=1$ にとれば0となる．これは $Mh=1$ であることから h を δ に等しくとることを意味する．この結果は重要である．それは円の大小不同が少ない時は h を最大の円の直径に一致させれば領域内誤差は非常に小さくなるであろうことを示すもので，計測実施にあたって心得ておいてよいことである．なお無作為な試験直線を用いる時もこの程度の M の値で領域内誤差はすでに領域間誤差と大差のない水準にまで下っている．したがって

これ以上全領域についての推定誤差を小さくしようと思えば，それは部分領域を大きくとって N_{ao} を大きくする以外はないので，これ以上 M を大きくしてもあまり効果はない．

次に無作為な試験直線と目の細かい等間隔平行線を比較してみよう．モデルとしては次の条件を採用する．

$$N_{ao}=500,\ \ \delta=0.04,\ \ h=0.02,\ \ M=50 \qquad (4.7.41)$$

この条件を用いて(4.7.34)(4.7.36)を計算してみると

$$\begin{cases} J_g{}^2=0.002000 \\ J^2{}_{\mathrm{rand.}}=0.000960 \\ J^2{}_{\mathrm{reg./f}}=0.000083 \end{cases} \qquad (4.7.42)$$

となる．この結果を見ると領域内誤差を小さくする効果は目の粗い等間隔平行線よりは目の細かい等間隔平行線の方が一層顕著であることがわかる．しかし領域間誤差はこれに比較して格段に大きいから，全領域についての推定誤差を小さくする上では目の細かい等間隔平行線を用いてもあまり意味はない．むしろ部分領域を大きくとって N_{ao} を大きくする方が効果的である．こうしてみると図形の大小不同が少ない時には目の細かい等間隔平行線を用いる必要はほとんどなく，目の粗い等間隔平行線で足りる．ただ図形の大小不同がいちじるしい時には一部の図形には目の細かい等間隔平行線が適用される程度に h を定める必要が起る．この間の事情は平面図形面積の線解析の場合と同じである．

§8 空間曲線の長さの推定誤差

> 空間中に互いに分離した曲線の群があり，個個の空間曲線がいずれも等方性である時，単位面積の試験平面上の空間曲線の切口の数の期待値 $\bar{P}_O$ から，全領域について単位体積中の空間曲線の総長 L_{VO} を推定する際の誤差は
>
> $$\left(\frac{\sigma_{L_{VO}}{}^*}{\bar{L}_{VO}{}^*}\right)^2=\frac{\bar{\mu}}{\bar{P}_O}+\frac{1}{\bar{N}_{VO}}\left(\frac{\sigma_\mu}{\bar{\mu}}\right)^2$$
>
> である．この式で $\bar{\mu},\sigma_\mu^2$ は個個の空間曲線が試験平面と交わった時に

与える交点の数の平均と分散，$\bar{N}_{VO}$ は単位体積中の空間曲線の数の期待値である．空間曲線が長さを異にした等方性の線分群で近似できる時にはこの式は

$$\left(\frac{\sigma_{L_{VO}}{}^*}{\bar{L}_{VO}{}^*}\right)^2=\frac{1}{\bar{P}_O}$$

となる．

等方性の空間曲線の長さをこれを切る試験平面上の曲線の交点の数から推定することは，等方性の曲面を試験直線で貫いて，その交点の数から曲面の面積を求めることと共役的な関係になる．したがって一方の誤差の理論式はただちに他の場合に拡張適用できるものである．ただ実際には空間曲線の長さの推定は1枚の試験平面について行うことが大部分であり，ある間隔をおいて組織から切り出した何枚かの標本を用いることは少ないから，空間曲線と試験平面との関係は，平面図形と無作為な1本の試験直線に相当する場合だけを考えておこう．もちろん必要があればいわゆる Stufenschnitt を用いる場合の理論も前節の平面曲線と無作為または等間隔の複数の試験直線の関係を示す式からただちに誘導できる．

さて1枚の無作為な試験平面を用いる場合の領域内誤差は(4.7.12)の記号を書き換えるだけでよいから

$$\left(\frac{\sigma_{L_{VO}}}{\bar{L}_{VO}}\right)_w^2=\frac{\bar{\mu}}{\bar{P}_O}-\frac{Q_2}{\bar{N}_{VO}} \tag{4.8.1}$$

となる．この式で $\bar{L}_{VO}$ は単位体積中の空間曲線の長さ L_{VO} の期待値，$\sigma^2_{L_{VO}}$ は L_{VO} の分散，$\bar{P}_O$ は単位面積の試験平面上の空間曲線の交点の数の期待値，$\bar{\mu}$ は1個の空間曲線が試験平面と交わってつくる交点の数の平均，$\bar{N}_{VO}$ は単位体積中の分離した空間曲線の数，Q_2 は個個の空間曲線をはさむ2枚の接平面間の距離を個個の空間曲線のすべての方向について平均した $\bar{D}_j$ の分布について(3.3.11)により定義される係数である．なおこの式は(4.7.12)の誘導の条件を考慮すれば空間中に互いに分離した空間曲線の群があり，それぞれの空間曲線が等方性であることが前提になっていることが了解できるであろう．

一方領域間誤差は(4.7.14)を空間に適用して

$$\left(\frac{\sigma_{L_{VO}}}{\bar{L}_{VO}}\right)_g^2=\frac{1}{\bar{N}_{vO}}\left(\frac{\sigma_\mu^2}{\bar{\mu}^2}+Q_2\right) \tag{4.8.2}$$

である．したがって全領域についての誤差は(4.8.1)(4.8.2)の和として

$$\left(\frac{\sigma_{L_{VO}}{}^*}{\bar{L}_{VO}{}^*}\right)^2=\frac{\bar{\mu}}{\bar{P}_O}+\frac{1}{\bar{N}_{vO}}\left(\frac{\sigma_\mu}{\bar{\mu}}\right)^2 \tag{4.8.3}$$

となる．

形式的にはこれで誤差の式が与えられたことになるが，実際問題として個個の分離した空間曲線についての諸量は対象の形態が前もって知られていないと，試験平面上の実測だけでは決まらない性質のものである．そしてこの式がこのままの形で有効に使用できる例としてはたとえば単位体積の腎皮質中の糸球体の毛細管の総長を求めるというような場合があたるであろう．しかし多くの場合は $\bar{\mu}=1$, $\sigma_\mu=0$, つまり内容的には空間曲線が長さを異にした線分が空間中に等方性に配置されているものという仮定をおいて(4.8.3)の式を用いることになる．この場合は(4.8.3)は

$$\left(\frac{\sigma_{L_{VO}}{}^*}{\bar{L}_{VO}{}^*}\right)^2=\frac{1}{\bar{P}_O} \tag{4.8.4}$$

という簡単な形になる．なお実際には空間曲線としてはたとえば毛細管網のように個個の線分が分離しないで互に連結し合っているような対象が少なくない．しかしこのような場合でも近似的に線分に置き換えられるような個個の部分が等方性であれば(4.8.4)を適用しても差しつかえないであろう．

§9　立体の体積と表面積の比，および平面図形の面積と周の比の推定誤差

Chalkley らの原法について V/S または A/L_A の比を ρ とし，試験平面上の単位面積の部分領域についての ρ の期待値と分散を $\bar{\rho}_O, \sigma_{\rho O}^2$ とすれば，全領域についての ρ_O の推定誤差は

$$\left(\frac{\sigma_{\rho O}{}^*}{\bar{\rho}_O{}^*}\right)^2=\frac{\bar{\mu}}{h\bar{M}\bar{C}_O}+\frac{1}{\bar{n}_{AO}}-\frac{1}{\bar{n}_O}+\frac{1}{\bar{N}_{aO}}\left[\frac{\sigma_\mu^2}{\bar{\mu}^2}+\left(1-\frac{1}{\bar{M}}\right)Q_2'+\frac{Q_4'}{[Q_2']^2}\right]$$

である．この式で h は個個の線分の長さ，$\bar{M}$ は部分領域に入る線分の数の期待値，$\bar{C}_O$ は単位長の1本の試験直線と図形の周が交わってつくる交点の数の期待値，$\bar{n}_{AO}$ は図形の中に落ちる線分端点の数の期待値，$\bar{n}_O$ は部分領域中に落ちる線分端点の総数の期待値，$\bar{N}_{aO}$ は部分領域中の図形の数の期待値，$\bar{\mu}, \sigma_\mu^2$ は個個の図形の周と試験直線が交わった時にできる交点の数の期待値と分散，Q_2', Q_4' は図形の平均有効長について(3.3.11)により定義される係数である．

なお目の粗い格子の格子交点を線分の端点とし，格子線を等間隔平行線として用いて Chalkley らの方法を適用すれば，誤差の式は

$$\left(\frac{\sigma_{\rho O}{}^*}{\bar{\rho}_O{}^*}\right)^2_{\mathrm{reg./c}} = \frac{\bar{\mu}}{h\bar{M}\bar{C}_O} + \frac{1}{\bar{n}_{AO}} + \frac{1}{\bar{N}_{aO}}\left(\frac{\sigma_\mu}{\bar{\mu}}\right)^2$$

となる．

この節では第2章§5に述べた Chalkley らの方法を用いる時の誤差を検討してみよう．Chalkley らの原法の式は(2.5.1)と(2.5.2)で与えられるものであり，これをもう一度併記すれば

$$\frac{A}{L_A} = \frac{h\bar{n}_A}{\pi\bar{C}_A} \tag{4.9.1}$$

$$\frac{V}{S} = \frac{h\bar{n}_A}{4\bar{C}_A} \tag{4.9.2}$$

である．この比はいずれも $\bar{n}_A/\bar{C}_A$ にある定数を乗じたものであり，誤差を問題にする時には同じ扱いになるから，これを共通の記号 ρ で表わすことにする．また試験直線が図形の周や曲面と交わってつくる交点の数はいずれも試験平面上の平面図形について求められるから，ここでは簡単にするため C_A を C と書くことにしておこう．なお便宜上以下部分領域を単位面積にとり，ρ を ρ_O とし，A, L_A 等にも添字 $_O$ をつけて部分領域の大きさを単位にとることを示しておく．まず A_O と L_{AO}, V_O と S_O は互いに独立した変量であるから(4.9.1)(4.9.2)に(4.A.36)を適用すれば

$$\left(\frac{\sigma_{\rho O}}{\bar{\rho}_O}\right)^2 = \left(\frac{\sigma_{AO}}{\bar{A}_O}\right)^2 + \left(\frac{\sigma_{L_{AO}}}{\bar{L}_{AO}}\right)^2$$

$$=\left(\frac{\sigma_{V_O}}{\bar{V}_O}\right)^2+\left(\frac{\sigma_{S_O}}{\bar{S}_O}\right)^2 \qquad (4.9.3)$$

となる．この上段の式と下段の式で右辺第1項，第2項どうしはそれぞれ等しいから，結局(4.9.1)についての誤差の式を誘導すればそれはただちに(4.9.2)の誤差を与えることになる．それゆえ以下(4.9.3)の上段の式だけを扱っておこう．

さてChalkleyらの原法を用いる場合には(4.9.3)の上段の式の右辺第1項は無作為な点による平面図形面積の点解析，右辺第2項は無作為な試験直線による平面図形の周の長さの推定の誤差である．ゆえに(4.5.13)と(4.7.15)を用いればよい．ただし(4.7.15)については1本の試験直線としてhの長さの線分を用いているから，1本の試験直線あたりの交点の数の期待値は$h\bar{C}_O$となる．これを考慮して式を書きなおせば

$$\left(\frac{\sigma_{\rho_O}{}^*}{\bar{\rho}_O{}^*}\right)^2=\frac{\bar{\mu}}{h\bar{M}\bar{C}_O}+\frac{1}{\bar{n}_{AO}}-\frac{1}{\bar{n}_O}+\frac{1}{\bar{N}_{aO}}\left[\frac{\sigma_\mu^2}{\bar{\mu}^2}+\left(1-\frac{1}{\bar{M}}\right)Q_2'+\frac{Q_4'}{[Q_2']^2}\right] \qquad (4.9.4)$$

となる．

この式は複雑でもあるし，またQ_2', Q_4'を実測により求めるのはかなり手間がかかるので実用的ではない．しかし実際にはChalkleyらの方法が原法そのままの形で用いられることはまずないので，何らかの形で規則的に配置された線分とその端点が利用されるのが通例である．そのいくつかの形はすでに第2章§5で98頁以下に示してある．このうち誤差の式が最も簡単でまた実用的な形になるのは図2.5.6の正方格子を‘目の粗い格子’の条件に合致するように用いる場合である．この時の誤差は(4.9.3)の右辺第1項には(4.5.33)を，第2項には(4.7.17)を用いればよい．ただしこの際(4.7.17)の$\bar{C}_O$は$h\bar{C}_O$とする必要があることはすでに説明した通りである．したがって

$$\left(\frac{\boldsymbol{\sigma}_{\rho_O}{}^*}{\bar{\boldsymbol{\rho}}_O{}^*}\right)^2_{\mathrm{reg./c}}=\frac{\bar{\boldsymbol{\mu}}}{h\bar{M}\bar{C}_O}+\frac{1}{\bar{n}_{AO}}+\frac{1}{\bar{N}_{aO}}\left(\frac{\boldsymbol{\sigma}_\mu}{\bar{\boldsymbol{\mu}}}\right)^2 \qquad (4.9.5)$$

を得る．この式を用いるにあたっては$\bar{\mu}, \sigma_\mu^2$は実測を要するが，この操作にはそれ程手間はかからない．そして右辺第3項は部分領域全体の$\bar{N}_{aO}$個の図形を用いて$\bar{\mu}$の誤差を求める形になっているが，実際にはある適当な数N_a個の

図形を用いて $\bar{\mu}$ の誤差を計算しても差しつかえはない．なおこの式を用いるにあたっては図形の配置が無作為であることが条件となる．

また $h\overline{M}\bar{C}_O$, $\bar{n}_{AO}$ の記号は正方形の部分領域の1辺を単位長とする理論上の表示であり，内容からいえば $h\overline{M}\bar{C}_O$, $\bar{n}_{AO}$ はそれぞれ観測した交点の総数 C, 図形の中に落ちた点の総数 n_A にほかならない．そして(4.9.5)の形からみて右辺各項のいずれかの値だけを小さくしても全体の誤差を小さくする上では意味が少ない．特に右辺第1項と第2項を同じように小さくするためには $\bar{\mu}$ が多くの場合2かそれよりやや大きい値であることを考慮すれば，C が n_A の2倍またはそれよりやや大きくなるように光学系を調節して計測を行うのがよいであろう．

§10　空間中の立体の数の推定誤差

第2章§6の(2.6.8)を用いて単位体積中の立体の個数 N_{vO} を単位面積の試験平面上の立体の切口の数の期待値 $\bar{N}_{aO}$ から推定する際の領域内誤差は

$$\left(\frac{\sigma_{N_{vO}}}{\bar{N}_{vO}}\right)_w^2 = \frac{1}{4}\left[\left(\frac{\sigma_{A_O}{}^*}{\bar{A}_O{}^*}\right)^2 + \frac{9}{\bar{N}_{aO}}\right]$$

で与えられる．この式の右辺括弧中の第1項は，ある試験平面上の立体の切口の面積分率を線解析や点解析により求めた結果から，全領域についての立体切口の面積分率を推定した時の誤差である．なお N_{vO} の領域間誤差は領域内誤差に比較して無視しうる程度に小さいから，この式をそのまま全領域についての $\bar{N}_{vO}{}^*$ 推定の誤差を表わすものとして差しつかえない．

この節では(2.6.8)を用いて空間中の立体の個数を試験平面上にできる立体の切口の数から推定する際の誤差を説明することになる．全領域についての単位体積中の立体の数の推定値 $\bar{N}_{vO}{}^*$ の誤差はこの場合も領域間誤差と領域内誤差の和として与えられることになる．領域間誤差はいうまでもなく空間中に単位体積の部分領域をとった時，その中に入る立体の数が変動するために生ずる

誤差である．これは(4.2.7)により

$$\left(\frac{\sigma_{N_{vo}}}{\bar{N}_{vO}}\right)_g^2 = \frac{1}{\bar{N}_{vO}} \tag{4.10.1}$$

である．この際立体の形には何の制約も必要ではなく，ただ立体の配置が無作為であればよい．

次に領域内誤差はある部分領域についての N_{vO} を(2.6.8)の式

$$N_{vO} = \sqrt{\frac{\varepsilon Q_3}{\bar{V}_O}}(\bar{N}_{aO})^{\frac{3}{2}} \tag{4.10.2}$$

を用いて推定することによって発生する誤差である．この式を見ると N_{vO} は $\bar{V}_O$ と $\bar{N}_{aO}$ を変数とする関数である．これを互いに独立な変量とみて，(4.A.36)を用いて N_{vO} の分散を求め，これから変異係数の平方をつくって領域内誤差を表わすと

$$\left(\frac{\sigma_{N_{vo}}}{\bar{N}_{vO}}\right)_w^2 = \frac{1}{4}\left[\left(\frac{\sigma_{V_O}}{\bar{V}_O}\right)^2 + 9\left(\frac{\sigma_{N_{aO}}}{\bar{N}_{aO}}\right)^2\right] \tag{4.10.3}$$

となる．この関係自身は立体の配置が無作為でなくても成立するが，$\bar{V}_O$ の推定に規則的な配置の試験直線や点を用いる場合には立体の無作為な配置が前提となる．

さて右辺括弧中の第1項は単位体積の部分領域中の立体の体積分率を推定する時の誤差である．そして V_O は実際にはこの部分領域を試験平面で切って，試験平面上にできる立体の切口の面積分率 A_O を線解析や点解析によって求めることになる．この際試験平面上にできる図形の面積は試験平面の位置によって異なるが，このため発生する誤差は A_O の領域間誤差で表わすことができる．一方ある単位面積の試験平面上の A_O を推定するために用いられる確率論的方法のために A_O の領域内誤差を生じることになる．したがって V_O 推定の誤差はこの二つの誤差の和として

$$\left(\frac{\sigma_{V_O}}{\bar{V}_O}\right)^2 = \left(\frac{\sigma_{A_O^*}}{\bar{A}_O^*}\right)^2 \tag{4.10.4}$$

で与えられる．この右辺の具体的な形は A_O 推定に用いる方法によって異なるから，ここではその形を一義的に指定することはできない．そして実際にはたとえば(4.4.69)や(4.5.33)等を用いればよいであろう．

そこで(4. 10. 3)の式については結局右辺括弧中の第2項がどのよう形になるかを考えればよいことになる．いま立体をすべて幾何学的に相似形な凸面体とし，その大きさがいくつかのクラスに分けられるものと仮定しよう．そして j の大きさのクラスに属する立体の試験平面に直交する方向の有効長を立体のすべての orientation について平均したものを $\bar{D}_j$ とし，またこの大きさの立体が単位体積中に N_{vOj} 個あり，これが試験平面上に N_{aOj} 個の切口をつくるものとする．そうすると N_{aOj} の期待値と分散をそれぞれ $\bar{N}_{aOj}, \sigma^2_{N_{aOj}}$ とすれば，二項分布の定理により

$$\bar{N}_{aOj}=N_{vOj}\bar{D}_j \tag{4.10.5}$$

$$\sigma^2_{N_{aOj}}=N_{vOj}\bar{D}_j(1-\bar{D}_j) \tag{4.10.6}$$

が成立する．この結果をすべての大きさの立体にまで拡張し，分散については(4. A. 24)を考慮すれば

$$\bar{N}_{aO}=N_{vO}\cdot \mathrm{E}(\bar{D}) \tag{4.10.7}$$

$$\sigma^2_{N_{aO}}=N_{vO}\cdot \mathrm{E}(\bar{D})-N_{vO}\cdot \mathrm{E}^2(\bar{D})Q_2 \tag{4.10.8}$$

を得る．これらの式で $\mathrm{E}(\bar{D})$ の観念は109頁に説明した通りであり，また Q_2 は(3. 3. 11)で定義される係数である．そして(4. 10. 7)と(4. 10. 8)から変異係数の平方をつくってみると

$$\left(\frac{\sigma_{N_{aO}}}{\bar{N}_{aO}}\right)^2=\frac{1}{N_{vO}\cdot \mathrm{E}(\bar{D})}-\frac{Q_2}{N_{vO}}$$
$$=\frac{1}{\bar{N}_{aO}}(1-Q_2\mathrm{E}(\bar{D})) \tag{4.10.9}$$

となる．ところで実際問題として $\mathrm{E}(\bar{D})$ は1よりはるかに小さい値をとり，また Q_2 は1よりやや大きい程度の値であることが多いから，$Q_2\mathrm{E}(\bar{D})$ という項は実用上は省略しても差しつかえない．それゆえ近似的には

$$\left(\frac{\sigma_{N_{aO}}}{\bar{N}_{aO}}\right)^2=\frac{1}{\bar{N}_{aO}} \tag{4.10.10}$$

という簡潔な形を得る．これを(4. 10. 3)に代入すれば

$$\left(\frac{\boldsymbol{\sigma}_{N_{vO}}}{\bar{\boldsymbol{N}}_{vO}}\right)^2_w=\frac{\mathbf{1}}{\mathbf{4}}\left[\left(\frac{\boldsymbol{\sigma}_{A_O^*}}{\bar{\boldsymbol{A}}_O^*}\right)^2+\frac{\mathbf{9}}{\bar{\boldsymbol{N}}_{aO}}\right] \tag{4.10.11}$$

となり，これにより試験平面上の計測結果から N_{vO} の領域内誤差を容易に計算できる．

なお N_{vO} の領域間誤差は(4.10.1)であるが，これを $\mathrm{E}(\bar{D})$ を用いて書きなおせば

$$\left(\frac{\sigma_{N_{vO}}}{\bar{N}_{vO}}\right)_g^2 = \frac{1}{\bar{N}_{vO}} = \frac{\mathrm{E}(\bar{D})}{\bar{N}_{aO}} \tag{4.10.12}$$

となる．したがってある試験平面について得られた結果から全領域についての N_{vO} の推定誤差 $(\sigma_{N_{vO}}{}^*/\bar{N}_{vO}{}^*)^2$ を求めるには(4.10.11)と(4.10.12)の和をとればよいが，実際問題としては $\mathrm{E}(\bar{D}) \ll 1$ を考慮して(4.10.11)の領域内誤差の式をそのまま用いても差しつかえないであろう．そしてこれは一般に $\mathrm{E}(\bar{D})$ が試験平面上の図形の計測からは簡単には求めることができないことを考え合わせても実用上有利な方法といえる．

§11 曲率に関係する諸量の推定誤差

無作為に配置された平面図形についての θ_{net} と θ_+ の誤差は sweeping により θ を推定すれば内容的には領域間誤差であり

$$\left(\frac{\sigma_{\theta_{\text{net}}}}{\bar{\theta}_{\text{net}}}\right)_g^2 = \frac{2}{\bar{\tau}_{AO}}$$

$$\left(\frac{\sigma_{\theta_+}}{\bar{\theta}_+}\right)_g^2 = \frac{2}{\bar{\tau}_{AO}}\left(1+\frac{\sigma_{t_{(+)}}^2}{\bar{t}_{(+)}{}^2}\right)$$

である．この式で $\bar{\tau}_{AO}$ は単位面積の部分領域について図形が試験直線とつくりうる正負の接点の数の代数和 $\bar{t}_{(+)}$, $\sigma_{t_{(+)}}^2$ は個個の図形が試験直線とつくりうる正の接点の数の平均値と分散である．また平均曲率 $\bar{k}$ の全領域についての誤差は，図形の周の長さの推定に目の粗い等間隔平行線を用いれば

$$\left(\frac{\sigma_{\bar{k}}{}^*}{\bar{k}^*}\right)^2 = \frac{\bar{\mu}}{\bar{M}\bar{C}_O} + \frac{2}{\bar{\tau}_{AO}}\left(1+\frac{\sigma_\mu^2}{\bar{\mu}^2}\right)$$

となる．この式で $\bar{\mu}$, σ_μ^2 は個個の図形が試験直線と交わってつくる交点の数の期待値と分散，$\bar{M}$ は部分領域に重なる平行線の数の期待値，$\bar{C}_O$ は1本の単位長の試験直線と図形の周との交点の数の期待値である．

曲率に関係する諸量の誤差はこれらの諸量の利用の仕方によって局面ごとに考えることになるが，ここではその基本的なものだけを扱っておく．便宜上部分領域を1辺が単位長の正方形にとり，無作為に配置された平面図形の平均曲率 $\bar{k}$ の誤差を求めてみよう．平均曲率 $\bar{k}$ は(2.7.2)により

$$\bar{k} = \theta_{\text{net}}/\bar{L}_{AO} \tag{4.11.1}$$

で定義される量であるが，これに(4.A.36)を適用すれば

$$\left(\frac{\sigma_{\bar{k}}{}^*}{\bar{k}^*}\right)^2 = \left(\frac{\sigma_{\theta_{\text{net}}}{}^*}{\bar{\theta}_{\text{net}}{}^*}\right)^2 + \left(\frac{\sigma_{L_{AO}}{}^*}{\bar{L}_{AO}{}^*}\right)^2 \tag{4.11.2}$$

である．ところで1個の閉曲線で囲まれた図形の正味の回転角は 2π であるから，θ_{net} の期待値を $\bar{\theta}_{\text{net}}$ として

$$\bar{\theta}_{\text{net}} = 2\pi\bar{N}_{aO} = \pi\bar{\tau}_{AO} \tag{4.11.3}$$

が成立する．この式で $\bar{\tau}_{AO}$ は部分領域全体についての正味の接点の数，いいかえれば正負の接点の数の代数和であり，$\bar{\tau}_{AO}=\tau_{AO(+)}+\tau_{AO(-)}$ で与えられる．そして $\bar{\tau}_{AO}$ をこの部分領域全体を試験直線で sweeping を行って求めれば，$\bar{\tau}_{AO}$ の誤差には領域内誤差が入る余地がないから，誤差としては領域間誤差だけを考えればよいことになる．したがって(4.11.2)の右辺第1項は内容的には(4.2.12)を考慮して

$$\left(\frac{\sigma_{\theta_{\text{net}}}}{\bar{\theta}_{\text{net}}}\right)_g^2 = \left(\frac{\sigma_{\tau_{AO}}}{\bar{\tau}_{AO}}\right)_g^2 = \frac{1}{\bar{N}_{aO}} = \frac{2}{\bar{\tau}_{AO}} \tag{4.11.4}$$

である．

次に(4.11.2)の右辺第2項は $\bar{L}_{AO}$ の推定に目の粗い等間隔平行線を用いれば(4.7.17)により

$$\left(\frac{\sigma_{L_{AO}}{}^*}{\bar{L}_{AO}{}^*}\right)_{\text{reg./c}}^2 = \frac{\bar{\mu}}{\bar{M}\bar{C}_O} + \frac{1}{\bar{N}_{aO}}\left(\frac{\sigma_\mu}{\bar{\mu}}\right)^2 = \frac{\bar{\mu}}{\bar{M}\bar{C}_O} + \frac{2}{\bar{\tau}_{AO}}\left(\frac{\sigma_\mu}{\bar{\mu}}\right)^2 \tag{4.11.5}$$

である．したがって(4.11.2)は

$$\left(\frac{\boldsymbol{\sigma}_{\bar{k}}{}^*}{\bar{\boldsymbol{k}}^*}\right)^2 = \frac{\bar{\boldsymbol{\mu}}}{\bar{\boldsymbol{M}}\bar{\boldsymbol{C}}_O} + \frac{\mathbf{2}}{\bar{\boldsymbol{\tau}}_{AO}}\left(\mathbf{1} + \frac{\boldsymbol{\sigma}_\mu^2}{\bar{\boldsymbol{\mu}}^2}\right) \tag{4.11.6}$$

となる．

次に θ_+ を利用して図形の形を解析する場合を考えて θ_+ の誤差を誘導しておこう．いま個個の図形が試験直線とつくりうる正の接点の数を $t_{(+)}$ とすれば，その期待値を $\bar{t}_{(+)}$ として

$$\bar{\tau}_{AO(+)}=\bar{t}_{(+)}\cdot\bar{N}_{aO} \tag{4.11.7}$$

となる．また(2.7.10)によって

$$\theta_{+}=\pi\tau_{AO(+)} \tag{4.11.8}$$

である．ところで部分領域全体を試験直線でsweepingを行って$\tau_{AO(+)}$を求めれば$\bar{\tau}_{AO(+)}$の誤差は領域間誤差だけになるし，また$\bar{t}_{(+)}$も部分領域全体の図形についての平均をとればその誤差はやはり領域間誤差になる．そこで(4.11.8)を考慮しながら(4.11.7)に(4.A.36)を適用すれば

$$\left(\frac{\sigma_{\theta_+}}{\bar{\theta}_+}\right)_g^2=\left(\frac{\sigma_{\bar{t}_{(+)}}}{\bar{t}_{(+)}}\right)_g^2+\left(\frac{\sigma_{N_{aO}}}{\bar{N}_{aO}}\right)^2=\frac{1}{\bar{N}_{aO}}\left(1+\frac{\sigma_{t_{(+)}}^2}{\bar{t}_{(+)}{}^2}\right)$$
$$=\frac{2}{\bar{\tau}_{AO}}\left(1+\frac{\sigma_{t_{(+)}}^2}{\bar{t}_{(+)}{}^2}\right) \tag{4.11.9}$$

を得る．この$\sigma_{t_{(+)}}^2/\bar{t}_{(+)}{}^2$の値は実測から求めなければならない．

なお曲面の曲率に関する諸量についても同様な操作が可能であるが，ここでは煩を避ける意味で省略しておく．ただ平面図形の平均曲率$\bar{k}$から曲面の平均曲率$\bar{H}$を(2.7.81)を用いて推定する際の誤差の式には(4.11.6)がそのまま用いられ

$$\left(\frac{\sigma_{\bar{H}^*}}{\bar{H}^*}\right)^2=\frac{\bar{\mu}}{\bar{M}\bar{C}_O}+\frac{2}{\bar{\tau}_{AO}}\left(1+\frac{\sigma_{\mu}^2}{\bar{\mu}^2}\right) \tag{4.11.10}$$

となる．

§12　Penel and Simon の方法と Spektor の方法の誤差

充分に大きな部分領域をとれば，ある大きさの球の群が無作為な試験平面または試験直線と交わる回数はPoisson分布に従う．この条件下でPenel and Simonの方法で推定した単位体積中の直径D_iの球の数$N_{vO(i)}$の領域内誤差は

$$\left(\frac{\sigma_{N_{vO(i)}}}{\bar{N}_{vO(i)}}\right)_w^2=\frac{\sum_j N_{aO(j)}y_{ji}}{[\sum_j N_{aO(j)}x_{ji}]^2}$$

で与えられる．この式で $N_{aO(j)}$ は試験平面上の直径 δ_{j-1} から δ_j までの円の数，x_{ji}, y_{ji} はそれぞれ(3.2.11)で定義される行列 $[t]$ および $[t]$ の要素の平方を要素とする行列 $[t^2]$ の逆行列 $[t]^{-1}, [t^2]^{-1}$ の要素である．また同一部分領域に M 本の無作為な試験直線を用いる Spektor の方法については，直径 D_{i-1} から D_i までの球の数の領域内誤差は

$$\left(\frac{\sigma_{N_{vO(i)}}}{\bar{N}_{vO(i)}}\right)_w^2=\frac{\bar{\lambda}_{i+1}{}^2N_{\lambda O(i)}-\bar{\lambda}_i{}^2N_{\lambda O(i+1)}}{M[\bar{\lambda}_{i+1}N_{\lambda O(i)}-\bar{\lambda}_iN_{\lambda O(i+1)}]^2}$$

である．この式で $N_{\lambda O(i)}$ は1本の単位長の試験直線あたりの λ_{i-1} から λ_i までの長さの弦の数である．

この節では Penel and Simon の方法や Spektor の方法を用いて推定した $N_{vO(i)}$ の誤差を扱うことになる．まずそれぞれの大きさの球の数の間に相関がないものとすれば，領域間誤差はいずれの方法を用いてもそれにかかわりなく，(4.10.1)により

$$\left(\frac{\sigma_{N_{vO(i)}}}{\bar{N}_{vO(i)}}\right)_g^2=\frac{1}{\bar{N}_{vO(i)}} \tag{4.12.1}$$

で与えられる．そしてこの右辺の $\bar{N}_{vO(i)}$ にはそれぞれの方法で推定した $N_{vO(i)}$ が用いられることになる．部分領域が充分大きければ Penel and Simon の方法では領域間誤差は領域内誤差に比較して格段に小さく無視して差しつかえない．また Spektor の方法でも同一部分領域に引く試験直線の数が非常に大きくない限り，領域間誤差はやはり領域内誤差に比較してはるかに小さくなる．

次に Penel and Simon の方法の領域内誤差を求めてみよう．直径 D_i の球1個が無作為な試験平面と交わって δ_{j-1} から δ_j の間の直径の円をつくる確率は(3.2.5)の $p(i,j)$ で与えられる．いま充分の大きさをもった部分領域の容積を単位にとり，その中に含まれる直径 D_i の球の数を $N_{vO(i)}$ とすると，$p(i,j)$ はきわめて小さなものになるから，これらの球が試験平面上につくる直径 δ_{j-1} から δ_j の間の円の数 $N_{aO(i,j)}$ は Poisson 分布に従うであろう．したがって $N_{aO(i,j)}$ の期待値と分散をそれぞれ $\bar{N}_{aO(i,j)}, \sigma^2_{N_{aO(i,j)}}$ とすれば

$$\bar{N}_{aO(i,j)}=\sigma^2_{N_{aO(i,j)}}=N_{vO(i)}p(i,j) \tag{4.12.2}$$

である．そしてすべての大きさの球からつくられるこの範囲の直径の円の数 $N_{aO(j)}$ については

$$\bar{N}_{aO(j)} = \sigma^2_{N_{aO(j)}} = \sum_i N_{vO(i)} p(i, j) \tag{4.12.3}$$

が成立する．これはそれぞれの大きさの球の数の間に相関がなければ $\sigma^2_{N_{aO(j)}}$ は

$$\sigma^2_{N_{aO(j)}} = \sum_i p(i, j)^2 \sigma^2_{N_{vO(i)}} \tag{4.12.4}$$

と書くことができる．この(4.12.3)と(4.12.4)の結果をまとめて行列の形で表現すれば

$$[N_{aO}] = [\sigma^2_{N_{vO}}][p^2] = [\sigma^2_{N_{vO}}][t^2](\Delta\delta)^2 \tag{4.12.5}$$

となる．この $[t^2]$ は(3.2.11)の $[t]$ の要素の平方を要素とする行列である．そして(4.12.5)から

$$[\boldsymbol{\sigma}^2_{N_{vO}}] = [\boldsymbol{N}_{aO}][\boldsymbol{t}^2]^{-1}/(\boldsymbol{\Delta\delta})^2 \tag{4.12.6}$$

を得る．これにより任意の i についての $\sigma^2_{N_{vO(i)}}$ を計算することができる．なお $[t^2]^{-1}$ は表4.12.1に示してある．一方(3.2.17)により

$$[N_{vO}] = [N_{aO}][t]^{-1}/\Delta\delta \tag{4.12.7}$$

$$[t^2]^{-1} = \begin{bmatrix}
1.000000 & 0 & 0 & 0 & 0 & 0 & 0 & 0 & 0 & 0 \\
-0.023932 & 0.333333 & 0 & 0 & 0 & 0 & 0 & 0 & 0 & 0 \\
-0.004208 & -0.023393 & 0.200000 & 0 & 0 & 0 & 0 & 0 & 0 & 0 \\
-0.001331 & -0.005723 & -0.019134 & 0.142857 & 0 & 0 & 0 & 0 & 0 & 0 \\
-0.000561 & -0.002190 & -0.005416 & -0.015873 & 0.111111 & 0 & 0 & 0 & 0 & 0 \\
-0.000281 & -0.001046 & -0.002290 & -0.004881 & -0.013487 & 0.090909 & 0 & 0 & 0 & 0 \\
-0.000158 & -0.000573 & -0.001177 & -0.002195 & -0.004376 & -0.011699 & 0.076923 & 0 & 0 & 0 \\
-0.000097 & -0.000344 & -0.000681 & -0.001184 & -0.002053 & -0.003941 & -0.010319 & 0.066667 & 0 & 0 \\
-0.000063 & -0.000221 & -0.000427 & -0.000712 & -0.001145 & -0.001907 & -0.003574 & -0.009225 & 0.058824 & 0 \\
-0.000043 & -0.000150 & -0.000285 & -0.000461 & -0.000708 & -0.001091 & -0.001770 & -0.003264 & -0.008338 & 0.052632 \\
-0.000030 & -0.000106 & -0.000198 & -0.000315 & -0.000470 & -0.000690 & -0.001034 & -0.001647 & -0.003000 & -0.007605 \\
-0.000022 & -0.000077 & -0.000143 & -0.000224 & -0.000327 & -0.000466 & -0.000664 & -0.000977 & -0.001537 & -0.002775 \\
-0.000017 & -0.000058 & -0.000107 & -0.000165 & -0.000237 & -0.000330 & -0.000455 & -0.000637 & -0.000924 & -0.001439 \\
-0.000013 & -0.000044 & -0.000081 & -0.000125 & -0.000177 & -0.000242 & -0.000327 & -0.000442 & -0.000609 & -0.000874 \\
-0.000010 & -0.000034 & -0.000063 & -0.000097 & -0.000136 & -0.000183 & -0.000243 & -0.000321 & -0.000427 & -0.000582 \\
-0.000008 & -0.000027 & -0.000050 & -0.000076 & -0.000106 & -0.000142 & -0.000186 & -0.000241 & -0.000313 & -0.000412 \\
-0.000006 & -0.000022 & -0.000040 & -0.000061 & -0.000085 & -0.000112 & -0.000145 & -0.000186 & -0.000237 & -0.000304 \\
-0.000005 & -0.000018 & -0.000033 & -0.000049 & -0.000068 & -0.000090 & -0.000116 & -0.000146 & -0.000184 & -0.000232 \\
-0.000004 & -0.000015 & -0.000027 & -0.000041 & -0.000056 & -0.000073 & -0.000094 & -0.000117 & -0.000146 & -0.000181 \\
-0.000004 & -0.000012 & -0.000023 & -0.000034 & -0.000046 & -0.000061 & -0.000077 & -0.000095 & -0.000118 & -0.000144
\end{bmatrix}$$

表 4.12.1　表3.2.1の行列 $[t]$ の要素の平方を要素とする行列 $[t^2]$ の逆行列 $[t^2]^{-1}$ を示す．列を用いて

$$\sigma^2{}_{N_{vO(1)}} = 1.000000 N_{aO(1)} - 0.023932 N_{aO(2)} - \cdots\cdots - 0.000022 N_{aO(12)}$$

により計算することができる．

であるから $[t]^{-1}$, $[t^2]^{-1}$ の要素をそれぞれ x_{ji}, y_{ji} とすれば，$N_{vO(i)}$ の領域内誤差は

$$\left(\frac{\boldsymbol{\sigma}_{N_{vO(i)}}}{\bar{\boldsymbol{N}}_{vO(i)}}\right)_w^2 = \frac{\sum_j \boldsymbol{N}_{aO(j)} \boldsymbol{y}_{ji}}{[\sum_j \boldsymbol{N}_{aO(j)} \boldsymbol{x}_{ji}]^2} \tag{4.12.8}$$

となる．そしてすべての大きさの球全体についての領域内誤差は

$$\left(\frac{\sigma_{N_{vO}}}{\bar{N}_{vO}}\right)_w^2 = \frac{\sum_i \sum_j N_{aO(j)} y_{ji}}{[\sum_i \sum_j N_{aO(j)} x_{ji}]^2} \tag{4.12.9}$$

で与えられる．また Spektor の方法の領域内誤差も同様にして誘導することができる．この場合も (1. 22)(3. 2. 29)(4. A. 13) により

$$\sigma^2_{N_{\lambda O(j)}} = \bar{N}_{\lambda O(j)} = \sum_i \sigma^2_{N_{vO(i)}} t_{ij}{}^2 \cdot (\pi/4)^2 (\Delta\lambda)^4 \tag{4.12.10}$$

が成立する．これを行列の形を用いて表現すれば

$$[N_{\lambda O}] = [\sigma^2_{N_{vO}}][t^2](\pi/4)^2(\Delta\lambda)^4 \tag{4.12.11}$$

となるので，これから

0	0	0	0	0	0	0	0	0	0
0	0	0	0	0	0	0	0	0	0
0	0	0	0	0	0	0	0	0	0
0	0	0	0	0	0	0	0	0	0
0	0	0	0	0	0	0	0	0	0
0	0	0	0	0	0	0	0	0	0
0	0	0	0	0	0	0	0	0	0
0	0	0	0	0	0	0	0	0	0
0	0	0	0	0	0	0	0	0	0
0	0	0	0	0	0	0	0	0	0
0.047619	0	0	0	0	0	0	0	0	0
-0.006990	0.043478	0	0	0	0	0	0	0	0
-0.002580	-0.006466	0.040000	0	0	0	0	0	0	0
-0.001351	-0.002409	-0.006015	0.037037	0	0	0	0	0	0
-0.000829	-0.001273	-0.002260	-0.005622	0.034483	0	0	0	0	0
-0.000556	-0.000787	-0.001203	-0.002127	-0.005278	0.032258	0	0	0	0
-0.000396	-0.000532	-0.000749	-0.001140	-0.002009	-0.004973	0.030303	0	0	0
-0.000295	-0.000382	-0.000510	-0.000714	-0.001083	-0.001904	-0.004701	0.028571	0	0
-0.000226	-0.000285	-0.000368	-0.000489	-0.000682	-0.001031	-0.001808	-0.004457	0.027027	0
-0.000178	-0.000220	-0.000276	-0.000354	-0.000469	-0.000652	-0.000984	-0.001722	-0.004238	0.025641

この表の使い方は 206 頁の説明と同じである．たとえば $m=12$ の時 $\sigma^2_{N_{vO(1)}}$ は $[t^2]^{-1}$ の第 1

$$[\sigma^2_{N_{vo}}] = [N_{\lambda O}][t^2]^{-1}/(\pi/4)^2(\Delta\lambda)^4 \tag{4.12.12}$$

を得る．この場合(3.2.32)の形からみて $[t^2]^{-1}$ の要素は $[t]^{-1}$ の要素 $1/t_{ij}$ を $1/t_{ij}{}^2$ で置き換えたものになるから，(3.2.36)の誘導と同様にして

$$\boldsymbol{\sigma}^2_{N_{vO(i)}} = \left(\frac{2}{\pi\Delta\lambda}\right)^2 \left[\frac{N_{\lambda O(i)}}{\bar{\lambda}_i{}^2} - \frac{N_{\lambda O(i+1)}}{\bar{\lambda}_{i+1}{}^2}\right] \tag{4.12.13}$$

が得られる．そしてこれと(3.2.36)から

$$\left(\frac{\sigma_{N_{vO(i)}}}{\bar{N}_{vO(i)}}\right)^2_w = \frac{\bar{\lambda}_{i+1}{}^2 N_{\lambda O(i)} - \bar{\lambda}_i{}^2 N_{\lambda O(i+1)}}{[\bar{\lambda}_{i+1} N_{\lambda O(i)} - \bar{\lambda}_i N_{\lambda O(i+1)}]^2} \tag{4.12.14}$$

となる．この結果は1本の単位長の試験直線を用いる場合に相当するが，同一部分領域に M 本の無作為な試験直線を用いれば，(4.A.28)により

$$\left(\frac{\boldsymbol{\sigma}_{N_{vO(i)}}}{\bar{\boldsymbol{N}}_{vO(i)}}\right)^2_w = \frac{\bar{\boldsymbol{\lambda}}_{i+1}{}^2 \boldsymbol{N}_{\lambda O(i)} - \bar{\boldsymbol{\lambda}}_i{}^2 \boldsymbol{N}_{\lambda O(i+1)}}{\boldsymbol{M}[\bar{\boldsymbol{\lambda}}_{i+1} \boldsymbol{N}_{\lambda O(i)} - \bar{\boldsymbol{\lambda}}_i \boldsymbol{N}_{\lambda O(i+1)}]^2} \tag{4.12.15}$$

である．なお部分領域中のすべての球の数については(3.2.36)(4.12.13)の形からみて

$$\left(\frac{\sigma_{N_{vO}}}{\bar{N}_{vO}}\right)^2_w = \frac{1}{MN_{\lambda O(1)}} \tag{4.12.16}$$

という簡単な結果を得る．しかしこの結果は λ の区間の取り方に左右される．これは(4.12.9)についても同じことである．それゆえ単に球の総数だけが問題になる時これらの方法を用いることは適当でなく，たとえば第4章§10の方法や第4章§13の方法を用いる方がよいであろう．

§13　球の半径の分布関数の parameter の推定誤差

空間中にその半径がある理論分布に従う球の群があり，充分の大きさの試験平面でこれを切って，試験平面の面積を単位面積にとれば，$N_{aO}, \bar{\delta}, (\overline{\delta^2})$ の領域内誤差は

$$\left(\frac{\sigma_{N_{aO}}}{\bar{N}_{aO}}\right)^2_w = \frac{1}{\bar{N}_{aO}}$$

$$\left(\frac{\sigma_{\bar{\delta}}}{\bar{\delta}}\right)^2_w = \frac{32}{3\pi^2}\cdot\frac{Q_3}{Q_2{}^2}\cdot\frac{1}{\bar{N}_{aO}}$$

$$\left(\frac{\sigma_{(\overline{\delta^2})}}{(\overline{\delta^2})}\right)_w^2=\frac{6}{5}\cdot\frac{Q_5}{{Q_3}^2}\cdot\frac{1}{\bar{N}_{ao}}$$

で与えられる．試験平面が充分の大きさである限り，これらの式はそのまま全領域に関する誤差の式となる．

この試験平面上に引いた M 本の無作為な試験直線が円と交わってつくる弦を用いれば，$N_{\lambda o}, \bar{\lambda}, (\overline{\lambda^2})$ の領域内誤差は

$$\left(\frac{\sigma_{N_{\lambda o}}}{\bar{N}_{\lambda o}}\right)_w^2=\frac{1}{M\bar{N}_{\lambda o}}$$

$$\left(\frac{\sigma_{\bar{\lambda}}}{\bar{\lambda}}\right)_w^2=\frac{9}{8}\cdot\frac{Q_4Q_2}{{Q_3}^2}\cdot\frac{1}{M\bar{N}_{\lambda o}}$$

$$\left(\frac{\sigma_{(\overline{\lambda^2})}}{(\overline{\lambda^2})}\right)_w^2=\frac{4}{3}\cdot\frac{Q_6Q_2}{{Q_4}^2}\cdot\frac{1}{M\bar{N}_{\lambda o}}$$

である．これらの式は M が小さい時はそのまま全領域に関する誤差として用いられるが，M が比較的大きければこれらの式にそれぞれ次の領域間誤差の式を加えて全領域の誤差とする必要がある．

$$\left(\frac{\sigma_{N_{\lambda o}}}{\bar{N}_{\lambda o}}\right)_g^2=\frac{4}{\pi}\cdot\frac{\bar{\lambda}}{\bar{N}_{\lambda o}}$$

$$\left(\frac{\sigma_{\bar{\lambda}}}{\bar{\lambda}}\right)_g^2=\frac{4}{\pi}\left(1-\frac{3\pi^2}{32}\cdot\frac{{Q_2}^2}{Q_3}\right)\frac{\bar{\lambda}}{\bar{N}_{\lambda o}}$$

$$\left(\frac{\sigma_{(\overline{\lambda^2})}}{(\overline{\lambda^2})}\right)_g^2=\frac{16}{\pi}\left(1-\frac{3\pi^2}{32}\cdot\frac{{Q_2}^2}{Q_3}\right)\frac{\lambda}{\bar{N}_{\lambda o}}$$

目の細かい等間隔平行線を用いれば，$N_{\lambda o}, \bar{\lambda}, (\overline{\lambda^2})$ の領域内誤差は

$$\left(\frac{\sigma_{N_{\lambda o}}}{\bar{N}_{\lambda o}}\right)_{\mathrm{reg./f}}^2=\frac{4}{9\pi}\cdot\frac{Q_3}{{Q_2}^2}\cdot\frac{1}{\bar{M}^2\bar{\lambda}\bar{N}_{\lambda o}}$$

$$\left(\frac{\sigma_{\bar{\lambda}}}{\bar{\lambda}}\right)_{\mathrm{reg./f}}^2=\frac{\pi}{4}\left(\frac{32}{3\pi^2}-1\right)\frac{1}{\bar{M}^2\bar{\lambda}\bar{N}_{\lambda o}}$$

$$\left(\frac{\sigma_{(\overline{\lambda^2})}}{(\overline{\lambda^2})}\right)_{\mathrm{reg./f}}^2=\frac{1024}{2025\pi}\cdot\frac{Q_5Q_3}{{Q_4}^2}\cdot\frac{1}{\bar{M}^2\bar{\lambda}\bar{N}_{\lambda o}}$$

となる．これらの式はいずれも $\bar{M}^2$ に逆比例するから，試験直線の数を増すことの効果は領域内誤差を小さくする上で同数の無作為な試験直線を用いるより顕著である．そしてこれらの式に上記の領域間誤差の式を加えれば全領域に関する誤差の式が得られる．

また δ, λ を X で，$\overline{(\delta^2)}/\bar{\delta}^2, \overline{(\lambda^2)}/\bar{\lambda}^2$ を W で表わせば，$\overline{(X^2)}$ と $\bar{X}^2$ の間に正の相関があることから

$$\left(\frac{\sigma_{W^*}}{\overline{W}^*}\right)^2 = \left[\frac{\sigma_{\overline{(X^2)}^*}}{\overline{(X^2)}^*} - 2\frac{\sigma_{\bar{X}^*}}{\bar{X}^*}\right]^2$$

を得る．そして W の誤差から球の理論分布の parameter m の誤差を求め，これと $\bar{\delta}, N_{ao}$; $\bar{\lambda}, N_{\lambda o}$ の誤差を用いてその他の parameter の誤差を計算することができる．

この節では第3章§3の方法を用いて空間中の球の半径の理論分布 $N(r)$ の parameter を推定する際の誤差を検討することになる．この問題については Suwa(1976 a, b)に概略を発表してあるが，ここでは少しくわしく説明しておくつもりである．これらの parameter の誤差は最終的には $N(r)$ の関数形に従ってそれぞれ別個に計算する必要があるが，いずれの関数形についてもまず $\overline{(\delta^2)}/\bar{\delta}^2$ または $\overline{(\lambda^2)}/\bar{\lambda}^2$ という比を利用して $N(r)$ の幾何学的性格を決定する parameter を求める所までは共通である．それゆえここではまずこの比を求めるのに関係する $N_{ao}, \bar{\delta}, \overline{(\delta^2)}$; $N_{\lambda o}, \bar{\lambda}, \overline{(\lambda^2)}$ それぞれの単独の誤差を誘導し，次に $\overline{(\delta^2)}/\bar{\delta}^2$ と $\overline{(\lambda^2)}/\bar{\lambda}^2$ の誤差を求めるところまでを説明しておこう．それ以後の処理は $N(r)$ の関数形によって異なるが，いずれも(4. A. 32)を適用して計算を行うことになる．しかしここでは煩を避ける意味で個個の扱い方は省略しておく．なおこの操作は次章の実例について一部は説明を加えてある．また領域間誤差を求める必要上，球の空間中の配置は無作為なものとする．

さて $N_{ao}, \bar{\delta}, \overline{(\delta^2)}$; $N_{\lambda o}, \bar{\lambda}, \overline{(\lambda^2)}$ の誤差にも領域間誤差と領域内誤差を区別する必要があるが，それに先立って全領域のとり方について多少の説明をしておかなければならない．空間中の立体を計測の対象とするのであるから，元来の意味での全領域はもちろん3次元の空間である．しかしこの空間を充分に大きな試験平面で切れば，試験平面上の図形の分析から空間中の立体に関する偏りのない情報が得られるから，この充分に大きい試験平面を全領域と考え，この試験平面上にさらに適当な大きさの部分領域をとっても差しつかえはない．この際 δ を指標とし部分領域について $N_{ao}, \bar{\delta}, \overline{(\delta^2)}$ をすべて直接に計測すれば，これには確率論的な誤差が入る余地はないから，領域内誤差は考慮する必要がなく

なる．しかし空間を全領域にとれば，限られた平面上の部分領域の図形は3次元の部分領域中の立体を試験平面で切ったものに相当するから，これには当然確率論的な誤差が入り，したがって領域内誤差を考える必要がでてくる．以下の扱いは $\bar{\delta}$ を指標とする時には全領域と部分領域を3次元の空間としてとることにした．一方 λ を指標とする場合にも領域を3次元の空間にとっての理論はもちろん誘導できるが，実用上の立場からは充分に大きな試験平面とその上の図形そのものを全領域にとった方が便利である．特に充分な数の弦を計測するためには無作為な試験直線を用いるにしろ等間隔平行線を用いるにしろ同一平面上にかなり多数の試験直線を引かねばならないから，この操作に整合させるためにも予め全領域を平面上にとる方が合理的である．したがってここでは λ を指標とする時には充分に広い試験平面を全領域とすることにした．

なお以下の理論の誘導にあたっては(3.3.13)(3.3.15)と(4.4.16)を出発点とするものが大部分である．それゆえ便宜のため $\bar{r}$ を $\bar{D}$ になおしてこれらの式を書いておくと

$$\begin{aligned} I_n(\delta) &= \frac{\sqrt{\pi}}{2}\left[n\Gamma\left(\frac{n}{2}\right)\Big/(n+1)\Gamma\left(\frac{n+1}{2}\right)\right]Q_{n+1}\bar{D}^{n+1}N_{vO} \\ &= \frac{\sqrt{\pi}}{2}\left[n\Gamma\left(\frac{n}{2}\right)\Big/(n+1)\Gamma\left(\frac{n+1}{2}\right)\right]Q_{n+1}\bar{D}^{n}\bar{N}_{aO} \end{aligned} \tag{4.13.1}$$

$$Q_n' = 2^{2n-1}\sqrt{\pi}\left[n\Gamma\left(\frac{n}{2}\right)\Big/(n+1)\Gamma\left(\frac{n+1}{2}\right)\right]Q_{n+1}\Big/(\pi Q_2)^n \tag{4.13.2}$$

である．また $I_n(\lambda)$ の式はこの場合領域を平面にとっているから(4.4.11)を用い，この式の Q_{n+1}' を(4.13.2)によって書きなおすことになる．その結果は

$$\begin{aligned} I_n(\lambda) &= 2^{2n+1}Q_{n+2}\bar{\delta}^{n+1}\bar{N}_{aO}/(n+2)\pi^n Q_2{}^{n+1} \\ &= 2^{2n+1}Q_{n+2}\bar{\delta}^{n}\bar{N}_{\lambda O}/(n+2)\pi^n Q_2{}^{n+1} \end{aligned} \tag{4.13.3}$$

となる．なお(4.13.1)(4.13.3)の上段下段はそれぞれ試行前期待値，試行後期待値と関係するものである．次にこれから先利用する二三の試行後期待値の式を(4.13.1)と(4.13.3)から誘導しておくと

$$\bar{\delta} = \frac{\pi}{4}Q_2\bar{D} \tag{4.13.4}$$

$$\overline{(\delta^2)} = \frac{2}{3} Q_3 \bar{D}^2 \tag{4.13.5}$$

$$\bar{\lambda} = \frac{8}{3\pi} \cdot \frac{Q_3}{{Q_2}^2} \cdot \bar{\delta} \tag{4.13.6}$$

$$\overline{(\lambda^2)} = \frac{8}{\pi^2} \cdot \frac{Q_4}{{Q_2}^3} \cdot \bar{\delta}^2 \tag{4.13.7}$$

となる．以上の準備の後にまず δ を指標とする場合の誤差を考えてみよう．

a) $N_{aO}, \bar{\delta}, \overline{(\delta^2)}$ の誤差

これらの量の領域間誤差は次のようになる．まず N_{aO} の領域間誤差は部分領域ごとに球の数 N_{vO} と球の平均直径 $\bar{D}$ が変動するためにこれが N_{aO} の値に反映する，という形で発生する誤差である．これは

$$\bar{N}_{aO} = \bar{D} N_{vO} \tag{4.13.8}$$

からも N_{aO} の誤差には $\bar{D}$ と N_{vO} の二つの要因が関係することがわかる．以下理論式には N_{vO} の期待値 $\bar{N}_{vO}$ を用い，(4.2.11)の誘導と同様にして

$$\left(\frac{\sigma_{N_{aO}}}{\bar{N}_{aO}}\right)_g^2 = \frac{1}{\bar{N}_{vO}}\left(1+\frac{\sigma_D^2}{\bar{D}^2}\right) = \frac{Q_2}{\bar{N}_{vO}} = \frac{\bar{D} Q_2}{\bar{N}_{aO}} \tag{4.13.9}$$

を得るが，$\bar{D}$ を(4.13.4)により直接計測される $\bar{\delta}$ を用いて表現すれば

$$\left(\frac{\sigma_{N_{aO}}}{\bar{N}_{aO}}\right)_g^2 = \frac{4}{\pi} \cdot \frac{\bar{\delta}}{\bar{N}_{aO}} \tag{4.13.10}$$

となる．

次に(4.13.4)(4.13.5)から明らかなように $\bar{\delta}, \overline{(\delta^2)}$ の変動に関係する要因は $\bar{D}$ だけである．そしてこの際近似的には Q_n を定数とみることができる．ゆえに(4.A.28)(4.A.39)により

$$\left(\frac{\sigma_{\bar{\delta}}}{\bar{\delta}}\right)_g^2 = \left(\frac{\sigma_{\bar{D}}}{\bar{D}}\right)^2 = \frac{1}{\bar{N}_{vO}}\left(\frac{\sigma_D}{\bar{D}}\right)^2 = \frac{Q_2 - 1}{\bar{N}_{vO}} \tag{4.13.11}$$

$$\left(\frac{\sigma_{\overline{(\delta^2)}}}{\overline{(\delta^2)}}\right)_g^2 = \frac{4(Q_2 - 1)}{\bar{N}_{vO}} \tag{4.13.12}$$

となる．これらの式を(4.13.8)(4.13.4)を用いて直接計測できる $\bar{N}_{aO}$ と $\bar{\delta}$ を用いて表わせば

$$\left(\frac{\sigma_{\bar{\delta}}}{\bar{\delta}}\right)_g^2 = \frac{4}{\pi}\left(1 - \frac{1}{Q_2}\right)\frac{\bar{\delta}}{\bar{N}_{aO}} \tag{4.13.13}$$

$$\left(\frac{\sigma_{\overline{(\delta^2)}}}{\overline{(\delta^2)}}\right)_g^2 = \frac{16}{\pi}\left(1-\frac{1}{Q_2}\right)\frac{\bar{\delta}}{\bar{N}_{aO}} \tag{4.13.14}$$

を得る．

さて次に $N_{aO}, \bar{\delta}, \overline{(\delta^2)}$ の領域内誤差は，部分領域を切る試験平面の位置によってこれらの量の推定値が変動するために発生する誤差である．まず N_{aO} の領域内誤差を誘導することにし，1稜が単位長の立方体の部分領域中に大きさを異にする N_{vO} 個の球がある時，直径 D_j の球1個に注目すると，この球がこの部分領域を切る無作為な試験平面と交わる確率は D_j である．そしてこの大きさの球が N_{vOj} 個あるものとし，これらの球が試験平面と交わる回数，したがって試験平面上にできる図形の数 N_{aOj} の期待値を $\bar{N}_{aOj}$，分散を $\sigma^2_{N_{aOj}}$ とすれば，二項分布の定理によって

$$\bar{N}_{aOj} = N_{vOj}D_j \tag{4.13.15}$$

$$\sigma^2_{N_{aOj}} = N_{vOj}D_j(1-D_j) \tag{4.13.16}$$

が成立する．この結果をすべての大きさの球にまで拡張すれば，分散については(4. A. 24)を適用し

$$\bar{N}_{aO} = \sum_j N_{vOj}D_j = N_{vO}\bar{D} \tag{4.13.17}$$

$$\sigma^2_{N_{aO}} = \sum_j (N_{vOj}D_j - N_{vOj}D_j{}^2) = N_{vO}\bar{D} - N_{vO}\bar{D}^2Q_2 \tag{4.13.18}$$

を得る．そして以下 N_{vO} の期待値 $\bar{N}_{vO}$ を用い，(4. 13. 17)と(4. 13. 18)から変異係数の平方をつくれば(4. 13. 4) (4. 13. 8)を利用して

$$\left(\frac{\sigma_{N_{aO}}}{\bar{N}_{aO}}\right)_w^2 = \frac{1}{\bar{N}_{vO}\bar{D}} - \frac{Q_2}{\bar{N}_{vO}} = \frac{1}{\bar{N}_{aO}} - \frac{\bar{D}Q_2}{\bar{N}_{aO}}$$

$$= \frac{1}{\bar{N}_{aO}} - \frac{4}{\pi}\cdot\frac{\bar{\delta}}{\bar{N}_{aO}} = \left(1-\frac{4}{\pi}\bar{\delta}\right)\frac{1}{\bar{N}_{aO}} \tag{4.13.19}$$

となる．

次に $\bar{\delta}, \overline{(\delta^2)}$ の領域内誤差は(4. 13. 1)の上段の式から出発して誘導することができる．まず(4. 13. 1)を直径 D_j の球1個に適用し，$\bar{D}$ を D_j と書き，$N_{vO}=1$ とし，また Q_{n+1} は1個の球の場合には不要であるからこれを省略すれば，この球が試験平面上につくる円の直径 δ_j については

$$\bar{\delta}_j = I_1(\delta) = \frac{\pi}{4}D_j{}^2 \tag{4.13.20}$$

$$(\overline{\delta_j{}^2}) = I_2(\delta) = \frac{2}{3}D_j{}^3 \tag{4.13.21}$$

$$(\overline{\delta_j{}^4}) = I_4(\delta) = \frac{8}{15}D_j{}^5 \tag{4.13.22}$$

が成立する．そして δ_j と $\delta_j{}^2$ の分散は(4.A.5)により

$$\sigma^2_{\delta_j} = \frac{2}{3}D_j{}^3 - \left(\frac{\pi}{4}\right)^2 D_j{}^4 \tag{4.13.23}$$

$$\sigma^2_{\delta_j^2} = \frac{8}{15}D_j{}^5 - \left(\frac{2}{3}\right)^2 D_j{}^6 \tag{4.13.24}$$

である．

以上の結果をすべての球に拡張することを考え，分散については(4.A.24)を適用すれば

$$(\overline{\sum \delta}) = \sum_j \frac{\pi}{4}D_j{}^2 = \frac{\pi}{4}\bar{D}^2 Q_2 N_{vo} \tag{4.13.25}$$

$$(\overline{\sum \delta^2}) = \sum_j \frac{2}{3}D_j{}^3 = \frac{2}{3}\bar{D}^3 Q_3 N_{vo} \tag{4.13.26}$$

$$\sigma^2{}_{\Sigma\delta} = \frac{2}{3}\bar{D}^3 Q_3 N_{vo} - \left(\frac{\pi}{4}\right)^2 \bar{D}^4 Q_4 N_{vo} \tag{4.13.27}$$

$$\sigma^2{}_{\Sigma\delta^2} = \frac{8}{15}\bar{D}^5 Q_5 N_{vo} - \left(\frac{2}{3}\right)^2 \bar{D}^6 Q_6 N_{vo} \tag{4.13.28}$$

となる．

以下 N_{vo} の期待値 $\bar{N}_{vo}$ を用い，(4.13.25)(4.13.27)；(4.13.26)(4.13.28)を組み合わせて変異係数の平方をつくれば，(4.A.28)により

$$\left(\frac{\sigma_{\bar{\delta}}}{\bar{\delta}}\right)^2_w = \frac{32}{3\pi^2}\cdot\frac{Q_3}{Q_2{}^2}\cdot\frac{1}{\bar{N}_{aO}} - \frac{Q_4}{Q_2{}^2}\cdot\frac{1}{\bar{N}_{vO}} \tag{4.13.29}$$

$$\left(\frac{\sigma_{\overline{(\delta^2)}}}{\overline{(\delta^2)}}\right)^2_w = \frac{6}{5}\cdot\frac{Q_5}{Q_3{}^2}\cdot\frac{1}{\bar{N}_{aO}} - \frac{Q_6}{Q_3{}^2}\cdot\frac{1}{\bar{N}_{vO}} \tag{4.13.30}$$

を得る．

これで形の上では $\bar{\delta}$ と $\overline{(\delta^2)}$ の領域内誤差の式が求められたことにはなるが，これを実際に適用するにあたっては注意を要することがある．それは球の直径が無限大になるまでの可能性をもった理論分布について Q_n を計算すると，n が大きくなるにつれ実際には限られた部分領域中には出現しないような大きな

球の D^n がはなはだ大きな影響をもつため，Q_n の値が非常に大きくなり，これらの式の右辺第2項の比重が勝ちすぎて時には不合理な結果を与えることになる．元来これらの式が厳密に適用されるためには部分領域が無限に大きく，これを単位として $\bar{D}$ を表わせば $\bar{D}\to 0$ となる時である．そしてこれに近い状態では $N_{vO}\gg N_{aO}$ であるから，(4.13.29)(4.13.30)の右辺第2項は無視できる．それゆえ以下充分大きな部分領域を用いることを前提として(4.13.29)(4.13.30)の右辺第2項を省略して

$$\left(\frac{\sigma_{\bar{\delta}}}{\bar{\delta}}\right)_w^2=\frac{32}{3\pi^2}\cdot\frac{Q_3}{{Q_2}^2}\cdot\frac{1}{\bar{N}_{aO}} \tag{4.13.31}$$

$$\left(\frac{\sigma_{\overline{(\delta^2)}}}{\overline{(\delta^2)}}\right)_w^2=\frac{6}{5}\cdot\frac{Q_5}{{Q_3}^2}\cdot\frac{1}{\bar{N}_{aO}} \tag{4.13.32}$$

を用いることにしよう．そして $\bar{\delta}$ は部分領域の大きさを単位として表現されるから，部分領域が充分大きければその値は非常に小さなものになる．したがって(4.13.13)(4.13.14)の領域間誤差は $\bar{\delta}$ が乗じられているため領域内誤差に比較して無視しうる程度に小さくなる．それゆえ(4.13.31)(4.13.32)をもってただちに全領域に関する誤差として差しつかえない．

また N_{aO} の誤差については(4.13.19)の右辺第2項は(4.13.10)の領域間誤差と相殺される関係になる．

以上の結果をまとめて書けば

$$\left(\frac{\boldsymbol{\sigma}_{N_{aO}}{}^*}{\bar{\boldsymbol{N}}_{aO}{}^*}\right)^2=\frac{\mathbf{1}}{\bar{\boldsymbol{N}}_{aO}} \tag{4.13.33}$$

$$\left(\frac{\boldsymbol{\sigma}_{\bar{\delta}}{}^*}{\bar{\boldsymbol{\delta}}^*}\right)^2=\frac{\mathbf{32}}{\mathbf{3}\boldsymbol{\pi}^2}\cdot\frac{\boldsymbol{Q}_3}{{\boldsymbol{Q}_2}^2}\cdot\frac{\mathbf{1}}{\bar{\boldsymbol{N}}_{aO}} \tag{4.13.34}$$

$$\left(\frac{\boldsymbol{\sigma}_{\overline{(\delta^2)}}{}^*}{\overline{(\boldsymbol{\delta}^2)}^*}\right)^2=\frac{\mathbf{6}}{\mathbf{5}}\cdot\frac{\boldsymbol{Q}_5}{{\boldsymbol{Q}_3}^2}\cdot\frac{\mathbf{1}}{\bar{\boldsymbol{N}}_{aO}} \tag{4.13.35}$$

となる．

b) $N_{\lambda O}, \bar{\lambda}, \overline{(\lambda^2)}$ の誤差

次に λ に関係した諸量の誤差を求めることになるが，これは δ を用いた時の誤差の式の $\bar{N}_{aO}$ を $\bar{N}_{\lambda O}$ に，$\bar{\delta}$ を $\bar{\lambda}$ に，$\overline{(\delta^2)}$ を $\overline{(\lambda^2)}$ に，そして Q_n を Q_n' に書き換え，この Q_n' を(4.13.2)によって Q_n を用いて表現すればただちに得られる

ものである．これについては第4章の300頁の説明を参照していただきたい．まず領域間誤差の式は(4.13.10)(4.13.13)(4.13.14)を書き換えて

$$\left(\frac{\sigma_{N_{\lambda O}}}{\bar{N}_{\lambda O}}\right)_g^2=\frac{Q_2'}{\bar{N}_{aO}}=\frac{4}{\pi}\cdot\frac{\bar{\lambda}}{\bar{N}_{\lambda O}} \tag{4.13.36}$$

$$\left(\frac{\sigma_{\bar{\lambda}}}{\bar{\lambda}}\right)_g^2=\frac{Q_2'-1}{\bar{N}_{aO}}=\frac{4}{\pi}\left(1-\frac{1}{Q_2'}\right)\frac{\bar{\lambda}}{\bar{N}_{\lambda O}}=\frac{4}{\pi}\left(1-\frac{3\pi^2}{32}\cdot\frac{Q_2^2}{Q_3}\right)\frac{\bar{\lambda}}{\bar{N}_{\lambda O}}$$

$$=\left(\frac{4}{\pi}-\frac{3\pi}{8}\cdot\frac{Q_2^2}{Q_3}\right)\frac{\bar{\lambda}}{\bar{N}_{\lambda O}} \tag{4.13.37}$$

$$\left(\frac{\sigma_{\overline{(\lambda^2)}}}{\overline{(\lambda^2)}}\right)_g^2=\frac{4(Q_2'-1)}{\bar{N}_{aO}}=4\left(\frac{4}{\pi}-\frac{3\pi}{8}\cdot\frac{Q_2^2}{Q_3}\right)\frac{\bar{\lambda}}{\bar{N}_{\lambda O}} \tag{4.13.38}$$

を得る．この際 N_{aO} の期待値 $\bar{N}_{aO}$ を用いてある．

一方領域内誤差は $N_{aO}, \bar{\delta}, \overline{(\delta^2)}$ の領域内誤差の式(4.13.19)(4.13.29)(4.13.30)の $\bar{N}_{vO}$ を $\bar{N}_{aO}$ に，$\bar{N}_{aO}$ を $\bar{N}_{\lambda O}$ に書きなおし，Q_n を Q_n' で置き換え，さらにこの Q_n' を(4.13.2)を用いて Q_n により表現すればよい．その結果についても δ を指標とする場合と同じく部分領域を充分大きくとれば $\bar{\lambda}$ と $\overline{(\lambda^2)}$ の誤差の式の右辺第2項は省略できること，またこの際領域間誤差は格段に小さくなり無視できること等が通用する．なお $N_{\lambda O}$ の領域内誤差の右辺第2項と領域間誤差とが相殺し合うことも同じである．そしてこの場合も結局領域内誤差をそのまま全領域に関する誤差として差しつかえないから，(4.13.33)(4.13.34)(4.13.35)に相当する式だけで用が足りる．さらにこの誤差は内容的には領域内誤差であるから，平面上にとった同一部分領域上に M 本の単位長の無作為な試験直線を引けばその値は$1/M$になる．この条件も考慮に入れて式を書いておこう．まず(4.13.2)から

$$Q_2'=\frac{32}{3\pi^2}\cdot\frac{Q_3}{Q_2^2} \tag{4.13.39}$$

$$Q_3'=\frac{12}{\pi^2}\cdot\frac{Q_4}{Q_2^3} \tag{4.13.40}$$

$$Q_5'=\frac{160}{\pi^4}\cdot\frac{Q_6}{Q_2^5} \tag{4.13.41}$$

を得る．これを(4.13.33)(4.13.34)(4.13.35)の Q_2, Q_3, Q_5 のかわりに用いれば，$N_{\lambda O}, \bar{\lambda}, \overline{(\lambda^2)}$ の領域内誤差は

$$\left(\frac{\sigma_{N_{\lambda O}}}{\bar{N}_{\lambda O}}\right)_w^2=\frac{1}{M\bar{N}_{\lambda O}} \tag{4.13.42}$$

$$\left(\frac{\sigma_{\bar{\lambda}}}{\bar{\lambda}}\right)_w^2=\frac{9}{8}\cdot\frac{Q_4Q_2}{Q_3^{\ 2}}\cdot\frac{1}{M\bar{N}_{\lambda O}} \tag{4.13.43}$$

$$\left(\frac{\sigma_{\overline{(\lambda^2)}}}{\overline{(\lambda^2)}}\right)_w^2=\frac{4}{3}\cdot\frac{Q_6Q_2}{Q_4^{\ 2}}\cdot\frac{1}{M\bar{N}_{\lambda O}} \tag{4.13.44}$$

となる．この式は M が小さく，したがって領域間誤差が領域内誤差に比較して格段に小さい時にはこのまま全領域に関する誤差の式として用いることができる．しかし M が大きい時にはこれらの式にそれぞれ(4. 13. 36)(4. 13. 37)(4. 13. 38)の領域間誤差を加えて全領域に関する誤差とする必要がある．

c) Parameter の推定誤差

以上で $N_{\alpha O}, \bar{\delta}, \overline{(\delta^2)}\,;\,N_{\lambda O}, \bar{\lambda}, \overline{(\lambda^2)}$ の誤差の式が与えられたことになる．この結果を見てまず気のつくことは，球の大小不同がいちじるしく，したがって n の大きい Q_n の値が大きくなれば $\overline{(\delta^2)}$ や $\overline{(\lambda^2)}$ の誤差，特に $\overline{(\lambda^2)}$ の誤差は非常に大きくなり，これを必要な水準にまで下げるには莫大な数の図形や弦の計測を行なわなければならない．このうち λ に関する量の誤差を小さくするには目の細かい等間隔平行線を用いるのが有効であり，その理論はこの節の終りに参考のために説明してあるが，実際にあたってみるとその必要はそれ程大きくはない．それは $\overline{(\delta^2)}$ や $\overline{(\lambda^2)}$ の単独の誤差は大きくても，それが $N(r)$ の parameter の推定に利用される場合には parameter そのものの誤差はこれに比較してはるかに小さくなるからである．ただし $\bar{\delta}$ と $\bar{\lambda}$ の誤差は幾何学的 parameter 以外の parameter の誤差を求めるにあたって，そのままの形で影響してくるから，これらの誤差はある水準以下におさえるよう留意すべきである．

第3章で用いた $N(r)$ のいずれの形でも，最初に $\overline{(\delta^2)}/\bar{\delta}^2, \overline{(\lambda^2)}/\bar{\lambda}^2$ を用いて理論分布の幾何学的性格を決定する parameter を推定する所までは共通である．そしてこの parameter は m である．以下 δ や λ を一般に X として

$$W=\overline{(X^2)}/\bar{X}^2 \tag{4.13.45}$$

と置くと，(4. A. 34)(4. A. 39)により

$$\left(\frac{\sigma_W}{\bar{W}}\right)^2=\left(\frac{\sigma_{\overline{(X^2)}}}{\overline{(X^2)}}\right)^2+\left(\frac{\sigma_{\bar{X}^2}}{\bar{X}^2}\right)^2-2\rho\left(\frac{\sigma_{\overline{(X^2)}}}{\overline{(X^2)}}\right)\left(\frac{\sigma_{\bar{X}^2}}{\bar{X}^2}\right)$$

$$=\left(\frac{\sigma_{\overline{(X^2)}}}{\overline{(X^2)}}\right)^2+4\left(\frac{\sigma_{\bar{X}}}{\bar{X}}\right)^2-4\rho\left(\frac{\sigma_{\overline{(X^2)}}}{\overline{(X^2)}}\right)\left(\frac{\sigma_{\bar{X}}}{\bar{X}}\right) \qquad (4.13.46)$$

が成立する．この式で ρ は $\overline{(X^2)}$ と $\bar{X}^2$ の間の相関係数である．ところで(4.13.4)(4.13.5)；(4.13.6)(4.13.7)によって

$$\overline{(\delta^2)}=\frac{32}{3\pi^2}\cdot\frac{Q_3}{{Q_2}^2}\cdot\bar{\delta}^2 \qquad (4.13.47)$$

$$\overline{(\lambda^2)}=\frac{9}{8}\cdot\frac{Q_4Q_2}{{Q_3}^2}\cdot\bar{\lambda}^2 \qquad (4.13.48)$$

である．そしてある同一母集団からとったいくつかの球の群は，近似的に共通の Q_n をもつから，$\overline{(X^2)}$ と $\bar{X}^2$ の間にはほぼ完全な正の相関が存在する．それゆえ(4.13.46)において $\rho=1$ とみてよい．そうすると(4.13.46)は

$$\left(\frac{\boldsymbol{\sigma}_{\bar{W}}}{\bar{\boldsymbol{W}}}\right)^2=\left[\frac{\boldsymbol{\sigma}_{\overline{(X^2)}}}{\overline{(\boldsymbol{X}^2)}}-2\cdot\frac{\boldsymbol{\sigma}_{\bar{X}}}{\bar{\boldsymbol{X}}}\right]^2, \qquad \frac{\boldsymbol{\sigma}_{\bar{W}}}{\bar{\boldsymbol{W}}}=\left|\frac{\boldsymbol{\sigma}_{\overline{(X^2)}}}{\overline{(\boldsymbol{X}^2)}}-2\cdot\frac{\boldsymbol{\sigma}_{\bar{X}}}{\bar{\boldsymbol{X}}}\right| \qquad (4.13.49)$$

という簡潔な形になる．そしてこの右辺の形からみてこの誤差は $\overline{(X^2)}$ や $\bar{X}^2$ の単独の誤差よりはるかに小さくなることがわかる．それゆえ実際にあたってはこれらの量の単独の誤差の大きさはあまり気にせず，むしろ $\bar{N}_{ao}$ や $\bar{N}_{\lambda o}$ の誤差の式(4.13.33)(4.13.42)によりどの程度の大きさの部分領域をとればよいかを定めて計測計画をたてればよいであろう．

なお $N(r)$ の他の parameter の誤差の求め方は第5章の実例について一部説明するつもりである．

d）目の細かい等間隔平行線

すでに(4.13.42)(4.13.43)(4.13.44)にみるようにこれらの誤差は $M\bar{N}_{\lambda o}$，つまり弦の総数に逆比例する．つまり同一部分領域に引く試験直線の数を増せば誤差は小さくなる．この際目の細かい等間隔平行線を用いる方が同じ M 本の試験直線を引くにしても領域内誤差を小さくする上ではるかに効果的である．そしてこの場合は領域内誤差は領域間誤差より格段に小さくなりうるから実際にはまず(4.13.36)(4.13.37)(4.13.38)の領域間誤差の式を用いて必要な部分領域の大きさを決めなければならない．ここでは領域内誤差だけを扱うことになるが，まず $N_{\lambda o}$ の領域内誤差は実質的には381頁の(4.7.29)と同じことである．ただ C_o が $N_{\lambda o}$ の2倍になるだけであるから

$$\left(\frac{\sigma_{N_{\lambda O}}}{\bar{N}_{\lambda O}}\right)^2_{\text{reg./f}}=\frac{1}{6}\left(\frac{h}{\bar{\delta}}\right)^2\cdot\frac{1}{\bar{N}_{aO}}$$

$$=\frac{\pi}{24}\cdot\frac{Q_2'}{\bar{M}^2\bar{\lambda}\bar{N}_{\lambda O}}=\frac{4}{9\pi}\cdot\frac{Q_3}{Q_2{}^2}\cdot\frac{1}{\bar{M}^2\bar{\lambda}\bar{N}_{\lambda O}} \qquad (4.13.50)$$

となる．この下段の形は(4.13.6)と $h=1/\bar{M}$, $\bar{N}_{\lambda O}=\bar{\delta}N_{aO}$, $\bar{\lambda}=(\pi/4)\bar{\delta}Q_2'$ を利用して直接計測される λ に関する量を用いて表現したものである．なお理論式には N_{aO} の期待値 $\bar{N}_{aO}$ を用いてある．

また $\bar{\lambda}$ の誤差の式としては(4.4.89)がそのまま用いられるのであるが，念のため(4.4.70)と(4.4.83)から出発して $\bar{\lambda}$ の誤差の式を誘導しておく．これは(4.A.28)により $\sum\lambda$ の誤差を求めればよいことになる．直径 δ_j の円1個については δ_j/h 個の弦ができるから，$\bar{N}_{aO}$ 個の大きさを異にした円全体については

$$\sum\lambda=\sum_j\bar{\lambda}_j(\delta_j/h)=\frac{\pi}{4}\sum_j\delta_j{}^2/h=\frac{\pi}{4}\bar{\delta}^2Q_2'\bar{N}_{aO}/h \qquad (4.13.51)$$

となる．一方(4.4.83)の分散はすでに1個の円についての弦の長さを平均した時の分散であるから，1個の円についての弦の和の分散は(4.A.13)を適用し，(4.4.83)に $(\delta_j/h)^2$ を乗じたものに等しい．そして(4.A.24)を用いてこれをすべての大きさの円について和をとれば

$$(\sigma^2{}_{\Sigma\lambda})_{\text{reg./f}}=\frac{\pi^2}{16}\left(\frac{32}{3\pi^2}-1\right)\sum_j\delta_j{}^2$$

$$=\frac{\pi^2}{16}\left(\frac{32}{3\pi^2}-1\right)\bar{\delta}^2Q_2'\bar{N}_{aO} \qquad (4.13.52)$$

となる．そして(4.13.51)(4.13.52)(4.A.28)から

$$\left(\frac{\sigma_{\bar{\lambda}}}{\bar{\lambda}}\right)^2_{\text{reg./f}}=\left(\frac{\sigma_{\Sigma\lambda}}{(\sum\lambda)}\right)^2_{\text{reg./f}}=\left(\frac{32}{3\pi^2}-1\right)\left(\frac{h}{\bar{\delta}}\right)^2\cdot\frac{1}{\bar{N}_{aO}Q_2'} \qquad (4.13.53)$$

を得る．そして $\bar{N}_{\lambda O}=\bar{\delta}\bar{N}_{aO}$ と(4.13.6)(4.13.39)によって

$$\left(\frac{\sigma_{\bar{\lambda}}}{\bar{\lambda}}\right)^2_{\text{reg./f}}=\frac{\pi}{4}\left(\frac{32}{3\pi^2}-1\right)\frac{1}{\bar{M}^2\bar{\lambda}\bar{N}_{\lambda O}} \qquad (4.13.54)$$

となる．

なおこの結果は興味がある．それは目の細かい等間隔平行線を用いる場合，$\bar{\lambda}$ の領域内誤差は球の半径の理論分布の幾何学的性格を表わす Q_n とは関係なく，単に $\bar{M}$, $\bar{\lambda}$, $\bar{N}_{\lambda O}$ のみによって決まることを示すからである．

そこでここではさらに$(\overline{\lambda^2})$の誤差の式を追加すればよいことになる．この式の誘導も筋途は(4.13.53)の誘導と同じことであり，ただ(4.4.79)の右辺のλ_iがλ_i^2になり，そのため左辺のfr^2が$f'r^4$となるだけの差である．そして(4.4.75)と(4.4.79)はそれぞれ

$$\lambda_i^2 = 4[r^2 - \{r-(i-1)h-z\}^2] \tag{4.13.55}$$

$$f'r^4 = \frac{1}{\delta}\left[(\nu+1)\int_0^{\zeta}\left(\frac{\sum_{i=1}^{\nu+1}\lambda_i^2}{\nu+1}\right)^2 \mathrm{d}z + \nu\int_{\zeta}^{h}\left(\frac{\sum_{i=1}^{\nu}\lambda_i^2}{\nu}\right)^2 \mathrm{d}z\right] \tag{4.13.56}$$

となる．この(4.13.56)の式は形式上は解析的に積分可能ではあるが，実際には項の数が多くなって処理が容易でない．それゆえここではこのまま電子計算

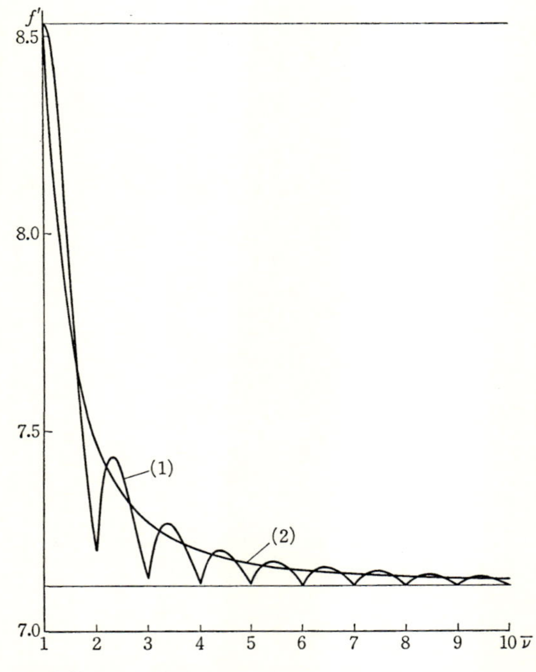

図 4.13.1　(4.13.56)において$r=1$としてf'を計算した結果を曲線(1)に示す．この値は$\overline{\nu}=1$の時$f'=8.5333\cdots\cdots$となり，$\overline{\nu}$の増加に従って振動をくりかえしながら次第に$f'=7.1111\cdots\cdots$に近づく．なお図中の滑らかな曲線(2)は(4.13.59)の近似式を表わす．

機によって数値計算を行い，その結果に適当な近似式をあてることを考えよう．そして $r=1$ と置いて求めた f' の値は図 4.13.1 に示してある．これを見ると f' は $\bar{\nu}$ の増加と共に振動をくりかえしながら次第に減少する関数であることがわかる．この関数で $\bar{\nu}=1$ の時と $\bar{\nu}\to\infty$ の時の f' の値は解析的に求めることができる．まず $\bar{\nu}=1$ という条件は単位長の半径の円の与える弦の長さの4乗の平均をとることを意味する．したがって

$$f'(\bar{\nu}=1) = \int_0^1 2^4(1-x^2)^2 \mathrm{d}x$$

$$= 16\times\frac{8}{15} = 8.5333\cdots\cdots \qquad (4.13.57)$$

である．一方 $\bar{\nu}\to\infty$ の時は f' は単位長の半径の円の与える弦の長さの2乗の平均をとり，これをさらに2乗したものになるから

$$f'(\bar{\nu}\to\infty) = \left[\int_0^1 2^2(1-x^2)\mathrm{d}x\right]^2$$

$$= 16\times\frac{4}{9} = 7.1111\cdots\cdots \qquad (4.13.58)$$

となる．

そこで f' に適当な近似式をあてることを考え

$$f' = 16\left[\frac{4}{9}+\left(\frac{8}{15}-\frac{4}{9}\right)\left(\frac{h}{\delta}\right)^2\right]$$

$$= \frac{64}{9}\left[1+\frac{1}{5}\left(\frac{h}{\delta}\right)^2\right] \qquad (4.13.59)$$

と置くことにする．そうするとこの曲線は図 4.13.1 に示すように元来の f' の曲線の振動の山と谷の間をやや山に近い所で通過することになるので，近似式として用いても差しつかえないことがわかる．

以上で準備的処理がすんだから，まず直径 δ_j の円1個についての $\overline{(\lambda_j{}^2)}$ と $\sigma^2{}_{\overline{(\lambda_j^2)}}$ を求めてみよう．目の細かい等間隔平行線を用いれば試験直線は必ず円と交わるから，$\overline{(\lambda_j{}^2)}$ はこの円の与えるすべての弦の平方の平均である．ゆえに

$$\overline{(\lambda_j{}^2)} = \frac{2}{\delta_j}\int_0^{\delta_j/2}(\delta_j{}^2-4x^2)\,\mathrm{d}x = \frac{2}{3}\delta_j{}^2 \qquad (4.13.60)$$

である．なおこの結果は(4.13.5)の Q_3 を省き，D を δ_j に，δ を λ_j と書けばた

だちに得られるものである．一方 $\overline{(\lambda_j{}^2)}$ の分散は

$$\sigma^2{}_{\overline{(\lambda_j^2)}} = f'r_j{}^4 - \left(\frac{2}{3}\right)^2\delta_j{}^4 \tag{4.13.61}$$

で与えられる．そしてこの f' に(4.13.59)の近似式をあて，また $r_j=\delta_j/2$ であることを考慮すれば

$$\sigma^2{}_{\overline{(\lambda_j^2)}} = \frac{4}{9}\left[1+\frac{1}{5}\left(\frac{h}{\delta_j}\right)^2\right]\delta_j{}^4 - \frac{4}{9}\delta_j{}^4 = \frac{4}{45}h^2\delta_j{}^2 \tag{4.13.62}$$

となる．以上の結果をすべての大きさの円にまで拡張することを考えると，まず全体の λ^2 の和は(4.13.60)を $\bar{N}_{aO}$ の円について相加したものであるが，この際直径 δ_j の円からは δ_j/h 個の弦ができることを考慮すれば

$$(\overline{\sum\lambda^2}) = \sum_j \overline{(\lambda_j{}^2)}(\delta_j/h) = \frac{2}{3}\sum_j \delta_j{}^3/h = \frac{2}{3}\bar{\delta}^3 Q_3'\bar{N}_{aO}/h \tag{4.13.63}$$

となる．一方すべての大きさの円についての分散の和は(4.13.52)の誘導と同じ考え方で

$$(\sigma_{\sum\lambda^2})^2{}_{\mathrm{reg./f}} = \sum_j \frac{4}{45}h^2\delta_j{}^2(\delta_j/h)^2 = \frac{4}{45}\sum_j \delta_j{}^4$$

$$= \frac{4}{45}\bar{\delta}^4 Q_4'\bar{N}_{aO} \tag{4.13.64}$$

を得る．したがって(4.A.28)により(4.13.63)と(4.13.64)を用いて

$$\left(\frac{\sigma_{\overline{(\lambda^2)}}}{\overline{(\lambda^2)}}\right)^2_{\mathrm{reg./f}} = \left(\frac{\sigma_{\sum\lambda^2}}{(\overline{\sum\lambda^2})}\right)^2_{\mathrm{reg./f}} = \frac{1}{5}\cdot\frac{Q_4'}{[Q_3']^2}\cdot\left(\frac{h}{\bar{\delta}}\right)^2\cdot\frac{1}{\bar{N}_{aO}} \tag{4.13.65}$$

を得る．そして(4.13.2)によって $Q_4'/[Q_3']^2$ を Q_n を用いて書きなおし，$\bar{N}_{\lambda O}=\bar{\delta}\bar{N}_{aO}$, $h=1/\bar{M}$ の関係と，(4.13.6)により

$$\left(\frac{\sigma_{\overline{(\lambda^2)}}}{\overline{(\lambda^2)}}\right)^2_{\mathrm{reg./f}} = \frac{1024}{2025\pi}\cdot\frac{Q_5Q_3}{Q_4{}^2}\cdot\frac{1}{\bar{M}^2\bar{\lambda}\bar{N}_{\lambda O}} \tag{4.13.66}$$

となる．

これで目の細かい等間隔平行線を用いた時の領域内誤差が全部求められたから，これに領域間誤差を加えて全領域に関する誤差の形で結果を列記しておく．

$$\left(\frac{\sigma_{N_{\lambda O}{}^*}}{\bar{N}_{\lambda O}{}^*}\right)^2_{\mathrm{reg./f}} = \frac{1}{6}\left(\frac{h}{\bar{\delta}}\right)^2\frac{1}{\bar{N}_{aO}} + \frac{Q_2'}{\bar{N}_{aO}}$$

$$= \frac{4}{9\pi}\cdot\frac{Q_3}{Q_2{}^2}\cdot\frac{1}{\bar{M}^2\bar{\lambda}\bar{N}_{\lambda O}} + \frac{4}{\pi}\cdot\frac{\bar{\lambda}}{\bar{N}_{\lambda O}} \tag{4.13.67}$$

$$\left(\frac{\sigma_{\bar{\lambda}}{}^*}{\bar{\lambda}^*}\right)^2_{\text{reg./f}} = \left(\frac{32}{3\pi^2}-1\right)\left(\frac{h}{\bar{\delta}}\right)^2\frac{1}{Q_2'\bar{N}_{aO}}+\frac{Q_2'-1}{\bar{N}_{aO}}$$

$$= \frac{\pi}{4}\left(\frac{32}{3\pi^2}-1\right)\frac{1}{\bar{M}^2\bar{\lambda}\bar{N}_{\lambda O}}+\left(\frac{4}{\pi}-\frac{3\pi}{8}\cdot\frac{Q_2{}^2}{Q_3}\right)\frac{\bar{\lambda}}{\bar{N}_{\lambda O}} \quad (4.\,13.\,68)$$

$$\left(\frac{\sigma_{\overline{(\lambda^2)}}{}^*}{\overline{(\lambda^2)}^*}\right)^2_{\text{reg./f}} = \frac{1}{5}\left(\frac{h}{\bar{\delta}}\right)^2\cdot\frac{Q_4'}{[Q_3']^2}\cdot\frac{1}{\bar{N}_{aO}}+\frac{4(Q_2'-1)}{\bar{N}_{aO}}$$

$$= \frac{1024}{2025\pi}\cdot\frac{Q_5Q_3}{Q_4{}^2}\cdot\frac{1}{\bar{M}^2\bar{\lambda}\bar{N}_{\lambda O}}+4\left(\frac{4}{\pi}-\frac{3\pi}{8}\cdot\frac{Q_2{}^2}{Q_3}\right)\frac{\bar{\lambda}}{\bar{N}_{\lambda O}} \quad (4.\,13.\,69)$$

これらの式の右辺第1項は領域内誤差を，第2項は領域間誤差を表わす．そしてそれぞれの誤差の式の下段は直接実測しうる量を用いて表現したものである．

第4章注　分散の諸定理

分散についての一般的な事項は推計学の成書にゆずるが，ここでは第4章にしばしば用いられる分散に関係した諸定理を解説しておく．

1) 分散の公式 $\sigma^2{}_x=\dfrac{1}{N}\sum_{j=1}^{k}N_jx_j{}^2-\bar{x}^2$

この公式は第4章では頻繁に用いられるもので，分散の定義から誘導されるものである．いま k 個のクラスの値をとる変量 x があり，j のクラスの値 x_j の出現頻度を N_j とし，x の算術平均を $\bar{x}$，分散を $\sigma^2{}_x$ とすれば，分散の定義から

$$\sigma^2{}_x = \sum_{j=1}^{k}N_j(x_j-\bar{x})^2\Big/\sum_{j=1}^{k}N_j \quad (4.\,\text{A}.\,1)$$

である．ここで $\sum_{j=1}^{k}N_j$ はすべての x の出現度数の和，または標本の総数であるからこれを N として上の式を変形すると

$$\sigma^2{}_x = \frac{1}{N}\sum_{j=1}^{k}(N_jx_j{}^2-2N_jx_j\bar{x}+N_j\bar{x}^2) \quad (4.\,\text{A}.\,2)$$

となる．ところで

$$\sum_{j=1}^{k}2N_jx_j\bar{x} = 2\bar{x}\sum_{j=1}^{k}N_jx_j = 2\bar{x}\cdot N\bar{x} = 2N\bar{x}^2 \quad (4.\,\text{A}.\,3)$$

$$\sum_{j=1}^{k}N_j\bar{x}^2 = \bar{x}^2\sum_{j=1}^{k}N_j = N\bar{x}^2 \quad (4.\,\text{A}.\,4)$$

であるから，これを(4. A. 2)に代入して

$$\sigma^2{}_x = \frac{1}{N}\sum_{j=1}^{k}N_jx_j{}^2-\bar{x}^2 \quad (4.\,\text{A}.\,5)$$

を得る.

なお一般にある変量や関数の期待値または算術平均を E という記号で表わせば

$$\bar{x} = \mathrm{E}(x) \tag{4. A. 6}$$

$$\frac{1}{N}\sum_{j=1}^{k} N_j x_j{}^2 = \mathrm{E}(x^2) \tag{4. A. 7}$$

と書くことができるから, (4. A. 5) は

$$\sigma^2{}_x = \mathrm{E}(x^2) - \mathrm{E}^2(x) \tag{4. A. 8}$$

となる. また x が連続変数であっても結果は同じであり, x の確率分布関数を $p(x)$ とすれば

$$\sigma^2{}_x = \int_0^\infty p(x)x^2\mathrm{d}x - \bar{x}^2 = \mathrm{E}(x^2) - \mathrm{E}^2(x) \tag{4. A. 9}$$

であることはいうまでもない.

なおもっと一般的に x^n の分散の式を書き, これを (3. 3. 11) の Q_n を用いて表現すれば

$$\sigma^2{}_{x^n} = \mathrm{E}(x^{2n}) - \mathrm{E}^2(x^n) = (Q_{2n} - Q_n{}^2)\bar{x}^{2n} \tag{4. A. 10}$$

を得る. そして変異係数の平方をつくれば

$$\left(\frac{\sigma_{x^n}}{\overline{(x^n)}}\right)^2 = \frac{Q_{2n}}{Q_n{}^2} - 1 \tag{4. A. 11}$$

となる.

2) $kx+m$ の分散

ある変量 x の分散が $\sigma^2{}_x$ である時, k, m を定数として $kx+m$ の分散がどうなるかを調べてみよう. $\mathrm{E}(x) = \bar{x}$ であるから

$$\mathrm{E}(kx+m) = k\mathrm{E}(x) + m = k\bar{x} + m \tag{4. A. 12}$$

である. そして (4. A. 8) により

$$\begin{aligned} \sigma^2(kx+m) &= \mathrm{E}(kx+m)^2 - (k\bar{x}+m)^2 \\ &= \mathrm{E}(k^2x^2 + 2kmx + m^2) - (k^2\bar{x}^2 + 2km\bar{x} + m^2) \\ &= k^2[\mathrm{E}(x^2) - \bar{x}^2] \\ &= k^2\sigma^2{}_x \end{aligned} \tag{4. A. 13}$$

を得る. したがって変量 kx については

$$\left(\frac{\sigma(kx)}{\mathrm{E}(kx)}\right)^2 = \left(\frac{k\sigma_x}{k\bar{x}}\right)^2 = \left(\frac{\sigma_x}{\bar{x}}\right)^2 \tag{4. A. 14}$$

となる. つまりある変量に定数を乗じても変異係数の値は変わらない. この関係はしばしば利用される.

3) 変量の和の分散

いま m 個の変量 $x_1, x_2, \cdots, x_i, \cdots, x_m$ があり, それらの変量の分散が $\sigma^2{}_{x_1}, \sigma^2{}_{x_2}, \cdots,$

$\sigma^2_{x_1}, \cdots, \sigma^2_{x_m}$ である時，この変量の和でつくられる関数

$$W = \sum_{i=1}^{m} x_i \tag{4. A. 15}$$

の分散を求めてみよう．まず(4. A. 8)を適用すると

$$\begin{aligned}
\sigma^2{}_W &= \mathrm{E}(W^2) - \mathrm{E}^2(W) \\
&= \mathrm{E}\left(\sum_{i=1}^{m} x_i\right)^2 - \mathrm{E}^2\left(\sum_{i=1}^{m} x_i\right) \\
&= \sum_{i=1}^{m} \mathrm{E}(x_i{}^2) + \sum_{i=1}^{m}\sum_{j=1}^{m} \mathrm{E}(x_i x_j) - \sum_{i=1}^{m} \mathrm{E}^2(x_i) - \sum_{i=1}^{m}\sum_{j=1}^{m} \mathrm{E}(x_i)\mathrm{E}(x_j) \qquad (j \neq i) \\
&= \sum_{i=1}^{m} [\mathrm{E}(x_i{}^2) - \mathrm{E}^2(x_i)] + \sum_{i=1}^{m}\sum_{j=1}^{m} [\mathrm{E}(x_i x_j) - \mathrm{E}(x_i)\mathrm{E}(x_j)] \qquad (4. A. 16)
\end{aligned}$$

を得る．この右辺第1項は(4. A. 8)により $\sum_{i=1}^{m} \sigma^2{}_{x_i}$ に等しい．そして右辺第2項は次のようにして処理できる．

二つの変量 y と z の共分散(covariance)を σ_{yz} とすると

$$\begin{aligned}
\sigma_{yz} &= \mathrm{E}[(y-\bar{y})(z-\bar{z})] \\
&= \mathrm{E}(yz) - \bar{z}\mathrm{E}(y) - \bar{y}\mathrm{E}(z) + \bar{y}\bar{z} \qquad (4. A. 17)
\end{aligned}$$

である．そして

$$\bar{z}\mathrm{E}(y) = \bar{y}\mathrm{E}(z) = \bar{y}\bar{z} \tag{4. A. 18}$$

であるから

$$\sigma_{yz} = \mathrm{E}(yz) - \bar{y}\bar{z} \tag{4. A. 19}$$

を得る．そして y と z の相関係数を $\rho(y, z)$ とすると

$$\rho(y, z) = \sigma_{yz}/\sigma_y \sigma_z \tag{4. A. 20}$$

であるから

$$\sigma_{yz} = \rho(y, z)\sigma_y \sigma_z \tag{4. A. 21}$$

である．この関係を(4. A. 16)の右辺第2項に適用し，x_i と x_j の間の相関係数を $\rho(i, j)$ とすれば，この項は

$$\sum_{i=1}^{m}\sum_{j=1}^{m} \rho(i, j)\sigma_{x_i}\sigma_{x_j} \qquad (j \neq i) \tag{4. A. 22}$$

となる．したがって

$$\sigma^2{}_W = \sum_{i=1}^{m} \sigma^2{}_{x_i} + \sum_{i=1}^{m}\sum_{j=1}^{m} \rho(i, j)\sigma_{x_i}\sigma_{x_j} \qquad (j \neq i) \tag{4. A. 23}$$

を得る．そして $x_1, x_2, \cdots, x_i, \cdots, x_m$ がいずれも互いに独立した変量である場合には，いずれの i と j の組み合わせに対しても $\rho(i, j) = 0$ であるから，この式は

$$\sigma^2{}_W = \sum_{i=1}^{m} \sigma^2{}_{x_i} \tag{4. A. 24}$$

となる．この式は変量の和からつくられる関数の分散の処理にしばしば用いられるものであるが，変量が互いに独立であることが前提になっていることは注意を要する点である．

4) 標本の和の分散と算術平均の分散，およびそれらの変異係数

いま算術平均 $\bar{x}$，分散 $\sigma^2{}_x$ の母集団から N 個の標本を無作為にとり，その和 X の算術平均と分散をそれぞれ $\bar{X}, \sigma^2{}_X$ とすれば(4. A. 24)により

$$\bar{X} = N\bar{x} \tag{4. A. 25}$$

$$\sigma^2{}_X = N\sigma^2{}_x \tag{4. A. 26}$$

である．また N 個の標本について得た算術平均 $\bar{x}$ の分散を $\sigma^2{}_{\bar{x}}$ とすれば(4. A. 13)により

$$\sigma^2{}_{\bar{x}} = \sigma^2{}_X/N^2 = \sigma^2{}_x/N \tag{4. A. 27}$$

である．したがって

$$\left(\frac{\sigma_X}{\bar{X}}\right)^2 = \left(\frac{\sigma_{\bar{x}}}{\bar{x}}\right)^2 = \frac{1}{N}\left(\frac{\sigma_x}{\bar{x}}\right)^2 \tag{4. A. 28}$$

を得る．すなわち標本の和と算術平均の変異係数は等しく，またその平方は母集団の変異係数の平方の $1/N$ になる．

5) 変量の積と比の分散と変異係数

いま2変量 x, y がある時，xy と x/y の分散と変異係数を x と y の分散と変異係数を用いて表わすことを考えよう．まず $\bar{x}, \bar{y}$ を x, y の算術平均として $x=\bar{x}+p$，$y=\bar{y}+q$ と置けば

$$\mathrm{E}(p^2) = \sigma^2{}_x,\quad \mathrm{E}(q^2) = \sigma^2{}_y \tag{4. A. 29}$$

である．また x と y の相関係数を ρ とすれば(4. A. 21)により

$$\mathrm{E}(pq) = \sigma_{xy} = \rho\sigma_x\sigma_y \tag{4. A. 30}$$

となる．そこで pq の値が一般に小さいことを考慮に入れて xy の分散を計算すれば

$$\begin{aligned}\sigma^2{}_{xy} &\fallingdotseq \mathrm{E}[(\bar{x}+p)(\bar{y}+q)-\bar{x}\bar{y}]^2\\ &\fallingdotseq \mathrm{E}(p\bar{y}+q\bar{x})^2\\ &= \bar{y}^2\sigma^2{}_x+\bar{x}^2\sigma^2{}_y+2\rho\bar{x}\bar{y}\sigma_x\sigma_y\end{aligned} \tag{4. A. 31}$$

である．この両辺を $(\bar{x}\bar{y})^2$ で除せば

$$\left(\frac{\sigma_{xy}}{\bar{x}\bar{y}}\right)^2 = \left(\frac{\sigma_x}{\bar{x}}\right)^2 + \left(\frac{\sigma_y}{\bar{y}}\right)^2 + 2\rho\left(\frac{\sigma_x}{\bar{x}}\right)\left(\frac{\sigma_y}{\bar{y}}\right) \tag{4. A. 32}$$

を得る．次に x/y の分散は

$$\begin{aligned}\sigma^2{}_{x/y} &\fallingdotseq \mathrm{E}\left[\frac{\bar{x}+p}{\bar{y}+q}-\frac{\bar{x}}{\bar{y}}\right]^2\\ &\fallingdotseq \mathrm{E}[(p\bar{y}-q\bar{x})/\bar{y}^2]^2\end{aligned}$$

$$= (\bar{y}^2\sigma^2{}_x + \bar{x}^2\sigma^2{}_y - 2\rho\bar{x}\bar{y}\sigma_x\sigma_y)/\bar{y}^4 \qquad (4.\ A.\ 33)$$

となる．この両辺を $(\bar{x}/\bar{y})^2$ で除せば

$$\left(\frac{\sigma_{x/y}}{\bar{x}/\bar{y}}\right)^2 = \left(\frac{\sigma_x}{\bar{x}}\right)^2 + \left(\frac{\sigma_y}{\bar{y}}\right)^2 - 2\rho\left(\frac{\sigma_x}{\bar{x}}\right)\left(\frac{\sigma_y}{\bar{y}}\right) \qquad (4.\ A.\ 34)$$

を得る．

なお x, y が互いに独立な変量であれば，$\rho=0$ であるから (4. A. 31) と (4. A. 33) の分散は 6) で説明する (4. A. 36) に等しくなり，(4. A. 32) と (4. A. 34) の右辺第3項が消えて同じ式になる．

6) 関数の分散

互いに独立な変量 $x_1, x_2, \cdots, x_i, \cdots, x_m$ でつくられる関数

$$W = F(x_1, x_2, \cdots, x_i, \cdots, x_m) \qquad (4.\ A.\ 35)$$

があり，それぞれの変量の分散が $\sigma^2{}_{x_1}, \sigma^2{}_{x_2}, \cdots, \sigma^2{}_{x_i}, \cdots, \sigma^2{}_{x_m}$ であるものとする．いま W を x_i について偏微分して $\partial W/\partial x_i$ をつくると，これは限られた範囲では x_i に乗じられる定数とみることができる．したがって (4. A. 13) (4. A. 24) によって

$$\sigma^2{}_W \doteqdot \sum_{i=1}^{m}\left(\frac{\partial W}{\partial x_i}\right)^2 \cdot \sigma^2{}_{x_i} \qquad (4.\ A.\ 36)$$

を得る．ただしこの式の使用は $\sigma_W/\overline{W}$ の値が小さい時にのみ限るべきであろう．なお (4. A. 24) の式はこの式の特別な場合と見てもよいわけである．

また第4章では W が x のべき関数である場合が多く用いられるから，その一般的な形を説明しておこう．いま m, n を定数として

$$W = mx^n \qquad (4.\ A.\ 37)$$

である時，(4. A. 36) を適用すれば

$$\sigma^2{}_W = \left(\frac{\mathrm{d}}{\mathrm{d}x}mx^n\right)^2 \sigma^2{}_x$$

$$= (mnx^{n-1})^2\sigma^2{}_x \qquad (4.\ A.\ 38)$$

である．そして変異係数の平方をつくれば

$$\left(\frac{\sigma_W}{\overline{W}}\right)^2 = (mnx^{n-1})^2 \cdot \sigma^2{}_x/(m\bar{x}^n)^2$$

$$= n^2\left(\frac{\sigma_x}{\bar{x}}\right)^2 \qquad (4.\ A.\ 39)$$

となる．つまりこの形は n^2 が $(\sigma_x/\bar{x})^2$ に乗じられる係数になり，m は関係をもたなくなる．これは記憶しておいて便利なことである．

7) 分散の複合

部分領域についての計測結果から全領域についてある量を推定する場合に発生する誤

差には，領域内誤差と領域間誤差の二つが関与することになる．この二つの誤差がどのような形で複合されるかを説明しておく．これは形式的には分散分析の全体の変動(total deviation)を級内変動(within class deviation)と級間変動(between class deviation)の二つを用いて表現する手法と同じことである．

いまそれぞれN個の標本からなるm個の群があるものとする．そして各群内の個個の標本にはjの添字をつけ，群の番号はiを用いて表示することにすると，第i番目の群の一つの標本についての量はx_{ij}という形で表わすことができる．そしてそれぞれの群のxの算術平均を$\bar{x}_i$，分散を$\sigma^2{}_{x_i}$とする．これらはいずれも各群について充分多数の標本から求められるものであるから，各群の標本数Nはこれが充分大きな数であることを前提として共通のNを用いても差しつかえない．そしてすべての群の標本全体についてのxの算術平均を$\bar{x}$，分散を$\sigma^2{}_x$とすれば

$$\begin{aligned}\sigma^2{}_x &= \mathrm{E}(x_{ij}-\bar{x})^2\\ &= \mathrm{E}[(x_{ij}-\bar{x}_i)+(\bar{x}_i-\bar{x})]^2\\ &= \mathrm{E}(x_{ij}-\bar{x}_i)^2+2\mathrm{E}(x_{ij}-\bar{x}_i)(\bar{x}_i-\bar{x})+\mathrm{E}(\bar{x}_i-\bar{x})^2 \qquad (4.\mathrm{A}.40)\end{aligned}$$

である．ここで右辺の各項をそれぞれ検討してみると，全体の標本数はmNであるから，第1項は

$$\mathrm{E}(x_{ij}-\bar{x}_i)^2=\frac{1}{mN}\sum_{i=1}^{m}\sum_{j=1}^{N}(x_{ij}-\bar{x}_i)^2=\frac{1}{m}\sum_{i=1}^{m}\sigma^2{}_{x_i} \qquad (4.\mathrm{A}.41)$$

である．そしてこれは各群内での分散の平均であるから，その内容から見て領域内の分散$(\sigma^2{}_x)_w$にほかならない．

次に第2項は

$$2\mathrm{E}(x_{ij}-\bar{x}_i)(\bar{x}_i-\bar{x})=2\sum_{i=1}^{m}\sum_{j=1}^{N}(x_{ij}-\bar{x}_i)(\bar{x}_i-\bar{x})/mN=0 \qquad (4.\mathrm{A}.42)$$

である．また第3項はその内容から見て領域間の分散$(\sigma^2{}_x)_g$に等しい．以上の結果から

$$\sigma^2{}_x=(\sigma^2{}_x)_w+(\sigma^2{}_x)_g \qquad (4.\mathrm{A}.43)$$

を得る．すなわち全領域についてのxの推定値の分散は領域内分散と領域間分散の和に等しい．なおこの式の両辺を$\bar{x}^2$で除せば

$$\left(\frac{\sigma_x}{\bar{x}}\right)^2=\left(\frac{\sigma_x}{\bar{x}}\right)_w^2+\left(\frac{\sigma_x}{\bar{x}}\right)_g^2 \qquad (4.\mathrm{A}.44)$$

となる．これは誤差を変異係数の平方で表わせば，全領域についての誤差は領域内誤差と領域間誤差の和になることを示すものである．この関係は重要であり，第4章ではくりかえして利用される．

文　献

1) Cramér, H. (1946): *Mathematical Methods of Statistics*. Princeton University Press, Princeton, pp. 213.

2) Hennig, A. (1956): Diskussion der Fehler bei der Volumenbestimmung mikroskopisch kleiner Körper oder Hohlräume aus den Schnittprojektionen. *Z. wiss. Mikr.*, **63**, 67–71.

3) Hennig, A. (1960): Fehler der Volumenbestimmung aus dem Flächeninhalt periodischer Schnitte. *Z. mikr. -anat. Forsch.*, **66**, 513–530.

4) Hennig, A. (1967): Fehlerbetrachtung zur Volumenbestimmung aus der Integration ebener Schnitte. In: *Quantitative Methods in Morphology*, edited by E. R. Weibel and H. Elias, Springer-Verlag, Berlin-Heidelberg-New York, 1967, pp. 99–129.

5) 樋口伊佐夫 (1972): ランダムパッキングにおける統計的諸問題, 応用物理, **41**, 1234–1239.

6) Hilliard, J. E. and Cahn, J. W. (1961): An evaluation of procedures in quantitative metallography for volume-fraction analysis. *Trans. Metal. AIME*, **221**, 344–352.

7) 石川栄助 (1964): 実務家のための新統計学, 槇書店.

8) Kendall, D. G. (1948): On the number of lattice points inside a random oval. *Quart. J. Math.*, **19**, 1–26.

9) Suwa, N. (1976 a): Errors of parameters of distribution functions for spherical bodies stochastically estimated on a random test plane. *Tohoku J. exp. Med.*, **119**, 171–183.

10) Suwa, N. (1976 b): Errors of parameters of distribution functions for spherical bodies stochastically estimated with parallel test lines of regular and narrow intervals. *Tohoku J. exp. Med.*, **119**, 185–195.

第5章　計測の実例

この章では第2章と第3章で述べた理論のうち主要なものに関してその応用を実例について検討することが目的である．元来形態計測の理論や方法を利用するためには，まず対象にいかなる幾何学的モデルを適用するかを決定する必要がある．実はこの決定の仕方が形態を抽象化して処理する過程の中で最も重要なものであるが，ここには簡単に割り切れるような方法論は存在しない．それぞれの研究者が経験と問題意識によって自ら苦労してみる以外はないであろう．したがって stereology の生物学における意義を明らかにするためには，ある具体的な局面について形態を抽象化してある幾何学的モデルに還元する操作の検討から出発すべきものである．しかしここではむしろ計測操作そのものの説明に主眼をおいたため，単にある対象を計測するにあたっての計画のたて方と計測結果を述べるに止まる．そして計測計画をたてるにあたっては第4章の誤差論からの考察が必要になるのである．ただし第4章の誤差論はその際説明したようにもっぱら確率論的方法に付帯する確率論的誤差に関するものである．そしてこの誤差は部分領域を大きくとり観測数を増せば理論上いくらでも小さくなる性質のものである．しかしこの誤差がある程度以下になると，実際には他の性質の誤差，たとえば計測上の誤差の比重が大きくなってくる．一例をあげると平面図形面積の点解析を行う場合，図形の周辺にかかる点を取るか捨てるかという判断にはどうしても個人的な癖が入ることは避けられない．そしてこのような誤差が無視できない大きさになる．一方これらの誤差は第4章の問題外であるから，ここでは一切扱っていない．それゆえただ確率論的誤差を小さくしたからといって実際の計測結果の信頼性がどこまでも高まるというものではない．この章では事の性質上もっぱら確率論的誤差だけを説明するが，実際にはこの誤差を小さくする努力は程程で切り上げて，あとは計測結果にある幅をもたせて判定しておく方が安全でもあり，また実際的でもあろう．

§1　平面図形の面積分率と立体の体積分率

この節では空間中に無作為に配置された立体がある時，これを切る充分に大きい試験平面上にできる図形の面積を求めて，これから立体の体積分率を推定する実例を説明する．計測の対象は図5.1.1に示すいわゆるpostnecrotic cirrhosisに属する肝硬変症の結節である．そして単位体積中の結節，したがって肝実質の占める体積を求めることになる．この計測は結局充分に大きい試験平面，すなわち組織標本上で，結節の切口の占める面積を求めることに還元される．その際結節の切口は大まかにいえば円で近似できるが，実際にはかなり形が不規則なものもあり，誤差の計算の上からも，また操作の楽な点からも点解析を採用することにしよう．また肝硬変症の結節やその切口は大小不同がずいぶんいちじるしいものであることは組織標本の観察からただちに了解できる．そして大きな結節の切口は直径が1cm近くにもなるから，これに目の粗い格子を適用しようとすると，ほとんど肉眼観察に依存せざるをえず，小さな切口の識別が不可能になる．そのためここでは目の細かい格子を用いてみよう．

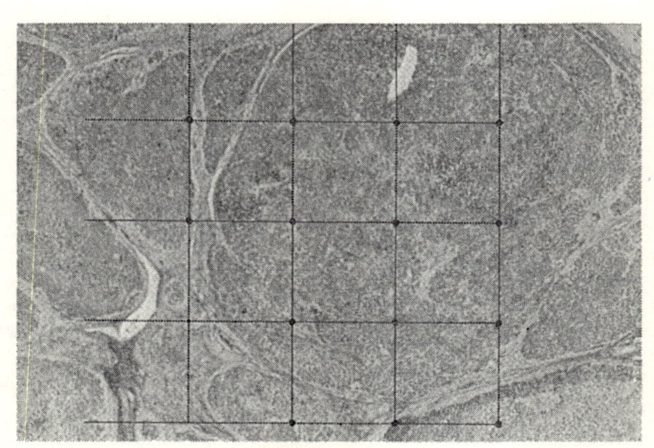

図5.1.1　この節で用いた肝硬変症の概観を示す．なお図には目の細かい正方格子を重ねてあるが，この格子については図5.1.2を参照のこと．なお格子の間隔はh=1.9mmである．•は結節断面上に落ちる格子交点．

まず計測計画をたてるにあたってどのくらいの大きさの部分領域をとったらよいか，つまり組織標本としてどれだけの大きさが必要かを調べなければならない．すでに述べたように目の細かい格子を用いる時の領域内誤差は領域間誤差より格段に小さくなるから，まず領域間誤差を規準として，これをある水準以下におさえるために必要な部分領域の大きさを考えればよいであろう．領域間誤差を変異係数の平方の形で $J_g{}^2$ とすれば，(4.4.26)によって

$$J_g{}^2=\frac{1}{\bar{N}_{aO}}\left(1+\frac{\sigma_a^2}{\bar{a}^2}\right)=\frac{1}{\bar{N}_{aO}}\cdot\frac{Q_4'}{[Q_2']^2} \tag{5.1.1}$$

である．したがって $J_g{}^2$を計算するためには $\bar{N}_{aO}$ の外に $\bar{a}, \sigma_a$ の値を実測するか，または平面図形を円で近似させて，その半径の理論分布関数から Q_4', Q_2' の値を求めるかのいずれかの方法をとらなければならない．しかし組織標本に関して相当多数の個個の結節断面について面積を実測することはかなり困難な操作であるから，ここでは Q_4', Q_2' の推定値から $J_g{}^2$ を計算することにしよう．このために必要なデータは後にこの例の結節半径の分布を結節断面が試験直線と交わってつくる弦の長さを用いて推定する際に496頁に示してあるから，ここではこれを利用して計算を行えばよい．まず(5.11.149)によって

$$(\overline{\lambda^2})/\bar{\lambda}^2=1.8452 \tag{5.1.2}$$

である．そしてこれから平面図形の半径の分布についての Q_n' を求めることは，この比を $(\overline{\delta^2})/\bar{\delta}^2$ によみかえて，空間中の球の半径に関する Q_n を求めることと内容的には同じことである．いま結節断面そのものの半径について対数正規分布を仮定し，(3.3.140)を適用すれば

$$\frac{(\overline{\delta^2})}{\bar{\delta}^2}=\frac{(\overline{\lambda^2})}{\bar{\lambda}^2}=\frac{32}{3\pi^2}\mathrm{e}^{m^2}=1.8452 \tag{5.1.3}$$

となるから，これから

$$\mathrm{e}^{m^2}=1.7073\cdots\cdots \tag{5.1.4}$$

を得る．そして対数正規分布については(3.3.129)により

$$Q_4'/[Q_2']^2=\mathrm{e}^{4m^2}=8.49648\cdots\cdots \tag{5.1.5}$$

となるから，(5.1.1)は

$$J_g{}^2=8.49648/\bar{N}_{aO} \tag{5.1.6}$$

となる．これをみると $J_g{}^2$ の値をたとえば0.0025の水準におさえるために必要

な $\bar{N}_{ao}$ の値は約 3400 くらいでなければならない．そこでこれだけの数の結節断面を含むような組織標本の大きさはどのくらいになるかを求めることになる．いま顕微鏡下に 2.64×2.64 mm の正方形の領域中にいくつの結節断面が入るかをこの大きさの領域 100 について計測し，その平均をとってみると

$$\bar{N}_a/(2.64)^2\ \mathrm{mm}^2 = 2.68 \qquad (5.1.7)$$

となる．したがって 3400 の結節の切口を含む部分領域の大きさは

$$H_A = (3400/2.68)\times(2.64)^2 = 8842\ \mathrm{mm}^2 \qquad (5.1.8)$$

となる．つまりほぼ 100 cm^2 に近い大きさの組織標本が必要となる．これはずいぶん大きな値である．このような結果になるのは結節の大小不同がいちじるしく，また結節そのものの切口が平均的にはかなり大きいためにほかならない．そしてこれだけの標本面積はとても通常の組織標本 1 枚からは得られないから，ここではほぼ 2×4 cm の大きさの組織標本 15 枚を用いて計測を行ってみた．

さて顕微鏡をできるだけ低拡大にし——ここでは 2 倍の対物レンズと 5 倍の接眼レンズを用いた——接眼ミクロメーターとしては図 5.1.2 に示すような交点の数が 25 の格子を使用した．この格子の間隔 h はこの光学系では

$$h = 1.9\ \mathrm{mm} \qquad (5.1.9)$$

となる．そして組織標本上にこの格子を重ねてみると，面積分率の大部分をつくる大きな結節の切口については複数の格子交点が重なるので，目の細かい格子の条件はほぼ満足されるものと見てよいであろう．この格子を連続的に顕微鏡の視野の上に重ねて結節断面の上に落ちる格子交点の数を求めることになるが，その際格子の重ね方は標本全体にこれと等しい間隔をもった大きな格子を重ねたと同じ効果がでるよう配慮した．つまり図 5.1.2 のように 25 の交点をもつ格子の外周の 2 辺に相当する交点を数えず，16 の交点をもった格子として扱い，視野を移動するにあたっては格子の外周が次次と接続するようにした．

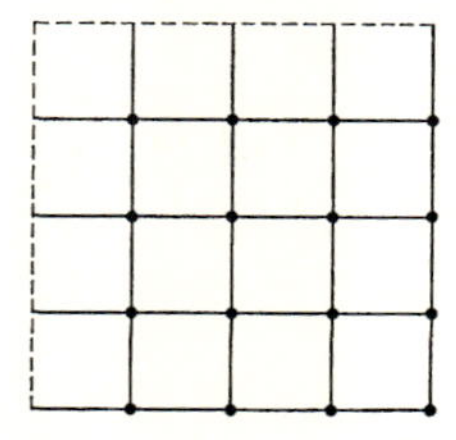

図 5.1.2　これは 25 の交点をもつ正方格子であるが，• をつけた 16 の交点のみを用い，この格子を次次と連続させて広い視野を被うようにすればよい．

こうして計測を行った結果用いた15枚の標本から184視野をとることができた．1回格子を重ねて被う領域の面積は

$$(0.19\times 4)^2\,\mathrm{cm}^2 = 0.5776\,\mathrm{cm}^2 \tag{5. 1. 10}$$

であるから部分領域の面積は

$$H_A = 0.5776\times 184 = 106.278\,\mathrm{cm}^2 \tag{5. 1. 11}$$

となり，ほぼ充分の広さをもつものといえる．そして用いた格子交点の総数は

$$n = 16\times 184 = 2944 \tag{5. 1. 12}$$

であり，これに対して結節断面の上に落ちる格子交点の数は

$$n_A = 1885 \tag{5. 1. 13}$$

であった．それゆえ結節断面の占める面積分率，したがってまた体積分率は

$$A_O = V_O = n_A/n = 0.640285\cdots\cdots \tag{5. 1. 14}$$

となる．

これで一応 A_O と V_O の推定はできたことになるが，次にこの推定値の信頼限界を求めてみよう．まずこの部分領域に入る図形の数は N_{aO} は(5. 1. 7)(5. 1. 11)により

$$N_{aO} = 2.68\times(106.278/0.264^2) = 4086.67\cdots\cdots \tag{5. 1. 15}$$

である．したがって(5. 1. 6)は

$$J_g{}^2 = 8.49648/4086.67 = 0.002079\cdots\cdots \tag{5. 1. 16}$$

となる．

次に領域内誤差の式としては図形が必ずしも正確な円ではないことを考慮して(4. 5. 58)を用いれば

$$\left(\frac{\sigma_{A_{O/n}}}{\bar{A}_{O/n}}\right)^2_{\mathrm{reg./f}} = \frac{h^3}{3\pi}\cdot\frac{L_A}{A^2} \tag{5. 1. 17}$$

を計算することになる．このうち L_A の値はこの例について得た496頁のデータを利用して計算することができる．そして1 cmの試験直線が結節断面の周と交わってつくる交点の数の期待値 $\bar{C}_O$ は弦の数の期待値 $\bar{N}_{\lambda O}$ の2倍であるから，(5. 11. 145)により

$$\bar{C}_O = 10.8609/\mathrm{cm} \tag{5. 1. 18}$$

となるから，(2. 2. 22)により

$$L_{AO} = 17.0604\,\mathrm{cm/cm}^2 \tag{5. 1. 19}$$

を得る．そしてここで用いた部分領域全体については

$$L_A = 17.0604 \times 106.278 = 1813.15\ \mathrm{cm} \qquad (5.1.20)$$

となる．一方 A は(5.1.14)と(5.1.11)により

$$A = 0.640285 \times 106.278 = 68.0482\ \mathrm{cm}^2 \qquad (5.1.21)$$

である．そして(5.1.9)(5.1.20)(5.1.21)を用いて(5.1.17)を計算すれば

$$\left(\frac{\sigma_{A_{O/n}}}{\bar{A}_{O/n}}\right)^2_{\mathrm{reg./f}} = 0.000285 \qquad (5.1.22)$$

を得る．この結果を(5.1.16)と比較してみると領域内誤差は領域間誤差の 1/7 程度であることがわかる．そして全領域についての誤差 J^{2*} は(5.1.16)と(5.1.22)の和として

$$J^{2*} = 0.002364, \qquad J^* = 0.04862 \qquad (5.1.23)$$

となる．ここで $A_O{}^*$ または $V_O{}^*$ の 95% 信頼限界として 1.96σ の値をとれば(5.1.14)と(5.1.23)を用いて

$$A_O{}^* = V_O{}^* = 0.6403 \pm 0.0610 \qquad (5.1.24)$$

を得る．

この結果をみると 100 cm^2 程度というずいぶん大きな部分領域をとっても，$A_O{}^*$ や $V_O{}^*$ の推定の誤差はかなり大きいものであることがわかる．これはすでに何度も述べたように面積の計測に当っては図形の大小不同がいちじるしい時は領域間誤差が非常に大きな値をとるためである．もっともここでは領域間誤差は図形の半径の理論分布から計算しているので，実際には出現しないような大きな図形による値が影響し，領域間誤差はある程度過大に評価されていると思われるが，それにしてももっと誤差を小さくしようと思えばさらに大きな部分領域をとる以外はない．平面図形の面積の点解析は組織計測の方法としては最も簡単なものの一つであるけれど，計測結果の精度を上げるに必要な部分領域の大きさは一般に案外大きいものであることは承知しておく必要があるであろう．

なお目の粗い格子を用いる点解析についてはこの章の 443 頁以下にその実例を示してある．

§2　等方性曲面の面積

等方性の曲面としては正常肺の肺胞壁面積を対象としよう．通常の剖検手技で得られる肺は肺胞が多かれ少なかれつぶれた形になっているから，そのままでは計測には用いられない．それゆえ剖検肺を気道内 formalin 注入により拡張固定した状態から切り出した組織の paraffin 切片標本について計測を行った．この状態の肺が生体内のどのような状態に相当するかは‘器官病理学’に説明してあるからここではあらためては触れないでおく．以下の計測の対象として選んだのは 30 歳女性のほぼ正常と考えられる剖検肺である．

まず計測に先立って肺胞壁のつくる曲面をどのようなモデルにあてるかを考えておく必要がある．組織学的には肺胞壁は低拡大では細い線として認められるから，それ自身を一つの曲面にあてることもできる．しかし肺の有効呼吸面積には肺胞壁の両側を考慮することになるから，ここでは肺胞壁ではなく肺胞そのものを基準相にとり，肺胞壁を肺胞の周として扱うことにする．なお肺胞といっても解剖学的に厳密な意味での肺胞を問題とするのではなく，肺胞道を含むいわゆる terminal air space が対象となる．そのためここでいう肺胞の切口は必ずしもすべての部分で凸の閉曲線に囲まれた形にはならず，肺胞壁の自由端が肺胞の中に突出した部分もでてくる．つまり個個の肺胞の周は試験直線と交わって必ずしも 2 個の交点をつくるとは限らず，もっと多数の交点を与えうることになる．

次に計測の計画をたてるわけであるが，誤差の計算の面からいえば目の粗い等間隔平行線が最も便利であるから，ここでは目の粗い等間隔平行線を用いることにしよう．そして図 5.2.1 のように組織標本のカバーグラスの上に 2 mm の間隔で平行線を引き，顕微鏡下にこの線に沿って接眼ミクロメーターの横線と肺胞壁の交点を視野を移動させながら連続的に数えた．この際試験直線が肺胞壁と交わるごとに両側の交点をとり，交点の数を 2 にとる．平行線の 2 mm の間隔はもちろん肺胞そのものよりははるかに大きく，また肺胞道の切口の大部分よりも大きいから，目の粗い等間隔平行線の条件はほぼ満足される．用いる式は(2.2.8)で

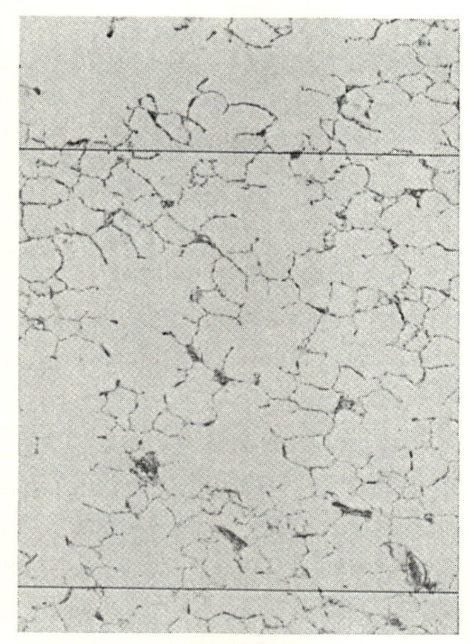

図 5.2.1 正常肺の組織標本の上に 2 mm の間隔の平行線を重ねた図．この図は平行線の間隔が肺胞道の切口よりも大体において大きくなることを示すためのものであるが，実際の計測にあたってはこれよりは強い拡大を用いて交点の数をとる上で正確を期す必要がある．

$$S_O = 2\bar{C}_O \tag{5.2.1}$$

であり，誤差の式としては(4.7.17)を用い，L_{AO} を S_O に書き換えて

$$\left(\frac{\sigma_{S_O}{}^*}{\bar{S}_O{}^*}\right)^2_{\mathrm{reg./c}} = \frac{\bar{\mu}}{\bar{M}\bar{C}_O} + \frac{1}{\bar{N}_{aO}}\left(\frac{\sigma_\mu}{\bar{\mu}}\right)^2 \tag{5.2.2}$$

とする．

まず $\bar{\mu}$ と σ_μ^2 がどの程度の値をとるかを調べてみよう．そのためにはたとえば図 5.2.2 のような等間隔平行線の eye-piece を用い，この中に入る肺胞すべてに少なくとも 1 本の横線がかかる程度に顕微鏡の拡大を上げ，この領域に入るすべての肺胞について横線と肺胞壁との交点を数えればよい．そして肺胞壁の自由端をもった肺胞道の切口には何本かの横線が重なるから，その平均をも

ってその図形の μ とする．このようにして eye-piece を移動させながら 400 個の肺胞と肺胞道の μ を計測した結果は

$$N_a = 400 \tag{5.2.3}$$

$$\bar{\mu} = 2.32850 \tag{5.2.4}$$

$$\sigma_\mu^2 = 0.88569 \tag{5.2.5}$$

となった．そしてこの場合は 400 個の図形を計測しているから(5.2.2)の $\bar{N}_{ao}$ のかわりに $N_a=400$ を用いて $\bar{\mu}$ の誤差を計算すれば

$$\frac{1}{N_a}\left(\frac{\sigma_\mu}{\bar{\mu}}\right)^2 = 0.0004084 \tag{5.2.6}$$

となる．この値はすでに充分小さいからこのまま計測結果として用いてよいであろう．そして(5.2.4)の $\bar{\mu}$ の値からみて $\bar{\mu}/\bar{M}\bar{C}_O$ の値をたとえば 0.001 程度の水準以下におさえようと思えばほぼ 2400 程度の $\bar{M}\bar{C}_O$，すなわち交点の総数を必要とする．そこでこの程度の交点を数え，これと試験直線の総長 l との関係を示すと次のようになる．なおこの際大きな気道や血管と重なった部分の長さを差し引いたものを試験直線の総長としてある．

$$l = 24.6573\,\mathrm{cm} \tag{5.2.7}$$

$$C_A = 2814 \tag{5.2.8}$$

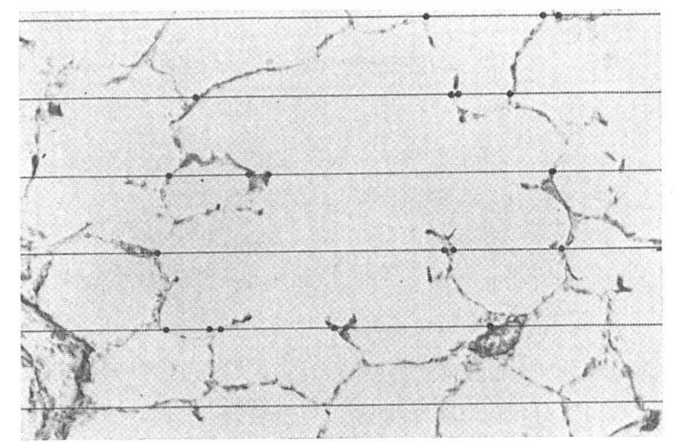

図 5.2.2 肺胞道の断面の一例．肺胞壁の遊離端が突出するためこのような切口と 1 本の試験直線が交わってつくる交点の数は試験直線の位置によっては 2 よりも大きくなりうる．交点は • で示してある．

$$\bar{C}_O = 114.124/\mathrm{cm} \tag{5.2.9}$$

ゆえに(5.2.1)により

$$S_O = 228.25\ \mathrm{cm}^2/\mathrm{cm}^3 \tag{5.2.10}$$

となる．

ところで1本の試験直線は2 mmの幅の面積を受け持つから，部分領域の面積H_Aは

$$H_A = 24.6573 \times 0.2 = 4.93146\ \mathrm{cm}^2 \tag{5.2.11}$$

である．したがって誤差の計算には本来$\sqrt{H_A}=2.2207$ cmを単位長に用いなければならない．しかし$\overline{M\bar{C}_O}$は要するに交点の数の総和であるから，(5.2.2)の計算には(5.2.8)の値をそのまま用いておけばよい．そして

$$\left(\frac{\sigma_{S_o}{}^*}{\bar{S}_O{}^*}\right)^2 = \frac{2.3285}{2814}+0.00041$$
$$= 0.00083+0.00041 = 0.00124 \tag{5.2.12}$$

を得る．これから

$$\frac{\sigma_{S_o}{}^*}{\bar{S}_O{}^*} = 0.03521 \tag{5.2.13}$$

となるから，1 cm^{3}中の肺胞壁面積を95％水準の信頼限界と共に表わせば，(5.2.10)と$1.96\sigma_{S_o}{}^*$を用いて

$$S_O{}^* = (228.25 \pm 15.75)\ \mathrm{cm}^2/\mathrm{cm}^3 \tag{5.2.14}$$

である．

§3　配向のある曲面の面積

この節では配向のある曲面の面積を推定する実例を説明することになる．そしてhamsterの腎のproximal convolutionの上皮細胞について，単位体積中のmitochondriaの総表面積を計測の対象としよう．この部の上皮細胞では大型の桿状の形態をしたmitochondriaが細尿管の管腔に対して放射状の配列様式をとるから，細胞内の比較的小さな部分については図5.3.1に示すように桿状構造物がその長軸をほぼ平行に配置されている像が認められる．したがってmitochondriaの表面をつくる曲面はいちじるしい配向をもっていることに

図 5.3.1 Hamster 腎の proximal convolution の mitochondria の像. 計測を行った領域は図に重ねた長方形で示してある.

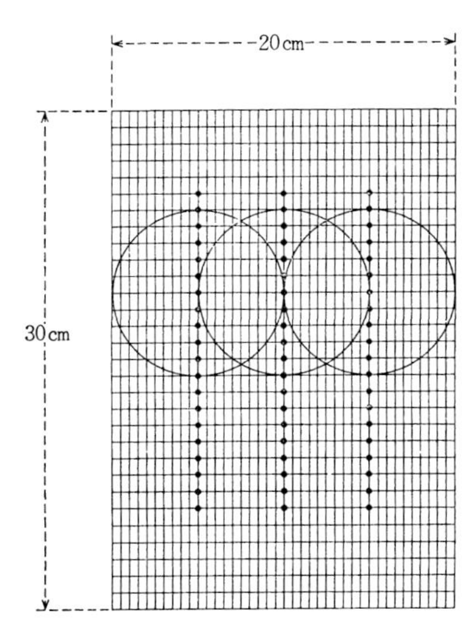

図 5.3.2 図 5.3.1 の領域上に重ねた格子を示す. なお • をつけたのは配向の影響を除くために用いた円周の中心を置いた位置である.

なる．そしてこの像からみて配向の形は分離型のモデルにあてれば線配向に，非分離型のモデルでは伸張配向にあたるであろうことは容易に想像がつく．

まず図 5. 3. 1 の写真の上に適当な大きさの部分領域をとることになるが，この場合は便宜上図 5. 3. 1 の上に描いたような長方形の部分領域を限ることにする．この部分領域は 42400 倍の拡大写真の上で長辺が 30 cm，短辺が 20 cm になるようにとり，長辺は視察により配向軸方向に一致させるように置く．そしてこの部分領域上に図 5. 3. 2 のような直交格子を重ねることにする．この格子の間隔は短辺上で 0.5 cm，長辺上で 1 cm に定めてある．そうするとこれは図形の大きさからみて目の細かい等間隔平行線を互いに直交する 2 方向に適用したことになるので，それぞれの方向の格子線について mitochondria の切口の周との交点を数えればよいことになる．なお分離型と非分離型のモデルのいずれを用いるのが適当かの判定のために，図 5. 3. 2 に指示した格子交点のすべての上に中心を置く半径 5 cm の円周の試験曲線を用いて図形との交点をとることにした．この操作によりこの部分領域全体にほぼ偏りなく円周がかかることになる．なお円の中心を等間隔においてあるから，円周についても等間隔平行線と同じ扱いができるわけである．

さて配向軸方向の試験直線の総長を $l_{(//)}$，これと直交する方向のそれを $l_{(\perp)}$ とすれば

$$l_{(//)} = 40\times 300\ \mathrm{mm}/42400 = 0.2830\ \mathrm{mm} \tag{5. 3. 1}$$

$$l_{(\perp)} = 30\times 200\ \mathrm{mm}/42400 = 0.1415\ \mathrm{mm} \tag{5. 3. 2}$$

である．そして $l_{(//)}, l_{(\perp)}$ の試験直線が図形の周と交わってつくる交点の数をそれぞれ $C_{(//)}, C_{(\perp)}$ とすれば，その実測値は

$$C_{(//)} = 216 \tag{5. 3. 3}$$

$$C_{(\perp)} = 501 \tag{5. 3. 4}$$

であった．以下 mm を単位長にとれば

$$\bar{C}_{O(//)} = 763.25/\mathrm{mm} \tag{5. 3. 5}$$

$$\bar{C}_{O(\perp)} = 3540.64/\mathrm{mm} \tag{5. 3. 6}$$

であり，これから

$$\bar{C}_{O(//)}/\bar{C}_{O(\perp)} = 0.215568\cdots\cdots \tag{5. 3. 7}$$

$$[\bar{C}_{O(//)}/\bar{C}_{O(\perp)}]^2 = 0.046469\cdots\cdots \tag{5. 3. 8}$$

を得る．そこで(2.4.53)(2.4.54)を用いて1 mm^{2}の平面あたりの図形の周の長さL_{AO}を求めれば

$$\text{分離型}\quad L_{AO} = \bar{C}_{O(\perp)}\left[1+\left(\frac{\pi}{2}-1\right)\cdot\frac{\bar{C}_{O(/\!/)}}{\bar{C}_{O(\perp)}}\right] = 3976\ \text{mm} \tag{5.3.9}$$

$$\text{非分離型}\quad L_{AO} = \bar{C}_{O(\perp)}\int_0^{\pi/2}\sqrt{1-[1-(\bar{C}_{O(/\!/)}/\bar{C}_{O(\perp)})^2]\sin^2\theta}\cdot d\theta = 3742\ \text{mm} \tag{5.3.10}$$

となる．なお(5.3.10)の計算には完全楕円積分表を必要とする．一方円周の試験曲線を用いて配向の影響を除いて計測を行った結果は

$$l = 2\pi\times 60\times 50\ \text{mm}/42400 = 0.4446\ \text{mm} \tag{5.3.11}$$

$$C_A = 1108 \tag{5.3.12}$$

$$\bar{C}_{AO} = 2492.1/\text{mm} \tag{5.3.13}$$

となる．したがって(2.2.22)により

$$L_{AO} = 3915\ \text{mm} \tag{5.3.14}$$

となる．この結果は分離型のモデルを用いた(5.3.9)にきわめて近い．これはまた図5.3.1の mitochondria の形態からも直観的に見当のつくことでもある．したがって以下S_Oの計算には(2.4.55)の分離型のモデルの式を用いればよい．その結果は

$$S_O = \bar{C}_{O(\perp)}\left[\frac{\pi}{2}+\left(2-\frac{\pi}{2}\right)\cdot\frac{\bar{C}_{O(/\!/)}}{\bar{C}_{O(\perp)}}\right] = 5889\ \text{mm}^2 \tag{5.3.15}$$

となる．

これで一応S_Oの推定はできたことになるが，次にこの推定の誤差について二三考慮しておこう．まず領域間誤差の式としては(4.2.15)があるが，この式は平面図形の配置が無作為であることを前提としている．しかし図5.3.1から明らかなようにこの計測の対象はほぼ大きさのそろった mitochondria がむしろ規則正しく，しかも空間をほとんど充塡するくらい高い密度で配置されているものであるから，これに(4.2.15)を適用するのは無理である．このような場合の領域間誤差の式はまた別の立場から誘導する必要がある．その理論はここ

では省略しておくが，ただその結果は(4. 2. 15)の式の誤差よりははるかに小さいものになることだけは申し添えておく．実際にあたっては図 5. 3. 1 のような視野をいくつかとって，計測結果を現象論的な立場で推計学的に処理しておくのがよいであろう．

一方領域内誤差の式としては目の細かい等間隔平行線を用いているから(4. 7. 29)が適用される．しかしこの場合は直交する 2 方向で $\bar{\delta}$ の値が異なるから，これを別別に定めておく必要がある．そして図形の数 N_a はこの部分領域では 16 個であり数が少ないから，$\bar{\delta}$ は直接計測した方が早い．以下配向軸に平行な試験直線に対する $\bar{\delta}$ を $\bar{\delta}_{(//)}$，これと直交する方向の試験直線に対するそれを $\bar{\delta}_{(\perp)}$ と書いて区別する．そして実測の結果は 42400 倍の拡大写真で

$$\bar{\delta}_{(//)} = 25.8125 \text{ mm} \tag{5. 3. 16}$$

$$\bar{\delta}_{(\perp)} = 133.687 \text{ mm} \tag{5. 3. 17}$$

となる．そして配向軸方向の等間隔平行線の間隔を $h_{(//)}$，これと直交する方向のそれを $h_{(\perp)}$ とすれば，$h_{(//)}=5$ mm，$h_{(\perp)}=10$ mm であるから

$$h_{(//)}/\bar{\delta}_{(//)} = 0.19370, \quad [h_{(//)}/\bar{\delta}_{(//)}]^2 = 0.037520 \tag{5. 3. 18}$$

$$h_{(\perp)}/\bar{\delta}_{(\perp)} = 0.07480, \quad [h_{(\perp)}/\bar{\delta}_{(\perp)}]^2 = 0.005595 \tag{5. 3. 19}$$

である．この結果を用いて計算すれば，$N_a=16$ であるから

$$\left(\frac{\sigma_{C_{O(//)}}}{\bar{C}_{O(//)}}\right)^2_{\text{reg./f}} = \frac{1}{6N_a}\left(\frac{h_{(//)}}{\bar{\delta}_{(//)}}\right)^2 = 0.0003908 \tag{5. 3. 20}$$

$$\left(\frac{\sigma_{C_{O(\perp)}}}{\bar{C}_{O(\perp)}}\right)^2_{\text{reg./f}} = \frac{1}{6N_a}\left(\frac{h_{(\perp)}}{\bar{\delta}_{(\perp)}}\right)^2 = 0.0000583 \tag{5. 3. 21}$$

を得る．

ところで(2. 4. 55)を書きなおせば

$$S_O = \frac{\pi}{2}\bar{C}_{O(\perp)} + \left(2-\frac{\pi}{2}\right)\bar{C}_{O(//)} \tag{5. 3. 22}$$

であるから；これに(4. A. 13)(4. A. 24)を適用すれば

$$\sigma^2{}_{S_O} = \left(\frac{\pi}{2}\right)^2 \sigma^2{}_{C_{O(\perp)}} + \left(2-\frac{\pi}{2}\right)^2 \sigma^2{}_{C_{O(//)}} \tag{5. 3. 23}$$

となる．そして(5. 3. 5)(5. 3. 6)(5. 3. 20)(5. 3. 21)を用いて右辺の数値計算を行えば

$$\sigma^2{}_{S_O} = 1.84525 \times 10^3 \tag{5. 3. 24}$$

であり，したがって(5. 3. 15)を用いて

$$\left(\frac{\sigma_{S_O}}{\bar{S}_O}\right)^2 = 0.00005321 \tag{5. 3. 25}$$

を得る．

次にこの結果を用いて $\bar{S}_O$ の信頼限界を求めてみると，(5. 3. 25)から

$$\frac{\sigma_{S_O}}{\bar{S}_O} = 0.007294 \tag{5. 3. 26}$$

となるから，95% 水準の信頼限界を求めるために $1.96\sigma_{S_O}$ の限界をとれば

$$\begin{aligned} S_O &= 5889(1 \pm 1.96 \times 0.007294)\ \text{mm}^2 \\ &= (5889 \pm 84)\ \text{mm}^2 \end{aligned} \tag{5. 3. 27}$$

となる．

このようにある部分領域についての信頼限界の幅が狭い，いいかえれば領域内誤差が小さくなるのはいうまでもなく目の細かい等間隔平行線を用いているからである．

§4 空間曲線の長さ

等方性の空間曲線または管状構造物の長さの計測の実例としてここでは腎の proximal convolution の長さを求めてみよう．対象として選んだのは 21 歳の男性で日本脳炎による死亡例である．腎重量は両側合計 230 g で肉眼的に腫張はなく，また組織学的にもほぼ正常とみてよい腎である．この腎の paraffin 切片の組織標本について $1\ \text{mm}^3$ の皮質中の proximal convolution の長さを推定することになるが，paraffin 包埋の過程における組織の収縮はここでは度外視して，組織標本にみられる像そのものについての計測結果を記載しておく．

さて組織標本について皮質に図 5. 4. 1 のように正方格子を重ね，この外周によって区切られた領域について proximal convolution の切口の数を数えることになるが，この際大きな血管，糸球体，髄放線を含まない視野のみを採用している．また使用した光学系についてはこの正方形の領域の 1 辺が 0.204 mm にあたるようになっている．なお proximal convolution には分岐がないから細尿管の太さは計測結果に全く影響を及ぼさない．これについては 49 頁に説

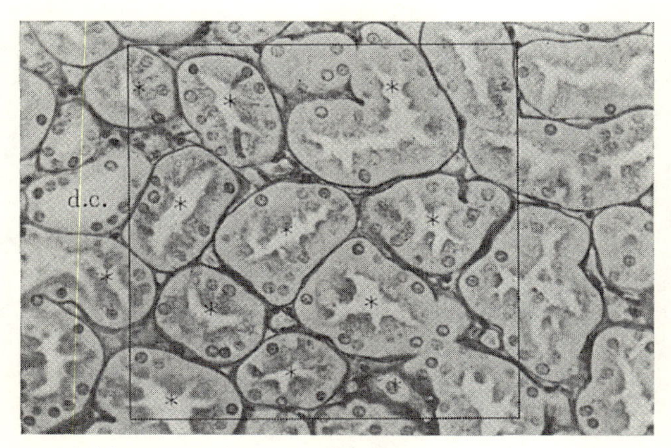

図 5.4.1 腎の proximal convolution に正方格子を重ね，その外周によって限られる区域中に入る細尿管の切口を数える操作を示す．この図には正方格子の外周だけを描き入れてある．この場合外周と交わる細尿管の切口の処理については 284 頁参照のこと．要するにこの区域を次次と連続的に標本上にとった時脱落したり二重に数えられたりする切口がないよう配慮すればよい．＊は数えた細尿管の切口．d.c. は distal convolution の切口であるからもちろん数えない．

明してある．

以上の大きさをもった視野 200 個についての計測の結果は次の通りである．

$P/(0.204)^2\ \mathrm{mm}^2$

9, 10, 12, 12, 11	9, 6, 10, 7, 10	7, 9, 8, 10, 9	6, 12, 7, 7, 8
7, 7, 8, 11, 10	10, 11, 10, 13, 11	10, 8, 10, 14, 7	11, 10, 10, 12, 8
7, 8, 12, 10, 10	12, 7, 5, 10, 10	5, 11, 8, 9, 10	9, 13, 11, 10, 10
10, 9, 5, 10, 10	9, 9, 14, 10, 11	5, 9, 16, 9, 8	9, 9, 13, 8, 7
5, 10, 6, 12, 10	11, 8, 8, 8, 7	10, 10, 5, 11, 8	10, 11, 9, 12, 9
12, 10, 11, 12, 14	8, 6, 11, 13, 12	10, 13, 8, 9, 7	8, 9, 9, 11, 8
8, 5, 12, 7, 10	10, 9, 8, 7, 7	9, 11, 12, 7, 6	12, 8, 8, 9, 11
8, 6, 10, 12, 8	10, 8, 5, 7, 8	10, 9, 11, 7, 8	8, 11, 7, 8, 9
8, 8, 9, 8, 10	5, 8, 6, 8, 7	12, 11, 6, 9, 12	7, 9, 7, 8, 8
8, 7, 7, 10, 6	10, 7, 8, 9, 7	10, 9, 8, 12, 10	14, 12, 6, 8, 13

この切口の数の合計は

$$P = 1828 \tag{5.4.1}$$

である．そして部分領域を切る試験平面の大きさは

$$(0.204)^2\ \mathrm{mm}^2\times 200 = 8.3232\ \mathrm{mm}^2 \tag{5.4.2}$$

であるから，1 mm を単位長にとれば

$$\bar{P}_O = 219.627/\mathrm{mm}^2 \tag{5.4.3}$$

となり，したがって $1\ \mathrm{mm}^3$ 中の proximal convolution の長さは(2.3.9)により

$$\bar{L}_{VO} = 439.254\ \mathrm{mm/mm}^3 \tag{5.4.4}$$

となる．なお 444 頁に述べるように $1\ \mathrm{mm}^3$ 中の糸球体の数は 29.56 となるから，1 個の糸球体あたりの proximal convolution の長さは

$$439.254\ \mathrm{mm}/29.56 = 14.86\ \mathrm{mm} \tag{5.4.5}$$

となる．

さて次に $\bar{L}_{VO}$ の推定誤差は $\bar{\mu}=1$，$\sigma_\mu=0$ として(4.8.4)により

$$\left(\frac{\sigma_{L_{VO}}{}^*}{\bar{L}_{VO}{}^*}\right)^2 = \frac{1}{1828} = 0.0005470\cdots\cdots \tag{5.4.6}$$

となる．したがって

$$\frac{\sigma_{L_{VO}}{}^*}{\bar{L}_{VO}{}^*} = 0.02339 \tag{5.4.7}$$

であり，95% 水準の $\bar{L}_{VO}{}^*$ の信頼限界を求めるために $1.96\sigma_{L_{VO}}{}^*$ の限界をとれば

$$\begin{aligned} L_{VO}{}^* &= (1\pm 0.02339\times 1.96)\times 439.254\ \mathrm{mm} \\ &= (439.25\pm 20.14)\ \mathrm{mm/mm}^3 \end{aligned} \tag{5.4.8}$$

である．

§5 平面図形の面積と周の比，平面図形の平均直径

この節では Chalkley らの方法の応用の一つとして正常の心と肥大心の心筋線維の太さを求めてみよう．心筋線維の切口は特に肥大心でははなはだしく不規則な形をしているので，これを太さという 1 次元の量で表わすためにはそれなりの工夫が必要である．ここではある心筋線維断面についてその断面積と周の比が等しい円を考えてその直径 D をもって心筋線維の太さを定義することにした．単に断面積をもって太さの表示としない理由は次の通りである．それはたとえば図 5.5.1 のような形のいわば 2 本の心筋線維に分裂しかけていると

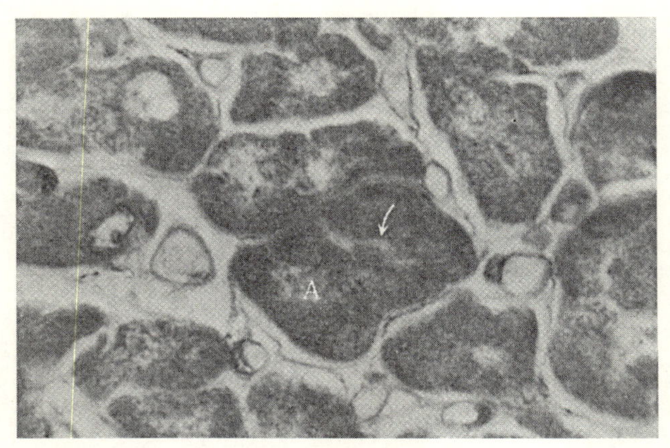

図 5.5.1 正常の心筋線維の切口は比較的規則的なものが多いが，時にはこの図中の A のように深い切れ込みのある形が認められる．このような形をそのまま 1 本の心筋線維の断面とみるかどうかは心筋の形に対するある了解に従って決定する必要がある．

解釈されるような像は単に断面積で表わしたのでは形に対する配慮の入る余地がないが，ここで採用する方法は直観的に見られる形の要素を入れた定量的表示になる．また心筋線維は複雑な吻合をもっており，ある心筋線維の束についてはこれに直交する断面をとることはできるが，その束の中の心筋線維全部が正しく横断されるというわけにはいかない．そして心筋線維が斜に切れたために発生する誤差をできるだけ小さくする上でもここで採用した方法が有利である．

さて Chalkley らの方法を実施に移すためにはいろいろな形の eye-piece が可能であることはすでに第 2 章で述べたが，ここでは誤差の計算の便宜のため図 5.5.2 のような等間隔平行線に等間隔 h の目盛りをつけた eye-piece を図形

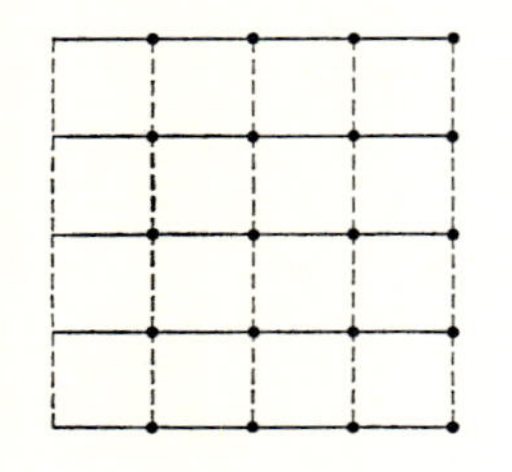

図 5.5.2 この節で ρ を求めるために用いる eye-piece を示す．これは実際問題としては通常の正方格子を図の点線の部分を無視して用いればよい．この場合は Chalkley らの原法に合わせて表現すれば 1 本の線分について 1 個の端点を用いることになる．この際図の左端にあたる線分の端は端点として用いないことはもちろんである．

に対しては目の粗い等間隔平行線の条件に合致するような顕微鏡の拡大で用いることにする．この eye-piece には実際問題として正方格子が利用できることはいうまでもない．そしてこの形の eye-piece では一つの長さ h の線分に一つの端点が対応する形になるし，また心筋線維は円筒状の形態のものであるから式としては(2.5.13)を

$$\frac{V_O}{S_O}=\frac{A_O}{L_{AO}}=\frac{2h\bar{n}_{AO}}{\pi\bar{C}_{AO}} \tag{5.5.1}$$

として用いればよい．

まず部分領域の大きさをどのくらいにとったらよいかを誤差を考慮して定めておこう．目の粗い等間隔平行線，したがって格子としては目の粗い格子を用いる時の誤差の式は(4.9.5)により

$$\left(\frac{\sigma_{\rho_O^*}}{\bar{\rho}_O^*}\right)^2_{\mathrm{reg./c}}=\frac{1}{\bar{n}_{AO}}+\frac{\bar{\mu}}{h\bar{M}\bar{C}_O}+\frac{1}{\bar{N}_{aO}}\left(\frac{\sigma_\mu}{\bar{\mu}}\right)^2 \tag{5.5.2}$$

である．最初にこの式の右辺第3項を考えてみよう．心筋線維断面が1本の試験直線と交わってつくる交点の数は心筋線維の断面が比較的小さいため直接顕微鏡下で計測することは容易でないから，図5.5.3のように写真によって処理をした．そしてすべての心筋線維断面に複数の平行線がかかる程度の目の細かい等間隔平行線を引いて μ を計測した．対象とした第1例は22歳女性のほぼ正常と考えられる太さの心筋線維で，この心臓の重量は210 g である．第2例は20歳の女性で大動脈弁閉鎖不全によるいちじるしい心肥大があり，心重量は900 g である．それぞれの例についての計測結果は次の通りである．

第1例(正常心)	第2例(肥大心)	
$N_a=308$	$N_a=384$	(5.5.3)
$\bar{\mu}=2.05844$	$\bar{\mu}=2.34713$	(5.5.4)
$\sigma_\mu^2=0.05620$	$\sigma_\mu^2=0.37273$	(5.5.5)
$\left(\frac{\sigma_\mu}{\bar{\mu}}\right)^2=0.01326$	$\left(\frac{\sigma_\mu}{\bar{\mu}}\right)^2=0.06766$	(5.5.6)
$\frac{1}{N_a}\left(\frac{\sigma_\mu}{\bar{\mu}}\right)^2=0.000043$	$\frac{1}{N_a}\left(\frac{\sigma_\mu}{\bar{\mu}}\right)^2=0.000176$	(5.5.7)

この結果をみると正常の心筋線維では $\bar{\mu}$ の値はほぼ2に近く，またその分散も小さい．組織像の上では正常の心筋線維の切口でも必ずしも円にはならない

が，周の陥入が少なく，またあっても比較的浅いため，このような結果になるのである．これと比較すれば肥大心の心筋線維の周のつくる曲線は明らかに不規則であり，それが $\bar{\mu}$ と σ_μ^2 の値に反映している．そしてこの程度の数の図形を用いて μ の平均を求めれば，$\bar{\mu}$ の誤差はすでに充分小さくなっているからこのまま計測計画の中に取り入れて差しつかえないであろう．

次にこの $\bar{\mu}$ の値からみて(5.5.2)の右辺第2項の値を 0.0025 程度におさえるためには $h\bar{M}\bar{C}_O$，すなわち C_A の値を 1000 程度以上にとる必要があることがわ

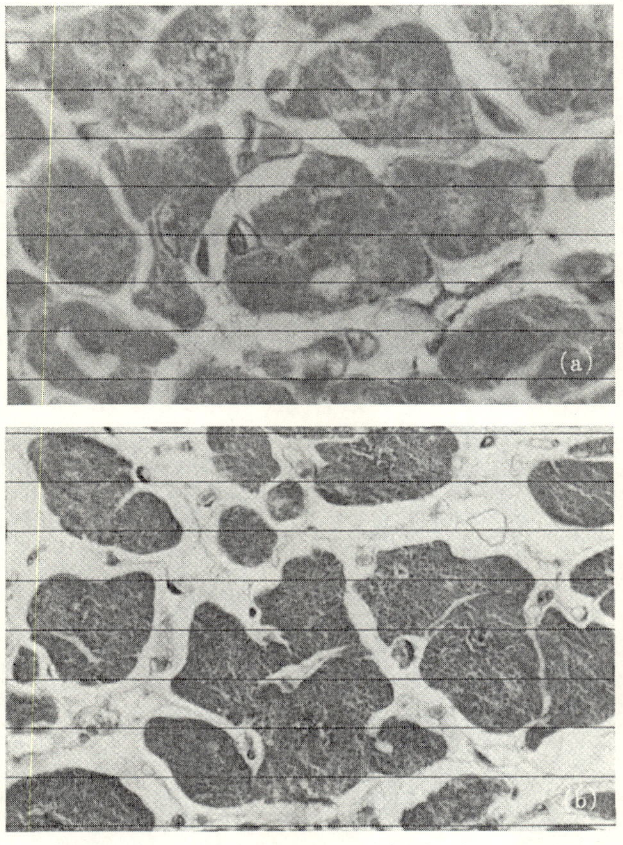

図 5.5.3　個個の心筋線維の断面の周が試験直線と交わってつくる交点の数を推定する方法を示す．(a) 正常の心筋線維．(b) 肥大した心筋線維．拡大は(a)と(b)とでは異なる．

かる．また右辺第1項の値をこの水準におさえるためには400程度のn_{AO}を要することはただちに了解できる．これを考慮に入れて計測を行うことになるが，その際図5.5.2に示すようなeye-pieceを用いることにした．実際問題としてこれは25個の交点をもつ正方格子の左側の外周に配置された5個の交点を無視し，格子横線のみを試験直線として用いればよい．そしてこのeye-pieceを連続的に顕微鏡の視野に重ねてゆくことになる．なお顕微鏡の拡大は目の粗い

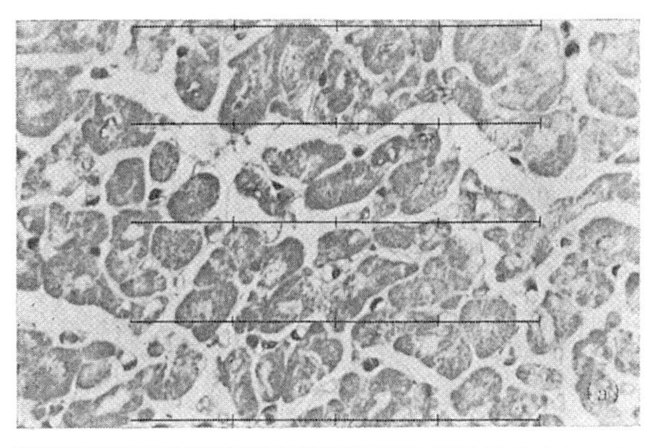

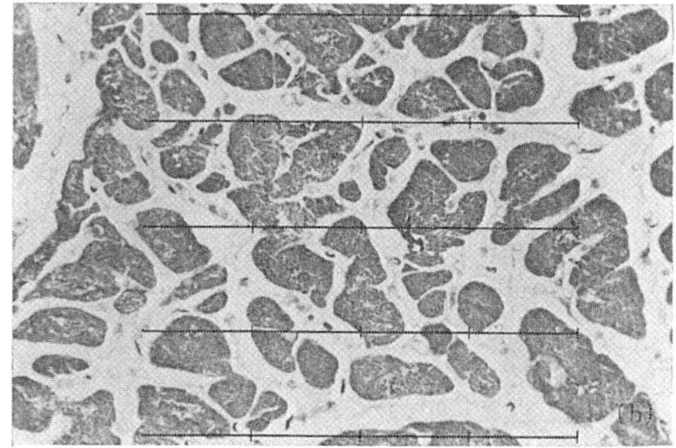

図5.5.4　ρを求める操作を示す．(a) 正常の心筋，(b) 肥大した心筋．目の粗い格子の条件にほぼ合致させるため，顕微鏡の拡大は(a)と(b)とでは変えてある．

格子の条件がほぼ満足されるように調節する必要があるから，肥大心に対しては正常心よりは弱拡大を用いるので，h の値は当然異なってくる．この実際は図5.5.4に示してある．計測の結果は次のようである．

第1例(正常心)	第2例(肥大心)	
$h = 20.75\ \mu\mathrm{m}$	$h = 51.50\ \mu\mathrm{m}$	(5.5.8)
$n_{AO} = 486$	$n_{AO} = 644$	(5.5.9)
$h\bar{M}\bar{C}_O = C_A = 1851$	$h\bar{M}\bar{C}_O = C_A = 3420$	(5.5.10)

この結果を(5.5.1)に入れ，また(2.5.17)によりその結果を4倍すれば，心筋線維の太さの平均 $\bar{D}$ を求めることができる．そして

第1例(正常心)	第2例(肥大心)	
$\rho_O = 3.46839$	$\rho_O = 6.17372$	(5.5.11)
$\bar{D} = 13.87\ \mu\mathrm{m}$	$\bar{D} = 24.69\ \mu\mathrm{m}$	(5.5.12)

を得る．つまり肥大心では当然のことながら心筋線維の太さは明らかに増大している．なおこの結果の形態学的意味はここでは省略しておく．

最後に(5.5.2)によって $\bar{D}^*$ の誤差と95%の信頼限界を計算しておく．

第1例
$$\left(\frac{\sigma_{\rho_O}{}^*}{\bar{\rho}_O{}^*}\right)^2 = \left(\frac{\sigma_{\bar{D}}{}^*}{\bar{D}^*}\right)^2 = \frac{1}{486} + \frac{2.05844}{1851} + 0.000043 = 0.003213 \tag{5.5.13}$$

$$\bar{D}^* = 13.87 \pm 13.87 \times 1.96 \times \sqrt{0.003213} = (13.87 \pm 1.54)\ \mu\mathrm{m} \tag{5.5.14}$$

第2例
$$\left(\frac{\sigma_{\rho_O}{}^*}{\bar{\rho}_O{}^*}\right)^2 = \left(\frac{\sigma_{\bar{D}}{}^*}{\bar{D}^*}\right)^2 = \frac{1}{644} + \frac{2.34713}{3420} + 0.000176 = 0.002415 \tag{5.5.15}$$

$$\bar{D}^* = 24.69 \pm 24.69 \times 1.96 \times \sqrt{0.002415} = (24.69 \pm 2.38)\ \mu\mathrm{m} \tag{5.5.16}$$

§6 空間中の立体の数

空間中の立体の数を試験平面上にできる立体の切口の数から推定するための式は(2.6.8)により

$$N_{vO}=\sqrt{\frac{\varepsilon Q_3}{V_O}}(\bar{N}_{aO})^{\frac{3}{2}} \tag{5.6.1}$$

である．以下この式を利用して N_{vO} を推定する実例を説明する．対象としてはほぼ正常な腎の皮質について単位体積中の糸球体の数を求める場合を考えよう．空間中の糸球体の配置はほぼ無作為なものに近い．これについてはこの章の§8を参照していただきたい．なお糸球体1個にはBowman嚢1個が対応するから，糸球体のかわりにBowman嚢を計測の対象としても差しつかえないし，またその方が便利である．

計測に先立ってBowman嚢の形をどのような幾何学的モデルにあてるかを考えておく必要がある．組織標本についてみると，Bowman嚢の切口は正確には円ではなく，むしろ楕円とみるべきことが多い．しかしその楕円の離心率は小さいから，実際上はBowman嚢の切口は円，したがってBowman嚢自身は球として計算を行っても差しつかえないであろう．そうすれば(5.6.1)の係数 ε は(2.6.10)により $\varepsilon=\pi/6$ となる．次にBowman嚢の大きさは比較的一様なものであることは組織像の上からも容易に判断できる．したがって Q_3 はほぼ1とみてよい．それゆえ以下の計測では(5.6.1)の式を

$$N_{vO}=\sqrt{\frac{\pi}{6V_O}}\cdot(\bar{N}_{aO})^{\frac{3}{2}} \tag{5.6.2}$$

とすることができるであろう．そこで V_O と $\bar{N}_{aO}$ を実測によって求めればよいことになる．

V_O: Bowman嚢はその直径が組織標本上で200 μm 近い大きさをもっており，また分布密度もかなり高いから，V_O の推定にあたっては線解析と点解析のいずれを採用してもよいが，計測の操作としては点解析の方が楽であるから，ここでは点解析を用いよう．なお組織標本の厚さは4 μm でありBowman嚢の大きさに比較して無視しうるから，標本の厚さに対する補正は必要ない．以下36個の交点をもつ正方格子を用いてBowman嚢の切口の上に落ちた格子交点の数を数えることになるが，この際用いる光学系については格子の間隔 h は200 μm に相当する．したがってBowman嚢の大きさからみて‘目の粗い格子’の条件が満足されているわけである．この格子を100個の視野に連続的に重ねて得た n_A の値は次の通りである．

n_A				
2, 1, 0, 2, 4,	2, 3, 3, 1, 1,	2, 5, 3, 3, 4,	1, 4, 3, 2, 1,	1, 3, 2, 3, 1,
1, 3, 4, 3, 2,	2, 3, 2, 2, 1,	3, 1, 2, 3, 4,	3, 1, 3, 1, 0,	1, 1, 1, 5, 7,
3, 1, 3, 3, 2,	1, 3, 3, 3, 3,	2, 3, 3, 4, 3,	4, 3, 3, 2, 4,	5, 2, 2, 6, 3,
1, 3, 4, 1, 1,	1, 3, 2, 2, 4,	4, 2, 4, 3, 2,	4, 3, 7, 2, 2,	1, 2, 2, 3, 4.

$$n_A = 257, \quad n = 36\times 100 = 3600 \tag{5.6.3}$$

$$V_O = n_A/n = 257/3600 = 0.07138\cdots\cdots \tag{5.6.4}$$

$$\left(\frac{\sigma_{V_O}{}^*}{\bar{V}_O{}^*}\right)^2 = \frac{1}{n_A} = 0.003891\cdots\cdots \tag{5.6.5}$$

$$\frac{\sigma_{V_O}{}^*}{\bar{V}_O{}^*} = 0.06238 \tag{5.6.6}$$

$\bar{N}_{aO}$: これは単位面積の標本面に出現する Bowman 嚢の切口の数の期待値であるが，実際には1回の試行で得た N_{aO} を用いることになる．そして単位の面積としては $1\,\mathrm{cm}^2$ をとることとし，図 5.6.1 のように $(1\times1)\,\mathrm{mm}^2$ の視野を限るような枠を用いて 100 個の連続した視野について N_{aO} を求めることにする．以下計測結果を示しておく．

N_a/mm^2				
4, 3, 5, 5, 9,	2, 6, 6, 5, 3,	3, 6, 7, 6, 7,	4, 6, 5, 3, 6,	7, 3, 2, 4, 3,
6, 2, 5, 3, 2,	5, 9, 7, 5, 4,	2, 5, 6, 6, 6,	4, 1, 5, 3, 4,	4, 4, 8, 7, 6,
4, 6, 4, 6, 4,	5, 3, 4, 8, 5,	7, 7, 5, 4, 7,	6, 4, 5, 6, 4,	5, 3, 4, 4, 5,
5, 4, 6, 6, 5,	6, 4, 5, 5, 3,	4, 5, 3, 6, 6,	5, 5, 4, 5, 7,	8, 5, 4, 6, 6.

$$N_{aO} = 492/\mathrm{cm}^2 \tag{5.6.7}$$

$$\left(\frac{\sigma_{N_{aO}}{}^*}{\bar{N}_{aO}{}^*}\right)^2 = \frac{1}{\bar{N}_{aO}} = \frac{1}{492} = 0.002032\cdots\cdots \tag{5.6.8}$$

$$\frac{\sigma_{N_{aO}}{}^*}{\bar{N}_{aO}{}^*} = 0.04508 \tag{5.6.9}$$

さて(5.6.4)と(5.6.7)を用いて(5.6.2)を計算すると

$$N_{vO} = 2.956\times 10^4/\mathrm{cm}^3 \tag{5.6.10}$$

を得る．そしてこの際の推定誤差は(4.10.3)で与えられるから(5.6.5)と(5.6.8)を用いて

$$\left(\frac{\sigma_{N_{vO}}{}^*}{\bar{N}_{vO}{}^*}\right)^2 \doteqdot \left(\frac{\sigma_{N_{vO}}}{\bar{N}_{vO}}\right)_w^2 = \frac{1}{4}(0.003891+9\times 0.002032)$$

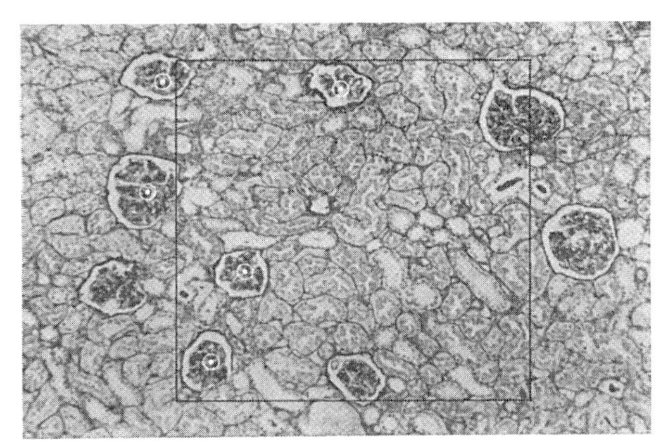

図 5.6.1 1 mm² の区域中に入る Bowman 嚢の切口を数える操作を示す．区域の周と交わった切口の処理については 284 頁および図 5.4.1 の説明参照のこと．⦿は数えた Bowman 嚢の切口．

$$= 0.0055447 \tag{5.6.11}$$

$$\frac{\sigma_{N_{vo}}{}^*}{\bar{N}_{vo}{}^*} = 0.07446 \tag{5.6.12}$$

となる．これをみると N_{vo} の推定誤差はかなり大きくなっている．その原因は部分領域の大きさが不充分であったためである．ここでの計測では 1 mm² の視野を 100 個とっているから，ちょうど 1 cm² の部分領域を採用したことになる．変異係数の次元で表わした誤差は部分領域の大きさの平方根に逆比例するから，N_{vo} の推定誤差を仮にこの 1/2 程度に下げようと思えば約 4 cm² の皮質断面積を必要とする．これだけの面積は通常は 1 枚の組織標本からは得られないから，異なった部位からとった数枚の標本を用いなければならないであろう．

なお(5.6.10)と(5.6.12)から $N_{vo}{}^*$ の 95% 水準の信頼限界を求めれば

$$\begin{aligned} N_{vo}{}^* &= (2.956 \pm 2.956 \times 1.96 \times 0.07446) \times 10^4/\mathrm{cm}^3 \\ &= (2.956 \pm 0.431) \times 10^4/\mathrm{cm}^3 \end{aligned} \tag{5.6.13}$$

となる．

§7　曲率の応用

この節では第2章§7で述べた曲率の観念，またはそれに関連した計測法が有効に利用しうる実例として肝硬変症の結節の形を取り上げてみよう．肝硬変症の理念的な像としては図5.7.1(a)に示す第1例のように切口が円形に近い，

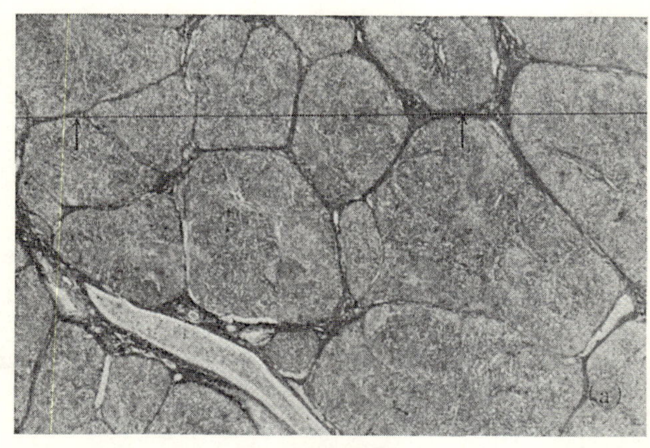

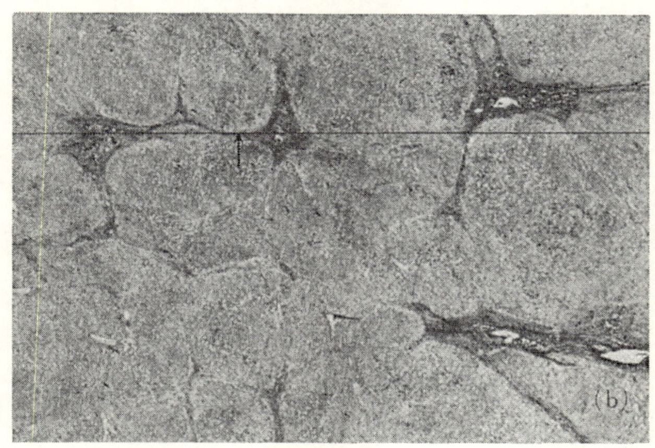

図5.7.1　試験直線を上下の方向に移動させながら結節の周とつくる接点の数を数える操作を説明する図．(a) 第1例．(b) 第2例．↑が接点を示す．なお直観的にも(b)は(a)に比較して結節の分離が不完全であることがわかる．

したがって立体としては球に近い結節が互いに結合織によって分離された形になる．しかし実際の肝硬変症の像はいつもこのようなものばかりではない．時には図5.7.1(b)の第2例のように結節の分離がはなはだしく不完全で，肝の実質塊が互いに連結し合ったような形をとるものもある．この面から肝硬変症の結節の態度を数量的に表現しようとすれば，結節の‘連結度’ともいうべき観念を導入する必要があるであろう．

ところで連結度という観念はいろいろな立場から異なった定義が可能である．この言葉でただちに連想されるのは位相幾何学的な連結数であろうが，ここで用いる連結度という意味はそれとは違って，その周に凹凸をもった平面図形を円が結合したり部分的に重なり合ったりしてつくられたものと考えた場合，いくつの円がつながり合ったものと見られるかという意味であり，他の表現を用いれば平面図形がその周の凹凸のために，どれだけ円から遠くなっているかを検定することと同じである．この意味での連結度の内容を少し具体的に説明しておこう．

いま図5.7.2のように半径rの円が2個部分的に重なり合った形を考えよう．そうするとこの図形の外周はあるくびれをもったものになり，もちろん円とは性質の異なるものになる．そして二つの円の中心を結ぶ直線と一つの円の中心と円の交点の一つを結ぶ直線のつくる角をαとすれば，この平面図形のつくる回転角θについては

$$\theta_+ = 4(\pi-\alpha) \tag{5.7.1}$$

$$\theta_{\mathrm{net}} = 2\pi \tag{5.7.2}$$

が成立し，また図形の外周の長さは

$$L_A = 4(\pi-\alpha)r \tag{5.7.3}$$

となる．したがってθ_+を用いての平均曲率$\bar{k}_+$は

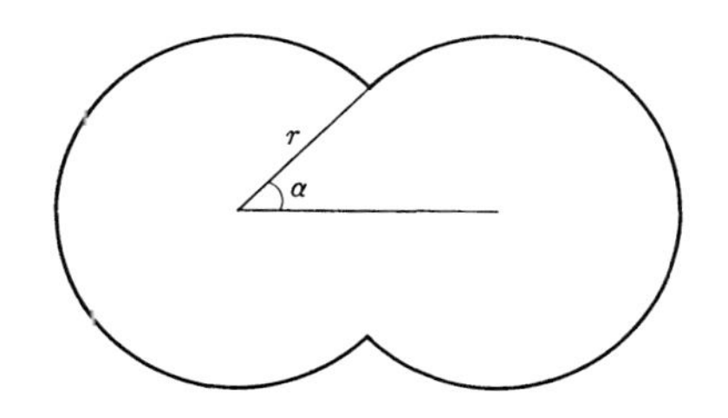

図5.7.2 連結度cの観念を説明するための図．本文参照のこと．

$$\bar{k}_+ = \theta_+/L_A = 1/r \tag{5.7.4}$$

となり，$\bar{k}_+$ の逆数は α のいかんにかかわらず円の半径を与えることになる．次に結合度 c を

$$c = \theta_+/\theta_{\rm net} = \bar{k}_+/\bar{k} \tag{5.7.5}$$

により定義すると，(5.7.1)(5.7.2)により

$$c = 2(\pi-\alpha)/\pi \tag{5.7.6}$$

である．この c の値は $\alpha=0$, すなわち二つの円が相接する形で連結する時に $c=2$ となり，$\alpha=\pi/2$, つまり二つの円が重なって1個の円になる時に $c=1$ となる．そして α が0と $\pi/2$ の中間の値をとる時には c は1と2のある中間の値になる．また円が n 個1列にならんで互いに相接する形で連結する時は $c=n$ となることはただちに了解できる．こうしてみると一般に c は不規則な凹凸をもった外周で囲まれた平面図形を θ_+ と $\theta_{\rm net}$ 不変の条件下にいくつの同じ大きさの円の連結したものに置き換えられるかを示すことになる．

そこで次に図5.7.1に示す第1例，第2例についての計測結果を表示しておく．なお結節断面の外周の長さは1 mm 間隔の等間隔平行線を使用して計測した結果である．

	第1例	第2例	理論式
H_A (標本面積)	3.22 cm^2	3.30 cm^2	
τ_{A+}	279	249	
$\bar{\tau}_A$	251	77	
l (試験直線総長)	29.64 cm	21.08 cm	
C_A	392	234	
$\tau_{AO(+)}$	86.65/cm^2	75.45/cm^2	τ_{A+}/H_A
$\bar{\tau}_{AO}$	77.95/cm^2	23.33/cm^2	$\bar{\tau}_A/H_A$
θ_+	272.22 radian/cm^2	237.03 radian/cm^2	(2.7.14)
$\theta_{\rm net}$	244.89 radian/cm^2	73.29 radian/cm^2	(2.7.10)
N_{aO}	38.98/cm^2	11.66/cm^2	$N_{aO}=\theta_{\rm net}/2\pi$
L_{AO}	20.77 cm/cm^2	17.44 cm/cm^2	(2.2.22)
$\bar{k}_+$	13.11	13.59	(5.7.4)
r	0.076 cm	0.074 cm	(5.7.4)
c	1.11	3.23	(5.7.5)

以上の結果を見ると第1例と第2例の差は c の値の差として明らかに把握できることがわかる．すなわち第1例では c の値はほぼ1と見てよく，結節の分離は完全に近いものといえる．これに対して第2例では c の値は3を越し，結

節の分離ははなはだしく不完全である．逆にいえば結節の連結度が高いということになる．この二つの例の差は N_{ao} の値にも当然反映することはいうまでもない．しかし $\bar{k}_+$ や r の値にみるように単位として想定した結節の切口の大きさには大差がない．したがってこの二つの例の差は現象的には同じような大きさの結節が第1例では分離し，第2例では連結し合っているために生じたものと了解してよいであろう．

なお以上の計測の結果の誤差や信頼限界は第4章§11に説明した方法で求めることができる．しかしここで示した実例では標本面積が小さすぎるので誤差を求めてみてもあまり意味がない．それゆえ具体的な誤差の計算はここでは省略しておく．

§8　平面上の点の配置の解析

平面上に配置された点がある時，その任意の点から最も近い点に至る距離の平均をとれば，点の配置の様式について解析的な処理ができることは第2章§8で述べたが，ここではその実例として正常腎の糸球体の配置と正常肝の肝静脈枝と門脈枝の切口の配置の様式を検討してみよう．

a）糸球体の配置

この計測の対象はほぼ正常と考えられる剖検例の腎である．組織標本についてある糸球体の切口の中心を視察によって定め，これに最も近い糸球体の切口の中心に至るまでの距離(図5.8.1)を160個の無作為に選んだ糸球体を出発点として計測した結果は次の通りである．なおこの数字は接眼ミクロメーターの読みそのものであるが，この計測に用いた光学系ではこの数字の100が0.528 mmに相当する．

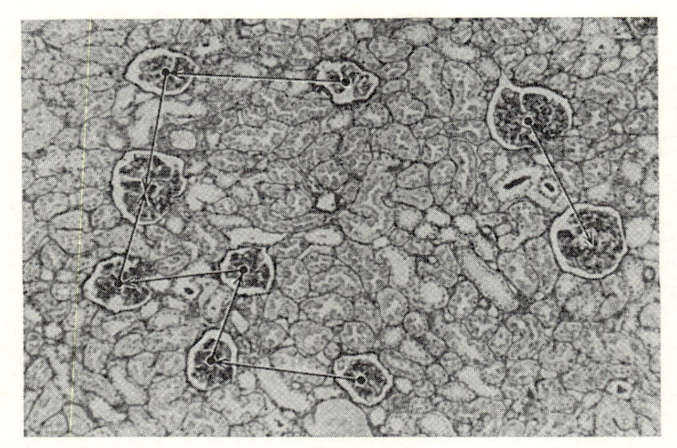

図 5.8.1 任意の糸球体から最も近い他の糸球体に至る距離を測定する操作を示す.

r_{min}

31, 35, 55, 45, 81	37, 37, 55, 63, 68	62, 42, 42, 46, 23	92, 55, 40, 40, 32
58, 30, 50, 48, 44	35, 53, 43, 65, 31	33, 45, 49, 32, 53	40, 63, 25, 34, 60
30, 50, 61, 83, 77	41, 45, 31, 37, 40	47, 46, 65, 67, 38	56, 55, 60, 36, 58
50, 25, 45, 45, 47	46, 37, 60, 52, 55	36, 34, 36, 32, 36	21, 65, 25, 52, 49
33, 35, 32, 63, 52	90, 44, 39, 57, 33	57, 100, 84, 60, 66	40, 37, 74, 29, 31
30, 80, 36, 53, 65	30, 65, 58, 34, 95	48, 74, 52, 38, 21	85, 30, 42, 67, 23
37, 37, 67, 36, 43	31, 56, 62, 52, 44	34, 73, 34, 35, 45	48, 42, 68, 51, 30
75, 57, 38, 34, 31	56, 32, 35, 62, 48	45, 56, 37, 46, 48	30, 24, 35, 36, 28

まずこの表の数字そのままで $\bar{r}_{\mathrm{min}}$ と $\sigma^2{}_{r_{\mathrm{min}}}$ とを求めると,

$$N = 160 \tag{5.8.1}$$

$$\bar{r}_{\mathrm{min}} = \sum r_{\mathrm{min}}/N = 7603/160 = 47.51875 \tag{5.8.2}$$

$$\sigma^2{}_{r_{\mathrm{mim}}} = (\sum r^2{}_{\mathrm{min}}/N) - \bar{r}^2{}_{\mathrm{min}}$$

$$= (403098/160) - (47.51875)^2 = 261.33 \tag{5.8.3}$$

$$\sigma_{r_{\mathrm{mim}}} = 16.17 \tag{5.8.4}$$

となる. ここでこの結果を mm を単位として表現すれば

$$\bar{r}_{\mathrm{min}} = 47.51875 \times (0.528/100) = 0.250899 \mathrm{~mm} \tag{5.8.5}$$

$$\sigma_{r_{\mathrm{mim}}} = 16.17 \times (0.528/100) = 0.08537 \mathrm{~mm} \tag{5.8.6}$$

を得る. $1.96\sigma_{r_{\mathrm{mim}}}$ を用いて 95% 水準での $\bar{r}_{\mathrm{min}}$ の信頼限界を求めれば

$$\bar{r}_{\min} = (0.250899 \pm 0.08537 \times 1.96/\sqrt{160})\ \mathrm{mm}$$
$$= (0.250899 \pm 0.013228)\ \mathrm{mm} \qquad (5.8.7)$$

となる.

さて(2.8.11)の q の値を求めるためには $\bar{r}_{\min}$ の他に糸球体の切口の密度 $\bar{n}_O$ を求める必要がある. この操作はこの章の444頁で説明した N_{aO} の求め方と同じことであり, ただここではBowman嚢ではなく糸球体そのものの切口をとるだけの差である. したがって個個の計測データは省略して結果だけを書いておく. なおこの計測では1辺1.04 mmの正方形の領域を連続して100個とり, その中に入る糸球体の切口の総和をとった. そして

$$N_a = 542 \qquad (5.8.8)$$

$$\bar{n}_O = \bar{N}_{aO} = 542/(1.04^2 \times 100) = 5.01109/\mathrm{mm}^2 \qquad (5.8.9)$$

$$\sigma_{nO}^2 = \sigma_{N_{aO}}^2 = \bar{n}_O{}^2/542 = 0.04633 \qquad (5.8.10)$$

$$\left(\frac{\sigma_{nO}{}^*}{\bar{n}_O{}^*}\right)^2 = 0.001845, \quad \frac{\sigma_{nO}{}^*}{\bar{n}_O{}^*} = 0.04295 \qquad (5.8.11)$$

を得る.

さて(5.8.5)と(5.8.9)を用いて(2.8.11)により q を計算してみると $\sqrt{\bar{n}_O} = 2.239$ であるから

$$q = 0.250899 \times 2.239 = 0.56174 \qquad (5.8.12)$$

となる. そして(2.8.22)を $N=160$ として計算してみると

$$q = 0.5 \pm 0.5 \times 1.96 \times \sqrt{0.27324/160} = 0.5 \pm 0.040498 \qquad (5.8.13)$$

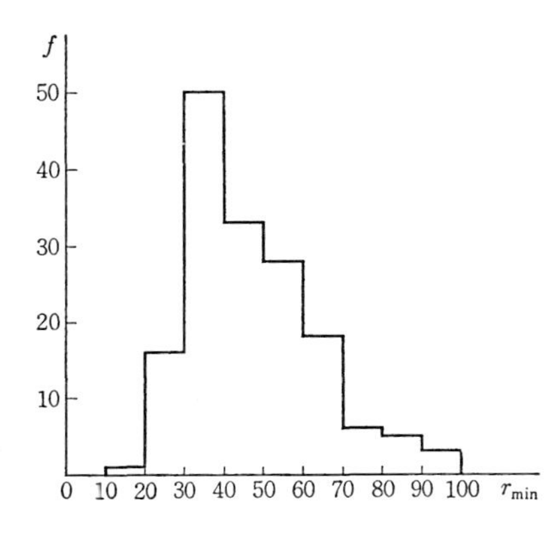

図5.8.2 450頁の表により糸球体の $r_{\min}$ の分布を図示したもの. $r_{\min}$ のスケールは表の数字のままである. そしてこのスケールで10以下の距離が出現しないのは糸球体は点ではなくある大きさをもつためである.

である．これと(5. 8. 12)を比較してみると糸球体の配置は一応は無作為な配置からは外れるといえるが，しかしその値は0.5とあまり変わりはないので，生物学的対象の中では無作為な配置に割合と近いものである．糸球体の配置が厳密な意味で無作為なものといえなくなる原因は，糸球体にはある大きさがあり，その中心間の距離がある限度以下には小さくなれないからである．これは図5. 8. 2に示す$r_{\min}$の実測分布からもわかることで，分布の形は全体として図2. 8. 4の無作為な配置の点についての$r_{\min}$の分布に近いものであるが，$r_{\min}$の値の0に近い部分の度数が0であることが異なっている．

最後にqの値の推定誤差について考えておこう．これは(2. 8. 11)により

$$q=\bar{r}_{\min}\sqrt{\bar{n}_O} \tag{5. 8. 14}$$

であるから，$\bar{r}_{\min}$と$\bar{n}_O$を一応互いに独立な変量とすれば(4. A. 36)によって

$$\left(\frac{\sigma_q{}^*}{\bar{q}^*}\right)^2=\left(\frac{\sigma_{\bar{r}_{\min}}{}^*}{\bar{r}_{\min}{}^*}\right)^2+\frac{1}{4}\left(\frac{\sigma_{n_O}{}^*}{\bar{n}_O{}^*}\right)^2 \tag{5. 8. 15}$$

を計算することになる．ただし$\bar{r}_{\min}$の誤差は構造論的な立場からは誘導していないから，(5. 8. 2)(5. 8. 4)の結果をそのまま用いておくより仕方がない．そして同時に(5. 8. 11)を利用すれば

$$\begin{aligned}\left(\frac{\sigma_q{}^*}{\bar{q}^*}\right)^2&=\frac{1}{160}\left(\frac{16.17}{47.51875}\right)^2+\frac{0.001845}{4}\\&=0.001185\end{aligned} \tag{5. 8. 16}$$

を得る．したがってq^*の95%の信頼限界は$1.96\sigma_q{}^*$の水準を採用して

$$\begin{aligned}q^*&=0.56174\pm0.56174\times1.96\times\sqrt{0.001185}\\&=0.56174\pm0.03790\end{aligned} \tag{5. 8. 17}$$

となる．これを見ても糸球体の配置は厳密な意味では無作為であるといえないまでも，かなりこれに近いものであることが了解できる．

b）肝静脈枝と門脈枝の切口の配置

次に正常な肝の組織標本について，肝静脈枝と門脈枝の切口の相互の配置がどのような様式をとっているかを検討してみよう．この場合にはどちらかの群を規準にとる必要があるから，肝静脈枝の切口を出発点として，これに最も近い門脈枝の切口に至る距離を測って$r_{\min}$とし，100個の静脈枝を選んで$r_{\min}$の

平均 $\bar{r}_{\min}$ を求めた(図 5. 8. 3). この際組織標本についてそれとして認められる限り小さな分枝の切口も落さずとってある. 一方非常に大きな肝静脈枝やGlisson 鞘が存在する部位は計測領域からは除外した. 計測の操作は糸球体の場合と同じことであるから個個の計測データは省略して結果だけを書いておくと

$$N = 100 \tag{5.8.18}$$

$$\sum r_{\min} = 50.833\ \text{mm} \tag{5.8.19}$$

$$\bar{r}_{\min} = 0.50833\ \text{mm} \tag{5.8.20}$$

$$\sigma_{r_{\min}} = 0.10038\ \text{mm} \tag{5.8.21}$$

となる.

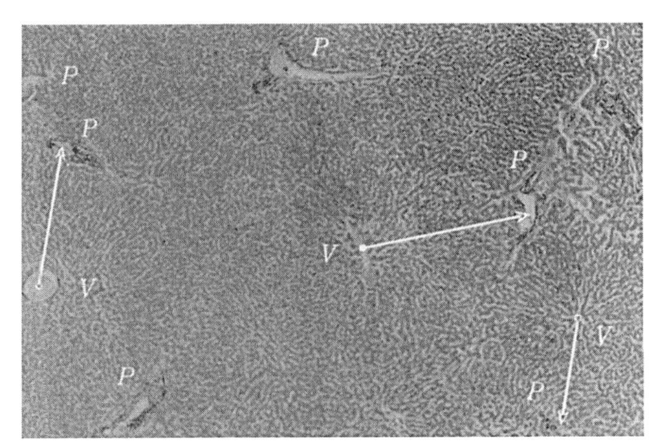

図 5.8.3 正常肝の門脈枝 P と肝静脈枝 V の間の最短距離のとり方を示す. ここでは常に V を出発点としてこれに最も近い P に至る距離を求めている.

一方 $\bar{n}_O$ としてはこの場合は門脈枝の切口だけをとればよい. そして1辺1.04 mm の正方形の領域を 200 個連続的にとって, その面積上に出現する門脈枝の切口を数えた. その結果は

$$H_A = 1.04^2 \times 200 = 216.32\ \text{mm}^2 \tag{5.8.22}$$

$$N_a = 495 \tag{5.8.23}$$

$$\bar{N}_{aO} = \bar{n}_O = 495/216.32 = 2.288/\text{mm}^2 \tag{5.8.24}$$

$$\sqrt{\bar{n}_O} = 1.513 \tag{5.8.25}$$

である. そして(5. 8. 20)と(5. 8. 25)を(5. 8. 14)に入れて q を求めれば

$$q = 0.50833 \times 1.513 = 0.7691 \tag{5.8.26}$$

を得る．

このqの値はもちろん0.5よりは明らかに大きい．したがって正常肝の肝静脈枝と門脈枝の切口の配置は無作為なものではなく，相互の配置は等間隔的配置に近づいていることがわかる．そしてこの値は(2.8.16)の6角形の格子の頂点の与える値にかなり近い．もちろんこの数値から直接肝静脈枝と門脈枝の配置の型を推論するわけにはいかないが，この2群の枝の切口の距離がどの程度等距離的なものに近いかを判断する一つの目安にはなるであろう．

最後にqの値の誤差を考えておこう．この際$\bar{r}_{\min}$の誤差の計算には(5.8.20)と(5.8.21)を用いることは糸球体の場合と変わりはないが，$\bar{n}_O$の誤差に(4.2.14)を適用することには問題がある．それは肝静脈枝と門脈枝の切口の相互の配置関係が等間隔的なものに近いことからみて，門脈枝の切口だけをとってみてもその配置にある規則性があることが想像されるからである．したがって領域間誤差としては厳密には(4.2.36)と(4.2.14)の中間の値が得られるはずであるが，どの程度の値かは簡単には決められない．それゆえここでは計算には(4.2.14)を用いておくが，その結果はおそらくは誤差が多少過大に評価される可能性があると思われる．計算の結果は(5.8.18)(5.8.20)(5.8.21)(5.8.23)を利用し，(4.A.36)(4.A.28)を適用して

$$\begin{aligned}\left(\frac{\sigma_q{}^*}{\bar{q}^*}\right)^2 &= \frac{1}{N}\left(\frac{\sigma_{r_{\min}}}{\bar{r}_{\min}}\right)^2 + \frac{1}{4N_a} \\ &= \frac{1}{100}\left(\frac{0.10038}{0.50833}\right)^2 + \frac{1}{4\times 495} \\ &= 0.000895\end{aligned} \tag{5.8.27}$$

となり，したがって

$$\frac{\sigma_q{}^*}{\bar{q}^*} = 0.02992 \tag{5.8.28}$$

を得る．そしてこれからq^*の95%水準の信頼限界を求めれば

$$\begin{aligned}q^* &= 0.7691 \pm 0.7691 \times 0.02992 \times 1.96 \\ &= 0.7691 \pm 0.0451\end{aligned} \tag{5.8.29}$$

となる．この結果からみてもqの値が0.5よりは有意に大きいことがわかる．

§9 標本の厚さに対する補正

この節では組織標本の厚さに対する補正を入れて単位体積中の対象の体積と数を推定する実例を示すことになる．そして肝癌の例について通常の paraffin 切片標本を用いて単位体積中の肝癌細胞核の体積と数を求めてみよう．Paraffin 切片では細胞核は生の状態よりははるかに小さくなっているが，ここではそれは度外視して paraffin 切片中の核そのものについての計測結果を説明する．

この目的のためには(2.9.21)と(2.9.27)の二つの式を利用することになるが，(2.9.21)を単位体積の式になおし，(2.9.27)の E($\bar{D}$) を $\bar{D}$ として併記すると

$$V_O = V_O' \Big/ \left(1+\frac{3}{2}\cdot\frac{Q_2}{Q_3}\cdot\frac{T}{\bar{D}}\right) \tag{5.9.1}$$

$$N_{vO} = \bar{N}_{aO} \Big/ \bar{D}\left(1+\frac{T}{\bar{D}}\right) \tag{5.9.2}$$

となる．したがって V_O と N_{vO} を求めるためには $T, \bar{D}, Q_2, Q_3, V_O', \bar{N}_{aO}$ を実測する必要がある．以下それぞれの量を求める操作を説明する．

T: これは組織標本の厚さである．通常の組織標本は作製にあたって厚さを決めて切るから，これで大体のことはわかる．しかし念のためにでき上った標本について焦点深度の小さい油浸系を用いて標本の上面と下面の間隔を顕微鏡の微動装置の目盛りを読んで定めておくのがよいであろう．いずれにせよこれらの方法はあまり精度の高いものではなく，せいぜい μm 単位までの読みが得られるにすぎないがやむをえない．以下の計測に用いる標本については $T=5\,\mu$m という結果を得ている．

$\bar{D}, Q_2, Q_3$: 油浸系を用いれば肝癌細胞核の赤道面が標本に現われているかどうかを容易に判断できるから，この条件を満足するような核だけを無作為にとってその直径 D を計測する．この際核の形が正円形でない時は長径と短径の算術平均をとることにして N 個の核についての D の値が求められれば

$$\bar{D} = \sum D/N \tag{5.9.3}$$

$$Q_2 = \sum D^2/N\bar{D}^2 \tag{5.9.4}$$

$$Q_3 = \sum D^3/N\bar{D}^3 \tag{5.9.5}$$

を計算することができる．なお N をどの程度にとったらよいかは計測にどれだけの精度が要求されるかに従って誤差論の立場から決定すればよい．ここでは $N=100$ としておくが，この際の誤差は後に説明する．以下 D の実測値を表示するが，表の数字は接眼ミクロメーターの読みを D' とし，D' をそのまま用いてある．そしてこの計測に使用した光学系では接眼ミクロメーターの目盛り，つまり 1 が 0.8 μm にあたるようにしてあるから，D や $\bar{D}$ の値を求めるにはこの比を用いて換算する必要がある．これに対し Q_2, Q_3 はスケールに無関係な量であるから換算の必要はない．

D'		55歳♂　肝癌
7, 7, 7, 7, 7,	7, 8.5, 8, 7, 6,	6.5, 6.5, 6, 7, 7,
6.5, 6, 6, 7, 5,	7, 7, 6, 7, 6,	7, 7.5, 7.5, 7, 5,
6, 6, 7, 6.5, 7,	6, 7, 5, 6, 6,	8, 6, 7, 7, 6,
7, 7.5, 6, 6.5, 6,	6, 6, 6, 6, 6,	5, 7, 6, 6.5, 5.5,
8, 6, 7, 7, 6,	7, 7.5, 8, 6, 7,	
7, 7.5, 8, 6.5, 7,	5.5, 7, 6, 7, 6.5,	
6, 7, 5, 6, 6.5,	7, 6.5, 6, 7, 5.5,	
9, 5, 5, 6, 5,	7, 7, 6, 6.5, 7.	

$$N = 100, \quad \sum D' = 655 \tag{5.9.6}$$

$$\bar{D} = (\sum D'/100)\times 0.8 = 5.24\ \mu\mathrm{m}, \quad T = 5\ \mu\mathrm{m} \tag{5.9.7}$$

$$T/\bar{D} = 0.9542 \tag{5.9.8}$$

$$Q_2 = 1.01766, \quad Q_3 = 1.07923 \tag{5.9.9}$$

$$\left(\frac{\sigma_D}{\bar{D}}\right)^2 = Q_2-1 = 0.01766\ \text{[(4. A. 11)参照]} \tag{5.9.10}$$

$$\left(\frac{\sigma_{\bar{D}}}{\bar{D}}\right)^2 = \frac{Q_2-1}{N} = 0.0001766 \tag{5.9.11}$$

この結果についてみると，まず $\bar{D}=5.24\ \mu$m という値は正常の肝細胞核の平均直径とほとんど変わりはない．そして σ_D も比較的小さい．これはこの例は肝癌といっても核の polyploidy はおそらくほとんどない形であるためであろう．したがって 100 個の核を計測すれば $\bar{D}$ の誤差は非常に小さくなることは (5.9.11) の結果からも明らかである．そして $\bar{D}$ の 95% の信頼限界は (5.9.11) のデータから $1.96\sigma_{\bar{D}}$ を用いて

$$\bar{D} = 5.24(1\pm 1.96\times\sqrt{0.0001766})\ \mu\mathrm{m} = 5.24(1\pm 1.96\times 0.01329)\ \mu\mathrm{m}$$

$$= (5.24 \pm 0.14)\ \mu\mathrm{m} \qquad (5.9.12)$$

となる．

V_O'：これは厚さの無視できない標本について推定した対象の見かけの体積分率である．核の大きさが比較的小さいことからみて，この推定には点解析を利用するのが便利であることはただちに想像がつく．ここでは36個の交点をもつ正方格子を用いてみた．そしてここで採用している光学系，油浸対物レンズと10倍の接眼鏡という組み合わせではこの格子の間隔 h は $8\ \mu\mathrm{m}$ に相当している．したがって D の値と比較してみると，これは‘目の粗い格子’の条件をほぼ満たしているわけである．この格子を無作為に選んだ150個の視野に適用して図5.9.1のように核の上に重なる格子交点の数 n_A を下に表示する．

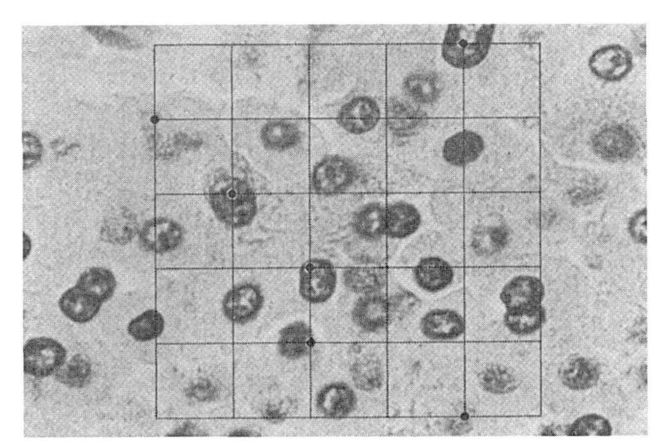

図 5.9.1 この節で計測の対象とした肝癌の組織標本上に36の交点をもつ正方格子を重ねた像．核の上に落ちる格子交点は•で指示してある．なお図から明らかなようにこの格子は目の粗い格子の条件を満足している．

n_A					
5, 4, 6, 4, 5,	7, 4, 6, 9, 8,	5, 5, 3, 3, 7,	4, 6, 5, 3, 5,	5, 4, 3, 5, 5,	
4, 1, 3, 2, 7,	4, 5, 4, 4, 4,	8, 5, 4, 2, 2,	5, 3, 4, 4, 5,	6, 6, 4, 4, 6,	
3, 6, 2, 8, 4,	3, 7, 4, 4, 5,	2, 9, 7, 4, 7,	6, 9, 7, 8, 5,	6, 6, 11, 6, 6,	
8, 6, 3, 3, 1,	4, 5, 8, 7, 1,	8, 8, 6, 5, 8,	10, 3, 6, 2, 4,	5, 3, 6, 5, 6,	
7, 4, 10, 4, 3,	4, 5, 5, 7, 7,	5, 8, 5, 7, 6,	5, 4, 7, 4, 4,	7, 4, 6, 5, 5,	
8, 6, 5, 7, 6,	4, 9, 3, 7, 6,	4, 6, 5, 4, 7,	5, 5, 8, 5, 2,	7, 6, 8, 4, 7.	

$$n_A = 790, \quad n = 36 \times 150 = 5400 \tag{5.9.13}$$

ゆえに

$$V_O' = 790/5400 = 0.14630 \tag{5.9.14}$$

である．したがって(5.9.8)(5.9.9)の $T/\bar{D}, Q_2, Q_3$ の値を用いれば(5.9.1)が計算できる．そしてその結果は

$$V_O = 0.14630/2.3496 = 0.06227 \tag{5.9.15}$$

となる．なお以上の方法を正常な肝細胞に適用してみると V_O は大体 0.035 程度になるから，この肝癌の例では腫瘍組織の核の占める体積分率は正常の肝細胞よりも明らかに大きいことがわかる(図 5.9.2, 図 5.9.3)．

次にこのようにして推定した V_O の誤差を求めてみると，(4.5.33)により

$$\left(\frac{\sigma_{V_O}{}^*}{\bar{V}_O{}^*}\right)^2 = \frac{1}{n_A} \tag{5.9.16}$$

であるが，この n_A は元来厚さが無視できる標本について得られる値であるから，直接計測によって得た n_A の値を $1+\frac{3}{2}\cdot\frac{T}{\bar{D}}\cdot\frac{Q_2}{Q_3}$ で除して，

$$\left(\frac{\sigma_{V_O}{}^*}{\bar{V}_O{}^*}\right)^2 = \frac{2.3496}{790} = 0.00297 \tag{5.9.17}$$

を，そして

$$\frac{\sigma_{V_O}{}^*}{\bar{V}_O{}^*} = 0.0545 \tag{5.9.18}$$

を得る．したがって 95% の水準での $V_O{}^*$ の信頼限界は $1.96\sigma_{V_O}{}^*$ を用いて

$$\begin{aligned} V_O{}^* &= 0.06226(1 \pm 1.96 \times 0.0545) \\ &= 0.06226 \pm 0.00665 \end{aligned} \tag{5.9.19}$$

となる．これは‘真の’ V_O の値はこの計測結果の約 ±10% 以内に存在するであろうことを示すものである．これよりも信頼限界の幅を小さくする，つまり計測の精度を上げようと思えば視野の数を 150 より大きくとって n_A を大きくする必要がある．

なお以上の誤差の計算は $\bar{D}$ の誤差が V_O' の誤差に比較して格段に小さく，これを無視しうることを前提としているが，比較的少数の核を計測して $\bar{D}$ を定める時には $\bar{D}$ の誤差を無視できないことも起りうるであろう．この場合には $\rho=0$ として(4.A.34)を用い，また(4.A.38)を考慮して

$$\left(\frac{\sigma_{V_o}{}^*}{\bar{V}_o{}^*}\right)^2=\left(\frac{\sigma_{V_o}{}'^*}{\bar{V}_o{}'^*}\right)^2+\left[\frac{\frac{3}{2}\cdot\frac{T}{\bar{D}}\cdot\frac{Q_2}{Q_3}}{1+\frac{3}{2}\cdot\frac{T}{\bar{D}}\cdot\frac{Q_2}{Q_3}}\right]^2\cdot\left(\frac{\sigma_{\bar{D}}}{\bar{D}}\right)^2 \qquad (5.9.20)$$

を得るから，これによって誤差の計算を行えばよい．

$\bar{N}_{ao}$：これはいうまでもなく単位面積の標本面に出現する核の数の期待値で

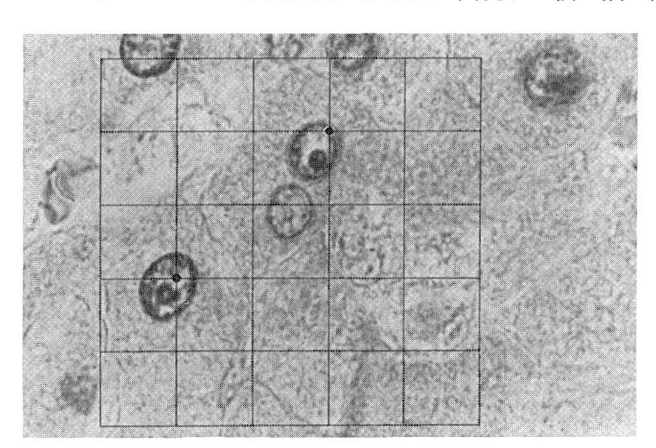

図 5.9.2　図 5.9.1 の肝癌は肝硬変症を伴っているが，この図は肝硬変症の部分を図 5.9.1 と同一拡大で示している．肝細胞や肝細胞核が大きいこと，また核の密度が低いことに注意．

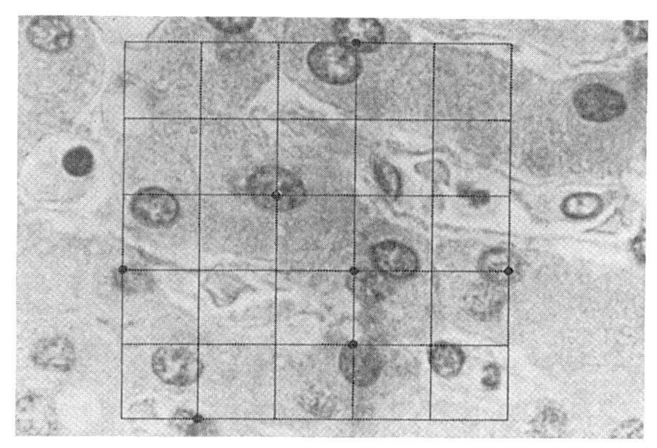

図 5.9.3　正常の肝を比較のため図 5.9.1，図 5.9.2 と同一拡大で示す．

あるが，実際には1回の試行によって得られる N_{aO} で代用されることになる．この計測には適当に小さい視野を限る枠を用いると間違いが少ない．ここでは $(40\times40)\,\mu\text{m}^2$ の視野をつくるような枠を用い，125個の視野をとってそこに出現する核の数 N_a を求めた．この視野の総和が部分領域の面積を表わすことになる．すなわち

$$H_A = 125\times(40\times40)\,\mu\text{m}^2 = 0.2\times10^6\,\mu\text{m}^2 = 0.2\,\text{mm}^2 \qquad (5.9.21)$$

である．次に125個の視野についての N_a を表示しておく．なおここでは $1\,\text{mm}^2$ を単位面積にとることにする．

$N_a/(40\times40)\,\mu\text{m}^2$			
16, 13, 12, 16, 13,	17, 7, 17, 18, 13,	25, 25, 13, 16, 13,	18, 24, 13, 11, 8,
10, 13, 19, 15, 16,	22, 21, 17, 21, 15,	17, 18, 17, 21, 20,	12, 15, 25, 19, 24,
25, 19, 14, 21, 17,	13, 22, 14, 16, 21,	19, 23, 27, 18, 22,	20, 17, 18, 23, 22,
21, 23, 18, 13, 12,	16, 20, 19, 23, 22,	16, 18, 20, 14, 18,	16, 17, 19, 13, 14,
15, 17, 12, 15, 15,	14, 9, 21, 15, 10,	16, 26, 23, 21, 24,	23, 27, 24, 20, 24,
23, 17, 19, 20, 18,	19, 27, 17, 18, 11,	16, 13, 9, 12, 13,	13, 14, 21, 22, 18,
15, 14, 11, 12, 13.			

$$N_a = 2184/125\times(40\times40)\,\mu\text{m}^2 \qquad (5.9.22)$$

$$N_{aO} = 10920/\text{mm}^2 \qquad (5.9.23)$$

さてこの結果と(5.9.7)の $\bar{D}$ と T を用いて(5.9.2)を計算し，$1\,\text{mm}^3$ 中の核の数 N_{vO} を求めれば

$$N_{vO} = 10920/(0.00524\times1.9542) = 1.0664\times10^6/\text{mm}^3 \qquad (5.9.24)$$

となる．なお正常の肝の肝細胞核の数を求めてみると，

$$N_{vO} = 0.28\times10^6/\text{mm}^3 \qquad (5.9.25)$$

程度の値を得るから，肝癌では核の密度がいちじるしく高くなっていることがわかる．またこの肝癌の例ではその基礎に肝硬変症が存在するが，その部分については

$$N_{vO} = 0.15\times10^6/\text{mm}^3 \qquad (5.9.26)$$

程度の値となるから，肝硬変症の肝では核の密度が低下していることになる．これは肝硬変症では肝細胞そのものが明らかに大きくなっているためである．

次に N_{vO} の推定誤差を求めてみよう．まず $\bar{D}$ の誤差が小さく(5.9.2)の $\bar{D}\left(1+\dfrac{T}{\bar{D}}\right)$ の項を定数とみてよい時には(4.A.14)により

$$\left(\frac{\sigma_{N_{vo}}{}^*}{\bar{N}_{vo}{}^*}\right)^2=\left(\frac{\sigma_{N_{ao}}{}^*}{\bar{N}_{ao}{}^*}\right)^2=\frac{1}{N_{ao}} \qquad (5.9.27)$$

である．ところでここでの N_{ao} は単位面積の 1/5 に相当する部分領域について求めた N_a に 5 を乗じて換算したものであるから，誤差の計算では N_{ao} ではなく，N_a の値を用いなければならない．また(5. 9. 27)の式は標本の厚さを無視できることを前提として成立するものであるから，(5. 9. 22)の N_a の値を $1+\dfrac{T}{\bar{D}}$ で除して補正すれば

$$N_{a\,(\mathrm{cor.})}=2184/1.9542=1117.59 \qquad (5.9.28)$$

となる．この値を(5. 9. 27)の N_{ao} に入れれば

$$\left(\frac{\sigma_{N_{vo}}{}^*}{\bar{N}_{vo}{}^*}\right)^2=0.0008948 \qquad (5.9.29)$$

$$\frac{\sigma_{N_{vo}}{}^*}{\bar{N}_{vo}{}^*}=0.02991 \qquad (5.9.30)$$

を得る．この結果を用いて(5. 9. 19)と同様にして N_{vo} の信頼限界を求めることができることはあらためて説明を要しないであろう．

なお $\bar{D}$ の誤差も考慮する必要のある時には(4. A. 34)を用いて

$$\left(\frac{\sigma_{N_{vo}}{}^*}{\bar{N}_{vo}{}^*}\right)^2=\left(\frac{\sigma_{N_{ao}}{}^*}{\bar{N}_{ao}{}^*}\right)^2+\left(\frac{\sigma_{\bar{D}}}{\bar{D}}\right)^2\Big/\left(1+\frac{T}{\bar{D}}\right)^2 \qquad (5.9.31)$$

を得るからこれを計算すればよい．試みにこの右辺第 2 項に(5. 9. 11)(5. 9. 8)の結果を入れてみると

$$\left(\frac{\sigma_{\bar{D}}}{\bar{D}}\right)^2\Big/\left(1+\frac{T}{\bar{D}}\right)^2=0.0000462 \qquad (5.9.32)$$

となる．これを(5. 9. 29)と比較してみるとここでの計測については $\bar{D}$ の誤差は無視してよい程度に小さいものであることがわかる．

最後に(5. 9. 24)と(5. 9. 30)から $N_{vo}{}^*$ の 95% 水準の信頼限界を求めると

$$N_{vo}{}^*=(1.0664\pm0.0625)\times10^6/\mathrm{mm}^3 \qquad (5.9.33)$$

を得る．

§10　Penel and Simon の方法と Spektor の方法（空間中の球の半径の分布）

この節では空間中の球の半径の分布については関数形を規定しないままで，δ と λ の実測分布から球の半径の分布を求める実例を説明することになる．なおここで使用する症例の実測結果はいずれも次の節で球の半径の理論分布を規定してその parameter を推定する方法に利用されるから，まず便宜上計測の対象と方法を表の形で一括しておく．また計測計画をたてるにあたっては当然必要な部分領域の大きさや観測数に対する考慮がいる．しかしこれは球の理論分布を規定しないと扱いにくい点があるので，この問題は次の節であらためて扱うことにし，ここではその考察に基づいて得た実測分布の処理から説明を始めよう．

対　象	指　標	理論分布を規定しない方法	理論分布を規定する方法
膵 の 島	δ	Penel and Simon (第3章200頁)(第4章394頁)	第3章219頁，第4章402頁
	λ	Spektor (第3章209頁)(第4章394頁)	第3章224頁，第4章405頁 (目の粗い等間隔平行線)
肝硬変症〔第5章§1の症例〕	λ	Spektor (第3章209頁)(第4章394頁)	第3章224頁，第4章408頁 (目の細かい等間隔平行線)

a）膵 の 島

計測の対象として用いたのは糖尿病も高血圧症もない55歳の男性の剖検例から得た組織学的にはほぼ正常と考えられる膵である．そしてこの膵の尾部の矢状断面の組織標本について計測を行った．使用した標本の有効面積は $H_A=160.5\ \mathrm{mm}^2$ である．まず δ を指標とする場合にはある組織標本の面積についてそこに出現する島の切口をすべて落ちなく計測する必要がある(図5.10.1)．しかしこれを顕微鏡下に直接観察によって行うことは実は予想外に困難なことである．そしてこれを間違いなく実施しようと思えば写真を用いるか，または予備的に図5.10.2のような島の切口の chart をつくるかする以外はない．ここではこの後者の方法を採用したが，この予備的操作の段階でずいぶんと手間がかゝるのは事実である．なお島のような構造物の断面はある程度以上に大きくならないとそれとして認識できないから，実測にあたってはある値以下の δ

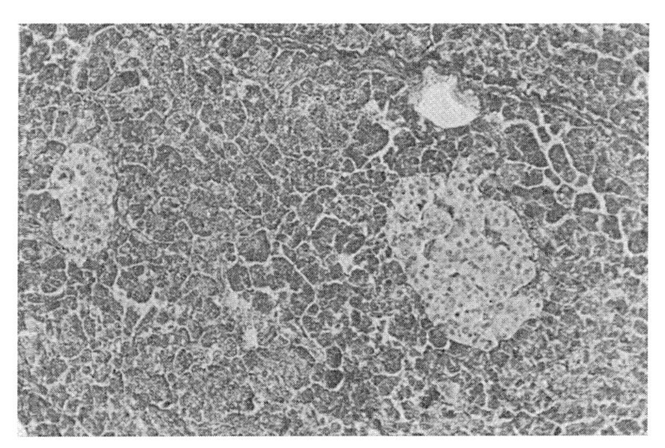

図 5.10.1 平均的な正常の島の切口を示す．なおこの図のように切口が正円形でない時は長径と短径の幾何学的平均をとってこれを δ とした．

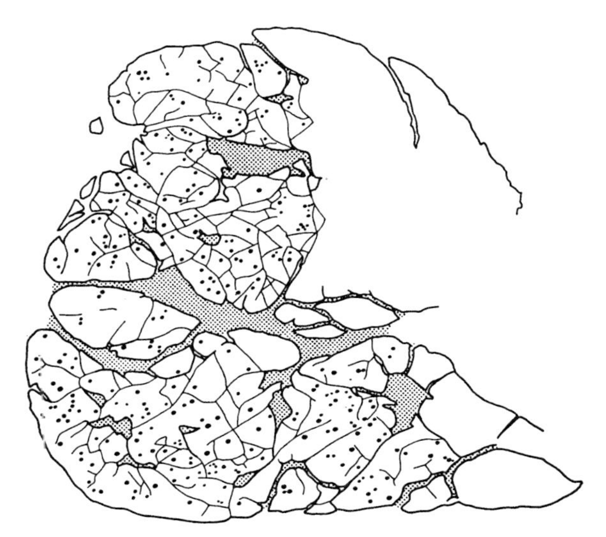

図 5.10.2 島の切口を落ちなく計測するための準備的操作として作製した chart を示す．

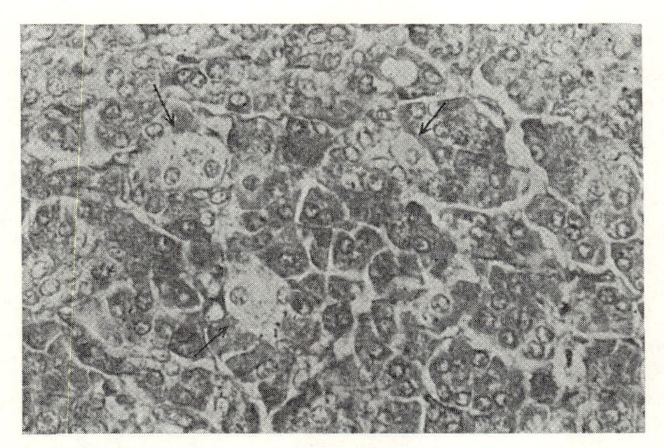

図 5.10.3 島の小さい切口を示す．実際問題としては右上方の最も小さい切口がほぼ島として認めうる下限に近い．

の出現度数は 0 になることはどうしても避けられない(図 5.10.3)．この実測でも 10 μm 以下の δ の値はとることができなかった．これが計測結果にどのような影響を及ぼすかは，λ を指標とする場合と比較するとはっきりするので，これは後にあらためて説明するつもりである．

さて上に述べた約 1.6 cm^2 の標本面積について計測した島の断面の総数は $N_a=623$ であるが，その実測度数分布は表 5.10.1 と図 5.10.4 に示す通りである．なお Penel and Simon の方法を適用するにあたっては実測度数分布の不規則性，特に δ の値の上限に近い出現度数のきわめて小さい部分の不規則性は多少修正して滑らかな分布にしておかないと，結果がきれいにならない．そのためここでは N_a の総数は不変として実測分布に修正を加えてこれを別項目に N_a' として示してある．また実測度数密度の項の括弧内の数字は修正度数密度を表わすものである．

さて次にこの表の $N_{aO(i)}$ から(3.2.17)の

$$[N_{vO}]=[N_{aO}][t]^{-1}/\Delta\delta \qquad (5.10.1)$$

を用いて $N_{vO(i)}$ を計算することになるが，$[t]^{-1}$ は 206 頁の表 3.2.1 を利用すればよい．なお表 3.2.1 では $[t]^{-1}$ は行，列ともに 20 ずつで構成されているが，表 5.10.1 にみるように $N_{aO(i)}$ の値は $i=13$ 以上はすべて 0 になるから，表 3.2.1 の左上の 12 の行と列だけを用いることになる．そして表 5.10.1 によって

$$[N_{ao}] = [0.36760, 1.46417, \cdots\cdots, 0.00312] \tag{5.10.2}$$

であるから

表 5.10.1

i	区間 (mm) $\Delta\delta=0.02$	$\bar{\delta}_i$ (mm)	実測度数 $N_{a(i)}$	修正度数 $N_{a(i)}'$	度数密度 $F(\delta)=N_{a(i)}/H_A\Delta\delta$	$N_{aO(i)}$ $N_{a(i)}'/H_A$
1	～0.02	0.01	59	59	18.3801	0.36760
2	～0.04	0.03	235	235	73.2087	1.46417
3	～0.06	0.05	163	163	50.7788	1.01558
4	～0.08	0.07	84	84	26.1682	0.52336
5	～0.10	0.09	46	46	14.3302	0.28660
6	～0.12	0.11	20	18	6.2305 (5.6075)	0.11215
7	～0.14	0.13	12	11	3.7383 (3.4268)	0.06854
8	～0.16	0.15	8	7	2.4922 (2.1807)	0.04361
9	～0.18	0.17	1	3.5	0.3115 (1.0903)	0.02180
10	～0.20	0.19	0	2	0.0000 (0.6231)	0.01246
11	～0.22	0.21	1	1	0.3115 (0.3115)	0.00623
12	～0.24	0.23	0	0.5	0.0000 (0.1558)	0.00312
13	～0.26	0.25	0	0	0.0000 (0.0000)	
14	～0.28	0.27	0	0	0.0000 (0.0000)	
15	～0.30	0.29	1	0	0.3115 (0.0000)	
			623	623		

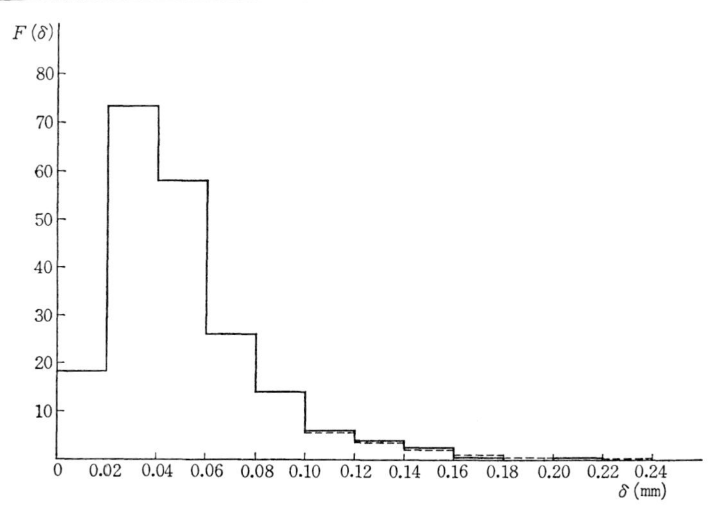

図 5.10.4 島の切口の直径 δ の実測度数分布を度数密度 $F(\delta)$ の形で示す．なお点線は修正度数密度である．表 5.10.1 を参照のこと．

$$N_{vO(1)} = \frac{1}{0.02}[(0.36760\times1)-(1.46417\times0.154701)-\cdots-(0.00312\times0.000346)]$$

$$= 4.7816 \tag{5.10.3}$$

表 5.10.2

i	区間 (mm) $\Delta r=0.01$	r_i (mm)	$N_{vO(i)}$/mm^3	$N(r)=N_{vO(i)}/\Delta r$
1	~0.01	0.005	4.7816	478.16
2	~0.02	0.015	33.0799	3307.99
3	~0.03	0.025	18.3552	1835.52
4	~0.04	0.035	7.7783	777.83
5	~0.05	0.045	3.9480	394.80
6	~0.06	0.055	1.2187	121.87
7	~0.07	0.065	0.6797	67.97
8	~0.08	0.075	0.4327	43.27
9	~0.09	0.085	0.1958	19.58
10	~0.10	0.095	0.1112	11.12
11	~0.11	0.105	0.0549	5.49
12	~0.12	0.115	0.0325	3.25
			70.6689	

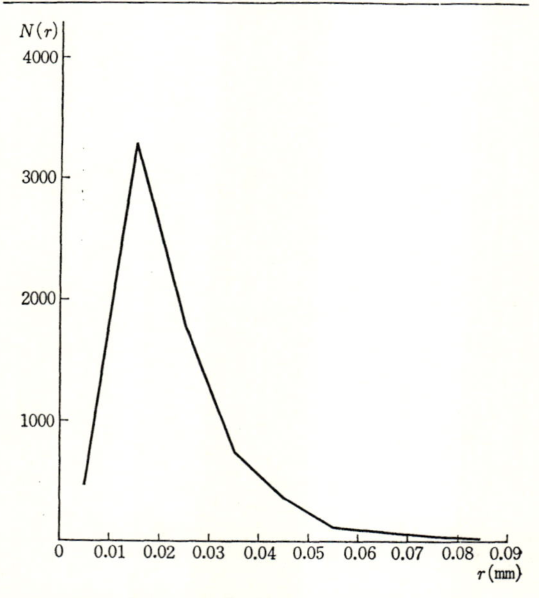

図 5.10.5 Penel and Simon の方法により δ を指標として求めた膵の島の $N(r)$ を示す.

となる．以下同様の操作ですべての i についての $N_{vO(i)}$ を求めることができる．この結果とこれから(3.2.19)を用いて計算した $N(r)$ を一括して表5.10.2に示してある．

この $N(r)$ のグラフは図5.10.5に示す形になる．そしてこの結果についての考察は λ を指標とする方法による結果と比較をする必要があるので，Spektorの方法の結果を見た上であらためて説明することにしたい．

次に λ を指標とする方法を同じ膵の組織標本に適用してみよう．この際次のことに注意しておく必要がある．それは島は組織学的にはあまり密度の高い構造物ではないから，組織標本上に引いた試験直線と交わってつくる弦の観測数を大きくすることは容易ではない．ここでは300 μm の等間隔で eye-piece の横線を移動させて λ の計測を行った．それでも δ の計測に用いた1.6 cm^2 程度の面積の標本では弦の観測数が不足であるので，同じ膵の尾部から得た2枚の標本を用いざるを得なかった．このようにして得た λ の数 N_λ と試験直線の総長は

$$N_\lambda = 361 \tag{5.10.4}$$

$$l = 1593.035\ \mathrm{mm} \tag{5.10.5}$$

である．したがって mm を単位にとれば

$$N_{\lambda O} = 0.22661/\mathrm{mm} \tag{5.10.6}$$

となる．これを見ても膵の島程度にまばらに配置された構造物に対しては弦を利用する方法はずいぶん非能率的なものであることはわかる．しかしそれにもかかわらずこの方法が捨てられないのは小さな島の切口が見落されることの影響が δ を用いる場合に比較してはるかに少ないからである．これは後にみるようにSpektorの方法による結果とPenel and Simonの方法による結果を比較するとはっきりする．

次に λ の実測度数分布 $N_{\lambda(i)}$ と度数密度分布 $F(\lambda)$ を表5.10.3と図5.10.6に示しておく．そしてSpektorの方法を用いるにあたっても実測分布の不規則性はある程度修正しておく必要があるから，N_λ の総数を不変として視察により修正を加えた分布を $N_{\lambda(i)}'$ としてある．また $F(\lambda)$ の括弧中の数字は $N_{\lambda(i)}'$ から計算した結果である．

さてSpektorの方法に用いる式は(3.2.36)の

$$N_{vO(i)}=\frac{2}{\pi\varDelta\lambda}\left[\frac{N_{\lambda O(i)}}{\bar{\lambda}_i}-\frac{N_{\lambda O(i+1)}}{\bar{\lambda}_{i+1}}\right] \tag{5.10.7}$$

である．この式の形から見て表5.10.3から $N_{\lambda O(i)}/\bar{\lambda}_i$ を計算しておけばすべて

表 5.10.3

i	区間(mm) $\varDelta\lambda=0.02$	$\bar{\lambda}_i$ (mm)	実測度数 $N_{\lambda(i)}$	修正度数 $N_{\lambda(i)}'$	度数密度 $F(\lambda)=N_{\lambda(i)}/l\varDelta\lambda$	$N_{\lambda O(i)}$ $N_{\lambda(i)}'/l$
1	～0.02	0.01	72	72	2.2598	0.045197
2	～0.04	0.03	93	93	2.9190	0.058379
3	～0.06	0.05	86	86	2.6993	0.053985
4	～0.08	0.07	54	50	1.6949 (1.5693)	0.031387
5	～0.10	0.09	20	24	0.6277 (0.7533)	0.015066
6	～0.12	0.11	14	13	0.4394 (0.4080)	0.008161
7	～0.14	0.13	11	9	0.3453 (0.2825)	0.005650
8	～0.16	0.15	3	6	0.0942 (0.1883)	0.003766
9	～0.18	0.17	4	3.5	0.1255 (0.1099)	0.002197
10	～0.20	0.19	3	2.0	0.0942 (0.0628)	0.001255
11	～0.22	0.21	0	1.0	0.0000 (0.0314)	0.000628
12	～0.24	0.23	1	0.5	0.0314 (0.0157)	0.000314
13	～0.26	0.25	0	0	0.0000	0.000000
			361	361		

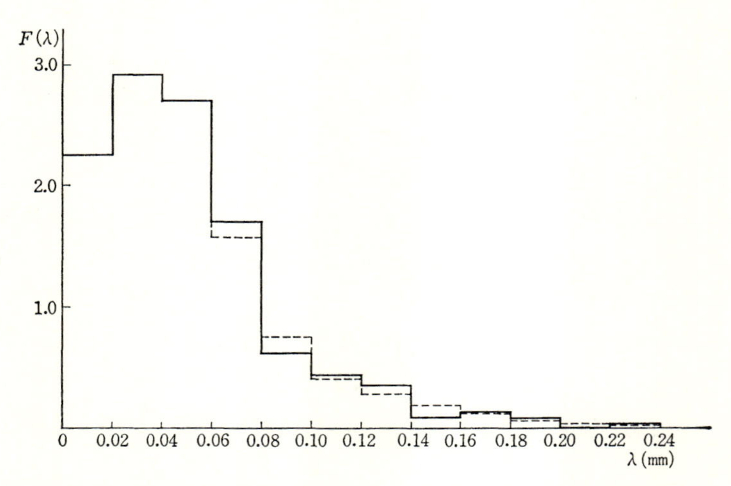

図 5.10.6　島の切口と試験直線とが交わってつくる弦の長さ λ の実測度数分布を度数密度 $F(\lambda)$ の形で示す．点線は修正度数密度である．なお表5.10.3を参照のこと．

の i に対する $N_{vO(i)}$, そして $N(r)$ は容易に求められる．以下必要なデータを表 5. 10. 4 に示しておく．

表 5. 10. 4

$\Delta\lambda = 0.02$ mm,　$\Delta r = 0.01$mm,　$2/\pi\Delta\lambda = 31.8310$

i	$N_{\lambda O(i)}/\bar{\lambda}_i$	$N_{vO(i)}$/mm^3	r_i(mm)	$N(r)=N_{vO(i)}/\Delta r$
1	4.51970	81.9244	0.005	8192.44
2	1.94597	27.5742	0.015	2757.42
3	1.07970	20.0952	0.025	2009.52
4	0.44839	8.9442	0.035	894.42
5	0.16740	2.9673	0.045	296.73
6	0.07419	0.9782	0.055	97.82
7	0.04346	0.5841	0.065	58.41
8	0.02511	0.3880	0.075	38.80
9	0.01292	0.2009	0.085	20.09
10	0.00661	0.1152	0.095	11.52
11	0.00299	0.0516	0.105	5.16
12	0.00137	0.0436	0.115	4.36
		143.8669		

この結果の $N(r)$ は δ を指標とした場合の $N(r)$ と共に図 5. 10. 7 に示してある．この図は興味がある．それは二つの方法で得た結果は r の値の最も小さい部分で大幅に異なるが，その他の部分ではよく一致している．この r の値の小さい部分での差はいうまでもなくある程度以下の大きさの島の切口はそれとして認識されないために見落されること，そしてその影響は δ を指標とする方法にはるかに強く現われることによるものである．この間の事情については第 3 章の 267 頁を参照していただきたい．その意味では λ を用いる方法の方が小さな球の数については信頼性の高い結果を与えるといえる．つまり通常の組織標本からは膵の島の大きさには明らかな下限があるような印象を受けるが，実際にはそうでなく，きわめて小さな島が多数存在するものであろう．このようなわけで単位体積中の球の総数の推定値は δ を指標とする時には $N_{vO}=70.6689/$ mm^3, λ を指標とする時は $N_{vO}=143.8669/$mm^3 とはなはだしく異なるが，その理由はすでに述べたように最も小さい球の推定値が異なるためであって，$N_{vO(i)}$ の分布全体に不一致が存在するのではない．

なお Penel and Simon の方法と Spektor の方法による $N_{vO(i)}$ の推定誤差は後に 474 頁以下で一括して扱うことにする．

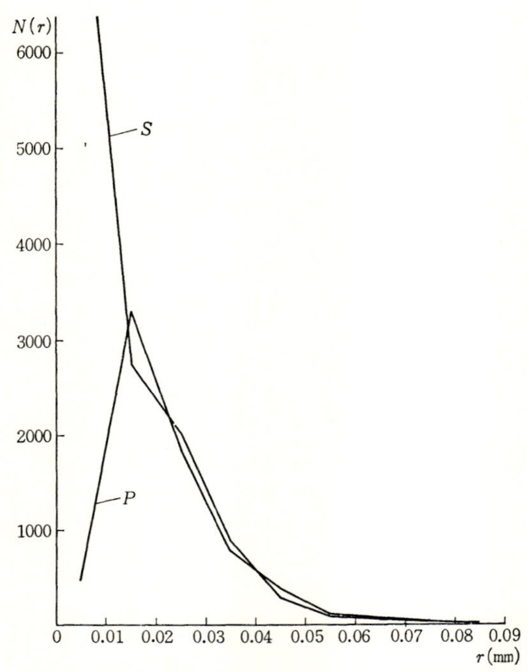

図 5.10.7　Spektor の方法で求めた膵の島の $N(r)$ と図 5.10.5 の Penel and Simon の方法による $N(r)$ の比較. S: Spektor の方法による $N(r)$. P: Penel and Simon の方法による $N(r)$. 両者は $r=0.005$ の部でいちじるしい差を示すが，その他の部分ではほぼ一致する.

b) 肝硬変症の結節

次に Spektor の方法を肝硬変症の結節に適用して空間中の結節半径の分布を求めてみよう．対象としては第 5 章§1 で用いたいわゆる postnecrotic cirrhosis の肝を選んだ．肝硬変症の結節は密度がかなり高いものであるから，δ を指標とする方法は必要ないばかりでなく使いにくい．そして操作も楽な λ を指標とする方法が適している．なお肝硬変症の個個の結節の切口は見た目には円とずいぶん違うことが多い．したがってこれを円として，いいかえれば結節を球として扱うことには多かれ少なかれ無理はある．そしてこれは弦の長さの分布に何らかの歪みをもたらすであろう．結節の形の球からのずれは 2 通りの観点からの扱いが必要である．その一つは結節が互いに結合し合っていることからくるずれで，これには位相幾何学的な考察が必要であり，簡単には解決できないから，この形でのずれの処理にはここでは触れずにおく．他の一つは互いに分離した結節が球とは異なる形態をとるためにおこる歪みである．しかしこの場合結節が楕円体で近似できればある条件下には球の場合と同じ理論が適用できる．これは第3章の196頁以下に説明してある．ここでは結節を球と仮定し，その切口の形が不規則なために生ずる弦のとり方の不明確さはある規約を設けて処理することにした．これは図5.10.8に説明してある．なお必要な部分領域の大きさや弦の数についての考察は，結節半径の分布にある理論分布を用いる方法の説明の時に次の節で扱うから，ここではその結果をかりて計測を実施しておく．

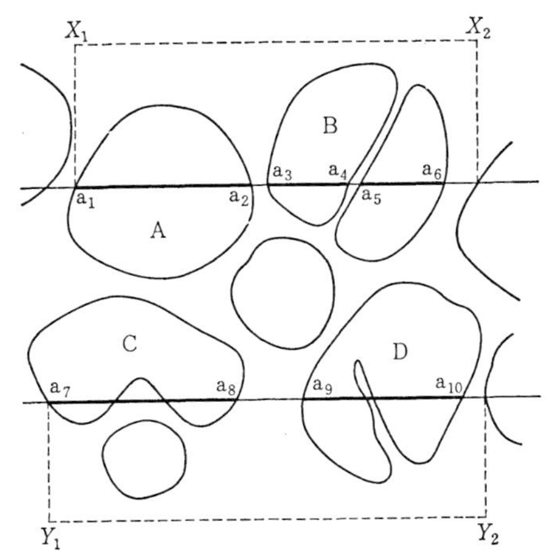

図 5.10.8 肝硬変症の結節断面が不規則な形をしている時，試験直線と交わってつくる弦のとり方を示す図．ここでは間質が結節断面を完全に分離していない限り，試験直線が一部間質にかかってもこれを無視する方針をとった．(器官病理学から転載)

さて約 14 cm² の面積の組織標本に 1 mm の等しい間隔で平行線を引いて弦の計測を行った結果を表示すれば表5.10.5の通りである．この場合も $N_{\lambda(i)}$ の分布を視察により修正し，これを表中では $N_{\lambda(i)}'$ で表わし，これから求めた度

表 5.10.5

$\Delta\lambda = 0.04$ cm, $\Delta r = 0.02$ cm, $2/\pi\Delta\lambda = 15.9155$

i	区間 (cm) $\Delta\lambda=0.04$	$\bar{\lambda}_i$ (cm)	実測分布 $N_{\lambda(i)}$	修正分布 $N_{\lambda(i)}'$	度数密度 $F(\lambda)=N_{\lambda(i)}/l\Delta\lambda$	$N_{\lambda O(i)}$ $N_{\lambda(i)}'/l$	$\dfrac{N_{\lambda O(i)}}{\bar{\lambda}_i}$	$N_{vO(i)}$ /cm^3	r_i (cm)	$N(r)=$ $N_{vO(i)}/\Delta r$
1	~0.04	0.02	152	152	28.0377	1.12151	56.0755	520.609	0.01	26030.5
2	~0.08	0.06	190	190	35.0471	1.40188	23.3647	216.853	0.03	10842.7
3	~0.12	0.10	111	132	20.4749(24.3485)	0.97394	9.7394	86.227	0.05	4311.4
4	~0.16	0.14	109	82	20.1060(15.1256)	0.60502	4.3216	30.943	0.07	1547.2
5	~0.20	0.18	55	58	10.1452(10.6986)	0.42794	2.3774	16.487	0.09	824.4
6	~0.24	0.22	42	40	7.7472(7.3783)	0.29513	1.3415	8.704	0.11	435.2
7	~0.28	0.26	22	28	4.0581(5.1648)	0.20659	0.7946	5.209	0.13	260.5
8	~0.32	0.30	16	19	2.9513(3.5047)	0.14019	0.4673	3.086	0.15	154.3
9	~0.36	0.34	8	12.6	1.4757(2.3242)	0.09297	0.2734	1.818	0.17	90.9
10	~0.40	0.38	4	8.2	0.7378(1.5126)	0.06050	0.1592	0.941	0.19	47.1
11	~0.44	0.42	9	5.7	1.6601(1.0514)	0.04206	0.1001	0.751	0.21	37.6
12	~0.48	0.46	6	3.3	1.1067(0.6087)	0.02435	0.0529	0.372	0.23	18.6
13	~0.52	0.50	3	2.0	0.5534(0.3689)	0.01476	0.0295	0.166	0.25	8.3
14	~0.56	0.54	4	1.4	0.7378(0.2582)	0.01033	0.0191	0.102	0.27	5.1
15	~0.60	0.58	2	1.0	0.3689(0.1845)	0.00738	0.0127	0.089	0.29	4.5
16	~0.64	0.62	2	0.6	0.3689(0.1107)	0.00443	0.0071	0.078	0.31	3.9
17	~0.68	0.66	1	0.2	0.1845(0.0369)	0.00148	0.0022	0.035	0.33	1.8
18	~0.72	0.70	0	0.0	0.0000	0.00000	0.0000	0.000	0.35	0.0
			736	736.0				892.470		

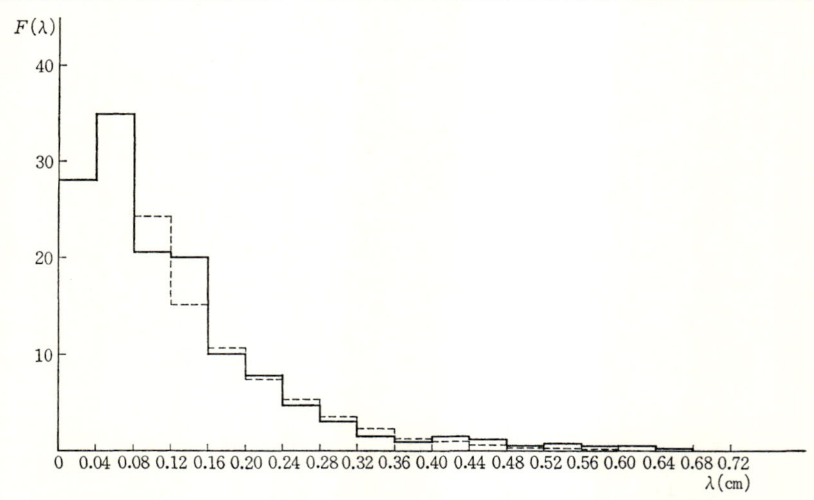

図 5.10.9 弦の長さ λ の実測度数分布を度数密度分布の形で示す．点線は修正度数密度である．なお表 5.10.5 を参照のこと．

数密度は括弧に入れて示してある．なお試験直線の総長は $l=135.532$ cm である．

この計算結果に基づき $F(\lambda)$ と $N(r)$ はそれぞれ図 5.10.9, 図 5.10.10 に示してある．また $N(r)$ の曲線は後にこの例の $N(r)$ に理論分布をあてた場合の図 5.11.6 にも比較のため描き入れてあるので参照していただきたい．そしてこれらのグラフを見ると $N(r)$ は r の値が小さい部分で急上昇するきわめて非対称性の強い分布であることがわかる．これは組織標本の直観的な観察だけではとても想像できないことで，計測を行ってはじめて明らかにされることである．

最後に Penel and Simon の方法と Spektor の方法による $N_{vO(t)}$ の推定誤差

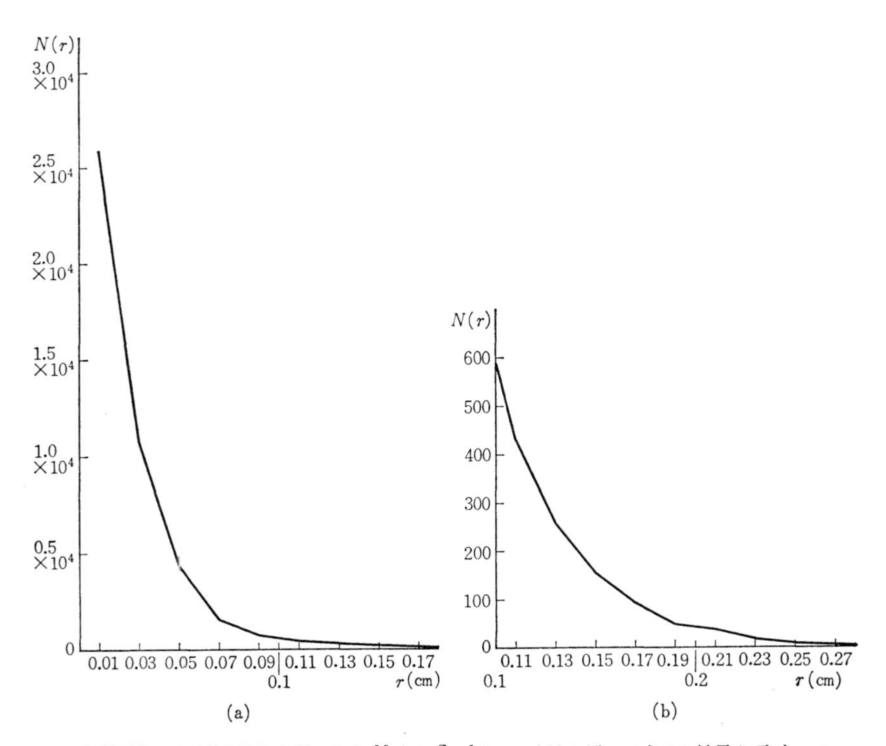

図 5.10.10 肝硬変症結節半径の分布 $N(r)$ を Spektor の方法を用いて求めた結果を示す．この分布は r の値の小さい部分で急激に度数密度が上昇するから，通常の直交座標ではその全貌を把握することが困難である．したがってここでは(a)(b)にそれぞれ縦軸のスケールを変えて r の値の小さい部分と大きい部分を別別に示してある．

を計算しておこう．用いる理論式は(4. 12. 8)と(4. 12. 15)である．ただし肝硬変症例の計測では目の細かい等間隔平行線が用いられているので(4. 12. 15)を適用することには問題があるが，一応の目安として計算だけはしておくことにする．以下誤差の計算にあたってはいずれも試験平面上にとった部分領域を正方形と考え，その1辺の長さを単位長にとることになる．

c) Penel and Simon の方法の誤差

この方法を適用した膵の組織標本についての部分領域の面積は $H_A=160.5$ mm^2 であるから，$\sqrt{H_A}=12.668859$ mm が単位長となる．したがって

$$\Delta D = 0.02/12.668859 = 0.0015787 \tag{5.10.8}$$

である．また空間中にとった部分領域の大きさは

$$H_V = (H_A)^{3/2} = 2033.352 \text{ mm}^3 \tag{5.10.9}$$

となる．以下表 5. 10. 1 と表 5. 10. 2 の数値を用いて計算した結果を表示すると表 5. 10. 6 のようになる．

表 5. 10. 6

i	$N_{a(i)}$	$N_{v(i)}(10^3)$	$\sigma^2_{N_{v(i)}}(10^6)$	$(\sigma_{N_{vO(i)}}/\overline{N}_{vO(i)})^2_w$
1	59	9.72268	21.082846	0.2230
2	235	67.26308	29.655401	0.006555
3	163	37.32258	12.310885	0.008838
4	84	15.81602	4.472065	0.01788
5	46	8.02767	1.925847	0.02988
6	18	2.47805	0.589941	0.09607
7	11	1.38207	0.303538	0.1589
8	7	0.87983	0.170813	0.2207
9	3.5	0.39813	0.074405	0.4694
10	2	0.22611	0.038627	0.7555
11	1	0.11163	0.017704	1.4207
12	0.5	0.06608	0.008758	2.0056
		143.69393	70.650830	

$$\left(\frac{\sigma_{N_{vO}}}{\overline{N}_{vO}}\right)^2_w = 0.003422$$

d) Spektor の方法の誤差

実例として用いた膵の島では組織標本上に 300 μm の間隔で引いた試験直線

の総長が 1593.035 mm であったから，試験平面上の部分領域の面積は

$$H_A = 1593.035 \times 0.3 = 477.9105\ \text{mm}^2 \qquad (5.10.10)$$

となる．したがって部分領域を正方形とみればその 1 辺は

$$\sqrt{H_A} = 21.861164\ \text{mm} \qquad (5.10.11)$$

であり，これが単位長になる．そして

$$\bar{M} = 21.861164/0.3 = 72.8705 \qquad (5.10.12)$$

$$\Delta\lambda = 0.02/\sqrt{H_A} = 9.148644 \times 10^{-4} \qquad (5.10.13)$$

となるから，$\bar{\lambda}_i$ は (5.10.13) の値を用いて

$$\bar{\lambda}_i = \Delta\lambda(2i-1)/2 \qquad (5.10.14)$$

から計算することができる．また $\sqrt{H_A}$ を 1 稜とする立方体の体積は

$$H_V = (H_A)^{3/2} = 10447.68\ \text{mm}^3 \qquad (5.10.15)$$

である．以上の結果と表 5.10.3，表 5.10.4 の数値を用いて (4.12.15) を計算した結果は表 5.10.7 のようになる．なおこの表で最後の項 $1/N_{v(i)}$ は領域間誤差を表わすものであり，領域内誤差に比較して格段に小さいことがわかる．

表 5.10.7 膵の島

i	$N_{\lambda(i)}/\sqrt{H_A}$	$N_{v(i)}\,(10^4)$	$\sigma^2_{N_{v(i)}}\,(10^8)$	$(\sigma_{N_{vO(i)}}/\bar{N}_{vO(i)})^2_w$	$1/N_{v(i)}$
1	0.988059	85.591992	19583.6995	0.03668	0.000001168
2	1.276233	28.808642	2189.1179	0.03620	0.000003471
3	1.180175	20.994821	768.3893	0.02392	0.000004763
4	0.686156	9.344614	229.9583	0.03614	0.00001070
5	0.329360	3.100140	59.9765	0.08564	0.00003226
6	0.178409	1.021992	17.2079	0.2261	0.00009785
7	0.123516	0.610249	8.4457	0.3112	0.0001639
8	0.082329	0.405370	4.6218	0.3860	0.0002467
9	0.048029	0.209894	2.0875	0.6502	0.0004764
10	0.027436	0.120357	1.0383	0.9836	0.0008309
11	0.013729	0.053910	0.4202	1.9841	0.001855
12	0.006864	0.045552	0.3003	1.9860	0.002195
		150.307533	22865.2632		

$$\left(\frac{\sigma_{N_{vO}}}{\bar{N}_{vO}}\right)^2_w = 0.01389$$

次に肝硬変症例については 1 mm 間隔の平行線として用いた試験直線の総長が 135.532 cm であったから

$$H_A = 13.5532\ \text{cm}^2 \qquad (5.10.16)$$

$$\sqrt{H_A} = 3.681467\ \text{cm} \tag{5.10.17}$$

$$\bar{M} = 36.81467 \tag{5.10.18}$$

$$\Delta\lambda = 0.04/3.681467 = 0.0108652 \tag{5.10.19}$$

$$H_V = (H_A)^{3/2} = 49.895660\ \text{cm}^3 \tag{5.10.20}$$

となる．これと表5.10.5の数値を用い(4.12.15)を利用して計算した結果は表5.10.8に示す通りである．なおこの表の最後の項$1/N_{v(i)}$は領域間誤差を与えるものである．そしてこれは$N_{v(i)}$の小さい大きな球以外では領域内誤差に比較して無視しうる程度に小さいことがわかる．

表5.10.8　肝硬変症

i	$N_{\lambda(i)}/\sqrt{H_A}$	$N_{v(i)}(10^2)$	$\sigma^2_{N_v(i)}(10^4)$	$(\sigma_{N_{vO(i)}}/\bar{N}_{vO(i)})^2_w$	$1/N_{v(i)}$
1	4.128802	259.7613	41357.37552	0.01665	0.00003850
2	5.160975	108.2002	5467.46723	0.01269	0.00009242
3	3.585528	43.0235	674.26942	0.009895	0.0002324
4	2.227361	15.4392	302.51670	0.03447	0.0006477
5	1.575447	8.2263	121.79744	0.04889	0.001216
6	1.086511	4.3429	52.10280	0.07504	0.002303
7	0.760554	2.5991	25.66712	0.1032	0.003847
8	0.516105	1.5398	12.90606	0.1479	0.006494
9	0.342265	0.9071	6.59941	0.2179	0.01102
10	0.222729	0.4695	3.09259	0.3811	0.02130
11	0.154843	0.3747	2.11313	0.4088	0.02669
12	0.089644	0.1856	0.95989	0.7569	0.05388
13	0.054338	0.0828	0.40450	1.6026	0.1208
14	0.038030	0.0509	0.23104	2.4223	0.1965
15	0.027169	0.0444	0.17838	2.4579	0.2252
16	0.016309	0.0389	0.13921	2.4989	0.2571
17	0.005449	0.0175	0.05820	5.1621	0.5714
		445.3037	48027.87864		

$$\left(\frac{\sigma_{N_{vO}}}{\bar{N}_{vO}}\right)^2_w = 0.006579$$

以上の結果についてみると，まず個個の区間の$N_{vO(i)}$の推定誤差はいずれの方法を用いても全般的にずいぶんと大きなものになる．球の数の比較的大きい区間では誤差はそれでもかなり小さくなるが，球の数の少ない区間，たとえば$D_{\max}$に近い大きな球については$N_{vO(i)}$の推定誤差は非常に大きなものになってしまう．個個の区間の球の数の間に相関がない限り，誤差はほぼその区間の球の数によって定まるから，このような結果になるのはやむをえないことである．したがってこれらの方法によって $N(r)$ を定めても，それはごく大まかな分布の形を与えるだけであり，$N(r)$ の値の低い部分の信頼性はあまり大きなものにはならない．これに対して $N(r)$ にある理論分布を仮定する方法では近接する大きさの球の出現頻度の間にある相関を考えることになるので $N(r)$ の信頼性はそれだけ高くなることが予想できる．この点からみても $N(r)$ に理論分布を仮定する方法の方が便利である．なおすべての大きさの球全体の数 N_{vo} の推定誤差は球の数が大きくなるためかなり小さいものになり，その値は次の節で述べる $N(r)$ に理論分布をあてる方法で求めた N_{vo} の推定誤差とほぼ同一の水準になる．これは当然のことでもあろう．

§11　球の半径の理論分布の parameter を求める方法

この節では第3章§3の方法の応用を実例について説明することになる．用いる症例は前節の例をそのまま利用して，二つの方法で得た結果を比較するつもりである．

a）δ を指標とする方法

対象としては前節の膵の島をそのまま用いた．この場合の誤差の式は(4.13.33)(4.13.34)(4.13.35)であるから，これらを考慮して必要な部分領域の大きさを求めてみよう．このうち(4.13.34)(4.13.35)の誤差はそのままの形で parameter の推定誤差の中に入ってくるわけではないから，(4.13.33)を規準にとると，この誤差は $\bar{N}_{ao}$ に逆比例する．それゆえこの誤差を 0.0025 程度におさえるためには 400 程度の島断面をとればよい．前節で説明したようにこの例では 160.5 mm^2 の部分領域からは 623 個の島断面が得られたから，この広さの部分領域で一応充分なものといえる．

さて球の半径の分布としていずれの理論分布を採用するにしても

$$W = (\overline{\delta^2})/\bar{\delta}^2 \tag{5.11.1}$$

という比が利用されることになるから，まず実測の結果を処理して必要なデータを列記しておく．

$$H_A = 160.5\,\mathrm{mm}^2,\quad N_a = 623 \tag{5.11.2}$$

$$N_a/\mathrm{mm}^2 = 3.88161 \tag{5.11.3}$$

$$\bar{\delta} = 4.989\times 10^{-2}\,\mathrm{mm} \tag{5.11.4}$$

$$(\overline{\delta^2}) = 3.433\times 10^{-3}\,\mathrm{mm}^2 \tag{5.11.5}$$

$$(\overline{\delta^4}) = 4.234\times 10^{-5}\,\mathrm{mm}^4 \tag{5.11.6}$$

したがって

$$(\overline{\delta^2})/\bar{\delta}^2 = 1.37926 \tag{5.11.7}$$

を得る．

この(5.11.7)の値を利用してそれぞれの理論分布の parameter を推定した結果を以下に表示しておく．なお括弧の中は用いる理論式である．またそれぞれの理論分布の適合度を検定するために実測から得た $(\overline{\delta^4})$ と，推定した parameter を用いて計算した $(\overline{\delta^4})$ の期待値 $\mathrm{E}(\overline{\delta^4})$ の比，さらに N_{vo} を求めるために必要な $\boldsymbol{r}$ の算術平均 $\bar{\boldsymbol{r}}$ の値を示してある．

ガンマ分布

$$m = 2.6206 \quad (3.3.49) \tag{5.11.8}$$

$$r_0 = 0.00877\,\mathrm{mm} \quad (3.3.40) \tag{5.11.9}$$

$$\bar{r} = 0.02299\,\mathrm{mm} \quad (3.3.36) \tag{5.11.10}$$

$$N_{vo} = 84.42/\mathrm{mm}^3 \quad (3.3.14) \tag{5.11.11}$$

$$(\overline{\delta^4})/\mathrm{E}(\overline{\delta^4}) = 1.34 \quad (3.3.43) \tag{5.11.12}$$

Weibull 分布

$$m = 1.4905 \quad (3.3.79) \tag{5.11.13}$$

$$r_0 = 0.02397\,\mathrm{mm} \quad (3.3.70) \tag{5.11.14}$$

$$\bar{r} = 0.02166\,\mathrm{mm} \quad (3.3.67) \tag{5.11.15}$$

$$N_{vo} = 89.60/\mathrm{mm}^3 \quad (3.3.14) \tag{5.11.16}$$

$$(\overline{\delta^4})/\mathrm{E}(\overline{\delta^4}) = 1.42 \quad (3.3.73) \tag{5.11.17}$$

対数正規分布

$$m = 0.49385 \quad (3.3.140) \tag{5.11.18}$$

$$r_0 = 0.02203\,\mathrm{mm} \quad (3.3.131) \tag{5.11.19}$$

$$\bar{r} = 0.02489\,\mathrm{mm} \quad (3.3.127) \tag{5.11.20}$$

$$N_{vo} = 77.98/\mathrm{mm}^3 \quad (3.3.14) \tag{5.11.21}$$

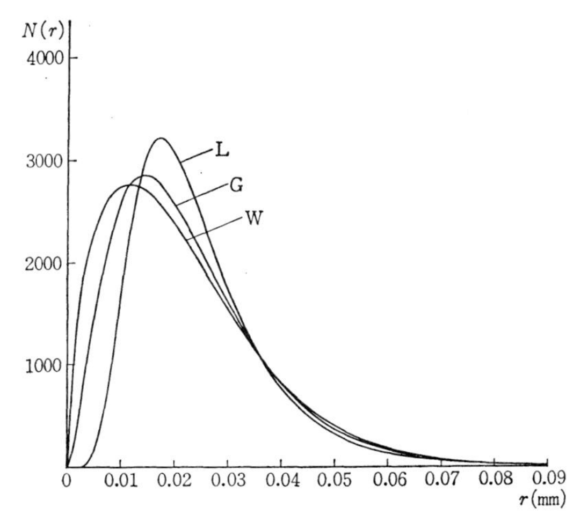

図 5.11.1　δ を指標として得た膵の島の $N(r)$ をそれぞれの理論分布別に示す．G：ガンマ分布，W：Weibull 分布，L：対数正規分布．

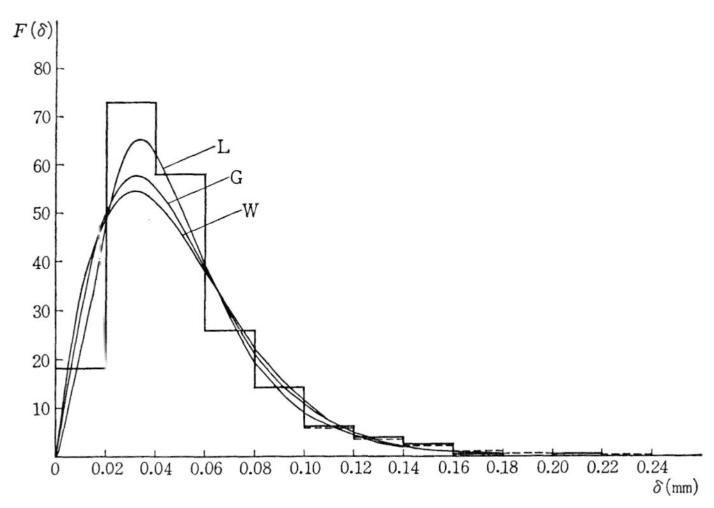

図 5.11.2　理論分布 $N(r)$ から逆に $F(\delta)$ を計算してこれと δ の実測度数密度分布の比較を示す．G, W, L はそれぞれガンマ分布，Weibull 分布，対数正規分布から計算した $F(\delta)$ の期待値の曲線である．実測分布については表 5.10.1 を参照のこと．また点線は修正度数密度である．

$$\overline{(\delta^4)}/\mathrm{E}(\overline{\delta^4}) = 1.13 \quad (3.3.134) \tag{5.11.22}$$

さて以上の parameter の値を用いて計算した $N(r)$ の理論分布は図 5.11.1 に示す通りである．これを見るといずれの理論分布についても r の値の小さい部分での $N(r)$ の値はかなり低く，これは後に示す λ を指標として得た $N(r)$ と非常に異なる点である．このような形が実際の島の半径の分布をよく表わしていないことは，逆に $N(r)$ から $F(\delta)$ を計算して δ の実測分布と対比してみると明らかになる．これは図 5.11.2 に示すような結果になるが，いずれの理論分布を用いても δ の値の最も小さい部分での実測値が低すぎるため，全体として理論分布と実測分布との一致はあまりよくない．そしてこの部分の実測値が低すぎることの影響はこれにつづく二三の区間にまで及び，ここでは理論分布から計算した $F(\delta)$ はいずれも実測値よりかなり低くなっている．これは元来小さな δ が見落されたままの δ の分布から得た $N(r)$ は何らかの理論分布で充分には近似できない形になっているのに無理に理論分布をあててみたためである．したがって一応 parameter の値は求められてもあまり意味はないことになる．このことは $\overline{(\delta^4)}/\mathrm{E}(\overline{\delta^4})$ の値にも反映し，これらの値はいずれの理論分布でも 1 とはかなり異なり，特にこのずれは Weibull 分布にいちじるしい．したがって膵の島のように小さな断面を完全に拾うことが不可能であるような構造物に対しては δ を指標として用いる方法は適当でないといわざるをえない．この関係は後に λ を指標とする方法の結果を見てからまたあらためて説明する．

次にそれぞれの理論分布について parameter の推定誤差とその 95% 水準の信頼限界を求めておこう．用いる誤差の式は(4.13.33)(4.13.34)(4.13.35)である．このうち N_{aO} の誤差は理論分布の形にかかわりなく $\bar{N}_{aO}$ そのもので決まるから(5.11.2)により

$$\left(\frac{\sigma_{N_{aO}}{}^*}{\bar{N}_{aO}{}^*}\right)^2 = \frac{1}{\bar{N}_{aO}} = \frac{1}{623} = 0.0016051 \tag{5.11.23}$$

である．しかし(4.13.34)(4.13.35)はそれぞれ $Q_3/Q_2{}^2$, $Q_5/Q_3{}^2$ という係数をもっており，それらの係数の値は理論分布の形によって異なるから，まずそれらの値を求めておく必要がある．このためには(3.3.38)(3.3.68)(3.3.129)を用いて

ガンマ分布　　$Q_3/Q_2{}^2 = (m+2)/(m+1)$　　(5.11.24)

$$Q_5/Q_3{}^2 = (m+4)(m+3)/(m+2)(m+1) \tag{5.11.25}$$

Weibull 分布 $$Q_3/Q_2{}^2 = \Gamma\left(\frac{m+3}{m}\right)\Gamma\left(\frac{m+1}{m}\right)\Big/\left[\Gamma\left(\frac{m+2}{m}\right)\right]^2 \tag{5.11.26}$$

$$Q_5/Q_3{}^2 = \Gamma\left(\frac{m+5}{m}\right)\Gamma\left(\frac{m+1}{m}\right)\Big/\left[\Gamma\left(\frac{m+3}{m}\right)\right]^2 \tag{5.11.27}$$

対数正規分布 $$Q_3/Q_2{}^2 = \mathrm{e}^{m^2} \tag{5.11.28}$$

$$Q_5/Q_3{}^2 = \mathrm{e}^{4m^2} \tag{5.11.29}$$

となるから，これに(5.11.8)(5.11.13)(5.11.18)の数値を入れれば

ガンマ分布 $$Q_3/Q_2{}^2 = 1.27620 \tag{5.11.30}$$

$$Q_5/Q_3{}^2 = 2.22434 \tag{5.11.31}$$

Weibull 分布 $$Q_3/Q_2{}^2 = 1.27623 \tag{5.11.32}$$

$$Q_5/Q_3{}^2 = 2.10221 \tag{5.11.33}$$

対数正規分布 $$Q_3/Q_2{}^2 = 1.27620 \tag{5.11.34}$$

$$Q_5/Q_3{}^2 = 2.65258 \tag{5.11.35}$$

となる．なお $Q_3/Q_2{}^2$ の値はいずれの理論分布でも同じであるが，これは $\overline{(\delta^2)}/\bar{\delta}^2 =(32/3\pi^2)(Q_3/Q_2{}^2)$ という関係があるからである．ゆえに同一の $\overline{(\delta^2)}/\bar{\delta}^2$ の実測値に対しては $Q_3/Q_2{}^2$ は理論分布いかんにかかわらず等しくなる．そして(4.13.34)(4.13.35)は

ガンマ分布 $$\left(\frac{\sigma_{\bar{\delta}}{}^*}{\bar{\delta}^*}\right)^2 = 0.0022139, \quad \frac{\sigma_{\bar{\delta}}{}^*}{\bar{\delta}^*} = 0.04705 \tag{5.11.36}$$

$$\left(\frac{\sigma_{\overline{(\delta^2)}}{}^*}{\overline{(\delta^2)}^*}\right)^2 = 0.0042844, \quad \frac{\sigma_{\overline{(\delta^2)}}{}^*}{\overline{(\delta^2)}^*} = 0.06546 \tag{5.11.37}$$

Weibull 分布 $$\left(\frac{\sigma_{\bar{\delta}}{}^*}{\bar{\delta}^*}\right)^2 = 0.0022140, \quad \frac{\sigma_{\bar{\delta}}{}^*}{\bar{\delta}^*} = 0.04705 \tag{5.11.38}$$

$$\left(\frac{\sigma_{\overline{(\delta^2)}}{}^*}{\overline{(\delta^2)}^*}\right)^2 = 0.0040492, \quad \frac{\sigma_{\overline{(\delta^2)}}{}^*}{\overline{(\delta^2)}^*} = 0.06363 \tag{5.11.39}$$

対数正規分布 $$\left(\frac{\sigma_{\bar{\delta}}{}^*}{\bar{\delta}^*}\right)^2 = 0.0022139, \quad \frac{\sigma_{\bar{\delta}}{}^*}{\bar{\delta}^*} = 0.04705 \tag{5.11.40}$$

$$\left(\frac{\sigma_{\overline{(\delta^2)}}{}^*}{\overline{(\delta^2)}^*}\right)^2 = 0.0051093, \quad \frac{\sigma_{\overline{(\delta^2)}}{}^*}{\overline{(\delta^2)}^*} = 0.07148 \tag{5.11.41}$$

となる．

これを見ると $\overline{(\delta^2)}$ の誤差はかなり大きいが，これが直接 parameter の誤差

に反映するわけではない．それは $W=\overline{(\delta^2)}/\bar{\delta}^2$ の変異係数は(4. 13. 49)により

$$\frac{\sigma_W}{\overline{W}}=\left|2\left(\frac{\sigma_{\bar{\delta}}}{\bar{\delta}}\right)-\frac{\sigma_{\overline{(\delta^2)}}}{\overline{(\delta^2)}}\right| \tag{5. 11. 42}$$

となるからである．この値を理論分布別に求めると

ガンマ分布　$\sigma_W/\overline{W}=0.02864$　(5. 11. 43)

Weibull 分布　$\sigma_W/\overline{W}=0.03047$　(5. 11. 44)

対数正規分布　$\sigma_W/\overline{W}=0.02262$　(5. 11. 45)

である．

ここまではすべての理論分布について共通の操作であるが，以下理論分布の parameter の誤差を求めるにあたってはそれぞれの理論分布で多少処理の仕方が異なってくる．しかし手順としては類似のものであるので，まずガンマ分布についてややくわしい説明をしておけば，その他の理論分布についても大同小異であるから比較的簡単な説明で足りると思う．

i）ガンマ分布　いずれの理論分布についてもまず m の誤差を求めることになるが，ガンマ分布では(3. 3. 49)により

$$W=\frac{\overline{(\delta^2)}}{\bar{\delta}^2}=\frac{32}{3\pi^2}\cdot\frac{m+2}{m+1} \tag{5. 11. 46}$$

である．これを m について解き係数の数値を入れれば

$$m=(2.16152-W)/(W-1.08076) \tag{5. 11. 47}$$

となる．この形から見て W の値のわずかな動きに対して m の値は大幅に変わるから，(5. 11. 46)に $\rho=0$ とした(4. A. 34)を適用して m の分散を求めることは適当ではない．この場合はむしろ W の $1.96\sigma_W$ 水準の最大値 $W_{\max}$ と最小値 $W_{\min}$ を(5. 11. 47)に入れて m の最小値 $m_{(\min)}$ と最大値 $m_{(\max)}$ を求め，これから $\bar{m}$ と σ_m を計算する方がよい．そして $\overline{W}$ は(5. 11. 7)により

$$\overline{W}=1.37926 \tag{5. 11. 48}$$

であるから(5. 11. 43)を用いて

$$W_{\max}=1.45668,\quad W_{\min}=1.30184 \tag{5. 11. 49}$$

である．そして $m_{(\max)}$，$m_{(\min)}$ はそれぞれ $W_{\min}$, $W_{\max}$ に対応するから(5. 11. 47)を用いて

$$m_{(\max)}=3.88855,\quad m_{(\min)}=1.87497 \tag{5. 11. 50}$$

となる．これから

$$\bar{m}=[m_{(\max)}+m_{(\min)}]/2=2.88176 \tag{5.11.51}$$

$$\sigma_m=[m_{(\max)}-m_{(\min)}]/(2\times1.96)=0.51367 \tag{5.11.52}$$

を得る．ただし $m_{(\max)}$ と $m_{(\min)}$ の間の m の分布は正規分布ではなく，多少とも非対称的な形のものである．したがって $\bar{m}$ も σ_m も正しくは算術平均や正規分布の標準偏差を与えるものではないが，ここではこれらの量をそのまま用いて近似的な意味で誤差を表わすことにした．この $\bar{m}$ の値が(5.11.8)の m の値と異なるのも W の動きに対する m の変動が非対称的な形をとるからである．ここでは(5.11.51)を用いれば(5.11.52)と合わせて

$$\sigma_m/\bar{m}=0.17825 \tag{5.11.53}$$

となり，m の 95% 水準の信頼限界は

$$m=2.882\pm1.007 \tag{5.11.54}$$

となる．

次に r_0 の誤差を求めることになるが，(3.3.39)(3.3.40)から

$$r_0=\frac{2}{\pi}\cdot\frac{\bar{\delta}}{m+1} \tag{5.11.55}$$

である．ここで便宜上

$$Y=m+1 \tag{5.11.56}$$

とおけば，(5.11.51)(5.11.52)により

$$\bar{Y}=3.88175,\quad \sigma_Y=0.51367 \tag{5.11.57}$$

となる．そして Y と $\bar{\delta}$ は互いに独立な変量とみてよいから，(5.11.55)に $\rho=0$ として(4.A.34)を適用し，(5.11.36)(5.11.57)の値を入れれば

$$\left(\frac{\sigma_{r_0}}{\bar{r}_0}\right)^2=\left(\frac{\sigma_{\bar{\delta}}}{\bar{\delta}}\right)^2+\left(\frac{\sigma_Y}{\bar{Y}}\right)^2$$
$$=0.0022139+(0.13233)^2=0.0197251 \tag{5.11.58}$$

となる．これから

$$\sigma_{r_0}/\bar{r}_0=0.14045 \tag{5.11.59}$$

を得るから，r_0 の 95% 水準の信頼限界は(5.11.9)(5.11.59)から

$$r_0=(0.00877\pm0.00241)\ \mathrm{mm} \tag{5.11.60}$$

となる．

次に$\bar{r}$の誤差を求めることになるが，(3. 3. 36)により

$$\bar{r} = mr_0 \tag{5. 11. 61}$$

である．そして(5. 11. 55)からみてmとr_0の間には負の相関があり，mとr_0の値の変動が比較的小さい範囲ではこの相関は完全なものとみてよいから，$\rho=-1$として(4. A. 32)を適用することができる．したがって(5. 11. 59)(5. 11. 53)の値を用いて

$$\frac{\sigma_{\bar{r}}}{\bar{r}} = \left|\frac{\sigma_{r_0}}{\bar{r}_0} - \frac{\sigma_m}{\bar{m}}\right| = 0.03781 \tag{5. 11. 62}$$

を得る．そして$\bar{r}$の95% 水準の信頼限界は(5. 11. 10)(5. 11. 62)を用いて

$$\bar{r} = (0.02299 \pm 0.00170)\ \mathrm{mm} \tag{5. 11. 63}$$

となる．

最後に

$$N_{vO} = \bar{N}_{aO}/2\bar{r} \tag{5. 11. 64}$$

を利用してN_{vO}を求める際の誤差は$\bar{N}_{aO}$と$\bar{r}$は互いに独立な変量であるから$\rho=0$として(4. A. 34)を適用し，(5. 11. 23)と(5. 11. 62)の値を用いて

$$\left(\frac{\sigma_{N_{vO}}}{N_{vO}}\right)^2 = \left(\frac{\sigma_{N_{aO}}}{\bar{N}_{aO}}\right)^2 + \left(\frac{\sigma_{\bar{r}}}{\bar{r}}\right)^2 = 0.0030347, \qquad \frac{\sigma_{N_{vO}}}{\bar{N}_{vO}} = 0.05509 \tag{5. 11. 65}$$

を得る．したがってN_{vO}の95% 水準の信頼限界は

$$\begin{aligned} N_{vO} &= 84.42 \pm 84.42 \times 1.96 \times \sqrt{0.0030347} \\ &= (84.42 \pm 9.12)/\mathrm{mm}^3 \end{aligned} \tag{5. 11. 66}$$

となる．なおガンマ分布ではmの誤差が非常に大きいため，この影響がr_0の誤差にまで及び，この誤差もかなり大きいものになっている．しかしこの誤差は(5. 11. 62)では相殺され，そのため$\bar{r}$の誤差はずいぶん小さくはなる．ただしmやr_0の誤差がかなり大きい時に(4. A. 32)を$\rho=-1$として用いることには問題があり，実際には$\bar{r}$とN_{vO}の誤差は(5. 11. 63)(5. 11. 66)の計算値よりは大きいものと思わなければならないであろう．

ii) Weibull 分布　この分布ではWとmの関係は(3. 3. 79)で与えられるから解析的な処理は困難である．しかし表3. 3. 1を利用して$W_{\max}$, $W_{\min}$から$m_{(\min)}$, $m_{(\max)}$を求めることができるから，以下ガンマ分布の時と同じ扱いができる．また(3. 3. 67)により

$$\bar{r} = r_0 \Gamma\left(\frac{m+1}{m}\right) \tag{5.11.67}$$

であり，$\Gamma\left(\frac{m+1}{m}\right)$ と r_0 の間には m を媒介として負の相関があることがわかる．それゆえ $\bar{r}$ の誤差を求めるにあたっては $\rho=-1$ として(4.A.32)を適用することになる．その他の手順もガンマ分布の場合と同様であるから，ここでは最終結果だけを書いておくと各 parameter の 95% 水準の信頼限界は

$$m = 1.558 \pm 0.293, \quad \sigma_m/\bar{m} = 0.09608 \tag{5.11.68}$$

$$r_0 = (0.02397 \pm 0.00383)\ \mathrm{mm}, \quad \sigma_{r_0}/\bar{r}_0 = 0.08158 \tag{5.11.69}$$

$$\bar{r} = (0.02166 \pm 0.00298)\ \mathrm{mm}, \quad \sigma_{\bar{r}}/\bar{r} = 0.07013 \tag{5.11.70}$$

$$N_{vO} = (89.60 \pm 14.18)/\mathrm{mm}^3, \quad \sigma_{N_{vO}}/\bar{N}_{vO} = 0.08077 \tag{5.11.71}$$

となる．

iii）対数正規分布　対数正規分布の場合は m の誤差は解析的に求めることができる．それは(3.3.140)により

$$W = \frac{\overline{(\delta^2)}}{\bar{\delta}^2} = \frac{32}{3\pi^2} \mathrm{e}^{m^2} \tag{5.11.72}$$

であるから，これを m について解き

$$m = \sqrt{\log\left(\frac{3\pi^2}{32}\right) + \log W} \tag{5.11.73}$$

を得る．したがって

$$\frac{\mathrm{d}m}{\mathrm{d}W} = \frac{1}{2m} \cdot \frac{1}{W} \tag{5.11.74}$$

となる．ゆえに(5.11.73)に(4.A.36)を適用すれば

$$\sigma_m = \frac{1}{2m} \cdot \frac{\sigma_W}{\bar{W}} \tag{5.11.75}$$

$$\frac{\sigma_m}{\bar{m}} = \frac{1}{2m^2} \cdot \frac{\sigma_W}{\bar{W}} \tag{5.11.76}$$

となる．これに(5.11.18)(5.11.45)の値を入れれば

$$\sigma_m/\bar{m} = 0.04637 \tag{5.11.77}$$

を得る．したがって 95% 水準の m の信頼限界は

$$\begin{aligned} m &= 0.49385 \pm 0.49385 \times 1.96 \times 0.04637 \\ &= 0.49385 \pm 0.04488 \end{aligned} \tag{5.11.78}$$

となる．

次に r_0 の誤差は(3.3.130)(3.3.131)により

$$r_0=\frac{2}{\pi}\bar{\delta}e^{-\frac{3}{2}m^2} \tag{5.11.79}$$

であるから，これに(4.A.36)を適用し，さらに変異係数の平方をつくれば

$$\left(\frac{\sigma_{r_0}}{\bar{r}_0}\right)^2=\left(\frac{\sigma_{\bar{\delta}}}{\bar{\delta}}\right)^2+9m^4\left(\frac{\sigma_m}{\bar{m}}\right)^2 \tag{5.11.80}$$

となる．これに(5.11.40)(5.11.18)(5.11.77)の値を入れれば

$$\left(\frac{\sigma_{r_0}}{\bar{r}_0}\right)^2=0.0033650,\quad \frac{\sigma_{r_0}}{\bar{r}_0}=0.05801 \tag{5.11.81}$$

を得る．したがって r_0 の 95% の信頼限界は(5.11.19)(5.11.81)から

$$r_0=0.02203\pm0.00250 \tag{5.11.82}$$

となる．次に $\bar{r}$ は(3.3.127)により

$$\bar{r}=r_0e^{\frac{m^2}{2}} \tag{5.11.83}$$

で与えられる．そして $z=e^{\frac{m^2}{2}}$ とおけば(4.A.36)により

$$\frac{\sigma_z}{\bar{z}}=m^2\cdot\frac{\sigma_m}{\bar{m}}=0.01131 \tag{5.11.84}$$

となる．ところで(5.11.79)により r_0 と m の間には負の相関がある．そして m の値の変動の小さい範囲ではこの相関を完全なものとみてよいから $\rho=-1$ として(4.A.32)を(5.11.83)に適用すれば(5.11.81)(5.11.84)の値を用いて

$$\frac{\sigma_{\bar{r}}}{\bar{r}}=\left|\frac{\sigma_{r_0}}{\bar{r}_0}-m^2\cdot\frac{\sigma_m}{\bar{m}}\right|=0.04670 \tag{5.11.85}$$

を得る．ゆえに $\bar{r}$ の 95% 水準での信頼限界は

$$\begin{aligned}\bar{r}&=0.02489\pm0.02489\times1.96\times0.04670\\&=(0.02489\pm0.00228)\ \mathrm{mm}\end{aligned} \tag{5.11.86}$$

となる．

最後に N_{vO} の誤差は(5.11.23)(5.11.85)から

$$\left(\frac{\sigma_{N_{vO}}}{\bar{N}_{vO}}\right)^2=\left(\frac{\sigma_{N_{aO}}}{\bar{N}_{aO}}\right)^2+\left(\frac{\sigma_{\bar{r}}}{\bar{r}}\right)^2=0.0037860 \tag{5.11.87}$$

$$\frac{\sigma_{N_{vO}}}{\bar{N}_{vO}}=0.06153 \tag{5.11.88}$$

となり，これから N_{vO} の 95% 水準の信頼限界は(5. 11. 21)を用いて

$$N_{vO}=(77.98\pm9.40)/\mathrm{mm}^3 \qquad (5.11.89)$$

となる．

b）λを指標とする方法

i）膵 の 島 まずこの章の§10 で用いた膵の島の半径の分布をλを指標として求めてみよう．予備的な計測を行ってみると，$N_\lambda/\mathrm{mm}=0.2$, $\bar{\lambda}=0.05\,\mathrm{mm}$ 程度の値が得られるから，(4. 13. 36)によって $\bar{N}_{\lambda O}$ の領域間誤差を 0.0025 程度におさえるのに必要な正方形の部分領域の 1 辺を x mm とすれば，x が単位長となるから

$$\left(\frac{\sigma_{N_{\lambda O}}}{\bar{N}_{\lambda O}}\right)_g^2=\frac{4}{\pi}\cdot\frac{0.05/x}{0.2x}<0.0025 \qquad (5.11.90)$$

を解いて

$$x^2>127.324\,\mathrm{mm}^2,\quad x>11.28\,\mathrm{mm} \qquad (5.11.91)$$

を得る．これを見ると $1.27\,\mathrm{cm}^2$ 程度の部分領域で足りることになる．$\bar{N}_{\lambda O}$ が小さいにもかかわらずこのような結果になるのはいうまでもなく $\bar{\lambda}$ が小さいからである．しかし島の大きさからみて顕微鏡下で目の細かい等間隔平行線を用いることは困難であるから，誤差の式としては(4. 13. 42)(4. 13. 43)(4. 13. 44)を用いざるをえない．そして(4. 13. 42)からみて誤差を小さくするためには 400 近い弦の数が望ましい．そのためには等間隔平行線の間隔を実際の操作が可能な範囲でできるだけ狭めてみることと，もう一つは部分領域をもっと大きくとる必要がある．そこで膵の尾部の矢状断面を示す 2 枚の組織標本をとり，標本上の膵実質面積全体を部分領域にとり，その面積を実測してみるとほぼ $H_A=4.8\,\mathrm{cm}^2$ の値を得た．そしてこれだけの面積の上にできるだけ間隔をつめた等間隔平行線を引いてみることにする．なおこれだけの部分領域をとれば $N_{\lambda O}$ の領域間誤差は 0.0005 程度のほとんど無視してよい大きさにまで下ってしまうのである．

さて組織標本についてほぼ 300 μm の間隔で接眼ミクロメーターのスケールを平行に移動させて，島とスケールが交わってつくる弦の長さを順次計測したが，この際 300 μm という間隔は必ずしも厳密に等間隔にとるには及ばない．

そしてこの間隔では同一の島の断面に複数の平行線が重なることはなく，目の細かい等間隔平行線の条件は全く満足されない．この計測の結果は次の通りである．

$$l = 1593.035\ \mathrm{mm} \tag{5.11.92}$$

$$\bar{M}\bar{N}_{\lambda O} = 361,\quad N_\lambda/\mathrm{mm} = 0.22661 \tag{5.11.93}$$

$$\bar{\lambda} = 5.216\times10^{-2}\ \mathrm{mm} \tag{5.11.94}$$

$$(\overline{\lambda^2}) = 4.104\times10^{-3}\ \mathrm{mm}^2 \tag{5.11.95}$$

$$(\overline{\lambda^4}) = 5.781\times10^{-5}\ \mathrm{mm}^4 \tag{5.11.96}$$

そしてこれから

$$(\overline{\lambda^2})/\bar{\lambda}^2 = 1.50845 \tag{5.11.97}$$

を得る．

以下上記のデータからそれぞれの理論分布の parameter と $\bar{r}$ の値を求め，また $(\overline{\lambda^4})$ の次元で理論値 $\mathrm{E}(\overline{\lambda^4})=[I_4(\lambda)/I_0(\lambda)]$ と実測値 $(\overline{\lambda^4})$ を対比して理論分布の適合度を検定すると次のようになる．なおそれぞれの parameter の推定値の次に，用いる理論式を示してある．

ガンマ分布

$$m = 0.93389 \quad (3.3.50) \tag{5.11.98}$$

$$r_0 = 0.0133\ \mathrm{mm} \quad (3.3.45) \tag{5.11.99}$$

$$\bar{r} = 0.0125\ \mathrm{mm} \quad (3.3.36) \tag{5.11.100}$$

$$N_{vO} = 222.93/\mathrm{mm}^3 \quad (3.3.24\text{-}25)(3.3.38) \tag{5.11.101}$$

$$(\overline{\lambda^4})/\mathrm{E}(\overline{\lambda^4}) = 1.02 \quad (3.3.48) \tag{5.11.102}$$

Weibull 分布

$$m = 0.98337 \quad (3.3.80) \tag{5.11.103}$$

$$r_0 = 0.0126\ \mathrm{mm} \quad (3.3.75) \tag{5.11.104}$$

$$\bar{r} = 0.0129\ \mathrm{mm} \quad (3.3.67) \tag{5.11.105}$$

$$N_{vO} = 213.09/\mathrm{mm}^3 \quad (3.3.24\text{-}25)(3.3.68) \tag{5.11.106}$$

$$(\overline{\lambda^4})/\mathrm{E}(\overline{\lambda^4}) = 1.01 \quad (3.3.78) \tag{5.11.107}$$

対数正規分布

$$m = 0.54157 \quad (3.3.141) \tag{5.11.108}$$

$$r_0 = 0.0188\ \mathrm{mm} \quad (3.3.136) \tag{5.11.109}$$

$$\bar{r} = 0.0218\ \mathrm{mm} \quad (3.3.127) \tag{5.11.110}$$

$$N_{vO} = 113.20/\mathrm{mm}^3 \quad (3.3.24\text{-}25)(3.3.129) \tag{5.11.111}$$

$$(\overline{\lambda^4})/\mathrm{E}(\overline{\lambda^4}) = 0.80 \quad (3.3.139) \tag{5.11.112}$$

さてこの parameter を用いた $N(r)$ は図 5.11.3 のようになる．これを見るとガンマ分布と Weibull 分布の曲線はほとんど一致し，図では 2 本の曲線として区別して描くことができない．これはこの例では m の値がきわめて 1 に近いため，Weibull 分布が内容的にはガンマ分布とほぼ同じことになるためで，もちろん一般性のあることではない．そして r の値の小さい部分ではこの二つの分布では $N(r)$ が急上昇する非対称性の強い形になるのに対して対数正規分布ではその性格上この部の $N(r)$ は 0 に近づく．このいずれが実際の島の分布をよく表わしているかが当然問題になるであろう．まず $(\overline{\lambda^4})$ の次元で検定してみると，いずれの理論分布を用いても δ を指標にした時に比較して適合度は格

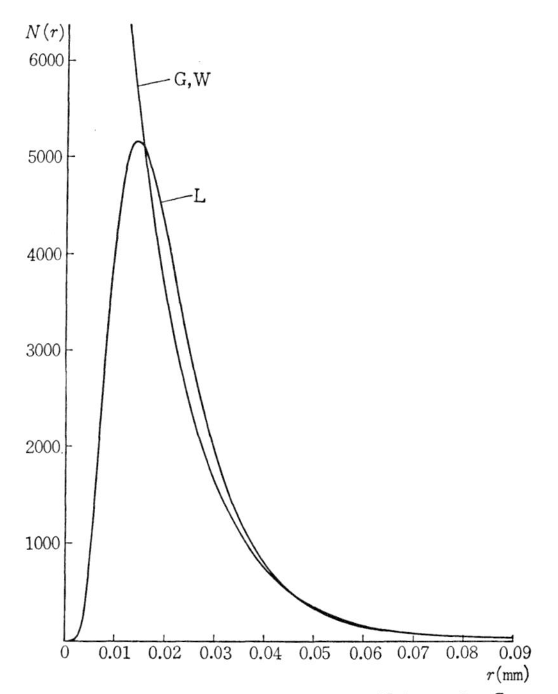

図 5.11.3 λ を指標として得た膵の島の $N(r)$ を示す．G, W, L はそれぞれガンマ分布，Weibull 分布，対数正規分布をあてた場合を示す．この例では G と W はほとんど一致し，図の上では 2 本の曲線として区別できない．これは m の値がきわめて 1 に近いからである．なお r の値の小さい部分で G, W と L の曲線の形が本質的に異なることに注意．

段によいが，特にガンマ分布と Weibull 分布の適合は良好であり，対数正規分布の適合度はやや劣る．また $N(r)$ から逆に $F(\lambda)$ を計算し，これと λ の実測度数密度分布を比較すると図 5.11.4 のようになる．これをみてもガンマ分布と Weibull 分布が実測分布をよく再現していることがわかる．これらの点からみて実際の島の分布は図 5.11.3 のガンマ分布や Weibull 分布で表わされるように，小さな島の数がきわめて多い，非対称性の強いものであることが想像される．そしてこのような形の分布は対数正規分布では充分再現できないものであることは明らかであろう．

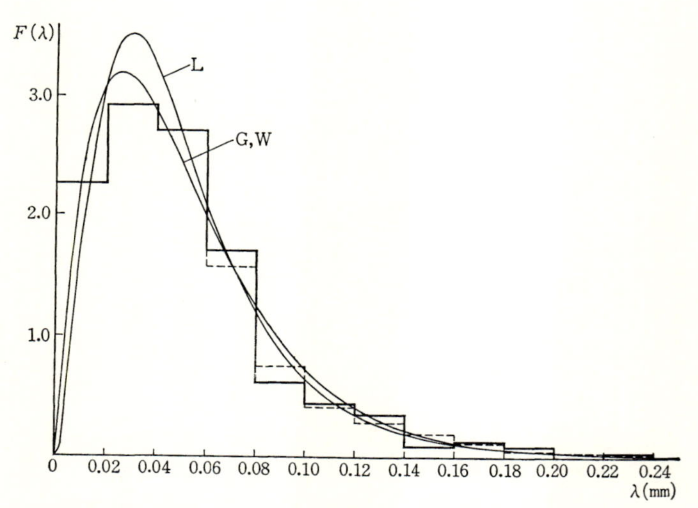

図 5.11.4　理論分布 $N(r)$ から逆に $F(\lambda)$ を計算し，これと実測分布の比較を示す．G, W, L はそれぞれ $N(r)$ にガンマ分布，Weibull 分布，対数正規分布をあてた場合の曲線である．この例では G と W はほとんど一致し，図の上では2本の曲線として区別できない．これは $N(r)$ そのものについてと同じことである．実測分布への合致は G, W が L に比較して明らかに良好であることがわかる．なお $F(\lambda)$ の実測分布については表 5.10.3 を参照のこと．また点線は修正度数密度分布である．

次に注目すべきことは δ を指標とした時と λ を指標とした時とでは理論分布の parameter の値が非常に異なることである．理論的には δ を指標としようと λ を指標としようと $N(r)$ は完全に一致すべきものであるから，このような大きな不一致はこれらの方法に対する信頼性を疑わせることにもなりかねないであろう．しかしこの不一致はもっぱらある程度以下の大きさの島の断面がそれとして認識できないためにどうしても見落されること，そしてその影響は δ を指標とする方法にはるかに強く現われるために外ならない．この関係は第3章の 268 頁に説明した通りである．したがってこの不一致は島の半径の小さい部分にのみ現われるもので，半径の比較的大きな部分では δ, λ のいずれを用いても結果はよく一致することは図 5.11.5 からも明らかであろう．これらの考察から私共は λ を指標とする方法の方が信頼性が高いものと考えている．それゆえ計測実施にあたっては，対象がある理論分布に充分適合するという前提が満足される限りできるだけ λ を指標とすべきもので，δ を用いることは一般に

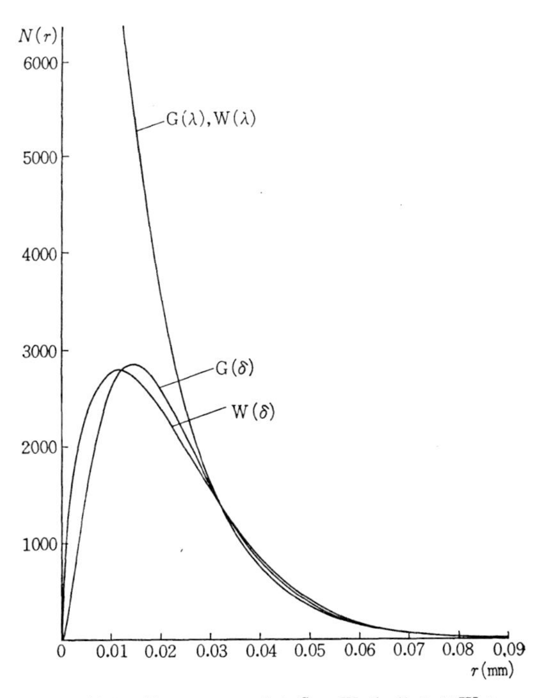

図 5.11.5　$N(r)$ にガンマ分布 G と Weibull 分布 W をあて，δ を指標とした時と λ を指標とした時の $N(r)$ を比較したもの．$G(\delta)$, $W(\delta)$ はそれぞれ δ を指標とした時の $N(r)$；$G(\lambda)$, $W(\lambda)$ はそれぞれ λ を指標とした時の $N(r)$ である．

は避けるべきである.

最後に488頁の理論分布の parameter の推定誤差を求めておこう．まず部分領域と同一な面積をもつ正方形を考え，その1辺を単位長として必要な諸量を表わすと次のようになる．

$$\sqrt{H_A} = \sqrt{1593.035\times 0.3} = 21.8612 \tag{5.11.113}$$

$$\bar{M} = 21.8612/0.3 = 72.87 \tag{5.11.114}$$

$$\bar{N}_{\lambda O} = 0.22661\times 21.8612 = 4.95396 \tag{5.11.115}$$

$$\bar{\lambda} = 5.216\times 10^{-2}/21.8612 = 2.38597\times 10^{-3} \tag{5.11.116}$$

これを見ると $\bar{M}$ の値はかなり大きいから全領域に関する誤差の式としては(4.13.42)(4.13.43)(4.13.44)にそれぞれ(4.13.36)(4.13.37)(4.13.38)の領域間誤差を加えた式を用いる方が安全である．このうち $N_{\lambda O}$ の誤差は理論分布の形に無関係であり

$$\left(\frac{\sigma_{N_{\lambda O}}{}^*}{\bar{N}_{\lambda O}{}^*}\right)^2 = \frac{1}{\bar{M}\bar{N}_{\lambda O}} + \frac{4}{\pi}\cdot\frac{\bar{\lambda}}{\bar{N}_{\lambda O}}$$
$$= 0.0027701 + 0.0006132 = 0.0033833 \tag{5.11.117}$$

となる．この右辺第1項は領域内誤差を，第2項は領域間誤差を与えるものである．

次に $\bar{\lambda}$ と $(\overline{\lambda^2})$ の誤差は(4.13.43)(4.13.44)(4.13.37)(4.13.38)の係数が理論分布の形によって異なるからまず理論分布別にこれらの係数を計算すると次のようになる．

ガンマ分布　$m=0.93389$

$$Q_4Q_2/Q_3{}^2 = (m+3)/(m+2) = 1.3408 \tag{5.11.118}$$

(3. 3. 37-38)

$$Q_6Q_2/Q_4{}^2 = (m+5)(m+4)/(m+3)(m+2) = 2.5367 \tag{5.11.119}$$

(3. 33. 37-38)

$$Q_2{}^2/Q_3 = (m+1)/(m+2) = 0.65916 \tag{5.11.120}$$

(3. 3. 37-38)

Weibull 分布　$m=0.98337$

$$Q_4Q_2/Q_3{}^2 = \Gamma\left(\frac{m+4}{m}\right)\Gamma\left(\frac{m+2}{m}\right)\Big/\left[\Gamma\left(\frac{m+3}{m}\right)\right]^2 = 1.3409 \tag{5.11.121}$$

(3. 3. 68)

$$Q_6Q_2/Q_4{}^2 = \Gamma\left(\frac{m+6}{m}\right)\Gamma\left(\frac{m+2}{m}\right)\Big/\left[\Gamma\left(\frac{m+4}{m}\right)\right]^2 = 2.5441 \qquad (5.11.122)$$

(3. 3. 68)

$$Q_2{}^2/Q_3 = \left[\Gamma\left(\frac{m+2}{m}\right)\right]^2\Big/\Gamma\left(\frac{m+3}{m}\right)\Gamma\left(\frac{m+1}{m}\right) = 0.69671 \qquad (5.11.123)$$

(3. 3. 68)

対数正規分布　$m=0.54157$

$$Q_4Q_2/Q_3{}^2 = e^{m^2} = 1.3408 \qquad (3.3.128\text{–}129) \qquad (5.11.124)$$

$$Q_6Q_2/Q_4{}^2 = e^{4m^2} = 3.2323 \qquad (3.3.128\text{–}129) \qquad (5.11.125)$$

$$Q_2{}^2/Q_3 = e^{-m^2} = 0.7458 \qquad (3.3.128\text{–}129) \qquad (5.11.126)$$

なお用いる理論式の番号を括弧の中に示してある．そして $Q_4Q_2/Q_3{}^2$ の値は理論分布にかかわらず同一になる．これは(3. 3. 26)から $\overline{(\lambda^2)}/\bar{\lambda}^2=(9/8)Q_4Q_2/Q_3{}^2$ が成立するからで，同一の $\overline{(\lambda^2)}/\bar{\lambda}^2$ の値に対しては $Q_4Q_2/Q_3{}^2$ の値はいずれの理論分布についても等しくなる．

以上の結果を用いて全領域に関する $\bar{\lambda}$ と $\overline{(\lambda^2)}$ の誤差を求め，さらにこれから(4. A. 34)により W の誤差を計算すると

ガンマ分布

$$\left(\frac{\sigma_{\bar{\lambda}}{}^*}{\bar{\lambda}^*}\right)^2 = 0.0041784+0.0003046 = 0.0044830,\quad \frac{\sigma_{\bar{\lambda}}{}^*}{\bar{\lambda}^*} = 0.06696 \qquad (5.11.127)$$

$$\left(\frac{\sigma_{\overline{(\lambda^2)}}{}^*}{\overline{(\lambda^2)}^*}\right)^2 = 0.0093692+0.0012183 = 0.0105875,\quad \frac{\sigma_{\overline{(\lambda^2)}}{}^*}{\overline{(\lambda^2)}^*} = 0.10290 \qquad (5.11.128)$$

$$\frac{\sigma_W{}^*}{\overline{W}^*} = 0.03102 \qquad (5.11.129)$$

Weibull 分布

$$\left(\frac{\sigma_{\bar{\lambda}}{}^*}{\bar{\lambda}^*}\right)^2 = 0.0041787+0.0002179 = 0.0043966,\quad \frac{\sigma_{\bar{\lambda}}{}^*}{\bar{\lambda}^*} = 0.06631 \qquad (5.11.130)$$

$$\left(\frac{\sigma_{\overline{(\lambda^2)}}{}^*}{\overline{(\lambda^2)}^*}\right)^2 = 0.0093965+0.0008716 = 0.0102681,\quad \frac{\sigma_{\overline{(\lambda^2)}}{}^*}{\overline{(\lambda^2)}^*} = 0.10133$$

(5. 11. 131)

$$\frac{\sigma_W{}^*}{\overline{W}^*} = 0.03129 \tag{5.11.132}$$

対数正規分布

$$\left(\frac{\sigma_{\bar{\lambda}}{}^*}{\bar{\lambda}^*}\right)^2 = 0.0041787 + 0.0001901 = 0.0043688,\quad \frac{\sigma_{\bar{\lambda}}{}^*}{\bar{\lambda}^*} = 0.06610 \tag{5.11.133}$$

$$\left(\frac{\sigma_{\overline{(\lambda^2)}}{}^*}{\overline{(\lambda^2)}^*}\right)^2 = 0.0119384 + 0.0007602 = 0.0126986,\quad \frac{\sigma_{\overline{(\lambda^2)}}{}^*}{\overline{(\lambda^2)}^*} = 0.11269 \tag{5.11.134}$$

$$\frac{\sigma_W{}^*}{\overline{W}^*} = 0.01950 \tag{5.11.135}$$

となる．

以下それぞれの理論分布の parameter の誤差を計算することになるが，その操作は δ を指標とする場合と同じことであるから，ここでは途中は省略して結果だけを書いておく．ただこの場合は誤差はかなり大きく，それぞれの parameter の推定値の分布の形がわからない以上標準偏差のたとえば1.96倍をとって95% 水準の信頼限界を求めてもあまり意味はない．それゆえここでは単に変異係数のみを示すことにする．

ガンマ分布

$$\frac{\sigma_m{}^*}{\overline{m}^*} = 0.3415,\quad \frac{\sigma_{r_0}{}^*}{\bar{r}_0{}^*} = 0.1919,\quad \frac{\sigma_{\bar{r}}{}^*}{\bar{r}^*} = 0.1496,\quad \frac{\sigma_{N_{vo}}{}^*}{\bar{N}_{vO}{}^*} = 0.3048 \tag{5.11.136}$$

Weibull 分布

$$\frac{\sigma_m{}^*}{\overline{m}^*} = 0.0930,\quad \frac{\sigma_{r_0}{}^*}{\bar{r}_0{}^*} = 0.1585,\quad \frac{\sigma_{\bar{r}}{}^*}{\bar{r}^*} = 0.1184,\quad \frac{\sigma_{N_{vo}}{}^*}{\bar{N}_{vO}{}^*} = 0.2439 \tag{5.11.137}$$

対数正規分布

$$\frac{\sigma_m{}^*}{\overline{m}^*} = 0.0332,\quad \frac{\sigma_{r_0}{}^*}{\bar{r}_0{}^*} = 0.0821,\quad \frac{\sigma_{\bar{r}}{}^*}{\bar{r}^*} = 0.0724,\quad \frac{\sigma_{N_{vo}}{}^*}{\bar{N}_{vO}{}^*} = 0.1560 \tag{5.11.138}$$

この結果を見ると parameter の推定誤差は δ を指標とした場合に比較してかなり大きくなっている．これは計測した弦の総数が 361 にすぎず，δ を指標とした時に計測した図形の数 623 よりはるかに少ないことによるものである．誤差を小さくするためにはもっと多数の弦の計測を必要とする．そして $N_{\lambda O}$, $\bar{\lambda}$, $(\overline{\lambda^2})$ の領域内誤差は領域間誤差に比較してまだかなり大きいから，部分領域にもっと多数の試験直線を引く方法が有効である．もちろん部分領域をもっと大きくとればそれが一番よいことはいうまでもない．またいずれの理論分布についても N_{vO} の推定誤差が目立って大きくなっているが，これは弦を用いる時には $N_{vO}=\bar{N}_{\lambda O}/\pi\bar{r}^2Q_2$ が利用されるため，$\bar{r}$ の誤差が非常に大きい影響を及ぼすためである．それゆえ N_{vO} の誤差が大きくなるのは弦を用いる方法に内在する性質のものであるから，無作為な試験直線を用いる限り弦の計測数を大きくして $\bar{r}$ の誤差を充分小さくする以外に適当な方法はない．しかしただ弦の計測数を増すといっても実施上必ずしも簡単ではないから，できれば目の細かい等間隔平行線を用いて領域内誤差を小さくすることを考えた方がよい．

ii) 肝硬変症の結節　次にこの章の§10 で用いた肝硬変症の結節に λ を指標として第 3 章§3 の方法を適用してみよう．この症例を用いるのは弦の分布を求めるにあたって目の細かい等間隔平行線を利用することの効果を示す点に主眼がある．この場合には領域間誤差と領域内誤差を別別に計算しなければならないから，まず $\bar{N}_{\lambda O}$ の領域間誤差の式(4. 13. 36)を利用して必要な部分領域の大きさを求めておこう．この式の計算には $\bar{\lambda}$ と $\bar{N}_{\lambda O}$ の二つの量が必要であるから，適当な長さ l の 1 本の試験直線を用いて予備的な計測を行っておよその値を求めてみると次のようになる．

$$l=3.81\,\text{cm} \tag{5. 11. 139}$$

$$N_\lambda=21,\quad N_\lambda/\text{cm}=5.512 \tag{5. 11. 140}$$

$$\bar{\lambda}=0.1462\,\text{cm} \tag{5. 11. 141}$$

そこで(4. 13. 36)の誤差を 0.0025 以下におさえるために必要な試験直線の長さを x cm とすれば，x cm が単位長になるから

$$0.0025>\frac{4}{\pi}\cdot\frac{0.1462/x}{5.512x} \tag{5. 11. 142}$$

を解けば

$$x^2 > 13.509,\ \ x > 3.675 \tag{5.11.143}$$

となる．つまり1本の3.675 cmの長さの試験直線が引けるような大きさの組織標本が必要なのである．この際標本は必ずしも1辺が正確にこれだけの長さの正方形でなくても，13.509 cm^2の面積がとれるものであれば差しつかえない．これは2×3 cm程度の通常の組織標本が2枚あれば足りる大きさである．

以上の予備的考察に従って次のような方針で計測を行ってみた．異なった2個のブロックから作製したそれぞれ2×3 cm程度の2枚の組織標本を用い，標本のカバーグラスの上に1 mm間隔の平行線を描き，顕微鏡下に接眼ミクロメーターのスケールをこの線に沿って移動させながら，ミクロメーターの横線が結節断面と交わってつくる個個の弦の長さλを順次測定した．この計測の結果をまとめると次のようになる．

$$l = 135.532\ \mathrm{cm} \tag{5.11.144}$$

$$\bar{M}\bar{N}_{\lambda O} = 736,\ \ N_\lambda/\mathrm{cm} = 5.43045 \tag{5.11.145}$$

$$\bar{\lambda} = 1.2186\times 10^{-1}\ \mathrm{cm} \tag{5.11.146}$$

$$(\overline{\lambda^2}) = 2.7401\times 10^{-2}\ \mathrm{cm}^2 \tag{5.11.147}$$

$$(\overline{\lambda^4}) = 3.5012\times 10^{-3}\ \mathrm{cm}^4 \tag{5.11.148}$$

このλの実測度数分布はすでに図5.10.9と表5.10.5に示してある．

さて上のデータから

$$(\overline{\lambda^2})/\bar{\lambda}^2 = W = 1.84520 \tag{5.11.149}$$

を得る．ところで(3.3.52)によりガンマ分布が適用できるためには$(\overline{\lambda^2})/\bar{\lambda}^2 <$ 1.6875でなければならないから，この例にはガンマ分布は用いられない．したがって以下Weibull分布と対数正規分布だけを考慮しよう．そしてparameterと$\bar{r}$の推定値は次のようになる．なお$(\overline{\lambda^4})$の次元での実測値と期待値$\mathrm{E}(\overline{\lambda^4}) = I_4(\lambda)/I_0(\lambda)$の比も求めておいた．

Weibull分布

$$m = 0.61844 \qquad (3.3.80) \tag{5.11.150}$$

$$r_0 = 0.00795\ \mathrm{cm} \qquad (3.3.75) \tag{5.11.151}$$

$$\bar{r} = 0.01086\ \mathrm{cm} \qquad (3.3.67) \tag{5.11.152}$$

$$N_{vO} = 3.372\times 10^3/\mathrm{cm}^3 \quad (3.3.24\text{-}25)(3.3.68) \tag{5.11.153}$$

$$(\overline{\lambda^4})/\mathrm{E}(\overline{\lambda^4}) = 0.74 \qquad (3.3.78) \tag{5.11.154}$$

対数正規分布

$$m = 0.70342 \quad (3.3.141) \qquad (5.11.155)$$

$$r_0 = 0.02653\ \mathrm{cm} \quad (3.3.136) \qquad (5.11.156)$$

$$\bar{r} = 0.03397\ \mathrm{cm} \quad (3.3.127) \qquad (5.11.157)$$

$$N_{vO} = 9.133\times10^2/\mathrm{cm}^3 \quad (3.3.24\text{-}25)(3.3.129) \qquad (5.11.158)$$

$$\overline{(\lambda^4)}/\mathrm{E}(\overline{\lambda^4}) = 0.48 \quad (3.3.139) \qquad (5.11.159)$$

この parameter の値を用いた $N(r)$ の計算結果は図 5.11.6 に Spektor の方法による結果と共に示してある．これを見ると二つの理論分布の差は主として r の値の小さい部分に現われ，Weibull 分布ではこの部分の度数が急上昇する

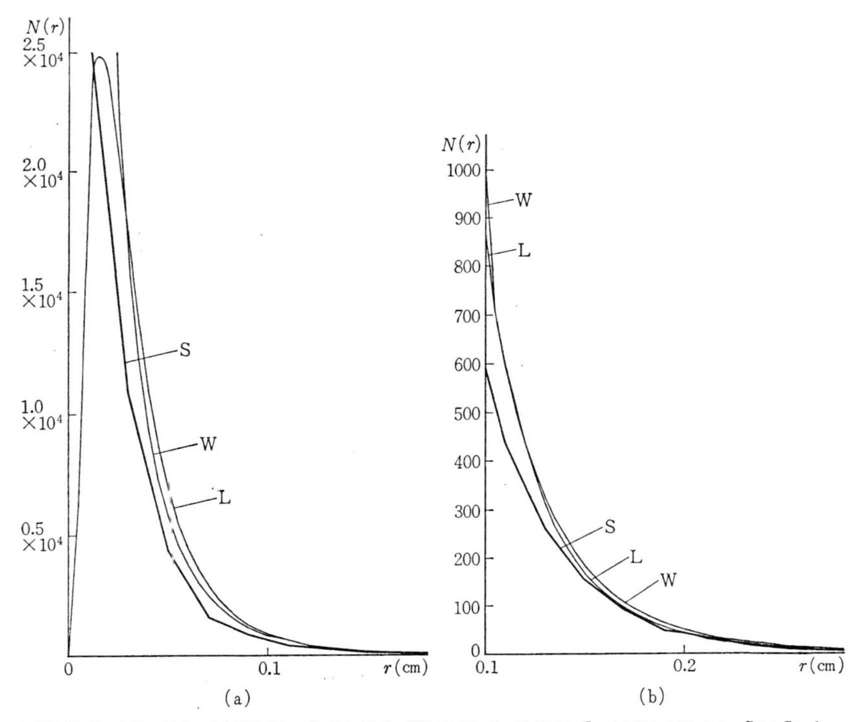

図 5.11.6　肝硬変症の結節半径の分布を示す．W は Weibull 分布，L は対数正規分布，S は Spektor の方法による結果．なお肝硬変症の結節では膵の島の場合よりも半径の分布の非対称性が強く，r の小さい部分の $N(r)$ の値が非常に高くなるため，一つの図では $N(r)$ の全貌を把握しにくいので，r の比較的小さい部分と大きい部分の $N(r)$ のスケールを変えて別の図に示してある．

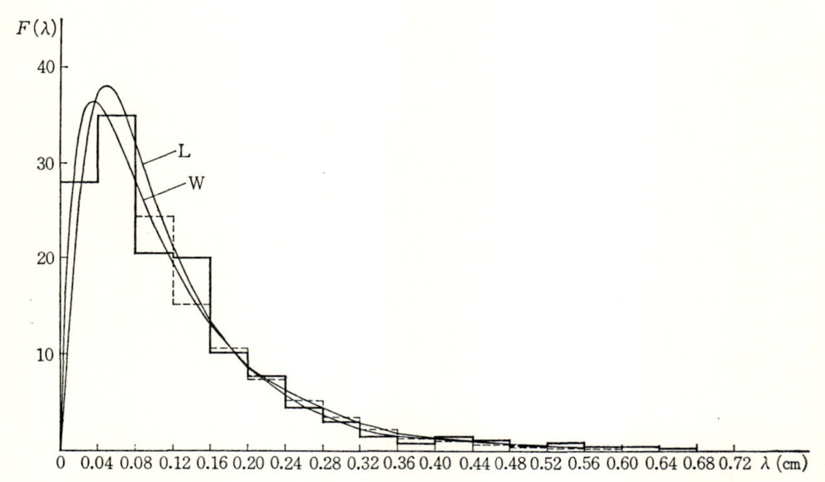

図 5.11.7　$N(r)$ から逆に $F(\lambda)$ を計算して λ の実測度数密度と比較した結果を示す．W，L はそれぞれ Weibull 分布，対数正規分布からの計算値である．なお点線は修正度数密度分布である．実測分布については表 5.10.5 を参照のこと．

のに対数正規分布はその性格上この部の出現度数が低くなっている．このいずれが‘真の’結節半径の分布に近いかは，この parameter の値を用いた $N(r)$ から逆に $F(\lambda)$ を計算して，これを実測分布と対比してみると明らかになり，図 5.11.7 に見るように Weibull 分布の方が実測分布によく合うことが直観的にも明らかであろう．そしてこれは(5.11.154)(5.11.159)の値を見ても Weibull 分布の方が適合性のよいことと一致する結果である．このように肝硬変症の結節半径の分布に Weibull 分布がよい適合性を示すのはこの例に限らず一般的な現象である．ただしこの例では Weibull 分布を用いてもその適合性は膵の島の場合よりはよくない．これには結節の形の不規則性が関係しているかも知れない．大部分の肝硬変症では Weibull 分布の適合度はこの例よりもはるかに良好である．なお Spektor の方法による結果は多くの場合理論分布を用いた推定結果よりは低目の値をとるが，この場合にもその傾向が認められる．

次に parameter の推定誤差を求めておく．組織標本についてみると 1 mm の間隔の平行線は大部分の結節断面に対しては目の細かい等間隔平行線の条件を満足していることがわかる．念のために(4.13.6)を用いて計算してみると，

Weibull 分布では $\bar{\delta}=0.10129\ \mathrm{cm}$，対数正規分布では $\bar{\delta}=0.08753\ \mathrm{cm}$ となる．つまり $\bar{\delta}$ はほぼ h に等しいから，目の細かい等間隔平行線の理論が適用できることになる．この場合誤差の計算には部分領域を正方形に置き換えた方が便利であるから，まず用いた部分領域の面積を求めてみよう．この計測では 1 mm 間隔の等間隔平行線を用いており，また試験直線の総長は $l=135.532\ \mathrm{cm}$ であるから

$$H_A = 135.532\times 0.1 = 13.5532\ \mathrm{cm}^2 = (3.682)^2\ \mathrm{cm}^2 \qquad (5.11.160)$$

となる．これは予備的に考察した $\bar{N}_{\lambda O}$ の領域間誤差を 0.0025 程度におさえるのに足りる面積である．そして以下 3.682 cm が単位長になるから必要なデータをこれを単位として書きなおしておくと (5.11.144)(5.11.145)(5.11.146)(5.11.147) から

$$\bar{N}_{\lambda O} = 19.995 \qquad (5.11.161)$$

$$\bar{\lambda} = 0.33096\times 10^{-1} \qquad (5.11.162)$$

$$(\overline{\lambda^2}) = 0.20211\times 10^{-2} \qquad (5.11.163)$$

$$\bar{M} = 36.82 \qquad (5.11.164)$$

$$\bar{M}\bar{N}_{\lambda O} = N_\lambda = 736 \qquad (5.11.165)$$

となる．そして誤差の式としては (4.13.67)(4.13.68)(4.13.69) を用いることになるが，この計算には $Q_3/Q_2{}^2$ と $Q_5Q_3/Q_4{}^2$ が用いられるから，(3.3.68)(3.3.129) によりこの値を求めると

Weibull 分布　$m=0.61844$

$$Q_3/Q_2{}^2 = 1.93608,\quad Q_5Q_3/Q_4{}^2 = 1.45941 \qquad (5.11.166)$$

対数正規分布　$m=0.70342$

$$Q_3/Q_2{}^2 = 1.64017,\quad Q_5Q_3/Q_4{}^2 = 1.64017 \qquad (5.11.167)$$

となる．これを用いて (4.13.67)(4.13.68)(4.13.69) を計算すると

Weibull 分布

$$\left(\frac{\sigma_{N_{\lambda O}}{}^*}{\bar{N}_{\lambda O}{}^*}\right)^2_{\mathrm{reg./f}} = 0.000306+0.002107 = 0.002413 \qquad (5.11.168)$$

$$\left(\frac{\sigma_{\bar{\lambda}}{}^*}{\bar{\lambda}^*}\right)^2_{\mathrm{reg./f}} = 0.000069+0.001100 = 0.001169 \qquad (5.11.169)$$

$$\left(\frac{\sigma_{(\overline{\lambda^2})}{}^*}{(\overline{\lambda^2})^*}\right)^2_{\mathrm{reg./f}} = 0.000255+0.004401 = 0.004656 \qquad (5.11.170)$$

対数正規分布

$$\left(\frac{\sigma_{N_{\lambda O}}{}^*}{\bar{N}_{\lambda O}{}^*}\right)^2_{\text{reg./f}} = 0.000259+0.002107 = 0.002366 \qquad (5.11.171)$$

$$\left(\frac{\sigma_{\bar{\lambda}}{}^*}{\bar{\lambda}^*}\right)^2_{\text{reg./f}} = 0.000069+0.000919 = 0.000985 \qquad (5.11.172)$$

$$\left(\frac{\sigma_{\overline{(\lambda^2)}}{}^*}{\overline{(\lambda^2)}^*}\right)^2_{\text{reg./f}} = 0.000287+0.003674 = 0.003961 \qquad (5.11.173)$$

となる．これらの式の右辺第1項は領域内誤差を，第2項は領域間誤差を，そして最後の数字は全領域についての誤差を与えるものである．またいずれの式についても領域内誤差は領域間誤差に比較してはるかに小さくなっている．これはいうまでもなく目の細かい等間隔平行線の効果である．

さて以上の結果から(4. A. 34)を $\rho=1$ として $W=\overline{(\lambda^2)}/\bar{\lambda}^2$ の誤差を求めてみると，(5. 11. 169), (5. 11. 170), (5. 11. 172)(5. 11. 173)の平方根を用いて

Weibull 分布　$$\frac{\sigma_W}{\bar{W}} = |0.068235-2\times 0.034191| = 0.000146 \qquad (5.11.174)$$

対数正規分布　$$\frac{\sigma_W}{\bar{W}} = |0.062936-2\times 0.031384| = 0.000167 \qquad (5.11.175)$$

となる．そしてこれ以後の操作はすでにこれまで説明した通りであるから，途中の計算は省略して最終結果をそれぞれの parameter の 95% 水準での信頼限界と，変異係数の形で表わすと

Weibull 分布

$$m = 0.61844\pm 0.00032, \qquad \sigma_m/\bar{m} = 0.00027 \qquad (5.11.176)$$

$$r_0 = (0.00795\pm 0.00053)\ \text{cm}, \qquad \sigma_{r_0}/\bar{r}_0 = 0.03421 \qquad (5.11.177)$$

$$\bar{r} = (0.01086\pm 0.00072)\ \text{cm}, \qquad \sigma_{\bar{r}}/\bar{r} = 0.03388 \qquad (5.11.178)$$

$$N_{vO} = (3.372\pm 0.553)\times 10^3/\text{cm}^3, \qquad \sigma_{N_{vO}}/\bar{N}_{vO} = 0.08369 \qquad (5.11.179)$$

対数正規分布

$$m = 0.70342\pm 0.00023, \qquad \sigma_m/\bar{m} = 0.00017 \qquad (5.11.180)$$

$$r_0 = (0.02653\pm 0.00163)\ \text{cm}, \qquad \sigma_{r_0}/\bar{r}_0 = 0.03138 \qquad (5.11.181)$$

$$\bar{r} = (0.03397\pm 0.00208)\ \text{cm}, \qquad \sigma_{\bar{r}}/\bar{r} = 0.03130 \qquad (5.11.182)$$

$$N_{vO} = (9.133\pm 1.419)\times 10^2/\text{cm}^3, \qquad \sigma_{N_{vO}}/\bar{N}_{vO} = 0.07928 \qquad (5.11.183)$$

となる．

以上の結果を見ると全体として parameter の推定誤差はずいぶん小さくなっており，特に m の誤差は無視してよい程に小さい．これは 736 というかなり多数の弦を用いたことにもよるが，何といっても目の細かい等間隔平行線の効果が大きい．ただしこの数値は結節の切口が正しい円であるものとして確率論的誤差のみを計算したものである．したがって実際には結節の切口の不規則性その他の確率論的誤差以外の要因の影響がはるかに大きく作用するため，現象論的立場で誤差を求めれば特に m の推定誤差はここでの計算値よりは大きくなることが予想される．それゆえここでの結果は主に目の細かい等間隔平行線が確率論的誤差を小さくする上でいかに有効であるかを示すものと了解すべきものであろう．

この関係はこの例に仮に同数の無作為な試験直線を用いた時の誤差を比較してみると明らかになる．計算に便利な対数正規分布を用いると，その結果は次のようになる．

$$\left(\frac{\sigma_{N_{\lambda O}}{}^{*}}{\bar{N}_{\lambda O}{}^{*}}\right)^{2} = 0.001359+0.002107 = 0.003466 \qquad (5.11.184)$$

$$\left(\frac{\sigma_{\bar{\lambda}}{}^{*}}{\bar{\lambda}^{*}}\right)^{2} = 0.002507+0.000919 = 0.003426 \qquad (5.11.185)$$

$$\left(\frac{\sigma_{\overline{(\lambda^{2})}}{}^{*}}{\overline{(\lambda^{2})}^{*}}\right)^{2} = 0.013110+0.003674 = 0.016784 \qquad (5.11.186)$$

$$\frac{\sigma_{W}{}^{*}}{\bar{W}^{*}} = 0.01249 \qquad (5.11.187)$$

$$\frac{\sigma_{m}{}^{*}}{\bar{m}^{*}} = 0.01262, \quad \frac{\sigma_{r_0}{}^{*}}{\bar{r}_0{}^{*}} = 0.07345, \quad \frac{\sigma_{\bar{r}}{}^{*}}{\bar{r}^{*}} = 0.06721, \quad \frac{\sigma_{N_{vO}}{}^{*}}{\bar{N}_{vO}{}^{*}} = 0.14674 \qquad (5.11.188)$$

なお(5.11.184)(5.11.185)(5.11.186)の右辺第1項は領域内誤差を，第2項は領域間誤差を表わす．そして当然のことながら領域間誤差は試験直線の配置によっては影響されないから，等間隔平行線を用いた(5.11.171)(5.11.172)(5.11.173)との差はもっぱら領域内誤差の差によるものである．さらに(5.11.187)(5.11.188)と(5.11.175)(5.11.180)(5.11.181)(5.11.182)(5.11.183)を比較するとそれぞれに相当する誤差は無作為な試験直線を用いる場合の方が明らかに大きいことがわかるであろう．

主要な記号の表

$*$ 計測すべき対象の存在する領域全体，全領域についての量であることを示す記号．

$-$ 算術平均または期待値を表わす記号．たとえば $\bar{a}$ はある部分領域についての個個の平面図形の面積 a の算術平均または期待値．

o 単位の大きさの部分領域についての諸量，または部分領域の大きさを単位にとって表示した諸量であることを示す記号．たとえば V_O は単位体積の部分領域中の立体の体積を意味する．

A 部分領域中の個個の平面図形の面積 a の和．必要に応じてこれに添字をつけて内容を規定する．たとえば $\bar{A}_O$ は単位面積の部分領域中の平面図形面積または面積分率の期待値．A_j は j のクラスの大きさをもつ平面図形の面積 a_j のみについての和．

a 個個の平面図形の面積．たとえば a_j は平面図形が大きさを異にする時，j の大きさのクラスに属する1個の図形の面積．

C, C_A, C_V 一般に試験直線が平面図形の周，または曲面と交わってつくる交点の数を C で表わす．そして前者は C_A，後者は C_V と書いて区別する．さらにこれに添字をつけて内容を規定することがある．たとえば $\bar{C}_{VOj}$ は単位長の試験直線が j のクラスの大きさをもつ立体の表面と交わってつくる交点の数の期待値である．

D 一般に立体を二つの平行な接平面で挟んだ時，その接平面間の距離を表わす．立体が球である場合は D は球の直径を意味する．$\bar{D}$ は個個の立体についての D の算術平均である．立体の大きさが異なる時 $\bar{D}$ をすべての大きさの立体について平均した量は $\mathrm{E}(\bar{D})$ で表わす．ただし立体が球の場合には $\mathrm{E}(\bar{D})$ を $\bar{D}$ と書くこともある．

E 試験平面または試験直線がそれぞれ立体や平面図形と交わる回数．$\bar{E}$ はその期待値．

E 算術平均または期待値を表わす記号．たとえば $\mathrm{E}(x)$ は x の算術平均または期待値を表わす．

g 分散や誤差の添字として用いる時には領域間の分散や誤差であることを示す．なお w を参照のこと．

H 1) 一般に領域または領域の大きさを表わす．そして $*$ をつけた時は全領域を，$*$ をつけない時は部分領域を表わすものとする．なお添字をつけて領域の次元を規定する．すなわち H_V, H_A, H_X はそれぞれ立体，平面，直線についての部分領域を意味する．2) 第2章§7では曲面の平均曲率．

h 等間隔に配置した平行な試験直線や試験平面の間隔，正方格子の間隔等を表わす．

J 変異係数を表わすために用いることがある．添字をつけた場合 J_X は線解析，J_n は点解析を用いた時の変異係数を意味する．

K Gauss の曲率．

k 平面曲線の曲率．

L, L_A, L_V 一般に曲線の長さを表わす．そして平面曲線は L_A，空間曲線は L_V と書いて区別する．なおさらに内容を規定する場合には添字をつける．たとえば $\bar{L}_{VO}$ は単位体積中の空間曲線の長さの期待値を意味する．

l 一般に部分領域の大きさを長さの次元で表わす時に用いる．たとえば立方体の部分領域をとる時，その1稜の長さを l とする．また試験直線の長さを表わす．

M ある部分領域に引く試験直線の数．

N, N_v, N_a, N_λ, N は一般に対象の個数を表わす．そして N_v, N_a, N_λ はそれぞれ空間中の立体の数，平面上の図形の数，立体または平面図形が試験直線と交わってつくる弦の数を意味する．なおさらに内容を規定する場合には添字をつける．たとえば $\bar{N}_{vO}{}^*$ は全領域についての単位体積中の立体の数の期待値を示す．

n, n_A n は平面図形の点解析に用いられる点の総数を示す．また n_A はそのうちで図形の上に落ちるものの数を表わす．この場合も内容をさらに規定する必要があれば添字をつける．たとえば n_O は単位面積の部分領域に落した点の総数，$\bar{n}_{AO}$ は単位面積の部分領域中に存在する図形の上に落ちる点の数の期待値である．

P 空間曲線がある試験平面と交わってつくる交点の数．内容をさらに規定する場合には添字をつける．たとえば $\bar{P}_O$ は単位面積の試験平面と空間曲線がつくる交点の数の期待値．

p 一般に確率を表わす．何の確率を表わすかは括弧の中に表現してある．たとえば i のクラスの大きさの球が試験平面と交わって j のクラスの大きさの円をつくる確率は $p(i, j)$ と表わす．また p は確率分布を表わすために用いる．たとえば $p(r)$ は r の確率分布である．

Q_n 空間中の球の半径 r の確率分布が $p(r)$ で与えられる時 $Q_n=(1/\bar{r}^n)\int_0^\infty p(r)r^n\mathrm{d}r$ で定義される量．また r のかわりに球の直径 D を用いても同じである．n が $1, 2, 3, \cdots$ であるに従って $Q_1, Q_2, Q_3, \cdots$ と書く．

$Q_n{}'$ 平面上の円の半径または直径の分布に関して定義された Q_n に相当する量．

r 球または円の半径を表わす一般的記号．なお楕円体や楕円の長軸の1/2を示すこともある．

S 曲面の面積を表わす．さらに内容を規定する場合には添字を用いる．たとえ

ば $\bar{S}_O$ は単位体積の部分領域中の曲面の面積の期待値である.

s　個個の曲面の面積. たとえば個個の立体の表面積. また部分領域についての s の算術平均または期待値は $\bar{s}$ で表わす.

T　1) 標本の厚さ. 2) 膜状構造物の厚さ.

V　部分領域中の立体の体積. 内容をさらに規定するためには添字を用いる. たとえば $\bar{V}_O$ は単位体積の部分領域中の立体の体積, または体積分率の期待値.

v　個個の立体の体積. $\bar{v}$ はその平均値. また v_j は大きさが j のクラスの立体1個の体積.

W　1) 部分領域の変量の一般的表示. 2) $(\overline{\delta^2})/\bar{\delta}^2$, $(\overline{\lambda^2})/\bar{\lambda}^2$ を表わす共通の記号.

w　1) 個個の対象についての変量の一般的表示. 2) 分散または誤差の添字として用いる時は領域内の分散または誤差であることを示す. g を参照のこと.

X　1) 1本の試験直線が立体または平面図形と交わってつくる個個の弦の長さ λ のその試験直線全体についての和. したがって $X=\sum\lambda$ である. なお X の内容をさらに規定するためには添字を用いる. たとえば $\bar{X}_O$ は単位長の試験直線がつくる弦の長さの和の期待値である. 2) 第3章, 第4章では球を試験平面で切った時, その断面についての量的指標, たとえば切口の直径, 面積, または試験直線が切口の円と交わってつくる弦の長さ等一般を表わす記号として用いられることがある.

δ　球が試験平面と交わってつくる円の直径, および平面上の円の直径.

λ　試験直線が立体または平面図形と交わってつくる個個の弦の長さ. $\bar{\lambda}$ はその算術平均または期待値. なお λ_j は半径 r_j または直径 D_j の球, または直径 δ_j の円からつくられる弦の長さの意味で用いることがある.

μ　1個の平面閉曲線が1本の試験直線と, また1個の空間閉曲線が1個の試験平面と交わってつくる交点の数.

ν　閉曲線で囲まれた1個の平面図形上に重なる等間隔平行線の数.

ρ　1) 相関係数. 2) 平面図形の面積の周に対する比 A/L_A, および立体の体積の表面積に対する比 V/S を表わす共通の記号.

σ　標準偏差. 多くの場合は σ^2 として分散の形で用いられる. 何の分散かを示すには添字を用いる. たとえば $\sigma^2{}_{A_O/n}{}^*$ は点解析によって推定した全領域についての平面図形の面積分率の分散を示す. また v の分散は σ_v^2 という形で表わされる.

τ, τ_A, τ_V　τ は一般に平面図形が試験直線と, また立体が試験平面とつくる接点の数を表わす. そして前者を τ_A, 後者を τ_V と書いて区別する. なお τ_A, τ_V ともこれの内容を規定する添字をつけて用いるが, それらについては本文参照のこと.

θ　1) 平面上での回転角. 2) 平面上の構造物が座標軸または試験直線とつくる角.

φ	ある構造物が試験平面に立てた法線とつくる角.
Ω	曲線または曲面の配向率.
ω	1) 立体角. この定義は本文参照のこと. 2) 球の赤道面の面積.

索　引

配列はヘボン式ローマ字によった．主要な解説のある頁はボールド体活字で示した．

H

I

J

K

N

O

P

Q

R

U

V

W

Y

Z

■岩波オンデマンドブックス■

定量形態学──生物学者のための stereology

1977年9月28日 第1刷発行
2015年1月9日 オンデマンド版発行

著 者 諏訪紀夫（すわのりお）

発行者 岡本 厚

発行所 株式会社 岩波書店
〒101-8002 東京都千代田区一ツ橋 2-5-5
電話案内 03-5210-4000
http://www.iwanami.co.jp/

印刷／製本・法令印刷

ISBN 978-4-00-730168-1 Printed in Japan